普通高等教育"十一五"国家级规划教材

普通高等教育
建筑环境与能源应用工程系列教材

U0280011

供暖通风与空气调节（第4版）

总策划 / 付祥钊

主　编 / 卢　军　何天祺

参　编 / 刘　勇　谢　玲　刘晓东

主　审 / 田胜元　李安桂

重庆大学出版社

内 容 提 要

本书是普通高等教育"十一五"国家级规划教材,为建筑环境与能源应用工程专业主干核心课程——"暖通空调"的配套教材。全书共13章,内容包括建筑环境控制与暖通空调、室内热湿环境污染与负荷计算、空气热湿处理过程与设备、空气净化与空气品质、建筑供暖、建筑通风、建筑空气调节、室内气流组织与风口、空调系统的运行调节、暖通空调用能与节能、暖通空调系统的消声与隔振、暖通空调系统的测定与调整、建筑防火排烟。

本书可作为高等学校建筑环境与能源应用工程专业及热能与动力工程等专业的教学用书,同时可供考研人员、注册公用设备工程师考试人员复习参考,对广大专业技术人员的学习深造也是一本有益的参考书。

图书在版编目(CIP)数据

供暖通风与空气调节 / 卢军,何天祺主编. -- 4 版
. -- 重庆:重庆大学出版社,2021.4
普通高等学校建筑环境与能源应用工程系列教材
ISBN 978-7-5689-2543-3

Ⅰ. ①供… Ⅱ. ①卢… ②何… Ⅲ. ①房屋建筑设备
—采暖设备—高等学校—教材②房屋建筑设备—通风设备
—高等学校—教材③房屋建筑设备—空气调节设备—高等
学校—教材 Ⅳ. ①TU83

中国版本图书馆 CIP 数据核字(2021)第 025630 号

普通高等教育建筑环境与能源应用工程系列教材
供暖通风与空气调节
(第 4 版)
主编 卢 军 何天祺
参编 刘 勇 谢 玲 刘晓东
主审 田胜元 李安桂
策划编辑:张 婷
责任编辑:张 婷 版式设计:张 婷
责任校对:谢 芳 责任印制:赵 晟
*
重庆大学出版社出版发行
出版人:饶帮华
社址:重庆市沙坪坝区大学城西路 21 号
邮编:401331
电话:(023) 88617190 88617185(中小学)
传真:(023) 88617186 88617166
网址:http://www.cqup.com.cn
邮箱:fxk@ cqup.com.cn(营销中心)
全国新华书店经销
重庆升光电力印务有限公司印刷
*
开本:787mm×1092mm 1/16 印张:26.25 字数:697 千 插页:8 开 1 页
2002 年 3 月第 1 版 2021 年 4 月第 4 版 2021 年 4 月第 9 次印刷
印数:17 301—20 300
ISBN 978-7-5689-2543-3 定价:59.00 元

序

20 世纪 50 年代初期,为了满足北方采暖和工业厂房通风等迫切需要,全国在八所高校设立"暖通"专业,随即增加了"空调"内容,培养以保障工业建筑生产环境、民用建筑生活与工作环境的本科专业人才。70 年代末,又设立了"燃气"专业。1998 年二者整合为"建筑环境与设备工程"。随后 15 年,全球能源环境形势日益严峻,保障建筑环境上的能源消耗更是显著加大。保障建筑环境、高效应用能源成为当今社会对本专业的两大基本要求。2013 年,国家再次扩展本专业范围,将建筑节能技术与工程、建筑智能设施纳入,更名为"建筑环境与能源应用工程"。

本专业内涵扩展的同时,规模也在加速发展。第一阶段,暖通燃气与空调工程阶段:近 50 年,本科招生院校由 8 所发展为 68 所;第二阶段,建筑环境与设备工程阶段:15 年来,本科招生院校由 68 所发展到 180 多所,年招生规模达到 1 万人左右;第三阶段,建筑环境与能源应用工程阶段:这一阶段有多长,难以预见,但是本专业由工程配套向工程中坚发展是必然的。第三阶段较之第二阶段,社会背景也有较大变化,建筑环境与能源应用工程必须面对全国、全世界的多样化人才需求。过去有利于学生就业和发展的行业与地方特色,现已露出约束毕业生人生发展的端倪,针对某个行业或地方培养人才的模式需要作出改变。本专业要实现的培养目标是建筑环境与能源应用工程专业的复合型工程技术应用人才。这样的人才是服务于全社会的。

本专业科学技术的新内容主要在能源应用上:重点不是传统化石能源的应用,而是太阳辐射能和存在于空气、水体、岩土等环境中的可再生能源的应用;应用的基本方式不再局限于化石燃料燃烧产生热能,而将是依靠动力从环境中采集与调整热能;应用的核心设备不再是锅炉,而将是热泵。专业工程实践方面:传统领域即设计与施工仍需进一步提高;新增的工作将是从城市、城区、园区到建筑四个层次的能源需求的预测与保障、规划与实施,从工程项目的策划立项、方案制订、设计施工到运行使用全过程提高能源应用效率,从单纯的能源应用技术拓展到综合的能源管理等。这些急需开拓的成片的新领域,也体现了本专业与热能动力专业在能源应用上的主要区别。本专业将在能源环境的强约束下,满足全社会对人居建筑环境和生产工艺环境提出的新需求。

本专业将不断扩展视野,改进教育理念,更新教学内容和教学方法,提升专业教学水平;将在建筑环境与设备工程专业的基础上,创建特色课程,完善专业知识体系。专业基础部分包括建筑环境学、流体力学、工程热力学、传热学、热质交换原理与设备、流体输配管网等理论知识;专业部分包括室内环境控制系统、燃气储存与输配、冷热源工程、城市燃气工程、城市能源规划、建筑能源管理、工程施工与管理、建筑设备自动化、建筑环境测试技术等系统的工程技术知识。

本专业知识体系由知识领域、知识单元以及知识点三个层次组成,每个知识领域包含若干个知识单元,每个知识单元包含若干知识点,知识点是本专业知识体系的最小集合。课程设置不能割裂知识单元,并要在知识领域上加强关联,进而形成专业的课程体系。各校需要结合自己的条件,设置相应的课程体系,使学生建立起有自身特色的专业知识体系。

重庆大学出版社积极学习了解本专业的知识体系,针对重庆大学和其他高校设置的本专业课程体系,规划出版建筑环境与能源应用工程专业系列教材,组织专业水平高、教学经验丰富的教师编写。这套专业系列教材口径宽阔、核心内容紧凑,与课程体系密切衔接,便于教学计划安排,有助于提高学时利用效率。通过这套系列教材的学习,能够始学生掌握建筑环境与能源应用领域的专业理论、设计和施工方法。结合实践教学,还能帮助学生熟悉本专业施工安装、调试与试验的基本方法,形成基本技能;熟悉工程经济、项目管理的基本原理与方法;了解与本专业有关的法规、规范和标准,了解本专业领域的现状和发展趋势。

这套系列教材,还可用于暖通、燃气工程技术人员的继续教育;对那些希望进入建筑环境与能源应用工程领域发展的其他专业毕业生,也是很好的自学课本。

这是对建筑环境与能源应用工程系列教材的期待!

付祥钊

2013 年 5 月于重庆大学虎溪校区

第 4 版 前 言

　　"供暖通风与空气调节"是建筑环境与能源应用工程专业的核心专业必修课。作为对应的教材，本书　　　了原来教学体系中供热工程、工业通风和空气调节三门课程的主要知识点，内容涵盖全年　　　调控的科学知识、原理方法和最新技术，由此编撰而成。

　　本书介　　　用技术的简史与技术发展趋势，从热湿环境负荷出发，系统性地分析了热湿处理过　　　气净化处理与设备，供暖、通风和空气调节的原理与调控技术；围绕建筑节能与环　　　，分析了室内气流组织设计、系统全年运行调节优化的方法和先进建筑节能技术　　　用、系统消声减振以及测定与调试的方法。全书以建筑环境热湿调控和空气质量　　　统性较强。

　　2020 年　　　境问题更为突出，新冠肺炎对全球卫生、经济等都造成了很大的影响。疫情调　　　调控技术提出了更为严格的要求，室内环境调控质量和品质的提升一直以来都　　　学的重点和难点。

　　本书第　　　写第 1、3、8、9、10、12 章和第 13 章，刘勇编写第 4 章和第 7 章，谢玲编写第 2 章和　　　东编写第 6 章和第 11 章，陈改方参与修改了第 3 章的部分内容。

　　本书第　　　均由何天祺教授主编，康侍民副教授和卢军教授参编，曾被列为"普通高等教育'　　　及规划教材"。由于近年来相关标准和技术更新较快，这次改版也对知识点进行　　　和修订，制作了教学数字化资源，包含各章 PPT、课后习题及其答案、考试题及其答　　　

　　行业技术　　　及内容较多，书中不当之处请各位读者提出宝贵意见，以便不断完善。

　　本书在编　　　阅了大量的文献资料，在此对各参考文献的作者表示衷心的感谢！并对前面各版　　　以衷心的感谢和崇高的敬意！

编　者

2020 年 10 月 1 日

第 2 版 前 言

本书是在第 1 版的基础上，按照全国高等学校建筑环境与设备工程专业指导委员会统一部署，以及"暖通空调"课程的教学基本要求编著、修订而成，2006 年被列入"普通高等教育'十一五'国家级规划教材"。

本书第 1 版以新的教育思想为指导，围绕建筑室内环境质量控制这一中心，以全新的观念和视角全面、系统地阐述暖通空调理论与技术。提炼和整合了原多门相关专业课程教材的精华，充分吸纳本学科发展的最新成果，注意与学科平台课程的良好衔接，具有体系构思新颖、结构严谨、论述清晰、信息量大、理论性和实用性强等特色。在高校和社会读者群中享有广泛的好评，并先后获重庆大学优秀教材奖和重庆市优秀教学成果奖。

随着教育改革的深入，2005 年建筑环境与设备工程系列教材陆续进行修订、扩展，先后多次召开全国性专题研讨会，同时广泛听取专家意见，收集读者反馈信息，严格按照《"普通高等教育'十一五'国家级规划教材"建设纲要》及重庆大学精品课程——"暖通空调"配套教材建设要求完成此次改版。

在本书第 2 版编写过程中，仍保持了初版所具有的基本特色，进一步吸取国内外同类教材的优点，采纳近年来有关专家、读者的有益建议，从内容选择到结构体系等方面都做了大幅度的调整与完善：全书由第 1 版的 11 章扩充为 13 章，容量适度扩展可为高校师生或社会读者提供按需自由选择的空间；各章增补了一定数量的思考题，以利引导读者进行预习和复习；同时，加强了教材的立体化配套建设，如电子课件、习题库、参考电子教案等。本书第 2 版将室内环境控制系统改为按供暖、通风和空气调节这三大功能分别设章，适当增加建筑供暖、工业通风、洁净空调、系统调控与节能等内容，注重专业理论与工程应用的有机结合，并充分考虑我国的地域特性，增强通风、空调理论与技术的应用。

经过此番修订，本书内容更加充实，结构更臻完善，理论性和实用性更强，整体质量进一步提高，从而能更好地满足全国多所高校高素质、复合型、创新型高级专门人才培养的需求，能更好地满足各高校相关专业"暖通空调"类课程教学的需求，以及更为广泛的社会需求。

本书由重庆大学何天祺教授担任主编，负责全书统稿，并承担第 1~3 章和第 7 章的修订及第 6 章的编撰；康侍民副教授承担第 4、第 5 章、第 11~13 章的修订；卢军教授承担第 8~10 章的修订。

本书承蒙重庆大学田胜元教授及西安建筑科技大学李安桂教授两位专家担任主审。全国高等学校建筑环境与设备工程学科专业指导委员会彦启森教授、付祥钊教授、朱颖心教授等领导、专家及全国多所高校的同仁对本书的修订都给予过许多宝贵的指导、支持与关心。本书的修订、出版得到重庆大学教材建设基金资助；重庆大学出版社李长惠副编审等在策划、组织本系列教材修订、出版过程中付出了辛劳。在此，谨向上述单位和个人表示衷心的感谢。

限于编著者的学识水平及其他客观因素，本书再版难免还会留下一些问题和遗憾，诚望学界专家及广大读者不吝批评指正。

编著者

2007 年 11 月于重庆

目　录

1

建筑环境控制与暖通空调

建筑为人类谋求生存与发展提供了极为重要的环境条件,而建筑环境质量的提升乃是人类无尽的追求,由此孕育形成了一门重要的建筑环境控制与保障技术——供暖通风与空气调节(简称"暖通空调")。本章在剖析人与自然、人与环境对立统一关系的基础上,扼要地阐明暖通空调在建筑环境控制中的技术原理与方法,以及技术发展历程与趋势等,为读者深入学习后续内容提供必要的知识准备。

1.1 建筑环境控制的意义与简史

1.1.1 建筑环境控制的意义

人类是自然界的一分子。亘古及今,人类在各种自然条件下,总是不断地创造、改善着自身的生存环境。

古代人类面对的首要问题是如何在恶劣的自然环境中保护自己,求得生存。从巢居、穴居到野外散居,再到建房造屋聚落而居,这也是人类力图适应自然、利用自然、改造自然、不懈地改善其生存环境的历程。

迄今,人类赖以生存的环境早已发生了质的变化,并且具有极为深广的内涵。它既包括自然环境,也包括人工环境;不仅有自然的属性,还增加了社会的属性。但是,人与环境始终是一对对立统一的矛盾体:它们的关系是既相互对立,又相互依存、相互制约、相互作用和相互转化。研究这对矛盾对立统一关系的发生、发展及其调节、控制的规律与方法则是环境科学与技术所应担负的使命。

建筑一旦出现,独具的功能注定其会成为人类活动最密切、最直接的场所,建筑环境及其控制等概念也就伴随产生。建筑环境其实就是在自然背景基础上,经过人为改造、加工所构建的凝聚着自然因素和社会因素交互作用的一种生存环境。建筑环境控制旨在确保建筑内部相关环境品质需求的同时,实现环境控制系统安全、节能和环保,实现环境质量的改善与提升。建筑环境影响着人类的生活质量,与工业生产品质和科学实验控质保量密切相关,它关系着人类的生存与发展。

1.1.2 建筑环境控制的简史

在改善建筑环境条件方面,人类经历了一个漫长的探索、实践与经验积累过程。譬如,人们通过自己的生活实践,逐渐懂得:利用门窗、孔洞形成"穿堂风"或用摇扇扇风,以及运用天然冰的冷却作用等方法,以求实现居室内的防暑降温;借助火炉、火炕或火墙、火地等各种取暖装置来驱除冬季的严寒;采用炉灶烧水产生蒸汽加湿空气以缓解室内空气的干燥状况;通过放置石灰之类的吸湿物质以防止室内物品受潮霉变。我国早在明朝时代就已在皇宫中开创了应用火地形式的烟气供暖系统及手拉风扇装置等,如今在北京故宫、颐和园中尚可觅其踪影。凡此种种,对于改善居住环境均不失为一些简便、有效的方法,这意味着一种初级的建筑环境控制技术已在逐步形成。

随着社会的进步,社会生产力和科学技术不断发展,一方面人类对建筑环境控制的能力已大大增强,另一方面人类的生活日趋丰富多彩,要求从更高层次上能动地控制建筑环境,以满足人们生活、工作、生产和科学实验等活动过程对室内环境不断提出的新的需求。在此背景下,面对多变的内外环境因素干扰,侧重于改善建筑内部热湿环境和空气品质的建筑环境控制与保障技术——暖通空调技术势必逐步形成和发展起来。

早在 15 世纪末叶的欧洲文艺复兴时期,意大利的利奥纳多·达·芬奇(Leonardo Da Vinci)设计制造出了世界上第一台通风机,其后蒸汽机的发明又有力地促进欧美地区锅炉、换热设备和制冷机制造业的发展。19 世纪初,欧洲首先出现以蒸汽或热水作热媒的集中供暖系统。1834 年美国人 J.波尔金斯(Jacob Perkins)设计制造出最早的使用乙醚为工质的蒸汽压缩式制冷机,标志着人类使用机械制冷的开始。1844 年美国医生 J.高里(Jehn Gorrie)用封闭循环的空气制冷机建立起首座用于医疗建筑的"空调站"。1877 年,美国纽约建成第一座区域供热锅炉房,集中向附近 14 家用户供热。通风机、制冷机及锅炉的先后问世为暖通空调技术的应用与发展提供了关键的设备。

19 世纪后半叶,欧美国家的纺织工业迅速发展,生产工艺对室内空气温度、湿度、风速及洁净度等提出了较为严格的要求,暖通空调技术也首先在这类工业领域得以应用。此后,直至 20 世纪初,在大量实践、总结和理论研究的基础上,它作为相对独立的一个工程技术学科分支初步成形,两位美国人 S.W.克勒谋(Stuart W.Cramer)和 W.H.开利(Willis H.Carrier)作为开拓者与奠基人为之做出卓越的贡献。伴随压缩式制冷机的迅速发展,暖通空调技术逐步应用于以保证室内环境舒适为目的的公共建筑室内环境控制中。1945 年,第二次世界大战结束,随着各国的经济复苏,暖通空调技术开始服务于社会各方面,并推动了行业进步。

暖通空调持续发展期可概括为四个重要阶段:①伴随战后建筑业,特别是高层建筑的蓬勃发展,在空调方式上引起一系列重大变革;②以 20 世纪 70 年代"能源危机"为契机,全面推进以节能为中心的技术研究与开发;③1987 年保护臭氧层的《关于消耗臭氧层物质的蒙特利尔议定书》和 1992 年联合国气候变化框架条约的签署,全社会都力求把温室气体的大气浓度稳定在某一水平;④进入 21 世纪,更以"可持续发展观"为指导,谋求节能、环保与社会经济的健康、协调发展。可再生能源在建筑中的应用从试点进入推广使用,生态城区和绿色建筑的建设和评价标准逐步制定完善,并指导设备与材料生产、项目建设和物业运维,从全寿命周期评估其节能环保性。现代暖通空调技术早期从欧美发达国家、日本和俄罗斯走出来,现在中国的暖通空调技术在部分领域已达到国际领先地位,暖通空调相关产品产值全球第一,产品质量达到国际一流水平,这为促进暖通空调技术的进步与发展作出了重要贡献。

综上所述,供暖通风与空气调节正是人与环境这对矛盾对立统一关系历经漫长岁月发展所凝练而成的一种重要的环境控制与保障技术。它既是建筑环境控制技术的核心内容,也是环境科学这一新兴边际科学的重要组成部分。作为应用性技术科学,其遵循"以人为本"的宗旨,采用科学的控制技术与手段,为人类创建一种健康、舒适而又富有效率的建筑环境,满足人们在生活、工作及其他活动中对室内环境品质日益增长的需求。显然,它对提高人们的物质文化生活水平和促进国民经济现代化发展有着十分重要的意义,也必将伴随现代物质文明与社会进步而不断发展。

1.2　建筑环境控制(暖通空调)的基本方法

建筑环境及其控制具有十分丰富的内涵。这里,"建筑环境"一词限指特定建筑空间内部围绕人的生存与发展所必需的全部物质世界。暖通空调技术领域侧重研究室内热(湿)环境与空气品质等物理环境,并未囊括建筑环境质量的全面控制问题。

建筑物内部空间环境质量的优劣、稳定与否总是受着内、外两种干扰源——外部来自多变的自然环境,内部来自人员、照明、设备及工艺过程等带来的热、湿变化,以及其他污染源的综合影响。建筑环境控制的基本方法就是根据室内环境质量的不同要求,应用供暖、通风或空气调节等技术来消除各种环境干扰,进而在建筑室内建立并维持一种具有高品质的、能按需调控的"人工环境"。

在暖通空调技术的应用中,通常需借助相应的系统来实现对建筑环境的控制。所谓"系统",即由若干设备、构件按一定功能、序列集合而成的总体,其广义概念中尚应包括受控的环境空间。建筑环境空间任何时刻的进出风量、水量、热量、湿量以及各种污染物量,总会自动地达到平衡状态。暖通空调系统正是借助对相关参数与负荷的调控,消除各种干扰因素,在确保预期室内环境状态的条件下维持上述物理量的动态平衡。以下分别简述供暖、通风与空气调节技术的有关应用问题。

1.2.1　供暖(Heating)

供暖有时也称"采暖",是用人工方法通过消耗一定能源向室内供给热量,使室内保持生活或工作所需温度的技术、装备、服务的总称。供暖技术的服务对象包括民用建筑与部分工业建筑。当建筑物室外温度低于室内温度时,房间通过围护结构及通风孔道会造成热量损失,供暖系统则是将热源产生的具有较高温度的热媒经由输热管道送至用户,通过补偿热损失以维持室内温度参数在一定的范围内。

供暖系统按不同的分类方法,可分为多种类型。例如,按系统紧凑程度分为局部供暖和集中供暖;按热媒种类分为热水采暖、蒸汽采暖和热风采暖;按介质驱动方式分为自然循环与机械循环供暖系统;按输热配管数目分为单管制和双管制供暖系统,等等。热源可以选用锅炉、空气源热泵、水源热泵或热交换器等。散热设备包括各种不同结构、材质的散热器(暖气片)、空调末端装置、辐射末端装置以及各种取暖器具。用能形式则包括耗电、燃气、燃油、燃煤;如有建筑废热与太阳能、地热能等自然能,则优先利用。

为了保护环境,北方地区逐步推广余热供暖、煤改电、煤改气、太阳能供暖和被动房技术,利用在 $-25\ ℃$ 低温环境下还能制热的空气源热泵进行供暖,利用燃气壁挂炉供暖,以期改善城市室外空气质量。

1.2.2　通风(Ventilation)

通风是以空气作为工作介质,采用换气方式,对室内热(湿)环境(由温度、湿度及气流速度所表征)和室内空气污染物浓度进行适当调控,以满足人类各种活动需求的一种建筑环境控制技术。建筑通风的目的,是防止大量热、蒸汽或有害物质向人员活动区散发,防止有害物质对建筑环境及建筑物的污染和破坏。

通风系统一般由风机、进排风或送风装置、风道以及空气净化和(或)热湿处理设备等组成。当其用于民用建筑或一些轻度污染的工业厂房时,通风系统通常只需将室外新鲜空气导入室内,或将室内污浊空气排向室外,从而借助通风换气保持室内空气环境的清洁、卫生,并在一定程度上改善人员活动区域的温度、湿度和气流速度等物性参数。当其应用于散发大量热湿、蒸汽及粉尘等其他有害物质的工业厂房时,通风的任务着重针对工业污染物采取屏蔽、过滤、净化、排除等有效措施,从而达到既改善劳动条件、保护工人健康、维持生产正常进行,又防止大气环境污染的目的。

通风系统一般可按其作用范围分为局部通风和全面通风,按工作动力不同分为自然通风和机械通风,按介质传输方向分为送(或进)风和排风,还可按其功能性质分为一般(换气)通风、工业通风、事故通风、消防通风和人防通风等。

组织良好的通风,对通过空气传播的疾病具有很好的控制作用。为阻断如 SARS 病毒、新型冠状病毒等可通过空气传播的病毒或细菌等微生物在建筑室内传播,通风系统应具备在疾病流行期间避免不同房间的空气掺混的功能,避免病菌等通过气溶胶传播,如采用负压通风系统设计。为了节能,置换通风技术和复合通风系统在建筑中也被设计师更多采用。

1.2.3　空气调节(Air Conditioning)

空气调节是通过采用各种技术手段,主要针对室内热(湿)环境及空气品质,对室内空气温度、空气湿度、围护结构内表面温度、空气流动速度、空气洁净度和二氧化碳浓度进行不同程度的严格调控,以满足人类活动高品质环境需求的一种建筑环境控制技术。

空调系统的基本组成包括空气处理设备、冷热介质输配系统(包括风机、水泵、风道与水管等)和末端送、回风装置等。完整的空调系统还应包括冷热源、自动控制系统及空调房间。空气调节是在分析特定建筑空间环境质量影响因素的基础上,采用各种设备对送风按需进行加热、加湿、冷却、去湿、过滤与消声等处理,使之具有适宜的参数与品质,再借助介质传输系统和末端装置向受控环境空间进行动量、热量、质量的传递与交换,从而实现对该空间空气温湿度及其他物性参数的调控,以满足人们对环境品质的特定需求。

由于空调的服务对象、环控要求与方法及工作介质等的不同,其系统分类更显复杂。例如,通常可按系统紧凑程度分为集中式、半集中式和分散式;按介质类型分全空气、空气-水、全水及冷剂方式;按处理空气来源分直流式、混合式和封闭循环式;按介质输配特征可分定风量和变风量方式,或低速与高速方式,或单管制、双管制与多管制,等等。空调设备种类繁多,按照不同用户的使用需求可采用组合式、整体装配式或各种小型末端空调器,也可采用自带冷热源的各种组合式、分体式或整体式空调机。空调冷热源既可以是人工的,也可以是天然的。冷热源设备包括各种类型的制冷机、冷(热)水机组或热交换设备,能源消费以电能和燃气为主,并尽可能采用与建筑废热和太阳能、地热能等自然能利用相结合的多能互补复合用能形式。

空气调节与供暖、通风一样,技术上均担负着保障建筑环境的职能,但它对室内空气环境品质的调控更为全面,要求更高。在室内空气环境品质控制中,空气温度、湿度、气流速度和洁净度(俗称"四度")通常被视为空调的基本要求,许多场合则进一步涉及必要的气压、气体成分、气味或安静度等环境参数的调控。随着社会进步和科技的发展,空气调节不仅已经成为保障众多工业与民用建筑环境品质的重要技术,而且也越来越多地应用于农业温室、科学环境试验仓及特种洞库、水下设施、机车、船舶、飞机乃至航天飞行器中。

按照传统的观念,人们习惯于将旨在确保人员舒适、健康和高效工作的空气调节称为"舒适性空调",它涉及与人类活动密切相关的几乎所有的建筑领域;另一类空气调节则以满足某些生产工艺、操作过程或产品储存对空气环境的特定要求为目的,人员舒适性要求为辅,称之为"工艺性空调"。工艺性空调的环控要求是千差万别的,根据不同的使用对象,它对某些空气环境参数的调控要求可能远比舒适性空调严格得多。例如,一些精密机械加工、精密仪器制造及电子元器件生产等环境,尤其是众多生产、科研部门使用的计量室、检验室与控制室等场所,其空调要求除对室内空气温湿度给出必要的基准参数外,还应对这些参数规定严格的波动范围,这类空调称为"恒温恒湿空调"。又如,在微电子工业的大规模集成电路生产过程中,随着芯片集成度的不断提高,即使粒径只有 $0.1\,\mu m$ 左右的微尘也可能使极其致密的电路形成短路或断路,致使产品报废。这类场合,热环境的调控或许仍属基本要求,但空调的任务更着力于解决空气中悬浮微粒粒径大小与颗粒数的控制,这就是所谓"工业洁净空调"。在医院烧伤病房和某些手术治疗以及药品、食品生产过程中,对室内空气洁净度的控制则更侧重于对微生物粒子的严格限制,用于这方面的空调就是人们常说的"生物洁净空调"。随着技术的发展,温度湿度独立控制空调系统、低温送风空调系统和蒸发冷却空调系统也因地制宜地得以推广应用。

总而言之,供暖、通风与空气调节作为建筑环境保障技术的重要组成部分,正日益广泛地应用于国民经济与国民生活的各个领域,它对促进现代工业、农业、国防和科技的发展以及人们物质文化生活水平的提高都担负着十分重要的使命。

1.3 建筑环境控制(暖通空调)的技术发展趋势

社会的进步与发展使得人类与建筑环境空间的关系越来越密切,人们对现代生活及工作环境的质量要求也越来越高。最近几十年来,伴随建筑业的兴盛和建筑技术的进步,暖通空调技术获得了较快发展,其理论日臻完善,应用日趋成熟,设备加速更新换代,系统不断演化、创新。

1.3.1 传统观念的转变

自 20 世纪 80 年代开始,世界范围内新技术革命浪潮汹涌而来,计算机与其他高新技术加速应用,第二、三产业特别是信息产业迅速崛起,以舒适、健康、安全、高效率为环境控制目标的"智能建筑"(Intelligent Building)随之应运而生。当今,社会已开始步入高新科技与网络经济、知识经济时代,对建筑环境的全面质量控制需求已进一步提了出来。与此同时,人类在前一阶段为追求舒适和局部效益而无节制地耗费能源、破坏环境的行为已经显现出严重现象——全球气候变暖(温室效应)及臭氧层被破坏等问题已严峻地摆到世人面前。鉴此,人们不得不认真反思,并竭力在高品质环境需求与节能、环保之间寻求最佳平衡。于是,基于保护地球资源与环境的可持续发展战略因之成为世界各国的共同纲领,所谓"可持续建筑"(Sustainable Building)与"绿色建筑"(Green Building)的概念也被提了出来。在这种形势下,暖通空调的目的已远不限于为人类活动创建适宜的建筑环境,更着眼于室内环境质量的提升与节能环保的协同发展;它的应用也不再是某些特定对象享用的"奢侈品",而应视为人类提高生活质量、创造更大价值、谋求更快发展的必需品。暖通空调在日益广泛地为人类提供良好的生产、生活、工作、学习、休憩、购物及文化娱乐环境的同时,更肩负着为人类从事社交、经贸及高智力劳动等活动提供必要环境保障的使命。现代暖通空调科学与技术正是以这种高新科技应用和高水准环境品质需求为背景,以促进人居环境舒适性、健康性,保护地球环境及有效利用能源等科学的可持续发展战略观为原则,从而得以在更高的甚至全新的层面上加速进步与发展。

1.3.2 设备的用能与节能

建筑室内环境质量的保障总是要以资源、能源的大量消费为代价。在一些发达国家,建筑能耗已占到全国总能耗的 30% ~ 40%,而其中大约 2/3 则消耗在暖通空调系统中。能源是社会发展的重要物质基础,节能成为全世界共同关注的战略性的问题。因此,建筑节能尤其是暖通空调的节能问题自然更具特殊意义。近年来,暖通空调科技领域已经取得的新成就,可以说都是紧紧围绕节能环保这个中心来体现的。但是,不能以降低环境质量需求来换取用能的减少。现代建筑节能观更加强调基于可持续发展理论的综合资源规划(IRP)方法和能源需求侧管理(DSM)技术的应用,更为重视建筑物的合理用能,即应当通过提高建筑的能量效率,用有限的资源和最小的能源消费代价获取最大的社会、经济效益,满足人们日益增长的环境品质需求。为实现建筑物的合理用能,既要不断提高电能与燃料等常规能源的利用效率,减少能量消耗,还应努力寻求新的替代能源,重视燃料电池、光伏、光热技术的开发,充分利用各种可再生能源。暖通空调领域一些行之有效的节能技术,诸如间歇通风降温,太阳能供暖,使用热管、热泵、蒸发冷却、全/显热交换器回收建筑余热或利用大气热能,应用变风量(Variable Air Volume,VAV)、变水量技术节约介质输送能耗。对于空调冷热源,应趋于实现多能互补复合用能(如电力与燃气双能源并用、电力与自然能源并用、蓄冷储热等),发展综合能源利用效率高的燃气分布式能源冷热电联供技术、发展区域供热供冷技术(DHC),积极推进太阳能、地源热泵等可再生能源技术在建筑中的应用。

1.3.3 关注室内空气品质

在 20 世纪 70 年代,欧美国家出于节能的需要,一度采取尽可能增强建筑密闭性、降低空调设计标准和减少新风供应量等措施,试图借以降低空调能耗。建筑及其环控系统设计、管理方面的诸多失误及其他一些未明因素导致室内环境污染日趋严重,从而危害使用者的健康,甚至酿成1976年美国费城"军团病事件"等悲剧。有鉴于此,建筑环境的热舒适与室内空气品质(IAQ)问题很快成为国际关注的焦点,吸引着众多学者投身这一研究行列。近年来对IAQ问题的研究表明,现代建筑中室内装饰及设备、用具广泛应用有机合成材料,其所散发的大量挥发性有机化合物(VOC)和其他途径散发的CO_2、CO、甲醛、氡、细菌等,构成对人体健康颇具威胁的室内低浓度污染物。人长期生活在这种换气不良的低浓度污染环境里,会不同程度地出现头痛、恶心、烦躁、倦怠、神经衰弱及眼、鼻、喉发炎等症候群,人们称之为"病态建筑综合征"(SBS)。迄今,针对VOC污染和SBS等环境问题,人们已陆续提出了一些有效的治理措施。

1.3.4 新设备新系统的研究与开发

在暖通空调设备、系统的研究开发方面,借助高效传热、变频调速、磁悬浮技术、直流无刷技术与智能控制等高新科技的应用,着力提高设备和系统的能效,尤其是部分负荷下的运转性能,完善能量调节与自动化水准,以提高系统的能量综合利用效率与节能效益。

为适应人们在环境控制方面观念的转变及需求的增长,一些传统的暖通空调方式正在加速变革,大量兼具节能与环保效益的系统形式不断创生;设备加速升级换代,并朝着装配式整体机房、一体化、多功能、智慧型方向发展。电动压缩式冷水机组更多选择低消耗臭氧层潜能值(ODP)和低全球变暖潜能值(GWP)环保制冷工质,压缩式制冷机容量范围不断向两极拓宽,小容量趋于以涡旋式取代往复式压缩机,大容量趋于发展多级压缩离心机组;电动热泵趋于发展热回收型或多功能型机组;燃气直燃型吸收式冷热水机组的应用在逐步扩大。空调设备、系统方面,传统的全空气集中空调系统已派生出利用集中空气处理设备(AHU)的多分区空调方式,在AHU内并设冷热盘管或带旁通道进行混合调温的分区空调方式,专用新风空调、下送风空调及机房精密空调方式;末端装置出现了吊顶式、圆柱侧送风型诱导器(IDU),以及诱导型通风冷却梁和诱导型置换通风器等多种新产品;风机盘管(FCU)空调系统继续扩展末端设备的类型、规格与功能,不断提高产品质量,扩大产品的适用范围;单元式空调机的研究开发则朝着高效、节能、低噪、轻量、高可靠性与智能调控的方向发展,带有热回收装置的空调机组受到更多重视。

伴随智能建筑、绿色建筑技术的发展,近年来建筑环境控制中不断提出诸如整体系统化、可持续性与动态设计以及局部空调、背景空调、下部送风、置换通风与波动风等设计新思维,这有力地冲击着传统的设计观念,许多全新概念的环控系统——夜间通风、蓄热-通风、置换通风、置换通风加冷辐射吊顶系统、背景空调加桌面空调、定点供冷、森林浴、间接-直接蒸发冷却、除湿空调、冷剂自然循环(VCS)、变频控制变冷媒量(VRV)和水环热泵(WLHP)等新型暖通空调系统随之应运而生,有关技术已经或正在逐步走向成熟。可以预计,未来的暖通空调系统注定要朝着绿色化、个性化与智能化方向发展。

1.3.5 暖通空调自动化

建筑环境智能控制系统建设的关键性技术支撑在于建筑自动化(BA),尤其是暖通空调等建筑设备与系统的能源管理自动化。自20世纪70年代以来,微电子工业、计算机工业以及计算机图像显示(CRT)、通信、网络等高新科技相继取得快速发展,这有力地推动着暖通空调自动化的进程:自动化仪表在传统基地式调节仪表、单元式组合仪表的基础上发展了组装电子式(或功能模块式)调节仪表和直接数字控制式总体分散型控制装置;自动控制系统则由传统的单回路控制系统发展到功能齐全、结构复杂的多回路控制系统,由常规模拟仪表控制系统发展到微型计算机控制系统;在控制理论研究与应用方面则从单变量输入-输出的经典控制论进入到求解多变量系统的现代控制论及大系统理论。20 世纪 80 年代,微型电子计算机开始广泛用于各个工程技术领域,暖通空调首先从计算机辅助设计(CAD)方面着手进行技术开发。迄今,暖通空调 CAD 技术已由初期的编程计算、制图软件开发逐步向一体化软件开发和建筑信息化技术(BIM)和虚拟现实(VR)方向发展,它将计算机高速、准确的计算、大容量信息存储及数据处理能力与设计者的综合分析、逻辑判断以及创造性思维能力有机地结合起来,不仅显著提高工作效率,使工程技术人员从传统烦琐的手工劳动中解放出来,而且推动暖通空调系统的动态特性模拟、能耗分析及多方案综合比较,进而为实现其系统的最优化设计与运行管理提供有力的技术保证。智能控制系统代替常规的模拟调节器对暖通空调等建筑设备与系统实施可靠而高品质的监督、控制与调节,从而成为提高建筑能源效率及综合自动化管理水平的有力工具。

斗转星移,万象更新,面对网络经济时代的物联网、大数据和 5G 技术,建筑环境与能源应用工程学科有着极为广阔的发展前景,暖通空调领域既存在更良好的机遇,也将迎接更严重的挑战。应该看到,人居环境的舒适、健康、安全、高效还取决其他一些生理、心理或社会因素,其质量的提升也关联着更全面的建筑内外环境保障与绿色化建设,这就十分赖于诸多学科、整个社会的共同努力。作为专业科技工作者,应更多地担负起保护地球环境、促进建筑可持续发展这一光荣使命,用自己创造性的劳动为人类奉献一个广袤的优质的绿色的生存空间。

思考题

1.1　如何全面地认识建筑环境控制技术的意义与内涵?

1.2　暖通空调在建筑环境控制中担负着怎样的技术使命?

1.3　暖通空调系统的基本组成、工作原理是什么?　主要的系统类型有哪些?

1.4　供暖、通风与空气调节在实现建筑环境控制职能方面有何共性与区别?

1.5　现代暖通空调科技发展的背景是什么?　其进步与发展应遵循何种原则?

1.6　现代暖通空调在观念上发生了哪些变化?　在技术上呈现出怎样的发展趋势?

2

室内热湿环境污染与负荷计算

通过"建筑环境学"课程的学习,我们已初步掌握建筑物内各种污染的成因、影响及其负荷的理论分析等知识。室内空气环境污染主要包括热湿污染及其他固态、气态有害物污染两方面,前者直接影响空气环境的温湿度与热舒适,后者则涉及空气品质的优劣。本章扼要阐述室内热湿污染源及其污染负荷分析,并重点介绍热湿负荷计算的一些工程实用方法。

2.1 热湿环境污染源与负荷

2.1.1 热源与热负荷

建筑物处于自然环境中,室内空气环境必然受外部和内部的两类热源的综合热作用。外部热源主要是指太阳和大气;内部热源则可能包括人体,以及与人类活动相关的照明、机电设备、器具或其他一些能量消耗与传递装置。

热源总是具有与室内环境不同的能量品位,并总是以导热、辐射或对流方式与环境之间进行着热能的交换,进而形成加载于环境的热负荷。高温热源总是将热量传进室内,形成正值热负荷(夏季常称"冷负荷");低温热源则自室内带走热量,形成负值热负荷(冬季往往表现为"热损失")。

当各种热源形成的热负荷加载于室内空气环境,使之产生不利于人体舒适、健康或生产工艺特定需求的过热效应或过冷效应时,就意味着室内空气环境遭受到"热污染"。

太阳是最主要的外部高温热源。首先,太阳以辐射形式与建筑围护结构或室内器具表面进行热交换,在材料层中产生吸热、蓄热和放热效应。材料蓄热升温后,分别向室外、室内两个方向传导热量,往往会在室内各表面间反复进行长波辐射热交换,并逐渐向空气放出对流热,形成室内的热负荷。

大气温度受自然环境和某些人为因素的影响,随时间、空间呈显著变化,属于一种典型的变温热源。它对室内环境的热作用分两种形式:一是通过围护结构壁体以温差传热的形式直接或间接地将热量传入或传出室内,进入室内的热量以与太阳辐射类似的传递过程逐渐形成室内的热负荷;另一种则是伴随通风空调系统的新风供应或外围护结构的新风渗透将一定的热量带入或带出室内,并即时地转化为室内热负荷。

各种室内热源主要是借助温差作用与环境之间进行着显热交换,这种显热量同围护结构传热量一样包含着辐射成分和对流成分,故其在室内逐渐形成热负荷的过程与后者是完全一致的。

由"建筑环境学"可知,温度对于人体热舒适是最为敏感的参数,微量的热刺激会因肌体反射性血管舒缩调整而引起感觉,室内环境的热污染必然导致室内空气温度、内壁面温度以及平均辐射温度偏离舒适范围,从而打乱人体的正常热平衡,影响人体热舒适——高温环境促使排汗量增加,导致体温上升,产生热感;低温环境导致体温下降,产生冷感。过热、过冷的环境不仅影响人体舒适、健康和工作效率,严重时甚至会危及人的生命。近年来,西方一些学者所进行的热舒适研究指出:冬季人体舒适的室内温度宜控制在 $20 \sim 22 \, ℃$,夏季则宜控制在 $26 \sim 28 \, ℃$;在高温环境中人易于出现注意力分散、理解力和工作效率下降等现象;温度对体力劳动者的影响要高于脑力劳动者。此外,对某些生产工艺过程来说,温度又是最基本的生产环境条件,一旦环境遭受热污染,将不能维持正常的生产与工艺操作,影响产品与成果的质量。

2.1.2 湿源与湿负荷

建筑物处于自然环境中,室内空气环境在接受外部、内部热源综合作用的同时,也受到存在于外部、内部湿源的综合作用。湿源表面与环境空气间总会存在一定的水分子浓度差或分压差,由此推动水分子的迁移,并借助其蒸发、凝结或渗透、扩散等物理作用实现与室内环境之间的湿交换,形成相应的湿负荷。当各种湿源的湿负荷加载于室内空气环境,使其湿度参数无法满足人体舒适、健康或生产工艺特定需求时,也就意味着该室内空气环境遭受到"湿污染"。

由于自然界中水分的蒸发、汽化,室外大气常为湿空气,并成为主要的外部湿源。当然,湿空气的含湿量也因时间、空间和气候等影响而有所差异。大气中的水蒸气主要借助通风空调新风供应系统或外围护结构的新风渗透传入或传出室内;在某些条件下,也可能经围护结构的吸湿、透湿作用进行湿传递。此外,外界尚有一些湿源还会借助部分生活、生产原材料的搬运过程而与室内空气环境进行一定程度的湿交换。

室内湿源是多种多样的。一般情况下,人体是基本的散湿源,此外湿源还来自与人类活动相关的生活用水器具、敞开的盛水容器以及炊事、餐饮中生产工艺设备冷却与清洗、加工过程,乃至地面积水,等等。人体通过呼吸和体表汗液蒸发散发湿量,其他湿源则借助自由液面或器具、原材料表面水分的蒸发、汽化,通过对流扩散将水分子混入空气中。

室内湿负荷的大小影响着空气相对湿度的高低,而相对湿度既是影响人体热舒适的一个重要参数,也是影响人体健康的一个重要因素。在气温较高时,人体热平衡更多地依靠汗液蒸发,其相对湿度的影响将显得更为重要——高温高湿会令人感觉闷热难耐,并易致病。相对湿度超过70%时,还将为许多微生物的滋长提供充足的水分和营养源。当然,相对湿度过低也是不利的,低温低湿环境会令人产生干冷的感觉,还会促使呼吸系统黏膜上黏液和纤毛运动速度减缓,由此也为细菌、病菌的繁殖创造了良好的条件。近年来,西欧的一些研究成果表明,与人体热舒适相应的相对湿度应保持为 40%~60%。对花园式办公室建筑的调查认为,当相对湿度高于 34% 时,认为舒适的人数显著增加;在冬季和夏季相对湿度超过 49% 时,舒适感便趋于降低。

相对湿度同温度一样,也是维持某些生产工艺过程正常进行所必须具备的环境条件。适当的相对湿度对于防止静电作用、保护家具、保护艺术珍品和养护室内盆栽等也是十分重要的。

在湿源散湿过程中,伴随水分子移动的同时发生潜热迁移,热源和湿源以及热传递与湿传递也就变得密不可分。因此,在研究室内空气环境控制时,习惯将湿源视为广义的热源,并且将湿负荷对环境的影响同热负荷及空气流动的影响一道归入热污染范畴。

2.2 室内外空气计算参数

2.2.1 室外空气计算参数

建筑物为自然环境所包围,其内部环境必然处于外界大气压力、温度、湿度、日照、风向、风速等气象参数的影响之中。暖通空调工程设计与运行中所涉及的室外气象参数人们习惯称之为室外空气计算参数,其中关系最密切的基本参数是温度、湿度。传统设计方法中,围护结构传热负荷和新风负荷都是以某种确定的室内外计算参数为依据进行计算的。

由于室外气象条件因时因地而异,各种参数总体上都有其自身的变化规律。对于其确定地点,这些参数又随季节、昼夜或时刻在不断变化着。比如,空气干、湿球温度呈现周期性波动,一年中全国各地大多在 7—8 月出现最高值,而在 1 月份出现最低值;一天中在凌晨 4:00—5:00 气温最低,而在下午 14:00—15:00 气温最高。空气相对湿度则取决于干球温度和含湿量二者的变化,若将一昼夜里含湿量值视作近似不变,相对湿度的变化就与干球温度的变化近于相反。

对于多变的室外气象参数,可运用科学的方法从浩繁的气象资料中提取具有代表意义的各种室外空气计算参数,这是一项十分重要的基础工作。下面分别介绍主要空气计算参数的确定方法。

1) 基本室外空气计算参数的确定

暖通空调设计中一些基本的参数简单处理似乎可按当地冬、夏最不利情况考虑,但这种极端最低、最高温湿度若干年才会出现一次,且持续时间有限,由此必然导致设备容量与投资方面的浪费。因而,设计规范确定这些计算参数时,一般都采用允许其具有一定"不保证率",即允许全年少数时间内可不予保证室内温湿度设计标准这一原则。我国《民用建筑供暖通风与空气调节设计规范》(GB 50736—2012)和《工业建筑供暖通风与空气调节设计规范》(GB 50019—2015)对全国各地有关设计计算参数的确定给出统一规定,部分规定简介如下。

(1)夏季室外空气计算参数

夏季室内温湿度控制是建筑环境控制的主要矛盾,一般需借助空调系统对空气进行冷却、去湿处理,涉及的设备、构件复杂,投资大,能耗高。因此,对关乎系统设计容量合理性的室外计算参数的选取问题往往更加审慎。

①空调室外计算干球温度:应采用历年平均不保证 50 h 的干球温度。

②空调室外计算湿球温度:应采用历年平均不保证 50 h 的湿球温度。

③空调室外计算日平均温度:应采用历年平均不保证 5 d 的日平均温度。

④通风室外计算温度:应采用历年最热月 14:00 的月平均温度的平均值。

（2）冬季室外空气计算参数

建筑物在冬季可以使用采暖系统或空调系统进行供暖,但应分别采用各自相应的室外空气计算参数。由于冬季加热、加湿所需费用低于夏季冷却、减湿的费用,冬季围护结构传热负荷计算往往近似地按稳定传热处理,不再考虑室外气温波动的影响,而且冬季室外空气含湿量远小于夏季,其变化也很小,故其湿度参数只给出了相对湿度值。

①采暖室外计算温度:应采用历年平均不保证 5 d 的日平均温度。

②通风室外计算温度:应采用累年最冷月平均温度。

③空调室外计算温度:应采用历年平均不保证 1 d 的日平均温度。

④空调室外计算相对湿度:应采用累年最冷月平均相对湿度。

我国暖通空调设计规范曾对国内各地室外气象资料组织过多次统计、整理,并在有关标准中予以公布。附录 1 选摘了原暖通设计规范所附我国主要城市的部分室外气象参数资料,仅供读者练习参用;工程实践中应当采用《民用建筑采暖通风与空气调节设计规范》(GB 50736—2012)附录 A 所给更新数据。

2）夏季空调室外计算逐时温度

计算夏季围护结构热负荷时,应按不稳定传热过程来处理。因此,必须给出设计日(或称标准天)的逐时室外空气温度值。

室外逐时气温既受太阳辐射影响,且呈现周期性变化,还会受到风、雨、云、雾等随机因素的影响,故可用多阶谐波的叠加,即傅里叶级数展开式来表达。这样,τ 时刻的室外气温 $t_{w,\tau}$ 为:

$$t_{w,\tau} = A_0 + \sum_{n=1}^{m} A_n \cos(\omega_n \tau - \varphi_n) \qquad (2.1)$$

式中 A_0——零阶外扰,即计算周期内室外气温的平均值,t_{wp},℃;

A_n——第 n 阶室外气温变化的波幅,$\Delta t_{w,n}$,℃;

ω_n——第 n 阶室外气温变化的频率,$\dfrac{360}{T}n$,(°)/h;或 $\dfrac{2\pi}{T}n$,rad/h;

φ_n——第 n 阶室外气温变化的初相角,(°)或 rad;

T——一阶室外气温变化的周期,24 h;

n——谐波的阶数。

工程上也可将 $t_{w,\tau}$ 的计算近似按一阶简谐波处理,并假定气温峰值出现在 15:00,则式(2.1)可简化为:

$$t_{w,\tau} = t_{wp} + (t_w - t_{wp})\cos(15\tau - 225) \qquad (2.2)$$

式中 t_w——设计日室外气温的最高值,即夏季空调室外计算干球温度,℃;

t_{wp}——设计日室外气温的平均值,即夏季空调室外计算日平均温度,℃。

按照 GB 50736—2012 的规定,夏季空调室外计算逐时温度 $t_{W,\tau}$ 还可按式(2.3)确定:

$$t_{W,\tau} = t_{Wp} + \beta\Delta t_r \tag{2.3}$$

式中　β——夏季室外温度逐时变化系数,见表2.1;

　　　Δt_r——夏季室外计算平均日较差,应按 $\Delta t_r = \dfrac{t_W - t_{Wp}}{0.52}$ 计算。

表 2.1　夏季室外温度逐时变化系数 β

时刻	1:00	2:00	3:00	4:00	5:00	6:00	7:00	8:00	9:00	10:00	11:00	12:00
β	−0.35	−0.38	−0.42	−0.45	−0.47	−0.41	−0.28	−0.12	0.03	0.16	0.29	0.40
时刻	13:00	14:00	15:00	16:00	17:00	18:00	19:00	20:00	21:00	22:00	23:00	24:00
β	0.48	0.52	0.51	0.43	0.39	0.28	0.14	0.00	−0.10	−0.17	−0.23	−0.26

3) 室外空气综合温度

在分析建筑围护结构外表面的传热问题时,必须考虑到外表面总是同时受到太阳辐射和室外空气温度的综合热作用。这样,建筑物单位外表面上得到的热量应取决于其表面换热量与吸收的太阳辐射热之和:

$$q = \alpha_W(t_W - \tau_W) + \rho I = \alpha_W\left[\left(t_W + \frac{\rho I}{\alpha_W}\right) - \tau_W\right] = \alpha_W(t_Z - \tau_W) \tag{2.4}$$

式中　α_W——围护结构外表面的换热系数,W/($m^2 \cdot ℃$);

　　　t_W——夏季室外空气温度,℃;

　　　τ_W——围护结构外表面温度,℃;

　　　ρ——围护结构外表面对太阳辐射的吸收系数,取决于材料表面粗糙度和颜色,参见附录2;

　　　I——围护结构外表面接受的总太阳辐射照度,W/m^2。

为了计算方便,式(2.4)中引入一个相当的室外温度(并非真实气温)值: $t_Z = t_W + \dfrac{\rho I}{\alpha_W}$,称之为室外空气的综合温度。所谓综合温度,实际上相当于室外气温由原来的 t_W 值增加了一个太阳辐射的等效温度值 $\dfrac{\rho I}{\alpha_W}$。

建筑物各表面所受到的太阳辐射照度为直射辐射照度和散射辐射照度之和,并需依据特定的条件通过计算确定。GB 50736—2012 中列出了全国 7 个纬度带、6 种大气透明度等级、各种朝向垂直面和水平面的太阳总辐射照度值。其中,北纬 40°地区的太阳总辐射照度值见附录3。

式(2.4)中仅考虑了来自太阳对围护结构的短波辐射,没有反映围护结构外表面与天空和周围物体之间存在的长波辐射。因此,式(2.4)可改写为:

$$t_Z = t_W + \frac{\rho I}{\alpha_W} - \frac{\varepsilon\Delta R}{\alpha_W} \tag{2.5}$$

式中　ε——围护结构外表面的长波辐射系数;

　　　　ΔR——围护结构外表面向外界发射的长波辐射和由天空及周围物体向围护结构外表面的长波辐射之差,W/m^2。垂直面:$\Delta R = 0$;水平面:$\dfrac{\varepsilon \Delta R}{\alpha_{\mathrm{w}}} = 3.5 \sim 4.0$ ℃。

显然,t_Z 主要受到 t_w,I 和 ρ 值变化的影响,所以采用不同表面材料的建筑物的不同朝向(屋顶与外墙)外表面,应具有不同的逐时综合温度值。当考虑长波辐射作用时,t_Z 值可能有所下降。

【例 2.1】　已知北京地区某建筑物具有深色油毛毡屋面和暗灰色混凝土墙体,夏季大气透明度等级为 4。试确定 12:00 作用于该建筑屋顶和东墙的室外空气综合温度。

【解】　①确定 12:00 室外空气的计算温度。查附录 1,北京 $t_{\mathrm{Wp}} = 28.6$ ℃,$\Delta t_\mathrm{r} = 8.8$ ℃,由表 2.1 查得 $\beta = 0.4$,则:

$$t_{\mathrm{W},12} = 28.6 \text{ ℃} + 0.4 \times 8.8 \text{ ℃} = 32.1 \text{ ℃}$$

②再由附录 2 查得 ρ 值:屋面取 0.88,东墙取 0.73。由附录 3 查得 I 值:屋面(水平面)取 949 W/m^2,东墙取 162 W/m^2。取 $\alpha_\mathrm{w} = 18.6$ W/(m^2·℃)。于是,12:00 的室外空气综合温度分别为:

屋顶　$t_{\mathrm{Z},12} = \left(32.1 \text{ ℃} + \dfrac{0.88 \times 949 \text{ W/m}^2}{18.6 \text{ W/(m}^2 \cdot \text{℃)}} - 3.5 \text{ ℃} \right) = 73.5$ ℃

东墙　$t_{\mathrm{Z},12} = \left(32.1 \text{ ℃} + \dfrac{0.73 \times 162 \text{ W/m}^2}{18.6 \text{ W/(m}^2 \cdot \text{℃)}} \right) = 38.5$ ℃

4)标准年(平均年)气象资料

计算机应用技术不断发展,使建筑物空调动态负荷计算成为可能。建立在负荷动态模拟基础上的全年或期间能耗分析,则是暖通空调系统优化设计与节能运行管理的重要技术途径。计算建筑物全年或期间冷、热负荷需要使用具有典型意义的标准年气象资料。

标准年气象参数与设计负荷计算用的室外计算参数区别较大,它并不代表一种抽象的"最不利"气象条件,而是由当地实际气象资料中提取的包括全年 8 760 h 的逐时气象参数值。该参数的选取应考虑实际气象条件的随机性,不能简单地选取某个月份、年份的数值,而应依据当地长期的原始气象观测资料,按照某种气象模型,运用科学的统计方法来加以确定。

近年来,国内外先后提出了参考年、典型年、代表年、平均年等标准年气象参数研究成果,各种成果对参数的筛选、标准年构成原则与具体处理方法等方面是不尽相同的。其中,日本的标准年研究成果颇具代表性,它采用精确法或简易法确定平均月气象参数,进而建立标准年。按照简易法首先选定对负荷计算影响最大的室外空气干球温度、含湿量和全天日射量作为主要参数,使用当地最近 10 年的原始气象观测数据求出各月各空气状态参数的计算平均值,并在其中寻找出某一参数的平均值 X_i',若该值与 10 年内的月平均值气象参数中某年该月平均值 X_i 的偏差为最小(即满足 $X_i \leqslant X_i' \pm \sigma_i$),则此年第 i 月份被视为平均月。如果同时有多个年份的 i 月份均满足上述条件,则需借助一个经特别研究确定的判据 D_M 值,以具有最小 D_M 值的那个年份的 i 月份作为最终的平均月。然后,再由分散在若干年份中的已经确定的 12 个平均月的实际逐时气象参数构成"平均年"气象资料。

2.2.2　室内空气计算参数

所谓室内空气计算参数,主要是指暖通空调工程作为设计与运行控制标准而采用的空气温度、相对湿度和空气流速等室内环境控制参数。

在建筑环境控制中,室内空气计算参数可分为两类:在民用建筑和工业企业辅助建筑中,以保证人体舒适、健康和提高工作效率为目的的"舒适性环境控制参数";在生产厂房以及一些研究设施中,以着重满足生产工艺过程的环境需求为目的的"工艺性环境控制参数"。

室内空气计算参数的确定,除了考虑室内参数综合作用下的人体热舒适和工艺特定需求外,还应根据工程所处地理位置、室外气象、经济条件和节能政策等具体情况进行综合考虑。

1)舒适性环境控制参数

(1)热舒适条件与 PMV-PPD 指数

建筑环境中人的热舒适是涉及一系列生理和心理感应的十分复杂的问题。对于建筑热环境舒适条件的研究,不少环境学家、卫生学家已经历了近一个世纪的探索,先后提出了诸如热强度指标、等感温度、有效温度图和人体舒适区等成果;近几十年来,一些欧美学者获得的诸多成就,将该领域的研究推进到一个新的里程。

丹麦工业大学范格(P.O.Fanger)教授依据人体热平衡原理建立起热舒适方程,确定了预计平均热感觉指数(PMV)的数学分析式,并使用 PMV 7 点标尺预测热环境下人体的热反应。PMV 指数综合考虑了热舒适条件下人体活动程度,着衣情况,空气的温度、湿度、流速和平均辐射温度这六个影响因素之间的关系,它可以代表绝大多数人对同一热环境的舒适感觉。但是,由于人与人之间的生理差别,总有少数人对该热环境并不满意,对此还需使用预计不满意者百分数(PPD)来加以反映。Fanger 依据大量实测统计资料,运用概率分析方法,确定了PPD 指数和 PMV 指数之间的定量关系,使热环境的评价更趋完善。为便于工程应用,丹麦有关公司近年已根据 Fanger 理论研制出可直接测定 PMV 指数和 PPD 指数的仪器。

1984 年以来,国际标准化组织陆续将 Fanger 的研究成果纳入一些相关标准。在ISO 7730标准中使用 PMV-PPD 指数来描述和评价热环境,并对人体热舒适范围给出如下推荐值:−0.5<PMV<+0.5,相应地 PPD<10%。我国 GB 50736—2012 规定,供暖与空调的室内热舒适性应按现行国家标准《中等热环境 PMV 和 PPD 指数的测定及热舒适条件的规定》(GB/T 18049—2000)的有关规定,采用 PMV-PPD 指数来评价,并将热舒适度等级划分为Ⅰ、Ⅱ两个等级:Ⅰ级,−0.5≤PMV≤0.5,PPD≤10%;Ⅱ级,−1≤PMV<−0.5,0.5<PMV≤1,PPD≤27%。

在暖通空调工程中,应用 Fanger 热舒适方程或 PMV-PPD 计算式,可以合理地确定各种不同使用功能的房间冬、夏季室内设计计算温度。相对于国际标准,在一定的活动量和着衣情况下,最舒适的工作温度见图 2.1。

(2)舒适性环境控制参数实用数据

根据我国暖通空调设计规范规定,舒适性热环境控制应首先考虑采暖通风,若采暖通风达不到人体舒适标准或室内热湿环境要求时,应采用空气调节。

在国家标准 GB 50736—2012 中,对于舒适性室内空气设计参数,主要针对人员长期在空调区域逗留的情况作出具体规定,如表 2.2 所示。当人员在空调区域仅作短期逗留时,室内设计温度在供冷工况下宜比长期逗留提高 1~2 ℃,供热工况下宜降低 1~2 ℃;短期逗留区域供冷工况的风速不宜大于 0.5 m/s,供热工况不宜大于 0.3 m/s。

此外,该规范对供暖设计温度还有如下规定:严寒和寒冷地区主要房间应采用 18~24 ℃;夏热冬冷地区主要房间宜采用 16~22 ℃;设置值班供暖房间不应低于 5 ℃。采用辐射供暖时室内设计温度宜降低 2 ℃;辐射供冷时室内设计温度宜提高 0.5~1.5 ℃。

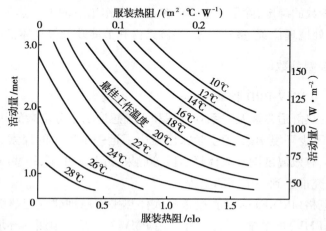

图 2.1　最舒适的工作温度

表 2.2　人员长期逗留区域空调室内设计参数

类　别	热舒适度等级	温度/℃	相对湿度/%	风速/(m·s⁻¹)
供热工况	Ⅰ级	22~24	≥30	≤0.2
	Ⅱ级	18~22	—	≤0.2
供冷工况	Ⅰ级	24~26	40~60	≤0.25
	Ⅱ级	26~28	≤70	≤0.3

国家标准 GB 50019—2015 对室内空气计算参数的规定则略有不同:舒适性空调室内温度夏季要求控制在 22~28 ℃,冬季控制在 18~24 ℃,夏季相对湿度控制在 40%~70%,冬季相对湿度没有要求。冬季室内设计温度,应根据建筑物的用途采用:生活、行政辅助建筑物及公用辅助建筑的辅助用室的室内温度,浴室、更衣室不应低于 25 ℃,办公室、休息室、食堂不应低于 18 ℃,盥洗室、厕所不应低于 14 ℃。严寒、寒冷地区的公用辅助建筑仅要求室内防冻时,室内防冻设计温度宜为 5 ℃。

在我国近年来颁布实施的一些分类建筑设计规范中,对各类建筑不同使用功能房间的暖通空调室内设计标准做了更为详尽的规定。工程实践中,尤其对于某些特殊场所的暖通空调设计,应当按照有关标准、规范执行。

近些年来,国内工程界重点开展了民用建筑节能问题的研究,《公共建筑节能设计标准》(GB 50189—2015),对室内环境节能设计计算参数作出了明确规定。在此过程中,人们针对广大南方地区还提出了一些充分利用自然能、综合运用低能耗暖通空调技术改善建筑热环境的实用方案,其中总结出的一些环境控制参数经验值可供参考:室内温度夏季宜低于30 ℃,冬季宜高于12 ℃;室内相对湿度夏季宜低于70%,冬季宜高于35%;室内风速在使用自然通风时可尽量大一些。

2) 工艺性环境控制参数

所谓工艺性环境控制,是指与生产工艺或某些特殊操作过程密切相关的室内环境控制。鉴于工艺过程的千差万别,环境控制可能包括一般降温、恒温恒湿或空气净化等类型,其控制参数应在深入调查研究基础上,着重根据工艺过程的特定需求来确定。对室内温湿度参数方面有严格要求的恒温恒湿空调来说,不仅要确定满足工艺要求的温湿度参数,还给出了各自的允许波动范围。

按 GB 50019—2015 的规定,工艺性环境控制应首先考虑采暖通风,若采暖通风达不到工艺对室内温湿度等参数要求时应采用空气调节。当采用空调时,温湿度参数的确定应符合如下一些要求。

工艺性空调室内温湿度参数及其允许波动范围应根据工艺需要并考虑必要的卫生条件来确定。人员活动区域的风速,在夏季宜采用 0.2~0.5 m/s,冬季不宜大于 0.3 m/s。当室内温度高于 30 ℃时可大于 0.5 m/s。

表 2.3 中列举了一部分恒温恒湿空调的室内温湿度设计标准。关于工艺性环境控制参数更为详尽的资料,可从国内有关专业标准、规范或设计手册中获得。另外,部分工业生产厂房对室内温湿度并无严格要求,夏季空调只是为了使工人操作时手不出汗,产品不受潮,其时只需规定室内温湿度的上限:室温不高于 28 ℃,相对湿度不大于 65%。

表 2.3 部分恒温恒湿房间的室内空气设计温湿度

恒温恒湿工作间用途		t_N/℃	φ_N/%
计量室	检定一等标准热电偶	(20±1)	<70
	检定一至三级天平和一等砝码	(17±0.5)~(23±0.5)	50~60
	检定一等量块	(20±0.2)	50~60
	检定万能测长仪	(20±1)	50~60
机械工业	一级坐标镗床	(20±1)	40~65
	高精度刻线机	(20±0.1)~(20±0.2)	40~65
	量块精研	(20±0.5)	40~65
光学仪表工业 光学玻璃精密刻画		(20±0.1)~(20±0.5)	40~65
电子工业 精缩、翻版、光刻间		(22±1)	50~60
电子计算机房		(20±1~2)~(23±1~2)	50±10

当工业生产厂房工艺上无特殊要求,夏天采用通风降温时,工作地点的温度应根据当地夏季通风室外计算温度及其与工作地点的允许温差(取 2~10 ℃)确定,一般应控制为 32~35 ℃。当设置系统式局部送风时,工作地点的温度和平均风速应根据车间热辐射强度大小分别确定:夏季温度为 24~31 ℃,相应风速取 6~1.5 m/s;冬季温度为 18~25 ℃,相应风速取 4~1.0 m/s。

冬季设计集中采暖时,生产(工作)地点的空气温度根据作业轻重按如下要求确定:轻作业取 18~21 ℃,中作业取 16~18 ℃,重作业取 14~16 ℃,过重作业取 12~14 ℃;工作地点的平均风速则应根据室内散热强度确定:室内散热量小于 23 W/m³ 时,不宜大于 0.3 m/s;室内散热量大于或等于 23 W/m³ 时,不宜大于 0.5 m/s。

对于严寒或寒冷地区设有集中采暖的工业生产厂房,在非生产时期或中断使用期内如无特殊要求,同样应按与前述相同的原则考虑值班采暖等环控措施。

2.3 建筑供暖设计负荷计算

2.3.1 基本概念

由于建筑物或房间内可能存在多种获得热量或散失热量的根源或途径,这就形成某一时刻由各种途径导入室内的得热量或导出室内的失热量(即耗热量)。当其失热量大于得热量时,为了保持室内在要求温度下的热平衡,需要供暖系统以采暖设备散热或热风供暖形式向室内补进热量。其时,应以房间热负荷为基础,确定整个供暖系统或建筑物的供暖热负荷。

供暖系统设计热负荷是指在某一室外设计计算温度下,为达到一定的室内设计温度值,供暖系统在单位时间内应向建筑物供给的热量,它是系统设计最基本的依据。在稳态传热条件下,供暖系统设计热负荷可由房间在一定室内外设计计算条件下得热量与失热量之间的热平衡关系来确定。

建筑物冬季供暖设计热负荷计算常以房间为对象逐室进行,通常涉及房间的得热量、失热量有:

①建筑围护结构的耗热量(包括传热耗热量和太阳辐射热)。

②经由外门、窗缝隙渗入室内的冷空气耗热量。

③经由开启的外门进入室内的冷空气耗热量。

④通风系统在换气过程中从室内排向室外的通风耗热量。

⑤通过其他途径散失或获得的热量。

房间的其他得失热量包括人体及工艺设备、照明灯具、电气用具、冷热物料、开敞水槽等散热量或吸热量,因其一般并不普遍存在,量小且不稳定,通常可不计入。对于不设通风系统的一般民用建筑(尤其是住宅),往往只需考虑前三项,即供暖设计热负荷为维护结构耗热量、冷风渗透耗热量之和。但若其他得失热量经常而且稳定存在,也应将其计入房间热平衡式中。对于设置采暖及通风系统或设置空调系统的一些民用与工业建筑,其供暖系统的设计热负荷需根据建筑物或生产工艺设备的使用情况,通过综合考虑得失热量的热平衡和通风的空气量平衡才能确定。

本节着重解决在冬季具有普遍、稳定得失热量且属连续、全面供暖的房间的热负荷计算问题,其他情况可参见有关专业设计手册。

2.3.2　围护结构的耗热量

围护结构的耗热量是指当室内温度高于室外温度时,通过围护结构向外传递的热量。在工程设计中,计算房间围护结构耗热量时,应包括围护结构基本耗热量和附加(修正)耗热量,并分别进行计算。

严格地说,由于室内散热不稳定,且室外气温、日照时间、日射照度以及风向、风速等都随季节、昼夜或时刻而不断变化,通过围护结构的传热过程是一个非稳态过程。但对一般室内温度容许有一定波动幅度的建筑而言,冬季可近似按一维稳态传热过程来处理,这样既可简化计算,亦能基本满足要求。因此,工程中除了对室内温度有特别要求外,一般均按稳态传热公式加以修正计算。

1)围护结构的基本耗热量

围护结构的基本耗热量是指在设计计算条件下,通过房间门、窗、墙、地板、屋顶等围护结构从室内传到室外的稳态传热量的总和。

当室内外存在温差时,围护结构将通过导热、对流和辐射三种方式将热量传递至室外。在稳态传热条件下,围护结构的基本耗热量可按下式计算:

$$Q = KF(t_N - t_W)a \tag{2.6}$$

式中　K——围护结构的传热系数,W/(m² · ℃);

　　　F——围护结构的计算面积,m²;

　　　t_N, t_W——冬季室内、外空气的计算温度,℃;

　　　a——围护结构的温差修正系数,见附录5。

建筑围护结构既要满足建筑结构上的强度要求,也应满足建筑热工方面的要求。例如,应保证建筑内表面温度不致过低和出现结露现象,具有一定的热稳定性,满足设计规范中对最小传热热阻的要求等。其热阻和厚度应根据技术经济比较确定,且应符合国家有关节能标准的要求。

围护结构的传热系数 K 值一般可根据土建提供的资料由传热学有关公式计算,或者直接从专业设计手册中查取。常用 K 值见附录4。

地面的传热系数在冬季随其保温性能(依据各层材料是否有导热系数 λ 小于 1.16 W/(m · ℃)而定)及其距外墙的远近而变化。工程中一般采用如图 2.2 所示的方法,分四带近似计算其传热系数和热阻。表 2.4 给出了贴土非保温地面的传热系数和热阻值。对于贴土保温地面,可分别以各地带贴土非保温地面热阻 R_0 为基础,加上相应地带各层保温材料的总导热热阻来确定。对铺设于地垄墙上的保温地面,其各地带的总热阻则分别按相应贴土保温地面总热阻值扩大约 18% 来估算。

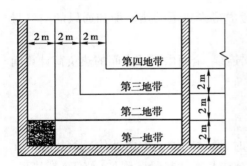

图 2.2　地面传热地带的划分

表 2.4　非保温地面的热阻值和传热系数

地　带	$R_0/(\mathrm{m^2 \cdot \text{℃} \cdot W^{-1}})$	$K_0/(\mathrm{W \cdot m^{-2} \cdot \text{℃}^{-1}})$
第一地带	2.15	0.47
第二地带	4.30	0.23
第三地带	8.60	0.12
第四地带	14.2	0.07

不同地区各类建筑的围护结构传热系数应符合各地区的节能设计标准《公共建筑节能设计标准》（GB 50189—2005）、《夏热冬暖地区居住建筑节能设计标准》（JGJ 75—2012）、《夏热冬冷地区居住建筑节能设计标准》（JGJ 134—2010）、《严寒与寒冷地区居住建筑节能设计标准》（JGJ 26—2010）的规定。

不同围护结构传热计算面积一般均按图 2.3 规定的丈量方法来确定。对于有闷顶的斜屋面，最顶层高度应算到闷顶内的保温层表面；对于平屋顶建筑，最顶层高度应算到屋顶外表面，顶棚面积亦应按建筑外廓尺寸计算。

对于地下室面积丈量，位于室外地面以下的外墙被视为地面的延伸，并从上至下按地板相同规则进行传热地带划分。

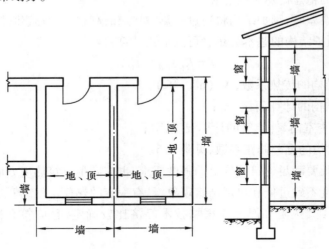

图 2.3　围护结构传热面积的尺寸丈量规则
（对平屋顶，顶棚面积按建筑物外廓尺寸计算）

当供暖房间并不直接接触室外大气时，围护结构的基本耗热量会因内外传热温差的削弱而减少，为此人们引入了围护结构的温差修正系数 a。a 值的大小取决于邻接非供暖房间或空间的保温性能和透气状况。若邻接房间或空间的保温性能差，易于室外空气流通，则该区域温度将接近于室外气温，而 a 值亦接近于 1（各种不同情况下的 a 值见附录 5）。对于与不供暖的楼梯间相邻的内隔墙，多层建筑由底层至顶层 $a = 0.8 \sim 0.4$，高层建筑由底层至顶层 $a = 0.7 \sim 0.3$。当已知或可求出冷侧温度时，t_w 一项可直接用冷侧温度值代入，不再进行 a 值修正。

此外,当供暖房间与相邻房间的温差大于或等于5℃时,或通过隔墙和楼板等的传热量大于该房间热负荷的10%时,应计算通过隔墙或楼板等的传热量。

2) 围护结构的附加(修正)耗热量

由于供暖房间所处环境条件并不均一、稳定,围护结构的实际耗热量受到各种变化因素的影响,较之按稳态传热计算所得的基本耗热量必然会有所增减,故此需要对前面所确定的基本耗热量进行各种修正。

①朝向修正耗热量。朝向修正是基于太阳辐射得热量对房间供暖的有利作用和各朝向房间温度平衡要求而提出的对各部分基本耗热量的附加(或附减)百分率,垂直外围护结构朝向修正率为:

北、东北、西北朝向:0~10%;

东、西朝向:-5%;

东南、西南朝向:-15%~-10%;

南向:-30%~-15%。

选用时应考虑当地冬季日照率、辐射照度、建筑物使用和被遮挡等情况。日照率小于35%的地区,东南、西南和南向的修正率宜采用-10%~0,东、西向可不予修正。

目前,国内认为应以采暖季节平均温度(非供暖室外计算温度)时南、北向围护结构耗热量比例作为朝向修正率,这更有利于缓解供暖房间常见的南热北冷的问题;认为朝向修正率应考虑地理位置、窗墙比的差异,并宜采用朝向修正值代替朝向修正率。有关内容详见《供热通风设计手册》。

②风力附加耗热量。风力附加耗热量是考虑室外风速超出常规时围护结构外表面换热系数增大而对围护结构基本耗热量的修正。由于我国大部分地区冬季室外平均风速大多为2~3 m/s,一般建筑并不需要考虑风力附加耗热量。对于建在不避风的高地、河边、海岸、旷野上的建筑物,以及城镇、厂区内明显高出周围其他建筑物的建筑物,垂直的外围护结构需附加5%~10%。

③外门附加耗热量。冬季室外冷空气在风压、热压的作用下,由开启的外门侵入室内,加热这部分冷空气的耗热量可以用外门的基本耗热量乘以外门附加率,当建筑物的楼层数为n时,外门附加率为:

一道门:$65n\%$;

两道门(有门斗):$80n\%$;

三道门(有两个门斗):$60n\%$;

公共建筑和生产厂房的主要出入口:500%。

外门附加耗热量只适用于短时间开启且未设热风幕的外门;建筑的阳台门不应考虑这项附加。

④高度附加耗热量。高度附加耗热量是考虑到房间高度过大时,由于存在竖向温度梯度而使围护结构耗热量增加所附加的耗热量。高度附加率应在维护结构基本耗热量和其他附加耗热量之和的基础上。

民用建筑和工业企业辅助建筑物(楼梯间除外)的高度附加率分别规定:散热器供暖房间高度大于4 m时,每高出1 m应附加2%,但总附加率不应大于15%;地面辐射供暖的房间高度大于 4 m 时,每高出 1 m 宜附加 1%,但总附加率不宜大于 8%。

对于高大的工业厂房,除一些高度较低的冷加工车间仍可参照前述修正方法外,一般工业车间采用按部位合理确定室内计算温度的方法,用此方法求出的围护结构基本耗热量自然不应再考虑高度附加修正。

⑤其他修正方法。工程实践中,除以上几项主要修正外,对房间围护结构基本耗热量的修正还可能增加其他修正。

对于公用建筑,当房间具有 2 面及其以上外墙时,可将外墙、外窗、外门的基本耗热量增加 5%;如果窗、墙面积之比超过 1:1 时,可对窗的基本耗热量附加 10%。

对于高层建筑来说,应考虑室外风速随楼房高度的增加而加大,从而对外窗传热耗热量有较大的影响。对此,可按单、双层钢框窗在不同高度和室外风速下分别考虑 15% 以内和 7% 以内的传热系数附加率来进行修正,详细资料请参考《供热通风设计手册》。

以上各项算得的房间围护结构基本耗热量与附加耗热量适用于连续供暖系统。对于只要求在使用时间保持室内温度,而其他时间可以自然降温的供暖间歇使用建筑物,可按间歇供暖系统设计。其供暖热负荷应对围护结构耗热量进行间歇附加,间歇附加率可按下列数值选取:

仅白天使用的建筑物(如办公楼、教学楼等):20%;

不经常使用的建筑物(如大礼堂等):30%。

2.3.3　冷风渗透耗热量

建筑物外围护结构受到由风力和热压造成的室内外综合压差的作用,使室外冷空气经由门、窗等缝隙渗入室内,在加热升温之后又会向室外散逸。把这部分室外冷空气加热到室内温度所消耗的热量就是所谓的冷风渗透耗热量。

影响冷风渗透耗热量的因素很多,如建筑物的内部隔断门窗构造、门窗朝向、室外风向和风速、室内外空气温差、建筑物高低等。总之,对于多层(6 层及其以下)的建筑物,在工程设计中,由于房屋高度不高,冷风渗透耗热量主要考虑风压的作用,可忽略热压的影响。对于高层建筑,则应考虑风压与热压的综合作用。

以下是计算冷风渗透耗热量的常用方法。

1) 缝隙法

通过计算不同朝向的门、窗缝隙长度以及从每米长缝隙渗入的冷空气量来确定其冷风渗透耗热量,该方法称为缝隙法。多层和高层建筑,可按下式计算冷风渗透耗热量:

$$Q = 0.278L \rho_W c_p (t_N - t_W) \tag{2.7}$$

式中　L——经门、窗缝隙渗入室内的总空气量,m^3/h;

　　　ρ_W——供暖室外计算温度下的空气密度,kg/m^3;

　　　c_p——冷空气的定压比热容,$kJ/(kg \cdot ℃)$;

　　　0.278——单位换算系数。

门、窗缝隙渗入空气量 L 的确定,工程实践中应当采用 GB 50736—2012 附录 F 的计算方法,该方法综合考虑了风压和热压对冷风渗透的共同作用。

用缝隙法计算冷风渗透耗热量时,只计算朝冬季主导风向的门窗缝隙长度,朝主导风向背风面的门、窗缝隙不必计入。实际上,冬季中的风向是变化的,位于非主导风向的门窗在某一时间也会处于迎风面,必然有冷空气渗入。因此,建筑物门、窗缝隙的长度应分别按各朝向所有可开启的外门、外窗缝隙丈量。在计算不同朝向的冷风渗透空气量时,引进一个渗透空气量的朝向修正系数 n,则

$$L = L_s l n \tag{2.8}$$

式中　L_s——每米门、窗缝隙渗入室内的空气量,$m^3/(h \cdot m)$;

　　　　l——门、窗缝隙的计算长度,m;

　　　　n——渗透空气量的朝向修正系数,部分城市的 n 值见附录6。

式(2.8)仅考虑了风压作用对冷风渗透的作用,可供读者练习计算多层建筑渗入空气量时使用。

门、窗缝隙的计算长度,可按下述方法计算:当房间仅有 1 面或相邻 2 面外墙时,全部计入其门、窗可开启部分的缝隙长度;当房间有相对 2 面外墙时,仅计入风量较大一面的缝隙;当房间有 3 面外墙时,仅计入风量较大的 2 面墙缝隙。

2)换气次数法

在工程设计中,可按式(2.9)估算该房间的冷风渗透耗热量,式中的换气次数是风量($m^3 \cdot h^{-1}$)与房间体积(m^3)之比。

$$Q = 0.278 n V_N c_p \rho_W (t_N - t_W) \tag{2.9}$$

式中　V_N——房间的内部容积,m^3;

　　　　n——房间的换气次数,次/h,当无实测数据时可按表 2.5 确定。

表 2.5　概算换气次数

房间类型	1 面有外窗房间	2 面有外窗房间	3 面有外窗房间	门　厅
$n/(次 \cdot h^{-1})$	0.5	0.5~1	1~1.5	2

3)百分率附加法

由于工业建筑房屋较高,室内外温差产生的热压较大,冷风渗透耗热量可根据建筑物的高度及玻璃窗的层数,按表 2.6 列出的附加百分率进行估算。

表 2.6　冷风渗透耗热量占围护结构总耗热量的百分率

	建筑物高度/m		
	<4.5	4.5~10.0	>10.0
	百分率/%		
单　层	25	35	40
单、双层	20	30	35
双　层	15	25	30

当建筑物在冬季借助热风采暖系统或空气调节系统担负其部分或全部供暖任务时,由于室内保持有足够的正压值,一般可以避免室外冷空气向室内渗透或侵入,计算耗热量时无须考虑冷风渗透耗热量。

2.3.4 辐射供暖系统的设计负荷计算

辐射供暖系统是供暖设备主要以辐射方式向房间供热的供暖系统。辐射供暖与对流供暖相比,在相同热舒适条件下,辐射供暖室内设计温度宜降低 2 ℃。全面辐射供暖系统的热负荷计算按此室内计算温度计算,局部辐射供暖系统的热负荷等于全面辐射供暖系统的热负荷乘以表 2.7 的计算系数。

表 2.7　局部辐射供暖热负荷计算系数

供暖区面积与房间总面积的比值	≥0.75	0.55	0.40	0.25	≤0.20
计算系数	1	0.72	0.54	0.38	0.30

2.3.5 房间供暖设计负荷计算实例

对于仅设置采暖系统的建筑而言,在忽略其他内部得热因素的情况下,房间的总耗热量则可视为其供暖设计热负荷。

【例 2.2】 已知位于北京市的某民用办公建筑的平、剖面图,见图 2.4。其中,会议室(101 号房间)冬季采暖室内设计温度 $t_n = 18$ ℃。围护结构条件为:

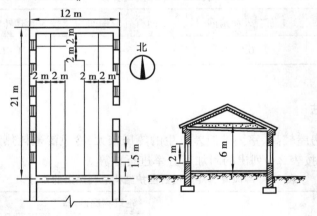

图 2.4

外墙　内外抹灰砖墙,厚 370 mm,$K = 1.57$ W/(m²・℃)

外窗　单层木框玻璃窗,宽×高 = 1.5 m×2.0 m,可开启部分的缝隙总长为 13.0 m

外门　单层木门,宽×高 = 1.5 m×2.0 m,可开启部分的缝隙总长为 9.0 m

顶棚　厚 25 mm 的木屑板,上铺 50 mm 防腐木屑,$K = 0.93$ W/(m²・℃)

地面　不保温地面,K 值按划分地带计算

北京市冬季室外气象资料:采暖室外计算温度 $t_w = -9$ ℃;冬季室外平均风速 $v_{pj} = 2.8$ m/s。

试计算 101 号房间的供暖设计热负荷。

表 2.8　房间耗热量计算表

房间编号	房间名称	维护结构面积 F 名称及方向	面积计算		传热系数 K	室内计算温度 t_N	室外计算温度 t_W	室内外计算温差 t_N-t_W	温差修正系数 a	基本耗热量 Q_j	耗热量修正 朝向修正率 X_{ch}	风向修正率 X_f	外门修正率 X_{wm}	高度修正率 X_g	修正耗热量	维护结构耗热量 Q_1	冷风渗透耗热量 Q_2	房间总耗热量 Q
				m²	W·m⁻²·℃⁻¹	℃	℃	℃		W	%	%	%	%	W	W	W	W
1	2	3	4	5	6	7	8	9	10	11	12	13	14	15	16	17	18	19
101	会议室	北外墙	12×6	72	1.57	18	-9	27	1	3 052	0	0		4	3 174	25 522	904	26 426
		西外墙	21×6-6×1.5×2	108	1.57				1	4 578	-5	0		4	4 523			
		西外门	6×1.5×2	18	5.82				1	2 829	-5	0		4	2 795			
		东外墙	21×6-6×1.5×2	108	1.57				1	4 578	-5	0		4	4 523			
		东外门	1.5×2	3	4.65				1	377	-5	0	65	4	627			
		东外窗	5×1.5×2	15	5.82				1	2 357	-5	0		4	2 329			
		顶棚	20.63×11.26	232	0.93				0.9	5 250	0	0		4	5 460			
		地面Ⅰ	2×2×20.63+2×11.26	105	0.47				1	1 332	0	0		4	1 386			
		地面Ⅱ	2×2×18.63+2×3.26	81	0.23				1	503	0	0		4	523			
		地面Ⅲ	3.26×16.63	54.2	0.12				1	176	0	0		4	183			

【解】 101号房间的供暖设计热负荷全部计算列于表2.8中。其主要计算步骤如下：

①计算围护结构传热耗热量 Q_1：据各围护结构的基本耗热量及附加耗热量，可算得围护结构总传热耗热量为 $Q_1 = 25\ 522$ W。

②计算冷风渗透耗热量 Q_2：根据附录6，北京市的冷风朝向修正系数：东向 $n = 0.15$，西向 $n = 0.40$。对有2面外墙的房间，按最不利的一面外墙（西向）计算冷风渗透量。

按表2.6，冬季室外平均风速在 $v_{pj} = 2.8$ m/s 以内，单层木框窗的每米缝隙的冷风渗透量 $L_S = 2.88$ m³/(h·m)。西向6个窗的缝隙总长度 $l = 6 \times 13$ m = 78 m。总的冷风渗透量 L：

$$L = L_S ln = 2.88\ \text{m}^3/(\text{h} \cdot \text{m}) \times 78\ \text{m} \times 0.4 = 89.86\ \text{m}^3/\text{h}$$

于是，冷风渗透耗热量 Q_2：

$$Q_2 = 0.278 V \rho_W c_p (t_N - t_W)$$
$$= 0.278 \times 89.86\ \text{m}^3/\text{h} \times 1.34\ \text{kg/m}^3 \times 1\ \text{kJ/(kg} \cdot ℃) \times (18 + 9)\ ℃$$
$$\approx 904\ \text{W}$$

计算101号房间供暖设计总热负荷 Q：

$$Q = Q_1 + Q_2 = 25\ 522\ \text{W} + 904\ \text{W} = 26\ 426\ \text{W}$$

2.3.6　通风耗热量与建筑供暖设计负荷

1) 通风耗热量

无论民用建筑还是工业建筑，在房间冬季供暖过程中基于卫生与换气要求，同时为补偿室内局部或全面排风量等，需要保证一定的通风量 G_W。冬季供暖主要是显热交换，这部分室外冷空气进入室内将被加热至室温，然后等量地排至室外。显然，伴随这一过程将产生一定的通风耗热量，假设房间计算通风量业已确定为 G_W，则相应的通风耗热量为：

$$Q_W = G_W c_p (t_N - t_W) \tag{2.10}$$

对于空调系统，式(2.10)中的通风量 G_W 就是所谓的空调新风量；相应设计工况下的通风耗热量也就是组成空调系统设计热负荷的新风热负荷。

在以采暖方式供暖的民用与工业建筑中，房间卫生要求的通风换气量大多可由冷风自然渗透予以保证，无须再考虑通风耗热量。如果某些民用与工业建筑室内卫生要求的通风换气量大于冷风渗透量，一般需借助局部通风或全面通风来保证，这时可以不计算冷风渗透耗热量，仅计算通风耗热量即可。如果这类建筑供暖时室内通风换气需靠专设的送排风、热风采暖系统或空调系统来解决，那么这部分通风耗热量就应另行归入通风、空调系统的设计热负荷。

2) 供暖设计负荷

在房间各项耗热量计算与热负荷分析的基础上，可求得房间总的供暖设计热负荷。通过综合各房间、各系统的供暖设计热负荷，并考虑适当的用热设备、输热管路的热量损耗，即可确定建筑采暖、通风或空调的供暖设计热负荷。

2.3.7　建筑供暖设计负荷概算

在方案设计或初步设计阶段，由于各种具体条件未知，建筑供暖设计热负荷往往只能进行概略估算。单位面积热指标法和单位体积热指标法是常用的概算方法，其含义是：某类建筑单位建筑面积或在室内、外温差为 1 ℃时单位建筑体积的平均供暖设计热负荷。这两种热指标一般是通过对大量同类建筑供暖设计的调查、统计来获取,有时也可通过计算来求得。

1)单位面积热指标法

采用单位面积热指标法概算建筑的供暖设计热负荷 $\sum Q$ 时,可按式(2.11)计算:

$$\sum Q = q_f F \tag{2.11}$$

式中 q_f——建筑单位面积供暖热指标,kW/m²;

F——建筑总面积,m²。

国内用于民用采暖建筑的单位面积热指标,见附录 7。当建筑总建筑面积大、外围护结构热工性能好和窗户面积小时,采用较小的热指标值;反之,采用较大的热指标值。

当民用建筑的外墙面积、窗墙比及建筑面积已知时,其单位面积供暖热指标 q_f 可按式(2.12)估算:

$$q_f = \frac{1.163(6\alpha + 1.5)W}{F}(t_N - t_W) \tag{2.12}$$

式中 α——建筑的窗墙比;

W——建筑外墙(含窗)总面积,m²;

t_N——采暖室内设计计算温度,℃;

t_W——采暖室外设计计算温度,℃。

对于空调建筑的冬季设计热负荷,按上述供暖面积热指标进行概算后,再乘以新风耗热的系数 1.3~1.5 即可。

2)单位体积热指标法

采用单位体积热指标法概算建筑的供暖设计热负荷 $\sum Q$ 时,可按式(2.13)计算:

$$\sum Q = q_v V(t_N - t_W) \tag{2.13}$$

式中 q_v——建筑单位体积供暖热指标,kW/(m³·℃);

V——建筑的外廓体积,m³。

北京地区部分民用建筑适用的供暖体积热指标见附录 8。对于工业厂房,供暖热指标应另行给出统计资料或计算方法,必要时可查阅专题文献或相关设计手册。

2.4 建筑供冷设计负荷计算

2.4.1 基本概念

前已述及,建筑内部在各种内、外热源和湿源的综合作用之下,所产生的热湿扰量必然会作用于房间热力系统,并形成影响其热稳定性的热(冷)、湿负荷。

在夏季,各种环境因素变化剧烈,导致房间热过程的不稳定性尤为突出,负荷量及其影响亦会成为环境控制的主要矛盾。因此,建筑夏季供冷(尤其空调供冷)设计的负荷计算远比冬季供暖或供冷设计要复杂得多。

建筑夏季空调供冷中,房间热湿负荷计算仍是最基本的环节。传统的设计负荷计算是依据某种确定的设计计算条件进行的。在全面分析房间内、外热源散热与湿源散湿的基础上,计算其形成的冷负荷与湿负荷,然后加上必要的新风负荷、再热负荷和一定的附加负荷,即可确定空调系统的设计冷负荷与湿负荷。同时,以空调房间或系统的设计冷负荷为基础,可确定整个建筑(群)的冷负荷。显然,设计负荷计算结果将为建筑供冷确定空调及其冷热源设备装机容量提供重要的技术依据,同时关系到空调工程的初投资,影响其运行经济性。

在进行建筑夏季空调设计负荷计算之前,应首先熟悉下述有关问题。

1)得热量、冷负荷与除热量

(1)室内得热量(Heat Gain)

室内得热量是指某时刻由室内、室外各种热源散(传)入房间的热量的总和。根据性质不同,得热量可分为潜热得热和显热得热,而显热得热又可分为对流热和辐射热。各种瞬时得热量中往往同时包含着多种热量成分,见表2.9。

表2.9　各种瞬时得热量中所含各种热量成分

得　热	$\beta_f/\%$	$\beta_d/\%$	$\beta_q/\%$
太阳辐射热(无内遮阳)	100	0	0
太阳辐射热(有内遮阳)	58	42	0
荧光灯	50	50	0
白炽灯	80	20	0
人　体	40	20	40
传导热	60	40	0
机械或设备	20~80	80~20	0
渗透和通风	0	100	0

注:β_f,β_d,β_q分别为辐射热、对流热、潜热占瞬时得热量的百分比。

(2)室内冷负荷(Cooling Load)

室内冷负荷是指当空调系统运行以维持室内温湿度恒定时,为消除室内多余的热量而必须向室内供给的冷量。

得热量与冷负荷有时相等,有时则不等。如前所述,瞬时得热量中只有显热得热中的对流成分和潜热得热才能直接放散到房间,并立即构成瞬时冷负荷;至于辐射得热,它在转化为室内冷负荷的过程中,数量上有所衰减,时间上有所延迟,其衰减和延迟的程度取决于整个房间的蓄热特性。建筑围护结构的蓄热能力和其热容量有关,而材料的热容量几乎与其质量成正比关系。因此,工程中将建筑围护结构划分为重型、中型和轻型。

图2.5反映出不同类型建筑的蓄热能力对冷负荷的影响:重型结构的蓄热能力比轻型结构的蓄热能力大得多,其冷负荷的峰值就比后者小得多,延迟时间也比后者要长得多。

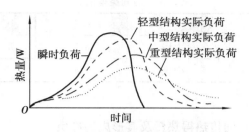

图 2.5　各型建筑对瞬时日射得热
形成室内冷负荷的影响

（3）除热量

除热量是指空调设备的实际供冷量。当空调系统连续运行并经常保持室温恒定时，除热量也就等于空调冷负荷。当空调系统间歇使用而停止运转，或虽然连续运转但室温经常处于波动状态时，房间便会产生一个额外增加的自然温升负荷，这种冷负荷与前述空调冷负荷之和就是所谓除热量。在间歇空调中，除热量又称为开车负荷，它意味着一旦空调系统重新开启，则需要向房间提供更多的冷量。

因此，在空调负荷计算中，得热量、冷负荷和除热量是不容混淆的几种概念，应当严格加以区别。此外，必须考虑建筑及其围护结构的吸热、蓄热与放热特性，根据不同的得热类型、性质分别计算其形成的冷负荷。

2）空调冷负荷计算方法简介

目前我国常用冷负荷系数法计算空调冷负荷。冷负荷系数法是建立在 Z 传递函数理论基础上的便于手算的一种工程实用方法。该方法无视扰量变化的周期性，将其视为随机变量，并以一组离散的脉冲序列值作为输入，通过相应的传递函数计算出系统反应或输出，也是一组无穷的脉冲序列值。因此，它除了用于设计负荷计算外，还特别适用于建筑物的全年动态负荷计算与能耗分析。国内研究人员研制出"冷负荷温度"和"冷负荷系数"等专用数表，借以可由各种扰量值十分方便地求得相应的逐时冷负荷。该方法的具体应用详见《设计用建筑物冷负荷计算方法》（亦称"负荷专刊"）。

2.4.2　围护结构得热量与冷负荷

夏季建筑的围护结构冷负荷是由于室内外温差和太阳辐射的作用，通过围护结构传入室内的热量形成的冷负荷。在计算夏季围护结构传热所形成的冷负荷之前，需预先了解空调房间各围护结构的热工特性，并对其所在地点及房间类型进行归类。当窗户带有外遮阳设施时，还应对窗口进行阴影计算。

为了简化计算，可按房间内墙和楼板对一阶谐性辐射热扰量的放热衰减度 ν_f 把房间分成轻型、中型和重型 3 种类型（见表 2.10）。地面可按重型楼板考虑，若地面上铺设地毯，则按轻型楼板考虑。

表 2.10　房间类型的划分

房间类型		轻型	中型	重型
围护结构的放热衰减度 ν_f	内墙	1.2	1.6	2.0
	楼板	1.4	1.7	2.0

1）通过墙体、屋面、窗户的传热得热量及其形成的冷负荷

为便于工程应用，可采用简化计算方法计算通过围护结构（外墙、屋面和窗户）传入的非稳态传热形成的逐时冷负荷，见式（2.14-1）—式（2.14-3）：

$$CL_{Wq} = KF(t_{Wlq} - t_N) \tag{2.14-1}$$

$$CL_{Wm} = KF(t_{Wlm} - t_N) \tag{2.14-2}$$

$$CL_{We} = KF(t_{Wlc} - t_N) \tag{2.14-3}$$

式中　CL_{Wq}——外墙传热形成的逐时冷负荷，W；

　　　CL_{Wm}——屋面传热形成的逐时冷负荷，W；

　　　CL_{We}——外窗传热形成的逐时冷负荷，W；

　　　K——外墙、屋面或外窗传热系数，W/（m² · ℃），见附录 9 和附录 10；

　　　F——外墙、屋面或外窗传热面积，m²；

　　　t_{Wlq}——外墙的逐时冷负荷计算温度，℃，见附录 11；

　　　t_{Wlm}——屋面的逐时冷负荷计算温度，℃，见附录 12；

　　　t_{Wlc}——外窗的逐时冷负荷计算温度，℃，见附录 13；

　　　t_N—— 夏季空调区设计温度，℃。

规范 GB 50736—2012 附录 H 中给出了北京、西安、上海、广州四个代表城市的外墙、屋面逐时冷负荷计算温度 t_{Wl}，其他城市可根据相近城市的数据给予修正后计算外墙和屋面逐时冷负荷。

通过窗户进入室内的得热量包括瞬变传热得热和日射得热两部分，前者由室内外温差所引起，这部分得热量中含有辐射热成分，分别由各自的房间放热衰减和放热延迟作用形成相应的室内冷负荷。规范给出了 36 个典型城市的外窗逐时冷负荷计算温度 t_{Wlc}。

2）通过窗户的得热量及其形成的冷负荷

通过窗户进入室内的日射得热两部分，因太阳照射而产生。日射得热包括直接透射到室内的太阳辐射热 q_t 和被玻璃吸收的太阳辐射换热传向室内的热量 q_α，其大小涉及太阳辐射照度、窗户类型与遮阳状况、窗玻璃的光学性能，以及内外表面放热系数等因素。

为了计算方便，采用对比计算方法。采用厚 3 mm 普通平板玻璃作为"标准玻璃"，在一定的计算条件下确定不同地区不同朝向的单位面积日射得热量：$D_J = q_t + q_\alpha$，并将 D_J 值称为"日射得热因数"。对于非标准玻璃及不同遮阳设施，则采用适当的系数予以修正。

透过玻璃窗进入的太阳辐射得热形成的逐时冷负荷计算公式为式（2.15）：

$$CL_c = C_{clc} C_z D_{Jmax} F_c \tag{2.15-1}$$

$$C_z = C_w C_n C_s \tag{2.15-2}$$

$$F_c = C_a F$$

式中 CL_c——透过玻璃窗进入的太阳辐射得热形成的逐时冷负荷,W;

$\quad\quad C_{clc}$——透过无遮阳标准玻璃太阳辐射冷负荷系数,见附录14;

$\quad\quad C_z$——外窗综合遮挡系数;

$\quad\quad C_w$——外遮阳修正系数;

$\quad\quad C_n$——内遮阳修正系数,见表2.11;

$\quad\quad C_s$——玻璃修正系数,见表2.12;

$\quad\quad D_{Jmax}$——夏季日射得热因数最大值,W/m^2,见附录15;

$\quad\quad F_c$——窗玻璃净面积,m^2;

$\quad\quad C_a$——窗户有效面积系数,见表2.13;

$\quad\quad F$——窗户面积,m^2。

表2.11 窗内遮阳设施的遮阳系数 C_n

内遮阳类型	颜 色	C_n
白布帘	浅 色	0.50
浅蓝布帘	中间色	0.60
深黄、紫红、深绿布帘	深 色	0.65
活动百叶	中间色	0.60

表2.12 窗玻璃的修正系数 C_s

玻璃类型	C_s	玻璃类型	C_s
"标准玻璃"	1.00	6 mm 厚吸热玻璃	0.83
5 mm 厚普通玻璃	0.93	双层 3 mm 厚普通玻璃	0.86
6 mm 厚普通玻璃	0.89	双层 5 mm 厚普通玻璃	0.78
3 mm 厚吸热玻璃	0.96	双层 6 mm 厚普通玻璃	0.74
5 mm 厚吸热玻璃	0.88		

表2.13 窗的有效面积系数 C_a

窗户类别			
单层钢窗	单层木窗	双层钢窗	双层木窗
0.85	0.70	0.75	0.60

3) 内围护结构的传热冷负荷

一般来说,非空调邻室温度波动较室外平缓得多,当空调房间与邻室夏季温差大于 3 ℃时,通过内墙、楼板、内窗、内门等内围护结构向空调房间传热形成的冷负荷可按稳定传热负荷进行估计:

$$Q_{cl} = KF(t_{Wp} + \Delta t_{ls} - t_{N}) \tag{2.16}$$

式中 Δt_{ls}——邻室计算平均温度与夏季空调室外计算日平均温度的差值,可根据邻室散热强度由表 2.14 查取。

表 2.14　邻室计算平均温升

邻室散热量/$(W \cdot m^{-2})$	很少(如办公室和走廊等)	<23	23~116
Δt_{ls}/℃	0~2	3	5

当邻室为通风良好的非空调房间时,通过内窗、内墙或楼板的温差传热仍可分别采用前述外窗、外墙的负荷计算或估算。但是,对于内墙和楼板,应采用 0(水平)朝向外墙的数据或其昼夜平均值。

【例 2.3】 已知北京市某民用建筑顶层一空调房间,夏季室内设计温度 $t_{N} = 26$ ℃,室内压力稍高于室外大气压力。其围护结构条件为:

屋顶:结构按附录 9 中序号 8,$F = 42.1$ m²;

南墙:结构按附录 9 中序号 12,$F = 18.4$ m²;

南窗:单层 3 mm 玻璃钢窗,$K = 4.54$ W/(m²·℃),挂浅色内窗帘,无外遮阳,$F = 12$ m²;

内墙:$K = 2.37$ W/(m²·℃),放热衰减度 $\nu_f = 1.6$,邻接之走廊为空调区域;东侧内墙与库房邻接,$F = 21$ m²;

楼板:$K = 2.92$ W/(m²·℃),放热衰减度 $\nu_f = 1.8$,其下邻接空调房间,室温相同。

试计算该空调房间夏季围护结构传热所形成的冷负荷。

【解】 由于室内压力稍高于室外大气压,故无须考虑新风渗透引起的冷负荷。根据内墙放热衰减度 $\nu_f = 1.6$ 和楼板放热衰减度 $\nu_f = 1.8$,查表 2.10 可判定该房间属于中型。围护结构各部分的冷负荷分项计算如下:

①屋顶冷负荷:由附录 10 查得 $K = 0.38$ W/(m²·℃),查附录 12,得北京市屋顶冷负荷计算温度逐时值,即可按式(2.14)算出屋顶的逐时冷负荷。计算结果列于表 2.15 中。

表 2.15　屋顶冷负荷

计算时刻	7:00	8:00	9:00	10:00	11:00	12:00	13:00	14:00	15:00	16:00	17:00	18:00	19:00
t_{Wlm}/℃	38.4	37.4	36.5	36.0	35.8	36.0	36.7	37.9	39.3	41.0	42.7	44.4	45.8
t_{N}/℃	26												
$K/(W \cdot m^{-2} \cdot ℃^{-1})$	0.38												
F/m²	42.1												
CL_{Wm}/W	198	182	168	160	157	160	171	190	213	240	267	294	317

②南外墙冷负荷:由附录9查得 $K=0.57$ W/($m^2 \cdot$℃),查附录11,得北京市南向外墙冷负荷计算温度逐时值,即可按式(2.14)算出相应的逐时冷负荷。计算结果列于表2.16中。

表2.16　南外墙冷负荷

计算时刻	7:00	8:00	9:00	10:00	11:00	12:00	13:00	14:00	15:00	16:00	17:00	18:00	19:00
t_{Wlq}/℃	32.6	32.3	31.9	31.7	31.6	31.6	31.8	32.2	32.7	33.4	34	34.7	35.2
t_N/℃	26												
K/(W·m^{-2}·℃$^{-1}$)	0.57												
F/m^2	18.4												
CL_{Wq}/W	69	66	62	60	59	59	61	65	70	78	84	91	96

③南外窗瞬时传热冷负荷:由附录13查得南外窗各计算时刻的冷负荷计算温度 t_{Wlc},冷负荷计算结果列于表2.17。

表2.17　南外窗瞬变传热冷负荷

计算时刻	7:00	8:00	9:00	10:00	11:00	12:00	13:00	14:00	15:00	16:00	17:00	18:00	19:00
t_{Wlc}/℃	27.7	28.5	29.3	30.0	30.8	31.5	32.1	32.4	32.4	32.3	32.0	31.5	30.8
t_N/℃	26												
K/(W·m^{-2}·℃$^{-1}$)	4.54												
F/m^2	12												
CL_{Wc}/W	93	136	180	218	262	300	332	349	349	343	327	300	262

④南外窗日射得热冷负荷:

由表2.13查得单层钢窗有效面积系数 $C_a=0.85$,窗户有效面积为:

$$F_c = C_a F = 0.85 \times 12 = 10.2 \ m^2$$

由表2.11和表2.12查得窗玻璃系数 C_s 为1,内遮阳系数 C_n 为0.5。

外窗综合遮挡系数 $C_z = C_w C_n C_s = 1.0 \times 0.5 \times 1.0 = 0.5$。

该房间类型按重型考虑,由附录15查得南外窗夏季日射得热因数最大值 D_{Jmax},由附录14查得逐时冷负荷系数,即可按式(2.15)计算出相应的逐时冷负荷。计算结果见表2.18。

表 2.18　南外窗日射得热冷负荷

计算 时刻	7:00	8:00	9:00	10:00	11:00	12:00	13:00	14:00	15:00	16:00	17:00	18:00	19:00
C_{clc}	0.13	0.18	0.24	0.33	0.43	0.42	0.55	0.55	0.52	0.46	0.30	0.26	0.21
C_z	0.5												
$D_{\text{Jmax}}/$ $(\text{W}\cdot\text{m}^{-2})$	312												
F/m^2	10.2												
CL_{Wc}/W	207	286	382	525	684	668	875	875	827	732	477	414	334

⑤东侧内墙传热冷负荷：

查得北京市夏季空调室外计算日平均温度 $t_{\text{Wp}} = 29.6\ ℃$。非空调邻室库房无散热量，由表 2.13 确定该邻室温升 $\Delta t_1 = 0\ ℃$。按式（2.16）即可求出通过东侧内墙的稳定传热冷负荷为 $Q_{\text{cl}} = 2.37 \times 21 \times (29.6 - 26)\ \text{W} \approx 179\ \text{W}$。

最后，将前面所得各项冷负荷值汇总于表 2.19。

表 2.19　围护结构冷负荷计算汇总　　　　　　　　　　　　　　　单位:W

计算时刻	7:00	8:00	9:00	10:00	11:00	12:00	13:00	14:00	15:00	16:00	17:00	18:00	19:00
屋顶负荷	198	182	168	160	157	160	171	190	213	240	267	294	317
外墙负荷	69	66	62	60	59	59	61	65	70	78	84	91	96
窗传热负荷	93	136	180	218	262	300	332	349	349	343	327	300	262
窗日射负荷	207	286	382	525	684	668	875	875	827	732	477	414	334
内墙负荷	179	179	179	179	179	179	179	179	179	179	179	179	179
总　计	746	849	971	1142	1341	1366	1618	1658	1638	1572	1334	1278	1188

根据以上计算可知，该空调房间围护结构的最大冷负荷出现于 14:00，其值为 1 658 W。各项冷负荷中，外窗日射得热冷负荷所占比例较大。

2.4.3　室内热源湿源产生的冷负荷与湿负荷

1）室内热源散热形成的冷负荷量

在建筑中，室内热源一般包括工艺设备、照明灯具及人体等。

室内热源散发的热量包括显热和潜热两部分。显热散热又包含对流热和辐射热（表 2.11），其中对流热成为瞬时冷负荷，而辐射热则需经围护结构等物体表面的吸热、蓄热与放热作用,逐渐形成延时冷负荷。潜热散热则是直接成为瞬时冷负荷。

（1）设备散热形成的冷负荷

设备显热形成的冷负荷按下式计算：

$$CL_{sb} = C_{clsb} \, C_{sb} \, Q_{sb}$$ （2.17）

式中　CL_{sb}——设备显热形成的逐时冷负荷,W;

　　　　C_{clsb}——设备冷负荷系数,见附录16;

　　　　C_{sb}——设备修正系数;

　　　　Q_{sb}——设备实际显热散热量,W。

设备实际显热散热量按以下方法计算：

①电动设备。电动设备是指电动机及其驱动的工艺设备,在运转过程中两种设备的壳体均有升温,从而向周围环境散发热量。通常二者多同处一室,向室内散发的热量为：

$$Q = 1\,000 n_1 n_2 n_3 \frac{P}{\eta}$$ （2.18）

若只有工艺设备置于室内,则散发的热量为：

$$Q = 1\,000 n_1 n_2 n_3 P$$ （2.19）

若只有电动机置于室内,则散发的热量为：

$$Q = 1\,000 n_1 n_2 n_3 \frac{1-\eta}{\eta} P$$ （2.20）

式中　P——电动设备的安装功率,kW;

　　　　η——电动机效率,可由产品样本获得,或参考取用表2.20数据;

　　　　n_1——利用系数（安装系数）,系电动机最大实耗功率与安装功率之比,一般可取0.7~0.9,可用以反映安装功率的利用程度;

　　　　n_2——同时使用系数,即室内电动机同时使用的安装功率与总安装功率之比,根据工艺过程的设备使用情况而定,一般取0.5~0.8;

　　　　n_3——负荷系数,即每小时的平均实耗功率与设计最大实耗功率之比,它反映平均负荷达到最大负荷的程度,一般可取0.5左右,精密机床取0.15~0.4。

表2.20　电动机的效率

电动机功率/kW	0.25~1.1	1.5~2.2	3~4	5.5~7.5	10~13	17~22
电动机效率 η/%	76	80	83	85	87	88

②电热设备。对于无保温密闭罩的电热设备,其散热量为：

$$Q = 1\,000 n_1 n_2 n_3 n_4 P$$ （2.21）

式中　n_4——考虑排风带走热量的系数,一般取0.5。

其他符号意义同前。

③电子设备。电子设备散热得热量计算公式同式（2.28）,其中系数 n_3 应根据使用情况而定。对于已给出实测的实耗功率值的电子计算机,$n_3 = 1.0$,一般仪表则取0.5~0.9。

各种设备的类型及散热情况十分复杂,其得热量中的对流热、辐射热比例难以给出统一的数据,可根据实际情况查阅相关资料获得。

（2）照明散热形成的冷负荷

室内照明散热形成的冷负荷按下式计算：

$$CL_{zm} = C_{clzm}\ C_{zm}\ Q_{zm}$$ (2.22)

式中　CL_{zm}——照明散热形成的逐时冷负荷，W；

C_{clzm}——照明冷负荷系数，见附录17；

C_{zm}——照明修正系数；

Q_{zm}——照明实际散热量，W。

室内照明设备散热量属于稳定得热，一般不随时间而变化。根据照明灯具的类型和安装方式的不同，其得热量分别为：

白炽灯　　　　　　　　$Q = 1\ 000P$ (2.23)

荧光灯　　　　　　　　$Q = 1\ 000n_1 n_2 P$ (2.24)

式中　P——照明灯具所需功率，kW；

n_1——镇流器消耗功率系数，当明装荧光灯的镇流器装在空调房间内时，$n_1 = 1.2$；当暗装荧光灯镇流器装设在顶棚内时，$n_1 = 1.0$；

n_2——灯罩隔热系数，当荧光灯罩上部穿有小孔（下部为玻璃板），可利用自然通风散热于顶棚内时，$n_2 = 0.5 \sim 0.6$；对荧光灯罩无通风孔者，$n_2 = 0.6 \sim 0.8$。

照明设备散热得热量中，辐射热在室内各壁面的分配比例与房间尺寸和照明设备的位置有关，一般主要涉及内墙和楼板。

（3）人体散热形成的冷负荷

人体散热形成的冷负荷按下式计算：

$$CL_{rt} = C_{clrt}\ Q_{rtx} + Q_{rtq}$$ (2.25)

式中　CL_{rt}——人体散热形成的逐时冷负荷，W；

C_{clrt}——人体显热散热冷负荷系数，见附录18；

Q_{rtx}——人体显热散热量，W；

Q_{rtq}——人体潜热散热量，W。

人体散热与人的性别、年龄、衣着、劳动强度以及环境（温度、湿度）条件等多种因素有关。人体在与周围环境进行显热交换的同时，伴随散湿过程总是存在着潜热交换，这两种得热量之和即为人体的总散热量。

不同年龄和性别的人散热量散湿量不相同，比如成年女子的散热量散湿量约为成年男子的85%，儿童的散热量散湿量约为成年男子的75%。考虑到不同性质的建筑中人员的组成比例不同，在人体散热量计算中引入了"群集系数"，群集系数是根据人员的性别、年龄构成以及密集程度等情况不同而考虑的折减系数。人体散热量按下式来确定：

$$Q_{rt} = n\phi q$$ (2.26)

式中　Q_{rt}——人体显热散热量 Q_{rtx} 或者人体潜热散热量 Q_{rtq}，W；

n——室内全部人数；

ϕ——群集系数，见表2.21；

q——不同室温和劳动性质时成年男子散热量，W/人，见表2.22。

表 2.21 群集系数

活动场所	影剧院	图书阅览室	百货商店	工厂轻劳动	旅 馆	银 行	体育馆	工厂重劳动
φ	0.89	0.96	0.89	0.90	0.93	1.00	0.92	1.00

表 2.22 不同温度条件成年男子散热量与散湿量

体力活动性质		室内温度/℃		20	21	22	23	24	25	26	27	28	29	30
静坐	影剧院 会堂 阅览室	$q/(\text{W}\cdot\text{人}^{-1})$	显热	84	81	78	74	71	67	63	58	53	48	43
			潜热	26	27	30	34	37	41	45	50	55	60	65
			全热	110	108	108	108	108	108	108	108	108	108	108
		$w/[\text{g}\cdot(\text{h}\cdot\text{人})^{-1}]$	湿量	38	40	45	50	56	61	68	75	82	90	97
极轻劳动	旅 馆 体育馆 手表装配 电子元件	$q/(\text{W}\cdot\text{人}^{-1})$	显热	90	85	79	75	70	65	61	57	51	45	41
			潜热	47	51	56	59	64	69	73	77	83	89	93
			全热	137	135	135	134	134	134	134	134	134	134	134
		$w/[\text{g}\cdot(\text{h}\cdot\text{人})^{-1}]$	湿量	69	76	83	89	96	102	109	115	123	132	139
轻度劳动	百货商店 化学实验室 电子计算 机 房	$q/(\text{W}\cdot\text{人}^{-1})$	显热	93	87	81	76	70	64	58	51	47	40	35
			潜热	90	94	100	106	112	117	123	130	135	142	147
			全热	183	181	181	182	182	181	181	181	182	182	182
		$w/[\text{g}\cdot(\text{h}\cdot\text{人})^{-1}]$	湿量	134	140	150	158	167	175	184	194	203	212	220
中等劳动	纺织车间 印刷车间 机加工车间	$q/(\text{W}\cdot\text{人}^{-1})$	显热	117	112	104	97	88	83	74	67	61	52	45
			潜热	118	123	131	138	147	152	161	168	174	183	190
			全热	235	235	235	235	235	235	235	235	235	235	235
		$w/[\text{g}\cdot(\text{h}\cdot\text{人})^{-1}]$	湿量	175	184	196	207	219	227	240	250	260	273	283
重度劳动	炼钢车间 铸造车间 排练厅 室内运动场	$q/(\text{W}\cdot\text{人}^{-1})$	显热	169	163	157	151	145	140	134	128	122	116	110
			潜热	238	244	250	256	262	267	273	279	285	291	297
			全热	407	407	407	407	407	407	407	407	407	407	407
		$w/[\text{g}(\text{h}\cdot\text{人})^{-1}]$	湿量	356	365	373	382	391	400	408	417	425	434	443

人体散热得热量中辐射成分在室内各壁面的分配比,可近似用某壁面面积与室内壁面总面积之比来表示。

2）室内湿源散湿量与湿负荷

室内湿源包括工艺设备、人体与积水表面或材料湿表面等。湿源通过表面水分蒸发等形式向周围环境散发湿量,并成为室内湿负荷。

①人体散湿:人体主要通过呼吸和体表汗液蒸发向室内散发湿量。人体散湿同散热一样,受到众多因素的影响,其散湿量计算也与散热量有同样的考虑:

$$W = n\phi w \tag{2.27}$$

式中 w——不同室温和劳动性质时成年男子散湿量,见表2.19。

②其他湿源散湿:对于敞开水槽表面或地面积水的蒸发散湿量可按下式计算:

$$W = \beta(p_{gb} - p_q)F\frac{B}{B'} \tag{2.28}$$

式中 p_{gb}——相应于水表面温度下的饱和空气的水蒸气分压,Pa;

p_q——空气中水蒸气分压,Pa;

F——水表面积,m^2;

β——蒸发系数,$kg/(N \cdot s)$,$\beta = (\alpha + 0.003\ 63v)10^{-5}$;

B——标准大气压力,Pa;

B'——当地大气压力,Pa;

α——周围空气温度为 $15\sim30$ ℃时不同水温下的扩散系数,$kg/(N \cdot s)$,见表2.23;

v——水面上周围空气流速,m/s。

表 2.23 不同水温下的扩散系数

水温/℃	<30	40	50	60	70	80	90	100
$\alpha/[kg \cdot (N \cdot s)]^{-1}$	0.004 6	0.005 8	0.006 9	0.007 7	0.008 8	0.009 6	0.010 6	0.012 5

在某些工业与民用建筑中,伴随生产工艺及人的活动过程还可能存在其他湿源和热源,如材料表面蒸发、管道漏气等。这类热源及其散热量和湿源及其散湿量的确定应视具体情况而定,或者借助相关技术资料查取,也可通过现场调研获取有关数据。

【例2.4】 已知例2.3的空调房间内有8男、2女,共10人办公(属极轻劳动),每日工作时间为9:00—17:00,其间空调持续启用:电热设备共计600 W;明装荧光灯(包括镇流器)共计900 W。试计算该房间热源、湿源所形成的冷负荷与湿负荷。

【解】 按已知条件,应分别计算室内设备、照明及人体的冷负荷和人体湿负荷(即房间总湿负荷)。

①设备冷负荷:设备连续使用8 h,由附录15查得设备冷负荷系数,将计算结果列于表2.24:

$$Q_{cl,12} = 0.81 \times 600\ W = 486\ W$$

表 2.24 设备冷负荷

计算时刻	7:00	8:00	9:00	10:00	11:00	12:00	13:00	14:00	15:00	16:00	17:00	18:00	19:00
C_{clsb}	0.01	0.01	0.01	0.77	0.91	0.93	0.94	0.95	0.96	0.96	0.97	0.20	0.07
C_{sb}	1.0												
Q_{sb}/W	600												
C_{Lsb}/W	6	6	6	462	546	558	564	570	576	576	582	120	42

②照明冷负荷:连续开灯 8 h,由附录 17 查得照明冷负荷系数,计算结果列于表 2.25:

表 2.25　照明冷负荷

计算时刻	7:00	8:00	9:00	10:00	11:00	12:00	13:00	14:00	15:00	16:00	17:00	18:00	19:00
C_{clzm}	0.71	0.77	0.80	0.39	0.71	0.77	0.80	0.83	0.85	0.87	0.89	0.53	0.22
C_{sb}	1.0												
Q_{zm}/W	900												
C_{Lzm}/W	639	693	720	351	639	693	720	747	765	783	801	477	198

③人体冷负荷与湿负荷:该办公室折算群集系数 $\phi=0.97$,连续工作 8 h,由附录 18 查得人体冷负荷系数,从表 2.22 查得成年男子散热湿量:显热 61 W/人,潜热 73 W/人,散湿 109 g/(h·人)。人体散热冷负荷计算结果列于表 2.26:

表 2.26　人体散热冷负荷

计算时刻	7:00	8:00	9:00	10:00	11:00	12:00	13:00	14:00	15:00	16:00	17:00	18:00	19:00
C_{clrt}	0.03	0.02	0.02	0.46	0.78	0.83	0.86	0.88	0.89	0.91	0.92	0.49	0.17
$n/$人	10												
ϕ	0.97												
$q_{rtx}/(W \cdot 人^{-1})$	61.0												
$q_{rtq}/(W \cdot 人^{-1})$	73												
C_{Lrt}/W	726	720	720	980	1 170	1 199	1 217	1 229	1 235	1 247	1 252	998	809

人体湿负荷为:　$W_{12} = 10\ 人 \times 0.97 \times \dfrac{109}{1\ 000}\ kg/(h \cdot 人) = 1.06\ kg/h$

因此,该房间内设备、照明及人体的总冷负荷如表 2.27 所示:

表 2.27　室内热源散热冷负荷计算汇总　　　　　　　　　　　　　　单位:W

计算时刻	7:00	8:00	9:00	10:00	11:00	12:00	13:00	14:00	15:00	16:00	17:00	18:00	19:00
设备散热冷负荷	6	6	6	462	546	558	564	570	576	576	582	120	42
照明散热冷负荷	639	693	720	351	639	693	720	747	765	783	801	477	198
人体散热冷负荷	726	720	720	980	1 170	1 199	1 217	1 229	1 235	1 247	1 252	998	809
总　　计	1 371	1 419	1 446	1 793	2 355	2 450	2 501	2 546	2 576	2 606	2 635	1 595	1 049

2.4.4　房间冷负荷与湿负荷

由前述已可看出,夏季建筑物内各房间经由围护结构传热形成的冷负荷及室内各种热源湿源散热形成的冷负荷通常总是逐时变化的。如果将某一房间内这些计算冷负荷值逐时累计,必将会在某一时刻获得一个最大冷负荷值,此值即是该房间夏季冷负荷(或称室内冷负荷),也就是通常需借助空调送风或其他介质加以排除的室内余热量。

仍举前述例题2.3和2.4中的空调房间为例,将围护结构冷负荷和室内热源散热冷负荷汇总,结果见表2.28:

表2.28　房间冷负荷　　　　　　　　　　单位:W

计算时刻	7:00	8:00	9:00	10:00	11:00	12:00	13:00	14:00	15:00	16:00	17:00	18:00	19:00
围护结构冷负荷	746	849	971	1 142	1 341	1 366	1 618	1 658	1 638	1 572	1 334	1 278	1 188
室内热源散热冷负荷	1 371	1 419	1 446	1 793	2 355	2 450	2 501	2 546	2 576	2 606	2 635	1 595	1 049
总　计	2 117	2 268	2 417	2 935	3 696	3 816	4 119	4 204	4 214	4 178	3 969	2 873	2 237

该房间综合最大冷负荷出现在15:00,负荷值为4 214 W。

夏季建筑物内部湿源散湿通常较为稳定,室外渗风带湿量在室内维持正压的情况下通常可以忽略,故可直接将室内各种湿源散湿量之和作为房间稳定的计算湿负荷,也就是通常需借助空调送风或其他介质加以排除的室内余湿量。因此,前述例题中,空调房间的夏季空调湿负荷也就等于人体湿负荷1.06 kg/h。

2.4.5　通风热湿负荷与建筑供冷设计负荷

1)通风热湿负荷

无论民用建筑还是工业建筑,在房间夏季供冷过程中,基于提高室内空气的新鲜程度,实现卫生换气与防暑降温要求,或者同时满足补偿室内局部或全面排风量等理由,均有可能要求提供一定的通风量。这部分室外新风可以直接送入房间用于通风,也可预先进行必要处理后再用于空调或通风房间。不同情况下,新风入室后经历的中间过程可能各不相同,但最终总会以某一状态等量地排至室外。伴随这一通风过程,室外空气会将一定的热量带入室内,从而产生通风热负荷;与此同时,它还会将一定的湿量带入室内,从而形成通风湿负荷。假设这一通风量业已确定(见后面有关章节)为 G_W,则相应的通风热湿负荷分别为:

$$Q_W = G_W(i_W - i_N) \tag{2.29}$$

$$W_W = G_W(d_W - d_N) \times 3.6 \tag{2.30}$$

式中　i_W,i_N——室外及室内空气计算比焓,kJ/kg;

　　　d_W,d_N——室外及室内空气计算含湿量,g/kg。

对空调供冷而言,G_W 在夏季设计工况下就是送入空调房间的设计新风量,因而它所产生的通风热负荷 Q_W 也就是所谓新风冷负荷 $Q_{cl,W}$。

2)建筑供冷设计负荷

如前所述,空调房间夏季冷负荷是该房间设计日中的一个综合最大值,它应由相应的空调设备提供冷量来加以排除。通常,一套空调设备(或系统)服务于多个空调房间,而一个建筑物(群)又可能设置有一套或多套集中冷源系统。因此,空调及其冷源系统夏季冷负荷的确定,应当首先根据所服务房间的同时使用情况、系统的类型及调节方式,或按各间逐时冷负荷的综合最大值,或按各房间夏季冷负荷的逐时累计值来确定室内冷负荷,然后加上相应的新风冷负荷(必要时还有再热负荷),此外尚需考虑由风机、风道、水泵、水管、水箱等温升引起的附加冷负荷。对于其中由设备、管道温升引起的附加冷负荷,工程实践中常常区别不同的室内冷负荷统计方法、设备用冷情况及系统规模等,在前面几种基本冷负荷基础上乘以富裕系数(一般取 1.1~1.3)来考虑。

依照上述原则,在综合进行建筑物中空调(有时也包括通风)系统冷热负荷分析的基础上,即可确定建筑物供冷的设计负荷。

2.4.6　建筑供冷设计负荷概算

在工程建设初期,鉴于许多技术条件尚未明确,欲进行准确的负荷计算是不现实的。为配合项目规划、方案设计、报审及招标之需,只能借助一些概算方法及指标来预估设计负荷,进而估定其设备容量、机房面积和投资费用等内容。

关于建筑物供冷设计负荷概算,国内外许多专业文献中已提出了大量实用方法和经验指标。由于这些概算方法与指标多源于大量同类实际工程设计与运行经验的总结,应用时应注意结合具体工程条件,科学地分析与取舍。

根据《民用建筑采暖通风设计技术措施》,民用建筑空调冷负荷必要时可参考下列方法进行概算。

1)经验公式法

该方法系将整个建筑物看成一个大空间,按各朝向概算出围护结构总冷负荷 $\sum Q_{\mathrm{W}}$,加上约按每人 116.3 W 估计的室内人员(总数 n)散热冷负荷,然后将结果乘以新风冷负荷附加系数 1.5,从而获得建筑物总的供冷设计负荷概算值。其经验公式为:

$$\sum Q_{\mathrm{cl}} = \left(\sum Q_{\mathrm{W}} + 116.3n \right) \times 1.5 \tag{2.31}$$

2)建筑面积冷指标法

该方法是以国内现有一些旅馆建筑按总建筑面积给出的冷负荷经验指标为基础,对其他建筑则乘以适当的修正系数 β,从而可方便地概算出各类建筑物总的供冷设计负荷。涉及的主要面积冷指标如下:

基准值:70~80 W/m²(旅馆建筑);

修正系数 β,见表 2.29。

当建筑设计方案确定之后,有关空调区划、空调面积等设计资料即可随之获得。这种情况下,若能使用某些按空调面积给出的冷负荷经验指标用以概算空调系统设计冷负荷,并进而确定总的建筑供冷设计负荷,则更显方便和准确。附录20中给出部分民用建筑这类实用的面积冷指标,这些概算指标是在综合分析众多工程设计经验、资料的基础上获得的,可供工程设计参考使用。

表 2.29 β 值

建筑类型	β	建筑类型	β
办公楼	1.2	大会堂	2~2.5
图书馆	0.5	影剧院	1.2(电影厅空调)
商店	0.8(营业厅空调)		1.5~1.6(大剧院)
	1.5(全部空调)	医院	0.8~1.0
体育馆	3.0(按比赛馆面积)	博物馆	(参考图书馆)
	1.5(按总建筑面积)	展览馆	(参考商店)

工业建筑供冷设计负荷概算尚有若干特殊性,限于篇幅不再一一介绍,必要时读者可查阅有关设计手册或专题文献。

思考题

2.1 暖通空调设计涉及最基本的室外空气计算参数有哪些?如何确定?

2.2 冬季空调室外计算温度和供暖室外计算温度是否相同?为什么?

2.3 室内空气计算参数确定的依据是什么?

2.4 确定暖通空调主要室内空气计算参数时,有哪些一般性要求?

2.5 供暖室内外温差在什么情况下可以不修正?

2.6 空调设计中,夏季、冬季所使用的室外空气温度计算参数有何不同?为什么?

2.7 室外空气综合温度的物理意义及其变化特征是什么?

2.8 房间供暖设计负荷由哪些负荷所组成?分别如何确定?

2.9 房间围护结构的基本耗热量如何计算?通常需要考虑哪些修正?如何进行修正?

2.10 得热量、冷负荷和除热量有何区别?

2.11 房间(或室内)冷负荷由哪些负荷所组成?各自如何计算确定?

2.12 空调制冷系统负荷包括哪些内容?

2.13 阐述房间供暖(冷)负荷、建筑供暖(冷)设计负荷与系统供暖(冷)设计负荷概念的区别与联系。

3

空气热湿处理过程与设备

作为室内环境控制的基本方法,暖通空调系统通常使用具有一定数量与品质的空气作为能量传输或工作介质,用以调控有关区域的空气环境。为了使空气具有特定的环境调节功能,必须借助相应的处理设备使其达到某一特定状态,其中热湿处理最为普遍。本章着重对空调工程中常见的各种空气热湿处理过程进行分析,并分别对相关处理设备的结构、类型、工作原理与选择计算等应用问题予以讨论。

3.1　空气热湿处理的依据与途径

暖通空调技术应用中,空调(通风)系统所使用的空气(通常为湿空气)可能源于室外、室内或者室内外空气的混合过程,它所具有的热力状态与室内环境控制所要求的送风状态之间通常会存在较大的差异,这就需要借助一些热湿处理设备实现对入室空气必要的加热、冷却、加湿或减湿等处理。通过这些基本处理过程的适当组合,可以实现多种空气热湿处理途径与方案,由此导致空调方案的多样性及其比较、选择的必要性。

由"工程热力学"已知,湿空气的焓湿图(国内常用 $i\text{-}d$ 图或 $h\text{-}d$ 图)是暖通空调工程应用中的一种十分重要的技术工具。它综合反映了湿空气各种物性参数之间的相互联系,不仅可方便地用以确定湿空气状态及其参数值,而且能用以生动、形象地显示各种与特定热湿处理过程相对应的状态变化过程。本书拟采用 $i\text{-}d$ 图(附录 21,见插页)进行有关空气处理过程的工况分析与计算。

3.1.1　送风状态与送风量

室内环境调控一般采用对流空调方式,主要调控室内空气的参数。当采用湿空气作为调控室内热湿环境的一种介质时,应解决需要送入何种状态、多少空气量进入房间的问题。空调(通风)系统的送风状态与送风量是对空气进行热湿处理的重要技术依据。

房间送风状态与送风量通常需按夏季、冬季的设计计算条件分别确定,且多以解决夏季问题为基础,许多原则对冬季也是适用的。

1)夏季送风状态与送风量

(1)房间通风量与换气次数

在确定房间通风量时,应区别供暖(常缺乏有组织通风)、通风与空气调节几种不同环境控制方法,并依据房间热湿平衡、有害物质平衡及空气量平衡来加以确定。

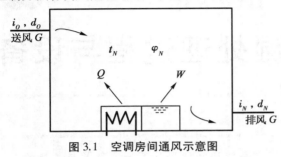

图 3.1　空调房间通风示意图

对于建筑物空调系统来说,夏季通风换气着重在于消除室内余热、余湿,进而保证人体的舒适、健康。图 3.1 给出一空调房间通风示意图。假定夏季该房间送入风量为 G、状态为 O 的空气,当其吸收室内余热量 Q 和余湿量 W 后,其状态即变成室内设计状态 N,然后再从房间排出。

根据房间热平衡,应有:

$$Gi_o + Q = Gi_N \tag{3.1}$$

$$i_o = i_N - \frac{Q}{G} \tag{3.2}$$

根据房间湿平衡,则有:

$$G\frac{d_o}{1\ 000} + W = G\frac{d_N}{1\ 000} \tag{3.3}$$

$$d_o = d_N - \frac{1\ 000W}{G} \tag{3.4}$$

在入室空气同时吸收室内余热量 Q 和余湿量 W 后,其状态由 O 变成 N,那么这一状态变化过程的方向和特征即可由热湿比 ε 来决定:

$$\varepsilon = \frac{i_N - i_o}{(d_N - d_o)/1\ 000} = \frac{Q}{W}$$

上述通风过程的空气状态变化可用 i-d 图表示,见图 3.2。不难看出,在通过室内状态 N 的热湿比线上并位于 N 点下方的所有各点均可能成为待定的空调送风状态 O。送风状态一经确定,由前述热湿平衡关系式遂可确定相应的空调送风量:

$$G = \frac{Q}{i_N - i_o} = \frac{1\ 000W}{d_N - d_o} \tag{3.5}$$

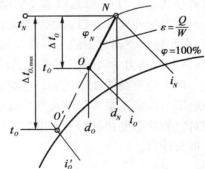

图 3.2　室内空气状态变化过程

式中　Q——室内余热量,kW;

　　　W——室内余湿量,kg/s;

　　　i_N, d_N——室内空气的比焓和含湿量,kJ/kg 和g/kg;

　　　i_o, d_o——送入空气的比焓和含湿量,kJ/kg 和g/kg。

显然,送风状态 O 点对 N 点距离的远近决定了送风焓差及含湿量差的大小,从而影响送风量的大小。距离越近,送风量越大,处理与输送空气所需设备的容量则大,相应的初投资和运行费用也更多;反之,则送风量减少,初投资和运行费也少些。送风量过大固然不好,过小亦将影响室内空气分布的均匀性和稳定性,并可能形成下降冷气流,影响到人体热舒适。

对应于空调送风在室内的 $O \rightarrow N$ 状态变化过程,存在着一个确定的送风温差:$\Delta t_O = t_N - t_O$。夏季送风温差的建议值,见表3.1,可借以合理地确定送风状态与送风量。表3.1中还推荐有换气次数 n,可用作衡量或制约送风量大小的指标。

换气次数 n 表示房间通风量 L 与房间容积 V 的比值,即:

$$n = \frac{L}{V}$$

表3.1 送风温差与换气次数

室温允许波动范围/℃	Δt_O/℃	n/(次·h^{-1})
±0.1~0.2	2~3	150~200
±0.5	3~6	>8
±1.0	6~9	≥5
>±1.0	人工冷源:≤15 天然冷源:可能的最大值	不宜小于5

实践中,许多通风场所往往可以直接采用基于经验的换气次数来确定房间(或空间)的通风量。而换气次数不仅与空调(通风)房间的功能有关,还与房间的体积、高度、位置、送风方式,以及室内空气质量等因素有关。附录21中给出了部分民用与工业建筑房间通风换气次数的推荐值。

在负荷计算过程中,如已确定出余热量中的显热量 Q_X,也可采用相应的送风温差按式(3.6)求得空调送风量:

$$G = \frac{Q_X}{c_p(t_N - t_O)} \tag{3.6}$$

式中,c_p 通常按干空气定压比热容,近似取值为 1.01 kJ/(kg·K),故所求得的送风量 G 是近似的,同式(3.5)的计算结果略有差异。

需要说明的是,对于舒适性空调和室内温、湿度控制要求并不严格的工艺性空调,送风状态点 O 的确定主要是以空气热湿处理过程避免人为再加热为原则,而采用尽可能大的送风温差 Δt_O;假如系统内风机、风道温升可予以忽略,也可以直接采用"机器露点"(即空气冷却处理过程中,由于设备能力受限所能达到的实际终状态点,一般出现在相对湿度为90%~95%的范围内)送风。

(2)新风量的确定

新风供应对改善室内环境的空气品质无疑起着重要作用,但在设计工况下处理新风十分耗能,将成为增大建筑能耗的不利因素。所以,尤其在空调场合更应注意:在房间设计总送风量中尽量多用室内再循环风(亦称回风)而少用室外新风。

无论是民用建筑,还是工业建筑,房间设计新风量均应根据人的卫生要求、人员活动及工作性质、在室内停留时间,以及拟定的通风气流组织方案等因素来合理地加以确定。房间新风量的合理确定通常应符合如下主要原则:

①满足人的卫生要求。在有人员活动的房间内,新风供给主要在于补充人体呼吸过程的耗氧量,同时将呼出的 CO_2 或吸烟过程、工艺过程及室内建筑装修材料等产生的其他空气污染物稀释到卫生标准所允许的浓度范围。用于稀释空气污染物的新风量可按第6章全面通风量计算公式来确定,设计中还应满足国家规定的某些特殊要求。

对于空调建筑人员卫生标准问题,GB 50019—2015 要求应当满足国家现行有关卫生标准的规定,并对工业建筑提出应保证每人每小时不少于 30 m^3/h 新风量的强制性要求。GB 50736—2012则对民用建筑中的公共建筑主要房间每人所需最小新风量作出如下强制性规定:办公室 30 $m^3/(h \cdot 人)$;客房 30 $m^3/(h \cdot 人)$;大堂、四季厅 10 $m^3/(h \cdot 人)$。GB 50736—2012 还规定,设置新风系统的居住建筑和医院建筑宜按换气次数法来确定房间所需最小新风量。对于居住建筑来说,具体可依据人均居住面积 F_P 的大小分别给出最小换气次数值:$F_P \leqslant 10\ m^2$,0.7 次/h;$10\ m^2 < F_P \leqslant 20\ m^2$,0.6 次/h;$20\ m^2 < F_P \leqslant 50\ m^2$,0.5 次/h;$F_P > 50\ m^2$,0.45 次/h。对于医院建筑设计的最小换气次数,该国家标准作出了如下规定:病房、门诊室、急诊室和放射室均为2次/h;配药室为 5 次/h。GB 50736—2012 还对公共建筑中的高密度人群建筑每人所需最小新风量作出了规定,详见附录22。

②足以补充房间局部排风量并维持其正压要求。当房间因生产工艺或操作过程需要而设置局部排风装置时,其排风量最终须靠新风来补偿,否则将造成室内负压。空调建筑为防止室外或邻室空气渗入而干扰室内温湿度与洁净度,还需要使用一部分新风来维持房间压力略高于外部环境的"正压"状态。

一般可通过房间送、排(回)风量之差来满足 $\Delta H = 5 \sim 10$ Pa 的室内正压要求,对应的正压风量是在内外压差 ΔH 下经门、窗等缝隙向外界渗透的空气量。工程实践中,可根据房间所需维持的 ΔH 值和不同窗缝结构,参考图3.3 查取每米窗缝的渗透风量,即可确定相应的正压风量。

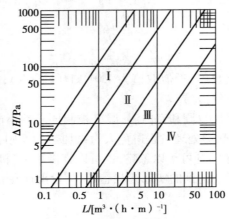

图3.3　不同 ΔH 值作用下窗缝的渗透风量
Ⅰ—窗缝有气密设施,平均缝宽 0.1 mm;
Ⅱ—有气密压条,可开启的木窗,缝宽 0.2~0.3 mm;
Ⅲ—气密压条安装不良,优质木窗框,缝宽 0.5 mm;
Ⅳ—无气密压条,中等质量以下的木窗框,缝宽 1~1.5 mm

空调区的新风量,应按不小于人员所需新风量,补偿排风和保持空调区空气压力所需新风量之和以及新风除湿所需新风量中的最大值确定。全空气空调系统的新风量,当系统服务于多个不同新风比的空调区时,系统新风比应小于空调区新风比中的最大值。新风系统的新风量,按所服务空调区或系统的新风量累计值确定。

当全空气空调系统服务于多个不同新风比的空调区时,其系统新风比应按下列公式确定:

$$Y = \frac{X}{1 + X - Z} \tag{3.7}$$

$$Y = \frac{V_{ot}}{V_{st}} \tag{3.8}$$

$$X = \frac{V_{on}}{V_{st}} \tag{3.9}$$

$$Z = \frac{V_{oc}}{V_{sc}} \tag{3.10}$$

式中　Y——修正后的系统新风量在送风量中的比例;

　　　V_{ot}——修正后的总新风量,m^3/h;

　　　V_{st}——总送风量,即系统中所有房间送风量之和,m^3/h;

　　　X——未修正的系统新风量在送风量中的比例;

　　　V_{on}——系统中所有房间的新风量之和,m^3/h;

　　　Z——需求最大的房间的新风比;

　　　V_{oc}——需求最大的房间的新风量,m^3/h;

　　　V_{sc}——需求最大的房间的送风量,m^3/h。

2)冬季送风状态与送风量

冬季设计送风状态与送风量是在夏季基础上进行考虑的。冬季通过围护结构的温差传热通常是由内向外传递,故室内余热量往往比夏季少得多,甚至可能为负值;室内余湿量则一般与夏季大致相同。这样,冬季房间的热湿比常常小于夏季,甚至出现负值;送风温度及焓值均可能高于室内设计状态(图3.4)。由于送热风时送风温差可比送冷风取得更大,相应的送风量较夏季则可显著减少。

冬季送风量的确定通常有两种选择:其一,冬、夏送风量相同;其二,冬季送风量减少。前者设计、运行均较便利,后者则有利于运行节能。由于热气浮升力影响,热气流较难送入工作区,送风量及风口送风速度不能过小。

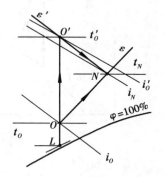

图 3.4　冬季送风状态示例

无论室内余热量、余湿量如何变化,一旦冬季送风量 G' 确定,同样可通过式(3.2)和式(3.4)来确定相应的设计送风状态 O'。

【例 3.1】　已知某空调房间余热量 $Q = 3\ 314\ W$,余湿量 $W = 0.264\ g/s$,室内全年维持空气状态参数为:$t_N = (22 \pm 1)\ ℃$,$\varphi_N = (55 \pm 5)\%$,当地大气压力为 101 325 Pa,要求确定该房间夏季送风状态 O 与送风量 G?

【解】 ①求房间热湿比:$\varepsilon = \dfrac{Q}{W} = 12\,600$。

②在 i-d 图上根据 t_N 和 φ_N 确定室内空气状态点 N,通过该点画出 $\varepsilon = 12\,600$ 的过程线(图 3.4)。

③根据室温 t_N 允许波动范围为 ±1 ℃,取送风温差 $\Delta t_0 = 8$ ℃(见表 3.1),则有送风温度 $t_0 = (22-8)$ ℃ $= 14$ ℃。进而查得送风状态 O 及室内设计状态 N 有关参数:

$i_O = 36$ kJ/kg $\qquad d_O = 8.6$ g/kg
$i_N = 46$ kJ/kg $\qquad d_N = 9.3$ g/kg

④计算送风量 G:

按消除余热 $\qquad G = \dfrac{Q}{i_N - i_O} = \dfrac{3\,314 \times 10^{-3}\ \text{kJ/s}}{(46-36)\ \text{kJ/kg}} = 0.33$ kg/s

按消除余湿 $\qquad G = \dfrac{W}{d_N - d_O} = \dfrac{0.264\ \text{g/s}}{(9.3-8.6)\ \text{g/kg}} = 0.33$ kg/s

3.1.2 空气热湿处理的基本过程

空气热湿处理基本过程的 i-d 图及其典型设备,见图 3.5。以下分别介绍其技术条件与状态变化特征。

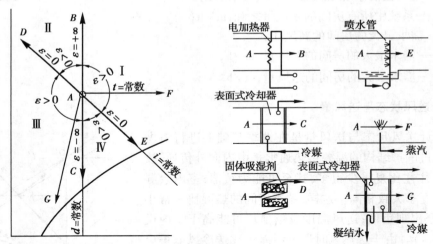

图 3.5 空气热湿处理基本过程及其典型设备

(1)等湿加热($A \to B$)

使用以热水、蒸汽冷剂等作热媒的表面式换热器及某些电热设备,通过热表面对湿空气加热,使其温度升高、焓值增大,而含湿量不变。这一过程又称为"干加热",其热湿比 $\varepsilon = \Delta i/0 = +\infty$。

(2)等湿冷却($A \to C$)

使用以冷水或其他流体作冷媒的表面式冷却器(简称"表冷器")冷却湿空气,当其冷表面温度等于或高于湿空气的露点温度 t_1 时,空气温度降低、焓值减小而含湿量保持不变。这一过程又称"干冷却",其热湿比 $\varepsilon = -\Delta i/0 = -\infty$。

（3）等焓加湿（$A{\rightarrow}E$）

使用喷水室以适量的水对湿空气进行循环喷淋，水滴及其表面饱和空气层的温度将稳定于被处理空气的湿球温度 t_s，空气温度降低、含湿量增加而焓值基本不变。此外，水分在空气中自然蒸发亦可使空气产生同样的状态变化。这一过程又称为"绝热加湿"，其热湿比 $\varepsilon=4.19t_s$，近似呈 $\varepsilon=0$ 的等焓过程。

（4）等焓减湿（$A{\rightarrow}D$）

使用固体吸湿装置来处理空气时，湿空气中部分水蒸气将在吸湿剂的微孔表面凝结，其含湿量降低、温度升高而焓值基本不变。该过程亦近似呈 $\varepsilon=0$ 的等焓变化。

（5）等温加湿（$A{\rightarrow}F$）

使用各种热源产生蒸汽（其焓值为 i_q），通过喷管等设备使之与空气均匀掺混，可使空气含湿量和焓值增加而温度基本不变。该过程 $\varepsilon=i_q>0$，且近似呈等温变化。

（6）冷却干燥（$A{\rightarrow}G$）

利用喷水室或表冷器冷却空气，当水滴或换热表面温度低于湿空气之露点温度 t_l 时，空气将出现凝结、脱水，温度降低且焓值减小。这一冷却干燥过程 $\varepsilon=\dfrac{-\Delta i}{-\Delta d}>0$，是空调技术中最为广泛应用的一种空气处理过程。

以上各种基本热湿处理过程中，前四个过程更具典型意义，其 $\varepsilon=\pm\infty$ 和 $\varepsilon=0$ 两条热湿比线以任一湿空气状态 A 为原点，将 $i\text{-}d$ 图分为四个象限。在各象限内可能实现的湿空气状态变化过程统称为多变过程，它们各自相应于一定的处理设备，也各具特定的过程变化特征。

尚应指出，使用液体吸湿装置来处理空气是一种重要的技术手段，理论上它处理空气可实现各种多变过程，但从工程实用价值考虑，则仅限于对空气进行减湿处理。

3.1.3 空气热湿处理的途径与方案

在了解空气热湿处理的基本过程与方法之后，接着需要解决的是如何将来源各异且状态有别的空气处理成室内热湿环境控制所需的送风状态 O 这一问题。

欲将某种状态的空气处理到送风状态 O，可以通过不同途径来实现。也就是说，借助前述若干基本处理过程的适当组合，可以构成获得某一送风状态 O 的多种处理方案。但是，究竟哪一种途径与方案才算"最佳"呢？一般说来，必须根据工程的具体情况，结合各种处理设备的特点，综合考虑空调效果、管理、投资与能耗等因素，经必要的技术经济分析比较后，才能最后确定出相对更好的方案。

下面以某全部使用新风的空调系统为例（假定其夏季、冬季均要求同一送风状态 O），对其夏季、冬季设计工况下空气热湿处理的各种途径与方案进行简要分析（图3.6）。

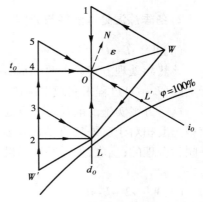

图3.6　空气热湿处理的途径与方案

1)夏季热湿处理途径与方案

（1）$W \rightarrow L \rightarrow O$

该空气热湿处理方案是由冷却干燥（$W \rightarrow L$）和干加热（$L \rightarrow O$）两个基本过程组合而成的。通常使用喷水室或表冷器对夏季 W 状态的热湿空气进行冷却干燥处理,使之变成低温低湿且接近饱和的 L 状态,再经各种空气加热器等湿升温,即可获得所需的送风状态 O。

冷却干燥对于夏季空调往往是必不可少的处理需求。由于要求冷媒水温较低,通常需要使用人工冷源,相应的设备投资与能耗也就更大些。如果采用喷水室处理空气,可望获得较高卫生标准和较宽的处理范围,也有利于充分利用循环水喷淋设施,一体地、经济地解决好冬季空气加湿处理问题;如果采用表冷器,则可使处理设备趋于紧凑,且具有安装快捷、使用和管理方便等优点。由于二者均能适应对环境参数的较高调控要求,因而在工程中均有广泛的应用。

当空调送风状态 O 要求比较严格时,常需借助再加热器来调整送风温度,这势必造成冷、热量的相互抵消,由此导致的能量无益消耗乃是该方案的一大弊病。

（2）$W \rightarrow O$

该处理方案从新风状态 W 直接处理到空调所需之低温低湿的送风状态 O。该过程可借助使用液体吸湿剂的减湿装置来实现。乍一看,这一处理方案似乎相当简便,一般无须使用人工冷源,能量消耗减少且利用也更趋合理。但是,液体减湿系统在初投资与运行管理难度等方面高于传统空调方式,故工程中的应用不如第（1）方案广泛。

（3）$W \rightarrow 1 \rightarrow O$

该处理方案由一个等焓减湿（$W \rightarrow 1$）和一个干冷却（$1 \rightarrow O$）过程所组成。如前所述,使用固体吸湿剂处理空气即可近似呈等焓减湿变化。由于空气在减湿的同时温度升高,故欲达到送风参数要求,则还需考虑一个后续的冷却处理。

这一方案需要增设固体吸湿装置,有可能对初投资和运行管理带来不利;它与第（1）方案比较,不存在后者固有的冷热抵消的能量浪费。再则,由于后续干冷过程允许冷媒温度较高,可使制冷设备供冷量大幅减小,乃至完全取消人工制冷,十分有利于蒸发冷却等自然能利用技术的应用。

2)冬季热湿处理途径与方案

（1）$W' \rightarrow L \rightarrow O$

该热湿处理方案只含两个基本处理过程,即采用热水喷淋的加热加湿（$W' \rightarrow L$）加上后续干加热（$L \rightarrow O$）过程来实现空调送风状态 O。

这一方案实施的前提是夏季处理方案中已确定使用喷水室。在某些地区,如果冬季可以获得温度相对于室外气温要高得多的自来水或深井水,用以喷淋处理空气在技术经济上都应是颇为合理的;反之,如需特别增设人工热源来提供热水,则很可能会给初投资和运行管理等带来不利。

（2）$W' \rightarrow 2 \rightarrow L \rightarrow O$

该处理方案由三个基本过程所组成:对于冬季 W' 状态低温低湿的室外空气,通过预热（$W' \rightarrow 2$）过程使之升温,接着利用一个近于等温变化的加湿（$2 \rightarrow L$）过程,使其满足送风含湿量要求,最后再用空气加热器加热（$L \rightarrow O$）,从而获得所需要的送风状态 O。

在这一方案中,$2{\rightarrow}L$ 的加湿过程通常采用喷蒸汽的方法来实现。这对于夏季已确定使用表冷器处理空气的空调系统来说,应该是一种必然的选择,尤其当空气加热也是采用蒸汽作热媒时,就更有利于解决热、湿媒体的一体供应问题。不过,使用蒸汽处理空气难免产生异味,这有可能影响到送风的卫生标准。

（3）$W'{\rightarrow}3{\rightarrow}L{\rightarrow}O$

该处理方案与第（2）方案相似,均含有新风预热（$W'{\rightarrow}3$）和再加热（$L{\rightarrow}O$）过程,不同之处在于利用经济的绝热加湿（$3{\rightarrow}L$）来取代喷蒸汽加湿,为此尚需加大前面预热过程的加热量。

对于夏季使用喷水室处理空气的空调系统来说,冬季可充分利用同一设备对空气做循环水喷淋处理,从而获得既可改善空气品质又能实现经济、节能运行等效益,故采用这一方案当属明智的选择。

（4）$W'{\rightarrow}4{\rightarrow}O$

该处理方案只包括两个基本过程,即新风预热（$W'{\rightarrow}4$）和喷蒸汽加湿（$4{\rightarrow}O$）。它与第（2）方案的区别在于取消了二次加热过程,而由新风预热集中解决送风需要的温升,由此可望获得设备投资的节省。后续的喷蒸汽加湿过程除存在异味影响外,其加湿量的调节、控制往往也更难处理好。

（5）$\begin{matrix} W'{\rightarrow}5{\rightarrow}L' \\ 5 \end{matrix}\!\!\!\succ O$

该处理方案是在新风预热（$W'{\rightarrow}5$）和循环水喷淋（$5{\rightarrow}L'$）两个基本过程的基础上,再增加两种不同状态空气的混合$\left(\begin{matrix} L' \\ 5 \end{matrix}\!\!\!\succ O \right)$过程。

不难看出,这一方案在对加热过程的处理上与第（4）方案是一致的;从喷水处理设备看,则与第（3）方案有所不同,它需要使用一种带旁通的喷水室。使用这种特殊形式的喷水室可以得到两种不同状态（L'和5）的空气,通过调节二者的混合比即可方便地获得所需的送风状态 O。不过,喷水室增设旁通道将导致空气处理箱断面增大,这就有可能增加设备布置等方面的困难。

最后尚需指出,尽管上述五个方案中空气处理的途径各有不同,但从冬季总的耗热量来看都是相同的,只是这些热量在各个加热、加湿环节中的分配比例有所差异而已。当这些热量相对集中地用于某些环节时,或许有可能取消某种设备,进而简化处理过程,但同时也应权衡由于设备容量及介质流通阻力增大而在设备占用空间与介质输送能耗等方面可能带来的不利。

3.2 喷水室

喷水室借助喷嘴向流动的空气均匀地喷洒细小水滴,以实现空气与水在直接接触的条件下进行热湿交换。由于它能够实现多种空气处理过程,具有一定空气净化能力,结构上易于现场加工构筑且节省金属耗量等优点,因而成为应用最早且最广泛的空气处理设备。但是,限于它对水质要求高,占地面积大,水系统复杂,运行费用较高等缺点,除在一些以湿度调控为主要目的的场合（如纺织厂、卷烟厂等）还大量使用外,一般建筑已甚少使用或仅作为加湿设备使用。

3.2.1 喷水室的构造与类型

喷水室由喷嘴、供水排管、挡水板、集水底池和外壳组成,底池还包括有多种管道和附属部件(图3.7)。

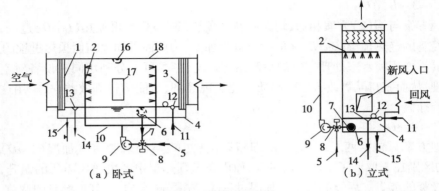

图 3.7　喷水室的构造

1—前挡水板;2—喷嘴与排管;3—后挡水板;4—底池;5—冷水管;6—滤水器;
7—循环水管;8—三通混合阀;9—水泵;10—供水管;11—补水管;12—浮球阀;
13—溢水器;14—溢水管;15—泄水管;16—防水灯;17—检查门;18—外壳

图3.7所示为应用较广的单级卧式低速喷水室构造示意图。这种喷水室的横截面积应根据通过风量和流速($v=2\sim3$ m/s)条件来确定,长度则取决于喷嘴排数、排管布置和喷水方向。喷水室中通常设置1~3排喷嘴,喷水方向根据与空气流动方向相同与否分为顺喷、逆喷和对喷。其中,单排多用逆喷,双排多用对喷,在喷水量较大时才宜采用3排(1顺2逆)。供水排管间距为600~1000 mm,前、后挡水板的贴近距离分别取为200 mm和250 mm。

喷嘴是喷水室中使水雾化并均匀喷散的重要构件,一般采用铜、不锈钢、尼龙和塑料等耐磨、耐腐蚀材料制作,其布置以保证喷出水滴能均匀覆盖喷水室横断面为原则。喷嘴的喷水量、水滴直径、喷射角度和作用距离与其构造、孔径及喷嘴前水压有关。实验证明,喷嘴孔径小、喷水压力高,可得到细喷,适用于空气加湿处理;反之,可得到粗喷,适用于空气的冷却干燥。新型的PX-1喷嘴出口处设有锥形导流扩散管,其作用是提高雾化角,在喷水压力0.20 MPa下,使喷出的水滴颗粒小而均匀可以达到良好的雾化效果。其整个喷嘴内腔面均设计为光滑过渡,进水管内流道为渐缩锥形以增加水流在旋流室入口的动能,使水流在喷嘴内流动阻力损失减小,且能量系数合适,可产生强旋流,从而具有低压成雾(喷水压力在0.06 MPa下即可成雾)的特点,节能效果比较显著,对PM2.5和PM10也有较好的净化效果。

挡水板主要起分离空气中夹带水分,以减少喷水室“过水量”的作用,前挡水板尚可起到均流作用。过去,挡水板主要使用镀锌钢板或玻璃板条加工制作成多折形,现在则多改用各种塑料板制成波形和蛇形挡水板,这更有利于增强挡水效果和减少空气流通阻力。

喷水室的外壳和底池在工厂定型产品中多用钢板和玻璃钢加工,现场施工时也可采用砖砌或用混凝土浇制,制作过程应处理好其保温和防水。底池的集水容积一般可按3%~5%的总喷水量考虑,并与以下四种管道相连:

①循环水管:借以将底池中的集水经滤水器吸入水泵重复使用。

②溢水管:借以经溢水器(设水封罩)排除底池中的过量集水。

③补水管:借以补充因耗散或泄漏等造成底池集水量的不足。

④泄水管:用于设备检修、清洗或防冻需要时排空池中积水。

为便于观察和检修,喷水室应设防水照明灯和密闭检修门。

喷水室的类型较多,除上述喷水室外,尚有双级、立式、高速、带旁通或带填料层等形式的喷水室。

双级喷水室是采用两个喷水室在风路和水路上串联而成,故能重复利用冷水,提高水的温升,减少用水量,同时也使空气得到较大的焓降。因此,它更宜用于使用深井水等自然冷源或空气焓降要求大的场合。其缺点是设备占地面积大,水系统更趋复杂。

立式喷水室(图3.7b)中喷水由上向下,空气自下而上,二者直接接触的热湿交换效果更好,同时可节省占地面积,宜用于处理风量不大且机房层高允许的场合。

高速喷水室可将空气流速提高1~2倍,在节省占地、提高热交换效率或节约运行电耗、水耗等方面多具明显优势。图3.8是美国Carrier公司颇具特色的高速喷水室。在其圆形断面内空气流速高达8~10 m/s,挡水板则在高速气流驱动下旋转,靠离心力作用排除空气夹带的水滴。从瑞士洛瓦(Luwa)公司引进并已在纺织行业推广应用的高速喷水室,结构上与低速喷水室类似,但空气流速可提高到3.5~6.5 m/s。它的前挡水板用流线型导流格栅代替,后挡水板采用双波纹型,喷嘴则具有扩散角大、喷水量大和喷水压力低等特点。

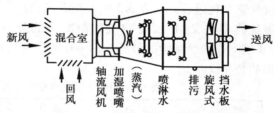

图3.8　Carrier公司高速喷水室

带旁通的喷水室是在喷水室的上面或侧面增加一个旁通风道,它可使一部分空气不经喷水处理而与已经喷水处理的空气混合,从而得到所需的空气终参数。

带填料层的喷水室是由分层布置的玻璃丝盒所组成(图3.9)。在玻璃丝盒上均匀地喷水,空气穿过玻璃丝层时与各玻璃丝表面上的水膜接触而进行热湿交换。这种喷水室对空气的净化作用更好,它适宜用于空气加湿或蒸发式冷却等,也可作为水的冷却处理装置。

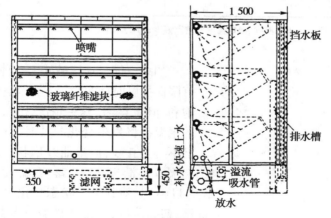

图3.9　玻璃丝盒喷水室

1—玻璃丝盒;2—喷嘴;3—挡水板

3.2.2 喷水室处理空气的过程分析

空气以一定速度流经喷水室时,它与水滴之间通过水滴表面饱和空气边界层不断地进行着对流热交换和对流质交换。其中,显热交换取决于二者间的温差,潜热交换和湿(质)交换取决于水蒸气分压力差,而总热交换按照刘伊斯关系式则是以焓差为推动力。这一热湿交换过程其实也可看成是一部分与水直接接触的空气与另一部分尚未与水接触的空气不断混合的过程,空气自身状态因之发生相应变化。

假如空气与水接触处于水量无限大、接触时间无限长,这一假想条件下,其结果全部空气都将达到具有水温的饱和状态点,即是说空气终状态将处于 $i-d$ 图中的饱和曲线上,且终温也将等于水温。显然,一旦给定不同的水温,空气状态变化过程也就有所不同,由此可在 $i-d$ 图上得到如图 3.10 所示的七种典型空气状态变化过程。从表 3.2 中不难看出,有三个过程更具典型意义:$A—2$ 是空气加湿减湿的分界线;$A—4$ 是空气增焓减焓的分界线;$A—6$ 则是空气升温降温的分界线。

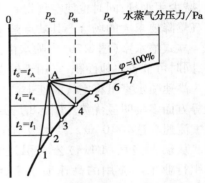

图 3.10 喷水处理空气的典型状态变化过程

表 3.2 用喷水室处理空气时几种典型状态变化过程的特点

过程线	水温特点	t 或 Q_x	d 或 Q_t	i 或 Q_S	过程名称
$A—1$	$t_W < t_1$	减	减	减	减湿冷却
$A—2$	$t_W = t_1$	减	不变	减	等湿冷却
$A—3$	$t_1 < t_W < t_S$	减	增	减	减焓加湿
$A—4$	$t_W = t_S$	减	增	不变	等焓加湿
$A—5$	$t_S < t_W < t_A$	减	增	增	增焓加湿
$A—6$	$t_W = t_A$	不变	增	增	等温加湿
$A—7$	$t_W > t_A$	增	增	增	增温加湿

注:t_A,t_S,t_1 分别为空气的干球温度、湿球温度和露点温度;t_W 为水温。

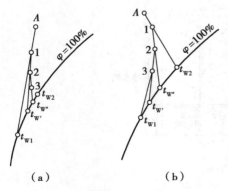

（a） （b）

图 3.11 用喷水室处理空气的
理想过程

如果空气与水接触处于一种理想条件——水量有限而接触时间足够长,虽然空气终状态仍能达到饱和,但除 $t_W = t_S$ 这一情况之外,其他热湿交换过程的水温都将发生变化。其时,空气状态的变化过程已不再是直线,而呈曲线形状。现以采用顺喷且水初温 t_{W1} 低于空气露点温度的情况为例〔图 3.11（a）〕,对其整个状态变化过程依次分段进行考察:初始阶段,状态 A 的空气与具有初温 t_{W1} 的水接触,一小部分空气首先达到饱和,且温度等于 t_{W1},接着再与其余空气混合,达到状态点 1。在第二阶段,水温已升高到 $t_{W'}$,并使与之接触的一小部分状态 1

的空气在 t_w 下达到饱和,这一小部分饱和空气又与其余空气相混合,达到状态点 2。依此类推,最终水温将升至 t_{w2},而空气将全部达到饱和。由此所得的空气状态变化的过程线将是一条折线,间隔划分得越细,则越接近一条曲线。对于逆喷的情况[图 3.11(b)],用同样的分析方法亦可得到一条向另一方向弯曲的过程线。实际上,喷水室中空气和水往往处于比较复杂的交叉流动,二者终态的确定尚需作具体分析。

对实际的喷水室来说,喷水量总是有限的,空气与水接触时间也不可能足够长,因而空气终状态很难达到饱和(双级喷水室属例外),水的温度也将不断变化。

尽管喷水室中空气状态变化过程并非直线,但在实际工作中人们关注的却是空气处理结果,而不是中间过程。所以,可用连接空气初、终状态点的直线来近似地表示这一过程。

3.2.3 喷水室的设计与选择

喷水室的工程计算主要包括热工计算与阻力计算。依据这些计算结果来配置喷水室各功能部件,确定各种工作参数,并结合产品资料完成设备的选择与性能校核。

1)喷水室的热工计算

喷水室的热工计算中,通常采用热交换效率系数和接触系数作为喷水室热工性能的评价指标和热工计算的基础。这两个效率都是将喷水室处理空气的实际过程与理想过程做比较,以其对理想过程的接近程度来定义的。

(1)喷水室的热交换效率

①全热交换效率 E:全热交换效率也叫作第一热交换效率或热交换效率系数,它是在同时考虑空气和水的状态变化这一前提下,通过考察其实际过程接近理想的程度来获得的。

现以常用的冷却减湿过程为例进行分析(图 3.12)。将空气状态变化过程沿等焓线投影到饱和曲线上,并将对应的饱和曲线近似地看成直线,则全热交换效率可表示为:

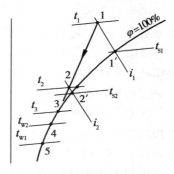

$$E = \frac{\overline{1'2'} + \overline{45}}{\overline{1'5}} = \frac{\overline{1'5} - \overline{2'4}}{\overline{1'5}} = 1 - \frac{\overline{2'4}}{\overline{1'5}}$$

$$= 1 - \frac{t_{S2} - t_{W2}}{t_{S1} - t_{W1}} \tag{3.11}$$

式(3.11)也适用于喷水室除绝热加湿过程外的其他处理过程。显而易见,t_{S2} 与 t_{w2} 差值越大,E 值越小,说明热湿交换愈不完善;如果二者相等,则 $E=1$,表示热湿处理已达到理想程度。

图 3.12 冷却干燥过程空气与水的状态变化

对于绝热加湿过程,由于空气状态沿等焓线变化,其初、终状态的湿球温度同于理想终状态(点 3)的温度,并等于恒定不变的水温,其全热交换效率为:

$$E = \frac{\overline{12}}{\overline{13}} = 1 - \frac{\overline{23}}{\overline{13}} = 1 - \frac{t_2 - t_3}{t_1 - t_3} = 1 - \frac{t_2 - t_{S2}}{t_1 - t_{S1}} \tag{3.12}$$

②通用热交换效率 E':通用热交换效率也称为第二热交换效率或接触系数。它与 E 的不同之处在于,定义中只单纯地考虑到空气的状态变化。如果仍按前述对图中曲线的近似处理,

并结合相似三角形的性质,则可将 E' 表示为:

$$E' = \frac{\overline{12}}{\overline{13}} = 1 - \frac{\overline{23}}{\overline{13}} = 1 - \frac{\overline{22'}}{\overline{11'}} = 1 - \frac{t_2 - t_{S2}}{t_1 - t_{S1}} \tag{3.13}$$

可以证明,式(3.13)适用于喷水室的各种处理过程。对于绝热加湿过程,$E' = E$。

(2)喷水室热工性能的影响因素

影响喷水室热湿交换效果的因素很多,对一定的空气处理过程而言,可将主要影响因素归纳为如下四个方面:

①空气质量流速 $v\rho$:

$$v\rho = \frac{G}{3600f} \tag{3.14}$$

式中 v——空气流速,m/s;

   ρ——空气密度,kg/m³;

   G——通过喷水室的空气量,kg/h;

   f——喷水室的横断面积,m²,其余符号意义同前。

空气质量流速表示单位时间内通过单位喷水室断面的空气质量。它不随温度而变化,因而是反映空气流动状况的稳定因素。实验表明,适当增大 $v\rho$ 值可增强喷水处理效果,且在风量一定时有利于缩小喷水室断面尺寸,减少占地面积。但是,$v\rho$ 值过大会导致挡水板过水量和阻力增加。空气质量流速的常用范围是:$v\rho = 2.5 \sim 3.5 \text{ kg/(m}^2 \cdot \text{s)}$。

②喷水系数 μ:

$$\mu = \frac{W}{G} \tag{3.15}$$

喷水系数表示处理每千克空气所用的喷水量。实践证明,在一定范围内加大 μ 值可增强喷水处理效果。此外,μ 值随空气处理过程的不同而不同,具体数值应由热工计算决定。

③喷水室结构特性:喷水室结构特性主要是指喷嘴排数、喷嘴密度、排管间距、喷嘴形式、喷嘴孔径和喷水方向等。即使 $v\rho$ 和 μ 值完全相同,不同结构特性的喷水室中空气与水接触的充分程度也会不同,从而得到的处理效果也不一样。

④空气与水的初参数:对一定结构的喷水室而言,空气和水的初参数决定了喷水室内热湿交换推动力的方向和大小,不同初参数则可导致不同的处理过程和结果。但对同一空气处理过程而言,空气和水初参数的变化对两个效率的影响并不大,实践中可以忽略不计。

由以上分析可知,喷水室热湿交换效果的影响因素极其复杂,因而两个热交换效率不能用纯数学方法确定,而只能用实验方法来获取。对一定空气处理过程和结构特性的喷水室而言,两个热交换效率只取决于 $v\rho$ 和 μ 值,所以可将实验数据整理成实用图表或以下实验公式:

$$E = A(v\rho)^m \mu^n \tag{3.16}$$

$$E' = A'(v\rho)^{m'} \mu^{n'} \tag{3.17}$$

式中,A,A',m,m',n 和 n' 均为实验的系数和指数,它们因喷水室结构参数及空气处理过程不同而不同。

(3)喷水室热工计算的原则

对于结构参数一定的喷水室,如果空气处理过程的要求一定,其热工计算的原则就在于需要满足如下三个条件——两个热交换效率和一个热平衡关系:

①空气处理过程需要的 E 应等于该喷水室能够达到的 E。

②空气处理过程需要的 E' 应等于该喷水室能够达到的 E'。

③该喷水室中空气放出(或吸收)的热量应等于水吸收(或放出)的热量。

对于常用的冷却干燥过程,上述三个条件可用如下一组方程式来表示:

$$1 - \frac{t_{S2} - t_{W2}}{t_{S1} - t_{W1}} = f(v\rho, \mu) \tag{3.18}$$

$$1 - \frac{t_2 - t_{S2}}{t_1 - t_{S1}} = f(v\rho, \mu) \tag{3.19}$$

$$G(i_1 - i_2) = Wc(t_{W2} - t_{W1}) \tag{3.20}$$

或

$$t_{S1} - t_{S2} = 1.46\mu(t_{W2} - t_{W1}) \tag{3.21}$$

联立求解上述诸方程式,可以求得三个未知数。在实际热工计算中,根据未知数的特点可分为设计性和校核性两种热工计算类型(见表3.3)。

表 3.3　喷水室热工计算类型

计算类型	已知条件	计算内容
设计性计算	空气量 G 空气的初、终状态 $t_1, t_{S1}(i_1 \dots)$ $t_1, t_{S2}(i_2 \dots)$	喷水室结构(选定后成为已知条件) 喷水量 W(或 μ) 水的初、终温度 t_{W1}, t_{W2}
校核性计算	空气量 G 空气的初状态 $t_1, t_{S1}(i_1 \dots)$ 喷水室结构 喷水量 W(或 μ) 喷水初温 t_{W1}	空气终状态 $t_2, t_{S2}(i_2 \dots)$ 水的终温 t_{W2}

在设计性计算中,按计算所得的水初温 t_{W1} 来决定采用何种冷源。如果自然冷源满足不了要求,则应采用人工冷源。由于制冷机提供的冷水温度为 $5\sim7$ ℃,故常需使用一部分循环水,其时所需冷冻水量、循环水量、喷水量和回水量可根据相关系统或部件的热平衡与水量平衡关系加以确定。

假如设计计算确定的喷水温度较低,为能充分利用自然冷源,可在一定范围内调整水量来改变喷水初温,由此产生校核性计算问题。此外,全年使用的喷水室一般以夏季设计计算为基础,必要时再结合具体条件校核空气处理的终状态,确定是否满足冬季的设计要求。

2)喷水室的阻力计算

空气流经喷水室的阻力 ΔH 是构成空调风系统总阻力的一部分,而它又由如下三部分阻力所组成:

①前、后挡水板阻力 ΔH_d:

$$\Delta H_d = \sum \xi_d \frac{\rho v_d^2}{2} \tag{3.22}$$

式中　$\sum \xi_d$——前、后挡水板局部阻力系数之和，其大小取决于挡水板结构；

v_d——挡水板处空气迎面风速，m/s，一般可取 $v_d = (1.1 \sim 1.3)v$。

②喷嘴排管阻力 ΔH_p：

$$\Delta H_p = 0.1Z \frac{\rho v^2}{2} \tag{3.23}$$

式中　Z——喷嘴排管数目。

③水苗阻力 ΔH_w：

$$\Delta H_w = 1\,180b\mu P \tag{3.24}$$

式中　b——系数，取决于空气和水的运动方向及喷嘴排管数，一般单排顺喷取 -0.22，单排逆喷取 0.13，双排对喷取 0.075。

目前，各种类型的喷水室大多已由工厂定型生产，作为组合式空调设备的一个功能段供用户选用。一般情况下，各种喷水室产品资料中会提供一定条件下热工性能及空气阻力方面的有关实验公式或图表。关于各种喷水室设计、选择的具体方法与步骤，必要时可参阅有关专业的设计手册和文献。

3.3　表面式换热器

表面式换热器是利用各种冷热介质，通过金属表面（如光管、肋片管表面）使空气加热、冷却以及减湿的热湿处理设备。

按照传热面的结构形式分类：可分为板式换热器和管式换热器。板式换热器又细分为螺旋板式、板壳式、波纹板式和板翅片式；管式换热器又可以细分为光管式、肋管式。目前最常用的是肋管式表面空气换热器。

按照功能分类：可分为空气加热器和表面式冷却器。空气加热器通常以热水或蒸汽作为热媒，对空气进行加热处理；表冷器是以冷水或制冷剂作为冷媒，对空气进行冷却、去湿处理；表冷器又可分为水冷式和直接蒸发式两类。

表面式换热器具有管路简单、设备体积小、安装方便、水和空气不相互污染、冷冻水耗损少等优点。正是由于上述一系列优点，它在空调工程中得到最为广泛的应用。

但与喷水室比较，表面式换热器需耗用较多的金属材料，对空气的净化作用差，无除尘、去味功能，热湿处理功能也十分受限。

除以上常见的表面式换热器，20 世纪 90 年代发展起来的一种高效换热设备——微通道换热器（图 3.13）。微通道换热器，就是通道当量直径在 $10 \sim 1\,000$ μm 的换热器。这种换热器由集流管、多孔扁管和波纹型百叶窗翅片组成。扁平管内有数十条细微流道，在扁平管的两端与圆形集管相连。集管内设置隔板，将换热器流道分隔成数个流程。

微通道换热器具有结构紧凑、换热效率高、质量轻、抗腐蚀性强、运行安全可靠等优点，它在微电子、航空航天、医疗、化学生物、材料、高温超导体冷却等对换热设备的尺寸和重量有特殊要求的应用中广泛使用。目前，微通道换热器的关键技术——微通道平行流管的生产方法在国内已渐趋成熟，使得微通道换热器的规模化使用成为可能。

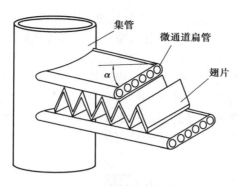

图 3.13　微通道换热器

3.3.1　表面式换热器的构造与安装

1) 表面式换热器的构造

常用于空气热湿处理的表面式换热器是肋片管式换热器。由于肋片加在管外空气侧,肋化系数可达 25 左右,与光管式换热器相比,大大强化了管外换热。肋管式表面换热器主要由管子(带联箱)、肋片和护板组成。为使表面式换热器性能稳定,应保证其加工质量,力求使管子与肋片间接触紧密,减小接触热阻,并保证长久使用后也不会松动。

肋片管的加工方法多种多样。根据加工方法的不同,肋片管可分为绕片管、串片管和轧片管等类型(图 3.14)。

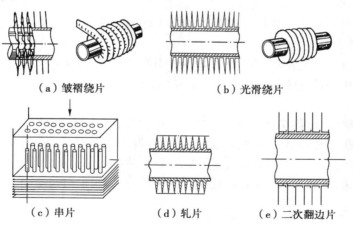

（a）皱褶绕片　　　　　　（b）光滑绕片

（c）串片　　　　（d）轧片　　　　（e）二次翻边片

图 3.14　各种肋片管的构造类型

绕片管使用绕片机将铜带、钢带或延展性好的铝带紧紧缠绕在铜管或钢管上而制成,并镀锌、锡以消除管子与肋片间的接触间隙。肋片可以采用平面型或带皱褶型,后者可增加传热面积和增强气流的扰动,提高传热性能,但也增加了气流阻力,且容易积灰,不便清理。皱褶式绕片管如图 3.14(a)所示。

串片管则是在各种形状的肋片上事先冲好管孔,再用专用机具将它一片片地串套在管束上[图 3.14(c)],最后以机械或液压胀管方法使二者紧密结合。串片管生产的机械化程度可以很高,现在大量铜管铝片的肋管均用此法生产。

用轧片机在光滑的铜管或铝管外表面上轧出肋片便制成轧片管 [图3.14(d)]。显然,这种加工方法不存在肋片和管子间的接触间隙,更利于增强传热性能。

为尽量提高肋管式换热器的传热性能,除肋片管加工中尽量保证接触紧密,设计中应优化各种结构参数,增大传热面积,减小接触热阻;应用亲水性表面处理技术外,还应着力于提高管内、外侧的热交换系数。强化管外侧换热的主要措施包括用二次翻边片代替一次翻边片,用波纹片、条缝片和波形冲缝片等新型肋片(图3.15)代替平片。强化管内侧换热最简单的措施则是采用内螺纹管。研究表明,采用上述措施后可使表面式换热器的传热系数提高10%~70%。

（a）波纹型片　　　　（b）条缝型片　　　　（c）波形冲缝片

图3.15　换热器的新型肋片

2) 表面式换热器的连接与安装

表面式换热器可以垂直、水平和倾斜安装。以蒸汽为热媒的空气加热器水平安装时应有0.01的坡度,以利排除凝结水。表面式冷却器垂直安装时必须使肋片处于垂直位置,否则将因肋片上部积水而增加空气阻力。另外,表冷器工作时表面常有凝结水产生,在其下部应装接水盘和排水管(图3.16)。

表面式换热器在空气流动方向上可以并联、串联,或者既有并联又有串联。适当的组合方式应按处理风量和需要换热量的大小来决定:风量大时应采用并联,需要空气温升(或温降)大时应采用串联。

表面式换热器的冷、热媒管路也有并联与串联之分,但使用蒸汽作为热媒时,各台换热器的蒸汽管只能并联。对于用水做冷、热媒的换热器,通常的做法是:相对于空气通路为并联的换热器其冷、热媒管路也应并联;串联的换热器其冷、热媒管路也应串联(图3.17)。管路串联可以提高水的流速,有利于水力工况的稳定和增大传热系数,但是系统阻力有所增加。

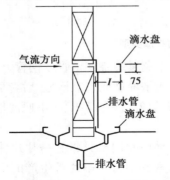

图3.16　滴水盘与排水管的安装

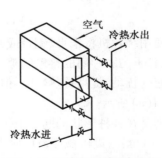

图3.17　表面式换热器的安装

为了使冷、热媒与空气之间有较大温差,最好让空气与冷、热媒之间按逆交叉流型流动;为了便于使用和维修,冷、热媒管路上应装设阀门、压力表和温度计,在蒸汽加热器的管路上还应设蒸汽压力调节阀和疏水器;为保证换热器正常工作,在水系统最高点应设排气装置,在最低点则应设泄水、排污阀门。

3.3.2　表面式换热器处理空气的过程

用表冷器处理空气时,与空气进行热质交换的介质不和空气直接接触,热质交换是通过表冷器管道的金属壁面进行的。按照传热传质理论,表面式换热器的热交换是在主体空气与紧贴换热器外表面的边界层空气之间的温差而产生,质交换则是由两者之间水蒸气分压力差(即含湿量差)而引起的。根据主体空气与边界层空气的参数不同,表面式换热器可以实现3种空气处理过程——等湿加热、等湿冷却和减湿冷却过程。

1)等湿加热与等湿冷却

换热器工作时,当边界层空气温度高于主体空气温度时,将发生等湿加热过程;当边界层空气温度虽低于主体空气温度,但尚高于其露点温度时将发生等湿冷却过程或称干冷过程(干工况)。由于等湿加热和冷却过程中,主体空气和边界层空气之间只有温差,并无水蒸气分压力差,所以只有显热交换。

对于只有显热传递的过程,由"传热学"可知:

$$Q = KF\Delta t_{d}$$

表面式换热器的换热量取决于传热系数、传热面积和两交换介质间的对数平均温差。当其结构、尺寸及交换介质温度给定时,对传热能力起决定作用的则是传热系数 K。对于空调工程中常用的肋管式换热器,如果忽略其他附加热阻(如水垢),K 值可按式(3.25)计算:

$$K = \left[\frac{1}{h_{w}\eta_{0}} + \frac{\tau}{\lambda}\delta + \frac{\tau}{h_{N}} \right]^{-1} \tag{3.25}$$

式中　h_{N}, h_{w}——内、外表面换热系数,$W/(m^2 \cdot ℃)$;

　　　η_{0}——肋表面全效率;

　　　δ——管壁厚度,m;

　　　λ——管壁导热系数,$W/(m \cdot ℃)$;

　　　τ——肋化系数,$\tau = F_{w}/F_{N}$;

　　　F_{N}, F_{w}——单位管长肋管内、外表面积,m^2。

由式(3.22)可以看出,当换热器结构形式一定时,等湿处理过程的 K 值只与内、外表面换热系数有关,是水和空气流动状况的函数。

实际工作中,对已定结构形式的表面式换热器,K 值往往是通过实验来确定的,并将实验结果整理成如下形式的实验公式:

$$K = \left[\frac{1}{Av_{y}^{m}} + \frac{1}{Bw^{n}} \right]^{-1} \tag{3.26}$$

式中　v_{y}——空气迎面风速,一般为 2~3 m/s;

　　　w——表面式换热器管内水流速,一般为 0.6~1.8 m/s;

　　　A, B, m, n——由实验得出的系数与指数。

对于用水做热媒的空气加热器,K 值也常整理成如下形式:

$$K = A'(v\rho)^{m'}w^{n'} \tag{3.27}$$

对于用蒸汽做热媒的空气加热器,由于可以不考虑蒸汽流速的影响,而将 K 值整理成:

$$K = A''(v\rho)^{m''} \tag{3.28}$$

式中,$v\rho$ 为表面式换热器通风有效截面上空气的质量流速;A',A'',m',m'' 和 n' 均为由实验确定的系数与指数。

部分国产空气加热器的传热系数的实验公式见附录 23,产品技术数据举例见附录 24。

2)减湿冷却

换热器工作时,当边界层空气温度低于主体空气的露点温度时,将发生减湿冷却过程或称湿冷过程(湿工况)。在稳定的湿工况下,可以认为在整个换热器外表面上形成一层等厚的冷凝水膜,多余的冷凝水不断从表面流走。冷凝过程放出的凝结热使水膜温度略高于表面温度,但因水膜温升及膜层热阻影响较小,计算时可以忽略水膜存在对其边界层空气参数的影响。

在湿工况下,由于边界层空气与主体空气之间不但存在温差,也存在水蒸气分压力差,所以通过换热器表面不但有显热交换,也有伴随湿交换的潜热交换。由此可见,表面式空气冷却器的湿工况比干工况具有更大的热交换能力,其换热量的增大程度可用换热扩大系数 ξ 来表示。空气减湿冷却过程(无论终态是否达到饱和)的平均换热扩大系数 ξ 被定义为总热交换量与显热交换量之比。在理想条件下,空气终状态可以达到饱和(对应 i_b,t_b),则有:

$$\xi = \frac{i - i_b}{c_p(t - t_b)} \tag{3.29}$$

不难看出,ξ 值的大小也反映冷却过程中凝结水析出的多少,故又称为析湿系数。显然,湿工况下,$\xi > 1$;而干工况下,$\xi = 1$。

根据对空气与水直接接触条件下热湿交换过程的分析,微元面积 dF 上总热交换的推动力是主体空气与水面边界层空气间的焓差,并可表示为:

$$dQ_Z = \sigma(i - i_b)dF \tag{3.30}$$

式中,σ 为空气与水表面间按含湿量差计算的湿交换系数,$kg/(m^2 \cdot s)$。将式(3.29)以及刘伊斯关系式 $\sigma = \dfrac{h_w}{c_p}$ 代入式(3.30),可得:

$$dQ_Z = h_w\xi(t - t_b)dF \tag{3.31}$$

由此可见,当表冷器上出现凝结水时,可以认为其外表面换热系数比干工况增大了 ξ 倍。于是,减湿冷却过程的传热系数 K_S 可表示为:

$$K_S = \left[\frac{1}{h_w\xi\eta_0} + \frac{\tau}{\lambda}\delta + \frac{\tau}{h_N}\right]^{-1} \tag{3.32}$$

同样,实际工作中一般多用通过实验得到的经验公式来计算传热系数 K_S。但应注意,空气减湿冷却过程的 K_S 值不仅与空气和水的流速有关,还与过程的平均析湿系数有关,故其经验公式表达为:

$$K_S = \left[\frac{1}{Av_y^m\xi^p} + \frac{1}{B\omega^n}\right]^{-1} \tag{3.33}$$

式中　p——由实验得出的指数。

部分国产表冷器的传热系数的实验公式见附录25,其技术性能见附录26和附录27。

3.3.3 表面式换热器的热工计算

1)表面式空气冷却器的计算

表面式空气冷却器在空调系统中主要用来对空气进行冷却减湿处理,空气的温度、含湿量会同时发生变化,因此其热工计算问题比较复杂。迄今,国内外关于表冷器的热工计算已提出许多方法,本教材只选介一种基于热交换效率的计算方法。

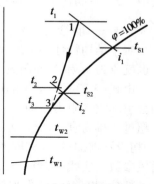

图3.18 表冷器处理空气的 $i\text{-}d$ 图示

（1）表冷器的热交换效率

同喷水室类似,表冷器的热交换效率也是通过将空气和水的实际状态变化过程与理想过程进行比较而获得的。

①全热交换效率 E_g:表冷器的全热交换效率亦称热交换效率系数,它同时考虑到空气和水的状态变化(图3.18),其定义式为:

$$E_g = \frac{t_1 - t_2}{t_1 - t_{W1}} \tag{3.34}$$

式中　t_1,t_2——处理前、后空气的干球温度,℃;

t_{W1}——冷水初温,℃。

由于 E_g 定义式中只有空气的干球温度,所以又把 E_g 称为表冷器的干球温度效率。

在空调系统用的表冷器中,空气与水的流动主要为逆交叉流,当表冷器排数 $N \geq 4$ 时,从总体上可将其视为逆流。在逆流条件下,取表冷器一微元面积 $\mathrm{d}F$ 进行其上传热量分析,可以推导出 E_g 的理论计算式为:

$$E_g = \frac{1 - \exp[-\beta(1-\gamma)]}{1 - \gamma\exp[-\beta(1-\gamma)]} \tag{3.35}$$

式中　β——传热单元数,$\beta = \dfrac{K_S F}{\xi G c_p}$;

γ——两流体的水当量比,$\gamma = \dfrac{\xi G c_p}{Wc}$;

G——处理空气的质量流量,kg/s;

W——表冷器管内水的质量流量,kg/s;

c_p,c——空气和水的定压比热容。

式(3.31)表明,热交换效率 E_g 只与 β 和 γ 有关。为简化计算,可根据该式制备线算图,以便由 β 和 γ 值直接查定 E_g 值。进一步分析有关参数可知,当表冷器结构形式一定且忽略空气密度变化时,E_g 值其实也只与 v_y,w 和 ξ 有关。因此,也可通过实验得到 $E_g = f(v_y,w,\xi)$ 形式的经验公式。

②通用热交换效率 E':表冷器的通用热交换效率又称接触系数,其定义与喷水室的通用热交换效率相同,且常表示为:

$$E' = \frac{t_1 - t_2}{t_1 - t_3} = 1 - \frac{t_2 - t_3}{t_1 - t_3} = 1 - \frac{i_2 - i_3}{i_1 - i_3} \tag{3.36}$$

式中 t_3——空气处理的理想终温,可近似代表表冷器的表面平均温度,℃。

同样,通过对表冷器微元面积 dF 上的传热分析,可以推导出 E' 的理论计算式为:

$$E' = 1 - \exp[-(h_w aN)/(v_y \rho c_p)] \tag{3.37}$$

式中 a——肋通系数,指每排肋管外表面积与迎风面积之比: $a = \dfrac{F}{NF_y}$;

  N——肋管的排数。

对于结构特性一定的表冷器来说,由于 a 值一定,ρ 值可视为常数,h_w 又与 v_y 有关,所以 E' 也就成为 v_y 和 N 的函数,即 $E' = f(v_y, N)$。据此,也可通过实验获取 E' 值。

由式(3.33)可知,N 的增加和 v_y 的减小均有利于提高表冷器的 E' 值。但应注意,N 的增加会引起空气阻力增加,且后几排还会因空气与水之间温差过小而减弱传热作用,所以一般以不超过8排为宜。此外,迎风面风速最好控制在 $2\sim3$ m/s,因为 v_y 过低将导致表冷器规格加大,初投资增加;过大则即使 E' 降低,也会增加空气阻力,还可能把冷凝水带入送风系统,影响送风参数。实践中,当 $v_y > 2.5$ m/s 时,表冷器的后面就应装设挡水板。

部分国产表冷器的 E' 值,可由附录26查得。

(2)表冷器的热工计算类型

表冷器的热工计算也分为设计性计算和校核性计算两种类型——设计性计算多用于选择定型的表冷器,以满足已知空气初、终参数的空气处理要求;校核性计算多用于检查一定型号的表冷器能将具有一定初参数的空气处理到怎样的终参数。实际上,每种计算类型按已知条件和计算内容的不同还可以再分为数种。表3.4是最常见的两种计算类型。

表 3.4 表冷器的热工计算类型

计算类型	已知条件	计算内容
设计性计算	空气量 G 空气初参数 $t_1, t_{S1}(i_1\cdots)$ 空气终参数 $t_2, t_{S2}(i_2\cdots)$ 冷水量 W(或冷水初温 t_{W1})	冷却面积 F(表冷器型号、台数、排数) 冷水初温 t_{W1}(或冷水量 W) 冷水终温 t_{W2} (冷量 Q)
校核性计算	空气量 G 空气初参数 $t_1, t_{S1}(i_1\cdots)$ 冷却面积 F(表冷器型号、台数,排数) 冷水初温 t_{W1} 冷水量 W	空气终参数 $t_2, t_{S2}(i_2\cdots)$ 冷水终温 t_{W2} (冷量 Q)

(3)表冷器的热工计算方法

对于型号一定的表冷器而言,热工计算原则就是满足下列三种条件:

①空气处理过程需要的 E_g 值应等于该表冷器能够达到的 E_g 值,即:

$$\frac{t_1 - t_2}{t_1 - t_{W1}} = f(\beta, \gamma) \tag{3.38}$$

②空气处理过程需要的 E' 值应等于该表冷器能够达到的 E' 值,即:

$$1 - \frac{t_2 - t_{S2}}{t_1 - t_{S1}} = f(v_y, N) \tag{3.39}$$

③空气放出的热量应等于冷水吸收的热量,即:

$$G(i_1 - i_2) = Wc(t_{W2} - t_{W1}) \tag{3.40}$$

表冷器的热工计算无论属于何种类型,计算所用的方程数目均应与待定未知数的个数保持相同。联解上述三个方程式可求出三个未知数,然而式(3.36)中实际上包括 $Q = G(i_1 - i_2)$ 和 $Q = Wc(t_{W2} - t_{W1})$ 两个方程。解题时如需要求冷量 Q,即需要增加一个未知数时,则应联解 4 个方程。

在设计性计算中,先根据已知的空气初参数和终参数计算 E',根据 E' 确定表冷器的排数,继而在假定 $v_y = 2.5 \sim 3$ m/s 条件下确定表冷器的 F_y,据此可确定表冷器的型号及台数,然后就可求出该表冷器能够达到的 E_g 值。根据 E_g 值遂可确定水初温 t_{W1}:

$$t_{W1} = t_1 - \frac{t_1 - t_2}{E_g} \tag{3.41}$$

若已知条件中给定了水初值 t_{W1},说明空气处理过程需要的 E_g 值已定,热工计算的目的就在于通过调整水量或迎面风速,改变冷水流速或传热面积、传热系数等,使所选择的表冷器的 E_g 值能够达到空气处理过程需要的 E_g 值。

在校核性计算中,因空气终参数未知,则过程的析湿系数 ξ 也属未知。为求解空气终参数和水终温,需要增加辅助方程,使解题程序更为复杂。在这种情况下采用试算方法更为方便。

应予指出,表冷器经长时间使用后,因内外表面结垢、积灰等原因,传热系数会有所降低。为保证在这种情况下表冷器的使用仍然安全可靠,在选择计算时应考虑一定的安全系数。在工程中,有以下做法:

①在选择计算之初,将求得的 E_g 值乘以安全系数 a。对仅做冷却用的表冷器取 $a = 0.94$,对冷热两用的表冷器取 $a = 0.90$。

②计算过程中不考虑安全系数,但在表冷器规格选定之后将计算得到的水初温略为降低。水初温的降低值可按水温升的 10% ~ 20% 考虑。

下面通过例题说明表冷器的设计性计算和校核性计算步骤。

【例 3.2】 已知被处理的空气量为 30 000 kg/h(8.33 kg/s),当地大气压力为 101 325 Pa,空气的初参数为 $t_1 = 25.6$ ℃,$i_1 = 50.9$ kJ/kg,$t_{S1} = 18$ ℃;空气的终参数为 $t_2 = 11$ ℃,$i_2 = 30.7$ kJ/kg,$t_{S2} = 10.6$ ℃,$\varphi_2 = 95\%$。试选择 JW 型表冷器,并确定水温、水量。JW 型表冷器的技术数据,见附录 27。

【解】 ①计算过程需要的 E',确定表冷器的排数。如图 3.19 所示,根据

$$E' = 1 - \frac{t_2 - t_{S2}}{t_1 - t_{S1}}$$

得 $$E' = 1 - \frac{(11 - 10.6)\ ℃}{(25.6 - 18)\ ℃} = 0.947$$

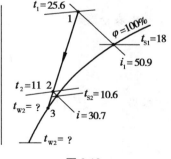

图 3.19

根据附录 26 可知,在常用的 v_y 范围内,JW 型 8 排表冷器能满足 $E' = 0.947$ 的要求,所以决定选用 8 排。

②确定表冷器的型号。先确定一个 v_y',算出所需冷却器的迎风面积 F_y',再根据 F_y' 选择合适的冷却器型号及并联台数,并计算得到实际的 v_y 值。

假定 $v_y' = 2.5$ m/s，根据 $F_y' = \dfrac{G}{v_y'\rho}$，得：

$$F_y' = \frac{8.33 \text{ kg/s}}{2.5 \text{ m/s} \times 1.2 \text{ kg/m}^3} = 2.8 \text{ m}^2$$

根据 $F_y' = 2.8$ m²，查附录 27，可以选用 JW30-4 型表冷器一台，其 $F_y = 2.57$ m²，所以实际的 v_y 为：

$$v_y = \frac{G}{F_y\rho} = \frac{8.33 \text{ kg/s}}{2.57 \text{ m}^2 \times 1.2 \text{ kg/m}^3} = 2.7 \text{ m/s}$$

再查附录 27 可知，在 $v_y = 2.7$ m/s 时，8 排 JW 型表冷器实际的 $E' = 0.950$，与需要的 $E' = 0.947$ 差别不大，故可继续计算。如果二者差别较大，则应改选其他型号的表冷器或在设计允许范围内调整空气的一个终参数，变成已知冷却面积及一个空气终参数求解另一个空气终参数的计算类型。

由附录 27 可知，所选表冷器的每排传热面积 $F_d = 33.4$ m²，通水截面积 $f_w = 0.005\,53$ m²。

③求析湿系数。根据 $\xi = \dfrac{i_1 - i_2}{c_p(t_1 - t_2)}$，得：

$$\xi = \frac{50.9 - 30.7}{1.01 \times (25.6 - 11)} = 1.38$$

④求传热系数。由于题中未给出水初温和水量，缺少一个已知条件，故采用假定水流速的办法补充一个已知数。

假定水流速 $w = 1.2$ m/s，根据附录 25 中的相应公式可算出传热系数为：

$$K_S = \left[\frac{1}{35.5 v_y^{0.58} \xi^{1.0}} + \frac{1}{353.6 w^{0.8}} \right]^{-1}$$

$$= \left[\frac{1}{35.5 \times (2.7)^{0.58} \times 1.38} + \frac{1}{353.6 \times (1.2)^{0.8}} \right]^{-1} \text{ W/(m}^2 \cdot \text{℃)}$$

$$= 71.8 \text{ W/(m}^2 \cdot \text{℃)}$$

⑤求冷水量。根据 $W = f_w w \times 10^3$，得：

$$W = 0.005\,53 \times 1.2 \times 10^3 \text{ kg/s} = 6.64 \text{ kg/s}$$

⑥求表冷器能达到的 E_g。先求 β 及 γ 值，根据 $\beta = \dfrac{K_S F}{\xi G c_p}$，得：

$$\beta = \frac{71.8 \times 33.4 \times 8}{1.38 \times 8.33 \times 1.01 \times 10^3} = 1.65$$

根据 $\gamma = \dfrac{\xi G c_p}{W c}$，得：

$$\gamma = \frac{1.38 \times 8.33 \times 1.01 \times 10^3}{6.64 \times 4.19 \times 10^3} = 0.42$$

根据 β 和 γ 值，按式（3.31）计算，得：

$$E_g = \frac{1 - e^{-1.65(1-0.42)}}{1 - 0.42 e^{-1.65(1-0.42)}} = 0.734$$

⑦求水初温。由公式 $t_{W1} = t_1 - \dfrac{t_1 - t_2}{E_g}$，得：

$$t_{W1} = \left(25.6 - \frac{25.6 - 11}{0.734} \right) \text{℃} = 5.7 \text{℃}$$

⑧求冷量及水终温。根据式(3.36)，得：

$$
\begin{aligned}
Q &= G(i_1 - i_2) \\
&= 8.33(50.9 - 30.7)\,\text{kW} \\
&= 168.3\ \text{kW}
\end{aligned}
$$

$$
\begin{aligned}
t_{W2} &= t_{W1} + \frac{G(i_1 - i_2)}{Wc} \\
&= \left(5.7 + \frac{8.33(50.9 - 30.7)}{6.64 \times 4.19} \right) \text{℃} \\
&= 11.7 \text{℃}
\end{aligned}
$$

【例 3.3】 已知被处理的空气量为 16 000 kg/h(4.44 kg/s)，当地大气压力为 101 325 Pa，空气的初参数为 $t_1 = 25 \text{℃}$，$i_1 = 59.1$ kJ/kg，$t_{S1} = 20.5 \text{℃}$，冷水量为 $W = 23\ 500$ kg/h(6.53 kg/s)，冷水初温为 $t_{W1} = 5 \text{℃}$。

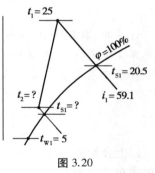

图 3.20

试求用 JW 20-4 型 6 排表冷器处理空气所能达到的终状态(图 3.20)和水终温。

【解】 ①求表冷器迎面风速 v_y 及水流速 w。由附录 27 知，JW20-4 型表冷器迎风面积 $F_y = 1.87\ \text{m}^2$，每排散热面积 $F_d = 24.05\ \text{m}^2$，通水断面积 $f_w = 0.004\ 07\ \text{m}^2$，所以：

$$v_y = \frac{G}{F_y \rho} = \frac{4.44}{1.87 \times 1.2}\ \text{m/s} = 1.98\ \text{m/s}$$

$$w = \frac{W}{f_w \times 10^3} = \frac{6.53}{0.004\ 07 \times 10^3}\ \text{m/s} = 1.6\ \text{m/s}$$

②求表冷器可提供的 E'。根据附录26，当 $v_y = 1.98$ m/s，$N = 6$ 排时，$E' = 0.911$。

③假定 t_2 确定空气终状态。先假定 $t_2 = 10.5 \text{℃}$ (一般可按 $t_2 = t_{W1} + (4 \sim 6) \text{℃}$ 假设)。根据 $t_{S2} = t_2 - (t_1 - t_{S1})(1 - E')$，得：

$$t_{S2} = [\,10.5 - (25 - 20.5)(1 - 0.911)\,] \text{℃} = 10.1 \text{℃}$$

查 i-d 图，或根据关系式 $i = 0.070\ 7t_S^2 + 0.645\ 2t_S + 16.18$ 计算得，当 $t_{S2} = 10.1 \text{℃}$ 时，$i_2 = 29.9$ kJ/kg。

④求析湿系数。根据 $\xi = \dfrac{i_1 - i_2}{c_p(t_1 - t_2)}$，得：

$$\xi = \frac{59.1 - 29.9}{1.01 \times (25 - 10.5)} = 1.99$$

⑤求传热系数。根据附录25，对于 JW20-4 型 6 排表冷器：

$$K_S = \left[\frac{1}{41.5v_y^{\,0.52}\xi^{1.02}} + \frac{1}{325.6w^{0.8}} \right]^{-1}$$

$$= \left[\frac{1}{41.5 \times (1.98)^{0.52} \times (1.99)^{1.02}} + \frac{1}{325.6 \times (1.6)^{0.8}} \right]^{-1} W/(m^2 \cdot \text{℃})$$

$$= 95.4 \ W/(m^2 \cdot \text{℃})$$

⑥求表冷器能达到的 E'_g 值：

$$\beta = \frac{K_s F}{\xi G c_p} = \frac{95.4 \times 24.05 \times 6}{1.99 \times 4.44 \times 1.01 \times 10^3} = 1.54$$

$$\gamma = \frac{\xi G c_p}{W c} = \frac{1.99 \times 4.44 \times 1.01 \times 10^3}{6.53 \times 4.19 \times 10^3} = 0.33$$

由 $\beta = 1.54$ 和 $\gamma = 0.33$，按式(3.31)计算可得：

$$E'_g = \frac{1 - e^{-1.54(1-0.33)}}{1 - 0.33 e^{-1.54(1-0.33)}} = 0.728$$

⑦求 E_g 并与 E'_g 进行比较。即：

$$E_g = \frac{t_1 - t_2}{t_1 - t_{W1}} = \frac{25 - 10.5}{25 - 5} = 0.725$$

计算时，取 $\delta = 0.01$。当 $|E_g - E'_g| \leqslant \delta$ 时，证明所设 $t_2 = 10.5$ ℃合适；如不合适，则应重设 t_2 值再算。于是，由已知条件得到的空气终参数为：$t_2 = 10.5$ ℃，$t_{S2} = 10.1$ ℃，$i_2 = 29.9$ kJ/kg。

⑧求冷量及水终温。根据式(3.36)，得：

$$Q = 4.44 \times (59.1 - 29.9) kW = 129.6 \ kW$$

$$t_{W2} = 5 \ \text{℃} + \frac{4.44 \times (59.1 - 29.9)}{6.53 \times 4.19} \text{℃} = 9.7 \ \text{℃}$$

以上介绍的计算步骤，如图 3.21 所示。如果用计算机计算，可按框图编制程序。这种计算程序对于多种方案的比较是非常方便的。

鉴于用湿球温度效率计算表冷器的湿工况，能更好地反映全热交换的推动力为焓差，一些学者还提出一种湿球温度效率法。该方法采用空气湿球温度来定义热交换效率 E_s，结合通用热交换效率方程及热平衡方程对表冷器湿工况进行计算，其优点是可能减少或避免一些试算过程。

2)表面式空气加热器的计算

空气加热器的热工计算也分设计性计算和校核性计算两种类型——设计性计算旨在根据被加热的空气量及加热前后的空气温度，按一定热媒参数选择空气加热器；校核性计算则是依据已有的加热器型号，检查它能否满足预定的空气加热要求。

空气加热器的计算原则是让加热器的供热量等于加热空气需要的热量。计算方法有两种：一般的设计性计算常用平均温差法，表冷器做加热器使用时常用效率法。

(1)平均温差法

如果已知被加热空气的质量流量为 G，加热前的空气温度为 t_1，加热后的空气温度为 t_2 时，加热空气所需热量可按式(3.42)计算：

$$Q = G c_p (t_2 - t_1) \tag{3.42}$$

空气加热器的供热量可按式(3.43)计算：

$$Q' = K F \Delta t_m \tag{3.43}$$

式中 K——加热器的传热系数，$W/(m^2 \cdot ℃)$；

图 3.21

F——加热器的传热面积，m^2；

Δt_m——热媒与空气间的对数平均温差，℃。

对于空气加热过程来说，由于冷热流体在进出口端的温差比值通常小于 2，所以可用算术平均温差 Δt_p 代替对数平均温差 Δt_m。

当热媒为热水时：

$$\Delta t_p = \frac{t_{W1} + t_{W2}}{2} - \frac{t_1 + t_2}{2} \qquad (3.44)$$

当热媒为蒸汽时：

$$\Delta t_p = t_q - \frac{t_1 + t_2}{2} \qquad (3.45)$$

式中 t_q——蒸汽温度，℃。

空气加热器的设计性计算可按以下步骤进行：

①初选加热器的型号：一般先假定通过加热器有效截面 f 的空气质量流速 $v\rho$，根据 $f=\dfrac{G}{v\rho}$ 的关系便可求出需要的加热器有效截面面积。

由式(3.27)和式(3.28)可知，随着 $v\rho$ 值提高，加热器的传热系数可以增大，从而能在保证同样加热量的条件下，减少加热器的传热面积，降低设备初投资。但是随着 $v\rho$ 的提高，空气阻力也将增加，使运行费提高。兼顾这两方面的办法是采用所谓"经济质量流速"，即采用使运行费和初投资的总和为最小的 $v\rho$ 值，通常其取值约为 8 kg/(m² · s)。

在加热器的型号初步选定之后，就可根据加热器的实际有效截面，算出实际的 $v\rho$ 值。

②计算加热器的传热系数：已知加热器的型号和空气质量流速后，由附录23中相应的经验公式便可计算传热系数。如果有的产品在整理传热系数经验公式时，其参数采用的不是 $v\rho$，而是 v_y，则应根据加热器有效截面与迎风面积之比 α 值(此处 α 称为有效截面系数)，使用关系式 $v_y=\dfrac{\alpha(v\rho)}{\rho}$，由 $v\rho$ 求出 v_y 后，再计算传热系数。

如果热媒为热水，则在传热系数的计算公式中还要用到管内热水流速 w。从式(3.27)可知，提高热水流速虽然也能提高传热系数，但是 w 值过大，也会引起水泵电耗的增加，这里同样有技术经济的比较问题。目前，在低温热水系统中，一般取 $w=0.6\sim1.8$ m/s；如果热媒是高温热水，由于水的温降很大，所以水的流速应取得更小。

选定水的流速 w 之后，通过加热器的水量为：

$$W=f_w w\rho_w \tag{3.46}$$

式中　W——加热器管子中流动的水量，kg/s；

　　　f_w——加热器的管子通水截面，m²；

　　　ρ_w——水的密度，低温热水可取为 10^3 kg/m³。

如果供热系统的热水温降一定，按下面热平衡式也可以确定热水流速：

$$Q=f_w wc(t_{W1}-t_{W2})\times10^3 \tag{3.47}$$

③计算需要的加热面积和加热器台数：由式(3.43)可知 $F=\dfrac{Q'}{K\Delta t_m}$；按照 $Q'=Q$ 的原则便可计算出需要的加热面积，然后再根据每台加热器的实际加热面积确定加热器的排数和台数。

④检查加热器的安全系数：由于加热器的质量以及运行中内外表面结垢、积灰等原因，选用时应考虑一定的安全系数，一般取 1.1~1.2。

(2)热交换效率法

空气加热器的计算只用一个干球温度效率 E_g，即：

$$E_g=\dfrac{t_2-t_1}{t_{W1}-t_1} \tag{3.48}$$

式中　t_1,t_2——空气初、终温度，℃；

　　　t_{W1}——热水初温，℃。

干球温度效率 E_g 也可以由 β 和 γ 值按式(3.35)确定，不过 β 和 γ 值计算中应取 $\xi=1$，传

热系数则采用表冷器做加热用时的传热系数 K_g。

具体计算可按以下步骤进行：

①根据 v_y 及 w（水流速 w 与做表冷器使用时相同或重新设定）求传热系数 K_g；

②根据水流速 w 求热水流量：$W = f_w w \times 10^3$；

③求 β, γ 及 E_g；

④求水初温：$t_{W1} = \dfrac{t_2 - t_1}{E_g} + t_1$；

⑤求需要的加热量：$Q = Gc_p(t_2 - t_1)$；

⑥求水终温：$t_{W2} = t_{W1} - \dfrac{Q}{Wc}$。

3.3.4　表面式换热器的阻力计算

表面式换热器作为空气处理设备中的一个重要部件,对流经其表面的空气会产生一定阻力,这一阻力与换热器类型、构造以及空气流速有关,它是整个空气系统总阻力的一部分。同样,换热器对冷热媒介质在管内的流动也会产生阻力,这种阻力则成为整个水系统总阻力的一个组成部分。

1)空气加热器的阻力

对于一定结构特性的空气加热器而言,空气阻力可由以下形式的实验公式求出：

$$\Delta H = B(v\rho)^p \tag{3.49}$$

式中　B, p——实验的系数和指数。

如果热媒是蒸汽,则依靠加热器前保持一定的剩余压力($\geqslant 0.03$ MPa)来克服蒸汽流经加热器的阻力,不必另行计算。如果热媒是热水,其阻力可按实验公式计算：

$$\Delta h = Cw^q \tag{3.50}$$

式中　C, q——实验的系数和指数。

部分空气加热器的阻力计算公式见附录23。

2)表面式冷却器的阻力

表面式冷却器的阻力计算方法与空气加热器基本相同,也是利用类似形式的实验公式。但是,由于表面式冷却器有干、湿工况之分,而且湿工况的空气阻力 ΔH_s 比干工况的 ΔH_g 大,并与析湿系数有关,所以应区分干工况与湿工况的空气阻力计算公式。

部分表面式冷却器的阻力计算公式见附录26。

【例3.4】　试计算例3.2中选出的JW型8排表冷器的空气阻力与水阻力。

【解】　根据附录26中JW型8排表冷器的阻力计算公式,可得空气阻力为：

$$\Delta H_s = 70.56 v_y^{1.21} = 70.56 \times (2.7)^{1.21} \text{ Pa} = 235 \text{ Pa}$$

水阻力为：

$$\Delta h = 20.19 w^{1.93} = 20.19 \times (1.2)^{1.93} \text{ kPa} = 28.6 \text{ kPa}$$

3.3.5 喷水式表冷器和直接蒸发式表冷器

1) 喷水式表冷器

普通表冷器只能冷却或者冷却干燥空气,无法对空气进行加湿,更不容易达到较严格的湿度控制要求,所以在需要时还应另设加湿设备。图 3.22 所示的喷水式表冷器则能弥补这方面的不足,使之兼有表冷器和喷水室的优点。该设备是在普通表冷器前设置喷嘴,向表冷器外表面喷循环水。

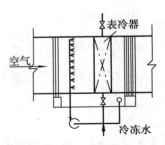

图 3.22 喷水式表面式冷却器

由于喷水式表冷器要求喷嘴尽可能靠近表冷器设置,因此流过的空气与喷水水苗接触时间很短,更多的时间是与表冷器表面上形成的水膜接触,热湿交换现象更为复杂。测定数据表明,在表冷器上喷水可以提高热交换能力。一方面由于喷水水苗及沿冷却器表面下流的水膜增加了热交换面积,另一方面喷水对水膜也有扰动作用,利于减少水膜热阻。但是,喷水对表冷器热交换能力的增加程度与表冷器排数多少有关:排数少时,传热系数增加较多;排数多时,由于喷水作用达不到后面几排,所以传热系数的增加较少。

上述表冷器的热工计算方法也可用于计算喷水式表冷器,不过要求用试验方法提供喷水式表冷器能够达到的两个热交换效率。由于在表冷器上喷的是循环水,经过一段时间,水温将趋于稳定,并近似地等于表冷器表面平均温度。此外,由于喷水式表冷器后的空气相对湿度较高(一般都能达到 95% 以上),因此很容易实现露点控制。

尽管喷水式表冷器能加湿空气,又能净化空气,同时传热系数也有不同程度的提高,但是由于增加了喷水系统及其能耗,空气阻力也将变大,势必影响到喷水式表冷器的推广应用。

2) 直接蒸发式表冷器(直膨式表冷器)

为了减少冷冻机房面积,有时将制冷系统的蒸发器放在空调箱中直接冷却空气,这就构成所谓直接蒸发式表冷器。此外,在独立式空调机组中采用的也是直接蒸发式表冷器。

直接蒸发式表冷器和水冷式表冷器虽然功能和构造基本相同,但因为它又是制冷系统中的一个部件,因此在选择计算方面有一些特殊的地方。

进行直接蒸发式表冷器的热工计算时,会用到湿球温度效率 E_S 和通用热交换效率 E'。但直接蒸发式表冷器的湿球温度效率定义为:

$$E_S = \frac{t_{S1} - t_{S2}}{t_{S1} - t_0} \tag{3.51}$$

式中,t_0 为制冷系统的蒸发温度。E_S 的大小与蒸发器的结构形式、迎面风速以及制冷剂性质有关,可由试验求得。

如果已知生产厂家提供的产品结构参数及 E_S 和 E' 值,进行直接蒸发式表冷器的热工计算在方法上与前述水冷式表冷器并无太大差别。但是,由于蒸发器又是制冷系统中一个部件,因此它能提供的冷量一定要与制冷系统的产冷量平衡,即被处理空气从直接蒸发式表冷器得到的冷量应与制冷系统提供的冷量相等。也就是说,应根据空调系统和制冷系统热平衡的概念对蒸发器进行校核计算,以便定出合理的蒸发温度、冷凝温度、冷却水温、冷却水量等。具体计算方法必要时可参考有关文献、资料。应用时,注意风量与风温的对应关系,控制机器最低出风温度。

3.4 其他加湿处理过程与设备

空气加湿是空气热湿处理的基本内容。除前面已重点学习过的喷水室外,实用的空气加湿方法和设备尚有很多,它们在加湿原理、构造和工程应用等方面均有各自的特点。

3.4.1 空气加湿方法与类型

在暖通空调系统中,通常将空气加湿设备布置在空气处理室(空调箱)或送风管道内,通过送风的集中加湿来实现对所服务房间的湿度调控。另一种情况是将加湿器装入系统末端机组或直接布置在房间内,以实现对房间空气的局部补充加湿。这种加湿方法除用于房间湿度的局部调整,还可用于送风温差不受限制的房间,达到降低热湿比、节省送风量的目的。在一些工业建筑中,还可用它进行高温车间的降温或多尘车间的降尘。

空气加湿器品种多样,但就湿介质形态而论,皆可归入"蒸汽"和"水"两种类型。蒸汽加湿器以集中加湿应用甚广的蒸汽喷管为代表,尚包括透湿膜加湿器,以及电热式、电极式、红外式、PTC 蒸汽加湿器等。水加湿器则以集中加湿常用的喷水室为代表,尚包括超声波式、离心式、加压喷雾式、湿膜蒸发式加湿器和电动喷雾机等。

从热湿传递过程来考察,蒸汽加湿器大多需借助外部热源将水变成蒸汽,再将蒸汽混入空气中进行加湿,空气的状态变化呈近似的等温加湿过程。水加湿器则不同,它们系借助某种动力与构件使水雾化或膜化,在空气与这些微细水滴或薄膜层直接接触条件下,利用水吸收空气显热而蒸发,从而实现对空气的加湿。这类加湿方法正如喷水室使用循环水处理空气一样,空气的状态变化可近似看作等焓加湿过程。当然,在某些特定条件下,使用这些加湿器也完全可能获得其他一些多变的空气加湿过程。

3.4.2 典型的空气加湿器

1)蒸汽喷管和干蒸汽加湿器

在直径略大于供汽管道的管段上开设直径为 2~3 mm 的若干小孔,即可制成蒸汽喷管。蒸汽在管网压力作用下由这些小孔喷出,并均匀地混入流经喷管周围的空气中。

每个小孔喷出的蒸汽量 g 为:

$$g = 0.594f(1 + p)^{0.97} \tag{3.52}$$

式中 f——每个喷孔的面积,mm^2;

p——蒸汽的工作压力,0.1 MPa。

根据所需加湿量,结合上式和具体安装条件即可确定喷管尺寸和喷孔数目与大小。

蒸汽喷管具有构造简单、加工便利、费用低等优点。其缺点是加湿过程中喷出的蒸汽往往夹带冷凝水滴,影响到加湿效果的控制。其改进方法可将蒸汽喷管外面加上一个外套,在其中供入部分蒸汽起保温、加热作用。这种所谓干蒸汽喷管即可避免喷管内产生或积存冷凝水,确保喷管以干蒸汽加湿空气。

图 3.23 为常用干蒸汽加湿器的构造示意图。它由干蒸汽喷管、分离室、干燥室和电动或气动调节阀等组成。喷管 8 上开设直径 8~10 mm、间距 50~100 mm 的小孔。蒸汽经由进口 1 依次进入外套 2 和分离室 4。由于分离室断面较大,蒸汽流速降低,加上惯性作用及挡板 3 的阻挡,蒸汽带入或器壁处产生的冷凝水会在其中分离出来。当蒸汽经顶部调节阀孔 5 减压后进入干燥室 6,残存在蒸汽中的水滴将再次汽化。这样,供入蒸汽喷管并从小孔喷出的自然全是干蒸汽。

2)电极式和电热式加湿器

电极式和电热式加湿器都是利用电能使水汽化而加湿空气的设备,习惯上统称为电加湿器。

电加湿器的功率 N 可按下式确定:

$$N = kW(i_q - ct_w) \qquad (3.53)$$

式中　　W——加湿所需蒸汽量,kg/s;

$\quad\quad\quad i_q$——蒸汽的比焓,kg/s;

$\quad\quad\quad t_w$——进水温度,℃;

$\quad\quad\quad k$——考虑元件结垢影响效率的附加系数,可根据水质(硬度)情况取 1.05~1.20。

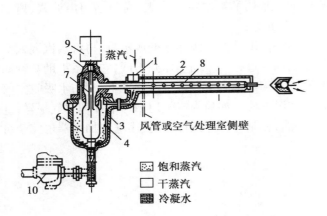

图 3.23　干蒸汽加湿器

1—接管;2—外套;3—挡板;4—分离室;
5—阀孔;6—干燥室;7—消声腔;8—喷管;
9—电动或气动执行机构;10—疏水器

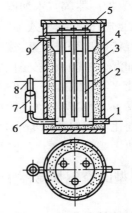

图 3.24　电极式加湿器

1—进水管;2—电极;3—保温层;
4—外壳;5—接线柱;6—溢水管;
7—橡皮短管;8—溢水嘴;9—蒸汽出口

电极加湿器构造见图 3.24。它通常使用三相(有时也用单相)电源,利用三根铜棒或不锈钢棒插入盛水容器作电极。当电源接通后,水中就有电流通过。在这里水是电阻,因而能被加热蒸发成为蒸汽。容器内水位越高,导电面积越大,通过电流也越强,产生的蒸汽量也就越多。因此,加湿量的大小可借助水位高低来调节。

电热式加湿器是将管状电热元件置于开式水盘中做成的。元件通电之后,将水加热产生蒸汽。它的补水一般采用浮球阀自动控制,以免发生断水空烧事故。这种加湿器的加湿量取决于水温和水表面积。根据需要的加湿量可按敞开水槽表面散湿量计算公式确定其水盘面积。

目前,电加湿器中以电极式加湿器应用更为广泛,因其结构紧凑,加湿量易于控制,多与小型恒温恒湿机组配套使用。电加湿的主要缺点是耗电量较大(尤其电极式),电极、电热元件及容器壁面易于结垢和腐蚀,故对水质有较严格的要求。

3)红外线和 PTC 蒸汽加湿器

红外线加湿器和 PTC 蒸汽加湿器都是近年来从国外引进的新型中小容量蒸汽加湿器。它们也要使用电能,但其蒸汽发生机理等方面与前述电加湿器有所不同。

红外线加湿器主要由红外灯管、反射器、水箱、水盘及水位自动控制阀等部件组成。它使用红外线灯作热源,其温度高达 2 200 ℃左右,箱内水表面在这种红外辐射热作用下产生过热蒸汽并用以加湿空气。国外产品单台加湿量为 2.2~21.5 kg/h,额定功率为 2~20 kW,根据系统所需加湿量大小可单台安装也可多台组装。这种加湿器运行控制简单,动作灵敏,加湿迅速,产生的蒸汽无污染微粒,但耗电量大,价格较高。它适宜用于对温湿度控制要求严格、加湿量不大的中、小型空调或洁净空调系统。

PTC 蒸汽加湿器由 PTC 热电变阻器(氧化陶瓷半导体)、不锈钢水槽、给水装置、排水装置、防尘罩及控制系统组成。PTC 氧化陶瓷半导体发热元件直接放入水中,通电后水即被加热而产生蒸汽。这种发热元件在一定电压下随温度的升高电阻增大。加湿器运行初期水温较低,启动电流为额定电流的 3 倍,水温很快上升,5 s 后即可达到额定电流并产生蒸汽。日本定型产品 PTC 蒸汽发生器加湿量为 2~80 kg/h,额定功率为 1.5~60 kW。这种加湿器具有运行平稳、安全、蒸发迅速、不结露、寿命长、控制与维修简便等特点,通常适宜用于温湿度要求较严格的中、小型空调系统中。

4)透湿膜加湿器

透湿膜加湿器是日本于 20 世纪 80 年代依据膜蒸馏理论开发出的一种清洁、节能的新型蒸汽加湿器。它是利用某些材料的疏水性,在膜孔两侧介质温差引起的水蒸气分压力差驱动下所产生的一种有选择性的传质现象。实践中通常选用诸如聚四氟乙烯之类的含氟树脂或聚乙烯、聚丙烯等聚烯烃系树脂制成透湿膜袋,袋内通水构成"水片层",各水片层间保持有空气通路(图 3.25)。当水侧水蒸气分压力高于空气侧水蒸气分压力时,水侧水蒸气即在这一分压力差作用下通过膜孔进入空气侧,由于膜的疏水性,水侧的水及所含钙、镁离子等杂质无法通过膜孔,从而实现对空气的加湿。

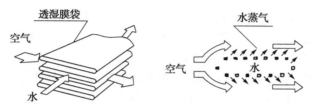

图 3.25　透湿膜加湿原理

透湿膜加湿器主要由透湿膜加湿元件、给水箱、软水器、控制阀件和给排水管所组成。将内置垫片的透湿膜袋与波纹隔板叠合并卷成螺旋状,再嵌入外框就构成一个透湿膜加湿元件。

这种特殊结构既保证膜层内外介质流动畅通,又有利于增大加湿面积。根据理论与实验分析,这种加湿元件的加湿能力主要受水温、进风干球温度、含湿量和风速的影响,加湿量明显高于一般自然蒸发式加湿器。以日本生产的一种用于吊装式新风机组的透湿膜加湿膜体(元件)为例,其外形尺寸为:宽 232 mm,高 295 mm,厚 197 mm。在供暖额定工况下的加湿量为1.2 kg/h,根据所需加湿量要求还可选用 2~4 个并列组装。

透湿膜加湿器具有结构简单、紧凑,初投资省,能耗低,对加湿量有自行调节特性和能够实现纯净蒸汽加湿等特点,适合中小容量的空调机组、新风机组的配套使用,尤其适宜用于电子计算机室、通讯站房、精密机加车间等净化要求较高的暖通空调系统。

5) 超声波加湿器

超声波加湿器借助超声波振子的高频振荡将电能转换成机械能,从水中向水面发射具有一定强度的波长相当于红外线波长的超声波,从而在水表面产生直径约几微米的微细粒子,这些雾粒吸收空气的热量蒸发成水蒸气,从而实现对空气的加湿。

超声波加湿器具有加湿效率高、加湿强度大、运行安静可靠、反应灵敏、雾粒微细均匀、省电节能等特点,加上高频雾化过程的"瀑布效应"能产生相当数量的负氧离子,有益于人体健康,因而正日益广泛地应用于对湿度有一定要求的各种民用或工业建筑的空气加湿。不利之处在于其初投资较高,加湿过程容易伴生一些污染微粒,故一般要求对供水进行软化处理。

6) 离心式加湿器

离心加湿器(图 3.26)是离心式旋转圆盘在电机作用下高速转动,将水强力甩出打在雾化盘上,把水雾化成 5~10 μm 的超微粒子颗粒后喷射出去,吹到空气中,使雾化形成的微小水粒在空气中蒸发而加湿空气的一种设备。它有一个圆筒形外壳,位于中央的封闭电机驱动一个圆盘和水泵管高速旋转,水泵管从贮水器吸水并送至旋转圆盘上形成水膜,水由于离心力作用被甩向破碎梳,并形成细小水滴。干燥空气从圆盘下部进入,吸收这些雾化水滴产生的水蒸气而被加湿。

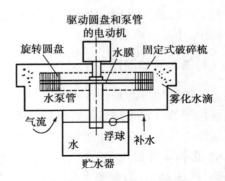

图 3.26 离心式加湿器

离心加湿器加湿量大,耗电量低,动作灵敏,使用寿命长,安装维修简便,特别适用于大面积加湿场合。其不足之处是生成雾粒的粒径较大,水的利用率较低,大部分需加以排除;当使用软化水时,经济性则成为主要问题。国产离心加湿器有多种不同规格,单台加湿量为 2~5 kg/h,电功率为 75~550 W,它与通风机组配合可以构成一个大型的空气加湿设备。

此外,高压喷雾加湿器、压缩空气喷雾器和电动喷雾机等同样也是通过加压水泵、压缩空气或运转风机等提供某种机械作用使水雾化而加湿空气的装置。它们多见于工业建筑领域,其应用特点与离心加湿器基本相同。目前,我国纺织行业已开发出利用大型轴流风机喷雾的加湿装置。研究表明,这种装置比使用循环水加湿的喷水室有明显的节能效果。

7) 湿膜加湿器

湿膜加湿器是一种洁净、节能的新型加湿设备。其加湿空气时,无白粉现象,结构简单,耗能低,对水质没有特殊要求,可以对空气进行洁净加湿,因此可以广泛应用于机房、车间、办公室和居室等场所。

湿膜加湿器加湿的基本原理是:水经水泵由管路送至淋水系统,其下部是高吸水性的加湿材料——湿膜。水在重力作用下沿湿膜材料向下渗透,水分被湿膜材料吸收,形成均匀的水膜;当干燥的空气通过湿膜材料时,水分子充分吸收空气中的热量而汽化、蒸发,使空气的湿度增加,形成湿润的空气。空气的湿度增加使温度下降,但空气的焓值保持不变。其过程属于等焓加湿。

湿膜加湿器分为直排水加湿和循环水加湿两种方式。

湿膜直排水加湿系统工作原理如图 3.27 所示。经过电磁阀的清洁水通过供水管路送到湿膜顶部布水器,水在重力作用下沿湿膜表面往下流,从而将湿膜表面润湿,流到接水盘中的水通过排水弯管排到下水管道中,此水不循环使用。

湿膜循环水加湿系统工作原理如图 3.28 所示。洁净水(或冷冻水)通过进水管路送到湿膜循环水的循环水箱中,进入循环水箱的水由浮球阀或液位开关来控制。循环水泵将水箱中的水送到湿膜顶部布水器,通过湿膜布水器将水均匀分布,水在重力作用下沿湿膜表面往下流,将湿膜表面润湿,从湿膜上流下来的未蒸发的水流进循环水箱,再由循环水泵送到湿膜顶部,此过程循环往复,从而达到节水的目的。工程上一般都优先采用湿膜循环水加湿器。

湿膜材料是湿膜加湿器的核心,分为有机湿膜、无机湿膜、铝合金网状湿膜、不锈钢刺孔湿膜、陶瓷湿膜等。湿膜材料具有较强的吸水性、很好的自我清洗能力、无毒、耐酸碱、耐霉菌、阻燃及可提供水分与空气间最大的接触表面积等特点。不锈钢湿膜选用很薄的不锈钢板为原料,经过表面冲孔、刺孔、轧制存水细波纹,并作钝化和亲水处理。水在湿材里曲折立体流动,不锈钢湿膜表面刺孔被水膜张力连接封堵。其采用高密度布水,加湿效率比较高,适合于洁净要求高的工业加湿场所。

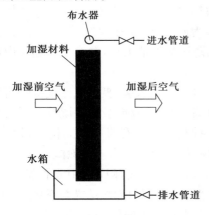

图 3.27 直排水加湿器加湿原理

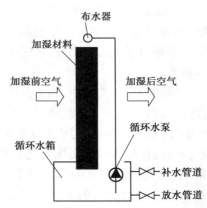

图 3.28 循环水加湿器加湿原理

湿膜一般采用波纹板交叉重叠的形式,可以同时控制水流与气流交叉流动的方向,并提供水流与气流间最大的接触表面积。这种结构中倾斜角度大的波纹朝向空气进入方向,以确保大量的水流向空气进风方向,这种结构方式同时提供了介质很好的自身清洁的效果。单位面积湿膜加湿量可参见附录28。

影响湿膜加湿性能的主要因素有:

①加湿材料的蒸发面积对含湿量的影响:影响湿膜加湿器加湿性能的因素很多,增加蒸发面积是提高加湿效率的主要途径。为克服加湿能力低的缺点,必须在不改变加湿器尺寸情况下,大幅度扩大蒸发面积。湿膜采用波纹板交叉重叠的形式,以同时控制水流与气流交叉流动的方向,并提供水流与气流间最大的接触表面积,以确保大量的水流在此蒸发,提高加湿效率。

②加湿材料的厚度对出口空气含湿量的影响:湿膜厚度的增加使空气与润湿的填料接触时间加长,应该说加湿效果更好。但随着厚度的增加,含湿量也接近饱和含湿量。因此,如果再增加加湿材料的厚度对空气的处理已经没有意义了,所以应选取合适的厚度。

③空气流速对含湿量的影响:随着风机速度的增加加湿量逐渐增大,而当加湿量达到一定的数值后,再增加风机速度,加湿量就呈下降趋势。一方面,风速增大,热质交换系数增大,加湿效果会提高,但风速太大会导致空气与湿膜之间接触时间缩短而削弱了加湿效果;另一方面,在加湿过程中,空气与水表面的饱和空气层之间温差和水蒸气分压差是推动力,当空气的相对湿度增大到一定值,水蒸气分压差降低,进入到空气中的水蒸气减少,所以加湿效果会降低。迎面风速增大,加湿效果会提高,但风速太大会导致空气与湿膜之间的接触时间缩短,而降低加湿效果,空气阻力也会急剧升高,所以应有适宜的风速,风速不要过大。

④入口空气温度和水温对含湿量的影响:对于一定结构的湿膜加湿器,空气和水的初参数决定了热湿交换推动力的大小。入口空气状态决定着空气吸收水分的能力,进口空气的干湿球温度差越大,热质交换的推动力越大,降温加湿效果就越好。

3.5 其他减湿处理过程与设备

空气减湿关乎人体舒适、健康和生产工艺过程的正常进行,在空气的热湿处理中是极为重要的环节。空气减湿是应用适当的除湿技术,将室内环境或入室空气的湿度降低至某个合理的范围,从而实现对建筑内部湿环境的调节与控制。为此,首先应在建筑设计、工艺布置以及使用管理等各个环节采取有力措施,增强建筑自身的防潮隔湿能力,从源头上将建筑内部散湿负荷抑制到最小。

在暖通空调环境控制技术中,除了前面已重点学习过的喷水室、表面式空气冷却器对空气除湿外,行之有效的方法还有升温降湿、通风排湿、冷却减湿、吸收或吸附除湿等若干类型。近年来,伴随膜分离技术的发展,国内外正研究、开发一种利用某些有机膜或无机膜材料在特定条件下对水蒸气的选择透过性实现空气减湿的新方法,原理上可归入渗透除湿。

应该指出,空气减湿涉及的新风计算参数另有不同含义,实际应用中宜按减湿专用气象资料选取。为实现对空气的减湿处理,各种方法都离不开相应的装置与系统,它们在工作原理、空气处理过程和工程应用等方面各具特色。以下对几种代表性的空气减湿方法加以介绍。

3.5.1 加热通风降湿

由相对湿度 φ 的定义式可知,在保持空气中水蒸气分压力不变而加热空气,可使其相对湿度降低,从而满足某些湿环境控制要求。通常条件下,空气温度每升高 1 ℃,相对湿度降低 4%~5%。但是,单纯加热空气属于等湿升温过程,虽能降低空气相对湿度,却无法减少空气的含湿量。它主要应用于工艺无特殊要求、室内余热量不大或人员很少的一些地下生产厂房。

采用通风手段,以含湿量低的室外空气代替含湿量高的室内空气,也能达到减湿的目的。不过,单纯通风并不能调节室内温度,因而也就不能调节室内相对湿度。根据通风过程关系式: $W = G(d_p - d_j)$,在一定通风量 G 下,排湿能力 W 应与进、排风的含湿量差成正比。显然,进风状态要受当地室外气象条件的限制,往往在最需要减湿的夏季,我国许多地方大部分时段室外气象却处于不利的条件。尽管如此,由于该方法简便、经济,如能加强管理,掌握有利时机,在一定范围内仍有应用价值。

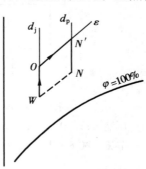

如将加热与通风相结合,空气减湿过程则有利于室内温度、相对湿度同时得以调节(图 3.29)。显然,这种减湿方法综合了前述单纯加热和单纯通风方法的优点,克服了二者之不足,拓宽了应用范围。由于该方法设备简单,初投资和运行费均较少,应予优先选用。

图 3.29 加热通风降湿

3.5.2 冷冻除湿机减湿

使用人工或天然冷源将空气冷却到露点温度以下,超过饱和含湿量的那部分水蒸气会以凝结水形式析出,从而降低空气的含湿量。除喷水室和表面式空气冷却器外,这类冷却减湿设备最具有代表性的是冷冻除湿机(或称冷冻减湿机)。

冷冻除湿机一般由制冷压缩机、蒸发器、冷凝器、膨胀阀以及风机、风阀等部件组成。它将制冷系统和通风系统结合为一体,见图 3.30。由图可知,潮湿空气先经蒸发器冷却减湿,再经冷凝器加热升温,最终变成高温、干燥的空气。

由其空气处理过程图 3.31 可知,冷冻除湿机通过蒸发器提供的制冷量为:

$$Q_0 = G(i_1 - i_2) \tag{3.54}$$

减湿量为:

$$W = G(d_1 - d_2) \tag{3.55}$$

冷凝器中的排热量为:

$$Q_k = G(i_3 - i_2) \tag{3.56}$$

为了求得除湿机出口的空气参数,可由制冷系统热平衡关系式,即 $Q_k = Q_0 + N_i$,结合式(3.55)和式(3.56)求得出口空气的比焓 i_3 :

$$i_3 = i_1 + \frac{N_i}{G} \tag{3.57}$$

式中 N_i ——制冷压缩机的输入功率。

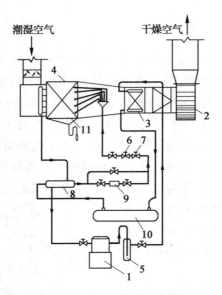

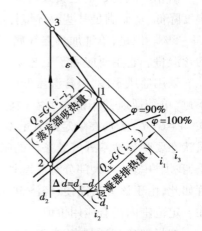

图 3.30　冷冻减湿机原理图　　　　图 3.31　冷冻减湿机空气处理过程

1—压缩机;2—送风机;3—冷凝器;4—蒸发器;5—油分离器;

6,7—节流装置;8—热交换器;9—过滤器;10—贮液器;11—集水器

一般情况下,空气经蒸发器处理后的相对湿度 $\varphi_2 = 95\%$,含湿量 d_2 则可由式(3.55)求得。再根据 i_3 , d_3 (等于 d_2)即可在 $i\text{-}d$ 图上确定 t_3 ,它是除湿机出口的空气温度。

由式(3.54)和式(3.55)还可导出 $W = \dfrac{Q_0}{\varepsilon}$ (ε 是过程 1—2 的角系数),即除湿机的除湿量与其制冷量成正比,而与过程角系数成反比。

冷冻除湿机有立式和卧式、固定式和移动式、带风机和不带风机等类型,品种、规格都较齐全。国内产品的除湿能力为 $0.3 \sim 160 \text{ kg/h}$,生产厂家通常提供有 $W = f(G, t_1, t_{S1})$ 形式的性能曲线,以便于工程选用。

冷冻除湿机具有效果可靠,使用方便,无须热源等优点,但其使用条件受限,不宜用于环境温度过低或过高的场合,维护保养也较麻烦。

3.5.3　液体吸湿剂减湿

1)液体吸湿剂的性质与吸湿原理

某些盐类及其水溶液对空气中的水蒸气具有强烈的吸收作用。这些盐水溶液中,由于盐类分子的存在而使得水分子浓度降低,溶液表面上饱和空气层中的水蒸气分子数也相应减少。因此,与同温度的水相比,溶液表面上饱和空气层中的水蒸气分压力必然要低些。盐水溶液一旦与水蒸气分压力较高的周围空气相接触,空气中的水蒸气就会向溶液表面转移,或者说被后者所吸收。基于这种吸收作用而吸湿的盐水溶液称为液体吸湿剂(吸收剂)。

工程中使用较多的液体吸湿剂有氯化钙($CaCl_2$)、氯化锂($LiCl$)和三甘醇等水溶液,也有某些固态吸收剂,如氯化钙、生石灰,它们在吸收空气中的水分后,自身潮解成为各自的水溶液,可称为固体液化吸收剂。三甘醇是最早被应用于液体除湿空调系统的除湿剂,但由于是有机溶剂,黏度较大,在系统中循环流动时容易发生滞留,黏附于空调系统的内表面,影响系统的稳定工作。这些缺点使三甘醇的进一步推广和应用受到了限制,而逐渐被金属卤盐溶液所取代。在常用的除湿剂中,氯化钙的价格低廉,是一种比较经济的除湿剂,但它的缺点是蒸气压比较高,除湿效果不稳定,而氯化锂的价格高,水蒸气压较低且稳定,是一种性能非常优良的除湿剂。为了提高除湿溶液的除湿性能和降低其价格,把两种除湿剂按不同的比例进行混合,可以得到性价比比较好的除湿溶液。

暖通空调工程中,盐水溶液中盐分的含量可由下式定义的浓度(即质量分数)来表示:

$$\xi = \frac{G_r}{W + G_r} \times 100\% \tag{3.58}$$

式中　G_r——盐水溶液中盐的质量;

　　　W——盐水溶液中水的质量。

盐水溶液表面饱和空气层的水蒸气分压力 p 与溶液吸湿能力密切相关,它取决于溶液的温度 t 和浓度 ξ,通常均采用 p-ξ 图来反映各种盐水溶液的性质。这种图中的曲线簇为等温线,$\xi = 0$ 的纵坐标即表示纯水表面饱和空气层的水蒸气分压。[①]

以氯化锂水溶液为例,由其 p-ξ 图(图 3.32)可见,当溶液温度一定时,表面水蒸气分压随浓度的增加而减小;当溶液浓度一定时,表面水蒸气分压则随温度的降低而降低。但是,这两种情况下浓度的增加或温度的降低都存在一定限度——超过这一限度,溶液中多余的盐分就会结晶析出。图中右端粗线即是溶液区与结晶区的分界线。

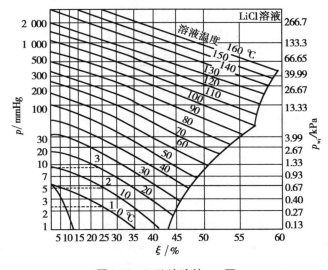

图 3.32　LiCl 溶液的 p-ξ 图

---

① mmHg 与 SI 单位的换算关系为:1 mmHg = 133.322 Pa。

深入研究 p-ξ 图不难发现,当溶液浓度 ξ 一定时,溶液表面饱和空气层任一水蒸气分压力 p_i 与同温度下纯水表面饱和空气层中水蒸气分压力 p_{wi} 的比值近似为一常数,该值也就是 t_i,p_i 状态下湿空气的相对湿度 φ_i。这意味着 i-d 图中每一条等湿线都对应着一个 ξ 值,其上各点即代表着该浓度下不同 t,p 参数所决定的溶液表面饱和空气层状态。据此,可以借助 i-d 图,通过表面饱和空气层间接地反映盐水溶液的性质(图3.33),并进而进行其有关吸湿过程计算。由于盐水溶液的冰点总比纯水低,且随盐分浓度的增加而下降。因此,i-d 图中 0 ℃以下 $\xi=0$ 的浓度曲线就代表溶液的结冰线,其上各条浓度线都对应着一定的冰点 O,O',O'' 等。

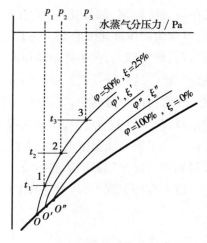

**图 3.33　溶液表面饱和空气层
状态的 i-d 图示**

2) 液体吸湿剂减湿系统

为了增加空气和盐水溶液的接触表面,在实际工作中,通常让被处理的湿空气通过喷液室或填料塔等减湿设备,在溶液和空气充分接触的过程中达到减湿的目的。在采用有腐蚀性的溶液时,最好采用耐腐蚀的管道和设备,以及效果可靠的气液分离设备。

盐水溶液吸湿后,浓度和温度将发生变化,为了使溶液连续重复使用,需要对其进行再生处理。按照再生方法的不同,可将液体吸湿剂减湿系统分成两类,即蒸发冷凝再生式减湿系统和空气再生式减湿系统。图3.34 即是一个蒸发冷凝再生式减湿系统。

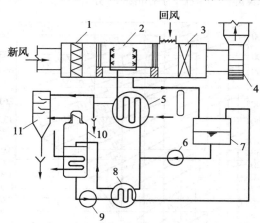

图 3.34　蒸发冷凝再生式液体减湿系统
1—空气过滤器;2—喷液室;3—表面式冷却器;4—送风机;5—溶液冷却器;
6—溶液泵;7—溶液箱;8—热交换器;9—再生溶液泵;10—蒸发器;11—冷凝器

如图3.34 所示,室外新风经过空气过滤器 1 净化后,在喷液室 2 中与氯化锂溶液接触,空气中的水分即被溶液吸收。减湿后的空气与回风混合,经表面式冷却器 3 降温后,由风机 4 送往室内。在喷液室中,因吸收空气中水分而稀释了的溶液流入溶液箱 7 中,与来自热交换器 8

的溶液混合后,大部分在溶液泵 6 的作用下,经溶液冷却器 5 冷却后送入喷液室,一小部分经热交换器 8 加热后排至蒸发器 10。在蒸发器中,溶液被蒸汽盘管加热、浓缩,然后由再生溶液泵 9 经热交换器 8 冷却后送入溶液箱。从蒸发器中排出来的水蒸气进入冷凝器 11,水蒸气冷凝后与冷却水混合,一同排入下水道。

3) 液体吸湿过程与计算

使用盐水溶液处理空气时,理想条件下被处理的空气状态变化将朝着溶液表面空气层的状态进行。根据盐水溶液的不同浓度和温度,可能实现各种空气处理过程,包括喷水室和表冷器所能实现的各种过程,如图 3.35 所示。空气的减湿处理通常多采用图 3.35 中的 A—1,A—2 和 A—3 三种过程。其中,A—1 为升温减湿过程;A—2 为等温减湿过程;A—3 为降温减湿过程。在实际工作中,以采用 A—3 过程的情况更为多见。

为判别上述三种减湿处理过程,可按下式定义一个潜热比 ψ(空气传给溶液的总热量与潜热量之比):

$$\psi = \frac{i_1 - i_2}{i_1 - i_2 - c_p(t_1 - t_2)} \tag{3.59}$$

式中　i_1,i_2——空气处理前、后的比焓,kJ/kg;

　　　t_1,t_2——空气处理前、后的温度,℃。

当 $\psi = 1$ 时,空气处理为等温减湿过程;当 $\psi < 1$,为升温减湿;当 $\psi > 1$,为降温减湿。

对于使用喷液室的液体吸湿设备来说,其热工计算和阻力计算同喷水室十分类似。

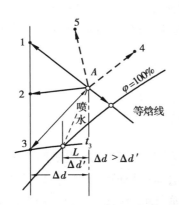

图 3.35　盐水溶液处理空气的过程

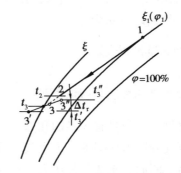

图 3.36　液体降温减湿计算附图

图 3.36 为盐水溶液处理空气(降温减湿)过程在 i-d 图上的表示。图中 1—2 表示空气的状态变化;3′—3″反映盐水溶液的状态变化;点 3 代表溶液的平均状态,同时也是理想条件下空气处理之终状态。这种减湿处理过程的热工计算系依据下述两个效率和热质平衡方程式:

热交换效率:

$$E_i = \frac{i_1 - i_2}{i_1 - i_3} \qquad (3.60)$$

湿交换效率:

$$E_d = \frac{d_1 - d_2}{d_1 - d_3} \qquad (3.61)$$

热平衡方程:

$$\Delta i = c_r \left(\mu_r + \frac{\Delta d}{2} \right) \Delta t_r \qquad (3.62)$$

质平衡方程:

$$\xi_{3'} \mu_r = \xi_3 \left(\mu_r + \frac{\Delta d}{2} \right) = \xi_{3''} (\mu_r + \Delta d) \qquad (3.63)$$

式中　μ_r——喷液室的喷液系数(液气比);

　　　c_r——溶液的比热容;

　　　Δt_r——溶液的温升;

　　　$\Delta i, \Delta d$——空气处理前后的焓差和含湿量差。

通过热工计算,可在给定条件下进行喷液室的设计或校核,并确定出溶液初、终温度或浓度等必要参数。

实践中,通常针对一定结构特性的喷液室进行性能实验,在特定实验条件下获得两个效率的经验公式 $E = f(v\rho, \mu_r, \psi)$。研究发现,加大 $v\rho$ 和 μ_r 对提高 E_i 和 E_d 是有益的,但过大则不利,通常应保持 $v\rho \leqslant 3$ kg/($m^2 \cdot s$),$\mu_r = 1 \sim 3$。

溶液除湿空调空气处理过程中溶液与空气直接接触,一方面可能因此对室内空气品质产生负面影响,如增加室内空气中游离的溴、锂离子的含量;另一方面也可以去除空气中的有害物质,如 VOC、细菌以及灰尘等。

3.5.4　固体吸湿剂减湿

1)固体吸附剂的性质与吸湿原理

某些工程材料本身具有大量的孔隙,水分易渗入这些孔隙并形成凹形液面。曲率半径小的凹面上水蒸气分压力比平液面上水蒸气分压力低,当被处理空气通过材料层时,空气中的水蒸气分压力高于凹面上水蒸气分压力,空气中的水蒸气就会向凹面迁移,由气态变成液态并释放出汽化潜热。基于这种吸附作用而吸湿的固体材料称为固体吸附剂。前面提及的氯化钙、生石灰等固体吸湿剂则有所不同,其吸湿过程已不再是纯物理作用,而是基于物理化学作用。工程中,硅胶(SiO_2)、铝胶(Al_2O_3)、活性炭和分子筛等固体吸附剂在空气减湿处理中都有不同程度的应用。

硅胶是用无机酸处理水玻璃时得到的玻璃状颗粒物质,它无毒、无臭、无腐蚀性,不溶于水。硅胶的粒径通常为 $2 \sim 5$ mm,密度为 $640 \sim 700$ kg/m^3。每千克硅胶的孔隙面积可达 40 万平方米,孔隙容积为其总体积的 70%,吸湿能力可达其质量的 30%。

硅胶有原色和变色之分,原色硅胶在吸湿过程中不变色,而变色硅胶如氯化钴硅胶,原本是蓝色,吸湿后颜色由蓝变红,并逐渐失去吸湿能力。由于变色硅胶价格高,除少量直接使用外,通常是利用它做原色硅胶吸湿程度的指示剂。

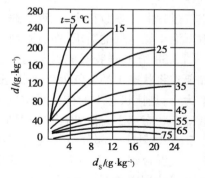

图 3.37 硅胶 d_S 值与空气参数的关系

硅胶的吸湿能力取决于被干燥空气的温度和含湿量。如果硅胶长时间停留在参数不变的空气中,将达到其含湿量不变的某一平衡状态,这一含湿量称为硅胶的平衡含湿量 d_S。硅胶的 d_S 值与空气参数 t,d 的关系见图3.37,它代表硅胶吸湿能力的极限。由图可知,当空气含湿量一定时,空气温度越高,d_S 值越小。因此,对于温度高于 35 ℃ 的空气,最好不用硅胶减湿。

铝胶有时也可用于空气减湿,其孔隙容积约为总体积的 30%。密度为 800 kg/m^3 的1 kg 干铝胶,其孔隙内表面积可达 25 万平方米。铝胶的吸湿能力不如硅胶,一般只宜用于干燥 25 ℃ 以下的空气。

此外,活性炭和分子筛也是比较常用的固体吸附剂,它们具有更小的孔径和更大的比表面积,其孔隙率为 32%~45%。实践中,常将它们用于高温、低湿等特殊环境里的空气减湿,并可利用其特有的吸附、筛分性能来清除空气中的某些有害气体。

采用固体吸附剂干燥空气,可使空气的含湿量变得很低,但干燥过程中释放出来的吸附热会加热空气。所以,对既需干燥又需加热空气的地方最宜采用。

当吸附剂吸湿达到其含湿量的极限时,就失去了吸湿能力。为能重复使用,可对其进行再生处理,即用 180~240 ℃ 的热空气(或烟气)吹过吸附剂层,对其高温加热,促使已吸附于孔隙中的水分蒸发,并随热风排掉。在再生过程中,吸附剂将被加热到 100~110 ℃,在重复使用之前需要使其冷却。

实际应用中也应注意,使用硅胶等吸附剂时,由于吸附剂是沿空气流动方向逐层达到饱和,且吸湿过程在所有吸附剂全都达到饱和之前业已结束,故不能指望整个材料层均能达到吸湿能力的极限状态。为更充分地利用吸附剂,应尽可能加大吸附剂层厚。然而,随着厚度的增加,空气的流通阻力也变大。对于粒径为 1~3 mm 的硅胶吸湿层,可按式(3.64)计算空气阻力:

$$h = b\delta v^2 \tag{3.64}$$

式中　δ——硅胶层厚度,一般可取 40~60 mm;

　　　v——硅胶迎面风速,一般可取 0.3~0.5 m/s;

　　　b——换算系数。

2)固体吸附剂的减湿过程与方法

固体吸附剂在减湿过程中将释放 2 930 kJ/kg 吸附热,其中显热为 420 kJ/kg,其余为凝结潜热。这些热量不仅使吸附剂本身温度升高,而且也会加热被干燥的空气——对此,有时可在吸附层中设冷却盘管,以便抑制二者的温升,同时也利于提高吸附剂的吸湿能力。

对空气剂减湿过程 1—2 进行热湿平衡分析,可以得出 $\varepsilon \approx c_w t_2$(其中,$c_w$ 为水的平均比热容)。如果根据减湿要求给定空气终状态含湿量 d_2，则由处理前空气状态 1 引角系数为 ε 的过程线，该过程线与 d_2 等值线的交点就是吸附剂减湿处理后的空气终状态 2。由于吸附剂处理空气过程的角系数很小，工程实践中常将它近似按等焓升温减湿过程来处理。为满足通常获取低温干燥空气的需求，在吸附剂减湿处理后对空气进行冷却处理是完全必要的。

图 3.38 给出硅胶吸附减湿处理空气过程的 $i\text{-}d$ 图。假如要求将状态 1 的空气处理到状态 2，图中表示的可行方案为：一是让状态 1 的待处理空气全部通过硅胶层，等焓减湿至状态点 $1'$，然后等湿冷却到点 $2'$，最后绝热加湿到点 2；二是只让一部分空气通过硅胶层，与不通过硅胶层的空气混合到点 $1''$，再等湿冷却到点 2。前一方案的优点是可以使用温度较高的冷却水，后一方案要求冷却水温度较低，但可以减少一套绝热加湿设备。

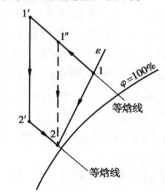

图 3.38　用硅胶处理空气的过程

固体吸附剂的减湿方法分为静态和动态两种。静态吸湿是用器皿、搁盘或纱袋等放置吸附剂，让潮湿空气呈自然流动状态与之接触而得以减湿，通常应用于小容量、小空间的空气减湿处理。动态吸湿则是采用一些固定的或可动的吸湿装置，让潮湿空气在风机作用下强制通过吸附剂层而减湿，它较之静态吸湿速度快，效果好，更适用于大容量减湿。但其设备复杂，投资也大得多。

工程实践中，经常需要保持空气减湿过程的连续性。因此，采用动态吸湿必须解决好吸湿剂的再生问题。吸湿剂再生可采取"固定转换"方式，即在空气流动方向上设置两套并联的设备，一套用于吸湿，另一套进行再生，切换使用；还可以采用转筒、转轮等转动式吸湿设备，以保证减湿与再生过程的同时进行。

3.5.5　转轮除湿机

转轮除湿机是利用吸湿剂或固体吸附剂的一种干式动态吸湿设备。如氯化锂转轮除湿机利用一种特制的吸湿纸来吸收空气中的水分。吸湿纸以玻璃纤维滤纸为载体，将氯化锂等吸湿剂和保护加强剂等液体均匀地黏附在滤纸上烘干而成。吸湿纸内所含氯化锂等晶体吸收水分后生成结晶水而变成盐水溶液。常温时吸湿纸上水蒸气分压力比空气中水蒸气分压力低，可从空气中吸收水蒸气；高温时吸湿纸上水蒸气分压力高于空气中水蒸气分压力，可将吸收的水蒸气释放出来。如此反复循环使用，便可达到连续进行空气减湿的目的。目前普遍采用的转轮除湿技术就是硅胶或分子筛转轮除湿机。分子筛除湿转轮适用于对空气湿度通常要求 $1\%\sim10\%$ 的极低的场合，如手机锂电池制造、特种塑料行业等。硅胶除湿转轮则适用于一般的低湿度场合。用一般空调压缩机的冷冻除湿法只能把空气露点温度降至 $10\ ℃$，采用转轮除湿机可以使空气露点温度降至 $-40\ ℃$。

转轮除湿机通常应包括吸湿系统、再生系统和控制系统三部分。图 3.39 是氯化锂转轮除湿机的工作原理图。这种除湿机主要由吸湿转轮、传动机构、外壳、风机、再生用电加热器（或以蒸汽作热媒的空气加热器）及控制器件所组成。转轮是由交替放置的平的或压成波纹状的吸湿纸卷绕而成，在纸轮上形成许多蜂窝状通道，从而可提供相当大的吸湿面积。转轮以每小时数转的速度缓慢旋转，潮湿空气由转轮一侧的 3/4 部分进入吸湿区，再生空气则从另一侧1/4部分进入再生区。两区以隔板分割,其界面用弹性材料密封,以防两区间空气相互流窜。

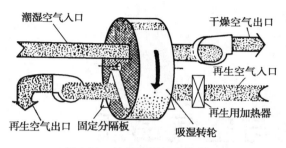

潮湿空气入口　干燥空气出口
再生空气入口
再生空气出口　固定分隔板　再生用加热器
吸湿转轮

图3.39　转轮除湿机工作原理

　　转轮除湿机的再生方式有电加热和蒸汽加热两种,其额定处理风量一般为50～15 000 m³/h,24 h除湿量为3.2～2 440 kg,所需功率为0.44～183.5 kW。除单纯用于除湿的基本形式外,还可与其他空气处理设备组合使用,由此扩大其使用功能,并有大湿差型、恒温恒湿型和节能型等多种产品类型可供选择。转轮除湿机的吸湿能力较强,维护管理方便,是一种较理想的空气减湿设备,在建筑环境控制和一些特殊工艺领域均具有良好的应用前景。

思考题

　　3.1　空调房间设计送风状态和送风量是如何确定的?

　　3.2　空调、通风房间新风供应的目的和意义是什么? 房间设计最小新风量确定的原则和方法是什么?

　　3.3　空气热湿处理基本过程有哪些? 试针对各种基本过程尽可能全面地提出采用不同设备、介质和必要技术参数的各种热湿处理方案。

　　3.4　试针对图3.6中夏季空调传统热湿处理方案($W{\rightarrow}L{\rightarrow}O$),构建一种无须使用人工冷源的低能耗节能空调方案,并与传统方案进行技术、经济比较。

　　3.5　喷水室处理空气的假想过程、理想过程和实际过程分别是什么?

　　3.6　用喷水室处理空气,其几种典型状态变化过程的特征是什么?

　　3.7　喷水室热工计算所用的全热交换效率E和通用热交换效率E'是如何定义的? 二者的定义表达式是如何得到的?

　　3.8　表面式换热器处理空气可以实现哪几种状态变化过程? 各种处理过程中热质传递的机理与特点是什么?

　　3.9　表面式空气冷却器热工计算所用全热交换效率E_g和通用热交换效率E'是如何定义的? 二者的定义表达式是如何得到的?

　　3.10　表面式空气冷却器热工计算的理论依据是什么?

　　3.11　表面式空气冷却器热工计算有哪几种类型? 各自解题的思路是什么?

空气净化与空气品质

通风空调技术应用中使用的室外空气和室内再循环空气往往含有各种固态或气态污染物,这些空气污染物对人的正常工作和生活会产生不利影响,有时还会对人体健康造成较大的危害。在一些生产工艺中,空气中的污染物还会影响到产品的质量、精度、纯度和成品率。因此,应对送入室内的空气进行净化处理,清除空气中的有害物质,以控制室内空气的洁净度,确保室内空气应有的品质要求。

4.1 空气净化处理

4.1.1 空气净化的要求

空气净化是指采用某种技术与设备使被污染的空气变成洁净的空气,以满足受控环境的空气品质要求。根据控制对象不同,室内空气净化可分为三类:

①一般净化:一般净化对室内空气污染物浓度没有具体要求,送入空气只需进行简单的过滤处理。舒适性空调要求对新风和回风进行的一级过滤,通常达到的是一般净化要求;同时,也防止换热盘管表面积尘,影响热湿交换性能。

②中等净化:中等净化对室内空气污染物浓度有一定要求,一般提不出确切的洁净度指标或提出的洁净度指标达不到最低级别洁净室的要求。对于人员密集及有较高空气质量要求的建筑,空调系统通常采用二级过滤,实现空气净化要求。

③超净净化:超净净化对空气中悬浮微粒的大小和数量均有严格要求,用以满足某些生产工艺和科学实验对高洁净度生产环境的特殊要求。超净净化根据不同的工艺要求,划分了不同的洁净级别。在洁净工艺中,空气中悬浮微粒的大小和数量对生产工艺有直接影响,超净净化的等级均以粒径计数浓度来划分。对要求无菌的生物洁净室,则要严格控制空气中微生物的粒子数。

超净净化的实现需要在洁净室内进行。所谓洁净室是指对空气的洁净度、温度、湿度、静压等项参数,根据需要进行控制的密闭性较好的空间,该空间的各项参数均能满足"洁净室级别"的规定。

近年来,基于室内空气品质控制需求的日益增长,空气净化不再局限于去除尘粒、菌粒等悬浮微粒,已经涉及对各种固态、气态污染物质的处理问题。因此,建立和完善我国室内空气品质评价方法和标准,对采取综合措施改善室内空气品质具有重要意义。

4.1.2 主要空气污染物

空气净化处理涉及的主要空气污染物包括:悬浮在空气中的固态、液态微粒,悬浮在空气中的微生物(主要有各种霉菌、致病菌等),以及各种对人体或生产过程有害的气体。

1)悬浮微粒的种类

①灰尘:固体或液体在分裂、破碎、振荡、气流等作用下,变成悬浮状态而形成的固态分散性微粒,是空气净化处理中接触最多的一种微粒,也称为粉尘。

②烟:通过燃烧、升华或蒸气凝结、气体反应,形成凝集作用而产生的固态和液态微粒,以及从液态粒子过渡到结晶态粒子而产生的微粒。烟的微粒大小一般在 0.5 μm 以下(如香烟、木材等燃烧所形成的烟),在空气中主要呈布朗运动,扩散能力强,且在静止空气中很难沉降。

③雾:气体中液滴的悬浮体微粒的总称,在气象学中指造成能见度小于 1 km 的水滴的悬浮体。液态微粒大小因生成状态而异,一般为 0.1~100 μm。

④烟雾:由燃烧产生的能见气溶胶,包括液态和固态微粒,微粒大小从十分之几微米到几十微米。例如,工业区空气中由煤粉尘、二氧化硫、一氧化碳和水蒸气所形成的结合体就是这种烟雾型微粒。

根据悬浮微粒的大小,将当量直径小于或等于 100 μm 的颗粒物,称为总悬浮颗粒物(简称 TSP,也称为 PM_{100});当量直径小于或等于 10 μm 的颗粒物,称为可吸入颗粒(简称 PM_{10});当量直径小于或等于 2.5 μm 的颗粒物,称为细颗粒物,也称可入肺颗粒物(简称 $PM_{2.5}$)。粒径大于 10 μm 的微粒,称为可见微粒,会被人的鼻腔过滤;PM_{10} 的颗粒物,能够进入上呼吸道,但部分可通过痰液等排出体外,另外也会被鼻腔内部的绒毛阻挡,对人体健康危害相对较小;而 $PM_{2.5}$ 的细颗粒物,被吸入人体后不易受到阻挡,会直接进入支气管,干扰肺部的气体交换,引发哮喘、支气管炎和心血管病等方面的疾病。我国以前对环境空气中悬浮颗粒物的监测,仅列出 TSP 和 PM_{10} 监测指标,由于 $PM_{2.5}$ 对人体健康的危害较大,2012 年我国修订的《环境空气质量标准》已把 $PM_{2.5}$ 列为环境空气质量监测指标,并规定了浓度限值。

2)空气中的微生物

空气中含有大量的细菌、病毒、真菌、花粉、藻类和噬菌体等微生物,这些微生物通常是依附在暂时悬浮于空气中的尘埃上,是重要的空气污染源。其主要来源于土壤、江河湖海、灰尘、动植物及人类本身。

由于细菌、病毒等微生物需要附在载体上才可能生存,故载体的大小称为微生物的等价直径。普通房间内的微生物等价直径为 6~8 μm,室外一般为 8~12 μm,洁净室内为1~5 μm。

室外大气菌的浓度在不同的地区和不同时间变化很大,通常为 1 000~5 000 粒/m^3,一般可取 2 000~3 000 粒/m^3。

3)空气污染物浓度

单位体积空气中所含有的污染物量,称为空气污染物浓度。根据污染物类型,有含尘浓度和含菌浓度。

颗粒状悬浮微粒是空气净化的主要对象,一般把空气中颗粒状悬浮微粒的浓度称为大气含尘浓度。通常采用以下表示方法:

①质量浓度:单位体积空气中含有悬浮微粒的质量,mg/m^3;

②计数浓度:单位体积空气中含有各种粒径悬浮微粒的颗粒总数,粒$/m^3$或粒$/L$;

③粒径计数浓度:单位体积空气中含有某一粒径范围内的悬浮微粒的颗粒数,粒$/m^3$或粒$/L$。

一般环境卫生、工业卫生和空调技术主要考虑悬浮微粒对人的健康特别是对呼吸道系统的影响,其室内空气净化标准均采用质量浓度。在超净厂房、洁净室中,则多采用粒径计数浓度作为空气洁净度等级划分的依据。

大气含菌浓度是指单位体积空气中的菌类微生物数。与大气含尘浓度一样,随地区、人群活动场所、气象条件等不同情况,大气含菌浓度值也会在较大的范围内变化。含菌浓度除可采用计数浓度表示外,通常还用菌落浓度表示。菌落浓度为每立方米空气中的菌落数,单位为cfu/m^3,cfu 为空气中菌落单元数(Colony Forming Units)。

4)大气尘的粒径分布和含尘浓度

大气尘是指大气中的悬浮微粒,包括固体尘和液态微粒。这些悬浮尘粒的分布特性和含量对空气净化有着重要的关系。研究大气尘的尘粒分布特性,对选用合理、正确的过滤方式和设备有重要意义。

(1)大气尘的尘粒分布特性

大气中尘粒粒径的分布规律,如表4.1所示。从表中可知在所分组的粒径范围内,大气中大颗粒粒子,按质量计在粒子总量中所占比例很高,按个数计则所占比例很小。例如,$1~\mu m$ 以下的尘粒所占质量百分数极低(约3%),而其计数百分比却很高(达98%),这就是净化工程中重视计数浓度的原因之一。

(2)大气含尘浓度

空气净化技术中所涉及的空气含尘浓度是指空气中尘粒直径一般在 $10~\mu m$ 以下的浮游

表 4.1 实测的大气尘粒径分布

粒径范围/μm	各范围所占百分比/%	
	按质量计	按个数计
30~10	28	0.05
10~5	52	0.17
5~3	11	0.25
3~1	6	1.07
1~0.5	2	6.78
<0.5	1	91.68

尘埃(飘尘)的浓度。大于 $1~\mu m$ 的粒子不仅数量少,且易于捕集。大气含尘浓度随地区、时间、气象条件及局部污染状况不同而有很大的差异,确定大气含尘浓度比确定温、湿度等气象条件要困难得多。即使在同一地点,一天内的含尘浓度就有可能相差十几倍。对于高效空气净化系统,大气含尘浓度在 10^6 粒$/L$ 以下变化时,对室内含尘浓度的影响可忽略不计;对于中效空气净化系统,室内含尘浓度的变化与大气含尘浓度的变化成正比。表 4.2 给出了典型地区大气尘浓度的大致数据。

表 4.2　大气尘浓度

地　　点	质量浓度/(mg·m⁻³)	计数浓度/(10⁵ 粒·L⁻¹)
农村或市郊	$0.2 \sim 0.8$	$0.3 \sim 1.0$
城市中心	$0.8 \sim 1.5$	$1.2 \sim 2.0$
重工业厂区	$1.5 \sim 3.0$	$2.5 \sim 3.0$
轻工业厂区	$1.0 \sim 1.8$	

4.1.3　洁净等级的划分

空气净化的标准常用空气洁净度等级来衡量。洁净度是洁净空气环境中空气污染物含量多少的指标。污染物浓度高则表明洁净度低,污染物浓度低则洁净度高。根据室内空气洁净度指标的高低,把洁净室划分为若干个洁净等级。不同国家和行业对洁净等级的划分是不完全相同的。按国际标准化组织"ISO 14644—1"标准和我国《洁净厂房设计规范》(GB 50073—2001)的规定,洁净级别的划分见表 4.3。按《医院洁净手术部建筑技术规范》(GB 50333—2002)的要求,洁净度等级的划分如表 4.4 所示。

中间等级的粒子浓度限值按下式计算:

$$C_n = 10^N \times \left(\frac{0.1}{D}\right)^{2.08} \qquad (4.1)$$

式中　C_n——大于或等于要求粒径的粒子最大允许浓度,pc/m³;以四舍五入至相近的整数,
　　　　　有效位数不超过三位数;
　　　N——洁净度等级,数字不超出 9,整数之间的中间数可以按 0.1 为最小允许递增量;
　　　D——要求的粒径,μm;
　　　0.1——常数,其量纲为 μm。

表 4.3　洁净等级的划分

空气洁净度等级(N)	大于或等于表中粒径的最大浓度限值/(pc·m⁻³)					
	0.1 μm	0.2 μm	0.3 μm	0.5 μm	1.0 μm	5.0 μm
1	10	2	—	—	—	—
2	100	24	10	4	—	—
3	1 000	237	102	35	8	—
4	10 000	2 370	1 020	352	83	—
5	100 000	23 700	10 200	3 520	832	29
6	1 000 000	237 000	102 000	35 200	8 320	293
7	—	—	—	352 000	83 200	2 930
8	—	—	—	3 520 000	832 000	29 300
9	—	—	—	35 200 000	8 320 000	293 000

表 4.4　医院洁净手术部空气洁净度标准

空气洁净度等级	含尘浓度	
	尘粒粒径/μm	尘粒数 $n/(pc \cdot m^{-3})$
100	≥0.5	$350 < n \leq 3\ 500$
	≥5	$n = 0$
1 000	≥0.5	$3\ 500 < n \leq 35\ 000$
	≥5	$n \leq 300$
10 000	≥0.5	$35\ 000 < n \leq 350\ 000$
	≥5	$300 < n \leq 3\ 000$
100 000	≥0.5	$350\ 000 < n \leq 3\ 500\ 000$
	≥5	$3\ 000 < n \leq 30\ 000$
300 000	≥0.5	$3\ 500\ 000 < n \leq 10\ 500\ 000$
	≥5	$30\ 000 < n \leq 90\ 000$

　　此外,要求无菌的生物洁净室还需要对空气中的微生物含量进行严格控制。我国《药品生产质量管理规范》(GMP)(2010 年修订)附录 1 及《医药工业洁净厂房设计标准》(GB 50457—2019)将无菌药品生产洁净室的洁净度等级划分为四个级别,其中对空气中悬浮微粒数和微生物含量的要求分别见表 4.5 和表 4.6。

表 4.5　GMP 洁净室空气洁净度级别

洁净度级别	悬浮粒子最大允许数 /(个·m⁻³)			
	静　态		动　态	
	≥0.5 μm	≥5.0 μm	≥0.5 μm	≥5.0 μm
A 级	3 520	20	3520	20
B 级	3 520	29	352 000	2 900
C 级	352 000	2 900	3 520 000	29 000
D 级	3 520 000	29 000	不做规定	不做规定

表 4.6　GMP 洁净区微生物监测动态标准

洁净度级别	浮游菌 /(cfu·m⁻³)	沉降菌(ϕ90 mm) /(cfu·4h⁻¹)	表面微生物	
			接触(ϕ55 mm) /(cfu·碟⁻¹)	5 指手套 /(cfu·手套⁻¹)
A 级	<1	<1	<1	<1
B 级	10	5	5	5
C 级	100	50	25	—
D 级	200	100	50	—

注:表中沉降菌落数是指用直径 90 mm 的平皿放于洁净室内 4 h,空气中的细菌自然沉降在平皿内的培养基上,在适当条件下培养生成的细菌单元数;浮游菌数是指由采样器采集并经过培养生成的菌数。

虽然空气中悬浮粒子数越少,对保证加工精度和产品质量越有利,但同时初投资与运行费用却大为提高。因此,室内空气环境洁净度级别应从保证生产过程和产品质量的可靠性及对人体的安全性出发,需要综合考虑多种因素统一决策。

空气洁净度测试需要事先确定室内环境状态,室内空气环境状态分为空态、静态和动态。

①空态:设施已经建成,所有动力设施已运行,但无生产设备、材料及人员。

②静态:设施已经建成,生产设备已经安装,并按指定的状态运行,但无人员操作。

③动态:设施以规定的状态运行,有规定的人员在场,并在商定的状态下进行工作。

通常在工程结束进行室内空气洁净度测试时,室内环境状态多数处于静态,规定静态下进行测试比较符合实际。

4.1.4　空气净化处理设备

1)空气过滤器

空气净化处理的首要任务是要除掉空气中的悬浮微粒。空气过滤是利用过滤装置将送入洁净空间的空气中的悬浮微粒去除,从而保证进入房间的空气达到要求的洁净度,这是空气净化处理的基本方式。

(1)空气过滤器的滤尘机理

在空气过滤中,利用滤料孔隙将大于孔隙尺寸的尘粒阻留下来的现象称为筛滤作用。由于滤料间的孔隙往往比尘粒的粒径大得多,大部分的悬浮微粒是不能通过筛滤去除掉的。可见,筛滤作用在空气过滤中是很有限的,实际上空气过滤器的过滤作用是比较复杂的。其主要机理有:

①惯性作用:当随气流运动的尘粒逼近滤料时,因受惯性力作用来不及随气流绕弯仍直线前行,与滤料碰撞后而沉附其上。惯性作用随尘粒粒径和过滤风速增加而增加。

②扩散作用:尘粒随气体分子做布朗运动,当与极细的滤料纤维接触后附着在纤维上。尘料越小、流速越低,扩散作用越强。

③静电作用:由于气流摩擦和其他原因,滤料纤维和粒子可能产生电荷,从而产生静电效应,使粒子附着于滤料表面。

④吸附作用:对非常小的粒子,由于分子间的吸引力和表面吸附作用的影响,也会使尘粒附着于滤料纤维表面,这种作用不很显著。

上述滤尘机理中,惯性作用和扩散作用是主要的。由此可知,下列因素对过滤效果有着直接影响:

①尘粒粒径:大颗粒尘粒,其惯性作用增强,过滤效率提高;小粒径尘粒受布朗运动影响较大,其扩散作用加强,虽不及惯性作用大,却可采用适合于该特性的滤料来净化小粒径的灰尘。

②滤料纤维的粗细和密实性:惯性和扩散作用均要求滤料纤维细微且密实,高效过滤器的纤维直径只有几微米。但由于气流通过滤料的阻力与纤维直径的平方成反比,除特殊要求外一般不宜采用过细的纤维滤料。

③过滤风速:较高的过滤风速对提高惯性作用从而增强过滤效率是有利的,但过滤风速过高,不但增加了气流阻力,多耗电能,而且还有可能将已经沉附于滤料上的尘粒再次吹起;对于高效过滤器,为了尽量发挥扩散作用,需要延长含尘气流通过滤料的时间,要求较低的过滤风

速,通常为每秒几厘米,所以过滤风速不能过高。

④附尘影响:对于非自动清洗的过滤器,使用较长时间后,滤料表面积存的灰尘逐渐增多,虽可以增加过滤效果,但同时也加大了气流阻力。阻力过大时,会影响整个净化系统的运行,还有可能使滤料被灰尘挤破而失去过滤能力。因此,过滤器要求定期清洗或更换。

(2)过滤器的主要性能指标

①过滤效率 η:

在额定风量下,经过滤器捕集的尘粒量(即过滤器前后空气含尘浓度之差)与过滤器前空气含尘量的百分比,称为过滤效率 η:

$$\eta = \frac{c_0 - c_1}{c_0} \times 100\% = \left(1 - \frac{c_1}{c_0}\right) \times 100\% \tag{4.2}$$

式中 c_0, c_1——过滤器前、后的空气含尘浓度。

对应于质量浓度、计数浓度和粒径计数浓度表示的含尘浓度,过滤效率分别称为计重效率、计数效率和粒径计数效率。

在净化要求较高的空气净化系统中,需要将不同类型的过滤器串联使用。如图 4.1 所示,过滤装置由粗、中效两级过滤器串联组成,其单个过滤器的过滤效率分别为 η_1 和 η_2,空气过滤流程中的含尘浓度分别为 c_0, c_1 和 c_2。根据过滤效率的定义,两个过滤器的总效率为:

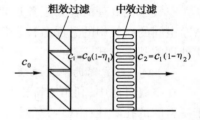

图 4.1　多级过滤器串联的效率

$$\eta_z = c_0 - c_2 c_0$$

由式(4.2)可知:

$$c_1 = c_0(1 - \eta_1) \qquad c_2 = c_1(1 - \eta_2)$$

所以:

$$\eta_z = \frac{c_0 - c_2}{c_0} = \frac{c_0 - c_0(1 - \eta_1)(1 - \eta_2)}{c_0} = 1 - (1 - \eta_1)(1 - \eta_2)$$

对由 n 个过滤器串联组成的 n 级过滤装置,其总的过滤效率 η_z 为:

$$\eta_z = 1 - (1 - \eta_1)(1 - \eta_2)\cdots(1 - \eta_n) \tag{4.3}$$

式中 $\eta_1, \eta_2, \cdots, \eta_n$——第一级,第二级,……,第 n 级过滤器的过滤效率。

②穿透率 K:

过滤后的空气含尘浓度与过滤前空气含尘浓度的百分比,称为过滤器的穿透率:

$$K = \frac{c_1}{c_0} \times 100\% = (1 - \eta) \times 100\% \tag{4.4}$$

穿透率可反映经过过滤后的空气含尘量的相对大小,而过滤效率反映的是被过滤器捕集下来的尘粒量的相对大小。对于效率较高的过滤器,过滤效率相差不大,但其穿透率则有可能相差几倍,故对于高效过滤器常常用穿透率来评价其性能。

③面风速与滤速:

过滤器断面上所通过的气流速度称为过滤器面风速,可用式(4.5)计算:

$$u_0 = \frac{L}{3\ 600F} \tag{4.5}$$

式中 u_0——过滤器面风速,m/s;

L——通过过滤器的风量,m^3/h;

F——过滤器迎风面积,m^2。

面风速是反映过滤器通过能力和安装面积的性能指标。

过滤器滤料面积上通过的气流速度称为滤速:

$$v = \frac{L}{3\,600f} \tag{4.6}$$

式中 v——过滤器滤速,m/s;

f——滤料面积,m^2。

滤速反映滤料的通过能力,一般高效和超高效过滤器的滤速为 $2\sim3$ cm/s,亚高效过滤器的滤速为 $5\sim7$ cm/s。

④过滤器阻力:

气流通过过滤器的阻力称为过滤器阻力,它包括滤料阻力和结构(如框架、分隔片及保护面层等)阻力。

通过实验,过滤器的阻力可整理为:

$$\Delta p = Au_0 + Bu_0^m \tag{4.7}$$

式中 Δp——过滤器阻力,Pa;

A,B,m——实验系数与指数。

式(4.7)中,第一项表示滤料阻力,第二项表示结构阻力。对于中、高效过滤器,其阻力主要是由滤料造成的。此外,过滤器阻力还可整理为下列形式:

$$\Delta p = av^n \tag{4.8}$$

式中 a,n——经验系数和指数,国产过滤器可取 $a = 3\sim10$,$n = 1\sim2$。

气流流速会影响过滤器的过滤效率和系统的正常运行。当气流速度和过滤面积确定后,过滤风量也就确定了。由生产厂家根据过滤器类型和规格,选择适宜的气流速度和过滤面积所确定的过滤风量,称为过滤器的额定风量。

在额定风量下,尚未积灰的新过滤器的气流阻力称为初阻力。一般高效过滤器的初阻力值不大于 200 Pa。

随着使用时间的增加,非自动清理过滤器的积尘会越来越多,过滤器阻力会逐渐加大。为了保证净化系统按要求的风量正常运行,当过滤器阻力达到一定值时,过滤器需要清洗或更换,此时的过滤器阻力称为终阻力。一般将终阻力值定为过滤器初阻力值的 2 倍,并将此值作为过滤器的阻力来计算系统的总阻力。

⑤容尘量:

在额定风量下,过滤器达到终阻力时所捕集的尘粒总质量,称为过滤器的容尘量。由于滤料的性质不同,粒子的组成、形状、粒径、密度、黏滞性及浓度的不同,过滤器的容尘量也有较大的变化。

(3)空气过滤器的类型和选择

空气过滤器按其过滤效率分为一般空气过滤器和高效空气过滤器。一般空气过滤器包括粗效、中效、高中效、亚高效四种类型,国家标准《空气过滤器》(GB/T 14295—2019)将粗效过滤器又分为粗效 1 型、粗效 2 型、粗效 3 型和粗效 4 型;中效过滤器又分为中效 1 型、中效 2 型和中效3 型。高效空气过滤器包括高效过滤器和超高效过滤器两种类型,《高效空气过滤器》

(GB/T 13554—2020)将高效过滤器细分为 A,B,C 三类,将超高效过滤器分为 D,E,F 三类。各类过滤器性能如表 4.7 所示。

表 4.7　空气过滤器分类性能表

类型名称	有效捕集粒径 /μm	适应的含尘浓度①	过滤效率 E②/%	初阻力/Pa
粗效 1	≥2.0	中~大	$E \geq 50$	≤50
粗效 2			$50 > E \geq 20$	
粗效 3			$E_1 \geq 50$	
粗效 4			$50 > E_1 \geq 10$	
中效 1	≥0.5	中	$70 > E \geq 60$	≤80
中效 2			$60 > E \geq 40$	
中效 3			$40 > E \geq 20$	
高中效	≥0.5	中	$95 > E \geq 70$	≤100
亚高效	≥0.5	小	$99.9 > E \geq 95$	≤120
高效 A	≥0.5	小	$99.99 > E_2 \geq 99.9$	≤190
高效 B			$99.999 > E_2 \geq 99.99$	≤220
高效 C			$E_2 \geq 99.999$	≤250
超高效 D	≥0.1	小	99.999	≤250
超高效 E			99.999 9	≤250
超高效 F			99.999 99	≤250

注:①含尘浓度:大 0.4~7.0 mg/m³,中 0.1~0.6 mg/m³,小 0.3 mg/m³ 以下;
②E 为大气尘粒径分组计数效率;E_1 为标准人工尘计重效率;E_2 为额定风量下的钠焰法效率。

按过滤器的构造形式,空气过滤器可分为:平板式、折褶式、袋式、卷绕式、筒式、静电式等类型。

按滤料更换方式分:可清洗(或可更换)与一次性使用等类型。

①粗效过滤器:粗效过滤器主要用于过滤≥2.0 μm 的大颗粒灰尘及各种异物,在空气净化系统中作为对含尘空气的第一级过滤,同时也作为中效过滤器前的预过滤,对次级过滤器起到一定的保护作用。

粗效过滤器的滤料一般为无纺布,常见的还有金属丝网(图 4.2)、玻璃纤维、人造纤维和粗孔聚氨酯泡沫塑料等。玻璃纤维无纺布性能较优越,适合用作粗、中、高效过滤器的滤材。粗效过滤器要求容尘量大,阻力小,价格便宜,结构简单。为了便于安装更换,粗效过滤器大多做成500 mm×500 mm×50 mm 的扁块状[图 4.2(b)],并布置成人字形排列或倾斜安装,以加大过滤面积。由于粗效过滤器主要利用惯性效应,因此,滤料风速可以稍大,一般可取 1~2 m/s。

图 4.3 为自动卷绕式空气过滤器,通过滤料前后的空气压差控制滤料的移动,当一卷用完后,再更换新的滤料,从而使更换周期延长。该形式可减少拆装清洗过滤器的工作量,提高系统运行的稳定性,但占用空间大,过滤效率低适用于对过滤效率要求不高的场所。

（a）金属网格滤网

（b）过滤器外形

图 4.2　金属网式粗效过滤器

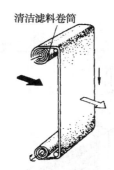
清洁滤料卷筒

图 4.3　自动卷绕式粗效过滤器

②中效过滤器（包括高中效过滤器）：主要用于过滤≥0.5 μm 的中等粒子灰尘，在净化系统中用作高效过滤器的前级预过滤，对高效过滤器起到保护作用；也在一些要求较高的空调系统中使用，以提高空气的清洁度。

中效过滤器的滤材主要有玻璃纤维（比粗效过滤器所用玻璃纤维直径小，约 10 μm）、化学纤维无纺布和中细孔聚乙烯泡沫塑料等。结构形式有袋式（图 4.4）、抽屉式（图 4.5）和折叠式（图 4.6）等，成组地安装在空调箱内的支架上。泡沫塑料和无纺布滤料可洗净后再用，玻璃纤维过滤器则需要更换。由于滤料厚度和滤速不同，中效过滤器包括较大的过滤范围。中效过滤器的滤速一般在 0.2~1 m/s。

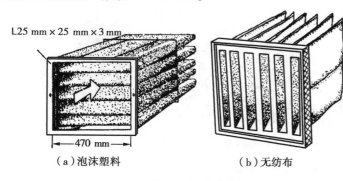
（a）泡沫塑料　　　　　　（b）无纺布

图 4.4　袋式过滤器

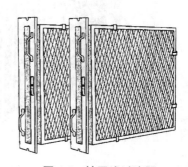
图 4.5　抽屉式过滤器

③高效过滤器（包括亚高效过滤器）：可过滤 0.5~0.1 μm 以上的微粒子灰尘，同时还能有效地滤除细菌，用于超净和无菌净化。通过高效过滤器的空气必须经过粗、中效两级过滤器预过滤，高效过滤器在净化系统中作为三级过滤的末级过滤器。当对 0.1 μm 以上的粒子计数效率达到 99.999% 以上时，亦称为超高效过滤器。

高效过滤器的滤料一般是超细玻璃纤维或合成纤维加工而成的滤纸。按滤芯结构分，有分隔片和无分隔片两类。无分隔片过滤器体积小，性能较有分隔片过滤器有所提高（图 4.7）。

对于微粒子，扩散作用对提高过滤效率有重要影响。为了加强扩散作用，提高高效过滤器过滤效率，需要延长含尘气流通过滤料的时间，即采用低滤速（2~3 cm/s），需大大增加滤纸的面积。故高效过滤器的滤纸需经多次折叠，使其过滤面积达迎风面积的 50~60 倍。低滤速使高效过滤器的阻力也得到降低，一般初阻力为 200~250 Pa。

④其他过滤器：除上述各种过滤器外，在空气净化中还有采用湿式过滤、静电过滤、化学过滤等其他类型的过滤装置，它们的滤尘机理与上述过滤器不完全相同。

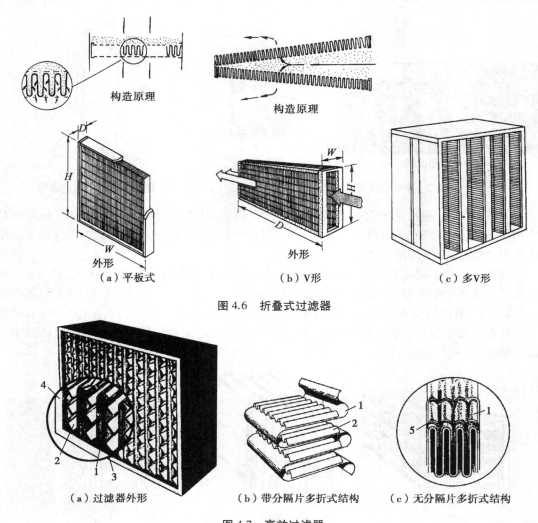

构造原理

构造原理

（a）平板式 （b）V形 （c）多V形

图 4.6　折叠式过滤器

（a）过滤器外形 （b）带分隔片多折式结构 （c）无分隔片多折式结构

图 4.7　高效过滤器

1—滤料;2—分隔片;3—密封胶;4—木外框;5—贴线

湿式过滤是依靠向滤料装置上喷淋水除去空气中的尘粒,同时还能除去大气中的亚硫酸气体等,其过滤效率属于中效或高中效过滤器。湿式过滤器为了避免水质污染,需经常补充和更换喷淋水。

静电过滤器利用电源产生的高电压,使空气电离而形成数量相等的正、负离子,通过过滤器的正、负电极将带电尘粒吸引并将其除去。静电过滤器的特点是对不同粒径的尘粒均可有效捕集,滤尘效率高,一般属于高中效或亚高效过滤器。由于静电过滤器积尘增加到一定程度会产生逆电离现象,或某种原因过滤器断电而系统仍在运行,都会使沉积的灰尘再次返回到气流中。因此,静电过滤器一般仅作为中间过滤器使用。

化学过滤器用于清除空气中的气体污染物。空气净化领域常使用活性炭作为主要过滤材料,吸附空气中的有毒有害气体,活性炭吸附饱和后可再生。

另外,UV/光电子净化也是采用静电过滤的原理实现对超细粒子的过滤(图4.8)。这种方法是利用紫外线照射在金属膜层上产生光电效应,在空气中产生电子和负离子使流经的超细粒子荷电而被集尘极捕集。

⑤过滤器的选择应用:根据室内空气的净化要求,对于一般净化,通常设置一道粗效过滤器,将大颗粒的灰尘滤掉即可。这种方式可满足大多数以温、湿度要求为主的一般工业与民用建筑空调的房间净化要求。

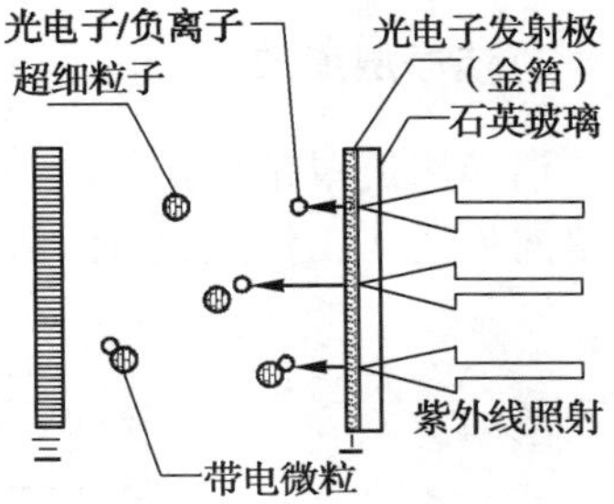

对于要求较高的空调系统,采用中等净化,在这类系统中可设置两道过滤器,即一道粗效过滤器和一道中效过滤器,便可满足要求。

图 4.8　UV/光电子净化原理

对有超净净化要求的生产或实验工艺,至少需设置三级过滤,一、二级为粗、中效过滤器用作预过滤,第三级设高效过滤器。为了防止空调送风系统对空气造成再污染,高效过滤器应设置在送风系统的末端,处理后的洁净空气直接送入洁净区内。

在确定了过滤器的净化级别以后,根据系统所需处理的风量和过滤器产品的额定风量,选择所需过滤器的个数。实际使用中,为了延长粗效过滤器的更换周期,通常按小于额定风量选用。

2)洁净工作台

洁净工作台是一种设置在洁净室内或一般室内,可根据产品生产要求或其他用途的要求在操作台上保持高洁净度的局部净化设备。

洁净工作台主要由预过滤器、高效过滤器、风机机组、静压箱、钢板外壳、不锈钢台面和配套的电器元器件组成(图 4.9)。新风或回风经预过滤器吸入,通过风机加压,经高效过滤器过滤后送至台面操作区。按气流组织分为非单向流和单向流式。水平单向流适宜进行小物件操作;垂直单向流则适合大物件的操作。选用时根据工艺装备或器具对气流的阻挡方向确定。

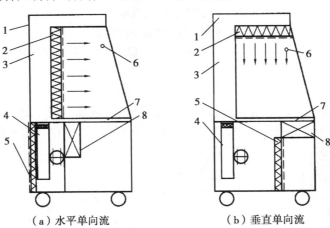

（a）水平单向流　　　　　　　（b）垂直单向流

图 4.9　洁净工作台示意图

1—外壳;2—高效过滤器;3—静压箱;4—风机机组;
5—预过滤器;6—日光灯;7—台面板;8—电器元件

洁净工作台是通用性较强的净化设备,可单台使用或连接成装配生产线。在通用工作台上装上各种工艺专用装置可构成专用洁净工作台,广泛应用于医疗、制药、化学实验、电子、精密仪器、食品和化工领域。

3）洁净层流罩

洁净层流罩是将空气以一定的风速通过高效过滤器后，由阻尼层均压使洁净空气流呈垂直单向流送入工作区，从而保证了工作区内达到所要求的洁净度，见图4.10。

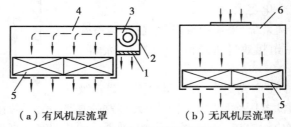

（a）有风机层流罩　　　　　（b）无风机层流罩

图4.10　洁净层流罩示意图

1—预过滤器；2—负压箱；3—风机；4—正压箱；5—高效过滤器；6—箱体

洁净层流罩分为有风机层流罩和无风机层流罩。洁净层流罩的安装方式有悬挂式、落地式和移动式。为了保证操作区的洁净度，还可采用气幕式层流罩（图4.11）或采用塑料薄膜、有机玻璃等材料在层流罩下方设置一定高度的垂帘，避免横向气流的干扰。

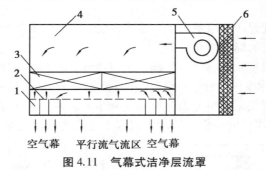

空气幕　　平行流气流区　空气幕

图4.11　气幕式洁净层流罩

1—喷口；2—阻尼层；3—高效过滤器；4—静压箱；5—风机；6—预过滤器

4）自净器

自净器是由风机、粗效、中效和高效（亚高效）过滤器及送、回风口组成的空气净化设备，分别见图4.12和图4.13。自净过滤器过滤效率高、使用灵活，可在一定范围内造成洁净空气

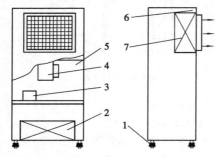

图4.12　移动框式自净器

1—脚轮；2—中效过滤器；3—控制板；4—风机；
5—负压箱；6—正压箱；7—高效过滤器

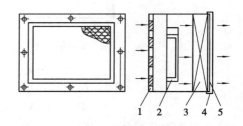

图4.13　悬挂式自净器

1—粗效过滤器；2—风机组；
3—高效过滤器；4—固定框；5—压框

环境,有移动式、悬挂式和风口式等多种形式。自净器可用于对操作点进行局部临时洁净净化,可设置在洁净室内易出现涡流区的部位以减少尘菌滞留,也可作为洁净环境的简易循环机组。

4.2　超净净化空调系统

为了保证洁净空间内的空气达到所要求的洁净度等级,需要利用空气过滤器对送入洁净区内的空气进行有效的净化处理,并利用足够的通风量以合理的气流组织方式对洁净空间内有可能产生的尘粒扩散进行控制。空气洁净度达到规定级别的、可供人活动的空间称为洁净室,许多超净净化需要依靠洁净室来完成。除了有空气洁净要求外,洁净室通常还有一定的温度、湿度、噪声、振动等要求。因此,有超净净化要求的空调系统称为超净净化空调系统。

4.2.1　超净净化空调系统的基本类型

1)按作用范围分

(1)全面净化

通过空气净化及其他综合措施使室内整个工作区成为具有相同洁净度的环境。这种形式适合于工艺设备高大、数量很多、室内要求相同洁净度的场所,但同时也具有投资大、运行管理复杂、建设周期长等缺点。

(2)局部净化

利用局部净化设备或净化系统局部送风的方式,在一般空调环境中造成局部区域具有一定洁净度级别的环境,适合于生产批量较小或利用原有厂房进行技术改造的场所。

在低洁净度的洁净室内,对局部区域实现较高洁净度的空气净化,称为局部净化与全面净化相结合的方式。在满足工艺要求的条件下,应尽量采用局部净化方式。当局部净化方式不能满足工艺要求时,可采用局部净化与全面净化相结合的方式或采用全面净化方式。

2)按净化设备的设置分

(1)集中式

集中式净化空调系统的净化空调设备集中设置在空调机房内,用风管将净化空气送入各个洁净室和洁净区域。

(2)分散式

分散式净化空调系统是在一般空调环境或较低级别净化空调环境中设置净化设备,如空气自净器、层流罩、洁净工作台等。

3)按气流组织分

(1)单向流型

气流以均匀的截面速度,沿着平行流线以单一方向在整个室截面上通过。单向流洁净室过去在国外称为层流洁净室,我国称为平行流洁净室,现在国际上正式称为单向流洁净室。单向流洁净室是靠送风气流"活塞"般的挤压作用,迅速把室内污染排出,这种气流流型又称为"活塞流"。

单向流洁净室根据气流方向分为垂直单向流和水平单向流。图4.14为一垂直单向流洁净室,室内顶棚满布高效过滤器,回风经地板格栅回到回风管路。依靠垂直气流的推出作用,室内污染物从整个回风端推出,工作区完全在送风气流中,从而可获得很高的洁净等级,但其价格昂贵,通常用于ISO5级及更高级别的洁净室中。

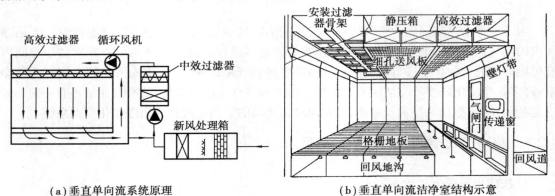

(a)垂直单向流系统原理　　　　　(b)垂直单向流洁净室结构示意

图4.14　垂直单向流净化系统

图4.15为水平单向流洁净室,也是"活塞流"的流型,但气流的下游洁净度下降,尤其是接近回风端处,因此只能保证上游区有高的洁净等级。其适用于工艺过程有多种洁净度要求的场所。水平单向流洁净室造价比垂直单向流洁净室要低。

(2)非单向流型

非单向流洁净室又称为乱流洁净室,气流以不均匀的速度呈不平行流动,并伴有回流或涡流。非单向流洁净室依靠送风气流不断稀释室内空气,把室内污染物逐渐排出,达到平衡。为了保证稀释效果,送风气流在室内应能较快地扩散并与室内

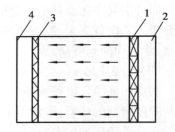

图4.15　水平单向流洁净室
1—高效过滤器;2—送风静压箱;
3—回风过滤器;4—回风静压箱

空气均匀混合,把室内含尘浓度较高的空气稀释并及时排出室外,使室内的洁净度达到要求。

图4.16为几种典型的非单向流洁净室。图4.16(a)是顶棚均布高效过滤器风口的方案,在风口下方的范围内基本处于送风气流中。扩散风口的作用是为了使送风气流下部的范围扩

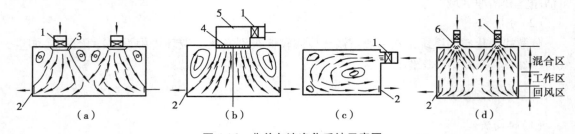

(a)　　　　　(b)　　　　　(c)　　　　　(d)

图4.16　非单向流净化系统示意图
1—高效过滤器;2—回风口;3—扩散风口;4—送风孔板;5—静压箱;6—散流器

大,但在较长时间停止运行后,风口容易积灰,再次运行时必需擦净。图 4.16(b)为孔板送风的方式,孔板设在房间顶棚的中央,空气经过高效过滤器进入静压箱,通过孔板进入室内形成一条比较均匀的送风带。图 4.16(c)所示为侧送风方式,其工作区处于回流区,对保证工作区的洁净度不利,一般用于洁净等级不高的洁净室内。图 4.16(d)所示为高效过滤器出口接下送式散流器,用于房间层高较高时。

（3）辐流型

辐流洁净室又称矢流洁净室,其气流组织形式主要为扇形、半球形或半圆柱形。由高效过滤器构成的辐流风口,从上部送风,对侧下回风,见图 4.17。辐流洁净室的工作原理不同于非单向流洁净室的掺混稀释作用,也不同于单向流洁净室的"活塞"作用。辐流型的气流流线类似于光线向四周辐射,非单向,也不平行,在洁净区域内流线不发生交叉。其工作原理仍然是靠推出作用,但不同于单向流的"平推",而是呈对角线形的"斜推"(图 4.18)。辐流洁净室的气流流型属于非单向流,接近于单向流的效果,在系统构造上比单向流简单,施工方便,造价低。

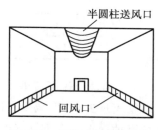

图 4.17　辐流洁净室示意图

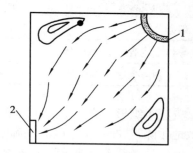

图 4.18　扇形送风气流组织示意图
1—扇形高效过滤器;2—回风口

4）按构造分

（1）整体式（或称土建式）

根据工艺要求,由土建结构所构成的空间,采用集中送风、全面净化或全面净化与局部净化相结合方式的洁净室。其优点是坚固耐久,密封性好;其缺点是施工周期长。

（2）装配式

由风机过滤器机组、洁净工作台、空气自净器、照明灯具等设备中的一部分或全部,与拼装式板壁、顶棚、地面等预制件,在现场拼装成型。当配置有温、湿度处理装置时,就构成装配式空调洁净室。这种结构的优点是安装周期短,对安装现场的建筑装修要求不高,拆卸方便;缺点是密封性差、噪声大,价格相对较高,仅在洁净度要求较高(如 ISO5～7 级)和急需的情况下采用。

（3）局部净化式

这种形式可以有多种作法:如用轻型结构围成小室,用单独的净化系统作为小室的送、回风;安装装配式洁净室;采用各种形式的局部净化设备(如洁净工作台、空气自净器、洁净层流罩等)。这种形式的优点是洁净度易达到要求,简化人身和物料的净化设施,施工安装周期短,易于适应工艺或实验过程的变动;其缺点是噪声大(有集中机房的除外),产品离开局部净化区易受污染。

除上述分类方式,按用途还可分为以无生命微粒为控制对象的工业洁净室和以有生命微粒为控制对象的生物洁净室。

4.2.2 超净净化空调系统设计

1) 超净净化空调系统设计特点

①系统要求风量大。超净净化空调系统的风量是根据消除余热、余湿和排除空气污染物所需要的空气量平衡,按其中所需最大通风量计算确定的。超净净化空调系统所要求的通风量与洁净等级有关,其风量往往比一般空调系统消除余热、余湿所要求的风量大得多,净化等级愈高,要求的风量愈大(表4.8)。有时超净净化空调系统需要将空调热湿处理和空气净化处理分别考虑。

表 4.8　洁净室与一般办公楼送风量比较

建筑类型	循环风量/($m^3 \cdot m^{-2} \cdot h^{-1}$)	新风量/($m^3 \cdot m^{-2} \cdot h^{-1}$)
一般办公楼	20	5
半导体工业洁净室 ISO 4 级	1 100	40
药厂生物洁净室 10 000 级	54	12

②气流组织形式应满足空气洁净度等级的要求。为了使空气中的悬浮粒子污染物能够迅速有效地排除,洁净室工作区的气流分布应均匀,气流流型应避免或减少涡流,减少二次气流影响。空气洁净度等级要求为1~4级时,应采用垂直单向流;空气洁净度要求为5级时,应采用垂直单向流或水平单向流;空气洁净度要求为6~9级时,宜采用非单向流。

③空调冷负荷大,负荷类型特殊。不同类型的洁净室,通常都有多种工艺设备,其中有些设备会产生大量热量;另外有些洁净室要求较大的新风量,从而新风负荷较大。这些都使净化空调系统总冷负荷增加。不同生产工艺,设备类型和使用情况不同,净化空调系统负荷状况也会发生变化。

④空调系统阻力大。超净净化空调系统设置有 3 级或更多级数的空气过滤装置,风系统阻力大大增加,常需要配置能够提供较大风量和风压的风机。此外,随着净化空调系统的运行,过滤器阻力会不断增加,导致系统风量发生变化,需要设置风量调节装置以恒定风量。

⑤压差控制严。为了防止不同净化级别的相邻洁净室之间或者非洁净区域对洁净室的空气干扰,洁净室需要维持恒定的压差。恒定压差通常由合理的风量平衡设计和余压阀等来实现。

2) 超净净化空调系统设计

(1) 系统划分

超净净化空调系统需要满足生产工艺的要求,除了遵循传统空调系统的分区原则外,在下列情况下应分开设置净化系统:

①单向流洁净室与非单向流洁净室系统应分开。

②高效空气净化系统应与高中效净化系统分开。

③运行班次和使用时间不同的洁净室系统应分开。

（2）净化空调方式的确定

超净净化空调应根据工艺要求确定洁净室的洁净度等级,并根据洁净室面积、净高、位置和消声、减振等要求,经综合技术经济比较来确定是采用全室集中式空气净化系统,还是局部分散式空气净化系统。

集中式净化空调系统适用于面积较大、净空较高、位置集中、消声减振要求严格且室内要求相同的洁净室,该方式投资较大、运行管理复杂、建设周期长;分散式空气净化系统是在一般空调环境中造成局部区域具有一定洁净度环境的净化处理方式,适用于生产批量较小或利用原有厂房进行技术改造的场合。实际工程中常采用分散与集中相结合的方式,即采用集中式空调系统满足室内对温、温度的要求,再配以局部净化设备(如洁净工作台、层流罩等),在一般空调环境中造成局部区域具有一定洁净度环境。

（3）气流组织设计

净化空调的气流组织与一般空调要求不尽相同,净化空调需要依靠合理的气流组织限制和减少空气污染物对产品的污染。设计时应考虑以下问题:

①尽量减少涡流,避免将工作区以外的污染物带入工作区。

②尽量防止灰尘的二次飞扬,以减少灰尘对工艺过程和产品的污染机会。

③加大通风换气量,有利于稀释空气污染物浓度。

④工作区的气流要尽量均匀,风速必须满足工艺和卫生要求,使气流向回风口流动时,能有效地带走空气中的灰尘。

（4）风量的确定

新风量计算取下列两项中的大值:

• 补偿室内排风量和保持正压值所需的新鲜空气量之和;

• 保证供给洁净室内的新鲜空气量不小于 $40 \text{ m}^3/(\text{h} \cdot \text{人})$。

送风量计算取下列三项中的最大值:

• 为保证空气洁净度等级的送风量;

• 根据热湿负荷计算确定的送风量;

• 向洁净室内供给的新风量。

为保证空气洁净度等级的送风量,按表4.9中数据或按室内发尘量进行计算。

表 4.9 洁净室气流流型和送风量(静态)

空气洁净度等级	气流流型	平均风速/$(\text{m} \cdot \text{s}^{-1})$	换气次数/h^{-1}
1~4	单向流	0.3~0.5	—
5	单向流	0.2~0.5	—
6	非单向流	—	50~60
7	非单向流	—	15~25
8~9	非单向流	—	10~15

注:①换气次数适用于层高小于4.0 m的洁净室;

②室内人员少、热源少时,宜采用下限值。本表引自《洁净厂房设计规范》(GB 50073—2001)。

a.单相流洁净室送风量

$$L = 3\ 600vF \tag{4.9}$$

式中　L——为保证洁净度等级的送风量，m^3/h；

　　　v——断面平均风速，m/s，按洁净等级选取，见表4.9；

　　　F——垂直气流方向的洁净室断面积，m^2。

b.非单相流洁净室送风量

非单相流洁净室保证洁净度等级的送风量按换气次数法进行计算。

按均匀分布计算理论，换气次数 n（次/h）的计算为：

$$n = \frac{60G \times 10^3}{aN - N_s} \tag{4.10}$$

式中　G——单位容积发尘量，$pc/(m^3 \cdot min)$；

　　　N——室内空气含尘浓度，pc/L；

　　　N_s——送风含尘浓度，pc/L；

　　　a——安全系数，取0.4~0.8，见表4.10。

表4.10　安全系数值 a

a	设备发尘量数据	工程重要性	a	设备发尘量数据	工程重要性
0.4	无	重要	0.6	无	一般
0.6	有	重要	0.8	有	一般

考虑到粒子分布的不均匀性，换气次数 n_v（次/h）为：

$$n_v = \psi n \tag{4.11}$$

式中　n——按均匀分布理论计算的换气次数，见式（4.10）；

　　　ψ——不均匀系数。

对于顶式送风口系统，不均匀系数 ψ 值可按表4.11选取。

表4.11　不均匀系数 ψ 值

换气次数 n /h^{-1}	10	20	40	60	80	100	120	140	160
不均匀系数 ψ	1.55	1.22	1.16	1.006	0.99	0.9	0.86	0.81	0.77

当按式（4.11）计算得到的换气次数值小于表4.9中对应值时，可按表4.9选取。

（5）压差控制

洁净室与周围空间必须维持一定的压差，以保证洁净室在正常工作或空气平衡暂时受到破坏时，洁净室免受外界污染或对外界造成污染。不同等级的洁净室以及洁净区与非洁净区之间的压差，应不小于5 Pa；洁净区与室外的压差，应不小于10 Pa。

洁净室维持不同的压差值所需的压差风量，根据洁净室特点，宜采用缝隙法或换气次数法确定。缝隙法可按下式计算：

$$L_c = \sum \mu_p A_p \sqrt{\frac{2\Delta P}{\rho}} \times 3\ 600 \tag{4.12}$$

式中　L_c——维持洁净室压差值所需的压差风量，m^3/h；

μ_p——流量系数,通常取 $0.2\sim0.5$;

A_p——缝隙面积,m^2;

ΔP——静压差,Pa;

ρ——空气的密度,kg/m^3。

当采用换气次数法时,可采用经验数据进行估算,即当压差值为 5 Pa 时,压差风量相应的换气次数为 $1\sim2$ 次/h;当压差值为 10 Pa 时,相应的换气次数为 $2\sim4$ 次/h。气密性好的房间取下限,气密性差的房间取上限。

压差控制可采取回风阀、排风阀和新风阀调节,余压阀控制和差压变送器控制等措施。

(6)自净时间

洁净室的自净时间指的是室内污染物浓度从某污染状态降低到指定的洁净状态所需要的时间。它反映了洁净室从污染状态恢复到正常状态的能力。非单向流洁净室自净时间一般不超过 30 min。非单向流洁净室自净时间可用下式计算:

$$t = 60\left[\left(\ln\frac{N_0}{N} - 1\right) - \ln 0.01\right]/n \tag{4.13}$$

式中　t——非单向流洁净室自净时间,min;

N_0——洁净室初始含尘浓度,即 $t=0$ 时的含尘浓度,pc/L;

N——洁净室稳态时的含尘浓度,pc/L;

n——换气次数,次/h。

3)空气净化系统设计的基本方案

结合前述几种分类形式,空气净化系统设计可有多种方案,见表 4.12。

表 4.12　空气净化系统设计的基本方案

方案号	方案图式	方案中洁净类型和等级	系统特点
1		非单向流洁净室 等级为 ISO8(100 000 级)	·空间内有涡流区存在,要考虑全部室内产尘的影响; ·一般换气次数为 20~80 次/h; ·系统简单维护管理较方便
2		非单向流洁净室 等级为 ISO7,8 (10 000~100 000 级)	·属常用式洁净室,洁净度等级取决于过滤器风口的布置密度; ·注意入室人员的清洁处理; ·其他同上
3		洁净隧道式洁净室 隧道内等级 ISO5(100 级) 其余空间等级 35~350 粒/L ISO6,7(1000~10 000 级)	·有效地缩小了高洁净区; ·适用于流水作业; ·产品与作业人员分开,洁净度易于保证

续表

方案号	方案图式	方案中洁净类型和等级	系统特点
4		洁净管道式洁净室 管道内等级≤ISO5(≤100级) 其余空间洁净度等级同3	·适于高级自动化生产线,洁净区大为缩小; ·消除了作业人员干扰; ·超大规模集成电路生产的适宜净化方式
5		装配式洁净室 装配室内等级为ISO5,6 (100~1 000级) 其余空间洁净度等级同2	·形式多种安装方便; ·带有塑料隔断式洁净棚亦可应用
6		垂直式单向流洁净室 空间洁净度≤ISO5 (100级或10级)	·置换效果好,室内发尘基本上无影响; ·水平断面流速为0.25~0.45 m/s,换气次数可高达500次/h; ·为保证大送风量,空气处理机风机与循环风机分设
7		水平式单向流洁净室 洁净等级 ISO5,6 (100~1 000级)	·洁净度在整个空间内是变化的,离高效过滤器近处高,下游则低; ·风量仍较大,风速一般≥0.35 m/s

4.3 空气的除臭、灭菌和离子化

大气中除了悬浮尘粒外,还含有各种微生物和种类繁多的气相污染物。气相污染物的含量与大气污染状况有关,同时人体本身及室内的家具、地毯、壁面材料等也会产生微量的气体污染物。虽然这类污染物在空气中的含量极少,但往往导致空气品质恶化,从而影响人们的正常工作和生活,严重时还会对人体健康造成危害。

4.3.1 气相污染物处理及空气除臭

空气中的气相污染物可采用溶解、吸附、吸收、燃烧等方法进行净化处理。空气中的臭味来源较多,也属于气相污染物,其净化方式和其他气相污染物的处理一样。空调净化系统常采用的气相污染物净化方式有:

(1)洗涤吸收

洗涤吸收法是依靠水溶剂对可溶性气体的溶解作用,吸收并除去空气中的有害气体。如空调装置中的喷淋室及前述的湿式过滤器等,都能对空气中的亲水性有害气体起到净化作用,特别是湿式过滤器,对亚硫酸和硫化氢等可溶性气体具有较高的过滤效率。

(2)活性炭吸附器

活性炭主要是由某些有机物(如木材、果核、椰子壳等)经加热、活化等过程加工而成。加工后的活性炭内部形成许多极细小的孔隙,大大增加了与空气接触的表面面积,具有很强的吸附能力。活性炭过滤器可用于过滤某些有毒、有臭味的气体,在 1 atm(1 atm = 101.3 kPa)、20 ℃的标准状态下,对一些有害气体或蒸气的吸附性能见表 4.13。

表 4.13　活性炭的吸附性能

物质名称	吸附保持量/%	物质名称	吸附保持量/%
二氧化硫(SO_2)	10	一氧化碳(CO)	少量
氯气(Cl_2)	15	氨(NH_3)	少量
二硫化碳(CS_2)	15	吡啶(C_5H_5N)(烟草燃烧产生)	25
苯(C_6H_6)	24	丁基酸($C_5H_{10}O_2$)(汗、体臭)	35
臭氧(O_3)	能还原为 O_2	烹调味	约 30
二氧化碳(CO_2)	少量	浴厕臭	约 30

在正常条件下,活性炭所吸收的物质量可达其本身质量的 15% ~ 20%。此时,其吸附能力下降直至失效,对失效的活性炭需要更换或进行再生。为防止活性炭过滤器被灰尘堵塞,应在其前设置其他过滤器加以保护。活性炭使用量及使用寿命,见表 4.14。

表 4.14　活性炭使用量及使用寿命

用　途	1 000 m^3/h 风量所需活性炭量/kg	平均使用寿命/a
居住建筑	10	≥2
商业建筑	10 ~ 12	1.0 ~ 1.5
工业建筑	16	0.5 ~ 1.0

(3)化学吸附

利用化学药品与某些有害气体发生化学反应,除去气相污染物。如利用硫酸二铁、氧化铁等,能够吸收空气中的臭气。臭氧具有除臭作用,特别是对一些气态有机化合物有显著效果。但过量的臭氧对人体有害,且对金属管道有强烈的腐蚀作用,故臭氧质量浓度必须小于 1.0 mg/m^3。

(4)光触媒净化

利用纳米技术可制造超细的半导体微粒材料,并使其附着在某种多孔的厚度为 10 mm 的载体上。这种半导体材料(如 TiO_2)受紫外线照射后,会产生电子逸出,并形成带正电的空穴,从而具有强还原性和强氧化性,使空气中的 O_2 和 H_2O 还原、氧化,生成多种氧化能力极强的基团,将有机污染物氧化并分解成各类无机物质,从而使空气中挥发性有机物(VOC)完全无机化,并起到除臭作用。

(5)稀释

将清洁无臭的空气送入室内冲淡或更换室内有臭味的空气,降低有害气体的浓度,其除臭的效果较为明显。

4.3.2　空气灭菌

生物洁净室和医院手术部等净化系统需要对空气进行消毒灭菌处理。空气灭菌可采用过滤和消毒等方式。

①过滤：空气中的微生物总是附着在灰尘上，利用高效过滤器对悬浮尘粒进行过滤，即可大量减少空气中的细菌含量。

②消毒：常用的消毒有干加热消毒、紫外线照射、药物喷洒等。利用金属离子的毒性可起到杀菌的作用，如用银型阳离子交换纤维制成的空气过滤器等。

③杀菌酶过滤器：利用现代生物技术，从生物体中提取天然酶，将其固定在纤维纸上，天然酶与纤维纸达到分子级的结合水平。依靠天然酶将细菌的细胞壁溶解以达到杀菌的目的，这种杀菌酶过滤器具有安全性，并能防止二次污染。

4.3.3　空气离子化

由于宇宙射线和地球上放射性元素的放射线影响，空气中经常含有带正、负电荷的离子。这些离子可分为三类：

①轻离子：带一个电荷，由若干中性分子所组成。带电的气体分子是轻离子。带正电的是正离子，带负电的是负离子。

②中离子：由轻离子与水滴或灰尘类凝结核结合所形成的带电小微粒，包含有 100 个左右气体分子。

③重离子：带电的水滴或尘埃，比轻离子约大 1 000 倍。

新鲜空气中轻离子多，重离子少；肮脏的空气中轻离子少，重离子多。空气中的重离子容易收集和清除，经空气净化处理后数目会很少，对空气品质的影响不大。城市空气由于污染影响，往往缺乏轻离子。

洁净山区离子浓度可达 2 000 个/cm³ 以上；农村：1 000～1 500 个/cm³；城市：200～400 个/cm³。研究表明，空气中的负离子，对人体有良好的生理作用，可降低血压、抑制哮喘、镇静安神、消除疲劳。普通空调房间的轻离子浓度比室外低 1/2，而通过喷淋处理时，轻离子浓度则明显提高。

为增加室内空气的负离子浓度，可采用人工方式产生负离子。产生空气负离子的方法有电晕放电、紫外线照射或利用放射性物质使空气电离等，其中较有效的是电晕放电。人工负离子发生器不应产生大量的臭氧(O_3)，否则会危及人体健康。

4.4　室内空气品质及其评价

4.4.1　室内空气品质的概念

早期研究把室内空气品质问题局限在控制空气环境的化学成分范围内进行，认为只要控制污染物浓度不超过允许浓度，室内空气品质就能达到要求。

各种污染物浓度指标是室内空气品质的客观指标。室内空气污染物浓度超过允许浓度，如采用低质或劣质材料装修的房间,其室内空气中甲醛、氨、苯及其他挥发性有机物含量有可能超过允许浓度数倍甚至数十倍,对人体健康有明显的危害。

在一些为数众多的非工业建筑内,单一污染物浓度通常都低于允许浓度,甚至小到仪器难以测量的程度。但各种低浓度污染物的综合作用仍然会对人的嗅觉和感觉产生影响,使人体感到不适或出现不良反应。不同群体或个体对这种影响的感受是不完全一样的,这取决于人体对室内空气品质的主观反应。

为了表征室内空气品质,国内外一些学者进行了许多研究实验。丹麦工业大学的范格(P.O.Fanger)教授利用人的嗅觉的灵敏性,将一个群体的嗅觉反应作为环境空气品质的评价标准,从上千人的调查统计中找出相当于一个标准人的气味污染量,并以此作为其他污染源污染量的比较基础。美国 ASHRAE 标准修订版(62-89R)提出了"可接受的室内空气品质"(Acceptable Indoor Air Quality)和"感受到的可接受的室内空气品质"(Acceptable Perceived Indoor Air Quality)等概念。"可接受的室内空气品质"定义为:空调房间中绝大多数人对室内空气表示满意,并且空气中没有已知的污染物达到了可能对人体健康产生严重威胁的程度。"感受到的可接受的室内空气品质"定义为:空调房间中绝大多数人没有因为气味或刺激性而表示不满。这些研究表明,室内空气品质不仅要用客观尺度(浓度指标)来判断,而且还要用主观尺度(满意率)来判断,使其对室内空气品质的评判更加全面、真实。

4.4.2 室内空气品质的影响因素

空气中的污染物是影响室内空气品质的基本原因,非工业建筑的室内空气污染物与大气环境、室内建筑装修、办公设备及人体本身等因素有关。研究结果表明,空调也是引起室内空气品质下降的重要因素。

自 20 世纪 60 年代以来,高层建筑发展迅速,在基本封闭的建筑空间内普遍采用空气调节来解决内部环境的控制问题。通常要求空调房间具有良好的密闭性,仅提供有限的新风量即可,这对节约能源、降低空调能耗具有积极意义。但同时却造成了越来越多的人抱怨空气不新鲜,并引发出如眼、鼻、喉部刺激,黏膜和皮肤干燥,疲倦、头痛、呼吸道感染、咳嗽、瘙痒及过敏、恶心等各种症状,即所谓"病态建筑综合征"。

暖通空调引起室内空气品质下降的主要因素有:

①通风不良:20 世纪 70 年代出现的"能源危机",引起对减少能源消耗的普遍重视。为了降低空调能耗,人们增加了建筑的密闭性,并降低了新风量标准。

②空气过滤不佳:一般民用建筑大部分都缺少有效的过滤手段,虽然许多空调系统装有粗效过滤器,但能保持正常工作的并不多。目前,一般空调系统仅对固体悬浮污染物进行控制,且过滤效率不高,对气相污染物实际工程中则缺少有效的控制。

③设计不合理:空调系统设计不合理,没能进行合理的气流组织,都会加剧室内空气的污染。如有些设计未考虑有组织的回风,造成工作区二次污染;有些系统新风口位置和大小设计不当,造成新风效率下降。目前,一些空调系统所采用的新、回风混合方式,使得新风未送入工作区就已被污染。

④系统污染严重:建筑物的通风空调系统没有进行定期清洗,维护管理不善,使管道、设备肮脏,让系统成为细菌、霉菌的良好滋生地。

随着生活和经济水平的提高,建筑装修产生的室内环境污染问题日趋严重。室内空气污染已经由过去的"生物型""煤烟型"因素为生,逐渐转变为"化学型"因素为主。

因装修造成的室内空气污染中,最常见的有害气体有:

①氨:有极强的刺激性和恶臭,低浓度氨气对眼和上呼吸道黏膜有刺激作用,引起流泪、流涕、咽喉充血、疼痛。它主要来自建筑施工中使用的水泥防冻剂、装饰材料添加剂、增白剂等。

②甲醛:存在于板材间黏合剂、劣质胶中,在采用了黏合剂的室内木地板、木质家具中甲醛含量最高。污染轻者可导致人们嗅觉、心、肺、免疫功能异常,重者会引起鼻、咽、皮肤和消化道癌症。

③苯:存在于油漆、涂料的添加剂、稀释剂中,长期接触低浓度苯蒸气会引起神经衰弱,白细胞减少,严重时可发生再生障碍性贫血。

④氡:一种有别于其他挥发性气体的放射性气体,其放射性活度用贝克(或勒尔)(Bq)来表示,一贝克表示每秒一个粒子发生核变。室内空气中的氡主要由不合格的水泥、墙砖、石材等建筑材料放射而来。氡污染在肺癌诱因中仅次于吸烟,排在第二位。

4.4.3 室内空气品质的评价

1)客观评价

客观评价是对室内空气污染物浓度进行测定,根据室内空气污染物指标,定量地分析评价室内空气品质。室内空气污染物种类达上百种之多,不可能全部测定,应选择存在期长、对人体影响显著,较稳定、易测得的具有代表性的几种污染物来制定评价标准和解决措施。按国家《室内空气质量标准》(GB/T 18883—2002)的规定,室内空气质量标准见表4.15。

表4.15 室内空气质量标准

序号	参数类别	参 数	单 位	标准值	备 注
1	物理性	温度	℃	22~28	夏季空调
				16~24	冬季供暖
2		相对湿度	%	40~80	夏季空调
				30~60	冬季供暖
3		空气流速	m/s	0.30	夏季空调
				0.20	冬季供暖
4		新风量	$m^3/(h \cdot 人)$	30	
5	化学性	二氧化硫 SO_2	mg/m^3	0.50	1 h均值
6		二氧化氮 NO_2	mg/m^3	0.24	1 h均值
7		一氧化碳 CO	mg/m^3	10	1 h均值
8		二氧化碳 CO_2	%	0.1	日平均值
9		氨 NH_3	mg/m^3	0.2	1 h均值
10		臭氧 O_3	mg/m^3	0.16	1 h均值

序号	参数类别	参 数	单 位	标准值	备 注
11	化学性	甲醛 HCHO	mg/m³	0.10	1 h 均值
12		苯 C_6H_6	mg/m³	0.11	1 h 均值
13		甲苯 C_7H_8	mg/m³	0.20	1 h 均值
14		二甲苯 C_8H_{10}	mg/m³	0.20	1 h 均值
15		苯并[a]芘 B(a)P	ng/m³	1.0	日平均值
16		可吸入颗粒物 PM_{10}	mg/m³	0.60	日平均值
17		总挥发性有机物 TVOC	mg/m³	0.60	8 h 均值
18	生物性	菌落总数	cfu/m³	2500	依据仪器定
19	放射性	氡^{222}Rn	Bq/m³	400	年平均值

室内空气污染物允许浓度指标和室内空气温度、相对湿度、风速、照度及噪声等指标一起，构成了全面、定量地反映室内空气品质的客观评价指标。

2) 主观评价

主观评价是通过对大量人群的调查统计，采用数理统计的方法，将人们对室内空气品质的主观感受整理分析，建立起室内空气品质的主观评价体系。

主观评价包括两方面：一方面是表达对环境因素的感觉，另一方面是表达环境对健康的影响。室内人员对室内环境接受的程度属于评判性评价，对空气品质感受的程度则属于描述性评价。

调查对象可分为两部分：一部分是对室内的人员（在室者）进行的"定群"调查，另一部分是对从室外进入室内的人员（外来者）进行的"对比"调查。通常，在室者与外来者对空气品质的感受程度是不一样的，这是由于二者的感觉器官的适应性不同及对同一种污染物的耐受性不同的缘故。由于是以人的主观感觉为测定手段，因此误差是不可避免的，需要对调查数据进行分门别类地筛选，采用加权平均等方法，合理而有效地纠正误差带来的影响，以获取正确的信息。

为了保证获取正确的评价数据，主观评价的调查还应进行排他性分析，应排除热环境、视觉环境、听觉环境及人体工效活动环境等因素的干扰。

3) 室内空气品质等级

室内空气品质等级既要反映人群健康受环境污染影响的程度，又要考虑各种人群对不同环境质量的感觉。由于室内环境中的污染物浓度很低，短期内不会对人体健康有明显作用，因此采用综合指数评价法，根据综合指数的大小将室内空气品质分为 5 级（见表4.16），并以此判断室内空气品质的等级。综合指数评价法是用污染物浓度与标准浓度的相对数值，简单直观地描述各种污染物对空气污染的强度。表示污染物对空气污染程度的数值，称为空气质量指数，或者叫作空气污染指数。

表 4.16 室内空气质量等级划分表

等级评语	清 洁	未污染	轻污染	中污染	重污染
室内空气品质等级	I	II	III	IV	V
综合指数	≤0.49	0.50~0.99	1.00~1.49	1.50~1.99	≥2.00
对人体健康的影响	适宜人类生活	环境污染物均不超标,人类生活正常	至少有一个环境污染物超标,除了敏感者外,一般不会发生急慢性中毒	一般有2~3个环境污染物超标,人群健康明显受害,敏感者受害严重	一般有3~4个环境污染物超标,人群健康受害严重,敏感者可能死亡

4.4.4 改善室内空气品质的途径

在当前情况下,改善室内空气品质应该在控制室内污染源、提高新风效应、改良空调系统等方面展开工作。

1)控制室内污染源

控制室内空气污染是改善室内空气品质的根本途径。

建筑装饰装修材料是室内最主要的污染源,应严格控制建筑装饰材料质量,尽量使用无污染或低污染的建筑装饰材料,以减少污染物的散发。必须使用含较重污染物的建筑材料时,可对该材料进行预处理,以减轻污染物的挥发浓度。例如,封闭混凝土结构和石材表面的缝隙,能有效地阻止氨和氡的挥发。

对产生污染物的空间(如复印机室、柴油发电机室、蓄电池室等),应有隔离设施,防止污浊空气在建筑物内产生交叉污染。

2)提高新风效应

室内污染源是很难被完全控制的,在室内空气已被污染的环境里,应加强通风,增大新风量,提高新风效应,这是改善室内空气品质的重要环节。

必要的新风量是稀释污染物,改善室内空气品质的前提。我国颁布实施的多项国家标准和设计规范对各类建筑中人员所需最小新风量进行了规定,其中卫生要求的最小新风量,主要是对 CO_2 的浓度要求提出的。前述内容提到的有害气体对人体健康造成的危害要比 CO_2 严重得多。如果对有可能受这些有害气体污染的空气环境仍按 CO_2 的标准来确定新风量,室内空气品质肯定会达不到要求。因此,还要根据室内吸烟和其他由于室内装修等产生的污染物浓度,增加用于稀释的新风量。

新风品质也是提高新风效应的保证。要注意新风采集和过滤质量,确保提供清洁干净的新鲜空气。从规划建筑总平面及改善城市微气候等方面入手,利用环境科学、生态科学、建筑科学的有机结合,作出舒适健康的室外环境设计。

3)改进空调系统

研究结果表明,通风空调系统对空气的污染是不可忽视的。现有的空调系统主要注重保证

室内温、湿度要求和降低系统能耗,对室内空气品质关注不够。具体可采取以下措施:

①合理组织室内气流:不同的气流组织方式形成的气流流型和分布特性不同,其控制和转移污染的能力也有不同。合理的气流组织应保证送风气流能送到所需的任何场所,不出现死角、死片、重叠和短路等不合理的气流现象。出现死角、死片的原因是送风口布置得不均匀或者送风口个数太少;气流重叠的原因是送风口数量太多;气流短路的原因是送风口、回风口位置太近或送风速度太小。至于不同工况(如冬夏工况)、不同参数的气流变形则主要是因为冬夏工况空调系统的风量不同或送风温度不同等方面的原因造成的。要解决以上问题,首先要认真计算,合理地确定主风道风速、送风口的个数、出口风速,精心布置送风口、回风口,按夏季气流设计的气流组织要进行冬季校核计算,等等。

②室内空气自净:采用前述的空气净化技术,过滤或吸附空气中的尘埃、生物气溶胶及其他一些过敏因子,消除室内污染和气味。空气自净器有过滤、吸附污染物的作用,可以将空气中某些污染物指标降下来,但对长期低浓度污染物,其作用是不明显的,不可能将所有污染物除掉。因此,空气自净器只能作为室内空气净化的一种补充形式。

③置换通风:采用置换通风方式将新鲜空气由房间底部以极低的速度(0.03~0.2 m/s)送入,空气依靠室内余热的热力作用,以自然对流的形式向上运动,污染物也同时被上升气流带向房间的上部,经上部排风口排出。置换通风方式可使工作区温湿度及舒适性得到满足,同时还能改善室内空气品质,保障室内人员的健康。

④分阶段变风量系统:根据不同的季节和不同的气候条件,分段改变新风比。在过渡季采用大(全)新风运行,尽量利用室外新风供冷,既可以节能,又改善了室内空气品质。特别适合于商场等人员密度大的场所。

⑤改进空调系统的维护和管理:定期清洗或及时更换空调系统的易污染部件,如过滤器、消声器、表冷器等,防止污染物沉积。对产生凝结水的设备,应及时排除积水,保持干燥,以免滋生微生物。

思考题

4.1　空气污染物通常包括哪些内容?

4.2　空气中悬浮污染物的浓度表示方法有哪些?

4.3　表征过滤器性能的主要指标有哪些?

4.4　空气净化常用设备有哪些? 应用特点是什么?

4.5　净化空调系统有哪些类型?

4.6　净化空调系统设计有哪些特点?

4.7　常用气相污染物处理方法或装置有哪些?

4.8　如何评价室内空气品质?

4.9　空调系统引起室内空气品质下降的原因有哪些?

5

建筑供暖

供暖是用人工的方法使室内获得热量并保持一定温度的技术,也称采暖。供暖系统主要由热源、热媒输配和散热设备三部分组成。热源用以制备所需要的热媒,可以是能从中吸取热量的任何物质、装置或天然能源;输配系统完成热媒的输送和分配,将热源制备的热媒输送到各房间并分配到各散热设备;热媒通过散热设备,将热量释放到室内空气,以维持室内所要求的空气温度。

5.1 供暖方式及系统类型

5.1.1 供暖方式与系统分类

供暖系统应根据建筑物规模,所在地区气象条件、能源状况和政策、节能环保要求和生活习惯等,通过技术经济比较,确定采用不同的方式和类型。

1)供暖方式

(1)集中供暖与分散供暖

①由单独设置的热源集中制配热媒,通过管道向各个房间或各个建筑物供给热量的供暖方式,称为集中供暖。

②将热源、热媒输配和散热设备构成独立系统或装置,向单个房间或局部区域就地供暖的方式,称为分散供暖。

冬季室外日平均温度稳定低于或等于 5 ℃的日数,累年在 60 天以上地区的幼儿园、养老院、中小学校、医疗机构等建筑、累年在 90 天以上地区的一般建筑,宜采用集中采暖。

(2)全面供暖与局部供暖

①使整个供暖房间维持一定温度要求的供暖方式,称为全面供暖。

②使室内局部区域或局部工作地点保持一定温度的供暖方式,称为局部供暖。

设置供暖的工业建筑,当每名工人占用的建筑面积超过 100 m² 时,采用使整个房间都达到某一温度要求的全面供暖是不经济的,若工艺无特殊要求,可以在工作地点设置局部供暖;当厂房中无固定工作点时,可设置取暖室。

(3)连续供暖与间歇供暖

①对于全天使用的建筑物,使其室内平均温度全天均能达到设计温度的供暖方式,称为连续供暖。

居住建筑的集中供暖系统应按连续供暖进行设计。

②对于非全天使用的建筑物,仅在其使用时间内使室内平均温度达到设计温度,而在非使用时间内可自然降温的供暖方式,称为间歇供暖。

(4)值班供暖

在非工作时间或中断使用的时间内,使建筑物保持最低室温要求的供暖方式,称为值班供暖。

位于严寒地区或寒冷地区的供暖建筑,为防止水管、用水设备及其车间内设备的润滑油等发生冻结,在非工作时间或中断使用的时间内,室内温度应保持在 0 ℃以上;利用房间蓄热量不能满足要求时,应按保证室内温度 5 ℃设置值班供暖。当工艺有特殊要求时,应按工艺要求确定值班供暖温度。

2)系统分类

供暖系统的形式多样,根据不同的分类方式有不同的系统类型。

(1)按热媒种类分

根据供暖系统所使用的热媒,可分为热水供暖、蒸汽供暖和热风供暖系统。

①热水供暖系统:以热水作为热媒,其特点是热能利用率高、节省燃料、热稳定性好、供暖半径大、卫生、安全。

②蒸汽供暖:按蒸汽的工作压力不同,分为低压(≤70 kPa)蒸汽系统和高压蒸汽系统(>70 kPa)。工作压力低于当地大气压力的蒸汽供暖,称为真空供暖。

③热风供暖:将加热后的空气直接供给室内采暖。通常采用 0.1~0.3 MPa 的高压蒸汽或90 ℃以上的热水加热空气。热风供暖系统具有升温快、设备简单、投资较少等特点,但风机设备和气流噪声较大,通常用于耗热能大、所需供暖面积较大、定时使用的大型公共建筑(如港口、车站、影剧院、体育场馆等)或有特殊要求的工业厂房中。

集中供暖系统的热媒应根据建筑物的用途、供热情况和当地气候特点等条件,经技术经济比较确定。民用建筑应采用热水作为热媒。工业建筑当只有供暖用热或供暖用热为主时,宜采用高温水作为热媒;当厂区供热以工艺用蒸汽为主时,在不违反卫生、技术和节能要求的条件下,可采用蒸汽作为热媒。

(2)按散热方式分

根据散热设备向房间散发热量的方式,供暖系统分为对流供暖和辐射供暖。

①利用对流换热器或以对流换热为主向房间散发热量的供暖系统,称为对流供暖系统。对流供暖系统主要散热设备是散热器,在某些场所还使用暖风机等。

②辐射供暖是利用受热面积释放的热射线,将热量直接投射到室内物体和人体表面,并使室内空气温度达到设计值。其主要设备有辐射散热器、辐射地板、燃气辐射采暖器等。利用建筑物内部顶棚、地板、墙壁或其他表面作为辐射散热面,也是常用的辐射供暖形式。

（3）电供暖

电供暖是利用电能直接加热室内空气或供暖热媒，使室内空气达到规定温度的供暖形式。电能是高品位的能源形式，将其直接转换为低品位的热能进行供暖，在能源的利用上并不十分合理，一般不宜采用。但对于环保有特殊要求的区域、远离集中热源的独立建筑、采用热泵的场所、能利用低谷电蓄热的场所或者有丰富的水电资源可供利用时，经过技术经济比较合理时，可以采用电供暖。

5.1.2　热水供暖系统

热水供暖系统由热源、输配系统和散热设备三部分组成。热源制备的热水通过输配管路输送到各个散热设备，在散热设备中释放出热量向建筑供暖。热水放热后温度降低，再通过输配管路回到热源重新加热。

1) 热水供暖系统的类型

热水供暖系统有多种类型，分别适应于不同的应用场所。

（1）按热媒温度，可分为高温水系统和低温水系统

根据热水参数不同，我国将热水供暖系统分为高温水供暖（水温 >100 ℃）和低温水供暖（水温 ≤100 ℃）。城市外网及一些公共建筑和工业建筑供暖常采用高温水作为热媒，一般民用建筑采暖热媒则多用低温水。

散热器集中供暖系统宜按 75 ℃/50 ℃连续供暖进行设计，且供水温度不宜大于 85 ℃，供回水温差不宜小于 20 ℃。

（2）按介质循环动力，可分为重力循环系统和机械循环系统

重力循环系统依靠系统中不同水温产生的密度差使水流循环，不需要设置其他的动力设备。但受水温差限制，其循环动力小，作用范围有限。

机械循环系统依靠水泵提供的机械力，使热水在系统中循环。与重力循环系统相比，机械循环系统的作用范围大，应用更广泛。

（3）按热水介质是否接触大气，分为开式系统和闭式系统

闭式系统的循环介质不与大气相接触，仅在系统最高点设置膨胀水箱并有排气和泄水装置。闭式系统在水泵运行或停止期间，管内都充满水，管路和设备不易产生污垢和腐蚀，系统循环水泵的扬程只需克服循环阻力，而不用考虑克服提升水的静水压力，水泵耗电较小。

开式水系统在管路之间设有贮水箱（或水池）通大气，回水靠重力自流到回水池。开式系统的贮水箱具有一定的蓄能作用，可以减少热源设备的开启时间，增加能量调节能力，且水温波动可以小一些。但开式系统水中含氧量高，管路和设备易腐蚀，水泵扬程要加上水的提升高度，水泵耗电量大。

实际工程中，热水供暖系统一般采用闭式系统。

（4）按管线结构形式划分

①垂直式和水平式：如果系统中各层散热器或换热设备主要采用立管连接的形式，该系统称为垂直式系统，若散热器或换热设备主要是用水平管道连接在一起，则该系统称为水平式系统。

水平式适用于大面积的多层建筑和公共建筑。与垂直式系统相比，水平式系统具有以下特点：

- 管路简单，施工方便，系统总造价一般较垂直式少；
- 立管数少，楼板打洞少，沿墙无立管，对室内环境影响较小；

● 便于分层管理和调节。

水平式的缺点主要是：

● 排气不如垂直式方便；

● 当串联换热设备较多时,容易出现水平失调；

● 在重力循环系统中,底层环路的自然作用压力较小,使下层的水平支管的管径过大,所以在重力循环系统中,采用垂直式系统较为适宜。

垂直式和水平式系统在工程中都很普遍,具体应用视实际要求确定。

②单管式和双管式:无论垂直或水平式系统,都有单管和双管形式之分。

a.单管系统:各组换热设备通过一根管道串联在一起,结构简单、施工方便、造价低,主要缺点是各换热设备流量单独调节困难。

b.双管系统:各组换热设备并联在供、回水管之间。双管式系统各换热设备流量可单独控制,使用灵活、调节方便。

③上分式、下分式和中分式:对垂直式水系统,还可根据供、回水干管在建筑物中的位置进行系统的划分。供水干管布置在建筑物上部空间,通过各个立管自上而下进行介质分配的系统,称为上分式,也称为上供式或上行下给式;供水干管布置在建筑物的底部,通过各个立管自下而上分配介质的系统,称为下分式,也称为下供式或下行上给式系统;供水干管布置在建筑物的中部,通过各个立管分别向上和向下分配介质的系统,称为中分式,也称为中供式或中给式系统。

类似于供水干管,对回水干管相应的有上回式和下回式两种系统形式。综合供水和回水干管的布置,可组合成多种系统形式,如上供下回式、下供上回式(又称倒流式)、下供下回式、上供上回式、混合式等。

干管的位置除了与建筑构造、施工安装有关外,还对系统的性能有影响。当供水干管敷设在房间上部,其管道传热所释放出的热量聚集在房间上部,对调节工作区的温度没有帮助,但可减少楼板传热、对上个楼层房间有利;当供水干管敷设在房间下部时,情况刚好相反,管道传热所释放出的热量聚集在房间下部,对工作区域产生有利影响。供水干管的敷设位置,在一些采用明装管道敷设的供暖系统中有较明显的影响。

另外,干管位置也会对散热器等换热设备的连接产生影响。换热设备进出水方向不同,会导致换热设备的换热效率发生变化。当散热器或换热器上表面温度比下表面温度高时,有利于外表面空气的对流换热。对于加热空气用的散热器等换热设备,采用热水由设备上部进入,下部流出的水流方式,有利于提高换热设备的传热系数,增强换热效率。

④同程式和异程式:根据系统中各循环环路流程长度是否相同,有同程式和异程式系统之分。异程式系统中各循环环路长度不同,其环路阻力不易平衡,阻力小的近端环路流量会加大,远端环路的阻力大,其流量相应会减小,从而造成近端用户比远端用户所得到的热量多,形成水平失调。同程式系统则可避免或减轻水平失调。

2)热水供暖系统的常用形式

(1)重力循环系统

重力循环系统又称自然循环系统,是靠供回水的密度差产生的重力作用进行循环。该系统装置简单,运行时无噪声,不消耗电能,但受介质温度和温差的限制,其循环动力小,管径大,作用范围受限。一般仅用于单幢建筑或作用半径不超过50 m的小型供暖系统。

重力循环热水供暖系统设计时应注意:

a.作用半径不宜超过50 m;

b.通常宜采用上供下回式,最好是单管垂直式系统;

c.锅炉位置尽可能降低,以增加系统作用压力;

d.膨胀水箱应设置在供水总立管顶部距供水干管顶标高 300~500 mm;

e.干管需设坡度,一般为 0.005~0.01,坡向与水流方向相同;散热器支管设 0.01~0.02 的坡度,坡向应有利于使系统中的空气汇集到膨胀水箱排至大气。

常见的系统形式有:

①单管上供下回式(图 5.1):该系统形式简单,不消耗电能,水力稳定性好;但由于系统作用压力小,作用范围受到限制,为减小阻力,管径通常较大,系统升温慢,房间温度不能任意调节。适用于作用半径不超过 50 m 的单幢多层建筑。

②双管上供下回式(图 5.2):与单管系统类似,该系统也具有简单、不消耗电能、无噪声的特点,由于是靠重力循环,作用压力小,管径大、热水流速不高,升温慢、作用范围受限。与单管系统不同,双管系统室温可局部调节,但容易产生垂直失调。为降低垂直失调,该系统通常可用在作用半径不超过 50 m 的 3 层(≥10 m)以下建筑。

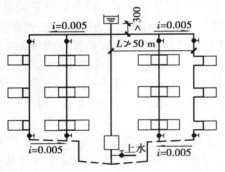

图 5.1 单管上供下回式重力循环热水供暖系统

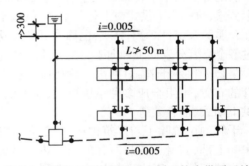

图 5.2 双管上供下回式重力循环热水供暖系统

③单户式(图 5.3):该系统用于单户单层建筑,锅炉与散热器通常在同一层,为了保持散热器距锅炉的垂直高差,散热器安装至少提高到 300~400 mm 高度,以保证必要的重力循环作用力。由于散热器和锅炉的高差较小,系统作用压力不大,应尽量缩小配管长度减少管道阻力。该系统的膨胀水箱可设置在阁楼内。

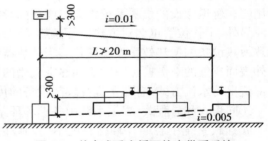

图 5.3 单户式重力循环热水供暖系统

(2)机械循环系统

机械循环系统是热水供暖的主要形式,这种系统中设有循环水泵,与重力循环系统相比,水流速大、管径小、升温快、作用范围大,但因系统中增加了循环水泵,使维修工作量增加,运行费用增加。由于作用压力大,机械循环系统比重力循环系统类型更多,适应场合更广泛。其主要的系统形式有:

①双管上供下回式(图 5.4):散热器流量可单独调节,排气方便,易产生垂直失调,供水干管有无效热损失。用于室温有调节要求的场所。

②双管下供下回式(图 5.5):散热器流量可单独调节,垂直失调比上供下回式小,供、回水干管管径大时,需设置地沟,排气不便。用于室温有调节要求且顶层不能敷设干管或有地下室

可利用的建筑。

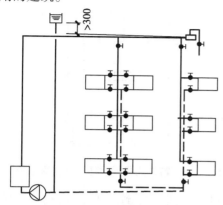 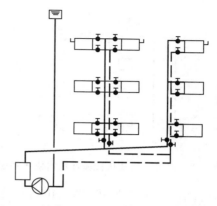

图 5.4　双管上供下回式机械循环热水供暖　　图 5.5　双管下供下回式机械循环热水供暖系统

③双管中供式(图 5.6):可解决上分式系统供水干管挡窗的问题,减轻垂直失调,减小供水干管无效热损失,适应楼层扩建,但上层排气不利。适用于顶层供水干管无法敷设或边施工边使用的建筑。

④双管下供上回式(图 5.7):该系统水的流向是自下而上,又称双管倒流式。由于水流方向与系统内空气流向一致,因而空气排除比较容易;回水干管在顶层,无效热损失小;底部散热器水温高,对底层房间负荷大的建筑有利,并有利于解决垂直失调。由于热水从下至上流经散热器,其散热器传热系数比上供下回式低,散热器表面温度几乎等于甚至有时还低于出口水温,增加了散热器面积,但用于高温水供暖时,有利于满足散热器表面温度不致过高的卫生要求。这种系统适用于热媒为高温水、室温有调节要求的 4 层以下建筑。

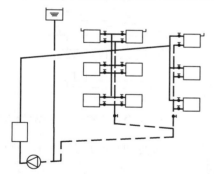 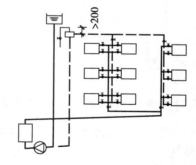

图 5.6　双管中供式机械循环热水供暖系统　　图 5.7　双管倒流式机械循环热水供暖系统

⑤垂直单管上供下回(图 5.8):又称顺流式系统。该系统水力稳定性好,排气方便,安装构造简单,施工方便、造价低;但顺流式系统散热器流量不能局部调节。这种系统用于房间温度不需单独调节的一般多层建筑。

⑥垂直单管上供下回跨越式(图 5.9):跨越式系统是在单管顺流式基础上,在散热器进出水管之间并联旁通跨越管构成。通过跨越管可有限调节部分散热器流量,同时供水经跨越管流至下层散热器,可提高底部散热器水温,减轻建筑层数过多底部过冷问题。由于与跨越管并联的散热器流量减少,散热面积需增加,另外跨越式管配件增多,施工安装麻烦,造价比顺流式系统增加。该系统用于一般多层建筑,房间温度可单独调节。

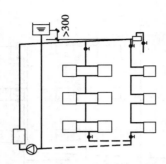 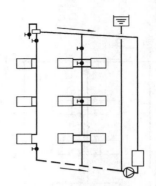

图 5.8　单管顺流式机械循环热水供暖系统　　图 5.9　单管跨越式机械循环热水供暖系统

⑦垂直单管下供上回式(图 5.10):垂直单管下供上回式又称倒流式系统,这种系统可降低散热器的表面温度,排气方便,用于高温水系统时,膨胀水箱架设高度可降低,散热器的传热系数比单管顺流式系统下降,散热器面积增加,散热器流量不能局部调节。适合于热媒为高温水、室温不需单独调节的多层建筑。

⑧混合式(图 5.11):是高温水热媒直连系统常采用的方法之一。系统前部为倒流式,适应高温水;后部为顺流式,适应于低温水。该系统初次调节比较困难,并需严格控制进入散热器的水量。用于热媒为高温水的多层建筑。

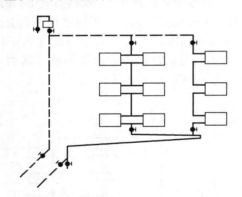 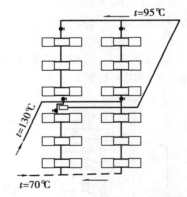

图 5.10　单管倒流式机械循环热水供暖系统　　图 5.11　混合式机械循环热水供暖系统

⑨水平单管串联式(图 5.12):特点是经济、美观、安装简便,便于分层管理和调节,但散热器接口处易漏水,排气不便,易出现前端过热末端过冷的水平失调。多用于单层建筑或不能敷设立管的多层建筑。

⑩水平单管跨越式(图 5.13):可串联多组散热器,每组散热器可调节,便于分层管理和调节,排气不便,管道配件多,施工比水平串联式复杂。用于大面积的多层建筑和需要串联较多组数散热器的公共建筑。

机械循环系统的作用压力以水泵的作用力为主,但自然作用压力依然存在,特别是对于热水供暖双管系统,自然作用压力是其产生垂直失调的重要原因。垂直式单管系统一般不会发生因自然作用压力而产生的垂直失调,但当建筑物楼层数不同或各立管所负担的楼层数不同时,垂直式单管系统也会发生垂直失调。设计时必须注意:

a.对于管道内水冷却所产生的自然作用压力因占比例较小,其影响可忽略不计。

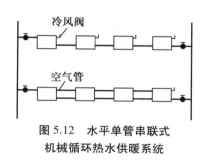

图 5.12　水平单管串联式
机械循环热水供暖系统

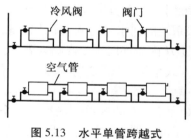

图 5.13　水平单管跨越式
机械循环热水供暖系统

b.散热器内水冷却而产生的自然作用压力,按设计水温条件下自然作用压力最大值的 2/3 计算。

3) 高层建筑热水供暖系统

高层建筑供暖系统除在负荷计算上要考虑风压和热压的影响外,在热水系统的构造形式上也有其自身的特点。由于建筑高度增加,使得水系统的水静压力很大,影响到楼内系统与外网的连接方式,同时系统设备、管道的承压能力也需要考虑能否达到要求。另外,楼层数增加致使自然作用压力的影响加大,有可能使得垂直失调现象十分严重。针对上述问题,高层建筑热水供暖系统在结构形式上主要注意解决水静压力和垂直失调问题,目前常采用分层式、双线式和混合式等多种系统形式。

（1）分层式

在垂直方向将水系统分成 2 个或更多的独立系统。下层系统通常与室外网络直接连接。下层系统的高度主要取决于室外网络的压力状况和散热器承压能力;上层系统采用水-水加热器与室外网络连接。这种水加热器分层式连接是高层建筑热水供暖系统常用的形式(图 5.14)。

另外,还可采用双水箱分层系统(图 5.15)。该系统的下部与室外网络仍然采用直接连

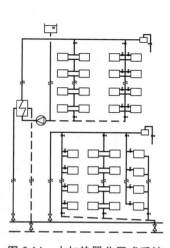

图 5.14　水加热器分层式系统

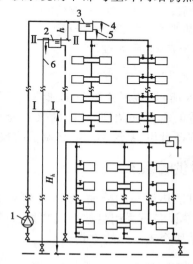

图 5.15　双水箱分层式系统
1—加压水泵;2—回水箱;3—进水箱;4—进水箱溢流管;
5—信号管;6—回水箱溢流回水管

接,上部系统用两个水箱代替水-水加热器,利用两个水箱间的水位高差 h 进行上层系统的水循环。上层系统的回水通过较低的回水箱的溢流管回到外网回水管。溢流管上部为非满管流,下部高度 H 内受外网压力影响为满管。该形式入口设备比水加热器方式简单,造价降低。但是,由于开式系统空气易进入系统引起系统腐蚀。

(2)双线式

图 5.16 为垂直双线式单管热水供暖系统。双线系统的散热器通常采用蛇形管或辐射板式结构。由于散热器立管是由上升立管和下降立管组成,各层散热器的平均温度可近似认为相等,这样有利于避免系统垂直失调。这是双线式系统用于高层建筑时的突出优点。为避免水平失调,可在各回水立管上设置节流孔板,增大立管阻力,或采用同程式系统。

图 5.17 为水平双线式热水供暖系统。该系统在水平方向上各组散热器平均温度可近似认为是相同的,其传热系数 K 值的变化程度也近似相同。与水平单管式一样,该系统可在每层设置调节阀,进行分层调节。为避免垂直失调,可在每层水平分支线上设置节流孔板,增加各水平环路的阻力。

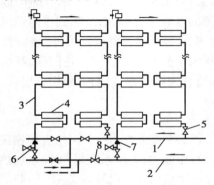

图 5.16　垂直双线式系统

1—供水干管;2—回水干管;3—双线立管;
4—散热器;5—截止阀;6—排水阀;
7—节流孔板;8—调节阀

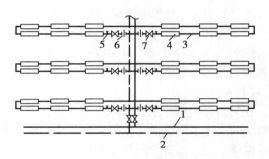

图 5.17　水平双线式系统

1—供水干管;2—回水干管;3—双线水平管;
4—散热器;5—截止阀;6—节流孔板;
7—调节阀

(3)混合式

如图 5.18 所示,该形式避免单独使用双管式因楼层数过多出现严重的垂直失调现象,同时又能避免单管式系统散热器支管管径过粗、系统不能局部调节的缺点。

5.1.3　辐射供暖系统

热媒通过散热设备的壁面,主要以辐射方式向房间传热。此时,散热设备可采用悬挂金属辐射板的方式,也常常采用与建筑结构合为一体的方式。

1)辐射供暖的特点

习惯上把辐射传热比例占总传热量 50% 以上的供暖系统称为辐射供暖系统。辐射供暖是一种卫生条件和舒适标

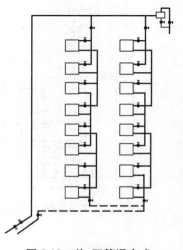

图 5.18　单、双管混合式

准都比较高的供暖方式。它是利用建筑物内部的顶面、墙面、地面或其他表面进行供暖的系统。与对流供暖系统相比,辐射供暖系统具有以下主要优点:

①由于有辐射强度和温度的双重作用,造成了真正符合人体散热要求的热状态,具有最佳的舒适感。

②利用与建筑结构相结合的辐射供暖系统,不需要在室内布置散热器,也不必安装连接散热器的水平支管,不占建筑面积,也便于布置家具。

③室内沿高度方向上的温度分布比较均匀,温度梯度很小,无效热损失可大大减少。

④由于提高了室内表面的温度,减少了四周表面对人体的冷辐射,提高了舒适感。

⑤不会导致室内空气的急剧流动,从而减少了尘埃飞扬的可能,有利于改善卫生条件。

⑥由于辐射供暖将热量直接投射到人体,在建立同样舒适条件的前提下,室内设计温度可以比对流供暖时降低 2~3 ℃(高温辐射时可以降低 5~10 ℃),从而可降低供暖能耗 10%~20%。

另外,辐射供暖系统还有可能在夏季用作辐射供冷,其辐射表面兼作夏季降温的供冷表面。辐射供暖的主要缺点是初投资较高,以低温辐射供暖系统为例,通常比对流供暖系统高出 15%~25%。

2)辐射供暖系统的分类

辐射供暖系统有多种分类方式,见表 5.1。

表 5.1　辐射供暖系统分类表

分类根据	名　称	特　征
使用功能	供冷辐射	利用 12~20 ℃的冷媒冷却辐射表面,向室内供冷
	供暖辐射	利用 30 ℃以上的热媒加热辐射表面,向室内供暖
	暖/冷辐射	同一辐射换热元件,冬季通以 30 ℃以上的热媒,夏季通以 12~20 ℃的冷媒,分别向室内供暖和供冷
板面温度	常温辐射	板面温度低于 29 ℃
	低温辐射	板面温度低于 80 ℃
	中温辐射	板面温度等于 80~200 ℃
	高温辐射	板面温度高于 500 ℃
辐射板构造	埋管式	以直径 15~32 mm 的管道或发热电缆埋置于建筑表面内构成辐射表面
	毛细管式	以 $\phi3.35×0.5$ mm 导热塑料管预加工成毛细管席,粘贴在建筑表面构成辐射板
	风道式	利用建筑构件的空腔使热空气循环流动其间构成辐射表面
	组合式	利用金属板焊以金属管组成辐射板
	整体式	通过模压等工艺形成的带有水通路的整体辐射板

续表

分类根据	名　称	特　征
辐射板位置	顶面式	以顶棚作为辐射供暖面,辐射热占 70%左右
	墙面式	以墙壁作为辐射供暖面,辐射热占 65%左右
	地面式	以地面作为辐射供暖面,辐射热占 55%左右
	踢脚板式	以窗下或踢脚板处墙面作为辐射表面,辐射热占 65%左右
热媒种类	低温热水式	热媒水温度低于或等于 100 ℃
	高温热水式	热媒水温度高于 100 ℃
	蒸汽式	以蒸汽(高压或低压)为热媒
	热风式	以加热以后的空气作为热媒
	电热式	以电热元件加热特定表面或直接发热
	燃气式	通过燃烧可燃气体(也可以用液体或液化石油气)经特制的辐射器发射红外线

3)辐射供暖系统的主要形式

(1)低温辐射供暖

低温辐射供暖舒适性强、卫生条件高,不占建筑空间、不影响室内装饰,并可有效地利用低温热源,被越来越多地应用在民用和公共建筑中。

①热水地面辐射供暖:热水地面辐射供暖系统具有温度梯度小、室内温度均匀、脚感温度高、易于敷设和施工等特点,近年来得到了广泛采用。低温热水地板辐射供暖的供水温度一般小于 60 ℃,可分为埋管式与组合式两大类。

a.埋管式:也称为湿式。是将管道预埋在地面不宜小于 30 mm 混凝土垫层内,地面结构一般由基础结构层(楼板或土壤)、绝热层、填充覆盖层、防水层、防潮层和地面层组成(图 5.19)。

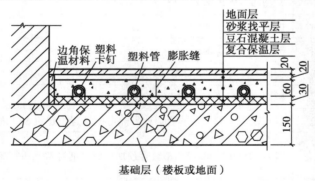

图 5.19　热水地面辐射供暖结构示意图

加热盘管敷设在绝热层上,管间距为 100~350 mm,盘管上部覆盖层厚度不宜小于50 mm;否则,人站在上面会有颤动感。填充覆盖层可采用豆石混凝土,豆石粒径不宜大于12 mm,并宜渗入适量的防裂剂。填充层应设膨胀伸缩缝,其间距和宽度应由计算确定,一般在面积超过30 m² 或长度超过 6 m 时,宜设置间距不大于 6 m、宽度不小于 5 mm 的伸缩缝,面积较大时伸缩缝间距可适当增加,但不宜超过 10 m,缝中填充弹性膨胀材料(如弹性膨胀管)。

加热管及覆盖层与外墙、楼板结构层间应设绝热保温层,保温层材料一般采用聚苯乙烯泡沫板,厚度不宜小于 25 mm。在地面土壤上铺设时,绝热层下应做防潮层,在潮湿房间(如卫生间、厨房等)铺设盘管时,盘管填充层上应设防水层,以避免水分侵蚀。

b.组合式:组合式也称为干式。加热盘管预先预制在轻薄供暖板上(图 5.20)或敷设在带预制沟槽的泡沫塑料保温板的沟槽中(图 5.21)。它的构造特点是不需要混凝土填充层,因此没有湿作业。

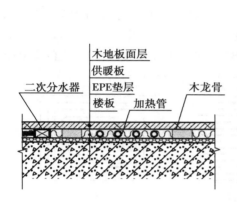 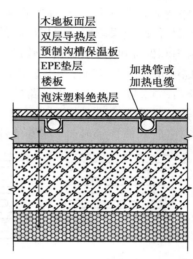

图 5.20　预制轻薄供暖板地面构造示意图　　图 5.21　预制沟槽保温板供暖地面构造示意图

热水地面辐射供暖系统的管材早期通常使用钢管和铜管,随塑料工业的发展,塑料管材在耐高温、承压和抗老化性能等方面已能满足低温辐射供暖的要求,加之塑料管容易弯曲,易于施工,塑料管长度按设计要求生产,埋设部分无接头,避免了管道渗漏,故现在低温热水辐射供暖系统多采用塑料管,主要有交联聚乙烯管(PE-X 管)、聚丁烯管(PB 管)、交联铝塑复合管(XPAP 管)和无规共聚聚丙烯管(PP-R 管)等。这些塑料管均具有耐老化、耐腐蚀、不易结垢、承压高、无污染、水阻力和膨胀系数小等优点。

热水地面辐射供暖系统每个环路加热管的进、出水口分水器、集水器与加热管路连接。分、集水器组装在一个分(集)水器的箱体内(图 5.22),每套分、集水器连接 3~5 个回路,不超

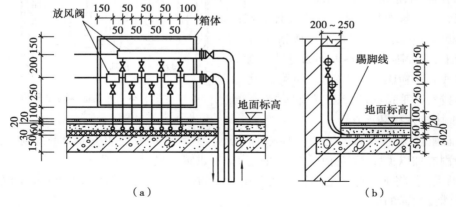

图 5.22　分、集水器安装示意图

过8个。分、集水器安装在户内不占用主要使用面积,又便于操作的部位,并要留有一定的检修空间。分、集水器内径不应小于总供、回水管内径,且分、集水器最大断面流速不宜大于0.8 m/s。分水器前应设阀门及过滤器,集水器后需设置阀门,分水器、集水器顶部应设放气阀,各组盘管与分、集水器相连处应安装阀门。

地面辐射供暖系统的管道布置形式主要有直列式(平行排管式)、往复式(蛇形排管式)和旋转式(蛇形盘管式)等多种(图5.23)。直列式管路易于布置,但首尾部温差较大,板面温度不均匀,管路转弯处转弯半径小;往复式和旋转式系统管道铺设较复杂,但板面温度均匀,高低温管间隔布置,供暖效果较好。根据房间的具体情况,可选择合适的形式,也可混合使用。为减少流动阻力和保证供、回水温差不致过大,加热盘管均采用并联布置。一般采取1个房间为1个环路,也可几个较小房间合用1个环路,较大房间一般20~30 m² 为1个环路,视情况可布置多个环路(图5.24)。每个分支环路的盘管长度宜尽量接近,一般为60~80 m,最长不超过120 m。加热管间距不宜大于300 mm,聚丁烯(PB)管和交联聚乙烯(PE-X)管转弯半径不宜小于5倍管外径,其他管材不宜小于6倍管外径,以保证水路畅通。

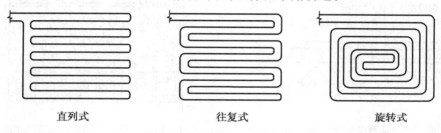

直列式　　　　往复式　　　　旋转式

图5.23 加热管布置形式

②毛细管网辐射供暖:毛细管网系统是埋管型辐射供暖的一种特殊形式。它以 φ3.35×0.5 mm的导热塑料管作为毛细管,用 φ20×2 mm的塑料管作为集管,通过热熔焊接组成不同规格尺寸的毛细管席。毛细管网系统可供暖、供冷两用:冬季通入热水作为辐射供暖装置,向房间提供热量;夏季通入冷水,可作为辐射供冷装置,承担房间显热负荷。

毛细管席的敷设与安装有以下几种形式:

a.顶棚安装:直接固定在吊顶或粘贴在石膏平顶板上,表面喷或抹5~10 mm 水泥砂浆、混合砂浆或石膏粉刷层加以覆盖;也可敷设在金属吊顶或石膏平顶板的背面,预制成平顶辐射模块,现场进行拼装连接。

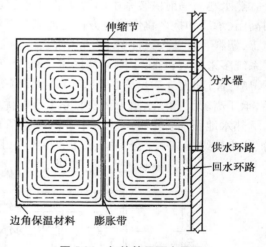

图5.24 加热管平面布置图

b.墙面埋置:将加工好的毛细管席安装在墙上,然后喷或抹5~10 mm 水泥砂浆、混合砂浆或石膏粉刷层加以覆盖固定,使所在墙面成为辐射供暖与供冷的换热表面。

c.地面埋置:将加工好的毛细管席铺设在地面的基层上,然后抹以 10 mm 厚水泥砂浆,干燥后上部铺设地面的面层。

　　毛细管网辐射系统单独供暖时,首先考虑地面埋置方式,地面面积不足时再考虑墙面埋置方式;毛细管网同时用于冬季供暖和夏季供冷时,首先考虑顶棚安装方式,顶棚面积不足时,再考虑墙面或地面埋置方式。

　　③低温电热辐射供暖:主要利用电热电缆、电热膜或电热织物等电热元件与建筑构件组合而成,根据电热元件的布置位置有电热顶棚、电热地面和电热墙等几种形式。

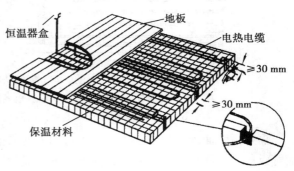

图 5.25　电热电缆加热地面

　　低温加热电缆辐射供暖系统由可加热电缆和感应器、恒温器等组成,这种方式常用于地板式,将发热电缆埋设于混凝土中,如图 5.25 所示。加热电缆由实心电阻线(发热体)、绝缘层、接地导线、金属屏蔽层及保护套构成。

　　低温电热膜辐射供暖系统,如图 5.26 所示。电热膜是一种通电后能发热的半透明聚酯薄膜,由可导电的特制油墨、金属载流条经印刷、热压在两层绝缘聚酯薄膜之间制成的。电热膜工作时的表面温度为 40~60 ℃,根据需要可布置在顶棚上、地板下或墙裙、墙壁内,同时配以独立的温度控制装置。

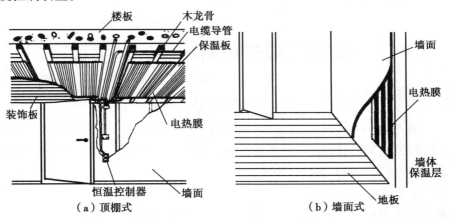

图 5.26　低温电热膜辐射供暖

　　(2)中温辐射供暖

　　中温辐射供暖系统主要用于工业厂房和一些大空间的民用建筑,如商场、展览厅、车站等。散热设备通常是采用钢制辐射板。钢制辐射板的特点是采用薄钢板,小管径和小管距。薄钢板的厚度一般为 0.5~1.0 mm,加热管通常为焊接钢管,管径为 DN15,DN20,DN25;保温材料为蛭石、珍珠岩、岩棉等。

　　根据辐射板的长度不同,分为块状和带状两种形式。图 5.27 为块状辐射板。根据钢管与钢板连接方式不同,单块钢制辐射板分为 A 型和 B 型两类。A 型加热管外壁周长的 1/4 嵌入钢板槽,并以 U 形螺栓固定。B 型加热管外壁周长的 1/2 嵌入钢板槽内,并以管卡固定。

　　辐射板的背面处理分为在背板内填散状保温材料、只带块状或毡状保温材料和背面不保温等几种方式。

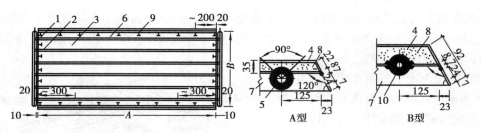

图 5.27　钢制块状辐射板

1—加热器;2—管连接;3—辐射板表面;4—辐射板背面;5—垫板;
6—等长双头螺栓;7—侧板;8—隔热材料;9—铆钉;10—内外管卡

辐射板背面加保温层是为了减少背面方向的散热损失,让热量集中在板前辐射出去,这种辐射板称为单面辐射板。它向背面方向的散热量,约占辐射板总散热量的10%。

背面不保温的辐射板称为双面辐射板。双面辐射板可以垂直安装在多跨车间的两跨之间,使其双向散热,散热量要比同样的单面辐射板增加30%左右。

钢制块状辐射板构造简单,加工方便,便于就地生产。在同样的放热情况下,它的耗金属量比铸铁散热器供暖系统节省50%左右。

图 5.28 为带状辐射板,它是将单块辐射板按长度方向串联而成。带状辐射板通常采用沿房屋的长度方向布置,长达数十米,水平吊挂在屋顶下或屋架下弦下部。

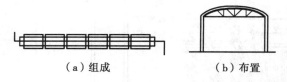

（a）组成　　　　　　（b）布置

图 5.28　带状辐射板示意图

带状辐射板适用于大空间建筑。带状辐射板与块状板比较,由于排管较长,加工安装不便,而且排管管径的影响,难以用理论方法计算。通常由实验给出不同构造的辐射板在不同条件下的散热量,设计时可查有关设计手册。

（3）高温辐射供暖

高温辐射供暖系统的辐射表面温度在500~900 ℃或更高。高温辐射供暖最常见的是利用辐射表面在高温状态下发射出的红外线进行供暖,具体形式可划分为两种:

①电气红外线:利用灯丝、电阻丝、石英灯或石英管等通电后在高温下辐射出红外线进行供暖。石英管或石英灯红外线辐射器应用较广,其主要特性见表5.2。

表 5.2　石英红外线辐射器的主要特性

类　　型	辐射温度/℃	输出成分百分比/%			辐射效率/%
		辐射	对流	可见光	
石英管	990	78	22	极少	78
石英灯	2 232	80	14	6	80

注:本表摘自《供暖通风设计手册》(陆耀庆主编)。

②燃气红外线:利用可燃气体、液体或固体,通过特制的燃烧装置(即辐射器),进行燃烧而辐射出各种波长的红外线而实现供暖。在整个红外线波段中,波长为 $0.76 \sim 40\ \mu m$ 的红外线的热特性最好,燃气红外线辐射器的辐射波长正好在这一范围内。燃气红外线辐射器具有构造简单、外形小巧、发热量大、安装方便、价格低廉、操作简单等许多优点,不但适用于室内供暖,也可应用于室外露天局部供暖。

4)辐射供暖系统的设计

(1)辐射供暖的热负荷

在辐射供暖中,由于热量的传播主要以辐射形式,同时也伴随有对流形式,所以衡量供暖效果的标准应考虑辐射强度和室内空气温度二者的综合影响。实测证明,在人体舒适范围内,辐射供暖时的室内空气温度可以比对流供暖时低 $2 \sim 3\ ℃$。结合我国的具体情况,空气温度以 $12 \sim 15\ ℃$,辐射强度为 $30 \sim 60\ W/m^2$ 比较合适。

由于对流和辐射的综合作用,使得准确计算供暖热负荷变得十分困难。工程中采用估算的方法。对于热水辐射供暖系统常用以下两种方法:

①修正系数法:

$$Q_f = \phi Q_d \tag{5.1}$$

式中　Q_f——辐射供暖时的热负荷,W;

　　　Q_d——对流供暖时的热负荷,W;

　　　ϕ——修正系数,中、高温辐射系统 $\phi = 0.8 \sim 0.9$,低温辐射系统 $\phi = 0.9 \sim 0.95$。

②降低室内温度法:按对流供暖方式计算供暖热负荷,但室内空气计算温度的取值比对流供暖的温度要求降低 $2 \sim 6\ ℃$。低温辐射供暖系统取下限,高温辐射供暖系统宜采用上限数值。

当对大空间内局部区域供暖时,局部辐射供暖的热负荷,可根据该局部区域面积与所在房间面积的比值,按整个房间全面辐射供暖的热负荷乘以表 5.3 中的计算系数确定。当局部供暖的面积与房间总面积的比值大于 0.75 时,按全面供暖热负荷的计算方法进行计算。

表 5.3　局部辐射供暖热负荷计算系数

供暖区面积与房间总面积的比值	≥0.75	0.55	0.40	0.25	≤0.20
计算系数	1	0.72	0.54	0.38	0.30

注:本表引自《民用建筑供暖通风与空气调节设计规范》(GB 50736—2012)。

建筑围护结构预先划定要安装辐射板的部位,其围护结构热损失可不计算。如低温地板辐射供暖热负荷计算中,地面的热损失可不计算。

地面供暖向房间散热有将近一半仍依靠对流形式。对于高大空间,尤其是间歇供暖时,为了避免房间升温时间过长或供热量不足等问题,设计中需考虑房间热负荷的高度附加,其附加值按一般散热器供暖计算值的约50%取值。地面辐射供暖的房间高度大于 4 m 时,每高出 1 m 宜附加1%,但总附加率不宜大于8%。

采用燃气红外线辐射器进行全面供暖时,室内温度梯度小,建筑围护结构的耗热量可不计算高度附加,并在此基础上再乘以修正系数 $0.8 \sim 0.9$。燃气红外线辐射器安装高度过高时,会使辐射照度减小。因此,应根据辐射器的安装高度,对总耗热量进行必要的高度修正。

(2)地面散热量计算

地面辐射供暖的散热由辐射散热和对流散热两部分组成。辐射散热量和对流散热量可根据室内温度和地表面平均温度求出。计算式如下:

$$q = q_f + q_d \tag{5.2}$$

$$q_f = 5 \times 10^{-8} \left[(t_{pj} + 273)^4 - (t_{fj} + 273)^4 \right] \tag{5.3}$$

$$q_d = 2.13(t_{pj} - t_n)^{1.31} \tag{5.4}$$

式中 q——单位地面面积的散热量,W/m^2;

q_f——单位地面面积辐射传热量,W/m^2;

q_d——单位地面面积对流传热量,W/m^2;

t_{pj}——地表面平均温度,℃;

t_{fj}——室内非加热表面的面积加权平均温度,℃;

t_n——室内计算温度,℃。

单位地面面积所需的散热量应按下式计算:

$$q_x = \frac{Q}{F} \tag{5.5}$$

式中 q_x——单位地面面积所需的散热量,W/m^2;

Q——房间所需的地面散热量,W;

F——敷设加热管或发热电缆的地面面积,m^2。

确定地面所需的散热量时,应扣除来自上层地板向下的传热损失。地面辐射供暖的有效散热量,应计算室内设备、家具及地面覆盖物等对有效散热量的折减。

(3)辐射体表面温度及热媒温度

辐射体表面的温度需要根据辐射板位置和安装高度确定。从人体舒适和安全角度考虑,辐射体表面平均温度,应符合表5.4的要求。

地面的表面平均温度若高于表5.4的最高限值,会造成不舒适。故在确定地面散热量时,应校核地面表面平均温度。地面的表面平均温度 t_{pj} 可按下式计算:

$$t_{pj} = t_n + 9.82 \times \left(\frac{q_x}{100} \right)^{0.969} \tag{5.6}$$

地表的表面平均温度若高于表5.4的最高限值,此时应改善建筑热工性能或设置其他辅助供暖设备,减少地面辐射供暖系统负担的热负荷。

表5.4 辐射体表面平均温度

设置位置	宜采用的温度/℃	温度上限值/℃
人员经常停留的地面	25~27	29
人员短期停留的地面	28~30	32
无人停留的地面	35~40	42
房间高度2.5~3.0 m的顶棚	28~30	
房间高度3.1~4.0 m的顶棚	33~36	

设置位置	宜采用的温度/℃	温度上限值/℃
距地面 1 m 以下的墙面	35	
距地面 1 m 以上、3.5 m 以下的墙面	45	

注:本表引自《民用建筑供暖通风与空气调节设计规范》(GB 50736—2012)。

热水地面辐射供暖系统供水温度宜采用 35~45 ℃,不应大于 60 ℃;供回水温差不宜大于 10 ℃,且不宜小于 5 ℃。

毛细管网辐射系统供水温度根据毛细管席的铺设位置,按表 5.5 确定,供回水温差宜采用 3~6 ℃。

在高度为 3~30 m 的建筑物中,可采用热水吊顶辐射板供暖。民用建筑热水吊顶辐射板的供水温度宜为 40~95 ℃;工厂车间和高大空间也有的采用高温水。采用高温辐射会引起室内温度的不均匀分布,使人体产生不舒适感。因此,热水吊顶辐射板的最低安装高度以及在不同高度下辐射板内热媒的最高平均温度需要加以限制,其值应按表 5.6 确定。

表 5.5 毛细管网辐射系统供水温度

设置位置	宜采用温度/℃
顶棚	25~35
墙面	25~35
地面	30~40

注:本表引自《民用建筑供暖通风与空气调节设计规范》(GB 50736—2012)。

表 5.6 热水吊顶辐射板最低安装高度及最高平均水温

最高平均水温/℃ 最低安装高度/m \ 热水吊顶辐射板占天花板面积的百分比/%	10	15	20	25	30	35
3	73	71	68	64	58	56
4	—	—	91	78	67	60
5	—	—	—	83	71	64
6	—	—	—	87	75	69
7	—	—	—	91	80	74
8	—	—	—	—	86	80
9	—	—	—	—	92	87
10	—	—	—	—	—	94

注:本表引自《民用建筑供暖通风与空气调节设计规范》(GB 50736—2012);表中安装高度系指地面到板中心的垂直距离。

(4)设计注意事项

①为保证热水地板辐射供暖系统管材与配件的强度和使用寿命,系统的工作压力不宜大

于 0.8 MPa，毛细管网辐射系统的工作压力不应大于 0.6 MPa。当超过上述压力时，应采取相应的措施。

②供暖地面直接与室外空气接触或与不供暖房间相邻时，应设置绝热层。辐射供暖的加热管板及其覆盖层与外墙、楼板结构层之间应设绝热层。当允许楼板双向传热时，覆盖层与楼板结构层间可不设绝热层。

当绝热层设置在土壤上时，绝热层下应做防潮层。在潮湿房间（如卫生间、厨房等）敷设地板辐射采暖系统时，加热管覆盖层上应做防水层。

③地板辐射供暖的地面结构所有面层施工完毕后，使其自然干燥 2 周，在干燥期间不得向盘管供热。系统启动时供水温度应逐渐提高，初次供水温度不应高于当时室外气温加 11 ℃，且最高不得高于 32 ℃，在该温度下使热媒循环 2 天，然后每日升温 3 ℃，直至 60 ℃ 为止。

④为使加热盘管中的空气能够被水带走，加热管内的水流速不应小于 0.25 m/s，一般为 0.25~0.5 m/s。同一集配装置的每个环路加热管长度应尽量接近，每个环中处的阻力不宜超过 30 kPa。热水吊顶辐射供暖系统宜采用同程式。

⑤必须妥善处理管道和辐射板的膨胀问题，管道膨胀时产生的推力，绝对不允许传递给辐射板。

⑥全面供暖的热水吊顶辐射板的布置应使室内作业区辐射照度均匀，安装时宜沿最长的外墙平行布置。设置在墙边的辐射板规格应大于在室内设置的辐射板的规格。高度小于 4 m 的建筑物，宜选择较窄的辐射板，长度方向应预留热膨胀余地。

⑦由于燃气红外线辐射供暖通常有炽热的表面，因此设置燃气红外线辐射供暖时，必须采取相应的防火、防爆措施。

⑧燃烧器工作时，需要一定比例的空气量，并释放二氧化碳和水蒸气等燃烧产物，燃烧不完全时还会生成一氧化碳。为保证燃烧所需的足够空气，并将放散到室内的二氧化碳和一氧化碳等燃烧产物稀释到允许浓度以下，以及避免水蒸气在围护结构内表面上凝结，必须具有一定的通风换气量。当燃烧器所需要的空气量超过该房间的换气次数 0.5 次/h 时，应由室外供应空气。

⑨燃气红外线辐射器的安装高度应根据人体舒适度确定，但不得低于 3 m。

⑩燃气红外线辐射器供暖系统，应在便于操作的位置设置能直接切断供暖系统及燃气供应系统的控制开关。当工作区发出火灾报警信号时，应自动关闭供暖系统，同时还应连锁关闭燃气系统入口处的总阀门，以保证安全。

5.1.4 蒸汽供暖系统

1) 蒸汽热媒的特点

蒸汽作为供暖热媒与热水相比，具有自身的一些特点：

在蒸汽供暖系统中，蒸汽释放热量主要是通过蒸汽的凝结放出汽化潜热，其温度变化很小。由于蒸汽的汽化潜热比相同质量热水依靠温降放出的热量大得多，因此，对同样的热负荷，蒸汽系统所需的蒸汽质量流量要比热水流量少得多。

蒸汽供暖系统中的蒸汽密度比热水密度小得多，相同质量流量时，可采用较大的流速而不会产生过大的阻力，从而可减小管径，节省投资；同时，应用在高层建筑中不会像热水系统那样,产生很大的静水压力。

蒸汽系统热惰性小,供汽时热得快,停气时冷得也快,很适宜用于间歇供暖的用户。

散热设备内的蒸汽温度比热水平均温度高,同样热负荷下,蒸汽供暖比热水供暖节省散热设备面积。但散热设备表面温度高,易使沉积在散热设备表面的有机灰尘焦化而产生异味,降低卫生条件。

蒸汽和凝结水在系统管路内流动时,由于管路阻力和管壁散热,流量和密度都会有很大的变化,且有相变发生,部分蒸汽和凝水以两相流的状态在管路中流动。蒸汽和凝水状态参数变化较大的特点,使得蒸汽供暖系统比热水供暖系统在设计和运行管理上都要复杂,管理不当,容易出现漏气漏水,降低蒸汽供暖系统的经济性和适用性。

2)蒸汽供暖系统的分类

按蒸汽压力的大小,蒸汽供暖系统分为三种。供汽表压高于 70 kPa 为高压蒸汽供暖系统,供汽表压等于或低于 70 kPa 为低压蒸汽供暖系统;系统压力低于大气压力时,称为真空蒸汽供暖系统。蒸汽压力根据供汽汽源的压力,散热器表面最高温度的限值和管路、设备的承压能力来确定。一般采用尽可能低的蒸汽压力,可降低蒸汽的饱和温度,减少凝水的二次汽化,使运行较可靠且卫生条件可得到改善。真空蒸汽供暖系统,具有热媒密度小、散热器表面温度不高、卫生条件好、可改变供汽压力调节供热量等优点,但其缺点是需要抽真空设备,对管道气密性要求较高,运行管理复杂。

按照立管的布置特点,蒸汽供暖系统分为单管式和双管式。单管式系统蒸汽和凝水同在一根管中流动,容易产生水击和汽水冲击噪声;双管式系统蒸汽和凝水分别由蒸汽管道和凝水管道输送,减少了水击,故目前大多数蒸汽供暖系统采用双管式。

按照蒸汽干管布置的不同,蒸汽供暖系统可有上供式、中供式、下供式三种。其蒸汽干管分别位于建筑物或系统上部、中部、下部。

按照回水动力不同,蒸汽供暖系统可分为重力回水、余压回水和加压回水三种。

3)低压蒸汽供暖系统

(1)重力回水系统

重力回水低压蒸汽供暖系统的工作原理如图 5.29 所示。锅炉充水至 I-I 平面,加热后产生具有一定压力和温度的蒸汽。在自身压力的作用下,蒸汽克服流动阻力,经供汽管道输送到散热器内,并将供汽管道和散热器内的空气驱入凝水管,蒸汽充满散热器,在散热器内放出汽化潜热变成凝结水后,靠重力沿凝水管流回锅炉,被重新加热变成蒸汽。被蒸汽挤入凝水管的空气,经过凝水管末端所连接的空气管 B 排入大气。

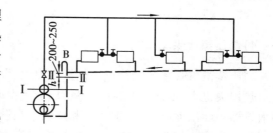

图 5.29 重力回水低压蒸汽供暖系统

在凝水管中凝结水只占据凝水管断面的下半部分,上半部分是空气,属于非满管流动,称为干式凝水管。当管的横断面全部充满凝水,满管流动时,则称为湿式凝水管。图 5.29 中,处于 II-II 之上的凝水干管,为干式凝水管;而位于 II-II 以下的总凝水立管便是湿式凝水管段。

在蒸汽压力的作用下,总立管中的水位将由 Ⅰ-Ⅰ 断面升高 h 值,到 Ⅱ-Ⅱ 断面。当凝水干管内为大气压力时,h 值等于锅炉蒸汽压力的水柱高。为了保证干式回水,凝结水管必须敷设在 Ⅱ-Ⅱ 断面之上,再考虑到锅炉压力波动,应使其高出 Ⅱ-Ⅱ 水面 200~250 mm。底层散热器应当在 Ⅱ-Ⅱ 水面以上才不致被凝水充满,即凝水干管应高于锅炉压力水柱高,而低于底层散热器,从而保证系统正常工作。

（2）机械回水系统

当系统作用半径较长时,蒸汽需要有较高的压力才能克服管路阻力,将蒸汽输送到最远的散热器。若仍用重力回水方式,则图 5.29 所要求的 Ⅱ-Ⅱ 水面的高度便可能高于最底层散热器的高度,而使散热器不能正常工作。通常蒸汽压力高于 20 kPa（2mH$_2$O）时,需考虑采用机械回水方式,如图 5.30 所示。

机械回水系统中,锅炉的安装高度不受散热器位置的限制,而只需凝水箱低于所有散热器和凝结水管。凝水干管仍可做成干式的,使系统内的空气经凝水干管上部空间流入凝水箱,再经凝水箱上的空气管排至大气。

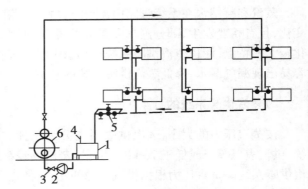

图 5.30 机械回水低压蒸汽供暖系统
1—凝水箱;2—凝水泵;3—止回阀;
4—空气管;5—疏水器;6—锅炉

为了防止水泵停止工作时,水从锅炉倒流入凝水箱,应在水泵出口管路上安装止回阀。为避免凝水在水泵吸入口汽化,保证凝水泵正常工作,凝水泵的最大吸水高度及最小正水头高度,要受凝结水温度的限制,见表 5.7

表 5.7 凝水泵的凝结水温度、最大吸入压力、最小正压力

凝结水温度/℃	0	20	40	50	60	75	80	90	100
最大吸水高度/m	6.4	5.9	4.7	3.7	2.3	0			
最小正水头/m							2	3	6

4)高压蒸汽供暖系统

高压蒸汽供暖系统的特点是供汽压力大、温度高、系统作用半径大,所需管径小。但沿程管道热损失也大,沿途凝水排除不畅时,会产生严重的水击。高压蒸汽供暖,所需散热面积少,但散热器表面温度高,容易烫伤人和烧焦落在散热器表面的有机灰尘,散发异味,安全卫生条件较差。高压蒸汽系统凝结水温度高,容易产生二次蒸汽,设计与调节不良时,会有凝水管径大、回水设备费用高、漏气损失大、水击危害重、维修工作量大等不利情况。

高压蒸汽供暖系统多用在有高压蒸汽热源的工厂里。室内高压蒸汽供暖系统可直接与室外蒸汽管网相连。在外网蒸汽压力较高时,可在用户入口处设减压装置。

图 5.31 为双管上供式系统。蒸汽干管设置在上部,避免了地面或地沟敷设的不便。高压蒸汽系统的疏水器排水能力远远超过每组散热设备的凝水量,不适于在每组散热器的凝水支

管上都装,疏水器集中安装在每个环路凝结水干管的末端。因散热器漏气或凝水的二次汽化,凝水管路中存有蒸汽,故在每组散热器进、出口均应安装阀门,以便调节供汽量以及检修时能将散热器与系统隔断。

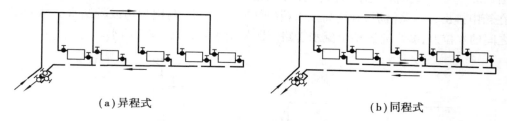

（a）异程式　　　　　　　　　　　（b）同程式

图 5.31　上供下回式高压蒸汽供暖系统

　　图 5.32 为双管上供上回式系统,供汽干管和凝水干管均敷设在房屋上部,凝结水靠疏水器后的余压上升到凝结水干管。这种形式当系统停气时,凝水排不净,散热器及各立管需逐个排放凝水;蒸汽压力降低时,凝水提升所需余压不够,散热器有可能充满凝水。为保证正常运行,在每组散热设备的凝结水出口处,除应安装疏水器外,还应安装止回阀并设置泄水管、放空气管等,以便及时排除散热设备和系统中的空气和凝结水。考虑实际使用效果一般较差,通常只有用暖风机等散热量较大的设备供暖时,才考虑采用这种形式。

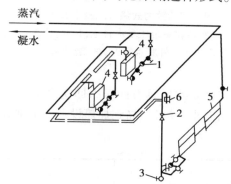

图 5.32　上供上回式高压蒸汽供暖系统
1—疏水器;2—止回阀;3—泄水阀;4—暖风机;5—散热器;6—放空气阀

5）凝结水回收系统

　　凝结水回收系统是指用热设备凝水出口,经疏水器、凝结水管路及其设备返回热源的整个系统。它的形式有多种:

　　①按照系统是否与大气相通分为开式系统和闭式系统。开式系统不可避免地要发生二次蒸汽的损失和空气的侵入,热损失和凝水损失较大,腐蚀管路和影响环境,一般只适用于凝结水量小于 10 m³/h、作用半径小于 500 m 的小型系统。

　　②按照凝水流动的动力,可分为重力回水、余压回水和加压回水三类。当实际凝水回收系统包括几种流动动力时,称为混合回水系统。

　　（1）重力回水

　　重力回水是靠凝水管路始末两端的位能差回送凝水。按凝水的充满状况,分为非满管流干式回水和满管流的湿式回水。

前述图 5.29 为干式回水,用于低压蒸汽供暖系统,适用于供热面积小,地形坡向凝结水箱的场合,锅炉房应位于系统最低处,其应用范围受到限制。

图 5.33 为重力式满管流凝水回收系统。热用户凝结水首先引入高位水箱 4(或二次蒸发箱),在箱中排出二次蒸汽后,利用高位水箱(或二次蒸发箱)与锅炉房或凝结水分站的凝结水箱 7 之间的水位差,凝水充满整个凝水管路流回凝结水箱,形成满管回水。

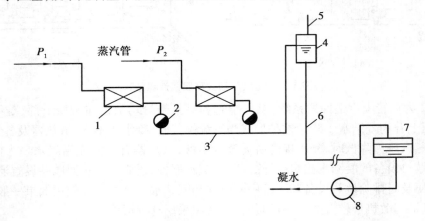

图 5.33　重力式满管流凝水回收系统

1—用汽设备;2—疏水器;3—余压凝水管道;4—高位水箱(或二次蒸发箱);
5—排气管;6—室外凝水管道;7—凝结水箱;8—凝水泵

(2)余压回水

余压回水依靠疏水器出口处凝水所具有的压力回送凝水(图 5.34)。余压回水系统的凝结水管道对坡度和坡向无严格要求,并可抬高到加热设备的上部,凝结水箱的标高也不一定要低于室外凝结水干管。

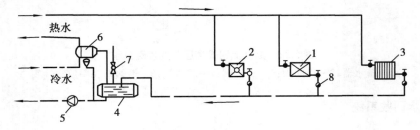

图 5.34　余压回水简图

1—通风加热设备;2—暖风机;3—散热器;4—闭式凝水箱;
5—凝水加压泵;6—利用二次汽的水加热器;7—安全阀;8—疏水器

不同用户凝结水压力不同时,当其压差小于 0.3 MPa 时,可合管输送,如压差大于0.3 MPa 时,为避免高低压干扰,可采用图 5.35 的方式进行管道连接。

(3)加压回水

加压回水是利用凝结水泵或其他加压装置,将各局部凝水箱中的凝水经过加压后,打回锅炉房,如图 5.36 所示。

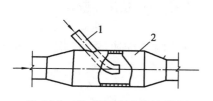

图 5.35 高、低压凝水合流装置
1—高压凝水管；2—低压凝水管

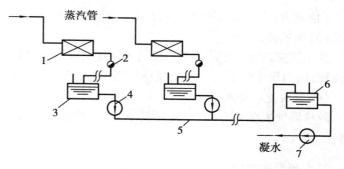

图 5.36 加压回水系统
1—用汽设备；2—疏水器；3—凝结水箱；4—凝水泵；
5—室外凝水管；6—总凝结水箱；7—总凝水泵

5.2 供暖设备与附件

5.2.1 散热器

供暖系统通过散热设备将热媒的热量散发到房间,保持房间所要求的室内温度。散热器是室内供暖常用的散热设备之一。

1)散热器的性能要求

散热器是表面式换热设备,内部流通热媒(热水或蒸汽),其表面温度高于室内空气温度,通过对流和辐射换热方式把热量传递给房间,散热器内的热水温度降低或蒸汽凝结成冷凝水。

由于散热器的造价和金属耗量在供暖系统占比较高,散热器的选择正确与否将影响供暖系统的经济指标和运行效果。散热器的性能概括起来有以下要求。

（1）热工性能

散热器的热工性能表现在两个方面:首先是散热器的传热性能,要求散热器的传热系数要高;其次是散热器的散热方式,应使供暖房间受热后,人的停留区内温度均匀适宜。当散热器辐射热量占的比例较多时,可以保证人员长期停留的房间下部区域受热情况较好;当散热器以对流散热为主时,热空气上升,易使房间上部过热,下部空气温度较低。

（2）经济性能

散热器单位散热量的成本(元/W)是衡量散热器的经济指标。对于金属散热器,金属热强度是表示金属散热器经济性的一个标志。金属热强度是指散热器内热媒平均温度与室内空气温度差为 1 ℃时,每 kg 质量散热器单位时间所散出的热量,即

$$q = \frac{K}{G} \tag{5.7}$$

式中　q——散热器的金属热强度,$W/(kg \cdot ℃)$;

　　　K——散热器的传热系数,$W/(m^2 \cdot ℃)$;

　　　G——散热器每 1 m^2 散热面积的质量,kg/m^2。

q 值越大,说明散出同样热量所耗的金属量越小,经济性越好。

(3)安装使用性能

散热器应具有一定的机械强度和承压能力;散热器的结构形式应便于组合成所需要的散热面积,结构尺寸要小,少占房间面积和空间;散热器应耐腐蚀,不易破损,使用年限长。

(4)卫生美观要求

散热器外表要光滑,不积灰并易于清扫;散热器的装设应与室内装饰协调,不影响房间美观。

2)散热器的类型

按传热方式分,当传热以对流方式为主时(占总传热量的50%以上),为对流型散热器,如管型、柱型、翼型、钢串片型等;以辐射方式为主(占总传热量50%以上),为辐射型散热器,如辐射板、红外辐射器等。

按形状分,有管型、翼型、柱型和平板型等。

按使用材料分,有金属和非金属。我国目前常用的是金属材料散热器,主要有铸铁、钢、铝、铜和金属复合型。非金属散热器具有抗腐蚀、节省金属的特点,但传热效果不如金属散热器,强度较低,一般用于有特殊需要的场合,主要有塑料、陶瓷及混凝土等类型。

(1)铸铁散热器

铸铁散热器的特点是结构简单、防腐性能好、使用寿命长、热稳定性好、价格便宜。但普通铸铁散热器承压低、体积大、质量重、生产能耗高、不美观,金属热强度低于钢制散热器。近年来随着国外产品的引进,一些生产厂家改进了生产工艺,生产出多种铸铁精品散热器,使铸铁散热器的性能有了较大完善。

①翼型散热器:翼型散热器的壳体外有许多肋片,这些肋片与壳体形成连为一体的铸件(图5.37)。翼型散热器制造工艺简单,造价较低;但翼型散热器的金属热强度和传热系数比较低,外形不美观,肋片间易积灰,且难以清扫,特别是它的单体散热量较大,设计时不易恰好组合成所需面积。

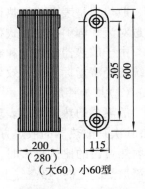

（大60）小60型

图5.37 长翼型散热器

②柱型散热器:柱型散热器是单片组合而成,每片呈柱状形,表面光滑,内部有几个中空的立柱相互连通。按照所需散热量,选择一定的片数组装在一起,形成一组散热器(图5.38)。柱型散热器根据内部中空立柱的数目分为2,4,5柱等,每个单片有带脚和不带脚两种,以便于落地或挂墙安装。与翼型散热器相比,柱型散热器金属热强度及传热系数较高,外形美观,表面积灰容易清除。由于是由单片组装而成,因此容易满足设计选型要求。

(2)钢制散热器

钢制散热器金属耗量少,耐压强度高,外形美观整洁,占地小,便于布置。钢制散热器的主要缺点是容易酸蚀和氧化腐蚀,适宜于碱性水质,一般钢制散热器 pH = 10 ~ 12,$O_2 \leq 0.1$ mg/L,使用寿命比铸铁散热器短。有些类型的钢制散热器水容量较少,热稳定性差。钢制散热器的主要类型有:

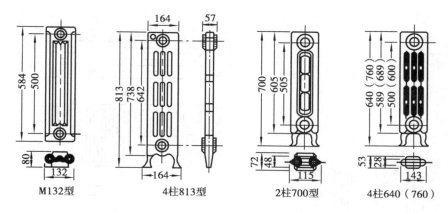

图 5.38　柱式散热器

①闭式钢串片散热器(图 5.39):由钢管上串 0.5 mm 的薄钢片构成,钢管与联箱相连,串片两端折边 90°形成封闭形,在串片折成的封闭垂直通道内,空气对流能力增强,同时也加强了串片的结构强度。钢串片式散热器规格以"高(H)×宽(B)"表示,长度(L)按设计制作。

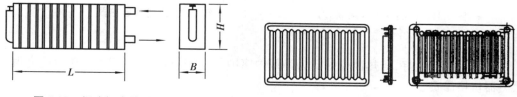

图 5.39　闭式钢串片对流散热器　　　　　图 5.40　钢制板式散热器

②板式散热器(图 5.40):由面板、背板、进出水口接头等组成。背板分带对流片和不带对流片两种板型。面板和背板多用厚 1.2 ~ 1.5 mm 的冷轧钢板冲压成型,在面板上直接压出呈圆弧形或梯形的水道,热水在水道中流动放出热量。水平联箱压制在背板上,经复合滚焊形成整体。为增大散热面积,在背板后面焊 0.5 mm 的冷轧钢板对流片。

③钢制柱式散热器(图 5.41):与铸铁柱式散热器的构造相类似,也是由内部中空的散热片串联组成。与铸铁散热器不同的是钢制柱式散热器是由厚 1.25 ~ 1.5 mm 的冷轧钢板冲压延伸形成片状半柱形,2 个半柱形经压力滚焊复合成单片,单片之间经气体弧焊连接成散热器。

④扁管式散热器(图 5.42):采用 52 mm(宽)×11 mm(高)×1.5 mm(厚)的水通路扁管叠加焊接在一起,两端加上断面 35 mm×40 mm 的联箱制成。扁管散热器的板型有单板、双板、单板带对流片和双板带对流片 4 种结构形式。单、双板扁管散热器两面均为光板,板面温度较高,辐射热比例较高。带对流片的单、双板扁管散热器主要以对流方式传热。

(3)铝制散热器

铝制散热器根据生产工艺分铸铝和焊接两种。焊接型散热器对焊接工艺质量要求高。铝制散热器价格相对便宜、轻巧方便、容易组合。铝制散热器遇碱易腐蚀,适宜于中性和偏酸水质(pH=5~8.5)。其铝导热系数较高,辐射系数低于铸铁和钢,为弥补辐射放热的减少,应提高其对流散热量。

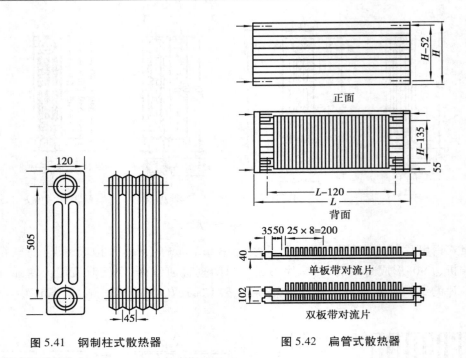

图 5.41　钢制柱式散热器　　　　　　图 5.42　扁管式散热器

（4）铜制散热器

铜抗氧化腐蚀性好，传热性能好。为降低内腐蚀，水质酸碱度 pH = 7.5 ~ 10 为适度值。铜制散热器价格昂贵。

（5）复合型散热器

复合型散热器内部铜或钢结构，外层镀铝，兼有钢、铜散热器的特点，外层铝增加散热能力。其缺点是复合材料热胀率不同，导致热阻会因使用时间长后增加，降低传热。

3）散热器的布置

散热器的布置应该力求做到使室内冷暖空气易形成对流，从而保持室温均匀；室外侵入房间的冷空气能迅速被加热，减小对室内的影响。散热器的布置应使管道便于敷设，缩短管道长度，以节约管材，同时可减少热损失和阻力损失。散热器布置在室内要尽量少占空间，与室内装修协调一致、美观可靠。具体布置应注意下列事项：

①房间有外窗时，最好每个外窗下设置一组散热器，这样从散热器上升的热气流能阻止和改善从玻璃窗下降的冷气流和冷辐射影响，同时对由窗缝隙渗入的冷空气也可起到迅速加热的作用，使流经室内工作区的空气比较暖和舒适。

②为减少管道敷设长度，方便其他设备物件的布置等，有时可将散热器置于内墙，但这种方式冷空气常常流经人的工作区，使人感到不舒服，在房间进深超过 4 m 时，尤其严重。

③为防止冻裂散热器，两道外门之间不能设置散热器。在楼梯间或其他有冻结危险的场所，其散热器应由单独的立、支管供热，且不得装设调节阀。

④楼梯间由于热流上升，上部空气温度比下部高，布置散热器时，应尽量布置在底层或按一定比例分布在下部各层。

⑤散热器一般应明装，简单布置。内部装修要求高的建筑可采用暗装；托儿所、幼儿园应

暗装或加防护罩,以防烫伤儿童。

⑥散热器安装应保证:底部距地面不小于 60 mm,通常取为 150 mm;顶部距窗台板不小于 50 mm;背部与墙面净距不小于 25 mm。

⑦铸铁散热器的组装片数,粗柱型(M-132 等,包括柱翼型)不宜超过 20 片;细柱型(4 柱、5 柱等)不宜超过 25 片;长翼型不宜超过 7 片。

4)散热器的热工计算

散热器热工计算的目的是要确定供暖房间所需散热器面积和片数。散热器面积可按式(5.8)计算:

$$F = \frac{Q}{K(t_p - t_n)}\beta_1 \beta_2 \beta_3 \beta_4 \tag{5.8}$$

式中　F——散热器的散热面积,m^2;

　　　Q——散热器的散热量,W;

　　　t_p——散热器内热媒的平均温度,℃;

　　　t_n——室内供暖计算温度,℃;

　　　K——散热器的传热系数,$W/(m^2 \cdot ℃)$;

　　　$\beta_1,\beta_2,\beta_3,\beta_4$——散热器组装片数修正系数、连接形式修正系数、安装方式修正系数、流量修正系数。

散热器的散热量 Q 等于房间供暖热负荷,室内计算温度 t_n 由设计确定。式(5.8)中其余参数的确定方法如下:

(1)散热器内热媒的平均温度 t_p

散热器内热媒平均温度与供暖热媒的种类、参数及供暖系统的形式有关。在热水供暖系统中,t_p 为散热器进出口水温的算术平均值:

$$t_p = \frac{t_1 + t_2}{2} \tag{5.9}$$

式中　t_1,t_2——散热器进水温度、出水温度,℃。

对双管热水供暖系统,散热器的进、出口温度分别按系统的设计供、回水温度计算。对单管热水供暖系统,热水依次流过各散热器。这种系统形式散热器的进出水温各组不同,需逐一计算。

在蒸汽供暖系统中,当蒸汽表压力≤0.03 MPa 时,t_p 取 100 ℃;当蒸汽表压力>0.03 MPa 时,t_p 取与散热器进口蒸汽压力相应的饱和温度。

(2)散热器的传热系数 K

散热器的传热系数受到许多因素的影响。由传热学可知,散热器的传热系数主要取决于散热器外表面空气侧的放热系数 α_w。在自然对流情况下,α_w 又主要与传热温差 $\Delta t_p(\Delta t_p = t_p - t_N)$ 有关,故传热系数是随 Δt_p 而变化的。Δt_p 值越大,则传热系数 K 及散热量越高。另外,通过散热器的热水流量、散热器的片数、散热器的安装方式、热媒种类和参数、室内空气温度和流速等,都对散热器的传热系数有影响。由于影响因素众多,难以用理论的数学模型来表征,故散热器的传热系数一般是用实验方法确定。实验应在指定尺寸的封闭小室内,保持室温恒定下进行。散热器应无遮挡,敞开设置。根据实验结果,将传热系数整理成 $K = f(\Delta t_p)$ 的关系式如下:

$$K = A(t_p - t_N)^B \tag{5.10}$$

式中　*K*——在实验条件下,散热器的传热系数,W/(m²·℃);

　　　　A,*B*——由实验确定的系数和指数。

一些常用国产散热器的实验数据见附录 29 和附录 30。

(3)散热器面积的修正系数

散热器 *K* 值的测试是在特定条件下进行的。当实际情况与实验条件不同时,由实验所得 *K* 值计算出的散热器面积与实际有误差,需要进行修正。影响散热器传热系数的因素很多,但实际计算中需要考虑的主要有以下内容:

①散热器组装片数修正系数 β_1:柱型散热器是以 10 片作为实验组合标准。在散热过程中,柱型散热器中间各片之间存在辐射换热,减少了向房间的辐射热量,只有两端散热片的外侧表面才能把绝大部分辐射热量传给室内,而两端散热片外表面所占总散热面积的比例,随中间片数的增加而减少。因此,单位散热面积的平均散热量也就减少,实际传热系数 *K* 减小,需要进行片数修正。片数修正系数 β_1 的值可按附录 31 选用。

②散热器连接形式修正系数 β_2:实验室测试时,散热器支管与散热器是同侧连接,上进下出方式。散热器的连接方式不同,使得热媒在散热器内的流动方向和流程发生变化,导致散热器外表面温度场改变,影响外表面对流换热,使散热器传热系数发生变化。

不同连接方式的散热器修正系数 β_2 值,可按附录 32 选用。

③散热器安装形式修正系数 β_3:实验中的散热器要求敞开设置,无遮挡。实际运用中,散热器的安装,有明装、暗装和半暗装等各种方式。如撤开装置、设在壁龛内或加装遮挡罩板等。这些方式有可能改变散热器的对流放热和辐射放热条件,因而需要修正。

散热器安装形式修正系数 β_3 的取值,可查附录 33。

④散热器流量修正系数 β_4:实际通过散热器的热水流量与实验时通过散热器的标准流量[①]不同时,对散热器的传热系数也有影响。通过散热器的水流量增减,使得通过散热器的水流速发生变化,从而影响散热器内表面与水之间的放热系数发生变化。但更主要的是,水流量的增减使散热器出口水温发生变化,从而改变了散热器热媒平均温度和外表面的温度分布,使散热器的传热系数受到影响。散热器流量修正系数 β_4 的值可查附录 34。

另外,散热器的几何形状及颜色也影响散热器的传热。散热器的几何形状会影响外表面对流换热,外表面颜色会影响散热器的辐射散热性能。

在蒸汽供暖系统中,蒸汽在散热器内表面凝结放热,散热器表面温度较均匀,在相同的计算热媒平均温度下,蒸汽散热器的传热系数 *K* 值要高于热水散热器的 *K* 值。蒸汽散热器的传热系数 *K* 值可见附录 29。

根据式(5.8)计算出所需散热器面积后,由单片或单位长度散热器面积,求出所需的散热器总片数或总长度。目前多数厂家的散热器样本会直接给出每片散热器的散热量,其散热器片数 *n* 的计算为:

$$n = \frac{Q}{q_s} \beta_1 \beta_2 \beta_3 \beta_4 \tag{5.11}$$

式中　*Q*——房间的供暖热负荷,W;

　　　　q_s——每片散热器的散热量,W/片。

---

① 标准流量是指在散热器标准测试工况下,散热器内热媒平均温度与室内温度差为 64.5 ℃,辐射散热器内水温降为 25 ℃,对流散热器内水温降为 12.5 ℃时,单位时间内流过散热器的水量(kg)。

5.2.2 暖风机

1)暖风机种类及性能

通过散热设备向房间输送比室内空气温度高的空气,直接向房间供热,称为热风供暖系统。暖风机是热风供暖系统的换热和送风设备。它是由通风机、电动机及空气加热器组合而成的联合机组。在风机的作用下,空气由吸风口进入机组,经空气加热器加热后,从送风口送至室内。空气与加热器之间进行强制对流换热,其传热效率高于自然对流散热的散热器。由于风机的加压作用,因此暖风机的作用范围较大,散热量较多,需要耗电,且运行管理费用高。通常,暖风机用于允许使用再循环空气的地方,补充散热器散热不足的部分或者利用散热器作为值班供暖,其余热负荷由暖风机承担。

暖风机分为轴流式和离心式两种。根据换热介质又可分为蒸汽暖风机、热水暖风机、蒸汽-热水两用暖风机及冷、热水两用的冷暖风机等。

轴流式暖风机体积小,结构简单,出口风速低、射程近,送风量较小,一般悬挂或支架在墙上或柱子上,热风直接吹向工作区,主要用于加热室内再循环空气。图5.43为S形轴流暖风机,可供冷热水系统两用。

离心式暖风机用于集中输送大量热风,由于它配用离心式通风机,有较大的作用压头和较高的出口速度,比轴流式暖风机的气流射程长,送风量和产热量大。除用于加热室内再循环空气外,也可用来加热一部分室外新鲜空气,这类大型暖风机是由地脚螺栓固定在地面的基础上的,常用于集中送风供暖系统。图5.44为NBL型离心式大型暖风机,蒸汽-热水两用。

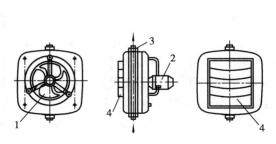

图5.43 S形轴流暖风机
1—轴流式风机;2—电动机;3—加热器;4—百叶片

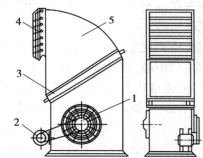

图5.44 NBL型离心式暖风机
1—离心式风机;2—电动机;3—加热器;
4—导流叶片;5—外壳

对于空气中含有较多灰尘或含有易燃易爆气体、粉尘和纤维而未经处理时,从安全卫生角度考虑,不得采用再循环空气。

此外,由于空气的热惰性小,房间内设置暖风机进行热风供暖时,一般还应适当设置一些散热器,以便在非工作班时间,可关闭部分或全部暖风机,并由散热器散热维持生产工艺所需的最低温度(不得低于5 ℃),实现值班供暖。

2)暖风机的选择计算

暖风机热风供暖设计,主要是确定暖风机的型号、台数、平面布置及安装高度等。暖风机的台数 n 可按式(5.12)确定:

$$n = \frac{aQ}{Q_j} \tag{5.12}$$

式中　Q——建筑物的热负荷，W；

　　　Q_j——单台暖风机的实际散热量，W；

　　　a——暖风机的富裕系数，a 取 1.2~1.3。

暖风机的安装台数一般不宜少于 2 台，也不宜太多。

产品样本中给出的暖风机的散热量 Q_0 是指暖风机空气进口温度 t_j 等于 15 ℃时的值，若实际或设计空气进口温度值不等于 15 ℃时，其散热量 Q_j 可换算为：

$$Q_j = \frac{t_p - t_j}{t_p - 15} Q_0 \tag{5.13}$$

小型暖风机的射程，可估算为：

$$S = 11.3 v_0 D \tag{5.14}$$

式中　S——气流射程，m；

　　　v_0——暖风机出口风速，m/s；

　　　D——暖风机出口的当量直径，m。

3)暖风机的布置

暖风机的布置方案随使用条件不同，可以是多种多样的。

(1)轴流式(小型)暖风机

应使房间温度分布均匀，暖风机射程应互相衔接，暖风射流应保持一定的断面速度，室内空气的循环次数不应少于 1.5 次/h。

暖风机应避免安装在外墙上垂直向室内送风，以免加剧外窗的冷风渗透量。其安装高度是指其出风口距地面的高度。这个高度的确定受送风温度和出口风速值的影响。当送风温度较低时，热射流自然上升趋势有所减弱，从而有利于房间下部加热，暖风机的安装高度也可适当升高。但暖风机的送风温度也不能过低，一般取为 35~50 ℃，以避免使人有吹冷风的感觉。当出口风速较大时，为保证工作区空气流速不会太高，暖风机的安装高度需适当提高。当出口风速小于 5 m/s 时，暖风机出口离地面的高度一般为 2.5~3.5 m；当出口风速在 5 m/s 以上时，其安装高度为 4~4.5 m。

(2)离心式(大型)暖风机

大型暖风机的风速和风量都很大，应沿房间长度方向布置。出风口距侧面墙不宜小于 4 m，气流射程不应小于房间供暖区的长度，在射程区域内不应有构筑物和高大设备。暖风机不应布置在房间大门附近。

离心式暖风机出风口距地面的高度，当房间下弦高度不超过 8 m 时，取 3.5~6 m；当房间下弦高度大于 8 m 时，取 5~7 m。吸风口距地面不应小于 0.3 m，且不应大于 1 m。

集中送风的气流不能直接吹向工作区，应使房间生活地带或作业地带处于集中送风的回流区，工作区的风速一般不大于 0.3 m/s，送风口的出口风速一般可采用 5~15 m/s，送风温度一般取为 30~50 ℃，不得高于 70 ℃。

此外，设于暖风机送风口处的导流板构造和倾角，对暖风机安装高度也有相当的影响，安装高度和送风温度高时，导流板应向下倾斜。

5.2.3 疏水器

疏水器应用于蒸汽供暖系统,其作用是排出管道和用热设备中的凝结水,阻止蒸汽逸漏。在排出凝水的同时,排除系统中积留的空气和其他非凝性气体。疏水器的工作状况直接影响蒸汽供暖系统的可靠、经济和稳定运行。

1)疏水器的类型

根据作用原理,疏水器分为机械式、热动力式和热静力式。

①机械式依靠疏水器内凝结水液位变化进行动作,这类疏水器有浮筒式、吊桶式、浮球式等。

②热动力式是靠蒸汽和凝结水流动时热动力特性不同来工作。脉冲式、圆盘式、迷宫式都属于热动力式疏水器。

③热静力式利用疏水器内凝结水温度变化来排水阻汽,又称恒温式,主要有波纹管式、双金属片式、液体膨胀式、温调式等类型。

（1）浮筒式疏水器

浮筒式疏水器属于机械式(图5.45)。它是利用浮筒内外凝结水的液位高低产生的浮力变化,使浮筒升或降,带动阀杆控制阀孔的启闭。凝结水进入浮筒内积聚到一定量,浮筒因凝水重力而下沉,使阀孔打开,凝水借蒸汽压力排到凝水管中;浮筒内凝水减少,浮筒上浮,阀孔关闭,凝水继续进入浮筒。由于浮筒内的水封作用,系统内的空气不能随凝水一起排放,需要设置专门的放气装置。

通过更换浮筒底部的重块,可适应不同凝结水压力和压差等工作条件。浮筒式靠重力作用,只能水平安装在用热设备下方。浮筒式疏水器在正常工作情况下,漏气量很小,能排出具有饱和温度的凝结水,减小二次汽化。排水孔阻力较小,可满足余压回水较高背压的需求。它的主要缺点是体积大、排凝结水量小、活动部件多、筒内易沉渣结垢、阀孔易磨损、会因阀杆卡住而失灵,维修量较大。

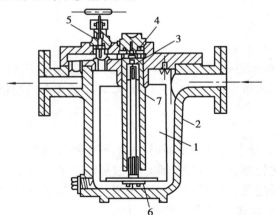

图 5.45 浮筒式疏水器
1—浮筒;2—外壳;3—顶针;4—阀孔;
5—放气阀;6—重块;7—水封套筒排气孔

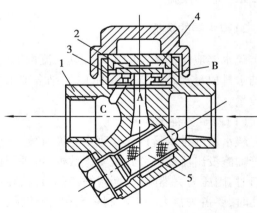

图 5.46 圆盘式疏水器
1—阀体;2—阀片;3—阀盖;
4—控制室;5—过滤器

（2）热动力式疏水器

热动力式疏水器体积小、重量轻、结构简单、安装维修方便、排除空气较容易，其自身还具有逆止阀的作用，可阻止凝结水倒流。其缺点是：有周期性漏气现象；在凝水量小或前后压差过小（$p_1-p_2<0.5p_1$）时，会发生连续漏气；当周围环境温度较高时，其控制室内蒸汽凝结缓慢，阀片难以打开，会使排水量减少。

图5.46所示圆盘式疏水器是热动力式疏水器的一种，其工作原理是：当过冷的凝结水流入孔A时，靠圆盘形阀片上下的压差顶开阀片2，水经环形槽B，从向下开的小孔C排出。当凝水带有蒸汽时，蒸汽在阀片下面从A孔经B槽流向出口，在通过阀片和阀座之间的狭窄通道时，压力下降，蒸汽比容急骤增大，造成阻塞，部分蒸汽从阀片2和阀盖3之间的缝隙挤入阀片上部的控制室，使阀片上部压力升高，迅速将阀片向下关闭阻汽。阀片关闭一段时间后，控制室内蒸汽凝结，压力下降，会使阀片瞬时开启。依靠阀片上下压力差，阀片落下和抬起，疏水器间歇排水，并形成周期性漏气。

（3）恒温式疏水器

恒温式疏水器（图5.47）内装有波纹管温度敏感元件，波纹管内部注有易蒸发的液体，当带有蒸汽的凝水到来时，较高的凝水温度使液体蒸发，波纹管受到内部液体蒸发压力的作用轴向伸长，带动阀芯，关闭凝水通路，防止蒸汽逸漏。没有排走的凝水在疏水器内散热而温度下降，使波纹管内液体的饱和压力下降，波纹管收缩，阀孔打开，排放凝水。恒温式疏水器用于低压蒸汽系统，流出的凝结水为过冷状态，减少二次汽化。

恒温式疏水器不宜安装在周围环境温度高的场合，为使疏水器前凝水温度降低，疏水器前1~2 m管道不保温。

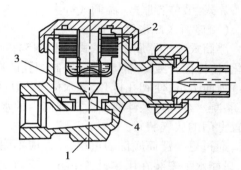

图5.47　恒温式疏水器
1—外壳；2—波纹盒；3—锥形阀；4—阀孔

2）疏水器的选择

疏水器应根据系统的压力、温度、流量等情况来进行选择。选择疏水器需要按实际工况的凝结水排放量和疏水器前后的压差，结合疏水器的技术性能参数进行计算，确定疏水器的规格和数量。

（1）疏水器排水量的计算

疏水器的排水量计算与凝水温度有关。过冷凝水通过疏水器时，按不可压缩流体的孔口或管嘴淹没出流计算公式及实验数据，可进行比较准确的流量计算。当过热凝水流过疏水器孔口时，因压力突然降低，凝水被绝热节流，在通过孔口时开始产生二次汽化。二次蒸汽通过阀孔时，要占去很大一部分阀孔面积，致使排水量比排出过冷凝水时大为减少。

通常情况下，流过疏水器的是过热凝水，其排水量由厂家通过实验确定，在产品样本上提供各种规格型号疏水器的排水量。

（2）疏水器的选择倍率

选择疏水器阀孔尺寸时，应使疏水器的排水能力大于用热设备的理论排水量，即：

$$G_{sh} = KG_1 \tag{5.15}$$

式中　G_{sh}——疏水器设计排水量,kg/h;

　　　G_1——用热设备的理论排水量,kg/h;

　　　K——疏水器的选择倍率,按表5.8选用。

考虑到实际运行时负荷和压力的变化,用热设备在低压力、大负荷的情况下起动,或设备要求快速加热时,实际凝水量要大于正常运行时的凝水量,需要疏水器的排水能力比设计排水量加大。

表5.8　疏水器选择倍率K值

系统	使用情况	K	系统	使用情况	K
供暖	$p \geqslant 100$ kPa	$\geqslant 2 \sim 3$	淋浴	单独换热器	$\geqslant 2$
	$p < 100$ kPa	$\geqslant 4$		多喷头	$\geqslant 4$
热风	$p \geqslant 200$ kPa	$\geqslant 2$	生产	一般换热器	$\geqslant 3$
	$p < 200$ kPa	$\geqslant 3$		大容量、常间歇、速加热	$\geqslant 4$

注:p为表压力。

(3)疏水器前后压力的确定

疏水器前的表压力p_1取决于疏水器在蒸汽供热系统中的安装位置:

①安装在用热设备出口凝水支管上时,$p_1 = 0.95 p_b$,p_b为用汽设备前的蒸汽表压力。

②安装在凝水干管末端时,$p_1 = 0.7 p_b$,p_b为该供热系统入口的蒸汽表压力。

③安装在分汽缸或蒸汽管路时,$p_1 = p_b$,p_b为疏水点处的蒸汽表压力。

凝水通过疏水器及其排水阀孔时,要损失部分能量,疏水器后的出口压力(背压)p_2降低。为保证疏水器正常工作,疏水器背压p_2不得超过某一最大允许值。通常吊桶式疏水器$p_2 = (0.4 \sim 0.6) p_1$;热动力式疏水器$p_2 = 0.4 p_1$;干式凝水管设计时p_2等于大气压。

3)疏水器的安装

疏水器安装时,视具体情况,一般应有旁通管、冲洗管、放气管、检查管、止回阀、过滤器等,见图5.48。

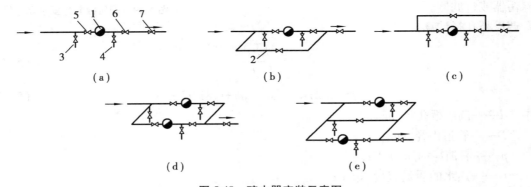

图5.48　疏水器安装示意图

1—疏水器;2—旁通管;3—冲洗管;4—检查管;5、6—截止阀;7—止回阀

疏水器 1 通常多为水平安装,旁通管 2 主要用在初始运行时排放大量凝水,检修疏水器时不中断供汽。运行中旁通管阀门应关闭,以免蒸汽窜入凝结水管路影响其他用热设备凝结水的排除、妨碍凝结水管路正常工作及浪费热能。小型供暖系统可不设旁通管。冲洗管 3、检查管 4 用于放气、冲洗管路、检查疏水阀工作情况,一般均应设置。蒸汽用热设备经常为间歇工作,为了防止启动时产生蒸汽冲击,疏水器后可装止回阀 7,供汽压力较高的大型供热系统应设置。

当供热系统内压力<50 kPa,且用汽设备内的压力较稳定时,可采用水封取代疏水器排除凝水。水封管径可根据最大凝水流量,按流速为 0.2~0.5 m/s 进行计算,水封的高度可按下式计算:

$$H = \frac{p_1 p_2 \beta}{\rho g} \tag{5.16}$$

式中　H——水封高度,m;

　　　p_1——水封连接点处的蒸汽压力,Pa;

　　　p_2——凝结水管内压力,Pa;

　　　ρ——凝水密度,kg/m^3;

　　　g——重力加速度,m/s^2;

　　　β——安全系数,一般取为 1.1。

5.2.4　调节控制装置

1)调压板

当热源参数比较稳定,外网提供的压力超过用户系统的允许压力时,可在用户引入口供水干管上设置调压板,消耗系统的剩余压力。热水供暖系统的调压板可采用铝合金或不锈钢,蒸汽系统采用不锈钢材质,厚度一般为 2~3 mm,安装在两法兰之间,如图 5.49 所示。

调压板只用于压力小于 1 000 kPa 的系统中,为防止调压板孔口堵塞,调压板孔口直径不应小于 3 mm,调压板前应设置除污器或过滤器。

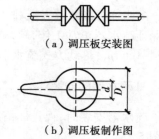

(a)调压板安装图

(b)调压板制作图

图 5.49　调压板制作安装示意图

调压板孔径计算:

$$d = \sqrt{\frac{GD^2}{f}} \tag{5.17}$$

$$f = 23.21 \times 10^{-4} D^2 \sqrt{\rho p} + 0.812 G \tag{5.18}$$

式中　d——调压板孔径,mm;

　　　D——管道内径,mm;

　　　p——需消耗的压力,Pa;

　　　G——热水的质量流量,kg/h;

　　　ρ——热水密度,kg/m^3;

调压板孔径不能随意调节,当其孔径较小时,易于堵塞。因此,调节管路压力也可采用手动或自动式调节阀门。

2)截止阀

截止阀主要用来开闭管路,当热水供暖系统不大时,也可采用截止阀来调节消耗系统的剩余压力,其特点是节约投资,不易堵塞,便于维修。调压用截止阀应按下式计算:

$$d = 16.3\sqrt[4]{\zeta}\sqrt{\frac{Q^2}{\Delta p}} \qquad (5.19)$$

式中　d——调压用截止阀内径,mm;

　　　Q——热水的体积流量,m³/h;

　　　Δp——需消耗的压力,kPa;

　　　ζ——截止阀局部阻力系数。

3)平衡阀

平衡阀属于调节阀的范畴,它的工作原理是通过改变阀芯与阀座间隙(即开度),改变流体流经阀门的流通阻力,达到调节流量的目的。平衡阀主要用于较大规模的热水供暖系统和空调水系统,解决分支管路间的流量分配,因此管网系统中所有需要保证设计流量的各分支环路都应同时安装。

(1)平衡阀的类型

平衡阀分为静态平衡阀和动态平衡阀两类。

①静态平衡阀(数字锁定平衡阀)具有流量测量、调节和截断功能,并能通过排水口排除管段中的存水。阀上具有开度显示和开度锁定功能。静态平衡阀用于系统初调节,改变各分支管路的阻力,使各分支管路间的流量按设计要求进行分配。当系统中压差发生变化时,静态平衡阀的阻力系数不能随之改变,若仍需保持系统的水力平衡,则要重新进行手动调节。

②动态平衡阀在系统运行前一次性调节,当系统水力工况发生变化时,自动调整阀门开度,使控制对象流量维持稳定。根据控制参数的类型分为自力式压差控制阀和自力式流量控制阀,分别对压差和流量进行自动恒定。动态平衡阀有利于系统各用户和末端装置的自主调节,尤其适用于分户计量供暖系统和变流量空调系统。普通动态平衡阀仅对水力工况起到平衡作用,当选用带电动自动控制功能的动态平衡阀时,则可代替电动三通或二通阀,同时实现水力平衡和负荷调节的双重功能。电动自动控制动态平衡阀的阀芯由电动可调部分和水力自动调节部分组成,前者依据负荷变化调节,后者按不同的压差调节阀芯的开度,适用于系统负荷变化较大的变流量系统。

(2)平衡阀的选用

平衡阀的规格应按热媒设计流量、工作压力及阀门允许压降等参数经计算确定。与其他普通阀门的选择不同,平衡阀的选用不能仅以管径确定平衡阀的公称直径。平衡阀的选择需要通过计算得出阀门系数,对照厂家产品样本提供的平衡阀的阀门系数,选择符合要求规格的平衡阀。

平衡阀的阀门系数是：当平衡阀全开，阀前后压差为 1 kg/cm²（100 kPa）时，流经平衡阀的流量值（m³/h）。若已知设计流量和平衡阀前后压力差，平衡阀的阀门系数 K_v 可由下式求得：

$$K_v = 10a = \frac{q}{\sqrt{\Delta p}}$$ (5.20)

式中　K_v——平衡阀的阀门系数；

　　　q——平衡阀的设计流量，m³/h；

　　　a——系数，由厂家提供；

　　　Δp——阀前后压力差，kPa。

平衡阀全开时的阀门系数相当于普通阀门的流通能力。如果平衡阀开度不变，则阀门系数 K_v 不变，即阀门系数 K_v 由开度而定，同一阀门，不同的开度，会有不同的阀门系数。

（3）平衡阀的安装

平衡阀可安装在每个环路的供水管或回水管上，每一环路中只需安装一个，为了保证供水压力不致降低，建议最好安装在回水管上。其安装位置应保证阀门前后有足够的直管段，没有特别说明的情况下，阀门前直管段长度不应小于 5 倍管径，阀门后直管段长度不应小于 2 倍管径。安装在水泵总管上的平衡阀，宜安装在水泵出口段，不宜安装在水泵吸入段，以防止压力过低，导致发生水泵气蚀现象。由于平衡阀关闭性能十分可靠，不必再安装其他起关闭作用的阀门。平衡阀不应随意变动阀门开度，当系统增设或取消环路时应重新调试整定。

4）散热器温控阀

散热器温控阀（图 5.50）通过改变进入散热器的热水流量来控制散热器的散热量。它由感温元件控制器和阀体两部分组成。当室内温度高于设定值时，感温元件受热膨胀压缩阀杆，将阀门关小，减少进入散热器的热水流量，散热器的散热量减小以降低室内温度。当室内温度下降到低于设定值时，感温元件收缩，阀杆靠弹簧的作用收回，使阀门开大，进入散热器的热水流量增加，使室内温度升高。

散热器温控阀安装在双管或单管跨越式系统每组散热器的进水管上，或分户供暖系统的总入口进水管上。应确保传感器能感应到室内环流空气的温度，传感器不得被窗帘盒、暖气罩等覆盖。由于温控阀阻力过大（阀门全开时，阻力系数 ζ 达 18.0 左右），用于单管跨越式系统时，会使得通过跨越管的流量过大，设计时要加以注意。

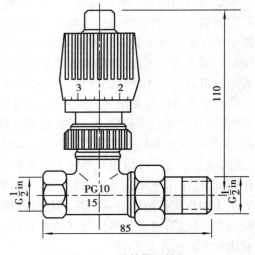

图 5.50　散热器温控阀

除了散热器自动恒温阀外，还有一种散热器手动温控阀，这种装置不具备自动恒温控制能力，主要靠人为调节，对室温的控制有滞后性，在温控节能和热舒适性方面远不如自动恒温阀，但其价格较便宜，可在受经济条件限制、要求不高的建筑物热水供暖系统中使用。

5.2.5 供暖系统附属设备

1)膨胀水箱

在闭式热水供暖系统中,通常需设置膨胀水箱,其作用是容纳系统中水受热后所增加的水量,同时利用水箱架设高度所产生的静水压力来维持系统压力稳定。在有些系统中,膨胀水箱还具有排除系统中空气的作用。

膨胀水箱一般用钢板制成,常用的有圆形和矩形两种形式。如图 5.51 所示,水箱上连接有膨胀管、溢流管、排水管、信号管和循环管。膨胀管将膨胀水箱与系统相连,系统加热后增加的膨胀水量通过膨胀管进入膨胀水箱,系统停止运行水温降低后,膨胀水箱的水又通过膨胀管回馈到系统,使系统不发生倒空。为了防止偶然关闭阀门使系统内压力过分增高而发生事故,膨胀管上不允许安装任何阀门。溢流管将水箱溢出的水就近排入排水设施中,溢流管上也不允许设置阀门,避免阀门关断后,水充满水箱后从水箱盖的缝隙溢流到顶棚内。排水管在清洗、检修时用来放空水箱内的水,需装设阀门,平时关闭。信号管用于检查膨胀水箱的充水情况,应接至便于管理人员观察控制的地方,信号管末端需装设阀门,平时关闭,检查时打开阀门,若没有水流出,表明膨胀水箱内水位未达到最低水位,需要向系统补水。也可以采用在膨胀水箱内用浮球阀来控制水位,代替信号管。循环管与膨胀管一起构成了自然循环环路,膨胀水箱中的水通过该环路形成缓慢流动,防止冻结。

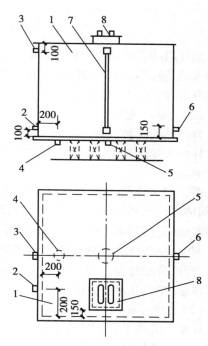

图 5.51 方形膨胀水箱
1—箱体;2—循环管;3—溢流管;4—排水管;
5—膨胀管;6—信号管;7—水位计;8—人孔

2)排气装置

热水系统充水运行前,系统中充满了空气,在运行初期冷水中的溶解气体受热后析出也使系统含有空气,为了使水在系统中正常流动,热水供暖系统必须及时迅速地排除系统内的空气。膨胀水箱在某些系统中可用来排气,其他形式的系统则需要在管道上安装集气罐或手动、自动放气阀排除系统中的空气。排气装置一般设于系统末端最高处,干管应向排气装置方向设上升坡度,以使管中水流与空气气泡的浮升方向一致,有利于排气。当安装困难,干管需顺坡敷设时,要适当加大管径,使管中水流速不超过 0.2 m/s,小于气泡浮升速度,使气泡不会被水流带走。

(1)集气罐

集气罐一般是用直径 100~250 mm 的钢管制成,分为立式和卧式两种,顶部连接有直径 DN15 的排气管,排气管另一端引至附近的排水设施,并装有排气阀(图 5.52)。当系统充水时,应打开排气阀,直至有水排出后关闭阀门。系统运行期间,定期打开排气阀,将热水中分离出来集聚到集气罐中的空气排到大气。

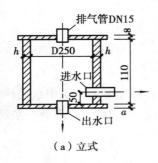

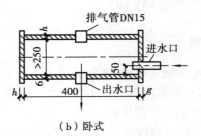

（a）立式　　　　　　　　（b）卧式

图 5.52　集气罐

集气罐的直径应为干管直径的 1.5~2 倍以上,使集气罐中水的流速不超过 0.05 m/s,集气罐有效容积可按膨胀水箱有效容积的 1% 确定。

（2）自动排气阀

自动排气阀种类很多,大多是依靠水对浮体的浮力,通过杠杆机构传动力,使排气孔自动启闭,实现自动阻水排气的功能。

图 5.53 所示为一种立式自动排气阀。当阀内无空气时,阀体中的水将浮子浮起,杠杆机构动作将排气孔关闭,阻止水流通过;当系统内的空气经管道集聚到阀体内的上部空间时,空气压力使阀体内水面下降,浮子随之下落,排气孔打开,自动排除空气。空气排除后,浮子又随水面上升而浮起,排气孔重新关闭。

（3）手动排气阀

在水平式或下供下回式系统中,常采用安放在散热器上部的手动排气阀进行排气。图 5.54 为手动排气阀,适用于公称压力不大于 600 kPa,工作温度不超过 100 ℃的热水或蒸汽供暖系统的散热器上。

图 5.53　自动排气阀

1—杠杆机构;2—垫片;3—阀堵;
4—阀盖;5—垫片;6—接管;
7—阀体;8—浮子;9—排气孔

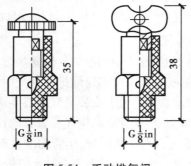

图 5.54　手动排气阀

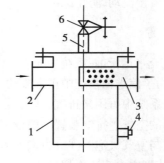

图 5.55　立式直通除污器

1—外壳;2—进水管;3—出水管;
4—排污管;5—放气管;6—截止阀

3) 除污器

除污器的作用是用来清除和过滤管路中的杂质和污物,以保证系统内水质的洁净,减少阻力和防止管道、设备堵塞。除污器一般安装在用户引入口供水总管的调压装置前、冷热源机房循环水泵的吸入口前和各种换热设备前;另外,在一些小孔口的阀前(如自动排气阀等)也宜设置除污器或过滤器。

除污器为钢制筒体,有立式直通、卧式直通和卧式角通3种,其型号按接管直径确定。图5.55为立式直通除污器示意图,当水从管2进入除污器时,因流速突然降低使水中杂质沉淀到筒底,较洁净的水经带有大量过滤小孔的出水管3流出。

除污器前后应装设阀门,并设旁通管供定期排污和检修使用。当安装地点有困难时,可采用体积小、不占用使用面积的管道式过滤器。但是,应注意除污器和过滤器的安装方向,不允许装反。

5.3 供暖系统的管道布置

水系统管路的布置应根据建筑物的具体条件和用户要求,选择合理的布置方案。管路系统布置的原则是使系统构造简单,节省管材,便于调节和排气,易于阻力平衡。在满足冷、热水用户需要与建筑整体要求下,管路布置一方面要使安装方便,另一方面还要考虑到检修方便。为了减少工程量,方便检修和施工,也可减少无效热损失,室内供暖热水系统的管路除了在建筑装修要求较高的房间内采用暗装外,一般都明装。空调对象对建筑装修的要求较高,水系统管路常常采用暗装。

1)引入口

引入口是室外网络进入建筑物的位置,是室内外系统的连接点。引入口位置的确定,有条件时尽量使各分支环路负荷分布对称,如有时可设在建筑物的中部,以减小系统作用半径,便于各环路阻力平衡。

引入口根据需要装设控制、调节装置,对有计量要求的用户,还要安装计量装置。这些设备如阀门、检测仪表等应设在便于观测的位置,并要留有足够的空间以利操作。

2)干管布置

为了排除系统空气和便于回水,水平干管需要设置坡度。坡度的要求根据重力循环还是机械循环系统而有不同。重力循环系统作用压力较小,水流速较小,空气借助自身浮力上升。要求管道坡度一般为0.005~0.010;机械循环系统作用压力大,水中的气泡在较大流速的水流带动下,与水同向而行,坡度可小些,不小于0.002,一般为0.003。条件限制难以设坡时,也允许管道水平布置,但管内水流速不得小于0.25 m/s。

管道的坡向指的是管道下降的方向。对于重力循环系统,水流带不走气泡,故无须考虑气水相对运动的方向,以能使空气上升到系统最高点(通常是膨胀水箱)为原则。因此,干管的敷设是朝向膨胀水箱上升。对于机械循环系统,由于水流速大,气泡被水带走同行,故管道上升方向应与水流前进方向一致,使气泡能顺利地上升到高处。

干管的位置在条件允许时,最好设在顶棚下或底层地面上。这样可减少管道无效热损失,也少了一些保温、防水等工作量。若安装位置不够,或建筑物对室内美观要求较高时,干管可设于顶棚上,离外墙不小于 1 m,且需保温。也可设于地沟内或地下室中,为方便检修,地沟上要有活动盖板。地面敷设的干管过门时应设过门地沟,过门地沟的处理应当充分考虑排气和泄水措施[图 5.56(a)]。管道在地沟内要有一定的坡度。当过门地沟附近有立管时,可将空气引至立管排走,此时须设反坡,反坡的坡度要求较大,为 0.010[图 5.56(b)]。

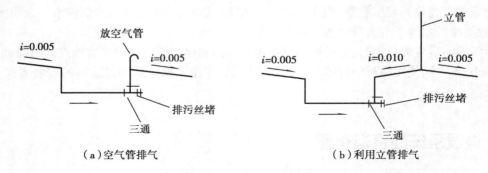

图 5.56　过门地沟的管道敷设

为减少末端阻力,增加末端流量,供水管末端与回水管始端的管径不能太小,一般不小于 DN20。

3)立管布置

立管应尽量布置在墙角,可少占室内有效面积,便于家具布置。尤其是外墙角传热多,温度低,易结露受潮,立管设在外墙角可提高其温度。对于在窗下安装换热设备的系统,立管也可设在窗间墙,以缩短支管长度。立管上下可设阀门,以便于立管检修和平衡各立管环路间的阻力。楼梯间的立管单独设置,以便在检修时不影响其他房间。

4)散热器支管

热水散热器尽量同侧连接,上进下出。同侧连接省支管,便于施工,较美观,散热好。对于单管水平式系统,可采用下进下出,节省管道,安装简单,但表面传热系数 K 值较小。下进上出用于倒流式,K 值最小。为了增加传热效率,尽量采用异侧连接。

供暖热水系统为节省立管,几组散热器可合用一根立管。一根立管上串联的散热器不要超过两组,串联支管长度不大于 1.5 m。

支管连接要有利于排出散热器内的空气,支管的坡度通常不小于 0.010。

5.4　供暖系统分户热计量

为了满足供暖商品化的要求,增强用户节能意识,降低供暖系统能耗,国家规定在进行居住建筑室内供暖系统设计时,设计人员应考虑按户计量和分室控制温度的可能。实行分户热计量首先需要保证良好的供暖质量,要求供暖系统运行状况良好,系统还应能按用户需求调节供暖量大小,以适应用户对室内温度变化的要求,并能在用户不需要供暖时,按用户要求暂时关闭室内系统。另外,分户热计量系统还应便于供暖部门维护和查表,可根据用户用热多少来计量收费。

5.4.1 分户热计量系统的负荷计算

分户热计量系统的热负荷遵循前述负荷计算的一般原则和方法。但在具体计算时,需要注意以下几个方面。

1)室内设计温度

实施分户计量后,热作为一种商品,应能满足用户的不同需求。用户的生活习惯、经济能力、对舒适性的要求不尽相同,因而分户热计量系统的室内设计计算温度宜比常规供暖系统有所提高,允许用户按自己的要求对室温进行自主调节。通常分户热计量系统室内设计计算温度值比常规供暖系统室内计算温度提高 2 ℃,如此计算出的设计热负荷将相应增加 7%~8%。

2)户间传热计算

按照供暖热负荷计算原则,当相邻房间温差大于或等于 5 ℃时,应计算通过隔墙或楼板的传热量。由于用户对室内温度控制的可调节性及供热量大小的不确定性,导致相邻房间温差值难以事先预测,由此产生的户间传热热负荷亦难以准确地计算。对于户间传热温差目前还没有统一的计算方法,不同城市所采用的值有所不同。目前,主要有两种计算方法:第一种方法按相邻房间实际可能出现的温差计算传热量,再乘以可能同时出现的概率;第二种方法按常规方法计算出的热负荷再乘以一个附加系数。

3)户间围护结构热阻

户间传热热负荷的大小受户间围护结构传热阻的影响。提高户间隔墙、楼板的保温隔热性能,将减小通过内围护结构传递的热量,从而减小户间热负荷,但增加内围护结构热阻,采用保温措施,会增加建造成本,使建筑费用增加。因此,需要对内围护结构的保温进行热工性和经济性分析,确定其最小经济热阻。

5.4.2 常用分户热计量系统形式

分户热计量供暖系统的系统形式应能够便于用户灵活的调节控制户内系统,提供方便有效的计量措施,并具有良好的运行效果。

1)立管系统及用户入口

从调节、运行效果和维护管理等方面考虑,双管式系统较适合于分户热计量供暖系统。如前所述双管式系统也有多种形式,其中下供下回异程式系统,上层循环环路长阻力大,可抵消上层较大的重力作用压力,而下层循环环路短,阻力小,下层的重力作用压力也较小,从而可缓解垂直失调。在相同条件下可首选下供下回异程式双管系统。为了减少垂直失调的影响,通常规定垂直双管式系统高度不超过 3 层建筑,而对于安装了温控阀和热量表的系统,用户系统的压降由于温控阀和热量表的阻力而增加,各楼层自然作用压力差相对于用户压降而言较小,从而自然作用压力差对系统工况的影响较小,双管式系统的楼层数可不再严格限制。

分户热计量系统可采用共用立管,新建建筑可将供、回水立管及各户引入口装置设置在共用空间的管道井内,管道井需设置检修和查表用的检查门;既有建筑供暖系统的改造受空间限制可不设管道井,将立管和引入口装置直接置于楼梯间内,并采取保温、保护措施。用户入口装置应设有热量计量表、过滤器,并在供水管上安装锁闭阀,在需要时可切断用户系统。

2) 用户系统

对于户内的系统,宜采用单管水平跨越串联或双管水平并联,每组散热器上设置温控阀,灵活调节室温,热舒适性较好,若不对每组散热器进行温度控制也可采用单管水平串联。双管系统变流量特性和调节特性要优于单管跨越式系统,但双管式系统需要供、回水两根干管,有时不便于敷设。根据水平干管的敷设位置有上分式和下分式两类,上分式供、回水干管明设时可在天花板下沿墙敷设,暗设时可敷设在顶棚内;下分式室内水平管路明设时可沿踢脚线敷设,暗设时可设在本层地面下的沟槽内或垫层内,也可镶嵌在踢脚线内。当然也可以根据具体情况设计成其他满足计量要求的系统形式。

图5.57是上分式系统示意图。其中,图5.57(a)为上分式双管系统,户内散热器水平并联;图5.57(b)为上分式单管跨越式系统,户内散热器水平跨越式串联。

图5.58是下分式系统示意图。其中,图5.58(a)为下分式双管系统,图5.58(b)为下分式单管跨越式系统。

图5.59为间接连接单户供暖系统,每户设一个小型的高效换热器,大系统的供、回水只与换热器接通。该系统同时还可供应生活热水。

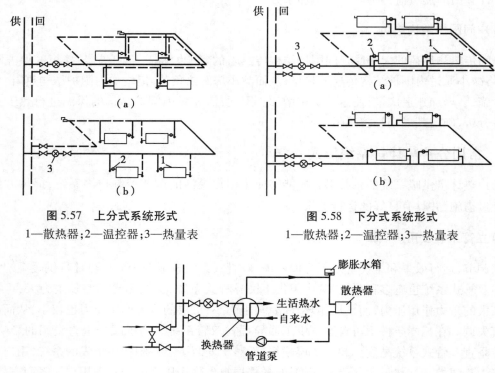

图5.57　上分式系统形式
1—散热器;2—温控器;3—热量表

图5.58　下分式系统形式
1—散热器;2—温控器;3—热量表

图5.59　间接连接单户供暖系统

3）原有系统改造

在既有建筑供暖系统中，有一些是传统的上供下回式垂直单管或垂直双管式系统，这类系统不能满足分户计量的要求，也不能满足分室调节的需要，这些系统需要进行改造。

对于垂直单管顺流式系统可加装跨越管，使之构成单管跨越式系统，通过在每户散热器上安装温控阀和热量分配表，在建筑物热力入口处安装热量总表，实现温度调节和热计量。

对于垂直双管系统，可直接在每组散热器入口处安装温控阀和热量分配表进行热量的调节和计量。

5.4.3　分户热计量装置

热量的计量仪表按计量原理不同可分为两大类：一类是热量表，另一类是热量分配表。

1）热量表

热量表由热水流量计、温度传感器和积算仪三部分组成。流量计有超声波式、磁力式和机械式等多种类型，用来测量流经散热设备的热水流量；温度传感器采用铂电阻或热敏电阻，用以测量供水温度和回水温度，进而确定供、回水温差；积算仪（也称积分仪）配有微处理器，根据流量计和温度传感器提供的流量和温度数据，计算得出热水供暖系统提供给用户的热量。通过热量表用户可直接观察到使用的热量和供、回水温度，有些智能化热量表还具有热费显示和系统锁定功能。热量表电源有直流电池和交流电源两种。

2）热量分配表

热量分配表不能直接计量用户的用热量，它是通过测量各散热设备的散热比例，配合总热量表所测得的建筑物总热量数据，计算出各组散热器散热量，来达到分户热计量的目的。热量分配表构造简单、成本低廉、安装方便，常用于既有建筑传统供暖系统实行分户热计量。传统的供暖系统常采用垂直式敷设方式，每户往往有数根立管分别通过各个房间，构成数个环路与系统相连，分户热计量需要对每个环路进行计量。如果采用热量表的计量方式，需要安装多套热量表装置，使系统过于复杂，且费用昂贵。对于这类传统供暖系统可采用在每组散热器上加装热量分配表，再结合设置于建筑物引入口的热量总表，实现分户热计量。

热量分配表有蒸发式和电子式两种。

①蒸发式热量分配表：主要包括导热板和蒸发液。蒸发液是一种带颜色的无毒化学液体，将充有该蒸发液的细玻璃管装在透明的密闭容器内，容器表面标有刻度，与导热板组成一体紧贴散热器安装。散热器表面将热量最终传递到蒸发液，使管中的液体逐渐蒸发而使液体液面下降，从容器壁标的刻度可读出蒸发量，从而得到散热器散热量百分比。

②电子式热量分配表：是在蒸发式热量分配表的基础上发展起来的，其功能和使用方法与蒸发式热量分配表相近。电子式热量分配表需同时测量室内温度和散热器表面温度，利用二者的温差确定散热器的散热量。该仪表具有数据存储功能，可现场编程随时自动检测和存储散热值，并可将多组散热器的温度数据引至户外的存储器，为管理工作提供了方便。电子式热量分配表计量方便、准确，适用于任何形式的供暖系统，但价格高于蒸发式热量分配表。

思考题

5.1　概述供暖常用方式和特点。

5.2　辐射供暖的特点是什么,设计时应注意哪些问题?

5.3　散热器传热系数受哪些因素影响?如何修正?

5.4　掌握热水供暖系统主要形式和基本图示。

5.5　掌握蒸汽供暖系统的分类方法和常用形式。

5.6　供暖系统常用设备与附件的作用是什么?如何选用?

5.7　管道敷设要注意哪些问题?

5.8　分户热计量供暖系统与一般供暖系统的区别有哪些?

5.9　试述常用热计量装置的种类和原理。

6

建筑通风

建筑通风是借助换气稀释或通风排除等手段,控制空气污染物的传播与危害,实现室内外空气环境质量保障的一种建筑环控技术。本章扼要地阐述室内空气污染及其通风对策的基本问题,并着重介绍工业领域的排毒、除尘方面通风技术的应用;至于改善建筑热湿环境的一些通风问题(包括自然通风),在"建筑环境学"及有关设计手册中有所介绍,故此不再赘述。

6.1 建筑通风的基本知识

6.1.1 主要空气污染物及其危害

1)室内空气污染的成因

室内空气污染的成因十分复杂,就其污染源而言,有外部的和内部的,有自然的和人为的,有设计、施工安装方面的,也有使用、管理方面的。室内空气污染物种类极其繁多,可分为固体尘粒、微生物和有害气体。这些有害物源源不断地发散,并与室内外空气相掺混,如不加以滤除,则可导致室内空气环境遭受污染。一般认为,室内空气污染物主要源于内部:建筑围护结构及其表面材料;室内清洁状况;室内人员及其活动;室内设备与陈设;生产工艺过程与设备;暖通空调设备与系统。另外,室外大气由于自然及人为的环境污染而含有一定量的灰尘、烟雾、花粉、微生物、二氧化碳、硫化物、氮氧化物和挥发性有机化合物等空气污染物质。这些污染物主要伴随暖通空调系统的新风供应或经建筑外围护结构不严密处的渗透风进入室内,其危害程度随外部环境污染状况而有所不同,并与室外气象条件、新风状况和过滤处理的合理性等有关。

2) 一般建筑中空气污染物及其危害

在各种建筑物中,在室人员本身就是一个重要的污染源——人体在呼吸过程中要排出 CO_2,机体活动及新陈代谢过程中会散发汗臭、体臭,或在体表留下大量生理废物。吸烟产生大量 CO、CO_2、有机化合物和颗粒状烟雾,造成对空气环境的严重污染。厨房、厕所则通常是异味、臭气的发生源。现代建筑中的室内装饰及家具、陈设日益广泛地采用有机合成材料,不仅散发大量的 VOC、甲醛、氡、NH_3 等气体,其表面产生或黏附的灰尘也会随风飞扬,从而成为空气的主要污染源。人们日常使用的办公设备、生活器具、空调设备与系统,均会不同程度地散发 VOC、CO_2、NO_x、氡、甲醛及浮游尘粒、细菌和其他微生物粒子,这使得建筑内部污染问题变得更加复杂。

近年来,国外的研究已初步查明,很多情况下民用建筑中空气污染物(包括 VOC)的单项浓度并未超标,然而各种挥发性有机化合物总和(TVOC)的质量浓度却超过了世界卫生组织的规定值(300 mg/m^3)。人员长期处于各种低浓度污染物的综合作用下,在生理上、心理上会遭受到无法估量的潜在危害,这正是导致病态建筑综合症的重要原因。

3) 工业建筑主要空气污染物及其危害

在工业建筑中,空气污染物主要是伴随生产工艺过程产生的。在化工、造纸、纺织物漂白、金属冶炼、浇铸、电镀、酸洗、喷漆等生产工艺过程中,均会产生大量的有害蒸气和气体。这类工业有害物通过人的呼吸或与人体外部器官接触,对人体健康造成极大危害。例如,在汞矿石冶炼及用汞的生产过程中产生的汞蒸气就是一种剧毒物质,当其进入人体后会导致危及消化器官和肾脏的急性中毒症状,还会在神经系统方面造成慢性中毒症状;蓄电池、橡胶、红丹等生产过程产生的铅蒸气,进入人体后也会引起急性、慢性中毒,对消化道、造血器官和神经系统造成危害,严重时可能导致中毒性脑病;燃料燃烧和一些化工如电镀等生产工艺过程中,会产生 CO、SO_2、NO_x 及苯等有害气体或蒸气,其中 CO 进入人体易引起窒息性中毒,SO_2 对呼吸器管有强烈的刺激和腐蚀作用,NO_2 会迅速破坏肺细胞,可能导致肺气肿和肺部肿瘤等,苯蒸气则通过呼吸或皮肤渗透进入人体,其中毒现象危及血液和造血器官。

粉尘是工业建筑中又一类主要的空气污染物。冶金、机械、建材、轻纺、电力等生产过程中,都会产生大量粉尘。这些粉尘主要来源于固体物料的粉碎、研磨,或粉状物料的混合、筛分、包装及运输,或物质燃烧以及物质蒸汽在空气中的氧化和凝结。粉尘是指能在空气中浮游的固体微粒,其粒径为 $0.1 \sim 200 \text{ } \mu\text{m}$,生产车间产尘点的空气中粉尘粒径大多在 $10 \text{ } \mu\text{m}$ 以下。粉尘主要经呼吸道进入人体,它对人体健康的危害与粉尘性质、粒径大小和进入的粉尘量有关。有些毒性强的金属粉尘进入人体后,会引起中毒甚至死亡,如铅尘易损坏大脑,造成人体贫血;锰、镉会损坏人的神经、肾脏、心肺;镍、铬可致癌。有些非金属粉尘如硅、石棉、炭黑等进入人体肺部后不能排除,会引起矽肺、石棉肺或尘肺等肺部疾病。粒径为 $2 \sim 5 \text{ } \mu\text{m}$ 的粉尘大都阻留在气管和支气管中,而 $2 \text{ } \mu\text{m}$ 以下的粉尘(通常份额亦大)能进入人体的肺泡,对人体的危害相对更大。

工业污染物不仅会对人体健康造成危害,同时会直接影响到工业生产与操作过程。空气中的浮游尘粒和微生物粒子即使浓度很低、粒径极小,也可能严重影响微电子器件、感光胶片、化学试剂、精密仪器和微型电机生产等洁净工艺过程,以及药物生产和手术、医疗等无菌操作过程。室内粉尘污染往往会导致产品质量降低或报废,严重时还可能影响能见度,从而干扰正常作业,甚至引起爆炸事故。当二氧化硫、氟化氢、氯化氢等气体遇到水蒸气时,会对金属材料、油漆涂层产生腐蚀。此外,各种工业有害物如不加控制地排放到室外,势必还会造成大气环境的污染。

6.1.2 主要通风方式

采用通风技术控制室内空气环境,使之符合现行国家标准规定的各项卫生指标,其实质就是将室外新鲜空气(常称为"新风")或经过净化等处理的清洁空气送入建筑物内部,或者是将建筑物内部的污浊空气(在经适当处理并满足规定排放标准的条件下)排至室外。

如第1章所述,通风技术的应用必须借助一定的通风系统来完成其控制室内空气环境的技术使命。然而,通风系统实用形式是多种多样的,其分类方法也颇为复杂。进行通风设计时,应当根据环控对象的使用性质,全面考虑各种有害物的散发情况,综合运用各种通风方式及与其相应的通风系统,从而作出具有良好技术经济性能的设计方案。

1)按通风目的分类

(1)一般换气通风

在一般民用与工业建筑(包括空调建筑)中,旨在治理主要由在室人员及其活动所产生的各种污染物,满足人的生命过程的耗氧量及其卫生标准所进行的通风。

(2)热风供暖

热风供暖通常是指在工业建筑中,将新风或混合空气经过滤、加热等处理,再送入建筑物内,用来补充或部分补充全部或局部区域的热损失,以改善其热环境为主要目的所进行的通风。

(3)排毒与除尘

在建筑物内,着重治理在各种生产工艺过程中产生的有害气体、蒸汽与粉尘,为保障人体健康,维持正常生产所需环境条件所进行的通风。

(4)事故通风

在建筑物内,为排除因突发事件产生的大量有燃烧、爆炸危害或有毒害的气体、蒸汽所进行的通风。

(5)防护式通风

在人防地下室等特殊场所,以防御原子辐射及生化毒物污染,保障战时指挥、通信或医疗、救护等环境安全为目的所进行的清洁式通风、过滤式通风或隔绝式通风。

(6)建筑防排烟

在建筑物内,为防止火灾时火势或烟气蔓延至走廊、前室及楼梯间等通道,以保证居民安全疏散及消防人员顺利扑救所设置的防烟与排烟设施。

2)按通风动力分类

(1)自然通风

自然通风是指不使用通风机驱动,而是依靠室外风力造成的风压和室内外空气温差所造成的热压驱使空气流动的通风方式。自然通风在各种建筑中均应予以优先考虑,尤其对于工业热车间是一种经济有效的通风方式。

（2）机械通风

机械通风是指依靠通风机产生的压力驱使空气流动的一种通风方式。它是在特定建筑空间进行有组织通风的主要技术手段，也是绝大多数通风系统广泛采用的一种通风方式。

3）按气流方向分类

（1）送（进）风

将室外新风或经必要处理后符合环控要求的空气经由通风管道等途径送入室内空间的通风方式。

（2）排风（烟）

从室内将各种污染物（包括火灾时产生的烟雾）随空气一道经由通风管道等途径排出室外的通风方式。该方式应根据有害物的种类、性质和含量等，决定是否对排出物进行必要的净化处理。

4）按照通风服务范围

（1）全面通风

针对建筑内部污染源较为分散或不确定等情况，以整个室内空间为对象进行的送风与排风，其实质是借助新风换气及稀释作用将室内的污染物加以排除，或将污染物浓度控制在卫生标准要求的范围内。

（2）局部通风

针对建筑内部污染源集中在局部位置的情况，仅以局部污染区域为对象进行的送风或排风。局部通风与全面通风相比，通风量大大减少，环控效果亦佳，设计中应予优先采用。

6.1.3　通风系统的设计要点

1）通风系统的组成

通风系统原则上应由通风管道、通风机、空气处理装置、进排风口、风阀等几大部件组成。当然，随着系统类型的不同，各种通风系统的环境控制功能互有区别，其设备与部件的具体内容和形式也就大不相同。例如，局部排风系统中需配置各种排风罩、洗涤塔；工业除尘系统需配置集尘罩、除尘器，空调工程中的风系统则需配置空调机（器）等。

2）通风系统的设计任务

通风系统设计中，应根据不同环控对象的性质与要求，在合理确定其通风方式及系统划分的基础上，完成管道设计及关联设备、部件的配置，最终确保系统能够正常运行，并具有良好的技术经济性能。

（1）通风系统的划分

当建筑内在不同地点、区域有不同的送、排风要求，或者服务面积过大，送、排风点较多时，为便于运行管理，常需分设多个送、排风系统。一般说来，当通风服务功能相同，环控参数及空气处理要求基本一致，或者各区域处于同一生产流程、运行班次和运行时段时，可以划为同一

系统。但是,按现行国家标准的强制性规定,凡属下述情况之一,都必须单独设置排风系统:

- 两种或两种以上有害物质混合后能引起燃烧或爆炸;
- 两种或两种以上有害物质混合后能形成毒害更大或具腐蚀性的混合物或化合物;
- 两种或两种以上有害物质混合后易使蒸汽凝结并积聚粉尘;
- 散发剧毒物质的房间和设备;
- 建筑内设有储存易燃、易爆物质或有防火、防爆要求的单独房间;
- 有防疫的卫生要求时。

(2)通风管道系统设计

通风管道是通风系统中工作介质(空气或气溶胶)借以实现合理流动与传输、分配的重要部件。在保证服务对象空间的风量合理分配与环控要求的前提下,合理地确定管道的布置及其结构、尺寸等,以使系统的初投资和运行费用达到综合最优,这便是通风管道系统设计的目的所在。

①通风管道的布置与连接:通风管道的布置涉及通风空调系统总体布局的合理性和经济性,它与工艺、土建、电气、给排水工程等专业密切相关,设计中应注意各工种之间的协调配合。风道布置时应考虑以下因素:尽量缩短管线,减少管路分支,避免复杂的局部构件,由此获得便利施工、节省管材、减少系统阻力与能耗等效益。

通风管道可以采取明装或暗装方式,大多为架空布置,必要时可考虑地沟或地下室布置。民用建筑和部分工业建筑中的空调风道,考虑到美观方面的要求,常将其暗装于顶棚、技术夹层、内墙或架空地板中。风道暗装时,应设置必要的人孔和足够宽的检修通道。风道应尽量避免露天敷设;难以避免时,应尽量设在背阴处。对保温风道应采取妥善的防雨、防潮及防止太阳直接照射的措施。此外,应视传输流体特性考虑适当的风道坡度及排水措施。

风道及关联部件的布置应确保系统运行安全、可靠,调节控制方便、灵活。当系统服务于多个房间或大面积用户时,可将风道划分成若干组分支风道(图6.1),并在分支管道前后配设调风阀。通风空调系统一般还应在适当位置按需装设必要的调控阀件,或预留一些测(温、压、浓度)孔。事故通风应根据放散物的种类设置相应的检测、报警及控制系统,其手动控制装置应在室内外便于操作的地点分别设置。应特别注意,通风空调管路系统布置及其关联阀件的设置必须符合国家现行建筑设计防火规范的各种规定。可燃气体管道、可燃液体管道和电线等不得穿过风道内腔,也不得沿风管外壁敷设。

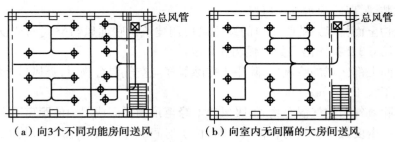

(a)向3个不同功能房间送风　　　(b)向室内无间隔的大房间送风

图6.1　便于调节与控制的风道布置方案

从减少系统阻力与动力消耗的角度考虑,必须充分注意局部构件的形式及连接的合理性(尽量减少涡流)。风道弯头应尽量采用大的曲率半径 R,通常应保持 $R \geq 1.5B$(B 是矩形风道宽度或圆形风道直径），当 R 较小时，应装设导流叶片。风道渐扩管的扩张角应尽量小于 20°；渐缩管的收缩角则应尽量小于 45°。

风机进出口处动压很大，若不正确处理其连接方式，将会引起很大的压力损失。应尽量使风机出口处有长度为出口边长 1.5~2.5 倍的直管段，以减少涡流。如果受空间限制，出口管道必须立即转弯时，其转弯方向应顺着风机叶轮转动的方向，或在转弯中加装导流叶片。风机进口管段也要注意减少涡流，通常在进口弯管（或进风箱）中加装导流叶片。此外，风机的叶轮轴线应与空气处理室的断面中心对准，以免气流偏心造成风速不均匀。

此外，为减少振动和噪声，在风道与通风机等运转设备的连接处应装设挠性接头；用于输送高温介质的风管，应采取适当的热补偿措施。

②进、排风装置的设置：

a.进风装置（进风口）：进风装置（进风口）多指通风空调系统用以采集室外新风的部件。根据不同的具体条件和要求，进风装置可以是设在地面或屋顶的进风塔（小室），也可以是开设在外墙上的百叶风口或窗口。室外进风装置的设置除应注意防止雨雪、异物进入外，更重要的是保持进风的清洁，不被污染。具体应满足下列要求：

• 设在室外空气较清洁的地方，空气中有害物浓度不应大于室内工作地点最高容许浓度的 30%。

• 尽量布置在排风口的上风侧，且高度应低于排风口。

• 进风口底部距室外地坪不宜低于 2 m；当布置在绿化地带时，进风口不宜低于 1 m。

• 降温用通风系统的进风口宜设在建筑的背阴处。

b.排风装置（排风口）：排风装置（排风口）多指通风空调系统向室外排放污浊空气的部件，也包括室内的各种排（回）风口及各种吸气、吸尘装置。室外排风装置的设置形式类似进风装置，为了确保排风效果（尤其对于自然通风），通常应在排风口处装设风帽，且出口风速应保持不低于 1.5 m/s。此外，还应满足下列要求：

• 一般情况下，通风排气立管至少应高出屋面 0.5 m；

• 通风排气中的有害物质需经大气扩散、稀释时，排风口应位于建筑空气动力阴影区和正压区以上；

• 对于排除有害气体或含有粉尘的通风系统，其排风口上宜设置锥形风帽或防雨风帽；

• 对于要求在大气中扩散、稀释有害物的通风排气，其排风口上不应设置风帽，应在排风管上装设排水装置，以防雨水进入风机。

对于建筑物全面排风系统吸风口的设置，《民用建筑供暖通风与空气调节设计规范》（GB 50736—2012）第 6.3.2 条作出了如下强制性规定：

• 位于房间上部区域的吸风口，除用于排除氢气与空气混合物时，吸风口上缘至顶棚平面或屋顶的距离不大于 0.4 m；

• 用于排除氢气与空气混合物时，吸风口上缘至顶棚平面或屋顶的距离不大于 0.1 m；

• 用于排出密度大于空气的有害气体时，位于房间下部区域的排风口，其下缘至地板距离不大于 0.3 m；

• 因建筑结构造成有爆炸危险气体排出的死角处，应设置导流设施。

③通风管道材料与断面选择：按照现行暖通空调设计规范的规定，通风空调系统的风管应采用不燃材料制作；接触腐蚀性气体的风管及柔性接头可采用难燃材料制作。在一般民用与

工业建筑中,通风空调系统的管道材料通常采用薄钢板(包括镀锌或非镀锌钢板),钢板厚度一般在0.5~4 mm。对有严格净化标准等特殊要求的工程,也可采用铝板或不锈钢制作。近年来,国内外还推出诸如玻璃纤维、无机硅酸盐等新型风道材料,用以制作的各种"复合型"风道往往兼具防火、防腐、吸声及保温等多种功能。在大型民用建筑、体育馆、影剧院、隧道和纺织厂等建筑的空调工程中,通常还可以用砖或混凝土作为风道材料,利用建筑空间组合成通风管道。这种做法往往可以获得较大的风道断面,风速较低;还可以利用风道内壁衬贴吸声材料,达到消声的目的。在一些有严格防腐蚀要求的场合,通常采用硬聚氯乙烯塑料板、塑料复合钢板或玻璃钢板制作成通风管道。这类风道制作方便,表面光滑,耐腐蚀性好,但造价较高。

关于通风管道的断面形状,一般通风空调系统中大多采用矩形,这是因为矩形风道易与建筑结构、室内装修相配合;在低速系统中,它比圆形风道易于制作。但是,在高速系统(风道断面较小)中,尤其在除尘系统中,圆形风道在减少阻力、节省材料、易于制作和增加强度方面则比矩形风道具有更多的优势。风道的断面尺寸应按《通风与空调工程施工质量验收规范》(GB 50243—2016)的规定,尽可能采用统一规格。为减少阻力和从美观考虑,非标准的矩形风道断面宽高比最好控制在4:1以内,最大宽高比不应超过10:1。近年出现的螺旋风管系机械化生产,由钢带螺旋绕制而成,大多采用扁圆形断面以节省空间,其加工质量好,接装简便、牢靠且严密,应用前景良好。还有一种用薄铝带缠绕而成的柔性风管,常见的产品有带超细玻璃棉保温型和非保温型两种。这种风管质轻,挠曲性好,运输、安装都十分方便,但价格较高,适用于一些小型分散系统或用作集中系统之末端管段。

④通风管道的保温、隔热:为了减少空气在风道输送过程中的冷、热量损失,防止低温的风道表面在温度较高的房间内结露,或者防止输送潮热、含有可凝物介质的风道内表面在低温环境下结露,风道系统需要考虑采用保温、隔热的措施。

风道保温材料应遵循"因地制宜,就地取材"的原则,选取保温性能好,价格低廉,易于施工和经久耐用的材料。选择时具体考虑下述因素:

- 导热系数小,价格低,二者的乘积宜最小。
- 尽量采用密度小的多孔材料。
- 吸水率低且耐水性能好。
- 抗水蒸气渗透性能好。
- 保温后不易变形,并具有一定的抗压强度。
- 不宜采用有机物和易燃物。

风道保温材料种类很多,常用的有超细玻璃棉、离心玻璃棉、矿棉、聚苯乙烯或聚氨酯泡沫塑料等板材、卷材,以及软木、蛭石板等。它们的导热系数为 $0.05 \sim 0.15$ W/(m·℃),厚度多为 $25 \sim 50$ mm,通过保温管壁的传热系数一般控制在 1.84 W/(m²·℃)以内。风道保温厚度通常应根据材料种类、保温目的计算其经济厚度,再按其他要求进行校核。对于一些新型保温材料,亦可按其产品技术资料提供的方法进行处理。

风道的保温结构应合理,通常应包括管壁防腐层(一般钢板风道内外表面须刷防腐漆)、保温层、防潮层和保护层。软木、蛭石板可由表面刷沥青后与风道壁面相黏结;聚苯乙烯等板材可用胶合剂黏结;聚氨酯泡沫塑料和超细玻璃棉等柔性材料可直接包扎。对暗装的风道可在保温层外涂沥青作为防潮层,不再加保护层。视具体情况不同,也可分别采用玻璃丝布、塑料薄膜、加筋铝箔、木板、胶合板、铁皮或水泥等材料作为保护层。

⑤通风管道系统的水力计算:通风管道系统的水力计算是在管道及其关联构件、各送排风点和通风机、空气处理设备布置以及管材、设计风量分配等已经确定的基础上进行的,其目的是确定各管段的断面尺寸和空气的流动阻力,保证系统达到要求的风量分配,并为通风机配置和绘制施工图提供技术依据。在空调系统中,通风机通常是随空气处理设备配套供应的,其时水力计算的任务则着重于对既有风机的性能进行校核。

通风管道系统水力计算的方法很多,如假定速度法、等压损法、当量压损法和静压复得法等。在一般的通风系统设计中,应用最为普遍的是假定流速法和等压损法。

假定流速法的特点是以管道内的空气流速和设计风量作为控制指标,据此计算出各管段的断面尺寸和气流流动阻力。在获得系统总的压力损失之后,再对各环路的压力损失进行平衡调整。应用该方法进行通风系统水力计算的步骤和方法如下:

a.绘制通风(或空调)系统的轴测图,对各管段编号,并分别标出其长度和通风量。

b.选择合理的空气流速。管道内的空气流速应采用经全面技术经济比较后所确定的"经济流速"。根据实际经验,通风系统的管道内的空气流速可按表6.1加以控制。对于工业除尘系统,防止粉尘在管道内沉积所需的最低风速可参考表6.2加以确定,但对除尘器后的管道而言,因空气已做净化处理,其流动速度可适当降低。

表6.1　一般通风管道内适用风速　　　　　　　　单位:m/s

风管类型	钢板及非金属风管	砖及混凝土风道
干管	6~14	4~12
支管	2~8	2~6

表6.2　除尘管道适用风速　　　　　　　　单位:m/s

粉尘性质	垂直管	水平管	粉尘性质	垂直管	水平管
粉粒黏土和砂	11	13	铁和钢(屑)	19	23
耐火泥	14	17	灰土、沙尘	16	18
重矿物粉尘	14	16	锯屑、刨屑	12	14
轻矿物粉尘	12	14	大块干木屑	14	15
干型砂	11	13	干微尘	8	10
煤灰	10	12	染料粉尘	14~16	16~18
铁和钢(尘末)	13	15	大块湿木屑	18	20
棉絮	8	10	谷物粉尘	10	12
水泥粉尘	8~12	18~22	麻	8	12

c.按"最不利环路"计算风道系统的压力损失。根据各管段风量和选定流速确定管径或断面尺寸,同时计算其摩擦阻力和局部压力损失,进而确定系统总压力损失。

d.对管段中的并联分支环路进行压力平衡计算。一般通风系统要求各并联环路的压力损失相对差额不超过15%,除尘系统不超过10%。当并联支管压力损失差超过上述规定时,可通过调整支管管径、增大排风量或增加支管压力损失(设置风阀)等方法实现并联环路的压力平衡。

（3）通风机的配置

正确选配通风机是保证通风系统正常而又经济运行的一个重要环节。通风机的选择主要是根据被输送流体的性质和用途选用不同类型的通风机，使其使用中能满足系统风量、风压的要求，并能维持在较高效率范围内运行。

①通风机的类型与特点：通风机是通风系统中用以驱动流体流动的设备，其类型是多样的。通常可按通风机的作用原理，将其分为离心式、轴流式、贯流式和混（斜）流式等类型，或者按其用途分为一般用途、排尘用、防爆型、防腐型、屋顶型、消防排烟或高温专用型通风机，还可按其转速分为单速通风机和双速通风机。从制造材料来看，通常采用钢板，必要时也可采用铝、铜、不锈钢、塑料、玻璃钢等材料。通风空调系统中使用较多的是钢制离心通风机和轴流通风机。

a.离心式通风机：离心式通风机运转时，气流自轴向吸入，随叶轮旋转获得能量，再经蜗壳压出。根据风机提供的全压值大小，离心风机可分为高、中、低压三类。其中低压（$p < 1\ 000$ Pa）风机多用于一般通风空调系统，中压风机（$p = 1\ 000 \sim 3\ 000$ Pa）则适用于除尘系统及管网复杂、阻力较大的通风系统。

离心式通风机的叶片结构有前向（弯曲）式、后向（弯曲）式和径向式这几种。在同样输送风量下，前向叶片式较后向叶片式风机风压更高；对于窄轮多叶前向式叶片，在低速运转时噪声低，适宜用于空调风系统。后向叶片风机在这三种叶片结构的风机中风压最低，尺寸较大，但其效率高，噪声低；当其采用中空机翼型叶片时，效率可达 90% 左右，因而通风空调系统也普遍加以采用。径向叶片风机性能介于前向叶片和后向叶片风机之间，叶片强度高，结构简单，不易粘尘，便于更换与修理，适宜输送含尘气体。

b.轴流式通风机：轴流式通风机运转时，气流自轴向吸入，经旋转叶片增压后仍沿轴向向前排出。根据风机提供的全压值大小，常用轴流通风机分为低压（$p < 500$ Pa）和高压（$p \geqslant 500$ Pa）两类。按照风机的安装形式，可以分为岗位式、壁面嵌装式、吊装（或贴壁）接管式和落地式等。轴流通风机通常采用机翼型叶片，也可采用板型等叶片，有些轴流风机叶片安装角是可调的，借以改变其性能。

轴流式通风机产生的风压低于离心通风机，但可以在低压状态下输送大量的空气。同时，轴流式通风机产生的噪声通常也比离心式通风机要高。从运行特性来看，轴流通风机流量—压力曲线较陡，零流量时风压最大，所需功率也最大，同时它的最佳工作范围较窄，在脱离设计工况的低流量下效率下降很快。因此，轴流风机应当在管路畅通的条件下启动，在其通风系统中也不宜借助风阀调节流量。近年来在轴流风机基础上开发出的一种射流通风机，与普通轴流通风机相比，在相同功率下可使风量增加 30%～50%，风压增高约 2 倍，并且还具有可逆转特性，尤其适合用于各种隧道的换气通风。

c.其他类型的通风机：混流式或斜流式通风机是暖通空调行业在传统通风设备基础上研究、开发出的新一代通风机产品。这种通风机综合了前述离心式通风机和轴流式通风机的若干特点，迄今在建筑消防排烟等工程领域已有广泛应用。此外，近年来上述通风设备还陆续推出诸如管道型、柜式机组（风机箱）型及变风量型等新产品，这对于简化通风系统的设计与施工、降低噪声与能耗等都是十分有利的。

②通风机的性能：通风机的主要性能参数包括风量 L，风压（全压）p，转速 n，电机功率 N 和全压效率 η 等。通风机产品样本和铭牌上给出的特性参数值通常是在标准状态下的实验测定值，当实际使用中流体的密度、风机的转速或叶轮直径等发生变化时，应对各性能参数进

行换算。

由于通风机的性能参数之间是相互影响、相互关联的,所以通常采用 $p=f_1(L)$、$N=f_2(L)$ 和 $\eta=f_3(L)$ 等函数关系来反映这些参数间的联系,进一步以曲线形式加以反映,即可得到通风机的性能曲线。每种通风机的实际性能曲线都不相同,通常按照国家标准的规定,通过实验方法测出不同转速、不同风量下的静压和功率,然后计算全压、效率等,并给出有关性能曲线。由于相同类型的风机具有相似的特性,因此使用通风机各参数的无因次量,进而获得其无因次特性曲线,借助这种曲线即能方便地推知转速不等、尺寸不同的同一类型通风机的特性。

通风机通常总是装设在管路系统中进行工作的,由于管网的连接方式不同会影响到风机性能的改变,改变后的性能曲线可称之为风机的管网的实际运行曲线。风机接入管网运行时,其实际工况点也就是风机性能曲线和管网特性曲线的交点。在这一稳定运行的工况点上,风机风压与系统中要求提供的压力总会得到平衡,由此即可确定风机及管网系统中的风量。正是由于这种自动平衡的特性,致使风机实际运行时的风量、风压有时满足不了设计要求,这时应采取技术措施对工作点加以调整。这也表明,风机与管网系统的合理匹配对保证管网系统的正常运行是十分重要的。

如果通风系统设计要求的风量很大或风压很大,确实必要时,可以在系统中分别采用风机的并联或串联方式,实现风机联合运行。通常宜采用型号相同的两台风机并联工作,由总的性能曲线可知,每台风机的风量较之其单独工作时的风量有所减少,并且只有在特性曲线较为平坦的管网中才利于发挥并联效果。通风机串联工作时,分析总的性能曲线可知,总的风压增加,同时风量有所增加,但风压增加的程度是有限的。因此,只有在系统中风量小而阻力大的情况下,采用风机串联才是合理的,工程实践中一般并不推荐这种联合工作形式。

③通风机的运行调节:如前所述,通风机运行时工况点的参数是由风机性能曲线与管网特性曲线共同决定的。但是,用户需要的风量可能经常变化,这就提出了运行工况的调节问题,即采用一定的方法改变风机性能或管路特性,从而满足用户对风量变化的要求。

a.调节管网特性:在保持通风机转速不变的条件下,通过改变系统中风机出口处风阀等节流装置的开度大小,借增减管网压力损失来改变工作点位置,可使风量得到调整(图6.2)。这种调节方法结构简单、操作方便、工作可靠,但因节流造成无益能耗,往往不能起到节能的作用。如将调节阀门设在风机进口,可同时改变风机性能,节能效果将有所改善。

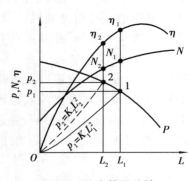

图6.2 改变管网特性

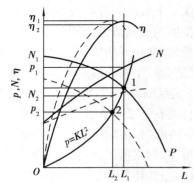

图6.3 改变通风机转速

　　b.调节通风机特性：

　　●改变通风机的转速。这种调节方法使得风机风量、风压随其转速的减小而降低,而效率基本不变(图6.3),是最节能的一种调节方法。改变风机转速的方法有很多,目前广泛应用的是变频调速和变极调速,前者借助变频装置向电动机提供可变频率和可变电压的电源;后者则采用双速电动机,通过接触器转换电极获得两挡变速。

　　●改变通风机进口导流叶片角度。采用轴向或径向导流器,调节导叶角度,使气流进入通风机叶轮前旋转度发生改变,从而改变其风量、风压、功率和效率。这种调节方法因导流器结构简单,使用可靠,其节能效果介于前述两种方法之间,故应用较广。

　　●其他方法。除上述各主要方法外,还可采用液力联轴器(液力耦合器)、更换皮带轮以及改变叶片宽度和角度等方法改变通风机的性能,这些调节方法各有利弊。

6.2　全面通风

　　全面通风是以建筑内部整个服务空间(房间)为对象,并主要利用高品质空气的稀释、置换作用实现通风换气的一种环控技术。它要求将大量新风或经过处理的清洁空气均匀地送至室内各处,或者将室内污浊空气全面地加以排除,从而保证室内空气环境达到国家现行有关卫生标准的要求。

6.2.1　全面通风的设计原则

　　建筑全面通风的实施既可采用自然方式,亦可采用机械方式。针对某一特定服务区域,可以考虑采用某种单一通风方式或多种通风方式的组合。例如:机械进风加机械排风;机械排风,门窗自然渗入新风;机械送风加局部(机械或自然)排风;机械排风加空气调节;空气调节兼机械通风。

　　全面通风设计中,通常应注意的原则如下：

　　①散发热、湿或其他有害物的房间(空间),当不能采用局部通风或采用局部通风仍达不到卫生要求时,应辅以全面通风或采用全面通风。

　　②全面通风包括自然通风、机械通风或自然通风与机械通风相结合等多种方式。设计时应尽量采用自然通风,以达到节能、节省投资和避免噪声干扰的目的。当自然通风难以保证卫生要求时,可采用机械通风或机械通风和自然通风相结合的方式。

　　③设有机械通风系统的房间,人员所需新风量应符合以下规定:民用建筑人员所需最小新风量按国家现行有关卫生标准确定;工业建筑应保证每人不小于 30 m^3/h 的新风量。人员所在房间不设机械通风系统时,应有可开启外窗。

　　④设置集中供暖且有机械排风的建筑,应首先考虑自然补风的可能性。对于换气次数小于每小时两次的全面排风系统或每班运行不到 2 h 的局部排风系统,可不设机械送风系统补偿所排风量。当自然补风达不到室内卫生条件、生产要求或在技术经济上不合理时,宜设置机械送风系统。同时,还需进行房间热平衡和风量平衡计算。

　　⑤在进行冬季全面通风换气的热平衡和风量平衡计算时,应分析具体情况,充分考虑下述因素:允许短时间温度降低或间断排风的房间,其排风在空气热平衡计算中可不予考虑;稀释

有害物质的全面通风的进风,应采用冬季供暖室外计算温度;消除余热、余湿的全面通风,可采用冬季通风室外计算温度;利用室外渗透空气或内部非污染空气进行自然补风;适当提高集中送风的送风温度(一般不应超过 40 ℃,与采暖结合时不得高于 70 ℃);用于选择机械送风系统加热器的冬季室外计算温度应采用供暖室外计算温度;消除余热、余湿用的全面通风耗热量可采用冬季通风室外计算温度。

⑥室外进风必须满足环境空气质量标准要求。室内含尘气体经净化后其含尘浓度不超过国家标准规定的容许浓度要求值的 30% 时,允许循环使用。对含有害气体、有异味气体、致病细菌病毒和易燃易爆物质的空气,不允许循环使用。

⑦同时放散热、蒸汽和有害气体,或仅放散密度比空气小的有害气体的生产厂房,除设局部排风外,宜在上部地带进行自然或机械的全面排风,其换气量不宜小于每小时一次换气。当房间高度大于 6 m 时,排风量可按每平方米地面面积 6 m³/h 计算。

⑧要求清洁的房间,当周围环境较差时,送风量应大于排风量,以保证房间正压;对于产生有害气体的房间,为避免污染相邻房间,送风量应小于排风量,以保证房间负压。一般送风量可为排风量的 80%~90%。

⑨ 计算工艺及设备散热量时,应遵循以下原则:

a.冬季:按最小负荷班的工艺设备散热量计算;非经常散发的散热量,不予计入;经常但不稳定的散热量,应采用小时平均值。

b.夏季:按最大负荷班的工艺设备散热量计算;经常但不稳定的散热量,按最大值计算;白班不经常的散热量较大时,应予考虑。

6.2.2 全面通风的气流组织

全面通风效果不仅取决于通风量的大小,还与通风气流组织的优劣有关。气流组织的任务就是选定适当的送回风方式,合理地布置送、排(回)风口,并合理地分配风量和选定风口的型号、规格,从而组织通风气流在服务区域(房间或空间)内合理流动与分布,达到以最小通风量获取最佳通风效果之目的。

进行全面通风气流组织设计时,通常应注意以下原则:

①全面通风送入房间(空间)的清洁空气应先到达人员作业地带,再经污染区域排至室外。送风气流应尽可能地均匀分布,减少涡流与滞流。进、排风过程均应避免使含有大量热、湿或其他有害物质的空气流入人员作业或经常停留的地方。

②当要求空气清洁的房间周围环境较差时,室内应保持正压;散发粉尘、有害气体或有爆炸危险物质的房间应保持负压。室内正压、负压可通过调整机械送、排风量来实现。

③机械送风系统(包括与热风供暖合并的系统)的送风方式,应符合下列要求:

a.散发热或同时散发热、湿和有害气体的工业建筑,当采用上部(指距地面 2 m 以上空间)或上下部同时全面排风时,宜将空气送至作业地带;

b.散发粉尘或比空气密度大(指其相对密度大于 0.75 时)的气体和蒸汽,而不同时散发热的生产厂房及辅助建筑,当从下部地带排风时,宜送至上部区域;

c.当固定工作地点靠近有害物质散发源,且不可能安装有效的局部排风装置时,应直接向工作地点送风。

④同时散发热、蒸汽和有害气体,或仅散发密度比空气小的有害气体的生产建筑,除设局部排风外,宜在上部区域进行自然或机械的全面排风,其排风量不宜小于每小时 1 次的换气

量。当房间高度大于 6 m 时,排风量可按 6 m³/(h·m²)计算。

⑤当采用全面通风消除余热、余湿或其他有害物质时,应分别从建筑内部温度最高、含湿量或有害物浓度最大的区域排风,全面排风量分配应符合下列条件:

a.当有害气体和蒸汽密度比空气轻,或虽比室内空气重,但建筑物内散发的显热全年均能形成上升气流时,宜将空气从房间上部区域排出;

b.当有害气体和蒸汽密度比空气大,但建筑物散发的显热全年均不能形成稳定的上升气流,或挥发的蒸汽吸收空气中的热量导致气体或蒸汽沉积在房间下部区域时,宜从房间上部区域排出总排风量的 1/3,从下部区域排出总排风量的 2/3,且不应小于每小时 1 次的换气量;

c.当人员活动区有害气体与空气混合后的浓度未超过卫生标准,且混合后气体的相对密度与空气接近时,可只设上部或下部区域排风;

d.房间内设有局部排风时,全面通风上、下区域的排风量应包括该区域的局部排风量。

⑥建筑全面排风系统吸风口的布置,一般应符合下列规定:

a.位于房间上部区域的排风口,用于排除余热、余湿和有害气体时(含 H_2 时除外),吸风口上缘至顶棚平面或屋顶的距离应不大于 0.4 m;

b.用于排除氢气和空气混合物时,吸风口上缘至顶棚平面或屋顶的距离应不大于 0.1 m;

c.位于房间下部区域的排风口,其下缘至地板的间距应不大于 0.3 m;

d.在因建筑结构造成有爆炸危险气体排出的死角处,应设置导流设施。

6.2.3　全面通风换气量

1)消除空气污染物

首先,研究一种理想的通风状况:有害气体、粉尘等污染物在室内均匀散发(浓度分布均匀),送风气流和室内空气的混合瞬间完成,送排风气流不存在温差。分析某特定空间(房间)在任意微小时间间隔 $d\tau$ 内有害物量的平衡关系,可以获得全面通风的基本微分方程式(亦称为稀释方程),即:

$$Lc_0 d\tau + Md\tau - Lcd\tau = Vdc \qquad (6.1)$$

式中　L——全面通风量,m³/s;

M——室内污染物散发量,g/s;

c_0——送风空气中污染物质量浓度,g/m³;

c——某时刻室内空气中污染物质量浓度,g/m³;

dc——在 $d\tau$ 时间内室内空气污染物质量浓度的增量,g/m³;

V——房间容积,m³。

假如在时间 τ 内,室内空气中污染物质量浓度从 c_1 变化到 c_2,由基本微分方程式的近似求解,可得到在规定时间 τ 内达到要求质量浓度 c_2 所需的全面通风量:

$$L = \frac{M}{c_2 - c_0} - \frac{V}{\tau} \frac{c_2 - c_1}{c_2 - c_0} \qquad (6.2)$$

式(6.2)即为不稳定状态下的全面通风换气量计算式。

对通风稀释方程的分析可知,室内空气污染物质量浓度 c_2 随通风时间 τ 的变化是按指数规律增加或减少的,其增减速度取决于$\dfrac{L}{V}$值。在通风空调工程中,将$\dfrac{L}{V}$值定义为"换气次数":

$n = \dfrac{L}{V}$,单位定为h^{-1},即每小时的通风量与房间容积之比。

当$\tau \to \infty$时,c_2趋于一个稳定的质量浓度值$c_0 + \dfrac{M}{L}$,于是:

$$L = \frac{M}{c_2 - c_0} \tag{6.3}$$

式(6.3)即为稳定状态下的全面通风换气量计算式。式中,c_2通常也就是国家卫生标准规定的室内污染物的允许质量浓度值。工程实践中,当$n\tau \geqslant 4$时,即可认为室内污染物质量浓度已趋于稳定(用c表示),而全面通风换气量则按下式计算:

$$L = \frac{KM}{c - c_0} \tag{6.4}$$

式中,K为安全系数。K值的选取应综合考虑污染物毒性、污染源分布及其散发的不均匀性、室内气流组织及通风的有效性等因素,还应考虑粉尘或烟尘等污染物的反应特性和沉积特性。一般通风设计中,可根据经验在$3\sim10$酌定。

根据《工业企业设计卫生标准》(GBZ 1—2010)的规定,当数种溶剂(苯及其同系物、醇类或醋酸酯类)蒸气或数种刺激性气体同时放散于空气中时,应按各种气体分别稀释至规定的接触限值所需要的空气量的总和计算全面通风换气量。除上述有害气体及蒸气外,其他有害物质同时放散于空气中时,通风量仅按需要空气量最大的有害物质计算。

【例 6.1】 某车间使用脱漆剂,每小时消耗量为 4 kg,脱漆剂成分为苯 50%,乙酸乙酯30%,乙醇 10%,松节油 10%,求全面通风所需空气量。

【解】 各种有机溶剂的散发量为

苯: $M_1 = 4\ \text{kg/h} \times 50\% = 2\ \text{kg/h} = 555.6\ \text{mg/s}$

乙酸乙酯: $M_2 = 4\ \text{kg/h} \times 30\% = 1.2\ \text{kg/h} = 333.3\ \text{mg/s}$

乙醇: $M_3 = 4\ \text{kg/h} \times 10\% = 0.4\ \text{kg/h} = 111.1\ \text{mg/s}$

松节油: $M_4 = 4\ \text{kg/h} \times 10\% = 0.4\ \text{kg/h} = 111.1\ \text{mg/s}$

根据国家职业卫生标准《工作场所有害因素职业接触限值 第 1 部分:化学有害因素》(GBZ 2.1—2019)的规定,车间空气中上述有机溶剂蒸汽的时间加权平均容许质量浓度为:

苯(皮): $c_{21} = 6\ \text{mg/m}^3$

乙酸乙酯: $c_{22} = 200\ \text{mg/m}^3$

乙醇: 没有规定,不计风量

松节油: $c_{24} = 300\ \text{mg/m}^3$

送风空气中上述 4 种溶剂的质量浓度为零,即$c_0 = 0$。取安全系数$K = 6$,按式(6.4)分别计算出稀释每种溶剂蒸汽到最高容许质量浓度以下所需的风量:

苯: $L_1 = \dfrac{6 \times 555.5}{6 - 0}\ \text{m}^3/\text{s} = 555.5\ \text{m}^3/\text{s}$

乙酸乙酯: $L_2 = \dfrac{6 \times 333.3}{200 - 0}\ \text{m}^3/\text{s} = 60\ \text{m}^3/\text{s}$

乙醇： $L_3 = 0$

松节油： $L_4 = \dfrac{6 \times 111.1}{300 - 0}\, \text{m}^3/\text{s} = 2.22\ \text{m}^3/\text{s}$

数种有机溶剂混合存在时，全面通风量应为各自所需风量之和，即：

$$L = L_1 + L_2 + L_3 + L_4 = (555.5 + 60 + 0 + 2.22)\, \text{m}^3/\text{s} = 617.72\ \text{m}^3/\text{s}$$

当散入室内的有害物的量无法具体计算时，全面通风量可按类似房间换气次数经验数值进行估算。在民用与工业建筑中，各种通风房间的换气次数可从国家现行相关行业标准、规范或设计手册中查取，部分推荐值可参见附录22。

2) 消除余热和余湿

在民用与工业建筑中，伴随某些室内设施的使用或生产工艺过程的进行，将会产生大量的显热负荷与湿负荷。典型的例子包括：炼钢、锻造车间及室内游泳馆、戏水池等场所。这类场所往往不便或不可能采用空调方式来消除室内的余热、余湿，而宜利用通风的方法，借助相对低温或相对干燥的室外空气实现室内的降温或除湿，这往往也是应予首选的经济有效的热湿环境控制方案。

利用通风方法消除室内显热余热量时，全面通风量为：

$$G = \frac{Q}{c_p (t_p - t_j)} \tag{6.5}$$

式中　G——全面通风量，kg/s；

　　　Q——室内显热余热量，kW；

　　　t_j，t_p——进风、排风温度，℃。

利用通风方法消除室内余湿量时，全面通风量为：

$$G = \frac{W}{d_p - d_j} \tag{6.6}$$

式中　W——室内余湿量，g/s；

　　　d_p，d_j——排风、进风含湿量，g/kg。

在排除余热、余湿的通风过程中，进、排风温度是不同的，进、排风的体积流量也会随之发生变化。因而，式(6.5)和式(6.6)中采用稳定的质量流量来表示全面通风量更为恰当。

6.2.4　全面通风的风量平衡与热量平衡

1) 风量平衡

在通风房间内，无论采用何种通风方式，单位时间内进入室内的风量应与排出风量保持相等，这就是所谓风量(或空气质量)平衡。这种风量平衡关系可表达为：

$$G_{zj} + G_{jj} = G_{zp} + G_{jp} \tag{6.7}$$

式中　G_{zj}——自然进风量，kg/s；

　　　G_{jj}——机械进风量，kg/s；

　　　G_{zp}——自然排风量，kg/s；

　　　G_{jp}——机械排风量，kg/s。

在未设有组织自然通风的房间中,当机械进、排风量相等($G_{jj} = G_{jp}$)时,室内压力等于室外大气压力,室内外压力差接近 0。当机械进风量大于机械排风量($G_{jj} > G_{jp}$)时,室内压力升高,处于正压状态;反之,室内压力下降,处于负压状态。由于通风房间不是非常严密的,处于正压状态时,室内的部分空气会通过房间不严密的缝隙或窗户、门洞渗透到室外,这部分渗风称为无组织排风;当室内处于负压状态时,室外空气会渗入室内,这部分渗风称为无组织进风。在工程设计中,为使相邻房间不受污染,常有意识地通过控制机械进风和(或)排风量大小,同时结合无组织的自然进风或排风,让清洁度要求高的房间保持正压,产生有害物的房间保持负压。通常通风房间的正压或负压值宜保持在 5~10 Pa。

2)热量平衡

要使通风房间温度保持不变,必须使室内的总显热得热量等于总显热失热量,这就是所谓的热量平衡,即热平衡。热量平衡的关系式为:

$$\sum Q_{sh} + cL_p \rho_N t_N = \sum Q_f + cL_{jj} \rho_{jj} t_{jj} + cL_{zj} \rho_W t_W + cL_{xh} \rho_N (t_S - t_N) \tag{6.8}$$

式中　$\sum Q_{sh}$——围护结构、材料吸热的总失热量,kW;

$\quad\quad\quad \sum Q_f$——生产设备、产品及采暖设备的总放热量,kW;

$\quad\quad\quad L_p$——局部和全面排风风量,m^3/s;

$\quad\quad\quad L_{jj}$——机械进风量,m^3/s;

$\quad\quad\quad L_{zj}$——自然进风量,m^3/s;

$\quad\quad\quad L_{xh}$——循环风量,m^3/s;

$\quad\quad\quad \rho_N$——室内空气密度,kg/m^3;

$\quad\quad\quad \rho_W$——室外空气密度,kg/m^3;

$\quad\quad\quad t_N$——室内排出空气温度,℃;

$\quad\quad\quad t_W$——室外空气计算温度,℃。在冬季,对于没有局部排风及稀释有害气体的全面通风,采用冬季采暖室外计算温度。对于消除余热、余湿及稀释低毒性有害物质的全面通风,采用冬季通风室外计算温度;

$\quad\quad\quad t_{jj}$——机械进风温度,℃;

$\quad\quad\quad t_S$——再循环送风温度,℃。

在保证室内卫生标准要求的前提下,为降低通风系统的运行能耗,提高经济效益,在进行通风设计时,还应尽可能采取节能措施。

通风房间的风量平衡、热量平衡是自然界的客观规律。设计中欲维持室内设计温度、湿度或有害物质浓度稳定不变,就必须建立起相应的某种热、湿平衡或有害物量平衡。实际工程问题往往较为复杂:有时排风、进风同时有几种形式和状态;有时需根据排风量确定进风量;有时要根据热平衡条件确定送风参数等。对于这些问题如果不遵循有关规律,实际运行中将会在新的室内状态下达到平衡,则无法保证预期的设计温湿度、压力及气流组织等环控要求。

【例 6.2】　如图 6.4 所示,已知某车间内的生产设备散热量 $Q_1 = 350$ kW,围护结构失热量 $Q_2 = 400$ kW,上部天窗排风量 $L_{zp} = 2.78$ m^3/s,机械局部排风量 $L_{jp} = 4.16$ m^3/s,自然进风量 $L_{zj} = 1.34$ m^3/s,室内工作区温度 $t_N = 20$ ℃,室外空气温度 $t_W = -12$ ℃,车间内温度梯度 0.3 ℃/m,上

部天窗中心高 $h = 10$ m。求：①机械进风量 L_{jj}；②机械送风温度 t_j；③加热机械进风所需热量 Q_3。

【解】 列空气质量平衡方程式：

$$G_{zj} + G_{jj} = G_{zp} + G_{jp}$$

$$G_{jj} + L_{zj}\rho_{-12} = L_{jp}\rho_{20} + L_{zp}\rho_p$$

上部天窗的排风温度：

$$t_p = t_N + 0.3 \text{ ℃/m}(h-2 \text{ m}) = 22.4 \text{ ℃}$$

由相关手册可以查得：$\rho_{-12} = 1.35$ kg/m^3；$\rho_{20} =$ 1.2 kg/m^3；$\rho_{22.4} \approx 1.2$ kg/m^3

机械进风量：

$$G_{jj} = 4.16 \text{ m}^3/\text{s} \times 1.2 \text{ kg/m}^3 + 2.78 \text{ m}^3/\text{s} \times$$
$$1.2 \text{ kg/m}^3 - 1.34 \text{ m}^3/\text{s} \times 1.35 \text{ kg/m}^3$$
$$= 6.52 \text{ kg/s}$$

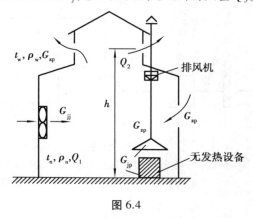

图 6.4

列热平衡方程式：

$$Q_1 + cG_{jj}t_j + cG_{zj}t_W = Q_2 + cG_{zp}t_p + cG_{jp}t_N$$

$$Q_1 + cG_{jj}t_j + cL_{zj}\rho_{-12}t_W = Q_2 + cL_{zp}\rho_{22.4}t_p + cL_{jp}\rho_{20}t_N$$

解得机械送风温度：

$$t_j = 37.7 \text{ ℃}$$

故加热机械进风所需热量：

$$Q_3 = G_{jj}c(t_j - t_W) = 6.52 \text{ kg/s} \times 1.01 \text{ J/(kg·℃)} \times (37.7 \text{ ℃} + 12 \text{ ℃})$$
$$= 327.28 \text{ kW}$$

6.2.5 全面通风系统

如前所述，全面通风从介质流动动力来看，包括自然通风和机械通风两种形式。由于自然通风的应用受到建筑设计和气象条件等制约，建筑物内可靠的有组织的全面通风还得依赖机械通风。利用通风机械（风机）实施全面通风的系统包括：机械进（送）风系统，机械排风系统及系统组合等多种形式。

1）机械进（送）风系统

机械进（送）风系统一般应由通风管道、送风机、空气处理设备、吸风口、送风口和风阀等部件连同通风房间所组成。图6.5为机械进（送）风系统示意图。这种通风系统中的风机所提供的压头应能克服从室外空气吸入口至室内送风口的全部管网阻力，将清洁空气顺利送入室内，通常房间还需维持一定的余压。空气处理设备至少应具备空气过滤功能，有时配置空气加热器用于采暖地区冬季的热风供暖，亦可令其兼有冷却功能以解决夏季厂房的降温。当全面通风结合空调时，处理设备还需具备空气冷却去湿和加湿等功能。送风口的选择与布置直接影响室内气流分布与通风效果。管路中装设阀门，用以调节风量。图6.5中新风吸入口处的电动密闭阀只有在采暖地区才有必要装设，它应与风机联动，随风机停止而自动切断进风通道，以防冬季冷风渗入使加热器等遭受损坏。如果没有装设电动密闭阀，也应装设手动密闭（调节）阀；尤其对空调风系统来说，该阀对保证系统在过渡季节加大新风运行是必不可少的部件。

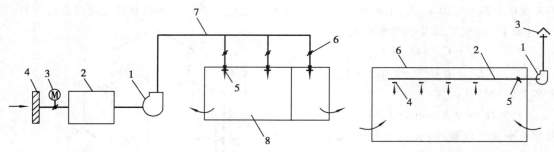

图 6.5　机械进(送)风系统
1—风机;2—空气处理设备;3—电动密闭阀;4—室外空气入口;
5—送风口;6—阀门;7—风管;8—通风房间

图 6.6　机械排风系统
1—风机;2—风管;3—排风口;
4—风口;5—阀门;6—通风房间

2)机械排风系统

机械排风系统一般应由通风管道、排风机、室内排风口、室外排风口、风阀等部件连同通风房间所组成,见图 6.6。这种通风系统中,风机提供的压头应能克服从室内排风口至室外排风口的全部管网的阻力,将污浊空气顺利排至室外;通常应使房间维持一定的负压值。室内排风口是收集污浊空气的部件,为提高全面通风的排污效果,这种风口宜设在污染物浓度较大的地方。室外排风口是室内热浊空气的排出口,当其设在屋顶上时,应配设风帽。管路中同样应装设阀门,用以调节风量或关断系统。在采暖地区,为防止冬季风机停止时室外冷空气沿竖管倒灌,或在洁净车间为防止风机停止时室外含尘空气进入房间,常在室外排风口连接管段上装设电动密闭阀,使其与风机联动。

6.2.6　应急医疗设施应设置机械通风系统

为了控制整个应急医疗设施的空气流向,防止污染空气扩散,降低传染风险,应急设施应设置机械通风系统。为防止污染区域的空气通过通风管道污染较清洁区域的空气,要求送排风系统分区设置,并保证空气压力梯度。清洁区如生活和后勤保障区,属于无污染区域,不做特殊要求。

从保护医护人员的角度,负压病房的送风应先流经医护人员常规站位区域,使医护人员呼吸区的空气相对清洁,排风应能快速排走病人呼出的污染空气,减少病房内污染空气的回流。建议参照《医院负压隔离病房环境控制要求》(GB 35428—2017)第 4.2.1 条的要求设置送排风口。

过滤器堵塞将使风机风量不能保证,过滤器压差检测和报警可提醒维护人员及时发现问题并进行处理,保证通风系统正常运行。

半污染区、污染区的排风机因附近污染物较多,运行维护安全要求其设置在室外空旷处。

隔离区(半污染区、污染区)排风机设在排风管路末端可保证整个排风管为负压,防止排风中污染物从风管缝隙泄漏到风管外部造成污染。排风系统的排出口、污水通气管与送风系统取风口的安全距离可参照现行国家标准《民用建筑供暖通风与空气调节设计规范》(GB 50736—2012)第 6.3.9 条第 6 款关于事故通风排风口与进风口间距的内容。

通风空调设备良好运转是防止污染物通过空气传播的重要保证。系统运行维护应符合下列规定:

a.各区域排风机与送风机应联锁,半清洁区应先启动送风机,再启动排风机;隔离区应先启动排风机,再启动送风机;各区之间风机启动先后顺序应为半清洁区、半污染区、污染区。

　　b.管理人员应监视风机故障报警信号。

　　c.管理人员应监视送风、排风系统的各级空气过滤器的压差报警,并应及时更换堵塞的空气过滤器。运行维护时要保证通风空调设备正常运转,保证系统风量,保证房间及区域压力梯度,注意设备启停顺序,随时关注设备故障及过滤器压差报警。

　　d.排风高效空气过滤器的更换操作人员应做好自我防护,拆除的排风高效过滤器应当由专业人员进行原位消毒后,装入安全容器内进行消毒灭菌,并应随医疗废弃物一起处理。

6.3　局部通风

　　在许多民用与工业建筑(尤其是大型车间)中,由于人员活动或工艺操作岗位比较固定,或者室内产生污染物的部位相对集中于局部区域,采用全面通风控制室内空气环境往往既无必要,也难达到卫生标准的要求。如果采用局部通风,即只将新风直接送至人员活动区域,或将污染空气直接从污染源处加以收集、排除,则可获得既增强环控效果,又能节省投资与能耗等多重效益。本节着重讨论一般民用与工业建筑中旨在改善空气环境质量的局部通风问题。

6.3.1　局部通风的设计原则

　　局部通风方式分局部送风和局部排风两大类,二者都是利用局部气流来保证局部区域不受有害物的污染,进而满足室内所需的卫生要求。从通风的目的与功能角度,具体还可分为隔热、降温、防寒、排毒及除尘等类型。工程实践中,局部通风通常也不是单一地加以应用,而需与自然的或机械的全面通风相配合。在进行建筑(尤其工业厂房)通风设计时,首先应根据生产工艺的特点和有害物的性质,尽可能优先考虑局部通风方案。只有在采用局部通风后不能满足卫生标准的要求,或工艺条件不允许设置局部通风时,才考虑采用全面通风。

　　根据《工业企业设计卫生标准》(GBZ 1—2002)的规定,工业厂房应根据生产工艺和粉尘、毒物特性,采取防尘、防毒通风措施控制其扩散,使工作场所有害物质浓度达到《工作场所有害因素职业接触限值　第1部分:化学有害因素》(GBZ 2.1—2019)的要求。经局部排风装置排出的有害物质必须通过净化设备处理后,才能排入大气,保证进入大气的有害物质浓度不超过国家排放标准规定的限值。通风除尘、排毒设计还必须遵循《工业建筑供暖通风与空气调节设计规范》(GB 50019—2015)及相应的防尘、防毒技术规范和规程的要求。

6.3.2　局部送风

1)局部送风设计的一般原则

　　对于一些面积大、人员稀少、大量散发余热的高温车间,采用全面通风降温既困难,也没有必要。如果只向局部工作岗位送风,在这些局部区域增加风速、降低气温,维持良好的空气环境,则是既经济而又有效的通风方式。按我国现行暖通空调设计规范规定,在工作人员经常停留或长时间操作的工作地点,当其热环境达不到卫生要求或辐射照度不小于 350 W/m² 时,应当设置局部送风(也称为岗位送风)。

　　局部送风系统分为分散式(亦称单体式)和系统式两种类型。分散式局部送风一般采用轴流风机、喷雾风扇等形式,以再循环空气作岗位送风。系统式局部送风又称空气淋浴,它需要借助完整的机械送风系统,将经过一定程度集中处理的空气送至各个局部的工作岗位。

2)分散式送风装置

(1)轴流风机(风扇)

在空气温度不太高(一般不超过 35 ℃)、辐射照度比较小的工作地点,通常可采用轴流风机(风扇)直接向工作岗位吹风,通过增加风速促进人体对流和蒸发散热,从而达到改善局部区域热环境的目的。

采用轴流风机(风扇)作岗位吹风时,工作地点的风速应符合表 6.3 规定。

对于产尘车间,不宜采用这种通风形式,以免高速气流引起粉尘四处飞扬。

表 6.3 工作地点风速规定

轻作业	中作业	重作业
2~3 m/s	3~5 m/s	4~6 m/s

(2)喷雾风扇

在空气温度高于 35 ℃、辐射照度大于 1 400 W/m^2,且工艺过程不忌细小雾滴的中作业或重作业的工作地点,适宜采用喷雾风扇作为岗位吹风装置。喷雾风扇由轴流风机配上甩水盘、供水管所组成,甩水盘随风机高速旋转,盘上的水在惯性离心力作用下,形成许多细小水滴(雾滴),随气流一起吹出。这种送风过程除增加空气流速外,水分吸热蒸发有利于送风降温;部分细小水滴落在人体表面继续蒸发,会起到"人造汗"的作用。此外,悬浮在空气中的雾滴还可起到一定的隔离辐射热的作用。

喷雾风扇的降温效果,主要取决于风扇吹出的雾滴直径大小及雾量多少。研究表明,雾滴直径一般应小于 60 μm,最大不超过 100 μm;工作地点的风速应控制在 3~5 m/s。

(3)系统式局部送风装置

当室内工作地点空气温度、辐射照度较高,并且工艺条件又不允许存在水滴(雾滴),或者工作地点散发有害气体或粉尘,不允许对其空气循环使用(如铸造车间的浇注线)时,就应当考虑采用系统式局部送风装置。

系统式局部送风装置,其实就是一种局部机械送风系统,俗称空气淋浴。这种局部送风系统借助通风管路将室外新风或经过处理的清洁空气送至各局部的工作岗位(图6.7),它的送风一般需经过滤、冷却或加热处理,尽可能采用循环水喷淋或地道风等天然冷热源,必要时亦可采用人工冷热源。

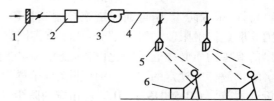

图 6.7 局部机械送风系统
1—进风口;2—空气处理设备;3—风机;
4—风道;5—送风口;6—污染源

按国家现行有关设计规范规定,设置系统式局部送风时,工作地点要求的温度和平均风速应根据热辐射照度、作业轻重以及所处地区,分别在如下范围内作适当选取:冬季温度为 18~25 ℃,风速为 1~4 m/s;夏季温度为 22~33 ℃,风速为 1.5~6 m/s。局部送风系统对空气作冷却或加热处理时,其室外计算参数的选取按:冬季应采用采暖室外计算温度;夏季应采用通风室外计算温度。这种局部送风系统的送风气流宜从人体的前侧上方倾斜吹到头、颈和胸部,必要时亦可从上向下垂直送风。这种系统的送风口与一般机械送风系统送风口结构上有所不同,称为"喷头"。

最简单的喷头是一种圆断面渐扩短管,适用于工作地点比较固定的场合。当工作人员活动范围较大时,宜采用旋转式送风口。例如,常见的有"巴杜林"喷头和球形可调喷口,二者均可任意地调整气流方向。

系统式局部送风系统的设计主要是根据工作地点要求的温度和风速,确定喷头尺寸、送风量和出口风速,具体系按自由射流规律进行计算。但必须注意,国家标准中要求的工作地点温度和风速是指射流有效作用范围内的平均温度和平均风速,作用于人体的有效气流宽度按作业轻重在 $0.6 \sim 1\ m$ 选定。因此,在应用流体力学中有关公式进行计算时,应当加以换算,经换算后的各种计算公式详见《流体输配管网》一书。

6.3.3　局部排风

1)局部排风设计的一般原则

在民用与工业建筑中,存在不少污染源较分散且相对固定的情况,如厨房中的炉灶,实验室中的试验台,工业厂房中的电镀槽、盐浴炉、喷漆工艺、喷砂工艺、粉状物料包装等。局部排风就是利用局部气流,直接在这类污染物的产生地点对其加以控制或捕集,避免污染扩散到整个房间。与全面排风相比,局部排风方式显然具有排风量小,环控效果好等优点,故应首先予以考虑。

局部排风系统通常应由局部排风罩、风机、通风管路、净化设备和排风口等所组成。图6.8为一局部机械排风系统示意图。为了防止风机的腐蚀与磨损,这种系统中通常都将风机布置在净化设备之后。为防止大气污染,当排风中有害物量超过排放标准时,必须经过净化设备处理,达标后才能排入大气。净化处理设备种类繁多,主要根据被处理有害物的理化性质等加以选择。

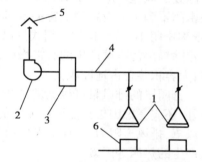

图 6.8　局部机械排风系统示意图
1—排风罩;2—风机;3—净化设备;
4—风道;5—排风口;6—污染源

局部排风罩(又称吸风罩)是用来捕集有害物的重要部件,它的设计、安装合理与否,对局部排风系统的工作效果和技术经济性能将产生直接影响。

2)局部排风罩

(1)局部排风罩的设计原则

局部排风罩的类型也是多种多样的。按其密闭程度,可以分为密闭式排风罩(亦称密闭罩)、半密闭式排风罩和开敞式排风罩 3 大类;按其工作原理可分为密闭罩、柜式排风罩(亦称通风柜)、外部排风罩、接受式排风罩和吹吸式排风罩等。

各种排风罩必须遵循形式适宜、位置正确、风量适中、强度足够、检修方便的设计原则,罩口风速或控制点风速应足以将发生源产生的粉尘、毒物吸入罩内,确保达到高捕集效率。吸风点的排风量应按防止有害物质逸至室内的原则,通过计算确定。有条件时,可采用由实测得到的经验数值。工程实践中,应区别服务对象的生产工艺特点及有害物质种类、特性等具体条件,正确地加以设计或选用。具体实施应遵循下述基本原则:

①对散发粉尘或有害气体的工艺流程与设备应采取密闭措施。设置局部排风时,宜采用密闭罩。确定密闭罩的吸气口位置、结构和风速时,应使罩内负压均匀,防止污染物外逸;对于

散发粉尘的污染源,应避免过多地抽取粉尘。

②当不能或不便采用密闭罩时,可根据工艺操作要求和技术经济条件,选择适宜的其他开敞式排风罩。局部排风罩应尽可能地包围或靠近有害物源,使有害物源局限于较小的局部空间;还应尽可能地减小吸气范围,便于捕集和控制有害物。

③吸气点的排风量应按防止粉尘或有害气体扩散到周围环境空间的原则确定,排风罩的吸气宜尽可能地利用污染气流的运动作用。

④已被污染过的吸入气流不允许通过人的呼吸区,设计时要充分考虑操作人员的位置和活动范围。

⑤局部排风罩的配置应与生产工艺协调一致,力求不影响工艺操作。排风罩应力求结构简单、造价低,便于安装和维护管理。

⑥在使用排风罩进行通风换气的地方,要尽可能地避免或减弱干扰气流、穿堂风和送风气流等对吸气气流的影响。

(2)常用的局部排风罩

①密闭罩(图6.9):密闭罩是将生产工艺过程中的污染源密闭在罩内,并进行排风的通风部件。排风过程中罩内应维持5~10 Pa的负压,罩外空气通过缝隙、操作孔口渗入罩内,一般缝隙处的风速不应小于1.5 m/s。这类排风罩多用于控制粉尘污染,其时又称防尘密闭罩。按照密闭罩和工艺设备的配置关系,防尘密闭罩可分为局部密闭罩、整体密闭罩和大容积密闭罩(或称密闭小室)。这类密闭式排风罩主要优点是:只需要较小的排风量就能更为有效地捕集并排除局部污染源产生的有害物质,且排风性能不受周围气流的影响;缺点是:不便操作与维修,大容积装置占地面积大。

密闭罩的排风量可根据进、排量的平衡来确定,排风量大小除了取决于缝隙、孔口进风量外,还应考虑因工艺需要而鼓入的风量或污染源生成的气体量等。选配风机的压头除考虑排风罩、排风道阻力外,还应考虑由于工艺设备高速旋转导致罩内压力升高,或因内外温差较大产生的热压等因素。

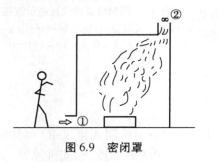

图6.9 密闭罩

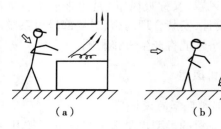

图6.10 柜式排风罩

②通风柜(图6.10):通风柜属于一种半密闭式的柜式排风罩,适用于污染源(设备)难于封闭,要求开设较大操作孔口的化学实验以及零件喷涂、粉料装袋等生产工艺过程。按照气流的运动特点,柜式排风罩可分为吸气式和吹吸式两类,后者除能在工作孔口造成一定的吸入速度外,主要优点是能隔断室内气流的干扰。

通风柜上工作孔口的吸风速度是控制污染物不外逸的关键,一般场合可按表6.4加以选定;对于某些特定的工艺过程,工作孔上的控制风速在0.3~1.5 m/s,具体应用可参见有关通风设计手册。通风柜工作孔的速度分布对其控制污染的效果有很大的影响,如果速度分布不均,污染气流会从吸入速度较低的部位逸入室内。

表6.4　通风柜工作孔控制风速

污染物性质	无毒污染物	有毒或有危险的污染物	剧毒或少量放射性污染物
控制风速/(m·s⁻¹)	0.25~0.375	0.4~0.5	0.5~0.6

通风柜的排风量 L 为:

$$L = L_1 + vF\beta \tag{6.9}$$

式中　L_1——柜内污染气体发生量,m^3/s;

v——工作孔上的控制风速,m/s;

F——工作孔或缝隙的面积,m^2;

β——安全系数,可取 1.1~1.2。

通风柜排风口的位置与污染物的密度紧密相关。若污染物密度大(如冷过程),则采用下部排风;反之,采用上排风;密度不确定时可上下同时排风,且上部排风口可调。通风柜的柜门应能做上下调节,操作时尽可能减小开启度。

如果通风柜内工艺过程产生热气体,可以利用热压作用进行自然排风,其时通风柜的排风量 L 为:

$$L = 0.032(QH)^{1/3}F^{2/3} \tag{6.10}$$

式中　Q——通风柜内的余热量,W;

H——工作孔到排风口的高度,m;

F——工作孔的面积,m^2。

当通风柜设置在采暖或空调房间时,为节约能量,可采用送风式通风柜。这种通风柜通常从工作孔上方,以近似风幕的形式送入取自室外或邻室的补给风,送风量为排风量的 70%~75%。

③外部排风罩:外部排风罩是利用设在污染源附近的排风罩的抽吸作用,在有害物发生地点(控制点)造成一定的气流运动,该控制点上的控制风速应能克服有害物的流动速度,从而将其引导至排风罩内加以捕集。控制风速 v_x 的大小与工艺操作、有害物毒性、周围干扰气流运动状况等多种因素有关,设计时可参照表6.5加以确定。

表6.5　控制点的控制风速

污染物散发情况	$v_x/(m·s^{-1})$	举　例
以轻微速度散发至平静的空气	0.25~0.5	槽内液体蒸发、电镀、脱脂工艺等
以较低流速散发至比较平静的空气中	0.5~1.0	喷漆室内喷漆,焊接,低速皮带运输机输运物料等
以高速散发出来,或散发到空气流速较快的区域	1.0~2.5	小室内高压喷漆,快速装袋或装桶,皮带运输机装料,破碎机等

外部排风罩属于开敞式吸气罩,它包括设在污染源上方、下方或侧面的圆形或矩形的各种伞形罩,其罩口周边分为带或不带法兰边,安装形式既可悬空,亦可贴壁(或带挡板)。实验研究表明,在距直径为 d 的吸风口 x 处,气流的无因次风速 $\dfrac{v_x}{v_0}$ 随该点的无因次距离 $\dfrac{d}{x}$ 的平方而迅速衰减。因此,这种排风罩应尽量靠近污染源,否则尽可能设置围挡以减缓速度衰减。

a.前面无障碍的排风罩:这种排风罩如图 6.11 所示,根据吸气口处速度衰减规律的实验研究,可获得适用于前面无障碍的圆形吸风口(当 $x \le 1.5d$ 时)的排风量 L 为:

四周无法兰:

$$L = v_0 F = (10x^2 + F)v_x \tag{6.11}$$

四周有法兰:

$$L = v_0 F = 0.75(10x^2 + F)v_x \tag{6.12}$$

式中　F ——排风罩口面积,m^2;

　　　v_0 ——吸风口的平均流速,m/s;

　　　v_x ——距吸风口 x 控制点处的吸风速度(即控制风速),m/s。

当 $x > 1.5d$ 时,实际的吸风速度衰减更快,相应的排风量也更大些。

除圆形排风罩外,上述公式也可近似适用于边长比大于 0.2 的前面无障碍的矩形排风罩。

图 6.11(a)是设在工作台上的一种侧吸罩,可以将它视为一个假想的大排风罩的 1/2,运用式(6.11)计算假想大排风罩的排风量后,再进一步确定实际排风罩的排风量 L 为:

$$L = (5x^2 + F)v_x \tag{6.13}$$

式中　F ——实际排风罩的罩口面积,m^2。

式(6.13)适用于 $x < 2.4\sqrt{F}$ 的场合。根据国外学者的研究,法兰边总宽度可近似取为罩口宽度,超过上述数据时,对罩口的速度分布并无明显影响。

在对长宽比不同的矩形吸风口(四周无边)的速度分布进行综合性的数据处理后,可得出如图6.12所示的吸风口速度分布计算图。排风罩设计中,根据排风罩外形、断面尺寸 $a \times b$ 及 x、v_x 等条件借助该图确定出 v_0,进一步求得所需排风量 L。对于四周有边的矩形吸风口,其排风量的修正类似于式(6.12),即按无法兰边时排风量的 75% 考虑。

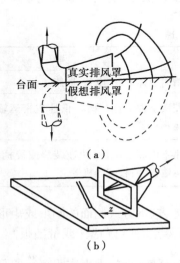

图 6.11　工作台上的侧吸罩

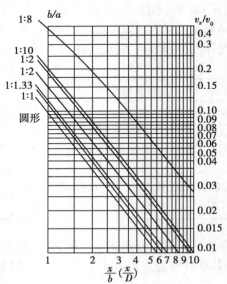

图 6.12　吸风口速度分布计算图

b.前面有障碍的排风罩:如图 6.13 所示,这种外部排风罩通常设在设备上方。由于设备限制,气流只能从侧面流入罩内,但其罩口的流线和水平设置的侧吸罩有所不同。为防止横向气流的干扰,要求图中 H 值尽可能小于或等于 0.3a(a 为罩口长边尺寸),其排风量 L 为:

$$L = KCHv_x \tag{6.14}$$

式中　C ——排风罩口敞开面的周长,m;

　　　v_x ——排风罩边缘控制点的控制风速, m/s;

　　　K ——考虑沿高度速度分布均匀性的安全系数,通常可取 1.4。

为减少横向气流的影响,结构设计时应尽可能在罩口四周设固定或活动挡板。罩口上的速度分布对排风罩性能有较大的影响,随扩张角 α 的增大,罩口轴心速度 v_c 与平均速度 v_0 之比也相应加大:当 $\alpha = 30°$ 时,$v_0 = 1.07$ m/s;当 $\alpha = 45°$ 时,$v_0 = 1.33$ m/s;当 $\alpha = 60°$ 时,$v_0 = 2.0$ m/s。

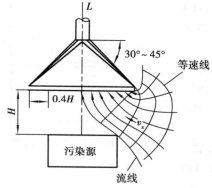

图 6.13　冷过程顶吸式排风罩

图 6.14　双侧槽边排风罩

④槽边排风罩(图 6.14):槽边排风罩是一种特殊形式的外部吸气罩,专用于电镀、清洗等工业槽的局部防毒排风。槽边排风罩按安装形式可分为单侧、双侧和周边式排风罩,单侧用于槽宽 $B<700$ mm,双侧用于 $B = 700~1\ 200$ mm。当槽长 A 过大时,可采用分段组合装设。按其罩体横断面高度,可分为高截面和低截面两种类型。这种排风罩的吸入口形式常用平口式和条缝式,后者条缝高度沿长度方向不变的,称为等高条缝,其条缝口高度 h 一般控制在 50 mm 以下(楔形条缝口指其平均高度),具体可按下式确定:

$$h = \frac{L}{v_0}l \tag{6.15}$$

式中　L ——排风罩排风量,m³/s;

　　　l ——条缝口长度,m;

　　　v_0 ——条缝口上的吸入速度,m/s,通常可按 8~12 m/s 考虑。

槽边排风罩的排风量 L 与槽的平面尺寸 $A \times B$ 和槽面控制风速 v_x 有关。对于单侧条缝式槽边排风罩,其排风量 L 可按下述公式计算:

高截面单侧排风:

$$L = 2v_x AB\left(\frac{B}{A}\right)^{0.2} \tag{6.16}$$

低截面单侧排风：

$$L = 3v_x AB \left(\frac{B}{A} \right)^{0.2} \tag{6.17}$$

对于双侧条缝式槽边排风罩，应用上述公式时只需用 $\frac{B}{2}$ 代替式中 B 即可。各种形式槽边排风罩排风量及阻力等的计算方法，可参阅有关通风设计手册或专著。

条缝式槽边排风罩条缝口上的速度分布是否均匀，对其控制效能有重大影响。工程实践中，尽量减小条缝口面积 f 和罩横断面积 F 之比，即保持 $\frac{f}{F} \leqslant 0.3$，则可近似满足均匀性要求。

⑤吹吸式排风罩（图6.15）：吹吸式排风罩是把吹、吸气流相结合的一种局部防毒通风方法，它适用于槽宽 B 的工业槽或挂得很高的伞形罩。这种排风罩具有抗干扰能力强、不影响工艺操作、所需排风量小等优点，在国内外均被广泛应用。

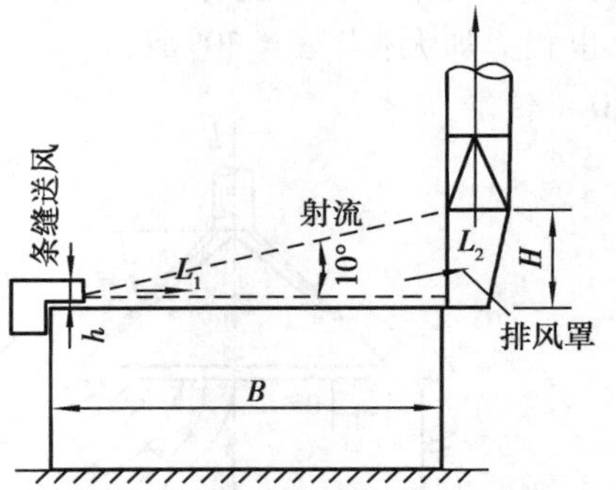

由于吹吸式排风罩吹、吸风口的二维气流状态十分复杂，目前尚缺乏精确的计算方法，通常采用的实用计算方法有美国联邦工业卫生委员会（ACGIH）推荐方法、巴杜林计算方法和流量比法。

下面针对图示吹吸式排风罩应用 ACGIH 推荐方

图 6.15　吹吸式排风罩

法。假设吹出气流的扩张角 $\alpha = 10°$，其条缝式排风口的高度 H 为：

$$H = B \tan \alpha = 0.18B \tag{6.18}$$

式中　B——吹、吸风口间距（取为槽宽），m。

排风口的排风量 L_2 可根据液面面积 A 按 $0.5 \sim 0.764$ $m^3/(s \cdot m^2)$ 来确定，L_2 值取决于槽内液面面积、液温和气流干扰情况等因素。

条缝送风口的吹风口尺寸按出口流速 $5 \sim 10$ m/s 来确定，其吹风量 L_1 为：

$$L_1 = \frac{l}{BE} L_2 \tag{6.19}$$

式中　E——按槽宽 B 考虑的修正系数，见表6.6。

表 6.6　修正系数 E

槽宽 B/m	$0 \sim 2.4$	$2.4 \sim 4.9$	$4.9 \sim 7.3$	>7.3
修正系数 E	6.6	4.6	3.3	2.3

⑥接受式排风罩（图6.16）：有些生产过程或设备本身会产生或诱导一定的气流运动，带动有害物一起运动，如高温热源上部的对流气流及砂轮磨削时抛出的磨屑及大颗粒粉尘所诱导的气流等。对于这种情况，应尽可能地把排风罩设在污染气流前方，让它直接进入罩内。这类排风罩称为接受罩。

接受罩在外形上和外部吸气罩完全相同，但作用原理不同。对接受罩而言，罩口外的气流运动是生产过程本身造成的，接受罩只起接受作用。它的排风量取决于接受的污染空气量的大小。接受罩的断面尺寸应不小于罩口处污染气流的尺寸；否则，污染物不能全部进入罩内，影响排风效果。粒状物料高速运动时所诱导的空气量,由于影响因素较为复杂,通常按经验公式确定。

a.热源上部的热射流:热源上部的热射流主要有两种形式:一种是生产设备本身散发的热射流如炼钢电炉炉顶散发的热烟气,另一种是高温设备表面对流散热时形成的热射流。当热物体和周围空气有较大温差时,通过对流散热把热量传给空气,空气受热上升,形成热射流。中外学者对热射流的研究发现,在离热源表面$(1\sim2)B$(B为热源直径)处的热射流将发生收缩,收缩断面的流速最大,随后上升气流缓慢扩大。实际上,这种热射流可近似看作是从一个假想点源以一定角度扩散上升的气流。

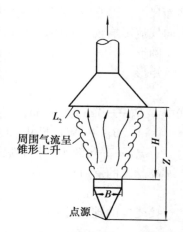

图6.16 热源上部接受式排风罩

在$H/B=0.9\sim7.4$的范围内,在不同高度上热射流的流量L_2为:

$$L_2 = 0.04Q^{1/3}Z^{3/2} \tag{6.20}$$
$$Z = H + 1.26B \tag{6.21}$$

式中　Q——热源的对流散热量,kJ/s;

　　　Z——自点源算起的计算高度,m;

　　　H——热源至计算断面距离,m;

　　　B——热源水平投影的直径或长边尺寸,m。

在某一高度上热射流的断面直径D_z为:

$$D_z = 0.36H + B \tag{6.22}$$

通常近似地认为,热射流收缩断面至热源的距离$H_0 \leqslant 1.5\sqrt{F_p}$($F_p$为热源的水平投影面积)。假如热源的水平投影面积为圆形,应有$H_0 \leqslant 1.33B$,因此收缩断面上的流量L_0为:

$$L_0 = 0.04Q^{1/3}\left[(1.33 + 1.26)B\right]^{3/2} = 0.167Q^{1/3}B^{3/2} \tag{6.23}$$

热源的对流散热量Q为:

$$Q = \alpha F\Delta t \tag{6.24}$$
$$\alpha = A\Delta t^{1/3} \tag{6.25}$$

式中　F——热源的对流放热面积,m²;

　　　Δt——热源表面与周围空气温度差,℃;

　　　α——对流换热系数,J/(m²·s·℃);

　　　A——系数,水平散热面$A=1.7$,垂直散热面$A=1.13$。

b.热源上部接受罩排风量计算:从理论上说,只要接受罩的排风量等于罩口断面上热射流的流量,接受罩的断面尺寸等于罩口断面上热射流的尺寸,污染气流就能全部排除。但实践中由于横向气流的影响,热射流会发生偏转,可能逸入室内。接受罩的安装高度H越大,横向气流的影响越严重。因此,实际采用的接受罩,罩口尺寸和排风量都必须适当加大。

根据安装高度H的不同,热源上部的接受罩可分为两类:$H \leqslant 1.5\sqrt{F_p}$的称为低悬罩,$H > 1.5\sqrt{F_p}$的称为高悬罩。

由于低悬罩位于收缩断面附近,罩口断面上的热射流横断面积一般小于(或等于)热源的平面尺寸。因此,在横向气流影响小的场合,排风罩口尺寸应比热源尺寸大 150~200 mm;在横向气流影响较大的场合,罩口尺寸则按下式确定:

圆形 $\qquad D_1 = B + 0.5H$ (6.26)

矩形 $\qquad A_1 = a + 0.5H$ (6.27)

$\qquad\qquad\qquad B_1 = b + 0.5H$ (6.28)

式中 $\quad D_1$——罩口直径,m;

$\quad A_1$,B_1——罩口尺寸,m;

$\quad a,b$——热源水平投影尺寸,m。

高悬罩的罩口尺寸 D:

$$D = D_z + 0.8H \tag{6.29}$$

接受罩的排风量 L:

$$L = L_z + v'F' \tag{6.30}$$

式中 $\quad L_z$——罩口断面上热射流流量,m³/s;

$\quad F'$——罩口的扩大面积,即罩口面积减去热射流的断面积,m²;

$\quad v'$——扩大面积上空气的吸入速度,$v' = 0.5 \sim 0.75$ m/s。

对于低悬罩,式(6.30)中的 L_z 即为收缩断面上的热射流流量。高悬罩排风量大,易受横向气流的影响,工作不稳定,故设计时应尽可能降低安装高度。在工艺条件允许时,亦可在接受罩罩口处设置活动卷帘。

【例 6.3】 某金属熔化炉,炉内金属温度为 500 ℃,周围空气温度为 20 ℃,散热面为水平面,直径 $B = 0.7$ m,在热设备上方 0.5 m 处装设接受罩,要求计算其排风量。

【解】 计算得 $1.5\sqrt{F_p} = 1.5\left[\dfrac{\pi}{4}0.7^2\right]^{\frac{1}{2}}$ m = 0.93 m;由于 $1.5\sqrt{F_p} > H$,该接受罩为低悬罩。

热源的对流散热量应为:

$$Q = \alpha\Delta t F = 1.7\Delta t^{\frac{4}{3}}F = 1.7\times(500-20)^{\frac{4}{3}}\times\frac{\pi}{4}0.7^2 \text{ J/s} = 2\,457 \text{ J/s} \approx 2.46 \text{ kJ/s}$$

在热射流收缩断面上的体积流量为:

$$L_0 = 0.167Q^{\frac{1}{3}}B^{\frac{3}{2}} = 0.167 \times 2.46^{\frac{1}{3}} \times 0.7^{\frac{3}{2}} \text{ m}^3/\text{s} = 1.32 \text{ m}^3/\text{s}$$

按横向气流影响不大考虑,罩口断面直径应为:

$$D_1 = B + 200 \text{ mm} = (700+200) \text{ mm} = 900 \text{ mm}$$

取 $v' = 0.5$ m/s,最终计得排风罩的排风量为:

$$L = L_0 + v'F' = 0.132 \text{ m}^3/\text{s} + \frac{\pi}{4}(0.9^2 - 0.7^2) \times 0.5 \text{ m}^3/\text{s} = 0.258 \text{ m}^3/\text{s}$$

6.3.4 事故通风

事故通风是保证安全生产和保障人民生命安全的一项必要的措施。对可能突然放散有害气体的建筑,在设计中均应设置事故排风系统。该系统虽然通常很少或没有使用,但并不等于可以不设。系统设置应以预防为主,这对防止设备、管道大量逸出有害气体(家用燃气、冷冻机房的冷冻剂泄漏等)而造成事故是至关重要的。需要指出的是,事故通风不包括火灾通风。关于事故通风的通风量,要保证事故发生时,控制不同种类的放散物浓度低于国家安全及卫生标准所规定的最高容许浓度,且换气次数不低于每小时 12 次。有特定要求的建筑可不受此条件限制,参考值允许适当取大。对可能突然放散大量有毒气体、有爆炸危险的气体或粉尘的场所,应根据工艺设计要求设置事故通风系统。

①事故通风系统的设置应符合下列规定:

a.可能放散有爆炸危险的可燃气体、粉尘或气溶胶等物质的建筑,应设置防爆通风系统或诱导式事故排风系统;

b.具有自然通风的单层建筑物,所放散的可燃气体密度小于室内空气密度时,宜设置事故送风系统;

c.事故通风可由经常使用的通风系统和事故通风系统共同保证。

②事故通风量宜根据工艺设计条件通过计算确定,且换气次数不应小于 12 次/h。房间计算体积应符合下列规定:

a.当房间高度小于或等于 6 m 时,应按房间实际体积计算;

b.当房间高度大于 6 m 时,应按 6 m 的空间体积计算。

事故排风系统(包括兼作事故排风用的基本排风系统)应根据建筑物可能释放的放散物种类设置相应的检测报警及控制系统,以便及时发现事故,启动自动控制系统,减少损失。事故通风的手动控制装置应装在室内、外便于操作的地点,以便一旦发生紧急事故,可使其立即投入运行。

事故排风的吸风口应设在有毒气体或爆炸危险性物质放散量可能最大或聚集最多的位置附近。对事故排风的死角处应采取导流措施。

③事故排风的排风口应符合下列规定:

a.不应布置在人员经常停留或经常通行的地点。

b.排风口与机械送风系统的进风口的水平距离不应小于 20 m;当水平距离不足 20 m 时,排风口应高于进风口,并不得小于 6 m。

c.当排气中含有可燃气体时,事故通风系统排风口距可能的火花溅落地点应大于 20 m。

d.排风口不得朝向室外空气动力阴影区和正压区。

工作场所设置有毒气体或有爆炸危险气体监测及报警装置时,事故通风装置应与报警装置连锁。

事故通风的通风机应分别在室内及靠近外门的外墙上设置电气开关。设置有事故排风的场所不具备自然进风条件时,应同时设置补风系统,补风量宜为排风量的 80%,补风机应与事故排风机连锁。

6.4 工业除尘

在工业建筑中,有些生产工艺过程,如水泥、耐火材料、有色金属冶炼、铸造、喷漆、机械抛光、橡胶加工、羊毛加工等,会产生大量有害的悬浮微粒及烟尘(统称为粉尘),如果任意排放,必将污染大气,危害人类健康,影响工农业生产;有些生产工艺过程,比如原材料加工、食品生产、粉状物料包装等,需回收这些散逸的物料。为此,应用除尘技术既能净化含尘空气,使之达标排放,同时具有很大的经济效益。

6.4.1 除尘机理与除尘设备

1)粉尘特性

工业除尘技术主要是治理粉尘这种固态污染物对空气环境的危害。粉尘特性对除尘装置性能有着重要的影响,因而我们首先应对工业粉尘的一些主要特性有所认识。

（1）密度

单位体积粉尘所具有的质量称为粉尘的密度,它与粉尘净化、储运等特性直接相关。粉尘密度分为真密度和容积密度:前者是指除掉粉尘中所含气体和液体后计得的密度;后者则是粉尘在自然状态下具有的密度。这两种密度间的关系表示为:

$$\rho_v = (1 - \varepsilon)\rho_p \tag{6.31}$$

式中 ρ_v ——粉尘的容积密度,kg/m^3;

ρ_p ——粉尘的真密度,kg/m^3;

ε ——粉尘的空隙率。

粉尘的真密度越大,越有利于捕集;粉尘越细,容积密度越小,$\dfrac{\rho_v}{\rho_p}$ 比值越小,越不易被捕集。

（2）粒径分布

粉尘粒径分布是指粉尘中各种粒径的尘粒所占的百分数,亦称颗粒分散度。通风除尘技术中,一般采用粉尘的斯托克斯粒径及其按质量计的质量粒径分布。表6.7和表6.8分别为铸造工艺设备产尘和锅炉排出烟尘的质量粒径分布。

表 6.7 铸造车间工艺设备粉尘质量粒径分布

工艺设备	粉尘类型	真密度/(kg·m³)	粉尘质量粒径分布/μm						中位径/μm
			<5%	5%~10%	10%~20%	20%~40%	40%~60%	>60%	
混砂机	干型砂	2 141.4	44.8	6.7	7.0	6.8	3.7	31.0	8.6
落砂机	干型砂	2 640.4	46.2	17.4	20.9	11.5	2.5	1.5	6.1
$B=600$ mm 皮带导头	干型旧砂	2 644.4	35.3	6.6	6.2	6.5	3.4	42.0	24.0

表 6.8 不同燃烧方式锅炉排出烟尘质量粒径分布

工艺设备	粉尘质量粒径分布/μm								
	>75%	60%~75%	47%~60%	30%~47%	20%~30%	15%~20%	10%~15%	5%~10%	<60%
链条炉排	50.74	4.53	6.30	12.05	7.39	8.00	6.25	5.45	1.81
振动炉排	60.14	3.04	4.06	6.94	6.36	5.48	5.08	9.55	2.64
抛煤机	61.02	7.69	6.03	9.93	5.85	2.15	2.97	2.33	0.097
煤粉炉	13.19	13.23	10.20	14.94	11.6	3.21	15.36	11.65	4.08

（3）比表面积

粉尘比表面积为单位质量（或体积）粉尘所具有的表面积，cm^2/g（或cm^2/cm^3）。其大小表示颗粒群总体的细度，它与粉尘的润湿性和黏附性有关。

（4）爆炸性

当物质的比表面积大为增加时，其化学活性迅速加强。例如，某些在堆积状态下不易燃烧的可燃物粉尘，当它以粉末状悬浮在空气中，并与空气中的氧充分接触时，在一定的温度和浓度下就可能发生爆炸。能够引起爆炸的最低浓度称为爆炸下限，粉尘的爆炸浓度下限可以参见有关设计手册。

（5）含水率

粉尘的含水率为粉尘中所含的水分质量与粉尘总质量的比值，可以通过测定烘干前后的粉尘质量之差求得粉尘中所含水分的质量，进而得到含水率。

（6）润湿性

尘粒与液体相互附着的性质称为粉尘的润湿性，它主要取决于原材料的化学性质，也与尘粒的表面状态有关。易于被水润湿的粉尘称为亲水性粉尘；难以被润湿的粉尘称为疏水性粉尘；吸水后能形成不溶于水的硬垢的粉尘称为水硬性粉尘。一般说来，粒径 $d_p < 5$ μm 时，粉尘很难被水润湿；水泥、熟石灰与白云石砂等均属于水硬性粉尘；亲水性粉尘利于尘粒聚合、增重、沉降，适合采用湿法除尘。

（7）黏附性

尘粒黏附于固体表面或颗粒之间相互凝聚的现象，称为黏附。前者易使除尘设备和管道堵塞，后者则有利于提高除尘效率。对于粒径 $d_p < 1$ μm 的尘粒，主要靠分子间的作用而产生黏附；吸湿性、溶水性、含水率高的粉尘主要靠表面水分产生黏附；纤维粉尘的黏附则主要与壁面状态有关。

（8）比电阻

比电阻是某种物质粉尘当横断面积为 1 cm^2，厚度为 1 cm 时所具有的电阻。它是除尘工程中表示粉尘导电性的一个参数，对电除尘器的工作有很大的影响，一般可通过实测求得。

（9）堆积角和滑动角

粉尘通过小孔连续地下落到某一水平面上，自然堆积成的尘堆的锥体母线与水平面上的夹角称为堆积角，它与物料的种类、粒径、形状和含水率等因素有关。对于同一种粉尘，粒径越小，堆积角越大，一般平均值为 35°~40°。它是设计贮灰斗、下料管、风管等的主要依据。

滑动角是指光滑平面倾斜到一定角度时，粉尘开始滑动的角度，一般为 40°~55°。因此，除尘设备灰斗的倾斜角一般不宜小于 55°。

（10）磨损性

粉尘的磨损性主要取决于颗粒的运动速度、硬度、密度、粒径等因素。当气流运动速度大，含尘浓度高，粉尘粒径大而硬且有棱角时，磨损性大。因此，在进行粉尘净化系统设计时，应适当地控制气流速度，并加厚某些部位的壁厚。

2）除尘机理

除尘机理亦即悬浮尘粒的分离机理，主要体现在以下几个方面。

（1）重力作用

依靠重力使气流中的尘粒自然沉降，将尘粒从气流中分离出来（图6.17）。这是一种简便的除尘方法。这种机理一般局限于分离50~100 μm的粉尘。

（2）离心力作用

含尘空气做圆周运动时，由于离心力的作用，粉尘和空气会产生相对运动，使尘粒从气流中分离。这种机理主要用于10 μm以上的粉尘。

（3）惯性碰撞

含尘气流在运动中遇到物体的阻挡（如挡板、纤维、水滴等）时，气流要改变方向进行绕流，细小的尘粒会沿气体流线一起流动。由于惯性，质量较大或速度较大的尘粒来不及跟随气流一起绕过物体，因而脱离流线向物体靠近，发生碰撞，进而在物体表面沉积，如图6.17所示。

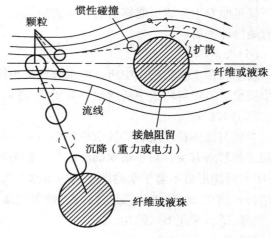

图6.17 除尘机理示意图

（4）接触阻留

如图6.17所示，当某一尺寸的尘粒沿着气流流线刚好运动到物体（如纤维或液滴）表面附近时，与物体发生接触而被阻留，称为接触阻留。

（5）扩散作用

由于气体分子热运动对尘粒的碰撞而产生尘粒的布朗运动，尘粒越小越显著。如图6.17所示，微小粒子由于布朗运动，使其有更大的机会运动到物体表面而沉积下来，这种机理称为扩散。对于等于或小于0.3 μm的尘粒，扩散是一种很重要的机理。而大于0.3 μm的尘粒，其布朗运动减弱，一般不足以靠布朗运动使其离开流线碰撞到物体上面去。

（6）静电力作用

悬浮在气流中的尘粒都带有一定的电荷，可以通过静电力使它从气流中分离出来。在自然状态下，尘粒的带电量很小。要得到较好的除尘效果，必须设置专门的高压电场，使所有的尘粒都充分带电。

（7）筛滤作用

筛滤作用是指当尘粒的尺寸大于纤维网孔尺寸时而被阻留下来的现象。

（8）凝聚作用

凝聚作用不是一种直接的除尘机理。通过超声波、蒸汽凝结、加湿等凝聚作用，可以使微小粒子凝聚增大，然后再用一般的除尘方法去除。

3）除尘设备的分类

工业建筑中的除尘设备（除尘器）是用来净化由生产工艺设备或炉窑中排出的含尘气体的设备，它是工业除尘系统中的重要部件和主要设备之一。工业除尘器运行的好坏将直接影响排往室外的粉尘浓度，也就会直接影响建筑外部空气环境的质量。

工业除尘器的种类很多、分类方法很多。通常情况下，按其主要的除尘机理，可将常用除尘器分为以下六大类：

①重力除尘：如重力沉降室。

②惯性除尘：如惯性除尘器。

③离心力除尘：如旋风除尘器。

④过滤除尘：如袋式除尘器、颗粒层除尘器、纤维过滤器、纸过滤器。

⑤洗涤除尘：如自激式除尘器、旋风水膜除尘器。

⑥静电除尘：如电除尘器。

根据是否用水作为除尘媒介，除尘器又可分为干式除尘器和湿式除尘器两大类。干式除尘器包括上述重力除尘、惯性除尘、离心力除尘、过滤除尘和干式电除尘等类型的除尘器。湿式除尘器包括喷淋式除尘器、填料式除尘器、泡沫除尘器、自激式除尘器、文氏管除尘器和湿式电除尘器等。

根据气体净化程度的不同，也可分为如下4类：

①粗净化：主要除掉大的尘粒，一般用作多级除尘的第一级。

②中净化：主要用于通风除尘系统，要求净化后的空气浓度不超过 $100 \sim 200 \ \mathrm{mg/m^3}$。

③细净化：主要用于通风空调系统和再循环系统，要求净化后的空气含尘浓度不超过 $1 \sim 2 \ \mathrm{mg/m^3}$。

④超净化：主要去除 $1 \ \mu\mathrm{m}$ 以下的细小尘粒，用于洁净空调系统。净化后的空气含尘浓度视工艺要求而定。

4)除尘器的主要技术性能指标

(1)除尘效率

在除尘工程设计中，一般采用全效率和分级效率两种表达方式。

①全效率：除尘器的全效率 η（或称总效率）是在一定的运行工况下，单位时间内除尘器除下的粉尘量与进入除尘器的粉尘量的百分比，即：

$$\eta = \frac{M_2}{M_1} \times 100\% \qquad (6.32)$$

式中　η——除尘器的全效率，%；

　　　M_1——进入除尘器的粉尘量，g/s；

　　　M_2——除尘器除下的粉尘量，g/s。

由于在现场无法直接测量进入除尘器的粉尘量，应先测量除尘器进出口气流中的含尘浓度和相应的风量，再用式(6.33)计算：

$$\eta = \frac{L_1 c_1 - L_2 c_2}{L_1 c_1} \times 100\% \qquad (6.33)$$

式中　L_1——除尘器入口风量，$\mathrm{m^3/s}$；

　　　c_1——除尘器入口含尘质量浓度，$\mathrm{g/m^3}$；

　　　L_2——除尘器出口风量，$\mathrm{m^3/s}$；

　　　c_2——除尘器出口含尘质量浓度，$\mathrm{g/m^3}$。

在工程实践中，为提高除尘系统的除尘效率，常将2个或多个除尘器串联使用。假设系统中有除尘效率分别为 η_1，η_2，$\cdots$，η_n 的 n 个除尘器串联运行，η 应按式（6.34）计算：

$$\eta = 1 - (1 - \eta_1)(1 - \eta_2)\cdots(1 - \eta_n) \tag{6.34}$$

②穿透率:穿透率为单位时间内除尘器排放的粉尘量与进入除尘器的粉尘量的百分比,即:

$$P = \frac{L_2 c_2}{L_1 c_1} \times 100\% \tag{6.35}$$

③分级效率:分级效率为除尘器对某一代表粒径 d_c 或粒径在 $d_c \pm \dfrac{\Delta d_c}{2}$ 范围内粉尘的除尘效率,用下式表示:

$$\eta_c = \frac{\Delta M_c}{\Delta M_j} \times 100\% \tag{3.36}$$

式中　ΔM_c——在 Δd_c 粒径范围内,除尘器捕集的粉尘量,g/s;

　　　ΔM_j——在 Δd_c 粒径范围内,进入除尘器的粉尘量,g/s。

（2）压力损失

除尘器的压力损失 Δp 为除尘器进、出口处气流的全压的绝对值之差,它表示流体流经除尘器所耗的机械能。当知道该除尘器的局部阻力系数 ξ 的数值后,可用下式计算:

$$\Delta p = \frac{\xi \rho_g v^2}{2} \tag{6.37}$$

式中　Δp——除尘器的压力损失,Pa;

　　　ρ_g——处理气体的密度,kg/m³;

　　　v——除尘器入口处的气流速度,m/s。

（3）处理气体量

处理气体量是评价除尘器处理能力大小的重要技术指标,一般用体积流量 L 表示。

（4）负荷适应性

负荷适应性是反映除尘器性能可靠性的技术指标。负荷适应性良好的除尘器,当处理的气体量或污染物浓度在较大范围内波动时,仍能保持稳定的除尘效率。

5）除尘器的选择

除尘器的选择应考虑下列因素,通过全面的技术经济比较来确定:

①含尘气体的化学成分、腐蚀性、爆炸性、温度、湿度、露点、气体量和含尘浓度。

②粉尘的化学成分、密度、粒径分布、腐蚀性、亲水性、磨琢度、比电阻、黏结性、纤维性和可燃性、爆炸性等。

③经除尘器净化处理后的气体的容许排放浓度。

④除尘器的压力损失与除尘效率。

⑤粉尘的回收价值和回收利用形式。

⑥除尘器的设备费、运行费、使用寿命、场地布置及外部水源、电源条件等。

⑦维护管理的繁简程度。

6.4.2　除尘系统的设计原则

1)除尘系统的组成

工业建筑的除尘系统主要由吸尘装置、管道、除尘器和通风机所组成,它是用来捕集、净化生产工艺过程中产生的粉尘的一种局部机械排风系统。图 6.18 为某工业除尘系统的基本组成。尽管针对不同生产工艺过程,具体采用的设备、系统形式可能各有不同,但含尘气体在系统中总是会经历捕集、输运、净化(除尘)和排放等过程。

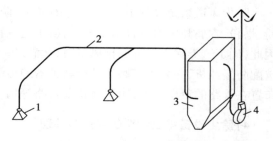

图 6.18　工业除尘系统示意图
1—吸尘装置;2—管道;3—除尘器;4—风机

2)除尘系统的划分原则

划分工业建筑的除尘系统时,除应遵守局部排风系统的若干原则外,尚应遵守下述原则:
①同一生产流程、同时工作的扬尘点相距不远时,宜合设一个系统。
②同时工作但粉尘种类不同的扬尘点,当工艺允许不同粉尘混合回收或粉尘无回收价值时,可合设一个系统。
③温湿度不同的含尘气体,当混合后可能导致风管内结露时,应分设系统。
④在同一工序中如有多台并列设备,如果这些设备并不同时工作,则不宜划为同一系统。
⑤除尘系统服务范围不宜过大,吸尘点不宜过多,通常五六个较为合适。

3)除尘风道系统设计

工业除尘系统的风道同一般局部排风系统的风道相比,具有以下特点:
①除尘系统的风道所输送的介质为含尘空气,因风速较高,管壁磨损严重,故通常多用壁厚为 1.5~3 mm 的普通钢板加工制作。
②除尘系统的风道由于风速较高,通常采用圆形风道,而且直径较小。但是,为了防止风管堵塞,除尘风道的直径不宜小于表 6.9 数据。

表 6.9　除尘风道的直径　　　　　单位:mm

排送细小粉尘	排送较粗粉尘	排送粗粉尘	排送木片
80	100	130	150

③如果吸尘点较多,常采用大断面的集合管连接各支管。集合管分垂直、水平两种形式,管内风速不宜超过 3 m/s,集合管下部应设卸灰装置。
④为防止粉尘在风管内沉积,除尘系统的风管除在管内保持较大风速外,还要求尽可能垂直或倾斜敷设。倾斜敷设时,与水平面的夹角最好大于 45°;如必须水平敷设,需设置清扫口。
⑤除尘风道系统设计中,对管网水力平衡性要求较严格。对于并联管路进行水力计算时,除尘系统要求两支管的压力损失差不超过 10%,以保证各支管的风量达到设计要求。

为保证除尘系统的除尘效果和便于生产操作,对于一般的除尘系统,排风量应按其所连接的全部吸风点同时工作计算,而不考虑个别吸风口的间歇修正。但当一个系统中非同时工作的吸风点的排风量较大时,系统排风量可按同时工作吸风点排风量与非同时工作吸风点排风量的15%~20%之和来确定,并应在各间歇工作吸风点上装设与工艺设备联锁的阀门。

除尘风道系统设计中,应充分注意防火、防爆问题。当系统输送、处理的介质是含铝粉、镁粉、煤粉、木屑和面粉等含尘空气时,由于这些物质爆炸浓度下限较低,易于引起爆炸和燃烧。因此,确定这类除尘系统的排风量时,除满足一般要求外,还应校核其中可燃物的浓度;系统应选配防爆风机,并采用直联传动或联轴器的传动方式;净化有爆炸危险粉尘的干式除尘器,应布置在管路的负压段上;净化设备及管路等均应设泄爆装置。

4)除尘设备排出物料的收集与处理

为保障除尘系统的正常运行和防止再次污染环境,应对除尘器收集下来的粉尘作妥善处理。其处理原则是:减少二次扬尘,保护环境和回收利用,化害为利,变废为宝,提高经济效益。根据生产工艺的条件、粉尘性质、回收利用的价值以及处理粉尘量等因素,可采用就地回收、集中回收处理和集中废弃等方式。

(1)干式除尘器排出粉尘的处理

①就地回收:由除尘器的排尘管直接将粉尘卸至生产设备内。其特点是:不需设粉尘处理设备,维修管理简单,但易于产生二次扬尘。就地回收方式适用于粉尘有回收价值,并靠重力作用能自由落回到生产设备内的场合。

②集中处理:利用机械或气力输送设备,将各除尘器卸下的粉尘集中到预定地点,再进行集中处理。其特点是:需设运输设备,有时还需设加湿设备;维护管理工作量大;集中后利于粉尘的回收利用;与就地回收相比,二次扬尘易于控制。这种方式适用于除尘设备卸尘点较多,卸尘量较大,又不能就地纳入工艺流程回收的场合。

③人工清灰:适用于卸尘量较小,并不直接回收利用或无回收价值的场合。

(2)湿式除尘器排出含尘污水的处理

①分散机械处理:在除尘器本体或下部集水坑设刮泥机等,将扒出的尘泥就地纳入工艺流程或运往他处。这种方式的刮泥机需经常管理和维修,适用于除尘器数量少,但每台除尘设备排尘量大的场合。

②集中机械处理:将全厂含尘污水纳入集中处理系统,使粉尘沉淀、浓缩,然后用抓泥斗、刮泥机等设备将泥尘清出,纳入工艺流程或运往他处。其特点是:污水处理设备比较复杂,可集中维修管理,但工作量较大。该方式适用于除尘器数量较多的大、中型厂矿,以及含尘污水量较大的场合。

6.4.3 常用的除尘设备

1)重力沉降室

重力沉降室是利用重力作用使粉尘从空气中自然沉降而分离的一种简单的除尘装置。它的工作原理是,含尘气流通过横断面比管道大得多的沉降室时,流速大大降低,使尘粒按其终末沉降速度缓慢落至沉降室底部。

为保证粉尘全部落入沉降室底部而被捕集,在含尘气流以速度 v 流经整个沉降室长度 l 的

这段时间内,尘粒应能来得及以沉降速度 v_{ch} 从上部降落至室底,必须满足条件:

$$\frac{l}{v} \geqslant \frac{H}{v_{ch}} \tag{6.38}$$

式中 l ——沉降室长度,m;

       H ——沉降室高度,m;

       v ——含尘气流在沉降室中的水平流速,m/s。设计时,一般可取 0.3~2 m/s;

       v_{ch} ——尘粒在沉降室中的沉降速度,m/s。

根据流体力学,尘粒在静止空气中自由沉降时,其末端沉降速度为:

$$v_{ch} = \sqrt{\frac{4(\rho_p - \rho)gd_p}{3C_R \rho}} \tag{6.39}$$

式中 ρ_p ——尘粒密度,kg/m³;

       ρ ——空气密度,kg/m³;

       g ——重力加速度,m/s²;

       d_p ——尘粒直径,m;

       C_R ——空气阻力系数。该值与尘粒和气流相对运动的雷诺数 Re_p 有关。

在通风除尘中,通常近似认为处于 $Re_p \leqslant 1$ 的范围内,其时 $C_R = \dfrac{24}{Re_p}$。同时,考虑到 $\rho_p \gg \rho$,可以 ρ_p 近似取代 $(\rho_p - \rho)$,则由式(6.39)可得:

$$v_{ch} = \frac{\rho_p g d_p^2}{18\mu} \tag{6.40}$$

式中 μ ——空气的动力黏度,Pa·s。

在沉降室结构尺寸、气流速度 v(或流量 L)确定后,结合式(6.38)可求出该沉降室所能 100%捕集的极限粒径:

$$d_{min} = \sqrt{\frac{18\mu vH}{g\rho_p l}} = \sqrt{\frac{18\mu L}{g\rho_p lW}} \tag{6.41}$$

式中 W ——沉降室的宽度,m。

该沉降室对粒径为 d_p 的尘粒的分级效率 η_j 为:

$$\eta_j = \frac{lv_{ch}}{Hv} = \frac{lWv_{ch}}{L} \tag{6.42}$$

由式(6.42)可知,通过降低 v,H 或加大 l,W,均可改善沉降室的除尘效率。

重力沉降室适用于净化密度大、颗粒粗、磨损性很强的粉尘,能有效捕集 50 μm 以上的尘粒。它具有结构简单,投资少,维护管理容易及压力损失小(一般为 50~150 Pa)等优点;占地面积大,除尘效率低,则是其主要缺点。

2)惯性除尘器

惯性除尘器是通过在内部设置挡板、百叶等构件,使含尘气流方向急剧变化或与障碍物碰撞,利用尘粒自身惯性力使之从含尘气流中分离出来的装置。其结构形式有气流折转式、重力折转式、百叶板式与组合式几种。图 6.19 为前两种形式的除尘器,其性能主要取决于特征速度、折转半径与折转角度。除尘效率较沉降室有所提高,气流在撞击或方向转变前速度越高,方向转变的曲率半径越小,则除尘效率越高。进气管内气流速度取 10 m/s 为宜。压力损失因结构形式不同而差异很大,一般为 100~400 Pa。

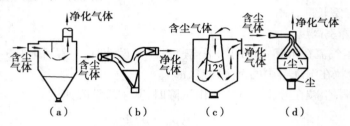

图 6.19　惯性除尘器

惯性除尘器构造较简单,主要用于捕集 20~30 μm 的粗大尘粒,常作为多级除尘中的第一级除尘设备。实际应用中,单靠惯性力除尘的装置并不多,通常是将惯性力除尘与离心力除尘结合起来,以增强装置的除尘效果。这种组合除尘方式的典型实例就是双级蜗旋除尘器,如图6.20所示。

双级蜗旋除尘器是由蜗壳型浓缩分离器(惯性除尘器)和带灰尘隔离室的 C 型旋风除尘器组合而成的除尘设备。含尘气流沿着切线方向以高速(一般为18~25 m/s)进入蜗壳型浓缩分离器,形成强烈的旋转运动,尘粒由于离心力的作用向壳体外缘分离出来。气流通过蜗壳中部固定叶片时,在叶片间隙改变流向,尘粒在惯性力的作用下直接碰撞叶片表面,被反向弹向壳体外缘分离出来。大部

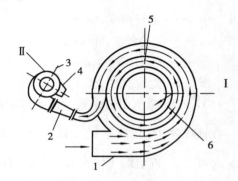

图 6.20　双级蜗旋除尘器工作原理图示
Ⅰ—涡式浓缩分离器;Ⅱ—C 型旋风除尘器;
1——级烟气入口;2—二级烟气入口;
3—净化烟气出口;4—灰尘隔离室;
5—净化烟气出口;6—固定叶片

分气体经净化后由固定叶片间隙中排出,小部分气体(占气体总量的 10%~20%)随着被浓缩分离的尘粒,经分流口进入 C 型旋风除尘器,进行二次净化,使尘粒降落在蓄灰斗中。

双级蜗旋除尘器具有体积小,节省金属材料,阻力小(600 Pa 左右)等优点,但它仅适于捕集较粗大的尘粒,多用于锅炉烟气净化。根据实验,对于 40 μm 以上的尘粒,它的除尘效率可达 90% 左右。

3)旋风除尘器

如图 6.21 所示,旋风除尘器(简称旋风器)是使含尘气流在筒体内做旋转运动,借助气流旋转过程中作用于尘粒上的惯性离心力,使尘粒得以从气流中分离出来并加以捕集的净化装置。普通旋风器单体的基本结构包括进口起旋器、筒体、锥体和蜗壳形出口等部分。含尘气体通过进口起旋器产生沿外壁由上向下的旋转气流(称外涡旋),外涡旋到达锥体底部后转而向上,沿中轴向上旋转(称内涡旋)。在气流做旋转运动时,粉尘在离心力作用下脱离气流向筒体、锥体边壁运动,到达边壁附近的粉尘在气流的作用下进入收尘灰斗;去除了尘粒的气体则以内涡旋向上,并自芯管排出。

实际上,旋风器内气、尘二相流动状况非常复杂,特·林顿(T.Linden)等人的研究发现,含

尘气流在筒体、锥体内旋转时,除切向和轴向运动外还有径向运动。切向速度是决定气流速度大小的主要速度分量,也是决定气流中质点离心力大小的主要因素。切向速度在外涡旋中随半径的减小而增加;在内涡旋中却随半径的减小而减小。径向速度在外涡旋中是向心的,而在内涡旋中是离心的。轴向速度在外涡旋中向下,在内涡旋中则随气流的上升而不断增大。从压力分布来看,轴向各断面上的压力分布同速度分布一样,变化不大;在径向各断面上,压力(主要是静压)同切向速度一样,变化都很大;在外壁附近静压最高,在轴心附近为负压(至集尘斗处达最大)。

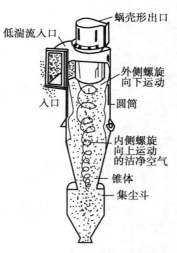

图 6.21　旋风除尘器示意图

旋风除尘器含尘气流的进口流速(流量)对其性能有重要影响,一般进口风速为 6～27 m/s,通常以 15～20 m/s 为宜。风速过高,可能使效率下降,更会导致阻力迅速提高。此外,除尘效率还会随粉尘粒径、密度的增大而提高,随下部排尘口处漏风量的增加而降低。从分级效率来看,对于20～30 μm 的尘粒,旋风除尘器具有90%以上的除尘效率,对于小于 5～10 μm 的尘粒,效率则低得多。因此,旋风除尘器宜用作捕集大粒径、高浓度粉尘的预除尘器。

旋风除尘器的实用类型较多。既可采用单体形式,亦可由多个旋风器单体乃至数十个小尺寸旋风器(旋风子)并联组合成多管除尘器使用,单体直径一般控制在 200～1 000 mm。按进风和排灰方向,可以分为:切向进风、轴向排灰;切向进风、周边排灰;轴向进风、轴向排灰;轴向进风、周边排灰等类型。按除尘效率,还可分为通用型和高效型两大类,以 15～40 μm 粒径间的分级效率为例,通用型为80%～95%,高效型则可达95%～100%。

为使旋风除尘器进一步达到低阻高效性能,实践中人们陆续对其结构提出以下主要改进措施:

①进气通道由切向进气改为回转进气,通过改变含尘气体的浓度分布,减少短路流排尘量。

②将传统的单进口改为多进口,有效地改进旋转气流偏心,使旋风器的阻力显著下降。

③在筒体、锥体上加排尘通道,防止到达壁面的粉尘二次返混。

④在锥体下部安装二次分离装置(反射屏或中间小灰斗),防止收尘二次返混。

⑤在排气芯管上部加装二次分离器,利用排气强旋转流进行微细粉尘的二次分离。

⑥在筒体、锥体分离空间加装减阻件,以降低气流阻力。

4)袋式除尘器

(1)工作原理

如图 6.22 所示,袋式除尘器是利用纤维织物加工的袋状过滤元件,从含尘气流中捕集粉尘的一种干式高效除尘器。它主要由过滤装置和清灰装置两部分所组成:前者通常做成直径125～500 mm,长约 2 m 的圆柱形滤袋,用于捕集粉尘;后者则用以定期清除滤袋上的积尘,保持必要的透气、处理能力。

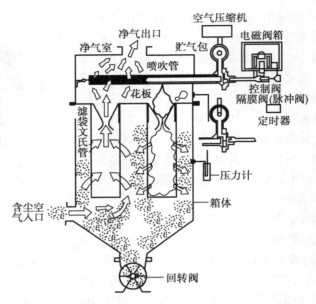

图 6.22　脉冲喷吹袋式除尘器

当含尘气流通过滤袋壁面时,主要依靠纤维、织物的筛滤、拦截、碰撞、扩散和静电吸引等效应,将粉尘阻留在滤料上,透过滤袋得以净化的空气则从排气通道排出。滤料本身的网孔一般为 20~50 μm(表面起绒的为 5~10 μm),因此新滤袋除尘效率并不高(对 1 μm 的尘粒,其除尘效率只有 40% 左右)。袋式除尘器主要依靠在滤料表面逐渐形成的粉尘"初层"及其后继续堆积的粉尘层来发挥其过滤、捕尘作用。随着滤袋表面积尘增厚,滤料两侧压差增大,空气通过孔眼时的阻力加大、流速增高,从而可能导致除尘器滤袋破损、处理风量减少和除尘效率下降。因此,袋式除尘器运行一段时间后必须进行清灰,清灰时不能破坏初层,以免其效率降低。

(2)主要类型与特点

袋式除尘器种类很多,可根据它的不同特点进行分类。由于清灰方式在很大程度上影响着这种除尘器的性能,通常主要依据清灰方式将其分为机械振动(打)式、气流反吹式和脉冲喷吹式三大类:

①机械振动(打)类:这类袋式除尘器利用手动、电动或气动控制的机械装置,使滤袋振动而实现清灰。振动频率有高、中、低之分,振动方式包括垂直、水平、扭转或多方式组合。清灰时必须停止过滤,有时还辅以反吹气流,因而箱体多做成分室结构,以便逐室清灰。该方式适用于以表面过滤为主的滤袋,宜采用较低过滤风速。

②气流反吹类:这类袋式除尘器利用与过滤气流反向的气流,使滤袋变形,使粉尘层受挠曲力和屈曲力的作用而脱落。反向气流可由除尘器前后的压差产生,或由专设的反吹风机供给。这类清灰方式多采用分室工作制度,有时也采用使部分滤袋逐次清灰的形式。反吹风时气流在整个滤袋上分布较均匀,振动也不剧烈,对滤袋损伤较小,其清灰能力属各方式中的最弱者。这类除尘器滤料过滤风速为 0.6~1 m/min,阻力为 1 800~2 000 Pa。

③脉冲喷吹类:这类袋式除尘器借助各种脉冲控制供气系统,将压缩空气在短暂的时间(不超过0.2 s)内经喷嘴高速喷射进入滤袋顶部的文氏管,同时诱导数倍于喷射气流的空气进入滤袋,造成袋内较高的压力峰值和较高的压力上升速度,使袋壁获得很高的向外加速度,从而清落粉尘,见图6.22。喷吹时,虽然被清灰的滤袋不起过滤作用,但因喷吹时间很短,而且只

有少部分滤袋清灰,可不采用分室结构。也有采取停风喷吹方式,对滤袋逐箱进行清灰,同时箱体便需分隔,但通常只将净气室做成分室结构。

脉冲喷吹方式的清灰能力最强,效果最好,可允许高的过滤风速,并保持低的压力损失,近年来发展迅速。

袋式除尘器除按以上方法分类外,还可按其滤袋形式分为圆袋式和扁袋式;按气流过滤方向分为外滤式和内滤式;按除尘器内压力分为吸入式和压入式等。

(3)主要技术指标

①除尘效率:袋式除尘器的效率主要受下列几种因素的影响。

a.粉尘。对 1 μm 以上的尘粒,除尘效率一般可达到 99.5%。小于 1 μm 的尘粒中,以0.2~0.4 μm 尘粒除尘效率最低,这是由于在这一粒径范围内,惯性碰撞和扩散效应这两种主要捕集作用均处于低值区域。此外,尘粒携带静电荷也影响除尘效率,如能预先使粉尘荷电,对微细粉尘也能获得很高的除尘效率。

b.滤料:滤料的结构类型、表面处理状况对除尘效率有显著影响。目前,常用的纤维滤料包括机织布、针刺滤料(无纺布)、覆膜滤料(属表面过滤材料)和复合纤维滤材等几大类。一般说来,机织滤料除尘效率较低;针刺滤料较高;后两种则可达很高的效率。

c.滤料上堆积粉尘负荷:这项影响对机织滤料显著;针刺滤料本身具有深层过滤作用,影响很小;对表面滤料几乎不存在影响。

d.过滤风速:过滤风速是衡量袋式除尘器性能的重要指标之一。它的大小与除尘器清灰方式、清灰制度、粉尘特性、入口含尘浓度等因素密切相关,对系统的除尘效率、初投资和运行费用均有显著影响。根据我国除尘器产品标准规定,对于机械振打类除尘器,过滤风速为 0.3~1.5 m/s;对于气流反吹类为小于 0.5 m/s 或 1.5 m/s;对于脉冲喷吹类则为 1.0~3.0 m/s。

②压力损失:袋式除尘器的压力损失不但决定着它的能耗,还决定着它的除尘效率和清灰时间间隔,它与除尘器结构形式、滤料特性、过滤风速、粉尘浓度、清灰方式、气体温度及气体黏度等因素有关。各种袋式除尘器的压力损失目前主要通过实验方法来确定,它包括除尘器外壳结构阻力(一般为 300~500 Pa)、清洁滤料阻力和粉尘层阻力(一般为 500~1 000 Pa)这三者之和。根据我国除尘器产品标准规定,各类袋式除尘器的压力损失在前述过滤风速条件下,为 1 200~2 000 Pa。

按照工程实践经验,通常袋式除尘器滤料的粉尘沉积负荷为 0.1~0.3 kg/m²,除尘器压力损失一般控制在 1 000~2 000 Pa。若除尘器的结构压力损失约为 300 Pa,则过滤层压力损失应控制在 700~1 700 Pa。当除尘器压力损失达到设计预定值时,就必须停止过滤而对其进行清灰。

(4)袋式除尘器的选用

概括地说,袋式除尘器的应用较之其他类型的除尘器具有以下主要特点:

①除尘效果好,对微细粉尘其除尘效率也可达 99% 以上。

②适应性强,对各类性质的粉尘都有很高的除尘效率,不受比电阻等性质的影响。在含尘浓度很高或很低的条件下,都能获得令人满意的工作效果。

③规格多样,应用灵活:单台除尘器的处理风量最小不足 200 m³/h,最大可以超过 5×10⁶ m³/h。

④便于回收干物料,没有污泥处理、废水污染以及腐蚀等问题。

⑤随所用物料耐温性能的不同,可分别用于 ≤130,200,280,550 ℃等条件下,但高温滤料

价格比较贵。

⑥在捕集黏性强及吸湿性强的粉尘,或处理露点很高的烟气时,滤袋易被堵塞,需采取保温或加热等防范措施。

⑦主要缺点在于某些类型的袋式除尘器存在压力损失大,设备庞大,滤袋易于损坏以及换袋困难等问题。

基于上述诸多优点,袋式除尘器在冶金、化学、陶瓷、水泥、食品等不同工业部门中得到广泛的应用,在各种高效除尘器中是最具竞争力的除尘设备。

选用袋式除尘器时必须考虑下列因素:处理风量、运行温度、粉尘理化性质、入口含尘浓度、工作制度、工作压力、工作环境等。工程实践中,通常可按以下步骤选用:

①确定处理风量:此处是指实际运行工况风量。

②确定运行温度:其上限应在所选用滤料允许的长期使用温度之内,而其下限应高于露点温度 15~20 ℃,当烟气中含有 SO_2 等酸性气体时,因其露点较高,应特别注意。

③选择清灰方式及适宜的滤料。

④确定过滤速度:主要根据清灰方式及粉尘特性来确定。

⑤计算过滤面积。

⑥确定清灰制度:对于脉冲袋式除尘器主要确定喷吹周期和脉冲间隔,是否停风喷吹;对于分室反吹袋式除尘器主要确定反吹、过滤、沉降 3 种状态的持续时间和次数。

⑦依据上述结果查找样本,确定所需的除尘器型号规格。对于脉冲袋式除尘器而言,还应计算(或查询)清灰气源的用量。

5)静电除尘器

(1)工作原理

静电除尘器是利用静电力将气体中粉尘分离的一种除尘设备,简称电除尘器。除尘器是由本体及直流高压电源两部分构成,其工作原理如图 6.23 所示。本体中排列有数量众多的、保持一定间距的金属集尘极(又称极板)与电晕极(又称极线),用以产生电晕,捕集粉尘。设有清除电极上沉积粉尘的清灰装置、气流均布装置、存输灰装置等。图 6.24 是目前常用的板式电除尘器示意图。向除尘器送入含尘气体并供电后即可实现下列除尘过程。

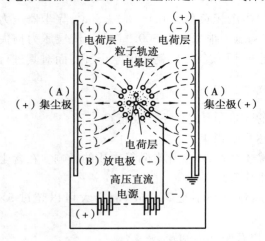

图 6.23　静电除尘器的工作原理

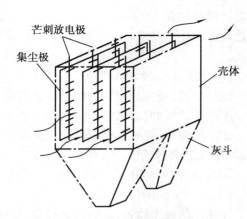

图 6.24　板式静电除尘器结构示意图

①气体电离:供电达到足够高压时,在高电场强度的作用下,电晕极周围的小范围内(半径仅为数毫米的电晕区内)气体电离,产生大量自由电子及正离子。在离电晕极较远的区域(电晕外区),电子附着于气体分子上形成大量负离子。正、负离子及电子各向其异极性方向运动形成了电流。该现象称为"电晕放电"。当电晕极上施加负高压时,称负电晕放电;施加正高压时,称为正电晕放电。

②粉尘荷电:当含尘气体通过存在大量离子及电子的空间时,离子及电子会附着在粉尘上,附着负离子和电子的粉尘荷负电,附着正离子的粉尘荷正电。显然,由于负离子的浓度远大于正离子,所以极间空间中的大部分粉尘荷负电。

③收尘:在电场力的作用下,荷电粉尘向其极性的反方向运动。在负电晕电场中,大量荷负电粉尘移向接地的集尘极(正极)。粉尘向极板方向移动的速度,称为驱进速度,含尘气体在电除尘器中运动时的平均速度,称为电场风速。

④清灰:粉尘按其荷电极性分别附着在极板(量大)和极线(量少)上,通过清灰使其落入灰斗,通过输灰系统使粉尘排出除尘器。

(2)主要类型与特点

①按电极清灰方式分类:

a.干式电除尘器:常用机械和电磁振打清灰,借助机械力槌打、刷扫的方法清除电极上的积尘。优点是粉尘后处理简单,便于综合利用,但清灰时会扬起积尘,或短时间内产生反流,影响除尘效率。

b.湿式电除尘器:用淋洗、喷雾、溢流等方式清洗电极表面的积尘。清灰时不扬尘,但产生大量泥浆,泥浆需后处理。

c.半干半湿电除尘器:多个电场组合的电除尘器在前面的一、二电场用干法清灰,后面的电场用湿式清灰。这可使除尘器获得较好的清灰效果,又可减少泥浆的处理量,但设备较复杂。

②按气流运动方向分类:

a.立式电除尘器:电除尘器本体呈垂直布置,使气体在除尘器内自下而上运动。由于气流与粉尘沉降方向相反,且难形成多电场,检修不方便。这种电除尘器只适用于处理气体流量较小、除尘效率要求不很高、安装场地狭窄的地点。

b.卧式电除尘器:电除尘器本体呈水平布置,使内部被处理的气体沿水平方向运动。由于可分为若干电场,实现分电场供电,以提高除尘效率;除尘器安装、维修方便,是目前电除尘器应用中的主要结构形式。

③按集尘极的形式分类:

a.管式电除尘器:集尘极由圆形或六角形管组成,施加高压电后管内场强均匀,有利于集尘,但只能立式安装,只适用于湿式清灰及小气体量净化。

b.板式电除尘器:在多列平行的金属板通道中设置电晕极,通道数可以有几十个至上百个,电极可加工成多种形状及不同尺寸,是目前应用最主要的设备类型。

④按集尘极和电晕极配置方法分类:

a.单区电除尘器:集尘极和电晕极都安装在同一区域,粉尘荷电和捕集在同一区域完成。这是工业烟气除尘目前应用最主要的设备类型。

b.双区电除尘器:除尘器分前、后两个区域:前区是电晕发生区,粉尘在该区荷电;后区也设置电场(不产生电晕放电),称为收尘区,荷电粉尘主要在该区被捕集。这种除尘器集尘区的外加电压可以较低,且常采用正电晕放电,臭氧产生量少。一般常在空气调节系统中用作进气净化或用于油雾的净化等;工业除尘中亦有少量应用。

⑤按电除尘原理的应用场合分类:电除尘原理除应用于前列各种单一设备外,还可以与其他类型的除尘器结合,应用于复合型除尘装置和多功能净化系统中。

a.静电复合式电除尘器:在其他除尘器中引入静电除尘机理,提高对细微粉尘的捕集性能。目前已有电强化旋风除尘器、电强化袋式除尘器、电强化湿式除尘器和电强化颗粒层除尘器等。一般电强化措施如配置适当,均可提高对微细尘粒捕集的效率。

b.静电尘源抑制技术:使尘源点处于高压电场中,抑止粉尘飞扬。该技术简单,占地少,能耗低,可省去管道、风机等设备。由于这项技术多用于敞开的尘源点,如皮带通廊、敞口料仓、振动筛及局部操作工序,故又称为敞开式电除尘器。

(3)主要技术指标

①粉尘比电阻:它是评定粉尘导电性能的一个指标,它对电除尘器的有效运行具有显著的影响。粉尘比电阻(或称电阻率)R_b 为:

$$R_b = \frac{UA}{I\delta} \tag{6.43}$$

式中　　A ——粉尘层面积,cm^2;

U ——施加在粉尘层上的电压,V;

I ——通过粉尘层的电流,mA;

δ ——粉尘层的厚度,cm。

粉尘按比电阻值大小分为 3 种类型:小于 10^4 $\Omega \cdot cm$ 为低阻型;$10^4 \sim 10^{11} \Omega \cdot cm$ 为正常型;超过 $10^{11} \sim 10^{12} \Omega \cdot cm$ 的为高阻型。当荷负电的尘粒到达集尘极(正极)后,低阻型尘粒放电迅速,可能导致二次扬尘;高阻型尘粒放电缓慢,易导致"反电晕"现象。唯有如像锅炉飞灰、水泥尘、高炉粉尘、石灰石粉尘等正常型尘粒才能以正常速度放出电荷,不致出现上述 2 种不利现象,从而一般都能获得较高的除尘效率。

②粉尘浓度与粒径:入口含尘浓度高,极间存在着大量的空间电荷(荷电粉尘),严重影响电晕放电,甚至会形成"电晕闭塞",其结果是使粉尘未能充分地荷电,从而降低除尘效率。越细的尘粒,即使质量浓度不高也可能造成电晕闭塞;反之,对于粗颗粒粉尘可以允许的入口浓度相对较高。因此,粉尘浓度和粒径直接影响粉尘的荷电。

为了防止电晕闭塞,对于锅炉飞灰,入口含尘质量浓度通常不应超过 $30 \sim 40$ g/m^3。即使对一些粒径大、密度大的粉尘,若无特殊措施,除尘器进口粉尘质量浓度也不宜超过 60 g/m^3。

尘粒的荷电机制有两种:一种是在电场力的作用下离子碰撞荷电,称电场荷电(或场荷电);另一种是依靠离子扩散使尘粒荷电,称扩散荷电。大于 0.5 μm 的尘粒以电场荷电为主,小于 0.2 μm 的尘粒以扩散荷电为主。在电除尘器中,电场荷电起主要作用。随着尘粒荷电条件的不同,粒径为 $1 \sim 20$ μm 时,驱进速度随粉尘粒径的增加成正比地增高,但大颗粒粉尘在集尘板上的反弹也随之增加,故使驱进速度的增加逐渐缓慢。

粒径 $0.1 \sim 1$ μm 是电除尘器最难捕集的范围,尤其 $0.2 \sim 0.4$ μm 区间捕集效率为最低。原因是在这个粒径区间两种荷电形式同时存在,但其作用都较弱,从而使粒子不能充分有效地获得电荷。

③粉尘的黏附力:粉尘颗粒之间及粉尘与附着载体之间的黏附力使沉积于电极上的粉尘形成紧缩的粉尘层,并黏附于电极上。粉尘的黏附力过大,清灰时需要较强的振打才能使粉尘层剥离下来;黏附力过小,则沉积在电极上的粉尘层易于受气流冲刷重新回到气流中,清灰时受振打的作用尘粒易被气流带走。

④烟气温度与压力:粉尘导电有两种方式:一种是电流通过粉尘内部(体积导电),这与粉尘的化学成分有关,其电阻值与温度成反比;另一种导电是沿粒子表面进行(表面导电),它与烟气成分及表面存在的水分有关。尘粒表面水分随温度的变化有较大变化,特别是在 200 ℃ 以内,表面电阻与烟气温度成正比。

烟气密度与其温度成反比,并影响着电除尘器内的电离状况。气体密度小,分子平均自由度增大,电子容易获得较高的速度与动能,增强电离效应,因而降低了电除尘器的操作电压。而温度降低时,气体密度增加,可以适当提高击穿电压,除尘效率也相应提高。

⑤烟气湿度:烟气湿度高,其露点温度亦高,当烟气温度接近或低于露点温度时,水分将凝结在粉尘表面,粉尘比电阻值迅速降低,使除尘性能在一定程度上得到改善。

在气体电离过程中,采用适当的含湿量能使电除尘器运行稳定,收尘状况改善。改变烟气成分,实施烟气调质措施,可以使电除尘器性能得到改善。

(4)静电除尘器的选用

静电除尘器的应用主要具有以下特点:

①适用于微粒控制,对粒径 $1 \sim 2~\mu m$ 的尘粒,效率可达 98% ~ 99%;对于亚微米范围的颗粒物也有很高的分离效率。

②在电除尘器内,尘粒从气流中分离的能量,不是供给气流,而是直接供给尘粒的。因此,和其他的高效除尘器相比,电除尘器的本体阻力较低,仅为 200 ~ 300 Pa。

③可以处理温度相对较高(在 400 ℃ 以下)的气体。

④适用于大型烟气或含尘气体净化系统,处理气体量越大,其经济效果越明显。

⑤电除尘器的缺点是一次投资高,钢材消耗多,管理维护相对复杂,并要求较高的制造安装精度。此外,它对净化粉尘比电阻有一定要求,通常最适宜 $10^4 \sim 10^{11}~\Omega \cdot cm$。

基于上述诸多优点,目前静电除尘器已广泛应用于火力发电、冶金、化学和水泥等工业部门的烟气除尘或物料回收。

静电除尘器的除尘效率:

$$\eta = 1 - \exp\left(-\frac{A}{L} w_e\right) \tag{6.44}$$

式中　A ——集尘极板总面积,m^2;

　　　L ——除尘器处理风量,m^3/s;

　　　w_e ——电除尘器有效驱进速度,m/s。

工程实践中,静电除尘器的选用可参照以下主要步骤、方法进行:

①电除尘器有效驱进速度的确定:由于在电除尘器中影响粉尘荷电及运动的因素很多,理论计算值与实际值相差较大,目前仍沿用经验性或半经验性的方法来确定该值。通常可按实际运行中电除尘器的除尘效率值,根据式(6.44)推算出驱进速度,该值称为有效驱进速度,记为 w_e。对于锅炉烟气除尘,$w_e = 0.05 \sim 0.20~m/s$。

②集尘极板面积的确定:电除尘器所需的集尘极板面积可按式(6.44)确定。

③电场风速的确定:穿过电除尘器横截面的含尘气体的速度,称为电场风速。电场风速的大小对除尘效率有较大的影响:风速过大,容易产生二次扬尘,除尘效率下降;风速过低,电除尘器体积大,投资增加。根据经验,电场风速最高不宜超过 1.5~2.0 m/s,除尘效率要求高的电除尘器不宜超过 1.0 m/s。

④长高比的确定:电除尘器的长高比是指集尘极板的有效长度与高度之比。它直接影响到振打清灰时二次扬尘的严重程度。如果集尘极板的长高比偏小,部分下落粉尘在到达灰斗前可能会被气流带出除尘器,从而使除尘效率降低。因此,当要求除尘效率大于 99% 时,除尘器的长高比应不小于 1.0~1.5。

6)湿式除尘器

(1)除尘机理

湿式除尘器(又称洗涤器)是通过含尘气流与液滴或液膜相对高速运动时的相互作用实现除尘净化的装置,主要除尘机理包括惯性碰撞、接触阻留、扩散效应、凝聚效应和凝结核效应。烟气增湿以及高温烟尘在水蒸气冷凝时的凝结核效应均使尘粒间的凝聚性增强。粗大尘粒与液滴(或雾滴)接触,借惯性碰撞、接触阻留(拦截效应)得以捕集,而 1 μm 以上的细微尘粒则在扩散、凝聚等机理的共同作用下实现气尘分离。

(2)除尘器类型及应用特点

湿式除尘器的类型很多,通常按照含尘气流与液体的接触方式,湿式除尘器可分为以下三种类型:

①含尘气流与液膜接触捕尘:尘粒随气流直接冲入液体内部或与受湿尘粒表面水膜相碰撞,从而为液体所捕集。属于这类的除尘器有水浴除尘器、冲激式除尘器和旋风水膜除尘器等。

②含尘气流与液滴接触捕尘:用各种方式向含尘气流中喷入水雾,使之分散于气流中作为捕尘体。属于这类的除尘器有文丘里除尘器和各种喷淋塔。

③含尘气流与气泡接触捕尘:含尘气体以气泡形式接触,尘粒在气泡内以惯性、重力、扩散等机理而沉降。属于这类的除尘器有泡沫除尘器等。

除上述分类外,还可按除尘器的能量消耗,将湿式除尘器分为低能湿式除尘器(其阻力一般在 1 000 Pa 以下)、中能湿式除尘器(其阻力在 1 000~40 000 Pa)和高能湿式除尘器(其阻力一般为 40 000 Pa 以上)。其中,低能、中能类包括上述众多湿式除尘器,在工程中应用更为广泛。

一般说来,湿式除尘器结构简单,投资少,占地面积小,除尘效率较高,并能同时进行有害气体的净化。其缺点主要是不能干法回收物料,且洗涤废水、泥浆处理比较困难,有时需要设置专门的废水处理系统。

湿式除尘器适合用于捕集非纤维和非水硬性的各种粉尘,尤其适宜净化高温、易燃和易爆气体,因而在许多工业部门被广泛应用。

(3)典型的湿式除尘器

①水浴除尘器(图 6.25):水浴除尘器在其内部贮存一定数量的水,利用含尘气流以 8~12 m/s 的速度从喷头高速喷出,冲入液体中,激起大量泡沫和水滴。粗大的尘粒直接在液池内沉降,细微的尘粒在上部空间与形成水花的泡沫和水滴碰撞后,由于凝聚、增重等作用而被捕集,净化气流从排出口排走。这种除尘器的喷口可以插入水中,也可离开水面,需根据净化粉

尘的粒径分布来确定。

水浴除尘器本体结构简单,投资省,运转费用低,除尘效率一般为 85%～95%,压力损失为 500～800 Pa,具有一定的脱硫功能。它可在现场用砖或钢筋混凝土构筑,还可根据需要及风机备用压力调节喷口插入深度,以提高净化效率。

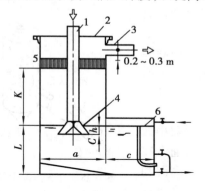

图 6.25　水浴除尘器
1—含尘气流入口;2—顶板;3—净化气流出口;
4—喷口;5—挡水板;6—溢流管

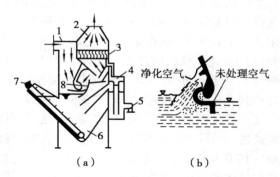

图 6.26　冲激式除尘器
1—含尘气流入口;2—净化气流出口;3—挡水板;
4—溢流箱;5—溢流口;6—泥浆斗;
7—刮板运输;8—S 形通道

②冲激式除尘器(图 6.26):含尘气体进入这种除尘器后转弯向下,冲激在液面上,部分粗大的尘粒直接沉降在泥浆斗内。随后含尘气体高速通过 S 形通道,激起大量水滴,使水滴与粉尘充分接触,收集细微尘粒。净化后的气流经净气分雾室与挡水板后,由通风机排走。收集在液体中的尘粒由刮板运输机自动刮出或人工定期排放,其余废水在除尘器内部自动循环使用。除尘器的压力损失为 1 500 Pa 左右,对 5 μm 的尘粒,除尘效率可达 95% 左右。除尘器的处理风量在 20% 范围内变化时,对除尘器的除尘效率几乎没有影响,而且该除尘器一般与风机组合在一起成为除尘机组,具有结构紧凑、占地面积小、维护管理简单等优点,在实际中得到广泛应用。

③旋风水膜除尘器:旋风水膜除尘器分为立式和卧式,图 6.27 为立式旋风水膜除尘器。含尘气体在除尘器下部沿切线进入内腔,水在上部由喷嘴沿切线方向均匀喷出,沿筒壁均流而下供水,在除尘器内形成一层液膜。尘粒和水雾在自下而上旋转气流的离心力作用下甩向筒壁,与液体接触而被润湿和黏附,然后随水流流入锥形斗内,经水封池和排水沟冲至沉淀池。净化后的干净气体从上部出口排出。它可以有效地防止粉尘在器壁上的反弹、冲刷等引起的二次扬尘,从而提高了除尘效率,一般除尘效率达到 90%～95%。

为保证除尘器筒壁形成稳定、均匀的水膜,要求喷嘴布置均匀,且间距不宜超过 400 mm,水压保持在 300～500 kPa,气流入口速度在 22 m/s 以下,筒壁表面要求平整、光滑,不允许凹凸不平。当其用于净化含腐蚀性物质的气体时,常用花岗岩、钢板或砖、混凝土等构制壳体,再内衬耐腐、耐磨材料,制作成所谓"麻石水膜除尘器"。

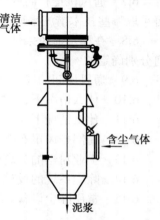

图 6.27　立式旋风水膜除尘器

　　水膜除尘器的入口流速一般采用 18 m/s 左右,直径大于 2 m 的,可采用 22 m/s。除尘器筒体内气流上升速度取 4.5~5 m/s 为宜。处理 1 m³ 含尘气体的耗水量为0.15~0.20 kg。压力损失一般为 600~1 200 Pa。这种除尘器对锅炉烟气的除尘效率为85%~95%。

　　④文丘里除尘器:文丘里除尘器(洗涤器)由文丘里管和离心式除尘器两部分组成,如图 6.28 所示。低阻的文丘里除尘器(含尘气流通过喉管流速 40~60 m/s),压力损失为 1 500~5 000 Pa;高阻文丘里除尘器(喉管流速 60~120 m/s),压力损失为 5 000~20 000 Pa。速度较高的含尘气流通过喉口,喉口的喷嘴喷出的雾滴随气流一起运动,喉口处气雾混合流动使惯性碰撞和扩散效应同时得到充分发挥,从而获得较高的除尘效率。

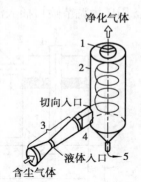

图 6.28　文丘里除尘器
1—消旋器;2—离心分离器;
3—文氏管;4—气旋调节器;
5—排液口

　　文丘里洗涤器是结构简单、紧凑,占地少,在湿式除尘器中效率较高的一种除尘器。根据设计要求的效率,其设备阻力通常在 4 000~10 000 Pa,液气比在 0.5~2.0 L/m³。它对于高温、高湿和易燃等气体的净化(如高炉和转炉煤气的净化与回收方面)具有其他类型除尘器所不及的优点,但在一般烟尘和粉尘治理中,往往只宜采用低阻或中阻除尘器。它的主要缺点是压力损失大,而处理气体量相对较小。

思考题

　　6.1　建筑物中空气污染物的种类、来源及其危害是什么?

　　6.2　按通风的功能与目的来分类,建筑的通风方式有哪几种? 各自在应用上有何特点?

　　6.3　通风系统划分的一般原则是什么? 哪些情况下应当单独设置排风系统?

　　6.4　通风系统设计中,可以采取哪些技术措施来尽量减少系统阻力及风机的动力消耗?

　　6.5　应用假定流速法进行风管水力计算的方法、步骤是什么?

　　6.6　建筑物常用通风机有哪几种? 各自的应用特点如何?

　　6.7　通风机运行时的工作点是如何决定的? 运行过程中,如果用户所需风量发生变化,可采取哪些技术措施来调节?

　　6.8　在稳定通风条件下,消除室内余热、余湿和特定空气污染物的全面通风换气量是如何分别确定的?

　　6.9　通风房间的风量平衡、热平衡和有害物量的平衡分析具有哪些工程实用价值?

　　6.10　什么情况下,必须采用局部送风? 局部送风装置有哪些类型?

　　6.11　什么情况下,必须采用局部排风? 局部排风设计的一般原则是什么?

　　6.12　局部排风罩有哪些类型? 各自的工作原理及设计要点是什么?

　　6.13　工业粉尘的分离机理是什么?

　　6.14　除尘系统的设计原则有哪些?

　　6.15　常用除尘设备有哪些类型? 各自的工作原理及应用特点是什么?

7

建筑空气调节

空气调节是建筑热湿环境保障极其重要的一种技术手段。在建筑物中,应用空调技术来实现其环境控制,必须借助于相应的空调系统。建筑空调系统形式多种多样,但它们一般总是离不开能量转换、热质传递、介质输配以及调节控制这样一些功能部件,总体上可看成是由空调及其冷热源设备、介质输配系统、调控系统和受控环境空间这几部分所组成。空调系统的分类颇为复杂,最基本的分类方法通常是按室内环境调控所用工作介质的种类(包括空气、水、盐水和制冷剂等),将其分为全空气式、全水式、空气-水式和冷剂式等空调系统。工程实践中,应紧密结合各自的具体条件,综合考虑建筑物的性质、用途、负荷特性、对环境品质的特定需求及技术经济的合理性等多种因素,选定适当的系统形式,正确地加以设计和使用。

7.1 空调风(空气)系统

7.1.1 一般原则与方法

空气是空调系统重要的传统的工作介质,在空调设备与室内环境之间充当热质传输或热质交换载体的角色。这里所谓空气系统是指在一般民用与工业建筑室内环境控制中,用空气这种介质来承担室内冷、热、湿负荷并实现正常换气的空调系统。它的基本组成包括空气驱动与处理设备、风道、空气采集或分配构件(风口)及调节阀件等。

1) 系统类型与划分原则

空气系统在空调领域的分类方法比较复杂。按空调环控内容与水准,它通常包括民用与工业建筑中旨在保持不同温湿度、洁净度、安静度等并补足新鲜空气的各种工艺性或舒适性空气调节风系统。按系统的空气驱动及处理设备的集中程度,可以分为:设备高度集中(往往需占用较多建筑有效空间)、服务范围较大的集中式系统,设备分散布置、就地或就近服务的岗位式系统、局部式系统,以及介乎二者之间的半集中式系统。按系统使用的空气来源,则可分为:全部使用新风的直流式系统、完全不使用新风的封闭(循环)式系统以及使用部分新风和回风的混合式系统。

除了以上几种主要分类方法外,实践中还可根据其他一些原则进行分类。例如:根据系统风量是否固定可以分为定风量系统和变风量系统;根据风道内空气流速高低可分为低速系统和高速(20 m/s 以上)系统;根据系统中串联风机级数可分为单风机系统和双风机系统;根据系统送风风道设置形式可分为单风道系统和双风道系统;等等。

空气系统的划分应以保证使用要求为核心,同时要与合理的建筑分区相配合(尤其是高层建筑或大型建筑中的空调系统),有时水平分区和垂直分区都是必要的,由此可获取方便调节与管理、提高系统效能、节约投资与能耗等效益。工程实践中,空气系统的具体划分一般应遵循以下原则:

①系统内各房间邻近且位于同一朝向、层次或区段,负荷特性较为一致。

②系统内各房间具有相同或相近的温湿度、洁净度和噪声级等环控参数要求或其他环控要求。

③系统内各房间具有相同或相近的使用班次及运行特点。

④应尽量减少风道长度,避免重复,以便于施工、管理和调试。

⑤系统规模不宜过大,注意与设备的容量、性能相匹配,利于调节、使用、维护与降噪。

⑥系统初投资和运行费用能够达到综合节省。

2) 空气处理设备及通风机的选用

空气处理设备是空气系统的核心组成部分,包括各种风机盘管、诱导器及各种空调器(机)。它是根据空气处理的不同需要,将通风机与具有加热、加湿、冷却、去湿及净化、消声、调节等功能的某些设备、构件以不同方式组合构成的一种机组,一般尚需另行配设冷热源系统。

空气处理设备品种繁多,分类复杂。比如:按容量及组合形式,可分为整体式、整体装配式和组合式,后者各功能段可任意选择,容量范围宽,处理效果完善;按处理空气来源,可分为(全新风)直流式、封闭循环式和(一、二次回风)混合式;按处理风量变动与否,可分定风量和变风量机组;按设备安装形式,则有壁挂式、吊装式、落地式之分,或暗装、明装和立式、卧式之分。

空气处理设备的选择主要根据系统形式、设计容量大小,以及服务对象对环境参数及其调控方面的要求,同时还应考虑产品性能、价格等因素。在制造厂商提供的产品资料中,通常给出了风量、风压以及冷量、热量、功率等额定性能数据,这为设备选型提供了必要的技术依据。但应注意,由于产品所定的额定工况与设备所需设计工况通常并不一致,这就要求选型时必须对其主要性能参数进行校核。对于组合式空调器来说,喷水室、表冷器和加热器这些功能段是其关键部件,它们的设计或选型都必须通过认真的热工计算来进行。

通风机是空气系统中驱动空气介质流动的动力源,其选用总体上应遵循节能,噪声低,性能稳定,便于安装、使用与维护等原则。

空调空气系统常用的通风机从作用原理上可分为:离心式、轴流式和贯流式,其中使用最多的是离心式通风机和轴流式通风机。离心式通风机,特别适合用于要求低噪声和高风压的空调风系统。轴流式通风机风压较低,噪声较大,耗电较少,便于安装与维修,多用于纺织厂空调之类噪声要求不高、系统阻力较小的大风量系统。贯流式通风机则只宜用于风机盘管、风幕机之类小而分散的空调通风系统中。

3)风道系统设计与施工

风道系统是空气系统中同空气处理与驱动设备紧密联系并保证介质合理输配的重要组成部分。风道系统的正确设计与施工关系到整个空调系统的造价、运行经济性和使用效果,其总的要求是应兼顾风道及其保温选材与耗量、风道占用空间、风机所耗功率以及噪声对管内风速的限制等问题。

在空调工程风道系统的设计、施工中,除应正确处理好风道布置、材料及断面形状选择以及与关联部件的连接等问题外,为保证系统的使用效能与寿命,还应针对工程的实际需要,按照有关技术法规妥善解决防腐、防火、保温、测孔预留以及检修孔设置等问题。这方面的知识在 6.1.3 节中已有详细阐述。

4)系统风量平衡

在直流式或混合式空气系统中都不同程度地使用了室外新风,其中很多会处于新风量不断变化的状态。根据质平衡原理,相应于进入新风的空气量必然通过各种途径排至系统之外。当系统的设计新风比较大,或者新风量增至足够大而又无适当途径导出或排放时,正常的风量平衡关系即会遭到破坏,其结果会在受控环境空间引起正压值增大,或在毗邻环境空间出现空气无序窜流的现象,从而影响系统的正常使用。在此情况下,风量平衡问题无疑应予足够重视。

现以一新风比较大且新风量全年可调的混合式空调系统(图 7.1)为例。假设设计工况下房间送风量为 L,从回风口吸走的循环风为 L_X,在室内正压作用下经门窗缝隙向外渗透的风量为 L_S,空调器使用新风量为 L_W、回风量为 L_H,L_P 则是该系统应向外界排出的风量。针对图中不同的研究对象,可以写出相应的风量平衡关系。

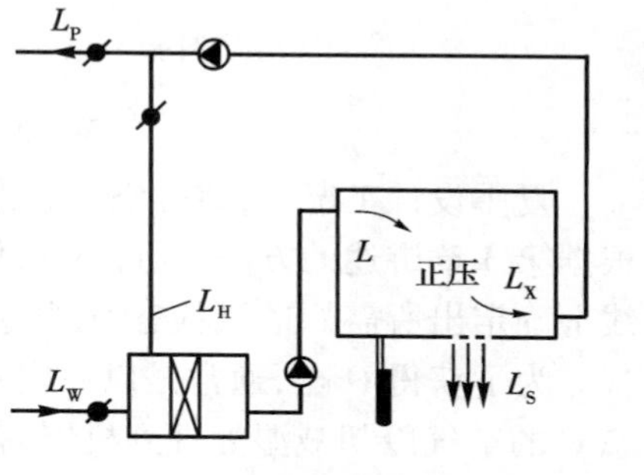

图 7.1 空调系统风量平衡关系

对空调房间: $\qquad L = L_X + L_S \qquad (7.1)$

对空调器: $\qquad L = L_H + L_W \qquad (7.2)$

对空调系统: $\qquad L_W = L_S + L_P \qquad (7.3)$

在夏季、冬季设计工况下,该系统由于设计新风比本来就大,一旦投入运行,总有 $L_W > L_S$,则由式(7.3)可知 $L_P > 0$。另一方面,随着过渡季节的到来,为充分利用新风冷热量,通常要求逐渐增大新风比,直至使用全新风。随着 L_W 增加,L_P 亦加大;当进入全新风工况($L = L_W$)时,将会有 $L_P = L_X$。因此,通常可在空调回风管路上装设回(排)风机,并借调节阀门达到控制 L_P 的目的。

工程实践中,尤其在大型或高层建筑中,可能经常出现多种空气系统并存、交织和相互影响的情况。受控对象使用功能不同,室内所需维持的正压值不尽相同,在诸如厨房、卫生间、汽车库等场所还需保持一定负压。要实现这些要求就需借助毗邻系统或层、区之间仔细的风量平衡分析,将各系统的排风加以合理的组织和引导。顺便指出,上例中的排风量 L_p 未必都需要采用机械排放,明智的作法或许是尽量采取一些因地制宜的导流措施,将空调区域的回(排)风量,引入邻近区域加以再利用,或用以补充相关排风系统之排风量。

7.1.2 普通集中式空调系统

普通集中式空调系统是指常用的低速单风道全空气空调系统。它使用空调设备将空气进行较完善的集中处理,然后通过风道系统将具有一定品质的空气送入空调房间,实现其环境控制的目的。除少数不允许采用室内回风和无法或无须使用室外新风的特殊工程分别采用直流式和(封闭)循环式外,这种系统通常采用新、回风混合,并可分为一次回风方式和二次回风方式。这种系统的基本特征是空气集中处理,风道断面大,占用空间多,适宜用于民用与工业建筑中具有较大空间以布置设备、管路的场所。

1)夏季设计工况下的空气处理过程

首先选择应用广泛的一次回风空调系统为对象,图 7.2(a)中给出它的一种典型装置示意图,其设计工况下的空气(热湿)处理过程可以借助 i-d 图进行分析。

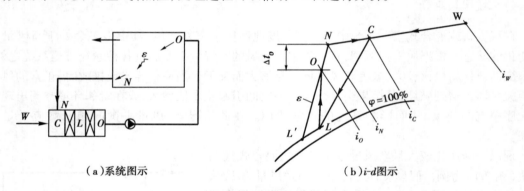

(a)系统图示　　　　　　　　　　　(b)i-d图示

图 7.2　一次回风空调系统夏季处理过程

夏季设计工况下,室外空气状态 W 和空调房间空气状态 N 在 i-d 图中都有确定的位置。根据第 3 章讲述的方法,通过 N 点作房间热湿比 ε 线,再由选定的送风温度差 Δt_0,即可在 ε 线上确定出所需的送风状态 O,并进而由式(3.5)确定出相应的空调送风量 G。

为了获得 O 点,通常是以一定新风比 m 先将新风与室内回风作一次混合,继而将混合状态 C 的空气冷却减湿处理到机器露点 L,最后根据需要采用一个再加热过程将 L 状态改变为 O 状态。

至此,夏季设计工况下各状态点均已在 i-d 图中确定下来,依次连接各点,即可得到相应的空气处理过程[图 7.2(b)]。这一处理过程也可用如下流程形式来表示:

$$\left.\begin{array}{c}W\\N\end{array}\right\rangle\!\!\!\!\!\xrightarrow{\;混合\;}C\xrightarrow{\;冷却减湿\;}L\xrightarrow{\;再加热\;}O\overset{\varepsilon}{\leadsto}N$$

根据 i-d 图分析,把质量流量为 G 的空气从 C 状态(降温减焓减湿)处理到 L 状态所需的冷量 Q_0,就是该空调系统夏季的设计冷负荷(或简称系统冷量),即:

$$Q_o = G(i_C - i_1) \tag{7.4}$$

这一系统冷量也就是应由冷源系统通过制冷剂或载冷剂提供给空气处理设备的冷量。为

深入理解 Q_O 的概念,可通过系统热量平衡与风量平衡分析(图7.3)来认识,它其实反映了以下三部分负荷:

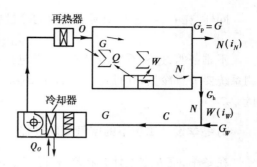

室内冷负荷	$Q = G(i_N - i_O)$
新风负荷	$Q_W = G_W(i_W - i_N)$
再热负荷	$Q_{ZT} = G(i_O - i_1)$

图7.3 一次回风系统冷量分析

若注意到混合过程中 $\dfrac{G_W}{G} = \dfrac{i_C - i_N}{i_W - i_N}$ 这一关系,则不难明白:

$$Q_O = Q + Q_W + Q_{ZR} = G(i_C - i_1) \tag{7.5}$$

上述转换揭示了几种负荷之间的内在联系,也进一步证明了系统冷量在 $i\text{-}d$ 图上的计算方法与热平衡概念之间的一致性。

在上述一次回风系统基础上,如将回风量 G_H 以 G_1 和 G_2 分两次引入空气处理设备,就可构成一种二次回风空调系统,其典型装置图示和 $i\text{-}d$ 图表示见图7.4。

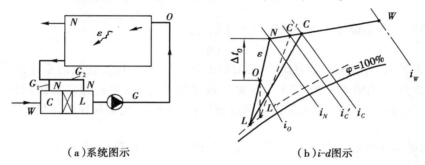

（a）系统图示　　　　　　　　（b）$i\text{-}d$图示

图7.4 二次回风空调系统夏季处理过程

这种二次回风空调系统的一个重要特点是:以回风的第二次混合来取代一次回风系统的再热过程。因此,第二次混合过程应以送风状态 O 为混合点,在 $\overline{NO}$ 延长线上即可找到与 N 混合的 L 状态点,该点对应的风量 G_1 则可由第二次混合过程的混合比来求得:

$$G_1 = \frac{\overline{NO}}{\overline{NL}} G = \frac{i_N - i_O}{i_N - i_1} G = \frac{Q}{i_N - i_1} \tag{7.6}$$

显然,G_1 相当于一次回风系统中用机器露点(相应于 $\Delta t_{O,\max}$)送风时的空调送风量。求得 G_1 后,一次回风量则可确定:$G_1 = G_1 - G_W$。于是,第一次混合点 C 的位置也就可通过 $\dfrac{\overline{WC}}{\overline{CN}} = \dfrac{G_1}{G_W}$ 的混合比加以确定。

至此,该二次回风空调系统的设计工况在 $i\text{-}d$ 图中即可确定下来,其处理流程为:

$$\begin{array}{c} W \\ N \end{array} \xrightarrow{\text{一次混合}} C \xrightarrow{\text{冷却减湿}} L \underset{N}{\xrightarrow{\text{二次混合}}} O \overset{\varepsilon}{\leadsto} N$$

同样,在 $C \to L$ 过程中所需消耗的冷量也就是该二次回风空调系统的冷量:

$$Q_O = G_1(i_C - i_1) \tag{7.7}$$

不难证明,这种系统冷量 Q_O 同样包括室内冷负荷 Q 和新风负荷 Q_W,它较之一次回风空调系统要节省冷量,并且这一节省量 ΔQ_O 正好等于已能节省的相当于一次回风系统的再热量 Q_{Zr}。

2) 冬季设计工况下的空气处理过程

在冬季,室外空气计算状态 W' 将移至 $i\text{-}d$ 图左下方,空调房间热湿比 ε' 也因建筑耗热而减小,其送风状态 O' 可由第 3 章所讲述的方法来确定。

对一次回风空调系统来说,由过 O' 点的等含湿量线可获得相应的机器露点 L(假定室内状态 N、余湿量 W 和送风量 G 与夏季相同,L 点亦应同于夏季)。如果系统采用循环水喷淋的绝热加湿方案,由 $i_{C'}=i_1$ 的关系则已限定新回风混合所需达到的混合状态 C'。于是,冬季设计工况下的空气处理过程在 $i\text{-}d$ 图上得以确定(图 7.5),其空气处理流程为:

$$W \atop N} \xrightarrow{\text{混合}} C' \xrightarrow{\text{绝热加湿}} L \xrightarrow{\text{再加热}} O' \xrightarrow{\varepsilon'} N$$

显然,这种系统在冬季设计工况下所需再加热量应为:

$$Q_{Zr} = G(i_{O'} - i_1) \tag{7.8}$$

在上述方案的应用中,假如系统设计新风比 m 较大,或工程所在地的室外计算参数很低,则会使得混合点 C' 的焓值偏低,但不能靠减小 m 来满足 $i_{C'}=i_1$ 这一绝热加湿条件。为解决这一矛盾,应对新风进行预热(也可先混合,后加热)(图 7.6)。假定存在着预热后既能满足规定新风比 m,又能采用绝热加湿的某一焓值 i_{W_1}。由混合过程分析可知: $m = \dfrac{\overline{NC}}{\overline{NW_1}} = \dfrac{i_N - i_C}{i_N - i_{W_1}}$,并有 $i_C = i_1$,于是可求得这一 i_{W_1} 值为:

$$i_{W_1} = i_N - \frac{i_N - i_1}{m} \tag{7.9}$$

若当地气象条件处于 $i_{W'} < i_{W_1}$,则可判定设计的一次回风空调系统应设置预热器,其预热量为:

$$Q_{Yr} = G_W(i_{W_1} - i_{W'}) \tag{7.10}$$

一次回风空调系统在处理冬季空气时除用绝热加湿外,也可采用喷蒸汽加湿的方法,在图 7.5 中由混合点 C' 等温加湿至 E 点(甚至也可如图 7.6 所示,采用热水喷淋实现 $C' \to L$ 过程),然后再加热以获得 O' 点。应注意,无论采用何种热湿组合处理方案,冬季系统设计总耗热量都应该是相同的。

对于二次回风空调系统,仍可按前述假设并以一次回风系统为基础进行对比分析。这样,这种系统在冬季二次混合过程中的 N,O,L 各点应与夏季相同,但应由 $O \to O'$ 确定其二次加热过程和二次加热量(即再加热量)。在由 L 点制约一次混合过程、新风预热以及其他热湿处理替代方案的考虑等方面,原则上与一次回风空调系统都是完全一致的。在计算二次回风系统冬季设计工况所需再热量 Q_{Yr} 和新风预热判据 i_{W_1} 时,只需将式(7.8)和式(7.9)中的 i_1 以 i_O 替换即可。

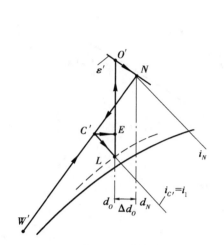

图 7.5　一次回风系统冬季处理过程

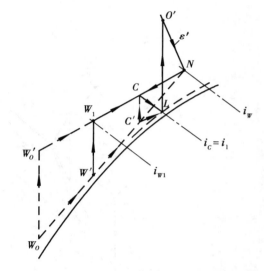

图 7.6　一次回风系统新风预热方案

鉴此,二次回风空调系统的冬季设计工况在 i-d 图上就不难确定下来(图 7.7),其代表性的空气处理流程可表示为:

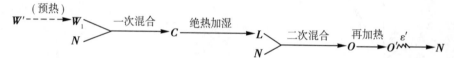

最后尚需说明,实践中大多数舒适空调或工艺空调的室内设计参数并非全年不变(少数恒温恒湿除外),即夏、冬两季状态点 N 应该是有区别的。对此,只需依据各自的室内设计状态和热湿比,确定出相应的机器露点和送风状态,而后依循前述相同的原则、方法来完成其设计工况分析。

【例 7.1】　假定某地大气压力为 101 325 Pa。现有一生产车间需设计集中空调系统,设计条件:

①室外计算参数:夏季 $t = 35$ ℃,$t_s = 26.9$ ℃($\varphi = 54\%$,$i = 84.8$ kJ/kg);冬季 $t = -12$ ℃,$\varphi = 49\%$($t_s = -13.5$ ℃,$i = -10.5$ kJ/kg)。

②室内计算参数:$t = (22 \pm 1)$ ℃,$\varphi = 60\%$($i = 47.2$ kJ/kg,$d = 9.8$ g/kg)。

③室内计算热湿负荷:夏季 $Q = 11.63$ kW,$W = 0.001\ 39$ kg/s;冬季 $Q = -2.326$ kW,$W = 0.001\ 39$ kg/s。

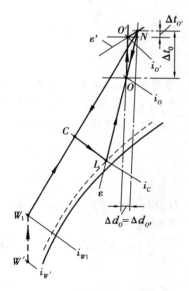

图 7.7　二次回风系统冬季工况

④车间内维持正压和补充局部排风所需新风量为 0.319 kg/s。

要求:①按二次回风系统确定空调方案;②改按一次回风系统确定空调方案并进行比较。图 7.8 为本列附图。

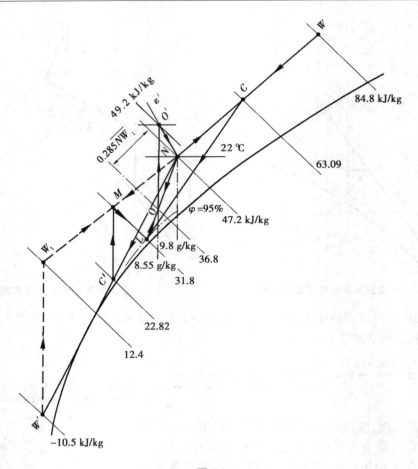

图 7.8

【解】 1.二次回风系统空调方案

(1)夏季设计工况与处理过程的确定

①计算热湿比 ε 和确定送风状态 O：

$$\varepsilon = \frac{Q}{W} = \frac{11.63 \text{ kW}}{0.001\,4 \text{ kg/s}} = 8\,310 \text{ kJ/kg}$$

在相应大气压力的 i-d 图上，过 N 点作 ε 线，与 $\varphi = 95\%$ 线相交得 L 点：$t_1 = 11.5 \text{ ℃}$，$i_1 = 31.8 \text{ kJ/kg}$。考虑工艺要求取 $\Delta t_O = 7 \text{ ℃}$，可得送风状态 O 点：$t_O = 15 \text{ ℃}$，$i_O = 36.8 \text{ kJ/kg}$，$d_O = 8.55 \text{ g/kg}$。

②计算空调送风量 G(按消除余热)：

$$G = \frac{Q}{i_N - i_O} = \frac{11.63 \text{ kW}}{47.2 \text{ kJ/kg} - 36.8 \text{ kJ/kg}} = 1.118 \text{ kg/s}$$

③计算通过喷水室的风量 G_1：

$$G_1 = \frac{Q}{i_N - i_1} = \frac{11.63 \text{ kW}}{47.2 \text{ kJ/kg} - 31.8 \text{ kJ/kg}} = 0.755 \text{ kg/s}$$

④计算新风百分比 m：

$$m = \frac{G_W}{G} \times 100\% = \frac{0.319 \text{ kg/s}}{1.118 \text{ kg/s}} \times 100\% = 28.5\%$$

⑤计算一、二次回风量 G_1, G_2：

$$G_1 = G_1 - G_W = 0.755 \text{ kg/s} - 0.319 \text{ kg/s} = 0.436 \text{ kg/s}$$

$$G_2 = G - G_1 = 1.118 \text{ kg/s} - 0.755 \text{ kg/s} = 0.363 \text{ kg/s}$$

⑥确定一次回风混合点 C：

由于第一次混合过程 $(G_1 + G_W) i_C = G_1 i_N + G_W i_W$，故

$$i_C = \frac{G_1 i_N + G_W i_W}{G_1 + G_W} = \frac{0.436 \text{ kg/s} \times 47.2 \text{ kJ/kg} + 0.319 \text{ kg/s} \times 84.8 \text{ kJ/kg}}{0.436 \text{ kg/s} + 0.319 \text{ kg/s}} = 63.09 \text{ kJ/kg}$$

由 i_C 等值线与 $\overline{NW}$ 的交点即可确定一次混合点 C。

⑦计算系统冷量 Q_O：

$$Q_O = G_1(i_C - i_1) = 0.755 \text{ kg/s}(63.09 \text{ kJ/kg} - 31.8 \text{ kJ/kg}) = 23.62 \text{ kW}$$

这个冷量包括：

室内冷负荷　$Q = 11.63 \text{ kW}$

新风负荷　$Q_W = G_W(i_W - i_N) = 0.319 \text{ kg/s}(84.8 \text{ kJ/kg} - 47.2 \text{ kJ/kg}) = 11.99 \text{ kW}$

并且二者之和应有：

$$Q_O = Q + Q_W = 11.63 \text{ kW} + 11.99 \text{ kW} = 23.62 \text{ kW}$$

（2）冬季设计工况与处理过程的确定

①计算热湿比 ε' 和确定送风状态 O'：

$$\varepsilon' = \frac{Q}{W} = \frac{-2.326 \text{ kW}}{0.001\ 4 \text{ kg/s}} = -1\ 660 \text{ kJ/kg}$$

当采用与夏季相同送风量时，按题设送风含湿量 d_O 应与夏季的相同，即 $d_{O'} = d_O = 8.55 \text{ g/kg}$，由 $d_{O'}$ 等值线与 ε' 线的交点即可确定送风状态 O'：$i_{O'} = 49.2 \text{ kJ/kg}, t_{O'} = 27.0 \text{ ℃}$。

②确定第二、第一次混合过程：按题设，第二次混合过程与夏季完全相同。因此，第一次混合点 C' 可按与夏季相同的混合比求得，或如前述计算出混合焓值：

$$i_{C'} = \frac{G_1 i_N + G_W i_W}{G_1 + G_W} = \frac{0.436 \text{ kg/s} \times 47.2 \text{ kJ/kg} + 0.319 \text{ kg/s} \times (-10.5 \text{ kJ/kg})}{0.436 \text{ kg/s} + 0.319 \text{ kg/s}} = 22.82 \text{ kJ/kg}$$

由 $i_{C'}$ 值即可在 $\overline{NM'}$ 线上确定 C' 点的位置。

③过 C' 作 $d_{C'}$ 线与 i_1 线相交得 M，则可确定冬季处理全过程：

④计算预热量（此处确切地应称一次加热量）Q_{Yr}：由于 $i_{C'} < i_1$（相应于 $i_{W'} < i_{W_1}$），所以应设预热器，其预热量为

$$Q_{Yr} = G_1(i_M - i_{C'}) = 0.755 \text{ kg/s}(31.8 \text{ kJ/kg} - 22.82 \text{ kJ/kg}) = 6.78 \text{ kW}$$

如按图中虚线所示，将新风预热之后再与回风混合，所耗热量是相同的。

⑤计算再加热量(亦即二次加热量)Q_{Zr}：

$$Q_{Zr} = G(i_{O'} - i_O) = 1.118 \text{ kg/s}(49.2 \text{ kJ/kg} - 36.8 \text{ kJ/kg}) = 13.86 \text{ kW}$$

⑥冬季所需总热量 Q_Z：

$$Q_Z = Q_{Yr} + Q_{Zr} = 6.78 \text{ kW} + 13.86 \text{ kW} = 20.64 \text{ kW}$$

2.一次回风系统空调方案

这种系统除将回风改作一次混合,混合点和机器露点位置相应变动外,空调方案的确定方法与二次回风系统是一致的。其 i-d 图示仅有局部调整[夏季可参见图7.2(b)和图7.4(b)],故在附图中未再给出。

（1）夏季设计工况与处理过程

①确定机器露点 L：当 O 点确定后,由 d_O 等值线与 $\varphi = 95\%$ 的交点即可确定 L 点：$t_1 = 13.4 \text{ ℃}$,$i_1 = 34.4 \text{ kJ/kg}$。

②确定混合状态 C：由混合过程 $Gi_C = (G - G_W)i_N + G_W i_W$,有

$$i_C = (1-m)i_N + mi_W = (1-0.285)47.2 \text{ kJ/kg} + 0.285 \times 84.8 \text{ kJ/kg} = 57.92 \text{ kJ/kg}$$

由 i_C 等值线与 $\overline{NW}$ 交点即可确定混合点 C。

③计算系统冷量 Q_O：

$$Q_O = G(i_C - i_1) = 1.118 \text{ kg/s}(57.92 \text{ kJ/kg} - 34.4 \text{ kJ/kg}) = 26.3 \text{ kW}$$

④计算再热量 Q_{Zr}：

$$Q_{Zr} = G(i_O - i_1) = 1.118 \text{ kg/s}(36.8 \text{ kJ/kg} - 34.4 \text{ kJ/kg}) = 2.68 \text{ kW}$$

⑤与二次回风系统比较：对比二者的 i-d 图示可以看出,一次回风系统的机器露点 L 沿 $\varphi = 95\%$ 曲线会略有上升,而其混合状态点 C 则向左下方有所偏移。从能源消耗方面看,它多消耗再热量 2.68 kW,并且还将多消耗冷量 26.3 kW − 23.62 kW = 2.68 kW,其值恰好等于再热量。

（2）冬季设计工况与处理过程

①确定混合状态 C'：

$$i_{C'} = (1-m)i_N + mi_W = (1-0.285)47.2 \text{ kJ/kg} + 0.285(-10.5 \text{ kJ/kg}) = 30.76 \text{ kJ/kg}$$

由 $i_{C'}$ 等值线与 $\overline{NW'}$ 交点即可确定混合点 C'。

②计算预热量 Q_{Yr}：在本例中夏、冬机器露点相同。由 $d_{C'}$ 与 i_1 两条等值线的交点即可确定预热后的空气状态 M,于是：

$$Q_{Yr} = G(i_M - i_{C'}) = G(i_1 - i_{C'}) = 1.118 \text{ kg/s}(34.4 \text{ kJ/kg} - 30.76 \text{ kJ/kg}) = 4.07 \text{ kW}$$

③计算再加热量 Q_{Zr}：

$$Q_{Zr} = G(i_{O'} - i_1) = 1.118 \text{ kg/s}(49.2 \text{ kJ/kg} - 34.4 \text{ kJ/kg}) = 16.55 \text{ kW}$$

④冬季所需总加热量 Q_Z：

$$Q_Z = Q_{Yr} + Q_{Zr} = 4.07 \text{ kW} + 16.55 \text{ kW} = 20.62 \text{ kW}$$

⑤与二次回风系统比较：在 i-d 图中,一次回风系统机器露点 L 的变动如夏季所述,其混合状态点 C' 会随之向右上方偏移,M 点也相应向右上方移动。但从能源消耗方面看,二者总的耗热量却是相等的。

3)集中空调系统的应用特点

由前述空调过程设计工况分析可知,一次回风和二次回风空调系统在空气处理、新风利用

以及运行管理等方面独具优势,全年能耗介于直流式与(封闭)循环式系统之间,属于传统的主要的集中空调系统形式,迄今仍有较大的生命力。

相对而言,一次回风空调系统处理流程简单,操作管理方便,机器露点较高,有利于冷源选择与运行节能;不利之处在于采用了再热过程——若非确保 N,O 状态所必需,则将造成能量的无益消耗。但是,对于室内状态和送风温差无严格要求的工程,除不可避免的风机、风道温升作用外,完全可以取消人为的再加热,其时采用一次回风系统将收到良好的综合效益。正因如此,一次回风系统广泛地应用于各种建筑,尤其是大量以舒适要求为主的空调场所。

二次回风空调系统则不同,它以二次混合取代再热过程,由此带来节能效益。但其设备、管理趋于复杂,且机器露点偏低,不仅导致制冷系统运转效率变差,还可能限制天然冷源的利用。因此,它只适宜用于对室内温湿度参数要求严格,送风温差小而送风量大的恒温恒湿或净化空调之类的工程。

4)集中空调系统常用末端设备

集中空调系统通常适用于民用与工业建筑中具有较大空间的场所,其所处理空气的风量和冷热量,以及风管道系统规模均比较大。因此,该空调系统所涉及的空气处理设备与空气输送动力设备的单机容量要求也比较大。工程中,通常将满足不同功能的空气处理设备、空气输送设备集中在一起,形成满足不同功能需求的空调机组。根据空调机组的空气处理功能、处理能力、结构尺寸,可以将适用于集中空调系统的大、中型空调机组分为柜式空调机组和组合式空调机组。

(1)柜式空调机组

柜式空调机组,即柜式空气处理机组,一般由表面式热交换器、低噪声风机、空气过滤器、凝水盘、箱体等部件或结构件组成。柜式空调机组的处理风量可从 1 500 m³/h 到 40 000 m³/h,冷量为 6.5~800 kW,热量为 10~1 000 kW。柜式空调机组一般没有设置加湿处理段,不具备加湿处理功能。因此,柜式空调机组一般应用于对湿调控要求不高的舒适性空调系统。(图 7.9)

图 7.9 柜式空调机组实际工程应用场景

根据柜式空调机组的外形结构尺寸及适应场合,可以分为吊顶式、卧式、立式等系列,图7.10—图7.12分别为吊顶式、卧式、立式空调机组的构造示例图。通常,吊顶式空调机组的几何尺寸及处理风量均比较小(不及卧式、立式),且竖向高度比较小,适合于建筑室内吊顶安装,可以有效节约建筑空间;卧式、立式空调机组的几何尺寸及处理风量均比较大,需要安装于专用空调机房内。

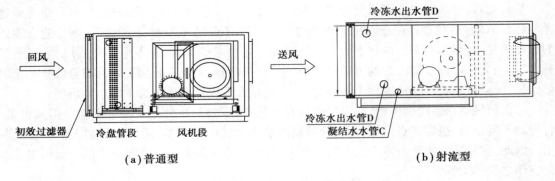

图 7.10　吊顶式空调机组构造图

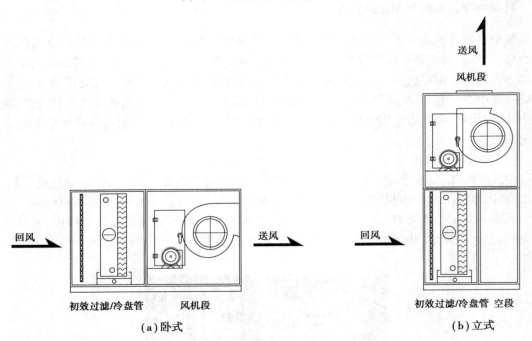

图 7.11　单一进风口的柜式空调机组构造图

（2）组合式空调机组

组合式空调机组,即组合式空气处理机组,可以对空气进行降温冷却、去湿干燥、加热加湿、过滤净化等处理,具有送风、回风及引入新风等功能。组合式空调机组可以处理的空气风量、冷量、加减湿量通常比较大;同时工程中设备生产厂家也可以根据需要进行空气处理段处理能力的非标匹配,以满足对不同空气处理的需求。为此,这种设备被广泛用于剧场,以及电子仪表、轻纺、医药、精密机械等生产环境所需的工业净化恒温空调工程,也适用于各大宾馆、办公楼、医院、百货商场、高级娱乐场所等的集中式中央空调工程。它们既可单独使用,也可与风机盘管配套补充新风,以满足舒适空调的要求。（图 7.13）

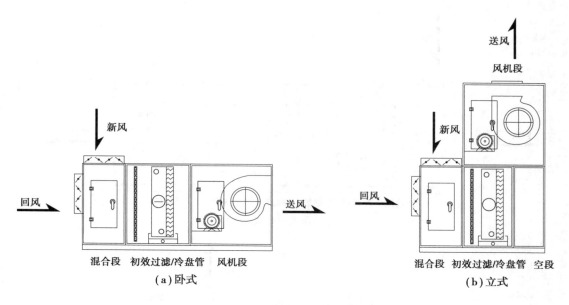

图 7.12　带混风段的柜式空调机组构造图

（a）卧式
混合段　初效过滤/冷盘管　风机段

（b）立式
混合段　初效过滤/冷盘管　空段

图 7.13　组合式空调机组实际工程应用场景

　　组合式空调机组通常由工厂制造不同的段或模块组装而成。组成段一般包括:混合段、过滤段、表冷段、风机段、加热段、加湿段、热回收段、检修段等;关键元器件组成包括:面板、框架、空调风机、盘管、过滤器、加湿器、杀菌消毒装置等。为此,组合式空调机组具有送风、冷却、加热、加湿、空气净化、消音等多种空气处理功能,能满足不同使用条件及各种安装方式要求,同时还为客户提供非标准设计。图 7.14—图 7.16 分别为满足不同功能需求的组合式空调机组构造示例图。

　　组合式空调机组具有结构新颖、外形美观,功能齐全、组合灵活,运行平稳,设计简洁实用,安装、维护方便等优点。同时,机组箱体为可拆拼装板框式结构,保温面板为双层优质钢板内充填聚酯氨发泡,框架为特制的钢架或铝合金制成,面板与框架之间有良好的密封措施,使机组漏风率降至最低,配备优质的微穿孔消声器使其噪声低,冷热交换采用紫铜管串双翻边波纹铝翅片结构,科学的片距和水路行程、良好的加工工艺使换热器具有换热系数高、水阻力小、质量轻、使用寿命长等优点。

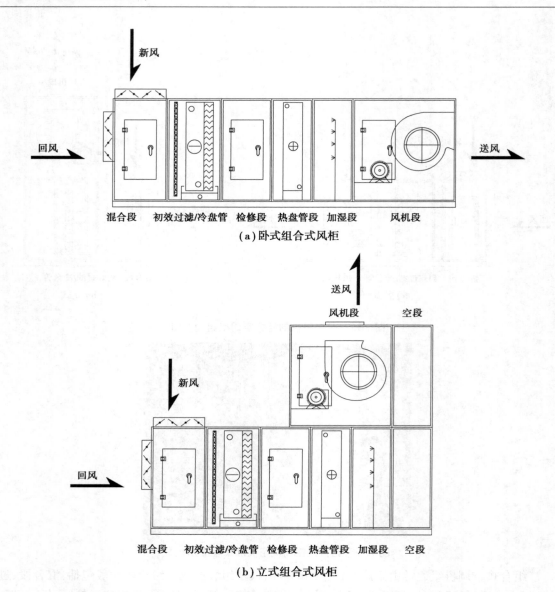

图 7.14　适用于一般工艺性空调系统的组合式空调机组构造示例图

①混合段:混合段一般设置在机组的始端(无回风机时)用于新回风的混合。在混合段的面板上开有新回风口,通常新回风口都设在混合段的侧面或顶部,在新回风口可设置法兰或调节风阀(手动或电动)。调节风阀可以对机组的新回风量和比例进行调节,保证机组新回风按一定比例充分的混合,避免气流分层,保证机组整体热交换及防结露性能。

对于北方地区,为防止冬季室外新风冻坏盘管,可以采用对新风进行预热处理,然后再与回风混合。同时,新风阀宜与风机联锁,当风机开始运行时才打开新风阀;在风机关闭时,自动将新风阀关闭。在过渡季节,可以通过调节新回风阀门的开度调整新回风的混合比例,充分利用室外新风,既可以提高室内空气品质(IAQ),又可实现节能运行。

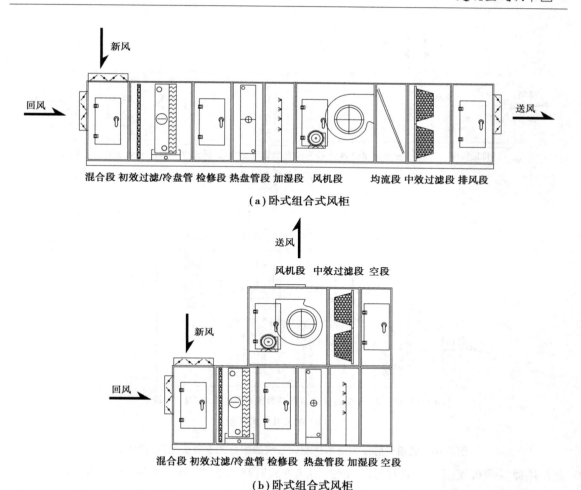

（a）卧式组合式风柜

混合段 初效过滤/冷盘管 检修段 热盘管段 加湿段 风机段 均流段 中效过滤段 排风段

风机段 中效过滤段 空段

混合段 初效过滤/冷盘管 检修段 热盘管段 加湿段 空段

（b）卧式组合式风柜

图7.15 适用于一般净化空调系统的组合式空调机组构造示例图

②过滤段:过滤器是空气处理机组内不可缺少的部件,主要对空气进行过滤净化的作用,从而保证室内空气品质。实际工程中,通常根据建筑使用功能、建筑室内环境控制要求的不同需要,可以选择设置粗效、中效、高效等不同过滤效果的过滤器。

③表冷段:表冷段主要用于对气流进行降温及除湿,需要主要设备为表面式换热器(表冷器或冷盘管)。表冷段的选型主要在于表冷器的选型,其性能的好坏、运行是否经济会直接影响整个系统的空气处理效果和运行成本。表冷器的选型主要根据以下参数:盘管的风量,盘管的进风干湿球温度,盘管的冷量(全冷和显冷)或盘管的出风干湿球温度,盘管的进出水温度,盘管的排数、片距、水阻力要求、风阻要求,等等。

④检修段:检修段顾名思义主要是用于机组的检修,其布置以方便检修为原则。通常,毗邻的两功能段无法开检修门检修且其前后亦无法进行检修,就有必要在两段之间增设检修段以方便检修,如在冷热盘管之间通常设置检修门。

⑤加热段:加热段主要用于对空气进行加热来提高空气的干球温度,需要主要设备为表面式换热器(加热盘管)。加热段与表冷段的热交换器不同的是,加热段的空气处理过程是一个等湿升温的过程,所以不会有冷凝水的出现,在结构上也就无须排水盘,盘管同样采用螺栓固

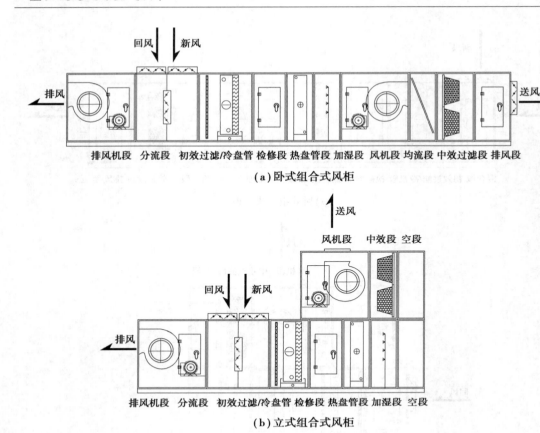

图 7.16　适用于静压较高净化空调系统的组合式空调机组构造示例图

定在热镀锌钢板支座上。通常,加热段的加热方式有热水加热、蒸汽加热、电加热三种。

⑥加湿段:加湿段主要是通过加湿器对空气进行加湿处理,以保证要求的空气湿度。经常用到的加湿器主要有干蒸汽加湿器、湿膜加湿器、电极加湿器、红外线加湿器、喷水室、超声波加湿器,等等。

⑦风机段:风机段是组合式空调机组的动力组段,相当于空气处理机组的心脏部分。由于组合式空调机组的风量、风压比较大,因此通常选用离心式风机为气流的循环流动提供动力。

⑧消声段:消声段主要作用降低风系统运行过程中产生的噪声。在对环境噪声要求较高的场合,可根据要求及风机噪声特点为机组选配消声段。消声段分回风消声段和送风消声段,通常采用阻性消音器,对中、高频噪声具有良好的消声效果。通常,消音段设置在风机段的出风口处,以消除风机出口噪声。在风机段与消音段之间需设有均流段,以使风机出风能均匀散布到机组的整个截面上,从而保证消音段的消音效果。对于回风噪声较大的情况,也可以在机组进风侧布置消音段以消除回风噪声。

⑨热回收段:热回收段通过设置热回收装置与建筑室内排风进行热交换,可以起到很好的节能效果。热回收装置主要有热管式热回收、转轮式热回收、板式热回收、盘管循环热回收几种。目前,使用较多的是转轮式热回收。

7.1.3 半集中空调系统中的风系统

半集中空调系统是在传统集中式系统和局部式（分散式）系统基础上发展起来的系统形式，它由分散在房间内的末端设备加上配设的集中新风系统所组成。从室内环控所用工作介质来看，这种系统大多同时采用空气和水（偶尔全部采用水），故又可称为"水-空气"系统。半集中空调系统兼具集中系统处理功能完善和分散系统占用空间少、布置、使用灵活等优点，特别适用于高层建筑或旧建筑改造中空间十分受限的空调场合。

1) 常用末端设备的构造、类型和特点

半集中系统所用末端设备通常是具有空气处理、驱动与分配功能的局部式机组，包括风机盘管机组（FCU）和诱导器（IDU），以前者的应用较为广泛。使用诱导器需采用高速系统，这样会增大空气输送动力，噪声亦不易控制，加上个别调节灵活性也差，所以现在只限于一些特殊场合使用。

图 7.17 是风机盘管机组的构造示例图。可以看出，它的基本功能构件包括盘管（一般采用二三排铜管铝片的肋管式热交换器）和风机（采用前向多翼离心风机或贯流风机）。这种末端设备在风路上采取空气就地处理方式，使室内回风或混合风直接进入机组进行冷却、去湿或加热等处理。它的风机压头通常很低，大多不再连接风管，并采用手动 3 挡变速开关，通过改变风量对机组冷量做一定程度的调节。

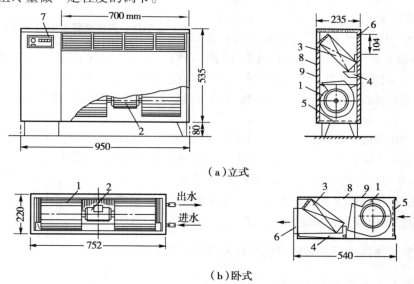

（a）立式

（b）卧式

图 7.17 风机盘管构造图

1—风机；2—电机；3—盘管；4—凝水盘；5—循环风进口及过滤器；
6—出风格栅；7—控制器；8—吸声材料；9—箱体

风机盘管机组品类繁多，规格齐全。一般通用型（或称标准型）机组按外观及安装形式可分为立式和卧式，明装与暗装，其名义工况下的风量为 250~2 500 m³/h，供冷量为 1.4~13.3 kW，单位风机功率供冷量为 40~55 kW。近年来，在通用型产品的基础上，国内外已陆续开发出许多新型机种，如壁挂式、立柱式、顶棚嵌入式、高余压型及带全热交换器的节能型等，从而大大拓宽其应用范围,一些大容量、高余压、吊顶式、柜式机组实际上已作为集中式系统的空调设备而得以广泛应用。

作为半集中式系统的末端装置,风机盘管具有布置、使用灵活,便于分室独立调控和实现经济运行等优点;不利之处在于对机组制作有较高的质量要求,否则会带来大量维修困难。此外,应设法控制噪声,以致通常机组余压甚小,气流分布受到局限。这种机组通常还必须与另行设置的新风系统同时工作,否则难于保证室内空气品质,在冬季运行中会出现相对湿度偏低的弊端。

2)风机盘管机组的新风供给方式

风机盘管机组的新风供给有如图 7.18 所示的几种方式,其中较简单的方式是靠浴厕机械排风引导新风渗入室内[图 7.18(a)]和从墙洞用短管(带调风阀)将新风引入机组[图 7.18(b)]。这两种方式以风机盘管为核心构成系统,属于一种分散式系统,其风系统是很简单的(前者基本上只是处理再循环空气),从而难于保证入室新风的数量或品质,室内参数势必也受新风状态变化的较大干扰,因此仅适用于室内人少或环境要求不高的场合。最妥善的方式是采用半集中式系统,即配合风机盘管机组

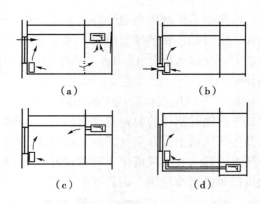

图 7.18 风机盘管系统的新风供给方式

的使用,另行设置相对独立的集中新风系统[图 7.18(c,d)]。这种系统将新风用新风空调机(多为专用型风机盘管机组)集中处理到一定参数,再由风道输送至房间或末端风机盘管。它既提高了系统的调节和运转的灵活性,也使风机盘管的供水温度适当提高,有利于防止水管结露。

国外大型办公楼设计中,在周边区采用风机盘管时,新风的补给常由内区系统提供。

独立的集中新风系统中的新风应该处理至何种状态,要根据新风机组是否需要负担部分室内冷负荷,并应结合机组的处理能力、调控方式来决定。对于夏季设计工况,实际应用中一般有两种考虑:其一,将新风处理到室内空气焓值,不承担室内负荷;其二,将新风处理到低于室内空气焓值,承担部分较稳定的室内负荷。

3)风机盘管加集中新风系统空调过程设计与设备选择

这里列举工程中最常用的将新风处理至室内空气焓值并直接供入房间的方案,其夏季设计工况下的空气处理过程(图 7.19)可简示为:

$$W \longrightarrow L \longrightarrow K \overset{\varepsilon}{\underset{}{\searrow}} O \overset{\varepsilon}{\thicksim} \longrightarrow N$$
$$N \longrightarrow M \nearrow$$

关于夏季供冷设计工况的确定与设备选择则可按以下步骤进行:

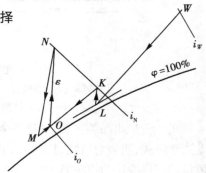

图 7.19 夏季常用的空调过程

（1）确定新风处理状态

根据经验，新风机组处理空气的机器露点 L 可达 $\varphi=90\%\sim95\%$，结合一定的风机、风道温升 Δt 和 $i_K=i_N$ 的处理要求，即可确定 W 状态的新风被集中处理后的终状态 L 和考虑温升后的 K 点。新风机组处理的风量 G_W 即空调房间设计新风量的总和，故由 $W\to L$ 过程决定的新风机组设计冷量 Q_{OW} 应为：

$$Q_{OW} = G_W(i_W - i_1) \tag{7.11}$$

（2）选择新风机组

在考虑一定安全裕量后，根据机组所需的风量、冷量及机外余压，由产品资料初选新风机组的类型与规格。而后根据新风初状态和冷水初温进行表冷器的校核计算，并通过调节水量使处理后的新风熔值满足原定要求。

（3）确定房间总送风量满足既定要求

房间设计状态 N 及余热 Q，余湿 W 和 ε 线均已知，过 N 点作 ε 线与 $\varphi=90\%\sim95\%$ 的轴线相交，可得到风机盘管在最大送风温差下的送风状态 O，于是房间总送风量 G 可由 $G=\dfrac{Q}{i_N-i_O}$ 求得。

（4）确定风机盘管处理风量及终状态

由于 $G=G_f+G_W$，从而可求得风机盘管的风量 G_f。风机盘管处理空气的终状态 M 点应处于 $\overline{KO}$ 的延长线上，由新回风混合关系 $\overline{OM}=\dfrac{G_W}{G_f}\overline{KO}$ 即可确定其位置。风机盘管处理空气的 $N\to M$ 过程所需设计冷量，理论上可按下式确定：

$$Q_{Of} = G_f(i_N - i_M) \tag{7.12}$$

（5）选择风机盘管机组

考虑一定安全裕量后根据机组所需的风量、冷量值，结合建筑、装修所能提供的安装条件，即可确定风机盘管的种类、台数，并初定其型号与规格。

（6）风机盘管处理过程的校核计算

为检查所选风机盘管在要求的风量、进风参数和水初温、水量等条件下，能否满足冷量和出风参数要求，应对其表冷器作校核计算。校核计算结果应使机组实际所能提供的总冷量和显冷量均能满足设计要求，否则应重新选型，必要时可在保持风量、面风速一定的条件下，调整盘管的进水量或进水温度。

国内外一些风机盘管生产厂家备有完善的风机盘管性能图表，易于获得机组在不同风量、进风参数以及水量、水初温等条件下的总冷量和显热冷量值，进而可推知其出风参数。如果缺乏此类性能资料，也可采用《空气调节》推荐的全热冷量熔效率和显热冷量效率方法，结合产品性能实验公式来进行校核。此外，还可按如下的机组变工况冷量换算方法，由额定工况的冷量 Q_O 求得任一工况下的冷量 Q'_O：

$$Q'_O = Q_O\left(\frac{t'_{S1} - t'_{W1}}{t_{S1} - t_{W1}}\right)\left(\frac{W'}{W}\right)^n e^m\left[t'_{S1} - t_{S1}e^p(t'_{W1} - t_{W1})\right] \tag{7.13}$$

式中　t_{S1}, t_{W1}, W——额定工况下空气进口湿球温度、进水温度和水量；

　　　t'_{S1}, t'_{W1}, W'——任一工况下空气进口湿球温度、进水温度和水量；

　　　n, m, p——系数，$n = 0.284$（2 排管）或 0.426（3 排管），$m = 0.02, p = 0.0167$。

当其他工况参数不变而仅是风量变化时，则：

$$Q'_o = Q_o \left(\frac{G'}{G} \right)^u \tag{7.14}$$

式中　u——系数，可取 0.57。

除上述方案外，工程中有时将集中处理至室内空气焓值的新风直接送入末端设备中，其时，夏季空气处理过程则见图 7.20。这一空调方案中，风机盘管同前述方案一样，仍然承担全部室内冷负荷，但因处理风量加大，机组体形及风机耗电、噪声均有所增大，机组停用后室内换气效果亦差，故只在少数不易或不拟深入引进新风的场合采用。

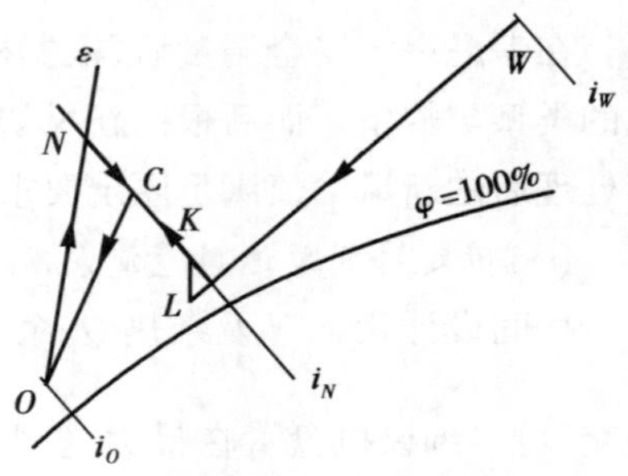

至于冬季供暖设计工况下的空调过程，只能以夏季设计为基础进行分析。风机盘管在夏季业已选定，其设

图 7.20　夏季另一类空调过程

计风量、混合比以及承担室内热负荷的原则等，在冬季一般不会改变，因而设计所需送风状态、机组处理终状态及混合过程要求的新风最终处理状态均可——确定下来，进一步即可确定新风机组所应有的加热过程及必要的加湿措施。设计工况确定后，原有新风机组和风机盘管在冬季使用能否满足各自过程设计的要求乃是校核问题。通过校核，可能需要对某些技术参数进行必要调整。

7.1.4　传统集中式系统的演化与发展

1）集中空调系统的分区处理

即使在集中空调系统划分中已尽可能遵循前述各项原则，实践中仍难免出现下述多种矛盾。对此，只能区别情况，借助一些分区（室）处理措施来加以解决。

（1）室内状态 N 相同，各室热湿比 ε 值不同，要求送风温差 Δt_o 不同

当采用同一处理系统而又要求不同送风温差时，这种情况可采取用同一机器露点而分室加热的方法来应对。

例如，图 7.21（a）所示的空调系统为甲、乙两个房间送风，夏季热湿比分别为 $\varepsilon_1, \varepsilon_2$（假设 $\varepsilon_1 > \varepsilon_2$），可先根据甲室的热湿比 ε_1，在 Δt_{01} 时得送风点 O_1，并计算出风量 G_1，同时还可确定露点 L。由于只能用同一露点，所以乙室的送风点 O_2 即是 d_1 与 ε_2 之交点 [图7.21（b）]，送风温差为 Δt_{02}，接下来 G_2 即可求得。系统总风量为二者之和。从 L 点到 O_1, O_2 靠加热达到，如结合冬季要求，则除在空调箱设有再加热器之外，在分支管路上可另设调节加热器。

这种方法的缺点是：乙室由于采用同样的机器露点而使 Δt_{02} 较小，因而只能使用较大的风量。

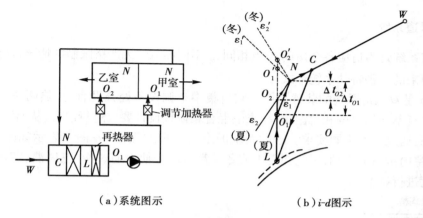

（a）系统图示　　　　　　　　　（b）i-d图示

图 7.21　第一种分区处理用图

（2）要求室内 t_N 相同，φ_N 允许有偏差，室内热湿比 ε 各不相同

这种情况下，为处理方便，需采用相同的送风温差及相同的机器露点，即不用分室加热的方法。

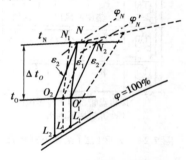

图 7.22　第二种分区处理附图

根据这个前提，设计的任务就是对室内相对湿度 φ_N 的偏差进行校核。首先对两个房间采用相同的 Δt_O，并根据不同的送风点 O_1，O_2 计算各室的风量。如果甲室为主要房间，则可用与 O_1 对应的露点 L_1 加热后送风，这时乙室 φ_N 必有偏差，如在许可范围内即可。若两个房间具有同等的重要性时，则取 L_1，L_2 之中间值 L 作为露点（图7.22），结果是两室的 φ_N 都有较小偏差。如偏差在允许范围内，则既经济，又合理。

（3）要求各室参数 N 相同，不希望温湿度有偏差，要求 Δt_O 均相同

在此情况下，由于各室 ε 一般总有差别，势必要求各室采用不同的送风含湿量 d_O，故有必要采用集中处理新风、分散回风、分室加热（或冷却）的处理方法，其处理流程如图7.23所示。在工程实践中，它常用于多层多室的建筑且采用分层控制的空调系统（图7.24）。在国外，这种空调方式又被称为"分区（层）空调方式"。

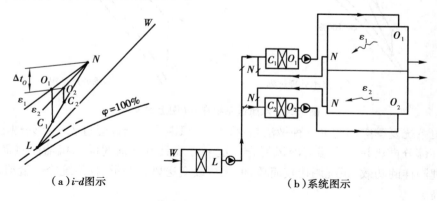

（a）i-d图示　　　　　　　　　（b）系统图示

图 7.23　第三种分区处理

2) 双风道系统

双风道系统是为适应各个房间 N 点相同、ε 不同而 Δt_0 无严格限制的情况,从传统单风道系统演化而来的一种特殊系统形式。

图 7.25 是双风道系统的装置简图。它自集中空调设备处分设有冷、热两条风道,送出的两种空气具有不同的温度和含湿量,在末端混合箱内按设计要求进行混合,从而满足各个房间对送风状态、送风量的不同要求。这种系统的空气处理过程在 i-d 图上表示如图 7.26。由图可见,随着室内负荷的变动,无论在夏季或冬季都可以方便地通过冷、热风混合对送入室内的空气温湿度进行调节。

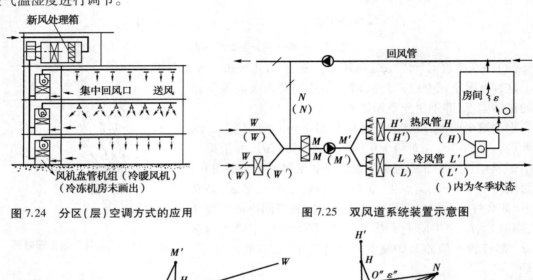

图 7.24　分区(层)空调方式的应用　　　　图 7.25　双风道系统装置示意图

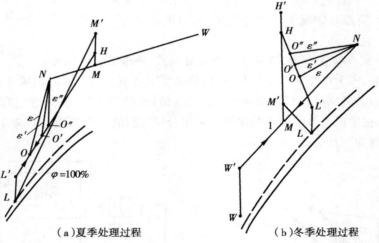

(a)夏季处理过程　　　　　　　(b)冬季处理过程

图 7.26　双风道系统在 i-d 图上的表示

双风道系统夏季空调的另一种做法是:将新、回风混合后全部经过表冷器处理至机器露点 L,然后将一部分再热并在终端与冷风混合。这一方式具有与前述同一机器露点而分室加热的分区处理同样的功效,系统调控较简单,但无法改变送风含湿量,且系统冷热量消耗较大,运行费用较高。

总的来说,双风道系统通过冷风、热风两种介质的混合,易于保证各个房间不同的送风需求,这是一大优点。但是,冷、热风混合调温必然存在混合损失,制冷量较单风道系统要增加10%左右。此外,为解决两条风道占用过多空间的问题,通常采用 13～25 m/s 的高速来送风,势必对风机能耗和噪声带来不利,这也是导致运行费用较高的重要原因之一。因此,这种系统在国内基本上未能获得应用与重视。

3)多区单元系统

近年来,国外还开发了一种如图 7.27 所示的多区单元空调系统,它在混合调温原理的应用上与双风道系统是一致的。这种系统利用一套集中空调设备,将新、回风进行一次混合,并作集中热、湿处理后,送入由混合风门连杆分组所分隔成的二三个分区处理段。在各区内分别进行加湿与混合调温等处理,使空气具有必要送风参数后,再由单独的风道送至各个空调区域。只要每区配上混合风门的执行机构、调节器,则可通过各区的温湿度敏感元件,实现对各区室内参数的独立调节。

如图 7.27 所示,这种多区单元系统大多设有新风预处理段,夏季用表冷器冷却,冬季用预热器预热。根据装置图示,不难分析得出多区单元系统夏季和冬季空气处理过程在 *i-d* 图上的表示。这种空调系统保留了双风道系统温湿度参数调节、控制灵便的特点,克服了其风道占用空间较多等缺点。这种系统仍然存在冷、热混合损失,集中处理设备也较复杂。

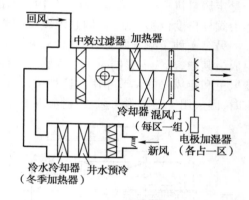

图 7.27　多区单元系统的集中空调设备

4)变风量系统

(1)系统工作原理

从第 3 章所述的送风量计算公式已知,空调房间送风量系与室内热湿负荷成正比,而与送风焓差、温差或含湿量差成反比。普通集中空调系统的设计送风量是按照房间最大热湿负荷加以确定的,并维持全年固定不变,故称之为定风量(CAV)系统。实际上,室内热湿负荷经常处于部分负荷而非最大值。当室内负荷变化时,定风量系统保持送风量 G 不变,而靠改变送风状态 O 来满足室内温湿度的设计要求。比如,当室内显热冷负荷减少时,定风量系统一般采用调节再热量(减小 Δt_o)改变 O 状态来保证 N 点要求(图7.3),这势必造成冷量、热量的双重浪费。

如果室内负荷减少时,保持送风状态 O 不变,靠变风量末端装置减少送风量也能达到室内温湿度的设计要求,按此原理工作的系统称为变风量(VAV)空调系统。显然,变风量系统能够充分利用允许的最大送风温差,节约再热量及与之相当的冷量,加上风机电耗的节省,使其系统的运行经济性有明显的增加。

当然,单纯采用变风量的方法,在绝大多数情况下只能维持一个室内参数(t_N 或 d_N)不变。对于室内温度控制要求较高、相对湿度允许有较大波动且送风温差可不受限制的舒适性空调,采用变风量系统是更为适宜的。假如室内温湿度参数均有严格要求,应用变风量系统则还需酌情采取变露点控制或变再热量控制等辅助措施。

由上可知,变风量系统其实是在一般低速集中式系统的基础上,最大限度地考虑了系统运行的经济性及终端调控的灵活性,因而国内外对其应用与发展一直给予足够的重视。

(2)变风量末端装置及系统类型

①节流型:所谓"节流"是指依靠风门调节空气流通截面积来改变送风装置的送风量。图7.28是一种典型的"文氏管型"节流型风口结构示意图。它的圆筒形文氏管状阀体内装有两个独立的动作部分:其一为变风量机构——随着室内负荷的变化,恒温调节器指令电动或气动执行机构带动锥体构件在文氏管内移动,调节锥体与管壁间的开口面积,从而调节风量。另一个是定风量机构——依靠锥体构件内弹簧的补偿作用,根据设计要求,在上游静压作用下使锥体沿阀杆再度位移,以平衡因其他风口调节所致管内的压力变动,从而维持既定送风量不变。

另有一种条缝送风型节流风口,见图7.29。它由消声静压箱、条缝出风口和风量调节构件组成。其中,充气皮囊同时由室内感温元件和箱内静压调节系统来控制其胀缩,从而分别实现变风量和定风量的调节作用。这种风口可多个串接安装,能与建筑装修密切配合。当风量减少时,因采用平顶贴附送风,冷射流也不至于中途下落。

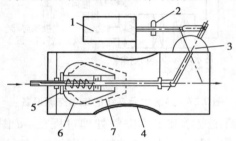

图 7.28　文氏管型变风量风口
1—执行机构;2—限位器;3—刻度盘;
4—文氏管;5—压力补偿弹簧;6—锥体;
7—定流量控制和压力补偿时的位置

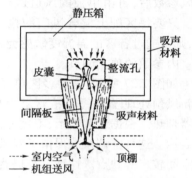

图 7.29　条缝送风型变风量风口

图 7.30 表示节流型变风量系统的流程简图。这种系统末端装置中的定风量机构能自动平衡管道内的压力变化,故使风道阻力计算得以简化。随着风口节流,风道内静压增加,为进一步节能,应设静压调节器调节风机风量。

②旁通型:当室内负荷减少时,通过送风口

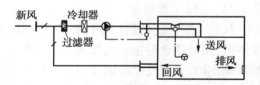

图 7.30　节流型变风量系统流程图

的分流机构来减少送入室内的空气量,其余部分送入顶棚内,转而进入回风管循环使用。其系统原理如图 7.31 所示。图中送入房间的空气量是可变的,但风机的风量仍保持一定,因此风机能耗得不到节省,从这个意义上讲,它并不是真正的变风量系统。图中表示的末端装置是机械型旁通风口。旁通风口和送风口上设有动作相反的风阀,并由室内恒温器控制电动或气动执行机构使之动作。

③诱导型:实际上,诱导型变风量风口是一个可变风量的诱导器,借一次风在喷嘴处的高速喷射自顶棚处吸入室内二次风。它一般采用在一次风口上装定风量机构,随着室内负荷的减少,逐渐开大二次风门,提高送风温度。此外,也有对一、二次风同时进行调节的诱导型风口。图 7.32 是诱导型变风量系统的流程简图。这种系统采用低温高速一次风,节省风道占空,但需要较高的风机压头。诱导型风口可与照明灯具结合,直接利用照明热量作再热,适用

于高照度的办公楼等。

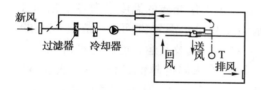

图 7.31　旁通型变风量系统流程图

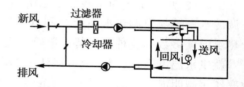

图 7.32　诱导型变风量系统流程图

（3）系统设计中的若干问题

①风量的确定：变风量系统中，空调设备提供的冷量能自动地随负荷变化而在建筑内部进行调节，所以确定其最大风量所依据的设计冷热负荷并非各区最大负荷的总和，而应考虑系统的同时负荷率（一般为 70%～80%）。系统的最小风量可按最大风量的 40%～50% 计算，并且必须满足卫生要求的最小新风量以及气流分布方面的最低要求。

②气流分布：风口变风量（尤其送热风）时容易影响到室内气流分布的均匀和稳定，恶化气流组织效果。风口选型宜采用扩散性能或贴附性能良好的风口，以免风量减少时气流中途下落。布置风口时，多个风口比稀少的风口效果要好。如果采用普通风口，一般可按最大送风量的 80% 左右作为选定风口的风量依据。

③风机风量控制：节流型变风量系统运行时，随着风口节流调节，系统管道特性曲线将产生变化，风机工作点将移动位置，从而导致整个送风管道内的静压增加。这样虽然风量减少，但由于风压增大而使动力节省十分有限，还会引起大量漏风。特别是在过量节流后会引起噪声的增加，甚至风机可能进入不稳定区工作。此外，管道内压力一旦超过末端装置的允许静压（如 750 Pa），会导致调节失灵。因此，必须在风道内设静压控制器，根据静压变化来控制风机的总送风量。通常可利用风机出口阀门、风机入口导向阀或改变风机转速这几种方法来调节风机风量。其中，变速调节和入口导向阀调节均较为经济、合理。

7.2　空调水系统

空调工程中，经常用水（有时也使用乙烯乙二醇水溶液等）作为输送冷热量或流量的工作介质。空调水系统就是指由这种介质输送管网将空调冷热源和各种空调用户终端设备联系而成的一种流体输配系统。根据不同的服务对象与功能，空调水系统可分为冷冻水系统、热水系统、冷却水系统和冷凝水系统四大类。空调水系统设计是空调冷热源系统设计的重要环节，其设计合理性将直接影响到整个空调系统能否实现正常、经济与节能运行。

7.2.1　空调冷、热水系统

1）空调水系统的一般特点

空调冷、热水系统与采暖热水系统在原理上是完全相同的，两者无论在系统分类方面，还是在设计中对承压、定压、排气、泄水、保温、防腐、热补偿、水质控制以及水力计算、水泵配置等技术环节的处理方面,都存在着许多相同或相近的做法。

空调冷、热水系统与采暖热水系统的主要区别在于工作介质的温度参数各不相同,即使在空调冷水系统与空调热水系统之间,两者在供水温度和供水温差方面也存在着较大的差异。冷热媒温度参数的这种差异势必影响到设备选型、系统投资及其运行能耗与经济性。

就供水温度而言,理论上可以认为热水温度越高,冷水温度越低,对提高换热设备的换热效率作用越明显,从而在相同负荷条件下,可减少换热设备所需的换热面积,降低系统的初投资。然而,供水温度往往会受到下述因素的限制,以致不能任意提高热水的温度或降低冷水的温度。

对于冷冻水系统,供水温度一般以 7 ℃为宜,温度过低的冷冻水容易冻结,同时还会导致冷水机组蒸发温度降低,能耗增加。在一些生产工艺以及冰蓄冷系统中,需要的冷冻水温度较低,为了避免冷水冻结,通常采用乙烯乙二醇水溶液或盐水溶液。

对于热水系统,供水温度受到空调场所较高卫生标准和空调设备内自控元器件环境温度的限制,比采暖热水系统低得多,一般取 60 ℃,并以控制在 40~65 ℃为宜。此外,由于空调系统的换热设备受冷冻水供水温度的限制,冷却空气时的传热温差较低,相应换热面积加大,当同一台设备用作加热时,其热水的供水温度也受到限制,不能太高,否则过大的传热温差会造成空气过热。

就供回水温差而言,在系统冷、热负荷不变的情况下,系统所需水流量与供回水温差成反比。提高供回水温差,可降低系统所需的介质流量,因而减少网络基建投资、循环水泵的容量和运行电耗。但对于空调冷冻水系统,增大温差有可能引起冷水机组效率下降;另外,伴随流量的减少,会使系统水力稳定性下降,一些换热设备的效率会受到影响。空调水系统设计中,冷水供回水温差宜取 5~10 ℃,一般为 5 ℃;热水供回水温差宜取 4.2~15 ℃,一般为 10 ℃。

水温不同除影响系统的热工性能、流量大小外,还会使水的密度、运动黏度等物性参数发生变化,从而引起系统阻力的改变。水温不同对管道材料的化学物理特性,如管道内表面的氧化腐蚀、结垢状况、管材的热应力大小等,也有一定的影响。

与前述采暖热水系统相比较,空调热水系统供水温度低,供回水温差也小,因而系统设计中也就存在一些需进行特殊考虑的问题:

①由于受水温和水温差的限制,空调水系统的自然作用压力较小,故空调水系统通常都是采用机械循环方式;另外,在空调水系统中由于水温差较小,常用于供暖热水系统的单管式系统通常不会采用。

②在相同热能条件下,空调水系统的流量较大,这对提高系统的水力稳定性、减轻系统水力失调有利。

③空调系统水流量的增加,导致水泵输送能耗加大,降低水泵能耗对节约系统运行总能耗显得更为突出。

④空调系统中各用户负荷差异大,运行期间负荷变化大,采用合理的控制调节方式是空调水系统正常运行、降低能耗的重要保证。

由于上述原因,特别是后两个原因,在大型公共建筑或高层建筑的空调水系统中,常常需要采用多种措施(如二次泵、变水量等),来保证系统的正常运行和节约能耗。

2) 水系统类型

（1）闭式系统与开式系统

闭式水循环的管路系统不与大气相接触,仅在系统最高点设置膨胀水箱并有排气和泄水装置。闭式系统不论是水泵运行或停止期间,管内都应充满水,管路和设备不易产生污垢和腐蚀,水泵的扬程只需克服循环阻力,而不考虑克服提升水的静水压力,水泵耗电较小。

开式水系统的管路之间设有贮水箱（或水池）通大气,回水靠重力自流到回水池。开式系统的贮水箱具有一定的蓄能作用,可以减少冷热源设备的开启时间,增加能量调节能力,且水温波动较小。但开式系统水中含氧量高,管路和设备易腐蚀,水泵扬程需加上水的提升高度,水泵耗电量大。

当系统采用喷水室冷却空气时,宜采用开式系统,见图 7.33。当采用表面式冷却器、风机盘管作冷却用时,冷水系统宜采用闭式系统。

（2）同程系统与异程系统

空调冷、热水管路由总管、干管和支管组成。各支管与各空调末端设备通常构成并联回路。各支路只有在水阻力相等或近似相等时,才能获得设计流量,从而保证末端设备能够提供设计所需的冷量或热量。

空调冷、热水管路的同程式系统是指通过合理布置管路,使冷水、热水流经每一用户回路的路程相等或近似相等。同程系统包括水平管路同程、垂直管路同程或二者皆同程三种形式,在水系统设计中应予以优先考虑。同程系统中,因其各回路长度相近,阻力易于平衡,但管材消耗多,往往还需要增加一定管井面积。

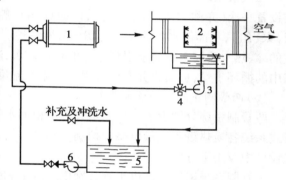

图 7.33　重力回水开式空调水系统
1—壳管式蒸发器;2—空调淋水室;3—淋水泵;
4—三通阀;5—回水池;6—冷冻水泵

异程式系统则是指系统中冷、热水流经每一用户回路的管长有显著差异,这通常是因为用户位置分散、无规律等所致。显然,异程系统中各回路阻力平衡的基础条件差,只有依靠管径选择和阀门调节来实现阻力平衡。设计中需要仔细计算异程系统各回路的阻力,并将各并联回路间的阻力差值控制在 15% 以下。

（3）定水量系统与变水量系统

定水量系统就是保持输配管路中的循环水量为定值的系统。某些全年运行的空调水系统,夏季冷水和冬季热水的水量有可能不同,但在相同的季节内,其冷水或热水量是不变的。定水量系统简单,当空调房间热湿负荷发生变化时,可通过改变整个系统和末端设备的供、回水温度来控制室内温湿度,或者通过在换热设备处装设电动三通阀,借助改变进入末端设备的水量来实现用户局部调节,而系统流量保持不变,各用户间不互相干扰,运行稳定性好。定水量系统的缺点是,系统始终处于大流量运行,增加水泵能量消耗。为了降低运行能耗,可采用多台冷热源设备和多台水泵,通过开停部分机组,分阶段定水量运行。

变水量系统则是保持供水温度在一定范围,通过电动二通阀改变末端设备和系统的循环水量（通常在末端设备处还配合以风量调节）,从而满足空调用户的冷热负荷需求。由于系统中循环流量显著降低,水泵运行能耗可大幅减少,但控制系统较为复杂。

在大规模(尤其高层)建筑空调冷、热水系统中,也常采用定水量加变水量的混合式系统,即将整个水系统逻辑上分为负荷侧(用户侧)和冷热源侧两部分:负荷侧水循环总量随各用户负荷变化而变化,属变水量方式;冷热源侧的水循环总量借压差控制的旁通阀(管)而保持不变,属定水量方式。这类系统实践中仍划归变水量系统,其运行能耗一般不可能获得有效节省。

(4)一次泵系统与二次泵系统

一次泵系统又称为单式泵系统或单级泵系统。这种系统仅在冷热源侧设置循环水泵(组),通常配合供回水总管间的旁通管来实现冷热源环路中的定水量运行,虽然调控较简单,但不能充分利用用户环路中的变流量来节省介质输送能耗,致使整个运行期内水泵能耗总量较大。

二次泵系统又称复式泵系统或双级泵系统。这种系统除在冷热源侧按"一泵对一机"方式设置一次(亦称初级)泵(组)外,同时在用户侧环路或部分分区环路上设置二次(亦称次级)泵(组),从而使水泵的配置更切合管网特性。在用户侧,由末端设备连接管路和旁通管构成的冷、热水输配系统完全根据用户的负荷需求,通过改变运行水泵台数或水泵转速来调节环路中的循环水量,从而充分发挥由用户环路变流量带来的节省介质输送能耗的效益。

(5)两管制系统和多管制系统

两管制系统分别设置一根供水管和一根回水管,各组换热设备并联在供、回水管之间。两管式系统各换热设备流量可单独控制,使用灵活,调节简便,初投资省,在国内空调冷、热水系统设计中应用十分广泛。

三管制系统采用两根供水管分别供应冷水和热水,一根回水管冷、热水共用,各组换热设备并联在供、回水管之间。这种系统形式虽比四管制经济,但共用回水管会造成冷量和热量的混合损失,同时调节控制也较复杂。

四管制系统采用两根供水管和两根回水管,分别供应热水和冷水,各组换热设备并联在供、回水管之间。这种系统适用于一些负荷差别比较大,供冷和供热工况交替频繁或同时使用的场合。图 7.34 为四管制系统风机盘管的水管连接方式。四管制系统初投资较高,但运行很经济,对冷热转换和室温调节均具有良好的适应性,往往在舒适性要求很高的建筑内采用。

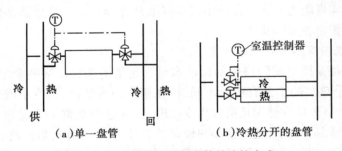

图 7.34　四水管系统与盘管的连接方式

当建筑物内供冷和供暖工况不是频繁转变,但有些区域需全年供冷时,宜采用冷热源同时使用的分区两管制系统。这种系统空气处理装置采用两管制连接,根据用户需要进行环路分区,各分区分别与冷、热水干管并联。该系统在冬季或过渡季可根据需要,向不同区域分别供冷或供热,比四管制系统节省投资和空间尺寸,但调节能力不如四管制,系统投资比普通两管制高。

3)典型水系统原理图示

（1）一次泵定水量系统

如图7.35所示,这种系统在空调末端设备(空调机或风机盘管空调器)供水管(或回水管)上设置由温度控制的电动三通阀,调节方式如下:

①对空调机采用连续调节,即按照负荷变化比例调节流经空调机的冷、热水量,另一部分水则从三通阀旁通,维持环路循环水量基本不变。

②对风机盘管通常采用双位调节,当负荷降低至某一(温度)设定值时,水流不进入换热器,而是从三通阀全部旁通。这种定水量系统的设计循环流量,应按照最大负荷来确定,水泵输水无效能耗大,系统简单,操作方便,无须复杂的自动控制设备,用户无相互干扰,运行较稳定。

③还有一种分区一次泵定水量系统,即在用户侧分区环路上根据各自的压力损失配置一次泵,从而节省部分水泵能耗。当风机盘管无局部水量调节装置时,也可在用户分区环路上集中进行前述电动三通阀的水量调节。

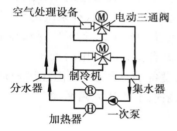

图7.35　一次泵定水量系统

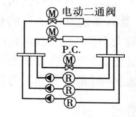

图7.36　一次泵变水量系统

（2）一次泵变水量系统

如图7.36所示,这种系统在空调末端设备的供水管(或回水管)上设置电动二通阀,根据用户负荷的变化,对流入换热器的冷、热水量进行比例或双位方式的变水量调节。当用户侧负荷减小、循环水量减少时,系统供、回水总管之间压差增大,通过二者间旁通管路上所设压差控制的旁通阀使部分水流旁通,以保持冷、热源环路中的水量恒定。当旁通水量达到一台冷热源设备的流量时,通过台数控制系统,关掉一台冷热源设备和相应的冷热水泵,由此可节省部分运行能耗(水泵能耗与前述分阶段定流量运行相同)。

（3）二次泵变水量系统

如前所述,二次泵系统分别在冷热源侧和用户侧设置一、二次两级水泵。图7.37所示为二次泵并联运行,向各区用户集中供应冷、热水的二次泵变水量系统。这种系统适用于大型建筑中各空调分区负荷变化规律不一,但阻力损失相近的场合。如果各用户环路阻力差异较大,则宜按环路分区,分别配置二次泵,即采用所谓"二次泵分区增压变水量系统",这有利于节约水泵能耗。

二次泵变水量系统较之一次泵系统,其结构和调控均比较复杂,初投资高,但可显著节约运行能耗。这种系统的运行调控分别在冷热源侧和用户侧两大环路内进行:

①在冷热源侧,一般可采用流量控制法和热量控制法,通过冷热源设备及其对应一次泵的启/停控制,满足空调用户对供冷量、供热量的不同需求。

②在用户侧,一般可采用压差控制法和热量控制法来改变二次泵的运行台数,或者采用分级调速和变频(无级)调速等技术来改变二次泵的转速,从而达到末端设备的变水量调节。

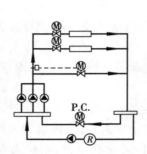 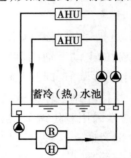

图 7.37　二次泵变水量系统　　　　图 7.38　蓄水池开式系统

(4)蓄水池开式系统

如图 7.38 所示,这种系统通常在建筑底部构筑蓄水池,用冷热源设备制备冷、热水,并加以储存,按需要及时向各区用户供应冷量或热量。蓄水池开式水系统中,冷热源侧和用户侧两个环路均直接与大气接通,管路多受腐蚀,水处理比较麻烦。但这种系统简单,造价低廉,能够确保冷热供应,并具有蓄能系统固有的合理用能、平衡电网负荷、利于环保和经济运行等优点,因而在一些负荷量大而集中、间歇运行的空调场合具有良好的应用前景。

当其用于高层建筑时,虽然有利于满足冷热源设备的承压要求,但在用户环路中,若不采取特别的技术措施,会因高额水静压力作用而使水泵输水能耗大幅增加。

4)水系统的分区

大型建筑,尤其是高层综合建筑的空调冷、热水系统设计中,通常需要根据系统承压能力和用户的负荷特性,进行合理的垂直分区或水平分区,从而既能确保系统的安全运行,又有利于实现节能控制,更好地满足用户的环境控制要求。

(1)按水系统承压能力分区

高层建筑高度较高,水系统内的水静压力有可能超过管道、设备的承压能力(普通型冷热水机组的换热器水侧工作压力仅 1.0 MPa);另外,建筑设计客观上形成低区群房(包括各种功能的公共用房)和高区塔楼(多数为客房、办公室)这两大功能区。高层建筑冷热水系统大部分采用闭式系统,并主要依据设备、管道的承压能力进行合理的竖向分区。通常有以下竖向分区方法:

①冷热源设备均设置在地下室,高区和低区分为两个系统:低区系统用普通型设备,高区系统用加强型设备,如图 7.39(a)所示。

②冷热源布置在塔楼里的中间技术设备层或避难层内,高区和低区分别设置水系统。

③高、低区合用冷热源设备:低区采用冷热源直接供冷;在设备层设置板式换热器,将高区和低区水系统耦合起来如图 7.39(b)所示。换热器作为高、低区的分界设备,使二者分段承受水静压力。

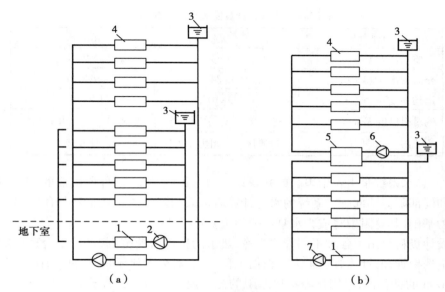

图 7.39 冷热源位于地下室的水系统分区

1—冷热源;2—循环水泵;3—膨胀水箱;4—用户末端设备;

5—板式换热器;6—高区循环水泵;7—低区循环水泵

④高、低区的冷热源设备分别设置在地下室和设备层内,按高、低区分设水系统。高区的冷热水机组既可采用水冷机组,也可采用风冷机组。风冷式冷热源设备一般设置在屋顶上。

(2)按空调用户负荷特性分区

现代建筑规模越来越大,其使用功能日趋复杂,商业服务用房(如商场、餐厅、酒吧、健身房、多功能厅、娱乐室等)所占比例很大,且空调系统大都为间歇使用。

此外,大型建筑客观存在着内区和外区:内区空调负荷几乎不受室外气象参数影响,需要全年供冷;外区与内区相反,根据室外温度、湿度变化,有时需要供冷,有时需要供暖。

再者,建筑内不同朝向的房间太阳辐射的热作用是不一样的。因此,可能引起过渡季节南向房间需要供冷,而北向房间需要供暖。

基于对上述空调用户负荷特性差异的考虑,空调冷、热水系统通常还需要按不同朝向和内区、外区进行水平分区,包括在同一水系统内划分水输配环路。

5)水力计算与水泵选择

(1)水力计算的特点

暖通空调水系统的水力计算在《流体输配管网》中已有详细介绍,不再赘述。空调冷、热水系统水力计算方法、公式与采暖热水系统基本相同,不同之处在于二者水温有较大差异,从而影响到密度 ρ 和运动黏度 ν 等物性参数的取值(见表7.1)。在编程计算或利用图表进行水力计算时,应注意各计算参数的取值条件。对采用乙烯乙二醇溶液或盐水的载冷剂系统,可按一般冷水系统计算,但考虑到密度、黏度的变化,需对计算结果进行修正,具体方法可参考有关设计手册。

表 7.1　常用水力计算图表物理参数的取值

物理参数	热　水		冷　水	
介质温度 t/℃	60		20	
介质密度 ρ/(kg·m^{-3})	983.24		998.23	
运动黏度 ν/(m^2·s^{-1})	0.479×10^{-6}		1.0×10^{-6}	
绝对粗糙度 K/mm	室内 0.2	室外 0.5	闭式 0.2	开式 0.5
流　态	过渡区	阻力平方区	过渡区	

空调冷、热水系统是由若干串联或并联管段加上关联设备、附件所组成的,系统阻力包括摩擦阻力和局部阻力两部分。系统的水力计算通常采用经济流速法或经济比摩阻法,并以最不利环路为基础,其总阻力将成为水泵选配的重要技术依据。

一些设计资料给出了各种不同管路中冷、热水的推荐流速范围,设计中合理取定流速,结合设计流量选择管径,计算管道阻力。根据工程经验,对最不利环路中的平均比摩阻也给出有 60~120 Pa/m 的推荐值,可用作经济比摩阻的控制值。管路水力计算时,最不利环路各管段的管径选择,应使其环路平均比摩阻控制在经济比摩阻范围内。

当系统中有多个环路并联时,各并联环路的阻力损失应该平衡。空调冷、热水系统设计时,应通过系统布置和水力计算选定管径,减少各并联环路之间压力损失的相对差额;对于供暖热水系统,要求最不利循环环路与各并联环路之间的计算压力损失差额不超过±15%。

当设计计算达不到并联环路阻力平衡要求时,应在各并联环路中设置调节装置,如采用调节性能好的调节阀、平衡阀或压差控制阀等。

(2)水泵选择的特点

空调水系统的循环水泵应根据系统类型和供水温度,按照系统总流量和所需要的泵水扬程来选择。对于夏季供冷水、冬季供热水的两管制空调水系统,冷、热水流量通常相差较大,系统阻力也不一样,分别设置冷水和热水循环泵对系统运行较为有利。当冷水循环泵兼作冬季的热水循环泵使用时,冬夏季水泵运行的台数及单台水泵的流量、扬程应与系统工况相吻合。

空调水系统设计中,应在水泵入口装设过滤装置,以防止泥沙等污物进入泵体。为避免水泵停止运行后发生水倒流,可在水泵出口管道上装设止回阀。

①一次泵的选择。一次泵的流量应等于相应机组的流量,并附加10%的余量。一次泵扬程 ΔH_{B} 为:

$$\Delta H_{\mathrm{B}}=\frac{\Delta p+\Delta p_{\mathrm{s}}}{\rho g}\times 1.1 \tag{7.15}$$

式中　ΔH_{B}——水泵的扬程,m;

　　　Δp——一次环路管道阻力,Pa;

　　　Δp_{s}——设备(蒸发器、加热器盘管等)阻力,Pa。

一次泵的台数应与冷、热水机组相对应。

多台冷水机组和一次冷水泵之间并联接管时,每台冷水机组与水泵的连接管道上应设自控阀,自控阀应与冷水机组联锁。当冷水机组和对应冷水泵停机时,其阀门应关闭,以保证流经运行机组的水量稳定。

②二次泵的选择。二次泵的流量应按分区最大计算负荷确定:

$$G = 1.1 \times \frac{3\,600Q}{c\Delta t} \tag{7.16}$$

式中 G ——分区环路总流量,kg/h;

Q ——分区环路的计算负荷,kW;

Δt ——供回水温差,℃;

c ——水的比热容,kJ/(kg·℃)。

二次泵的扬程应按对应分区二次环路中最不利环路进行计算,包括最不利环路管路阻力、末端设备阻力等。管道中如装有自动控制阀,应再加 0.05 MPa 的阻力。二次泵的扬程同样应考虑有 10% 的余量。

7.2.2 冷却水系统

当制冷设备冷凝器和压缩机的冷却采用水冷方式时,需要设置冷却水系统。

1)冷却水系统的分类

冷却水系统按供水方式可分为两类:直流供水系统和循环冷却供水系统。

（1）直流供水系统

这种系统中,冷却水经冷凝器等用水设备后,直接排入河道或下水道。直流供水系统一般适用于水源水量充足,如当地拥有江、河、湖泊等地面水源或附近有丰富的地下水源的地方。在当前全国水资源紧张的状况下,对冷却用水应尽可能综合利用,达到节水目的。

（2）循环冷却水系统

这种系统中,冷却水循环使用,只需要补充少量补给水。循环供水系统按通风方式可分为:

①自然通风冷却系统:适用于当地气候条件适宜的小型冷冻机组。

②机械通风冷却系统:适用于气温高,湿度大,自然通风冷却方式不能达到冷却效果的场合。

由于冷却水流量、温度、压力等参数直接影响制冷机的运行工况,因而空调工程中的冷却水大量采用机械通风循环冷却系统。

2)冷却塔的类型

冷却塔是冷却水系统中重要的换热设备。冷却塔的性能也会影响到整个空调系统的正常运行。常用的冷却塔一般用玻璃钢制作并可分为以下几种类型。

（1）逆流式冷却塔［图 7.40（a）］

在风机的作用下,空气从塔下部进入,顶部排出,水从上至下穿过填料层。空气与水在冷却塔内竖直方向相向而行,热交换效率高。冷却塔的布水设备对气流有阻力,布水系统维修不便,冷却水的进水压力要求为 0.1 MPa。

（2）横流式冷却塔［图 7.40（b）］

工作原理与逆流式相同。空气从水平方向横向穿过填料层,然后从冷却塔顶部排出,水从上至下穿过填料层。空气和水的流向垂直,热交换效率不如逆流式。横流塔气流阻力较小,布水设备维修方便,冷却水阻力≤0.05 MPa。

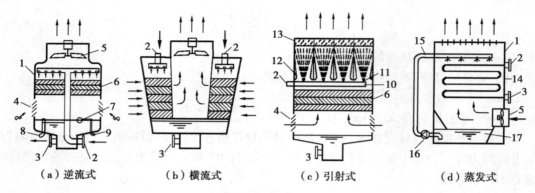

图 7.40　冷却塔结构示意图

1—外壳；2—进水口；3—出水口；4—进风口；5—风机；6—填料；7—浮球阀；8—溢水管；9—补水管；
10—布水管；11—喷水口；12—扩散器；13—挡水板；14—冷却盘管；15—循环水管；16—水泵；17—水池

(3)引射式冷却塔[图7.40(c)]

取消了冷却风机，利用喷口高速水射流的引射作用在喷口喷射水雾的同时，把一定量的空气导入塔内，在掺混过程中与水进行热交换。冷却水进水压力要求较高，为0.1～0.2 MPa。

(4)蒸发式冷却塔[图7.40(d)]

冷却水通过盘管与塔内的喷淋循环水进行换热，室外空气在风机作用下送至塔内，使盘管表面的部分水蒸发而带走热量。这种冷却塔的主要优点是冷却水系统为全封闭式系统，水质不易受污染；在过渡季节，可作为蒸发冷却式制冷设备，将冷却水直接作空调系统的冷冻水使用，从而减少冷水机组的运行时间。蒸发式冷却塔换热效率低，电耗较大，冷却水在盘管中的循环阻力较大，只有在有条件兼作蒸发冷却制冷装置使用时，才采用这种形式。

3)冷却水系统形式

除蒸发式冷却塔采用闭式系统外，通常冷却水系统为开式系统（图7.41）。当有多台冷水机组时，通常要求冷却塔的台数和运行方式与冷水机组一一对应。冷却塔设置在室外地面或屋面上。对于高层建筑，通常可将冷却塔布置于裙房的屋面上。

当有多台冷却塔并联时，水量分配会不平衡，容易造成某些塔溢流，而另一些需要补水。设计时应注意各冷却塔之间的管道阻力平衡。为了避免集水盘溢流，要求冷却塔的安装高度应使每台冷却塔集水盘的水位在同一水平面上；同时，在冷却塔的水池之间采用与进水干管管径相同的平衡管相连。

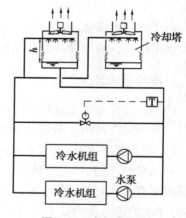

图 7.41　冷却水系统

并联运行的冷却塔进、出水管应增设电动蝶阀，当部分冷却塔停止运行时，应关断这些冷却塔的进、出水管阀门，防止冷却水旁通短路或停止运行的冷却塔发生倒空。

当冷却塔相对于冷水机组的位置较高时,为减少冷水机组的承压,可把冷水机组放在冷却水泵的吸入段;当二者高差有限时,为防止冷却水泵吸入口形成负压,一般应把冷水机组放在冷却水泵的出口端。

4)冷却水温度控制

为使制冷设备在一定的负荷范围内稳定运行,必须使进入冷凝器的冷却水温保持稳定。常用冷却水温调节方式有:

①由冷却塔出水温度控制冷却风机的启闭,自动调节出水温度,同时可减少冷却水的蒸发损失和飘逸损失。

②冷却塔进、出水总管上设旁通阀,通过出水温度调节旁通量,保证进入冷凝器的冷却水温度不变。

③改变冷却塔风机的转速,降低其冷却能力。

7.2.3 空调冷凝水系统

夏季空调水系统供应冷水的水温较低,当换热器外表面温度低于与之接触的空气露点温度时,其表面会因结露而产生凝结水。这些凝结水汇集在设备的集水盘中,应通过冷凝水管路排走。

空调冷凝水系统一般为开式重力非满管流。为避免管道腐蚀,冷凝水管道可采用聚氯乙烯塑料管或镀锌钢管,不宜采用焊接钢管。当采用镀锌钢管时,为防止冷凝水管道表面结露,通常需设置保温层。

为保证冷凝水顺利排走,设计冷凝水管道时应注意:

①保证足够的管道坡度。冷凝水管必须沿凝水流向设坡,其支管坡度不宜小于0.01,干管坡度不宜小于0.005,且不允许有积水的部位。

②当冷凝水集水盘位于机组内的负压区时,为避免冷凝水倒吸,集水盘的出水口处必须设置水封。水封的高度应比集水盘处的负压(水柱高度,mm)大50%左右,水封的出口与大气相通,如图7.42所示。图中 p_1 为表冷器处的最大负压值,1.2为安全系数。

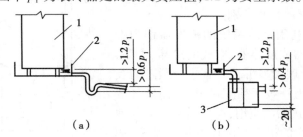

图7.42 冷凝水盘的水封
1—表冷器(冷盘管);2—凝结水集水盘;3—圆水封筒

③冷凝水立管顶部应设计通大气的透气管。

④冷凝水管管径应按冷凝水流量和冷凝水管最小坡度确定。一般情况下,1 kW冷负荷最大冷凝水量可按0.4~0.8 kg估算。冷凝水管径可按表7.2选用。

表 7.2 冷凝水管径选择表

管道最小坡度	冷负荷/kW								
0.001	<7	7.1~17.6	17.7~100	101~176	177~598	599~1 055	1 056~1 512	1 513~12 462	>12 462
0.003	<17	17~42	42~230	230~400	400~1 100	1 100~2 000	2 000~3 500	3 500~15 000	>15 000
管道公称直径	DN20	DN25	DN32	DN40	DN50	DN80	DN100	DN125	DN150

7.3 冷剂空调系统

所谓冷剂空调系统是指直接利用制冷工质作为冷热传输介质,实现空气热湿处理并满足室内供冷、供暖要求的空调系统。这种系统主要借制冷剂相变过程传递冷热量,能量效率较高,设备布置灵活,管道占用空间少,在系统布置方面较其他介质系统具有明显的优势。

7.3.1 独立式空调机组方式

1) 工作原理与构造类型

独立式空调机组有时可称局部式空调机组,它由制冷系统、通风机、热交换器和控制装置等部件所组成(图 7.43)。这种机组自身配置有冷热源,可以直接使用制冷工质作为空调冷热载体,从而构成一种冷剂空调系统——这种系统多用于分散的或局部的区域空调,而与所谓"中央空调"相区别。

独立式空调机组利用制冷系统的蒸发器作为处理空气的表面式冷却器或加热器,空气的冷却、去湿、加热、加湿和过滤等处理大多可在一套十分紧凑的装置内完成。小容量机组一般无须配接风管,而以分散式(局部式)系统的形式加以应用,这包括常见的各种家用空调器。容量较大的机组则配设有风道系统,从而构成可在有限范围内使用的一种小型集中空调系统——这种空调系统已不能算是一种单纯的冷剂空调系统了。

不难看出,由这种独立式空调机组构成的冷剂空调系统,其实就是一种紧缩化的集中空调系统,故以其结构紧凑、安装方便和使用灵活等特点,颇受大众

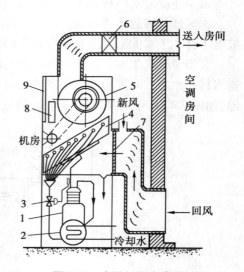

图 7.43 空调机组示意图

1—制冷机;2—冷凝器;3—膨胀阀;
4—蒸发器;5—通风机;6—电加热器;
7—空气过滤器;8—电加湿器;
9—自动控制屏

青睐。

独立式空调机组形式很多,通常可按以下原则分类:

①按机组整体性:可分为整体式和分体式两大类。前者结构紧凑,后者常将压缩机和冷凝器作为室外机,以有限长的冷剂管道与室内机相连接,这有利于缓解机组振动、噪声对室内环境的影响。

②按机组外形:可分为箱式、柜式、柱式和薄形等。室内机应注重外形美观,并与室内装修、家具相协调。

③按安装形式:可分为窗式(图7.44)、窗台式、穿墙式、落地式、壁挂式、吊装式和台式等。同样,室内机应注意美观、协调问题。

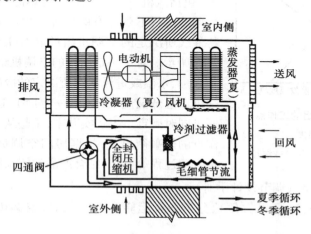

图7.44 窗式空调器(热泵型)示意图

④按制冷系统冷凝器冷却方式:可分为水冷式和风冷式两大类。水冷式需配置冷却塔,使水得以循环使用。风冷式冷凝器必须置于室外,以便利用空气作为冷却介质。空气冷却会使制冷量大约下降10%,但可避免用水冷却的诸多麻烦,对运行管理提供了便利,因而应用日渐广泛。

⑤按机组供暖方式与能力:可分为单冷型、电热型、蒸汽供暖型和热泵型(图7.44)几大类。其中热泵型机组冬季供暖时,需借助四通阀使制冷剂逆向循环,使原有蒸发器变成冷凝器来加热空气。这种供暖方式具有较高的制热系数,利于节约电能和供暖成本,故其应用价值颇高。

⑥按机组使用功能:可分为家用空调器和冷风机组、恒温恒湿机组、低温机组、新风机组、净化机组以及计算机房、行车司机室和汽车空调等专用机组,它们可以分别满足不同使用条件下的环控要求。

此外,这种空调机组还可按容量大小划分为房间空调器(9 kW以下)和单元式空调机(7 kW以上)两大类。

2)独立式空调机组的性能和应用

独立式空调机组主要技术性能参数一般包括名义工况(又称额定工况)制冷量、制热量以及风量、机外余压、电机功率和能效比(EER)等。国家标准对房间空调器、单元式空调机组名义工况制冷量、制热量分别规定了室内侧、室外侧空气进口干、湿球温度以及进、出水温等检验工况,因此机组的制冷量、制热量应按有关规定工况,通过试验来测定。随着产品质量、性能的不断提高,空调机组的供冷能效比(即机组名义工况制冷量与整机消耗功率之比)可达 2.5~3.0。

实际上,独立式空调机组装置是一个采用冷剂直接蒸发式冷却器处理空气,且通常采用一次回风方式的空调系统,它的容量大小由制造厂的条件、生产能力决定,而某种规格机组内风机、制冷机等的容量配置,则要求能够满足各种场合的使用需要。根据典型的空调系统处理过程在 i-d 图上分析的结果,通用型的机组一般按处理焓差——冷、风比(冷量/风量)为 14.7~19.9 来设计,并相应地配备风机和制冷机的大小。

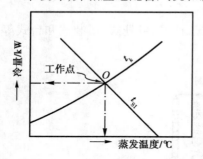

图 7.45　空调机组的工作点

t_k—冷凝温度;

t_{S1}—蒸发器进口空气湿球温度

由于空调机组是由压缩冷凝机组、蒸发器和通风机等联合工作的,即使压缩冷凝机组具有较大容量,如果蒸发器(包括风机)的性能不佳,传热能力不足,则可能使制冷机的冷量得不到应有的发挥。由压缩机特性线和蒸发器特性线所决定的空调机组的联合工作点(平衡点),如图 7.45 所示。对于一定结构的空调机组,其工作点取决于冷却水量、水温或进风状态所决定的冷凝温度以及室内侧空气进口湿球温度(当风量一定时),这时蒸发温度和冷量便可同时确定。工程实践中,正是从空调机组这种联合工作点的热平衡出发,根据房间空调负荷(包括新风负荷)及空调过程等要求,结合产品性能来正确选定其型号与规格。具体方法详见《空气调节设计手册》。

利用工作点的概念,还可方便地分析各种运转参数变化时,空调机组的各种工况变化规律。

随着空调科技的进步,独立式空调机组的应用也在不断地发生变化。这些变化反映在:机组的容量范围正向两极拓展,既发展更小冷量(如 1.0~2.0 kW)机组,又发展更大冷量(如 70~140 kW)机组;冷凝器趋于风冷化,以利于节约水资源,简化系统结构;风冷机组大力发展热泵型,以便充分利用大气低温热源供热,实现冷热源设备一体化等。

值得一提的是,为进一步提高系统能源利用效率与运转水平,国外近几十年来已陆续出现将分散型机组集中化使用的趋势。其典型应用方式如下:

①集中新、排风加局部机组系统:该方式系由集中新风系统和集中排风系统将若干局部式空调机组(必要时配置有全热回收装置)连接起来[图7.46(a)],这种做法对节能和卫生要求都是有利的。

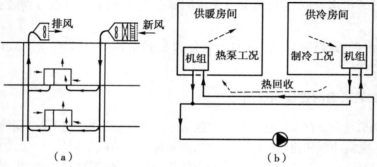

图 7.46　独立式机组的集中化应用

②闭式水环路热回收系统：该方式通过封闭循环的冷却水系统将大量水源热泵机组组合起来使用［图 7.46(b)］，特别适合于将大型建筑内区的余热转移至外区供热，以提高冬季运行的经济性。为平衡热量，系统中仍需配置冷却装置和辅助热源。

7.3.2 变频控制 VRV 系统

1）系统概述

变冷媒流量(VRV)空调系统是为适应空调机组集中化使用需求，在分体式和多联式空调系统基础上发展起来的一种新型冷剂空调系统。这种 VRV 系统由日本大金公司于 1982 年首创、推出，其后不断取得技术进步，并获得广泛应用与推广。仅以大金公司产品而言，近年就已先后经历 VRV 超级多联系统、变频控制 VRV 系统及其 H 系列、K 系列、VRV⁺、VRVⅡ和 VRVⅢ等发展历程。

变频控制 VRV 空调系统由室外机、室内机、冷媒管道系统和控制系统所组成。它将变频控制技术应用于空调制冷压缩机，随着空调负荷变化，通过改变压缩机转速来调整冷剂(如 R22)循环量，以满足各空调用户的特定需求。

现以大金超级 VRV⁺系统为例进行说明。这种系统通过采用自行开发的"功能机"(由各种电磁阀、控制盒、开关盒、贮液器等组成的高容量综合配管装置)和油位控制技术，使多达 3 台室外机组成的 VRV 系统能集中使用单一的冷媒管道，实现一个系统可连接多达 30 台室内机的阵容(图 7.47)。系统中冷媒配管总长可达 100 m，室内、外机最大高差 50 m，室内机之间最大高差15 m。它的超级配管、配线技术大大简化了设计与施工，使管线作业成本较旧系统降低 25%~30%，管道占用空间节省近 70%。

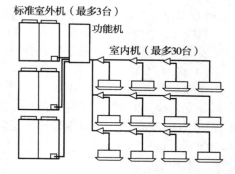

图 7.47　超级 VRV⁺配管系统图示

这种变频控制 VRV 系统规定在一定工况下，冷媒配管长 5 m，室内、外机高差为 0 时制冷量的 1%作为室内机、室外机的"容量指数"，系统内室内机与室外机总容量配比(称为机组组合率)为 50%~130%，依靠完善的控制系统保证每台室内、外机均能正常运行。系统设计中，主要依据房间空调负荷、使用性质及机组容量指数、组合率和设置条件等，确定室内机和室外机的种类、型号、台数，进而完成配管设计和控制方式选择等工作。具体方法详见有关产品的技术资料。

由上所述，变频控制 VRV 空调系统较之传统空调方式，具有高度集约化、灵活性和高效节能等优势，被誉为"智能型中央空调系统"。它代表了当今单元式空调系统发展的先进水平，其应用范围正日益扩大。

2）主要功能部件与技术创新

(1)室外机

室外机是 VRV 系统的关键部件。它采用标准组件设计，机组紧凑、轻巧且属无振动构造，它与配套功能机均提供有侧面、前面和底部 3 种管线接口选择，因而既节省空间，又便于运输、安装与维修。

超级 VRV⁺系列室外机组采用 23.3 kW 和 29.1 kW 两种容量的制冷机(配套风冷冷凝器),由 1 台变频控制型和 1 或 2 台恒速型加以组合,同时还需配备 1 台适当的功能机,其容量控制的最大范围从 5%~100%,共达 58 级。功能机分为单冷(C)型、热泵(L)型和热回收(R)型,可供用户按需选用。配备 L 型功能机的室外机可在-5 ℃的环境中满足全年制冷要求;在-15 ℃的室外低温状态下也能可靠、稳定地进行供暖运行。当系统中采用 R 型功能机时,需要在功能机与每台室内机之间配置 1 台 BS 装置(分支选择器),由此可构成大容量热回收系统,能灵活地在全年时间内同时供冷与供暖,并使能效有显著增加。

此外,该系列室外机的制冷系统还配备有快速除霜功能和故障应急运转等备用功能,增强其工作的可靠性。

(2)室内机

超级 VRV⁺系列可配置的室内机阵容强大,包括壁挂式、天花板嵌入式、天花板风管连接型和落地型等共计 10 大类、66 种规格,额定制冷量为 2.3~28.8 kW,制热量为 2.5~31.5 kW。各种室内机采用电子膨胀阀控制进入的冷媒流量与状态,以满足不同用户的空调需求。室内机结构设计合理,机身十分紧凑:壁挂式厚度仅 200 mm,落地型厚 220 mm,天花板暗装型机身所需安装高度一般为 260~350 mm,最低只需 195 mm。此外,室内机大多备有十分齐全的标准件或任选件,包括吸气口格栅、滤网口、耐久过滤网、高效过滤网、空气喷放装置、自动摆动机构、检查口以及冷凝水提升泵等,便于选型、安装与维护。

VRV 系统室内机不具备新风处理功能,为确保新风供应,大金新系列室内机可与一种专门开发的 HRV 热回收通风系统配合,在组合运转控制方式下运行。

(3)超级配管系统

变频控制 VRV 系统采用如图 7.48 所示的冷媒分支接头和多分支端管(有 4 分支、6 分支和 8 分支 3 种)和一条共用的小口径冷媒回路将不同型号与容量的室内机相连接,并共同接至室外机组的功能机上,主冷媒管路中无须装设阀门、过滤器等构件,使用过程不用考虑清洗与防冻问题。这种超级的 REFNET 配管系统即使安装工作变得相当简便、迅速和可靠,又十分便利于系统的灵活扩展。

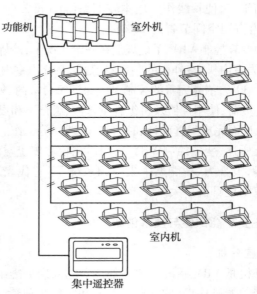

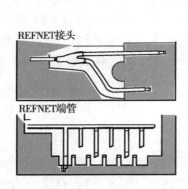

图 7.48　配管专用接头和端管　　　　图 7.49　超级配线系统

（4）超级配线与控制系统

VRV 的超级配线系统将集中遥控器的传输线以及室内机、室外机之间的控制线集成为一根公用配线（图7.49），从而大大简化布线工作，节约安装成本；还可通过其自动地址设定功能和管线连接错误的自动检测功能，防止配线及配管过程出现差错。

VRV⁺系列备有有线型、无线型和简易型遥控器，可供不同类型室内机选用。系统中使用的液晶遥控器能够提供运转启停、冷/暖转换、状态显示、故障显示与自动诊断等控制功能。通过遥控器的灵活运用与组合，可实现室内机的多种控制模式，包括就地或远程的单机或成组（最多16台）控制、双遥控器异地控制、区域控制、集中控制和组合运转控制等。用于集中控制系统的集中遥控器具有双集中控制、独立/统一运转、温度设定、程式操作以及顺序起动等多种强大功能。每个超级配线系统最多可配置 2 台集中遥控器，每台集中遥控器可同时控制 64组（128 台）室内机，系统内最长传输线不超过 1 km，配线总长不超过 2 km。

对于具有一定规模的建筑物来说，上述空调集中控制系统（限 4 个以内）可由一套专用计算机管理系统（DACMS）提供集中运转控制、检测及能量消费等项目的管理服务，进一步还可将这些系统与大楼管理系统（BMS）相连接。

7.3.3 冷剂自然循环 VCS 系统

冷剂自然循环 VCS（Vapor Crystal System）系统是日本竹中工务店等多家企业于 20 世纪 80 年代后期推出的一种新型冷剂空调系统。这种系统要求同时配置蓄热式热回收热泵型冷热源系统，从而进一步增强其运行经济与节能等优势。

1）空调原理

传统空调系统中，冷热媒是靠制冷压缩机或水泵的驱动而在管路中循环的。这种 VCS 空调系统则是借助制冷工质（通常为 R22）在特定的密闭回路中的高位回汽冷凝和低位回液汽化过程，利用气态与液态冷媒之间的密度差实现其自然循环，同时将冷热量自冷热源传递给空调用户（图 7.50）。

基于上述工作原理，系统的基本组成则应包括高位冷凝器、低位蒸发器、末端空调机组以及将它们联系起来的密闭冷热媒管路。当系统供冷时，来自高位冷凝器的液态冷媒在室内热交换盘管内吸收空气的热量而汽化，气态冷媒向上返回冷凝器，重新被冷却介质冷凝为液态，如此反复循环。当系统供暖时，来自低位蒸发器的气态冷媒进入室内热交换盘管，将热量放散给空气后自身冷凝为液态，而后在重力作用下流回蒸发器，重新吸收加热介质的热量而汽化，如此反复循环。

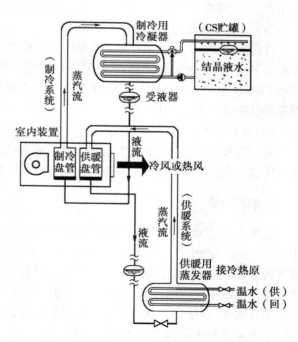

图 7.50　VCS 系统工作原理

2)系统设计的创新特色

(1)冷热源系统

该系统要求 VCS 空调系统的冷热源尽量满足以下条件：

①设置在屋面上。

②利用夜间廉价电力蓄冷、蓄热。

③稳定地提供低温(2 ℃以下)冷水。

④稳定地提供 45 ℃左右的热水。

符合上述条件的最佳冷热源方案是采用一种高效能的蓄热式热回收热泵系统，即所谓 CLIS-HR 系统(图 7.51)。该系统采用液冰蓄冷、液冰供冷、热回收蓄热和热水供热 4 种运行模式，保证空调用户全年同时供冷、供暖的需求。

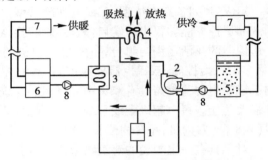

图 7.51 CLIS-HR 系统原理
1—压缩机；2—冷水机组；3—水热交换器；
4—空气热交换器；5—蓄冰槽；6—水蓄热槽；
7—空调机；8—(冰)水泵

(2)高位冷凝器

采用闭式壳管式冷凝器，设置于屋面。它利用蓄冰系统提供的低温液冰(冰晶与水的混合物)作为冷却介质，使供冷环路中的气态冷媒冷凝，并促进其自然循环。

(3)低位蒸发器

采用闭式壳管式蒸发器，布置于系统最下方。它利用热回收蓄热系统提供的热水作为加热介质，使供暖环路中的液态冷媒汽化，促进其自然循环。

(4)末端空调机组

通常采用冷、热盘管分开设置的吊顶卧式暗装风机盘管机组。由于冷却盘管入口处冷媒的液压不同，需用膨胀阀进行压力与流量控制，使冷媒在 10 ℃左右汽化；供冷室温调节由 ON-OFF 双位电磁阀来控制。加热盘管中气态冷媒大约在38 ℃时冷凝液化，供暖室温调节同样采用电磁阀作双位控制。

(5)冷媒管路

通常宜按供冷、供暖两种功能分设冷媒配管环路。由于相变过程冷热传输能力较水的显热传输能力高 6~10 倍，配管占用建筑空间的矛盾不会过分突出。

3)应用分析

这种 VCS 空调系统除具有传统分散式系统易于实现分室调控、占用建筑空间较少等优点外，由于冷媒环路中没有压缩机，系统运行平稳、压力变化小、无振动、无噪声、无超压或机械磨损所致故障，也无须考虑环路中油的分离与回收等问题。它独特的冷剂自然循环及热回收蓄热的运行机制不仅大幅度地削减了冷热源设备装机容量，而且有利于降低介质输送能耗，提高系统能量效率，系统对空调负荷变化还具有高度的自动平衡与调控能力。此外，它对冰蓄冷低温冷水的充分利用提供了一条重要途径。通过对一典型办公大楼(建筑面积 10 000 m²)的对比分析表明，VCS 系统较之传统集中式和分散式系统，冷热源装机容量分别减少 57% 和 63%，耗电量降低大约 54% 和 43%，运行成本节省约 66% 和 55%。

鉴于冷剂自然循环 VCS 空调系统具有上述诸多创新特色和经济、节能优势,其应用前景当属良好。自 1988 年第一个建设项目在日本仙台定禅寺办公楼实施以来,这种空调方式已先后在大阪商业银行大厦(俗称"水晶塔",1990 年竣工,地上 37 层,高 157 m)等若干工程项目中得以应用与推广。

7.4 辐射供冷空调系统

传统的空调方式会产生令人不舒适的吹风感,头痛、头晕、胸闷等空调病也不断出现。与此同时,建筑能耗居高不下,能源紧缺,环境问题、气候问题也愈加严重。人们对空调舒适性要求不断提高与节能减排之间的矛盾日益突出,传统空调已经不能满足人们的需要。辐射供冷空调系统作为一种低能耗、高舒适性的新型空调方式得到越来越广泛的研究和工程应用。

1)辐射供冷空调系统的特点

辐射供冷空调系统主要靠辐射方式进行热交换,换热效率高,辐射板表面及室内温度分布均匀、垂直温差梯度小、无温度死角、无风机噪声、不产生吹风感,是公认的室内舒适程度最高的空调末端系统。该系统节省建筑空间、布置灵活、安装方便;每个房间采用单独循环结构,便于分室控制,分户计量;此外还有质量轻、寿命长、健康环保等优点。

辐射供冷空调系统具有诸多优点,但其制冷能力受空气露点的限制,当辐射板表面温度低于室内空气露点温度时,会产生结露现象。故辐射供冷空调系统多与新风系统相结合,靠新风承担全部潜热负荷和部分显热负荷,对冷源温度和新风除湿有较高要求。

若能根据各地区不同的气候特点,配合使用不同的低品位冷源和新风处理方式,可以进一步增强辐射供冷空调系统的节能优势,对于节能减排、降低建筑能耗具有积极意义。

2)辐射供冷空调系统的冷源方案

普通的风机盘管系统冷水供、回水温度一般为 7 ℃/12 ℃,这在很大程度上限制了低品位冷源的应用。在辐射供冷状态下,人体感受到的温度要比实际温度低约 2 ℃,使用辐射供冷空调系统,可以把室内设计温度提高 2 ℃左右;但如果辐射板表面温度过低,则会有结露危险,常规的冷水机组作为辐射供冷空调系统的冷源具有一定的局限性。这一特点恰好为太阳能、蒸发冷却、地热等低品位冷源的使用提供了广阔的平台。

(1)太阳能技术与辐射供冷相结合

太阳能是取之不尽用之不竭的洁净能源,我国大部分地区夏季日照资源丰富,可以利用太阳能制冷技术为辐射供冷空调系统提供冷源。太阳能制冷有两种途径:太阳能光热转换制冷和太阳能光电转换制冷。由于太阳能光电转换制冷系统成本较高,故目前应用较多的是太阳能光热转换制冷。图 7.52 是"太阳能吸收式制冷+辐射供冷"空调系统原理图。水被太阳集热器加热,进入储热水箱,当水温达到一定值时,储热水箱向吸收式制冷机提供热水,热水在吸收式制冷机中降温后,流回太阳集热器继续加热;吸收式制冷机制得的冷水进入储冷水箱,为辐射末端供冷,在室内进行热交换后回到吸收式制冷机,如此循环。由于太阳能的利用受天气影响较大,储冷水箱可以保证阴天或夜间供冷。有研究表明。和普通风机盘管式空调系统相比,太阳能辐射供冷空调系统的 COP 可提高 17%,制冷能力可提高 50%。若条件允许,还可以通过光电控制转换装置,将太阳能转化成电能,用于供应整个系统的水泵和风机所需的电量。

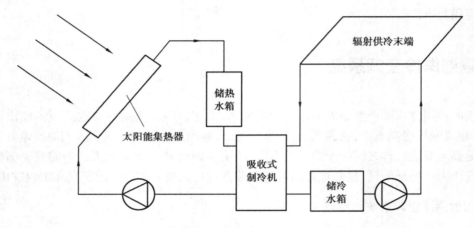

图 7.52 "太阳能吸收式冷源+辐射供冷"空调系统原理图

(2)蒸发冷却与辐射供冷相结合

蒸发冷却以水为制冷剂,利用自然条件下空气的干、湿球温度差来获取冷量。它利用冷却塔自然冷却制取冷水,直接作为辐射末端的冷源,所制取的冷水温度一般在 16~18 ℃,完全可以满足毛细管网辐射供冷末端的供水需求,这样就充分利用了"零费用"的高温冷源,且对环境无副作用。这项技术在我国气候炎热干燥的西北地区应用得比较广泛,尤其是新疆地区。图 7.53 为"蒸发冷却式冷源+辐射供冷"空调系统原理图。一般情况下,冷却塔提供的冷水不直接进入辐射末端,而是进入设置在冷却塔和辐射末端之间的高效板式换热器,在换热器内和辐射末端内的循环水进行逆流换热,以防止冷却水中的杂质进入辐射末端管网,从而阻塞水管路。根据目前的研究表明,乌鲁木齐地区全年有 8 376 h 可以利用冷却塔循环冷却水直接供冷,夏季可以实现 1 930 h 免费供冷,具有很大的节能空间。

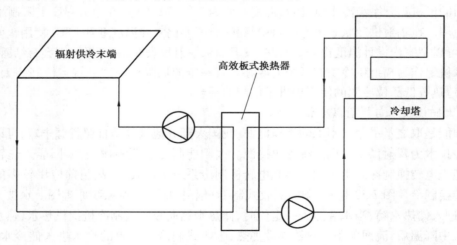

图 7.53 "蒸发冷却式冷源+辐射供冷"空调系统原理图

（3）地源热泵与辐射供冷相结合

地源热泵通过地下热交换器和地热能（土壤、地下水、地表水等）进行热交换，在夏季可以从地下获取冷量，为辐射供冷空调系统提供冷源。在我国某些地区，夏季地下热交换器的出水温度能达到18℃左右，可以直接满足室内辐射末端供冷需求，此时可以不开启地源热泵机组，而直接采用自然冷却模式，从而节约大量电能。图7.54为"地源热泵+辐射供冷"空调系统原理图。地下换热器与土壤进行换热后得到的冷水进入地源热泵机组，再通过分集水器送至各个毛细管网辐射末端，在室内进行热交换后回到地下换热器，实现夏季供冷。在运行过程中可以使用温度控制系统保证各个房间的供水温度在设计值。

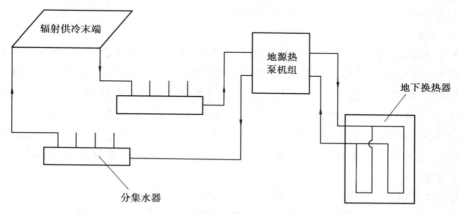

图7.54　"地源热泵式冷源+辐射供冷"空调系统原理图

地源热泵与辐射供冷相结合，在提高资源利用率的同时，还降低了空调系统的能耗，夏季实际运行COP值也有所提高。有研究表明，地源热泵与辐射供冷结合使用可以比传统中央空调节能70%以上。

3）辐射供冷空调系统的新风供给方式

为了满足建筑室内空气品质、压力控制要求，实现建筑室内的湿调控，辐射供冷空调系统多与新风系统相结合，向建筑室内送入满足设计参数要求的一定量新风。通常，送入室内新风需承担全部余湿负荷、潜热负荷和部分显热负荷。

送风方式的选择：

在送风方式的选择上，从原则上来说，辐射供冷系统可以和任意一种送风方式相结合。但是，考虑到送风还必须要保证室内有良好的热舒适性，不能有强烈的吹风感，而且要尽量节约能耗的要求，一般选择天花板顶送风方式。

天花板顶送风方式的主要优点在于：一方面，顶送风设计、施工和维修的技术都比较成熟，与辐射供冷相匹配的独立新风可以直接选取和全空气系统相似的空调机组。而且全空气系统送风温差可以选的略大（8~12℃），再配合使用具有高吸入性的旋流风口，这样经过冷却除湿后的新风可以不经过再热直接送入房间，人员不会有吹风感，既保证了舒适性又节约了能耗。另一方面，顶送风可以加强辐射供冷板表面附近空气的扰动，强化了换热，可以提高辐射供冷板的供冷量。

置换通风有时也可以与辐射供冷相匹配，它的换气效率、能量利用效率都高于天花板顶送空气系统。但是,由于置换通风要求的送风温差不宜大,一般要控制在 3 ℃以内。如若使用置换通风与辐射供冷相匹配,必须要对新风进行再热,虽然获得了较高的空气质量,但是浪费了能源,总体来说效果不如天花板顶送方式。

4) 辐射供冷空调系统的除湿方式

为了实现建筑室内的湿调控,辐射供冷空调系统多与新风系统相结合,靠新风承担全部余湿负荷、潜热负荷和部分显热负荷。为此,辐射供冷空调系统中,对新风进行除湿处理十分必要,也有较高要求。

辐射供冷空调系统通常使用的几种新风除湿方法如下:

(1)冷却除湿

①蒸发冷却式:蒸发冷却式除湿是利用水分蒸发从空气中吸收汽化潜热,使空气降温,从而降低空气的含湿量。蒸发冷却除湿可以使用蒸发冷却作为冷源,所得的高温冷水用于消除室内显热负荷,所得的低温干燥空气用于消除室内潜热负荷。在我国西北地区,利用蒸发冷却技术除湿、完全能够满足辐射供冷的干燥新风要求,消除结露隐患。蒸发冷却除湿是一种节能、环保、经济的除湿方式,应用前景十分乐观。有研究表明,间接蒸发冷却新风系统与传统新风系统相比,在炎热干燥地区可节能 80%~90%,在炎热潮湿地区可节能 20%~25%,在中等湿度地区可节能 40%。

②表冷器式:使用表冷器对新风进行冷却除湿时,表冷器中通入 5~12 ℃的冷水。新风通过表冷器时降温减湿。这种方法目前在国内比较常见。通常设置两套制冷系统:辐射供冷空调系统使用高温冷水系统;表冷器使用低温冷水系统用,其除湿能力受冷水温度限制。

③热湿串级处理系统:这种方法是利用常规的低温冷水先对新风进行除湿,待水温有所升高后作为冷源供给辐射末端。热湿串级处理受负荷影响较大,系统控制比热湿单独处理复杂,除湿能力同样受冷水温度的限制。

(2)吸附除湿

吸附除湿是利用吸附剂,通过物理或化学过程吸附湿空气中的水分子以达到除湿目的。转轮除湿是吸附除湿中最为常用的一种方法。当新风经过转轮除湿机时,转轮内的吸附剂可以吸附空气中的水蒸气,对新风进行除湿处理。和冷却除湿相比,转轮除湿实现了湿度的独立调节,除湿效果不受冷水温度限制,除湿效率较高,易于控制。但由于转轮本身的显热和吸附过程产生的吸附热,使得新风在除湿的同时,温度有所升高,故在送入室内前,需要对除湿后的干燥空气作降温处理。由于转轮除湿再生环节和新风降温处理对水温无要求,可利用低品位冷源,减少能耗。在转轮除湿的过程中,还可以对热量进行回收,节约能源。有研究表明,与传统空调系统相比,转轮除湿辐射供冷空调系统可以使风机能耗节约 78%,使制冷机组能耗节约 60%。

(3)溶液除湿

溶液除湿是空气直接与具有吸湿特性的盐溶液(如溴化锂、氯化锂等)接触,当溶液表面蒸汽分压力比被处理空气的水蒸气分压力低时,高浓度的盐溶液吸收空气中的水蒸气,从而实现新风除湿。吸湿后的盐溶液还可以通过加热浓缩循环使用,溶液再生温度仅 50~80 ℃,可使用太阳能、地热能以及工业余热等低品位热源。溶液除湿的过程中,水蒸气凝结释放出凝结热,使空气温度升高,故干燥新风送入室内前仍需作降温处理。溶液除湿不受冷水温度限制,节能效果显著。

（4）复合除湿

常规冷却除湿的除湿能力受冷水温度限制，为达到除湿要求，冷水温度通常很低，导致送风温度偏低，新风在送入室内前需要再热；蒸发冷却除湿仅适用于西北等气候条件干热地区，对于非干燥地区，仅靠蒸发冷却无法达到满意的送风状态；吸附除湿和溶液除湿的除湿效果较好，且不受冷水温度限制，但除湿过程中会有部分凝结热产生，使得除湿后的空气温度有所升高，需要预冷或再冷。故在某些地区的实际应用中，辐射供冷空调系统往往采用复合的除湿方式，如表冷器与转轮复合除湿、蒸发冷却与溶液复合除湿、蒸发冷却与转轮复合除湿等。复合除湿可以使除湿量不受冷水温度限制，无须再冷或再热，节约能源，又能达到很好的除湿效果，满足辐射供冷空调系统的新风要求。

5）辐射供冷结露问题的处理

控制供水温度、对新风进行除湿处理、使辐射板的表面温度高于室内空气的露点温度，这种方法从理论上可以避免结露现象发生，但对系统的供冷效果有影响。当室内人员密度和房间气密性等因素变化较大时，仍有可能有结露生成。目前，为解决辐射供冷空调系统结露问题的方法可以分为物理方法、从系统运行方面进行控制的方法。

（1）物理方法

用物理方法解决结露问题，主要是从辐射板的材料和结构方面考虑，具体如下：

①在辐射板表面喷涂增水层：充分利用自然界"荷叶效应"，在辐射板表面喷涂憎水层，从而增加物体表面的粗糙度，提高水滴与辐射板表面的接触角，减小板面与水珠之间的接触面。即使在辐射板表面温度低于室内空气露点温度的情况下，空气中的水蒸气也无法凝结在辐射板表面，从而从根本上解决结露问题，使得系统控制大为简化，制冷量也有所提高。

②凝露疏导法：在辐射板表面开刻具有一定间距的微型平行凝水槽，安装时辐射板倾斜一定角度，使凝水可以在辐射板一侧聚集并通过凝水管收集排出。这种方法在解决凝露问题的同时，也消除了辐射板对供水温度的限制可以提高辐射板的制冷量。

③使用吸湿建材：由于凝结水的形成是个极其缓慢的过程，故可使用吸湿建材，在有结露危险时将空气中的水汽吸附。当室内湿负荷降低时，所吸附的凝结水又会蒸发。吸湿建材有两种应用形式：a.在辐射板表面贴附多孔材料或直接采用具有吸湿作用的多孔金属材料，吸湿性能较大，可用于突发湿负荷较大的场合。如日本开发出一种高效吸湿陶瓷建材，其吸湿能力是一般建材的 4~5 倍，吸湿量可达自身重量的 30%，在湿度过低的环境下，可放出水分，有效控制室内湿度。b.在围护结构表面喷涂具有吸湿性的涂料，对水汽进行吸附，将室内湿度控制在一定范围内，防止结露生成，但吸湿性能相对较小。

（2）系统控制方法

①系统的分阶段运行策略：通过控制整个空调系统的运行来避免结露生成，将整个运行过程分为三个阶段：

第一阶段：空调系统刚开始运行时，室内空气含湿量较高，露点温度相对较高。此时只开启送风系统（全回风模式），关闭辐射系统，利用干燥低温送风对室内除湿。

第二阶段：当室内空气含湿量达到某一标准时，开启辐射系统，快速降温、降湿。

第三阶段：当室内温湿度达到一定程度时，将送风系统调成全新风模式，辐射系统仍开启。

该策略不仅可以解决辐射板表面结露问题,还可以解决系统大惯性导致的温度响应速度慢问题。其中,正确判断各个阶段的转换节点,是非常关键的技术问题。

②自动控制系统:使用湿度传感器随时对送风和回风的相对湿度进行监测,使用露点控制器对室内空气进行监测,当检测到有结露危险时,自动切断辐射系统的供水管阀门,不再向辐射末端供水,停止向室内供冷;当辐射板表面温度高于室内空气露点温度一定值时,阀门自动打开,向辐射系统供水,向室内供冷。这样,就起到了结露保护作用。目前,常用的方法还有在辐射板表面设温度传感器,来控制辐射板供水温度和流量,使辐射板表面温度高于室内露点温度,防止结露。

思考题

7.1　完整的空调系统应由哪些设备、构件所组成?空调系统按其基本分类方法,可分为哪些类型?

7.2　全空气空调(风)系统有哪些类型?各自的分类特点如何?适用的空调设备有哪些类型?

7.3　全空气空调系统几个环节的风量平衡关系如何?设置回(排)风机的条件是什么?

7.4　熟练掌握一次回风集中空调系统的装置原理图示、夏冬季节设计工况的 $i\text{-}d$ 图分析及其相应空气处理流程的完整表述。

7.5　将二次回风集中空调系统夏季设计工况 $i\text{-}d$ 图分析与一次回风式系统相对比,阐明这两种系统的应用范围与特点。

7.6　熟悉风机盘管的结构类型及其应用特点。

7.7　风机盘管的新风供给方式有哪几种?各自的应用特点如何?

7.8　熟练掌握风机盘管加独立新风系统夏季设计工况下的 $i\text{-}d$ 图分析。

7.9　传统集中空调系统迄今的发展、演化情况如何?

7.10　变风量空调系统有哪几种类型?各自的工作原理及应用特点是什么?

7.11　变风量空调系统设计中有哪些特殊问题?应如何加以解决?

7.12　空调水系统与采暖热水系统设计方面存在哪些显著差异?

7.13　空调冷、热水系统有哪些类型?各自有何应用特点?

7.14　高层建筑空调水系统设计应着重解决哪些工程技术问题?

7.15　空调水系统水力计算和水泵选择有何特点?

7.16　空调常用冷却塔有哪些类型?试述各自的工作原理及应用特点。

7.17　空调冷凝水系统设计中应注意哪些问题?

7.18　局部式空调机组的类型有哪些?其工作原理及应用特点是什么?

7.19　试述变频控制 VRV 系统和冷剂自然循环 VCS 系统各自的节能原理及应用特点。

7.20　试述辐射供冷空调系统的优点及工程应用中应重点注意并解决的问题。

8

室内气流组织与风口

　　室内气流组织设计的任务是合理组织室内空气的流动与分布,使室内工作区空气的温度、湿度、速度和洁净度能更好地满足工艺要求及人们舒适感的要求。室内气流组织是否合理,不仅直接影响房间的空调效果,也影响空调系统的能耗量。例如:在实际工程中,夏季室内温度场、速度场平均值满足要求,但工作区中部分区域最低温度偏低(极端者低于 20 ℃),空气速度偏高(>1 m/s),严重影响人员的舒适性要求,会导致"空调病";冬季工况中,室内垂直温差过大(上下部温差达 10 ℃),形成"头暖脚凉",达不到供暖效果,影响舒适性及能耗。普通家用空调(分体壁挂机及落地柜机)由于受到安装位置的限制和出风口形式的影响,气流组织有天然的缺陷,但集中空调工程投资更大,用能较多,不能实现舒适性的气流组织效果就不应该了。

　　空调房间内的气流分布特性与送风口的形式、数量和位置、回(排)风口的位置、送风参数(送风温差 Δt_0,送风口速度 v_0)、风口尺寸、空间的几何尺寸以及污染源的位置和性质等有关。由于影响因素甚为复杂,只靠理论计算确定室内空气分布特性是不够的,一般尚需借助于现场调试,以确保实现预期的气流组织设计效果。传统的方法多借助通过实验获取的一些半经验公式来进行分析。随着计算机技术应用的不断扩展,CFD 这一数值模拟方法日益广泛地运用于空气流动与分布特性的研究。

8.1　送、回(排)风口气流流动规律

8.1.1　送风口空气流动规律

　　要合理组织气流,首先要清楚送、回(排)风口空气流动的规律。在讨论送风口空气流动时,首先从等温自由射流入手,然后再考虑温差及边界条件等对射流的影响,从而使研究的问题更加接近实际。下面分别介绍送风口和回(排)风口的气流分布规律。

1)等温自由紊流射流

在流体力学中,从实验和理论上阐明了气体通过孔口的流动状态。空气从喷嘴以较大的流速射入周围相对静止的空气中形成一股紊流射流。当送风口长宽比小于10,射流温度与房间温度相同,并且周围空间相对于射流断面大得多,气流流动不受任何固体壁面限制时,通常将这种条件下的射流称为等温自由紊流射流。

当射流进入房间后,射流的边界与周围气体不断进行动量、质量交换,周围空气不断被卷入,射流流量不断增加,断面不断扩大,射流速度不断下降。在射流理论中,将射流轴心速度保持不变的一段长度称为起始段,其后称为主体段。空调中常用的射流段为主体段。等温自由射流的速度变化见图8.1。

射流轴心速度的计算公式为:

$$\frac{v_x}{v_0} = \frac{0.48}{\frac{ax}{d_0} + 0.147} \quad (8.1)$$

射流横断面直径计算公式为:

$$\frac{d_x}{d_0} = 6.8\left(\frac{ax}{d_0} + 0.147\right) \quad (8.2)$$

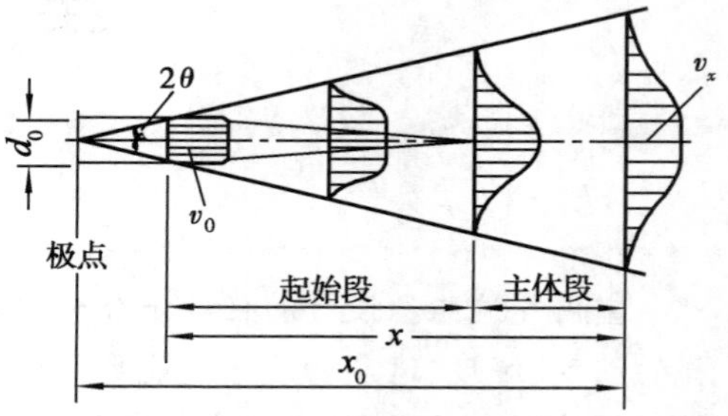

图 8.1 自由射流示意图

式中　x_0——计算断面至极点间距离,m;

　　　x——计算断面至风口的距离,m;

　　　v_x——射程断面处轴心流速,m/s;

　　　v_0——射流出口速度,m/s;

　　　d_0——送风口直径或当量直径,m;

　　　d_x——射程 x 处射流直径,m;

　　　a——送风口紊流系数,与喷嘴形式并与射流扩散角 θ 有关。即$\tan \theta = 3.4a$,常见风口形式的紊流系数 a 值见表8.1。

表 8.1　喷嘴紊流系数 a 值

喷嘴形式		紊流系数 a
圆断面射流	收缩极好的喷嘴	0.066
	圆管	0.076
	扩散角 8°~12° 的扩散管	0.09
	矩形短管	0.1
	带有可动导向叶片的喷嘴	0.2
	活动百叶风格	0.16
平面射流	收缩极好的平面喷嘴	0.108
	平面壁上的锐缘斜缝	0.115
	具有导叶加工磨圆边口的通风管纵向缝	0.155

由此可见,确定送风口时,要想增大射程,可提高出口速度或减少紊流系数;若要增大射流扩散角,可选用 a 值较大的送风口。

2)非等温自由射流

当射流出口温度与房间温度不相同时,称为非等温射流。在空调工程中,多数是这种非等温射流。射流送风温度低于室内温度者为"冷射流",高于室内温度者为"热射流"。

非等温射流进入房间后,射流边界与周围空气间不仅要进行动量交换,而且要进行热量交换。因此,射流随着 x 值的增大,其轴心温度也在不断变化。轴心温度差为:

$$\frac{\Delta T_x}{\Delta T_0} = \frac{0.35}{\dfrac{ax}{d_0} + 0.147}$$ (8.3)

式中 ΔT_x——主体段内射程 x 处轴心点温度与周围空气温度之差,K;

ΔT_0——射流出口温度与周围空气温度之差,K。

比较式(8.3)和式(8.1),表明射流的温度场与速度场存在相似性,只是热量扩散比动量扩散要快些,则:

$$\frac{\Delta T_x}{\Delta T_0} = 0.73 \frac{v_x}{v_0}$$ (8.4)

射流与周围空气温度不等,密度不同时,射流轴线将产生弯曲。射流自喷嘴射出后,一方面受出口动能的作用向前运动,另一方面因密度不同受浮力影响,使射流在前进过程中发生弯曲。当射出的是热射流时,射流轴线向上偏斜,若是冷射流,则其轴线向下偏斜。非等温射流的轴心轨迹,见图8.2。可用下式计算:

$$\frac{y_i}{d_0} = \frac{x_i}{d_0}\tan\beta + Ar\left(\frac{x_i}{d_0\cos\beta}\right)^2\left(0.51\frac{ax_i}{d_0\cos\beta} + 0.35\right)$$ (8.5)

$$Ar = \frac{gd_0(T_0 - T_N)}{v_0^2 T_N}$$ (8.6)

式中 y_i——射流轴心偏离水平轴之距离,m;

β——射流出口轴线与水平轴之夹角,(°);

Ar——阿基米德数,表征浮升力与惯性力之比;

T_0——射流出口温度,K;

T_N——房间空气温度,K。

当 $T_0 > T_N$ 时,射流向上弯;当 $T_0 < T_N$ 时,射流向下弯。

对于非等温射流,阿基米德数 Ar 是十分重要的无因次准则数。当 $Ar = 0$ 时,为等温射流;当 $|Ar| < 0.001$ 时,仍可按等温射流计算;当 $|Ar| > 0.001$ 时,可按式(8.5)计算。

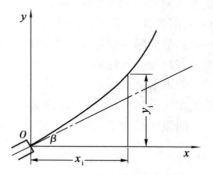

图 8.2 弯曲射流的轴线轨迹图

3)受限射流

当射流边界的扩展受到房间边壁影响时,就称为受限射流(或有限空间射流)。研究表明,当射流断面面积达到空间断面面积的1/5时,射流受限,成为有限空间射流。

无论是受限射流还是自由射流,都会对周围空气产生扰动,它所具有的能量是有限的,它能引起的扰动范围也是有限的,不可能扩展到无限远去。受限射流还受到房间边壁的影响,因而形成受限射流的特征。

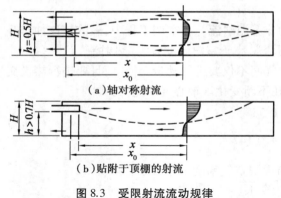

（a）轴对称射流

（b）贴附于顶棚的射流

图 8.3 受限射流流动规律

当射流不断卷吸周围空气时，周围较远处的空气流必然要来补充，由于边壁的存在与影响，必然导致回流现象，见图 8.3。而回流范围有限，促使射流外逸，使得射流与回流闭合形成大涡流。

假设房高为 H，送风口距地面距离为 h。则当 $h=0.5H$ 时，射流上下对称，呈橄榄形；当 $h \geq 0.7H$ 时，由于射流上部与顶棚之间距离减少，卷吸的空气量少，因而流速大，静压小，射流下部静压大，上下压力差将射流往上举，从而使得气流贴附于顶棚流动，称为贴附射流。

贴附射流仅有一边卷吸周围空气，速度衰减慢，射程较长。若是冷射流，则贴附长度缩短，且 $|Ar|$ 越大，贴附长度越短。

若以贴附射流为基础，无因次距离为：

$$\bar{x} = \frac{ax_0}{\sqrt{F_n}} \qquad 或 \qquad \bar{x} = \frac{ax}{\sqrt{F_n}}$$

则对于全射流为：

$$\bar{x} = \frac{ax_0}{\sqrt{0.5F_n}} \qquad 或 \qquad \bar{x} = \frac{ax}{\sqrt{0.5F_n}}$$

式中 F_n——垂直于射流的空间断面面积。

实验结果表明，当 $\bar{x} \leq 0.1$ 时，射流的扩散规律与自由射流相同，并称 $\bar{x} \approx 0.1$ 的断面为第一临界断面。当 $\bar{x} > 0.1$ 时，射流扩散受限，射流断面与流量增加变缓，动量不再守恒，并且到 $\bar{x} \approx 0.2$ 时射流流量最大，射流断面在稍后处亦达最大，称 $\bar{x} \approx 0.2$ 的断面为第二临界断面。同时，在第二临界断面处回流的平均流速也达到最大值。在第二临界断面以后，射流空气逐步改变流向，参与回流，使射流流量、面积和动量不断减小，直至消失。

受限射流的压力场是不均匀的，各断面静压随射程的增加而增加。由于它的回流区一般是工作区，控制回流区的风速具有实际意义。受限射流的几何形状与送风口的安装位置有关。

回流区最大平均风速的计算式为：

$$\frac{v_n}{v_0} \frac{\sqrt{F_n}}{d_0} = 0.69 \qquad\qquad (8.7)$$

式中 $\dfrac{\sqrt{F_n}}{d_0}$——房间尺寸和射流尺寸的相对大小对射流的影响，称为自由射流度。

8.1.2 回（排）风口空气流动规律

回（排）风口的气流流动近似于流体力学中所述的汇流。汇流的规律是在距汇点不同距离的各等速球面上流量相等，因而随着离开汇点距离的增大，流速呈二次方衰减，即在汇流作用范围内，任意两点间的流速与距汇点的距离平方成反比：

$$\frac{v_1}{v_2} = \left(\frac{r_2}{r_1}\right)^2 \tag{8.8}$$

式中　v_1,v_2——任意两个球面的流速,m/s;

　　　r_1,r_2——任意两个球面至汇点距离,m。

实际回(排)风口具有一定的面积,不是一个汇点。图8.4所示为一管径为 d_0 的排风口的流速分布。由图可见,实际回(排)风口处的等速面已不是球形,所注百分数为无因次距离 $\frac{x}{d_0}$ 处 $\frac{v}{v_0}$ 值。由图中 $\frac{v_x}{v_0}$ = 5% 的等速面查得,在正对排风口的无因次距离 $\frac{x}{d_0}$ = 1 处,回(排)风口的速度衰减极快。即使回(排)风口的实际安装条件是受限的,如与壁面平齐,其作用范围为半球面,装在房角处为 1/8 球面等,上述规律性仍然是存在的。

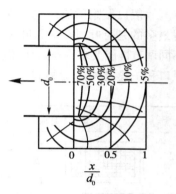

图 8.4　排风口的流速分布

实际上,回(排)风口的速度衰减在风口边长比大于 0.2,且在 $1.5 \leqslant \frac{x}{d_0} \leqslant 0.2$ 内,估算公式:

$$\frac{v_0}{v_x} = 0.75 \frac{10x^2 + F}{F} \tag{8.9}$$

回(排)风口速度衰减快的特点,决定了它的作用范围的有限性。因此,在研究空间的气流分布时,主要考虑送风口出流射流的作用,同时考虑回(排)风口的合理位置,以便实现预定的气流分布模式。忽略回(排)风口在空间气流分布的作用,将导致降低送风作用的有效性。

8.2　送、回(排)风口及其气流组织形式

空调区内良好的气流组织,需要通过合理的送回风方式以及送回风口的正确选型和布置来实现。侧送或散流器平送时,均能形成贴附射流,对室内高度较低的空调区,既能满足使用要求,又比较美观。在某些情况下,也可采用竖壁贴附射流送风方式,送风口安装在房间的顶部靠近侧墙或柱面位置从上往下贴附送风。气流贴附可以增加送风射程,使气流混合均匀,既能保证舒适性要求,又能保证人员活动区温度波动小的要求。

对于高大空间,一般采用喷口或旋流风口送风方式。由于喷口送风的喷口截面大,出口风速高,气流射程长,与室内空气强烈掺混,能在室内形成较大的回流区,达到布置少量风口即可满足气流均布的要求。

8.2.1　送风口形式

送风口及其紊流系数大小,对射流的扩散及空间内气流流型的形成有直接影响。因此,在设计气流组织时,根据空调精度,气流形式,送风口安装位置以及建筑室内装修的艺术配合等

要求选择不同形式的送风口。送风口的形式多样,本节只对几种常用的典型送风口的形式及特点做介绍。

(1)侧送风口

在房间内横向送出气流的风口叫作侧送风口,具有射程长、射流温度和速度衰减充分的优点。一般以贴附射流形式出现,工作区通常是回流区,布置简单,施工方便。在这类风口中,用得最多的是百叶风口。百叶风口中的百叶是活动可调的,既能调风量,也能调方向。为了满足不同调节性能要求,可将百叶做成多层,每层有各自的调节功能。除百叶送风口外,还有格栅送风口和条缝送风口,这两种风口可以与建筑装饰很好地配合。常用的侧送风口形式,见表8.2。

表8.2 常用侧送风口形式

风口图式	射流特点及应用范围
	格栅送风口:叶片或空花图案的格栅用于一般空调工程
平行叶片	单层百叶送风口:叶片可活动,可根据冷、热射流调节送风的上下倾角,用于一般空调工程
对开叶片	双层百叶送风口:叶片可活动,内层对开叶片用以调节风量,用于较高精度空调工程
	三层百叶送风口:叶片可活动,有对开叶片可调风量,又有水平、垂直叶片可调上下倾角和射流扩散角,用于高精度空调工程
	带出口隔板的条缝形风口:常设于工业车间的截面变化均匀送风管道上,用于一般精度的空调工程
	条缝形送风口:常配合静压箱(兼作吸音箱)使用,可作为风机盘管、诱导器的出风口,适用于一般精度的民用建筑空调工程

(2)散流器

如表8.3所示,散流器是安装在顶棚上的送风口,其送风气流形式有平送和下送两种。工作区总是处于回流区,只是送风射流和回流的射程均比侧送方式短。空气由散流器送出时,通常沿着顶棚和墙面形成贴附射流,射流扩散较好,区域温差一般能够满足要求。散流器平送方式在商场、餐厅等大空间中应用广泛。对散流器下送的方式,当采用顶棚密集布置向下送风时,有可能形成平行流使工作区风速分布均匀,这可用于有洁净度要求的房间,其单位面积送风量一般都比较大。由于下送射流流程短,工作区内有较大的横向区域温差,又由于顶棚密集布置散流器,使管道布置较复杂。因此,仅适用于少数工作区要求保持平行流和建筑层高较大的空调房间。

（3）孔板送风口

空气经过开着若干小孔的孔板进入房间,这种风口叫作孔板送风口。孔板送风方式的特点是射流的扩散和混合效果较好,射流的混合过程很短,温差和风速衰减快,因而工作区温度和速度分布均匀。按照送风温差、单位面积送风量条件的不同,在工作区域内气流流型有时是不稳定流,有时是平行流。孔板送风时,风速均匀而较小,区域温差也很小。因此,对于区域温差和工作区风速要求严格、单位面积送风量比较大、室温允许波动范围较小的空调房间,宜采用孔板送风的方式。图8.5所示为具有稳压作用的送风顶棚的孔板送风口,

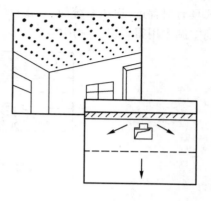

图8.5　孔板送风口

空气由风管进入稳压层后,再依靠稳压层内的静压作用经孔口均匀地送入空调房间。

表8.3　常用散流器形式

风口图式	风口名称及气流流型
	盘式散流器:属平送流型,用于层高较低的房间,挡板上可贴吸声材料,能起消声作用
调节板　风管 均流器 扩散圈	直片式散流器:平送流型或下送流型(降低扩散圈在散流器中的相对位置可得到平送流型,反之,可得下送流型)
	流线型散流器:属下送流型,适用于净化空调工程
	送吸式散流器:属平送流型,可将送、回风口结合在一起

（4）喷射式送风口

喷射式送风口是高大空间的大型建筑(如体育馆、剧院、候机大厅、工业厂房等)常用的一种送风口。由高速喷口送出的射流带动室内空气进行强烈混合,使射流流量成倍地增加,射流

截面积不断扩大,速度逐渐衰减,室内形成大的回旋气流,工作区一般是回流区。这种送风方式具有射程远、送风系统简单、投资较省、一般能够满足工作区舒适条件的优点。它在高大空间空调中用得较多。常用的喷口形式如图8.6所示。

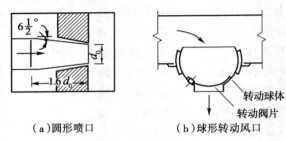

（a）圆形喷口　　　　　　（b）球形转动风口

图 8.6　喷射式送风口

（5）旋流送风口

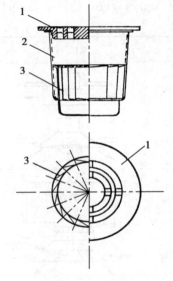

旋流送风口工作时利用出风的旋转,将空气以螺旋状送出,产生相当高的诱导比,使送风与周围室内空气迅速混合。它可分为手动旋流风口、电动旋流风口两种。温感旋流风口颈部装有温感执行器,能自动感测到气流温度,并自动驱动内层叶片以改变送风角度。当夏季送风温度≤17 ℃时,气流呈水平吹出;当冬季送风温度≥27 ℃时,气流呈垂直方向吹出。

（6）座椅下送风口

该送风口设置在影剧院、会场的座椅下,经处理后的空气以约低于 0.2 m/s 的风速从风口送出,以避免产生吹风感。根据工程经验,供冷时的送风温度约为 19 ℃,每个座位的送风位为 40~70 m³/h。

（7）地板送风口

地板送风口可以是内部诱导型旋流送风口、散流器、格栅式送风口或条缝型送风口,风口的风速与风口与人体距离、送风温度相关。采用地板送风口,一般应设置送风静压箱。图8.7是地板送风口的一种形式。

图 8.7　地板送风口
1—出风格栅;2—集尘箱;
3—旋流叶片

（8）低温送风口

低温送风口用于低温送风系统,风口采用诱导或气流保护等方式使风口不产生结露。

8.2.2　回(排)风口

由于回(排)风口的汇流场对房间气流组织影响较小,因而它的形式也比较简单,有的只在孔口加一金属网格,也有装格栅和百叶的,通常要与建筑装饰相协调。

回风口的形状和位置根据气流组织要求而定。若设在房间下部时,为避免灰尘和杂物被吸入,风口下缘离地面至少为 0.15 m,风速也应取得低些。

风口可以采取简单形式,但一般要求应有调节风量的装置。

8.2.3 气流组织形式

空调房间气流组织形式有多种,它取决于送风口的形式和送回风口的布置形式。

（1）上送下回

由房间上部送入空气,房间下部排出空气的"上送下回"气流分布方式是常见的气流组织形式。在冬季运行时,易使热风下送。图 8.8 所示的三种不同的上送下回方式中,图 8.8(a)为侧送侧回,根据房间的大小可扩大为双侧送风;图 8.8(b)为散流器送风,可根据需要确定散流器的数目。图 8.8(c)为孔板送风,尤其适用于温、湿度和洁净度要求较高的洁净室。

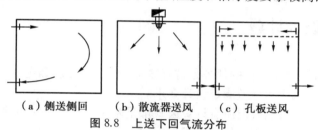

（a）侧送侧回　　（b）散流器送风　　（c）孔板送风

图 8.8　上送下回气流分布

（2）上送上回

图 8.9 所示的三种上送上回气流组织形式中,图 8.9(a)为单侧上送上回;图 8.9(b)为异侧上送上回;图 8.9(c)为贴附型散流器上送上回。该方式的特点为可将送回风管道集中布置在上部,且可设置吊顶,使管道暗装。

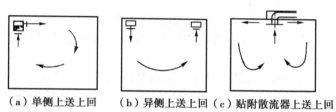

（a）单侧上送上回　　（b）异侧上送上回　（c）贴附散流器上送上回

图 8.9　上送上回气流分布

（3）下送上回

图 8.10 所示的三种气流组织形式中,其中图 8.10(a)为地板送风;图 8.10(b)为末端装置（风机盘管或诱导器等）送风;图 8.10(c)为下侧送风,也称置换通风。该方式除图 8.10(b)送风方式外,应降低送风温差,控制工作区的风速。因其排风温度高于工作区温度,故具有一定的节能效果,使用时有利于改善工作区的空气质量。近年来国外相当重视,国内也逐步研究和应用。

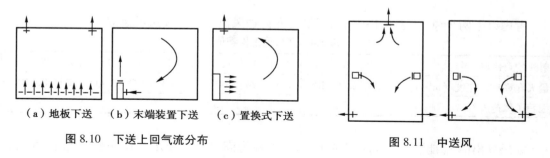

（a）地板下送　　（b）末端装置下送　　（c）置换式下送

图 8.10　下送上回气流分布

图 8.11　中送风

（4）中送风

在某些高大空间内,不需要将整个空间作为控制调节对象。可采用如图8.11所示的中送风方式,节省能量。但是,这种方式会造成空间温度分布不均,存在温度"分层"现象。

以上各种形式在应用时,可根据实际工程的具体条件单独或组合使用。由于室内空气质量不佳,将造成暖通空调建筑中人们的健康状况恶化,生产率下降,从节能与环保的角度,人们对气流组织的要求是将少量高品质空气直接送到每个人,即直接送到消耗它的地方,而不是将大量的不新鲜空气送到整个房间。

8.3 气流组织设计计算

空调房间气流组织设计计算的任务是选择气流分布的形式;确定送、回风口的形式、数量和尺寸,使其工作区的风速和温差满足设计要求。

气流组织的计算方法较多,但所有计算公式都是基于实验条件下的半经验公式,都有一定的局限性,下面针对工程中常用的气流组织形式,介绍几种计算方法。

8.3.1 侧送风的计算

侧送风口应尽量靠近顶棚布置,以 15°~20°的仰角向上送风,控制 Ar 小于一定数值,以保证形成贴附射流。贴附侧送的计算方法:

①选定送风口类型,确定紊流系数 a,布置送风口,确定射程 x。

②选取送风温差,计算送风量和换气次数。送风温差及换气次数与室温允许波动范围有关。

③确定送风口的出流速度 v_0,送风口的出流速度根据以下原则确定:

a.应使回流平均速度 v_{hp} 小于工作区的允许速度。工作区允许流速按现行《采暖通风与空调设计规范》规定采用:舒适性空调,室内冬季风速不应大于0.2 m/s,夏季不应大于 0.3 m/s;工艺性空调工作区风速宜采用 0.2~0.5 m/s,一般情况下可按 0.25 m/s 考虑。

b.在空调房间里,为防止风口的噪声,限制送风速度在 2~5 m/s,在要求较高的房间内应取较低的送风速度;回(排)风口的风速一般限制在 4 m/s 以下,在距人的位置较近时不大于3 m/s。考虑噪声因素,在居住建筑内一般取 2 m/s,而工业建筑内可大于 4 m/s。若以工作区允许流速为 0.25 m/s 代入式(8.7)中 v_n,则得最大允许送风速度为:

$$v_0 = 0.36 \frac{\sqrt{F_n}}{d_0} \tag{8.10}$$

考虑以上两个原则,表 8.4 中给出了最大允许送风速度和建议送风速度。

表 8.4 风口风速推荐值

射流的自由度	5	6	7	8	9	10	11	12	13	15	20	25	30
最大允许送风速度/(m·s⁻¹)	1.80	2.16	2.52	2.88	3.24	3.60	3.96	4.32	4.68	5.40	9.20	9.00	10.80
推荐送风速度/(m·s⁻¹)			2.0				3.5				5.0		

如果算出的 v_0 能满足房间噪声的限速即可视为满足设计要求。在一般情况下,可控制在2~5 m/s。

为了计算 v_0，必须先求出射流自由度，当已知空调房间的高度 H 和宽度 B 时，则送风口数目为：

$$N = \frac{HB}{F_n}$$

总送风量：

$$L = 3\,600 v_0 \frac{\pi d_0^2}{4} N = 3\,600 v_0 \frac{\pi d_0^2}{4} \frac{HB}{F_n}$$

所以

$$\frac{\sqrt{F_n}}{d_0} \approx 53.17 \sqrt{\frac{HB v_0}{L}} \tag{8.11}$$

式（8.11）中还是包含有未知数 v_0，因而只能用试算法来求，即：

①假设 v_0，由式（8.11）算出射流自由度。

②将算出的射流自由度代入式（8.10）中求出 v_0。

③若算得 $v_0 = 2 \sim 5$ m/s，即认为满足设计要求；否则重新假设 v_0 值，重复计算直至满足设计要求为止。

④确定送风口数目 N。由受限射流无因次距离的定义式：

$$\bar{x} = \frac{ax}{\sqrt{F_n}} = \frac{ax}{\sqrt{\dfrac{HB}{N}}}$$

则

$$N = \frac{HB}{\left(\dfrac{ax}{\bar{x}}\right)^2} \tag{8.12}$$

当射流为非等温射流时，式（8.12）中 x 与非等温受限射流轴心温度衰减及射流自由度有关。可表示为如下函数关系：

$$\frac{\Delta t_x}{\Delta t_0} \frac{\sqrt{F_n}}{d_0} = f(\bar{x}) \tag{8.13}$$

式（8.13）可用图 8.12 中的曲线表示。图中，射流自由度和送风温差 Δt_0 均为已知，Δt_x 为射程 x 处的轴心温差，一般应小于或等于空调精度。例如，空调精度为 ± 0.5 ℃ 时，取 $\Delta t_x \leqslant 0.5$ ℃，对于高精度的恒温工程，则取 $0.4 \sim 0.8$ 倍的空调精度为宜。

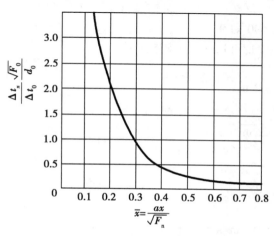

图 8.12 非等温受限射流轴心温度衰减曲线

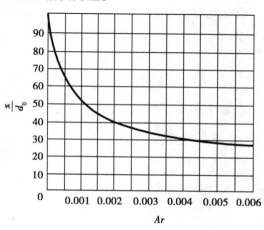

图 8.13 $\dfrac{x}{d_0}$-Ar 的关系曲线

贴附射程取 $x=A-0.5$ m，A 为房间长度，减去 0.5 m 是考虑距墙 0.5 m 范围内划为非恒温区。

综上所述，当给定房间尺寸，选定送风口形式，且知设计空调精度时，就可由图 8.12 查出无因次距离 $\bar{x}$，再代入式(8.12)中算出送风口数目。

⑤确定送风口尺寸。由下式算出每个风口面积：

$$f=\frac{L}{3\ 600v_0N} \tag{8.14}$$

根据面积值，即可确定圆形风口的直径或矩形风口的长和宽。

⑥校核射流的贴附长度。射流贴附长度是否等于或大于射程长度，关系到射流能否过早地进入工作区。因此需对贴附长度进行校核。若算出的贴附长度大于或等于射程长度，即认为满足要求，否则需重新设计计算。

射流贴附长度主要取决于 Ar 值。Ar 值按照式(8.6)计算，式中 d_0 可按流量当量直径计算，由图 8.13 可查得贴附长度 x。

⑦校核房间高度。为了保证工作区处于回流状态，而不受射流的影响，需要有一定的射流混合高度，见图 8.14。因此，空调房间的最小高度为：

$$H=h+s+0.07x+0.3 \tag{8.15}$$

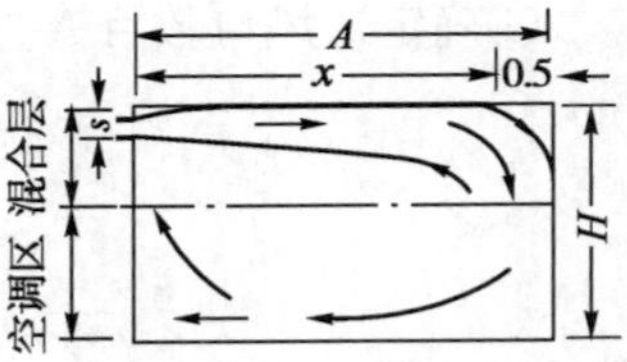

图 8.14 侧上送的贴附射流

式中 h——空调区高度，一般取 2 m；

s——送风口底边至顶棚距离，m；

$0.07x$——射流向下扩展的距离，取扩散角，$\theta=4°$，则 $\tan 4°=0.07$；

0.3——安全系数。

如果房间高度不小于 H，即认为满足要求；否则要调整设计。

【例 8.1】 某空调房间，要求室温为 (20 ± 0.5) ℃，房间的长、宽和高分别为：$A=5.5$ m，$B=3.6$ m，$H=3.2$ m，室内的显热冷负荷 $Q=5\ 690$ kJ/h，试进行侧送侧回气流组织的计算，见图 8.14。

【解】 ①选定送风口形式为 3 层活动百叶送风口，紊流系数 $\alpha=0.16$，风口布置在房间宽度方向 B 上，射程 $x=A-0.5$ m$=5$ m。

②选定送风温差 Δt_0，计算送风量并校核换气次数。选定送风温差 $\Delta t_0=5$ ℃，则：

$$L=\frac{Q}{\rho c\Delta t_0}=\left(\frac{5\ 690\ \text{kJ/h}}{1.2\ \text{kg/m}^3\times1.01\ \text{kJ/(kg}\cdot℃)\times5\ ℃}\right)=939\ \text{m}^3/\text{h}$$

$$n=\frac{L}{ABH}=\frac{939\ \text{m}^3/\text{h}}{5.5\ \text{m}\times3.6\ \text{m}\times3.2\ \text{m}}=14.8\ \text{次/h}$$

③确定送风速度。假设送风速度 $v_0=3.5$ m/s，代入式(8.11)：

$$\frac{\sqrt{F_n}}{d_0}\approx53.17\sqrt{\frac{HBv_0}{L}}=53.17\sqrt{\frac{3.2\ \text{m}\times3.6\ \text{m}\times3.5\ \text{m/s}}{939\ \text{m}^3/\text{h}}}=11.0$$

将 $\frac{\sqrt{F_n}}{d_0}=11.0$ 代入式(8.10)，有：

$$v_0=0.36\frac{\sqrt{F_n}}{d_0}=0.36\times11\ \text{m/s}=3.96\ \text{m/s}$$

所取 $v_0 = 3.5$ m/s $\leqslant 3.96$ m/s,且在防止风口噪声的流速之内,满足要求。

④确定送风口数目。考虑到空调精度要求较高,因而轴心温差 Δt_x 取为空调精度的 0.6 倍,即:

$$\Delta t_x = 0.6 \times 0.5 \text{ ℃} = 0.3 \text{ ℃}$$

$$\frac{\Delta t_x}{\Delta t_0} \frac{\sqrt{F_n}}{d_0} = 0.66$$

由图 8.12 查得无因次距离 $x = 0.33$,将其代入式(8.12),得送风口数目为:

$$N = \frac{HB}{\left(\dfrac{ax}{\overline{x}}\right)^2} = \frac{3.2 \times 3.6}{\left(\dfrac{0.16 \times 5}{0.33}\right)^2} = 1.96$$

取整数,$N = 2$ 个。

⑤确定送风口尺寸。每个送风口面积为:

$$f = \frac{L}{3\,600 v_0 N} = \frac{939}{3\,600 \times 3.5 \times 2} \text{ m}^2 = 0.037 \text{ m}^2$$

确定送风口尺寸为:长×宽 $= 0.2$ m×0.15 m。

面积当量直径 d_0 为:

$$d_0 = \sqrt{\frac{4f}{\pi}} = \sqrt{\frac{4 \times 0.037}{3.14}} \text{ m} = 0.217 \text{ m}$$

⑥校核贴附长度。由式(8.6)得:

$$Ar = \frac{g d_0 (T_0 - T_N)}{v_0^2 T_N} = \frac{9.81 \text{ m/s}^2 \times 0.217 \text{ m} \times 5 \text{ ℃}}{3.5^2 \text{ m}^2/\text{s}^2 \times (273 + 20) \text{ ℃}} = 0.002\,97$$

由图 8.13 查得:$x/d_0 = 35.5$。贴附长度 $x = 35.5 d_0 = 35.5 \times 0.217$ m $= 7.7$ m,大于射程 5 m,所以满足设计要求。

⑦校核房间高度。设定风口底边至顶棚距离为 0.5 m,则:

$$H = h + s + 0.07x + 0.3 \text{ m} = (2 + 0.5 + 0.07 \times 5 + 0.3) \text{ m} = 3.15 \text{ m}$$

给定房高度 3.2 m 大于设计要求房高 3.15 m,所以满足要求。

为了方便起见,亦可编制成计算表供设计者使用。《实用供热空调设计手册》中都是针对工艺性空调为对象,以工程中常见的建筑尺寸而编制的。使用时,注意计算表的编制条件、使用对象和基本参数等,如与计算表条件不符合时,应加以修正。

8.3.2 散流器送风的计算

一般用散流器送风可形成两种不同的气流流型:

1)散流器平送流型(图 8.15)

散流器将空气呈辐射状送出,贴附吊顶扩散。由于其作用范围大,扩散快,因而能与室内空气充分混合,工作区处于回流状态,温度场和速度场都很均匀。通常用盘形散流器或者用扩散角 $\theta > 40°$ 的圆形直片式散流器均能形成平送流型。

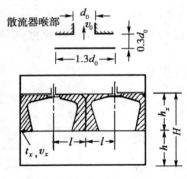

图 8.15 散流器平送图

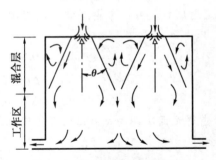

图 8.16 散流器下送气流流型

2) 散流器下送流型 (图 8.16)

送风射流自散流器向下送出,扩散角 $\theta = 20° \sim 30°$ 时,在离送风口一段距离后汇合,之前的称为混合层。混合后速度更均匀,形成稳定下送直流流型。

布置散流器时,按房间的面积大小,可设置一个或多个散流器,并布置成对称形或梅花形。为了使气流分布均匀,每个散流器的覆盖面的长宽比需在 1∶1.5 以内,散流器平送时水平射程 L 与垂直射程 h_x 之比应维持在 $0.5 \sim 1.5$。

风口形式需根据工程需要而定,但应尽可能选择构造简单、投资较省的盘式散流器,从建筑艺术的角度,要求圆盘直径小但又不至于在室内看见风管的洞口。

下面介绍 P.J. 杰克曼提出的设计计算方法,计算步骤如下:

①按空调房间(或分区)的长度 A 选取相应的散流器送风计算表(见附录35),并查出室内平均风速。该计算表适用于方形或接近方形的房间,适用于等温射流。如果用于矩形房间,其长宽比不得大于 $1∶1.5$,当送冷风时,v_{pj} 应加大 20%,送热风时,v_{pj} 应减少 20%。

②根据房间(或分区)的显冷、显热负荷和送风温差,则送风量 L_S 为:

$$L_S = \frac{Q}{\rho c_p \Delta t_S} = \frac{Q}{1.2 \times 1.01 \Delta t_S} = \frac{0.83Q}{\Delta t_S} \ \text{m}^3/\text{s} \tag{8.16}$$

③确定送风速度和散流器尺寸。

在已选出的计算表中,查出与 L_S 相近的风量值,并可在同一行中查得送风速度 v_s,散流器的有效面积 F 和颈部直径 D。

④按送风口最小允许风速(表 8.5),检验噪声。当风口风速超过最大允许值时,则需增加散流器的个数,并重新计算。

表 8.5　送风口颈部最大允许风速

使用场合	颈部最大风速/$(\text{m} \cdot \text{s}^{-1})$
播音室	$3.0 \sim 3.5$
医院门诊、病房、客房、居室、计算机房、接待室	$4 \sim 5$
剧场、剧场休息厅、音乐厅、游乐厅、教室、图书馆、食堂、办公室	$5 \sim 6$
商店、旅馆、大剧场、饭店	$6 \sim 7.5$

⑤按所算的参数与尺寸,选散流器型号,并校核其射程。

【例8.2】　某空调工程,室温要求(20±1)℃,室内长×宽×高＝6 m×3.6 m×3.2 m,夏季每平方米空调面积的显热冷负荷 Q ＝282 kJ/h,试选择散流器,并确定有关参数。

【解】　①将该房间划分为两个小区,即长度方向分为两等分,则每个小区为 3 m×3.6 m,将散流器布置在小区中央,见图8.17。

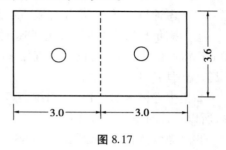

图8.17

②查附录35,在 A ＝3.0 m,H ＝3.2 m 的栏目内,查得室内平均风速 v_{pj} ＝0.12 m/s。按送冷风情况,v_{pj} ＝1.2×0.12 m/s＝0.144 m/s<0.3 m/s,满足要求。

③计算每个小区的送风量。当 Δt_S 取 6 ℃时:

$$L_S = \frac{0.83Q}{\Delta t_S} = \frac{0.83 \times 282 \times 3.0 \times 3.6}{6 \times 3\,600}\ \text{m}^3/\text{s}$$

$$= 0.117\ \text{m}^3/\text{s}$$

④确定送风速度和散流器尺寸。在同一张表中,查得:

$$L_S = 0.12\ \text{m}^3/\text{s}\quad v_S = 2.17\ \text{m/s}\quad F = 0.055\ \text{m}^2\quad D = 250\ \text{mm}$$

其出口风速是允许的,不会产生较大的噪声。

⑤选散流器型号,并校核射程。查圆形散流器性能表(附录36),选用颈部名义直径 D ＝250 mm 的散流器,当 L_S ＝50 m³/h 时,射程 x ＝1.62 m,相当于小区宽度 1/2(即 1.8 m)的 0.9倍,符合要求。

8.3.3　集中送风的设计计算

集中送风又称喷口送风,它一般将送、回风口布置在同侧,空气以较高的速度较大的风量集中在较少的风口射出,射流行至一定路程后折回,工作区通常为回流区,其送风流型如图8.18所示。

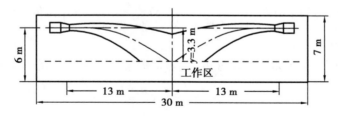

图 8.18　集中送风流型

集中送风的送风速度高、射程长,沿途诱引大量室内空气,致使射流流量增至送风量的3~5倍,并带动室内空气进行强烈混合,保证了大面积工作区中新鲜空气、温度场和速度场的均匀。由于工作区为回流区,因而能满足一般舒适要求。该方式的送风口数量少、系统简单、投资较省,因此对于高大空间的一般空调工程,宜采用集中送风方式。

1)设计要点

集中送风常见的气流流型见图8.18,工作区一般处于回流区域。其计算的目的是根据所需的射程、落差及工作区流速,设计出喷口直径、速度、数量及其余参数。

射程是指喷口至射流断面平均流速为 0.2 m/s 间的距离,此后射流返回为回流。

考虑到集中送风主要用于舒适空调,根据实测,其空间纵横方向温度梯度均很小(可低到 0.04 ℃/m),因而计算时可忽略温度衰减的验算。

在考虑计算参数时,根据经验应注意以下问题:

①为满足长射程的要求,送风速度和风口直径必须较大,风速以 4~10 m/s 为宜,超过 10 m/s 将产生较大噪声;送风口直径一般在 0.2~0.8 m,过大则轴心速度衰减慢,导致室内速度场、温度场的均匀性差。

②集中送风因射程长,与周围空气有较多混合的可能性,因此射流流量较出口流量大很多,所以设计时适当加大送风温差,减少出口风量。送风温差宜取 8~12 ℃。

③考虑到体育馆等建筑的空调区地面有一定倾斜度,因此送风也可以有一定下倾角。对冷射流,$\alpha = 0° \sim 12°$;热射流易于浮升,故 $\alpha > 15°$。

④喷口安装高度一般较高,喷口太低则射流易直接进入工作区;太高则使回流区厚度增加,回流速度过小。

2)计算公式

大空间内集中送风射流规律基本符合。因此,可采用紊流自由射流计算公式进行集中送风设计。射流轴心轨迹和轴心速度:

$$\frac{y}{d_0} = \frac{x}{d_0}\tan \alpha + Ar\left(\frac{x}{d_0\cos \alpha}\right)^2\left(0.51\frac{\alpha x}{d_0\cos \alpha} + 0.35\right) \tag{8.17}$$

$$\frac{v_x}{v_0} = \frac{0.48}{\dfrac{\alpha x}{d_0} + 0.145} \tag{8.18}$$

式(8.17)中,y/d_0 的符号与 α 角、Ar 的正负(送风温差)有关。当 α 角向下且送冷风时,y/d_0 为正值;若 α 向下送热风时,$Ar\left(\dfrac{x}{d_0\cos \alpha}\right)^2\left(0.51\dfrac{\alpha x}{d_0\cos \alpha}+0.35\right)$ 为负,则 y/d_0 的符号应该根据两项之差决定。

空调区平均速度即射流末端平均速度 v_p,近似等于轴心速度 v_x 的 1/2,即:

$$v_p = \frac{1}{2}v_x \tag{8.19}$$

3)喷口设计计算步骤

①确定射流落差。

②确定射程长度。

③选择送风温差,计算总风量。

④假设喷口直径 d_0、喷口角度 α、喷口高度 h。

⑤计算出射流末端平均速度 v_p。v_p、v_0 值都应满足对集中送风参数的要求:v_p 一般为 0.2~0.5 m/s,v_0 也不宜超过 10 m/s;否则,应重新假设 d_0 或 α 值另行计算(增大 d_0 或减少 α 可相应降低 v_p、v_0 值)。

⑥计算风口量 N。$N = \dfrac{L}{l_0}$，l_0 为单个风口送风量，可由 v_0, d_0 计算得到。

【例8.3】 已知空调房间尺寸长、宽、高分别为 $A = 30$ m，$B = 28$ m，$H = 7$ m，室内要求夏季温度 $t_n = 28$ ℃，室内显热冷负荷 $Q = 115\ 640$ kJ/h，采用安装在 6 m 高的喷口对喷，并在下部回风。试进行喷口送风计算，参见图8.19。

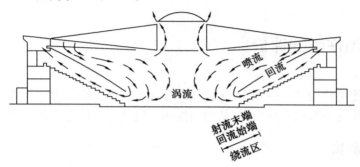

图8.19 喷口送风示意图

【解】 ①确定落差 $y = 3.3$ m。

②确定射程长 $x = 13$ m。

③确定送风温差为 $\Delta t_0 = 8$ ℃，计算 L：

$$L = \frac{Q}{c\rho\Delta t_0} = \frac{115\ 640}{1.01 \times 1.2 \times 8}\text{m}^3/\text{h} = 11\ 927\ \text{m}^3/\text{h}$$

取整：$L = 12\ 000$ m³/h。

④确定送风速度 v_0。设定 $d_0 = 0.25$ m，取 $\alpha = 0$，$a = 0.076$，则：

$$\frac{y}{d_0} = \frac{3.30}{0.25} = 13.2 \qquad \frac{x}{d_0} = \frac{13}{0.25} = 52$$

得

$$Ar = \frac{\dfrac{y}{d_0}}{\left(\dfrac{x}{d_0}\right)^2\left(0.51\dfrac{ax}{d_0} + 0.35\right)} = 0.002\ 06$$

$$v_0 = \sqrt{\frac{gd_0\Delta t_0}{Ar\ t_n}} = 5.63\ \text{m/s}$$

⑤确定射流末端平均速度 v_p：

$$v_x = v_0\frac{0.48}{\dfrac{ax}{d_0} + 0.147} = 0.658\ \text{m/s} \qquad v_p = 0.5v_x = 0.329\ \text{m/s}$$

$$v_0 = 5.63\ \text{m/s} < 10\ \text{m/s} \qquad v_p = 0.329\ \text{m/s} < 0.5\ \text{m/s}$$

所以，均满足要求。

⑥计算喷口数 N：

$$N = \frac{\dfrac{L}{2}}{3\,600v_0\,\dfrac{\pi d_0^2}{4}} = \frac{4 \times \dfrac{12\,000}{2}}{3\,600 \times 5.63 \times 3.14 \times 0.25^2}\ 个 = 5.98\ 个$$

取整：$N=6$，两边共 12 个风口。

8.4　气流分布性能的评价

在保证空间使用功能的条件下，不同的气流分布方式将影响室内空气质量、空调系统的耗能量和初投资。就气流组织本身而言，其均匀性和有效性的评价方法常用的有以下几种。

8.4.1　不均匀系数

该法是在工作区内均匀选择 n 个测点，分别测得各点的温度 t_i 和风速 v_i，其算术平均值 $\bar{t}, \bar{v}$ 为：

$$\left. \begin{array}{l} \bar{t} = \dfrac{\sum t_i}{n} \\[3mm] \bar{v} = \dfrac{\sum v_i}{n} \end{array} \right\} \tag{8.20}$$

均方根偏差 σ_t, σ_v 为：

$$\left. \begin{array}{l} \sigma_t = \sqrt{\dfrac{\sum (t_i - \bar{t})^2}{n}} \\[4mm] \bar{v} = \sqrt{\dfrac{\sum (v_i - \bar{v})^2}{n}} \end{array} \right\} \tag{8.21}$$

不均匀系数 k_t, k_v 为：

$$\left. \begin{array}{l} k_t = \dfrac{\sigma_t}{\bar{t}} \\[3mm] k_v = \dfrac{\sigma_v}{\bar{v}} \end{array} \right\} \tag{8.22}$$

显然，k_t, k_v 越小，则气流分布的均匀性越好。按 ASHRAE55-92 标准，工作区 $H = 0.1 \sim 1.8\ \mathrm{m}$ 内（立姿范围），$\Delta t \not> 0.3\ ℃$。

8.4.2　空气分布特性指标

忽略空气相对湿度的影响，考虑空气温度与风速对人体的综合作用。有效温度差又称为有效吹风温度 EDT（Effective Draft Temperature），根据实验结果，它与室内风速之间存在下列关系：

$$\Delta\mathrm{ET} = (t_i - t_\mathrm{N}) - B(v_i - 0.15) \tag{8.23}$$

式中　$\Delta\mathrm{ET}$——有效温度差，℃；

　　　B——修正系数，℃·s/m；

t_i, t_N——工作区某点的空气温度和给定的室内空气温度,℃;

v_i——工作区某点的空气流速,m/s。

当 ΔET 在$-1.7 \sim +1.1$ 时,多数人感到舒适。因此,空气分布特性指标 ADPI 应为:

$$ADPI = \frac{-1.7 < \Delta ET < 1.1 \text{ 倍的测点数}}{\text{总测点数}} \times 100\% \qquad (8.24)$$

一般情况下,空调区的气流组织设计应使空调区的 ADPIN 大于80%。ADPI 值越大,说明感到舒适的人群比例越大。

8.4.3 换气效率

近年来,在研究室内空气质量时,常用室内空气或工作区某点空气被更新的有效性作为气流分布的评价指标。这种评价方法是利用某种示踪气体($如 CO_2$,F-12 等),其浓度可测,将这种气体释放到被测房间使其均匀分布,并将此时的初始浓度测出,然后按一定的送风方式送入新鲜空气,同时测定室内浓度随时间的变化曲线,得出如图 8.20 所示的浓度衰减曲线。将曲线下面积与初始浓度之比定义为空气寿命(空气龄),即空气质点自进入房间至到达室内某点所经历的时间。

则其表达式为:

$$\tau^* = \frac{\int_0^\infty c(\tau)\,d\tau}{c_0} \qquad (8.25)$$

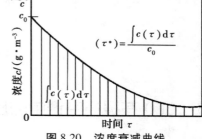

图 8.20　浓度衰减曲线

式中　c_0——初始质量浓度,g/m^3;

$c(\tau)$——瞬时质量浓度,g/m^3;

τ^*——空气寿命。

由式(8.25)可见,不论是整个房间还是房间中某一点,其空气寿命越短,意味着被更新的有效性越好,空气可能掺混的污染物越少,排除污染物的能力越强。对整个房间的空气寿命测定通常是在回(排)风口处。

进一步假定理想的送风方式为"活塞"流,送入的新鲜空气量为 L_0,房间体积为 V,则该房间换气的名义时间常数为:

$$\tau_N = \frac{V}{L_0} \qquad (8.26)$$

取工作区空气可能的最短寿命为$\tau_N/2$(考虑工作区高度约为房间高度的1/2),并以此作为在相同送风量条件下不同气流分布方式换气效果优劣的比较基础,得出换气效率的定义式为:

$$\varepsilon = \frac{\tau_N/2}{\tau^*} \times 100\% \qquad (8.27)$$

即换气效率为可能最短的空气寿命与平均空气寿命之比。显然,换气效率 $\varepsilon = 100\%$ 只有在"活塞"流时才有可能。

8.4.4 能量利用系数

夏季空调时,考察气流组织形式的能量利用有效性,可用能量利用系数 η 来判断。能量利用系数用温度来取代通风效率中的污染物浓度,又称为温度效率 ET。用以分析转移热量为

目的的通风和空调系统,令:

$$\eta = \frac{t_p - t_0}{t_N - t_0} \tag{8.28}$$

式中 t_p, t_N, t_0——排风温度、工作区空气平均温度和送风温度,℃。

当 $t_p > t_N$ 时,$\eta > 1$,该形式能量利用有效性比较高;$t_p < t_N$ 时,$\eta < 1$,该形式能量利用有效性比较低。不同送风方式的 η 值的大致范围参见图 8.21。

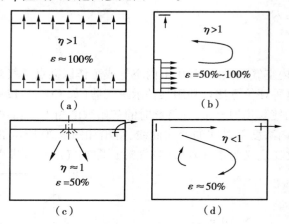

图 8.21   不同送风方式的 ε, η 值

8.5   CFD 在暖通空调中的应用及前景

CFD 是英文 Computational Fluid Dynamics(计算流体动力学)的简称。它是伴随计算机技术、数值计算数据的发展而发展的。简单地说,CFD 相当于"虚拟"地在计算机上做实验,用以模拟仿真实际的流体流动情况。而其基本原理则是数值求解控制流体流动的微分方程,得出流体流动的流场在连续区域上的离散分布,从而近似模拟流体流动情况。即:

CFD=流体力学+热学+数值分析+计算机科学

现介绍 CFD 在暖通空调专业中的应用。它适用于室内外空气流动的数值模拟。

①自然通风的数值模拟,主要借助各种流动模型研究自然通风的问题。

②置换通风的数值模拟,如地板置换通风、座椅送风等。

③高大空间的数值模拟,以体育场馆为主的高大空间的气流组织设计及其与空调负荷的关系研究。

④有害物散发的数值模拟,借助 CFD 研究室内有机散发污染物在室内的分布,研究室内 IAQ 问题;大气环境污染模拟。

⑤洁净室的数值模拟,对形式比较固定的洁净室空调气流组织形式进行数值模拟,指导工程设计。

⑥室外空气流动的大涡模拟,建筑外环境对建筑内部居住者的生活有着重要的影响,所谓的建筑小区二次风、小区热环境等问题日益受到人们的关注。采用 CFD 可以方便得对建筑外环境进行模拟分析,从而设计出合理的建筑风环境。

⑦设备研究,如风机和空调机研发等。

使用 CFD 的最大意义就是节省实验成本与预测结果。如果可以保证模拟的精度,就可以减少大量的实验,而且做一些现实中不可能完成或事先不能做的实验。

8.5.1　室外气流模拟

复杂地形下大型建筑的室外气流变化较大,通常应采用现场实测、风洞实验和计算机模拟的方法来强化自然通风、合理布置新风口和排风口。如图 8.22 和图 8.23 为某山地城市大型建筑的风场模拟。建筑风速以梯度风的形式输入,模拟中的参照平面风速为实测中的平均风速 $U=1.2$ m/s, $Z=10$ m。风向采用实测中当天的主导风向——西北风,入口风温度采用的是实测的全天的平均温度,温度为 34.6 ℃。地表温度按照不同属性的下垫面的地表平均温度输入。得到如图 8.23 所示的主教楼室外空气流线分布及空气龄图。

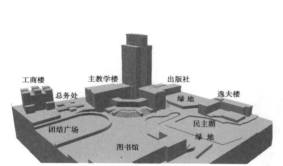

图 8.22　主教楼区域模型

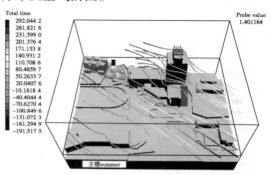

图 8.23　流线轨迹分布

8.5.2　室内气流模拟

由于建筑空间越来越复杂化、多样化及大型化,实际空调通风房间的气流组织形式变化多样,而传统的射流理论是基于某些标准或理想条件分析得出的,对实际情况将会带来很大的误差,无法满足设计者详细了解室内外空气分布情况。而用 CFD 模拟,可以减少实验模拟成本,速度快,且可以模拟各种不同工况。

图 8.24、图 8.25 所示为某剧场室内气流模拟实验后得到的剧场中部竖向温度场和 PMV 值分布图,剧场送回风口尺寸和位置均按空调施工图布置,出口风速和送风温度也按照设计温度选取。主要发热源为人体和灯具散热。

图 8.24　剧场中部竖向温度场分布

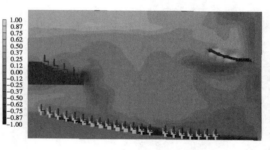

图 8.25　剧场中部竖向 PMV 分布

思考题

8.1　室内气流组织的定义及任务？

8.2　送风口和回（排）风口的气流分布特点是什么？在实际工程应用中有什么不同？

8.3　常见风口有哪些？各自的应用范围和特点？

8.4　空调房间气流组织形式有哪些？各自的能效特性和对室内环境的影响如何？

8.5　如何评价空调房间气流组织的优劣？

8.6　暖通空调设计中应用 CFD 模拟的意义是什么？模拟可实现什么功能？

9

空调系统的运行调节

在室外气象参数随季节发生变化,室内余热和余湿量经常变化的情况下,如果空调系统不做相应的调节,不仅浪费了冷量和热量,而且会使室内参数发生相应的变化和波动,以至满足不了设计的要求。因此,空调系统的设计和运行必须考虑调节问题,保证在全年(不保证时间除外)内,既能满足室内温湿度要求,又能达到经济运行的目的。

空调房间温湿度设计参数,一般允许有一定的波动范围,见图 9.1。图中的阴影面积称为室内空气温湿度"允许波动区"。为了提高空调设备的调节质量并使能量消耗最小,空调系统的最佳运行工况必须依靠自动控制技术来实现。

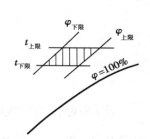

图 9.1 室内空气温湿度
允许波动区

9.1 室外空气状态变化时的运行调节

当室外空气状态变化,而空气处理设备不做相应调节时,将会引起送风参数和室内参数的改变,同时导致能量的无益消耗;另一方面,室外空气状态变化会引起建筑围护结构传热量的变化,加上室内热源负荷也可能产生变化,最终也将导致前述同样的后果。因此,对于这两种变化情况,集中空调系统均应进行相应的运行调节。下面拟以第一种情况为基础,即在假设室内负荷不变的前提下,讨论一次回风式集中空调系统当室外空气状态变化时的全年运行调节方法。

根据当地气象台站近 10 年的逐时实测统计资料,可得到室外空气状态的全年变化范围。如果在 *i-d* 图上对全年各时刻出现的干、湿球温度状态点在该图上的分布进行统计,算出这些全年出现的频率值,就可得到一张焓频图。其边界线称为室外气象包络线。包络线与相对湿

度 $\varphi=100\%$ 饱和曲线所围之区域为室外气象区。若以焓作为室外空气状态分区的指标,可以划分若干个气象区。每对应一个区域有一种空气处理方式,称为工况,而区域称为空调工况区。图9.2是一次回风式全空气空调系统在设计工况下的全年空调工况分区和冬、夏季处理工况。

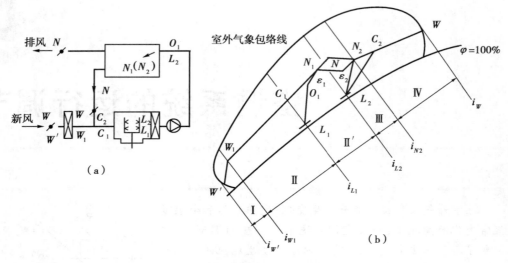

图 9.2　一次回风空调系统的运行调节

9.1.1　一次回风空调系统的全年运行调节

图9.2中 N_1 和 N_2 分别为冬、夏季室内设计状态点,N 区域为室内状态允许波动区。夏季工况时,从机器露点 L_2 沿热湿比 ε_2 送风;冬季设计工况时,从 L_1 经加热到 O_1 点,沿 ε_1 送入室内。全年以 i_{W1},i_{L1},i_{L2} 和 i_{W2} 等焓线将 i-d 图划分为5个空调工况区来进行调节。空调工况分区的原则,是在保证室内温湿度要求的前提下,使运行经济,调节设备简单可靠;同时应考虑各分区在一年中出现的累计小时数。例如,当室外空气状态参数在某一分区出现的频率很少时,则可将该区合并到其他区,以利于简化空调系统的调节设备。

每一个空调工况区,均应使空气处理按最经济的运行方式进行,在相邻的空调工况分区之间能自动转换。

1)第Ⅰ区域

室外空气焓值在 i_{W1} 以下的范围,属于第Ⅰ区域(图9.3),这时,新风阀开得最小,且位置保持不变。

当室外空气焓值小于 i_{W1} 时,需要用一次加热器对新风进行预热,加热后的空气焓到达 i_{W1} 线后,就可以根据给定的新回风混合比进行一次混合到达 i_{L1} 线上,再经绝热加湿到 L_1 点,经二次加热到送风状态点 O_1 送入室内。

随着室外空气焓值的增加,可逐步减小一次加热量,当室外空气焓值等于 i_{W1} 时,室外新风和一次

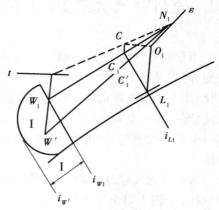

图 9.3　第Ⅰ区域

回风的混合点也就自然落在 i_{L_1} 线上,此时,一次加热器关闭,亦即预热器调节阶段结束,开始进入第Ⅱ区域。所以,i_{W1} 线是Ⅰ区域和Ⅱ区域分界线,i_{W1} 是判断空气预热的室外空气焓值。

调节预热器加热量的方法有两种(如图 9.4):一是调节预热器的供回水阀门,改变热水流量达到调节加热量的目的,此种方法温度波动大,稳定性差;二是调节预热器旁通转动风阀改变通过预热器的风量和旁通风量的混合比,该方法用于热媒为蒸汽时,其特点是温度波动小,稳定性好。

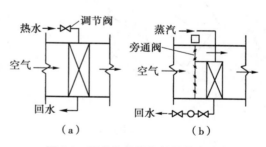

图 9.4　调节加热器加热量的方法

由于露点 L_1 接近饱和状态,所以只要观察 L_1 点的干球温度就能判断调节是否达到要求。

一次加热过程,也可以在室外和室内空气混合以后进行(如图 9.3 $\genfrac{}{}{0pt}{}{W'}{N_1}\!\!\!> C'_1 \rightarrow C_1$ 所示)。

如果冬季不用喷水室循环喷雾加湿,而用喷蒸汽加湿则可一次加热到 t 等温线,与室内空气混合到 C,以后再用蒸汽加湿到 O_1 点,当室外空气温度低于 t 时,根据室外空气温度的高低调节一次加热量。t 值可由下式确定:

$$t = t_{N1} - \frac{t_{N1} - t_1}{m\%} \tag{9.1}$$

喷蒸汽加湿的加湿量是通过控制蒸汽管上调节阀或控制电极式加湿器电源的通断进行调节。

2)第Ⅱ区域

室外空气焓值在 i_{W_1}—i_{L_1} 为第Ⅱ区域(图 9.5),该区域采用改变新回风混合比的调节方法。

从 i-d 图看出,当室外空气状态到达该阶段时(如 W'' 点)如果仍按最小新风比 $m\%$ 混合新风,则混合点 $\genfrac{}{}{0pt}{}{W''}{N_1}\!\!\!> C'$ 必然在 i_{L_1} 线以上,如果要维护 L_1 不变,就不能再用喷循环水的方法,而要启动制冷设备,用一定温度的低温水处理空气才行,但这是不经济的。如果改变新回风混合比(增加新风量 G'_W,减少回风量 G_1),可使一次混合状态点 C 仍然落在 i_{L_1} 线上,然后再用循环水喷淋,使被处理空气达到 L_1 点,经二次加热后送入室内。显然,此方法不但符合卫生要求,改善室内空气品质,而且由于充分利用新风冷量,可以推迟启动制冷设备的时间,从而达到节约能量的目的。

在室外空气焓值恰好等于 i_{L_1} 时,可用 100% 的新风,完全关闭一次回风。调节新回风混合比,可以采用新回风联动调节阀。随室外空气状态的升高可以逐渐开大新风阀,同时逐渐关小回风阀。

与Ⅰ区域相同,可以根据 L_1 点的干球温度来判断调节的质量。

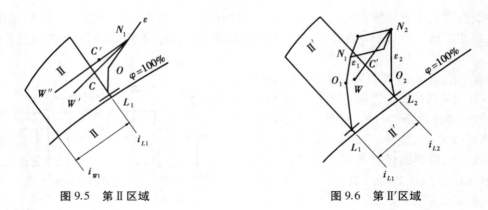

图9.5　第Ⅱ区域　　　　　　　　图9.6　第Ⅱ′区域

3)第Ⅱ′区域

该区域是当冬夏季要求室内空气参数不同时所采用的,即室外空气状态点在冬、夏季送风状态的露点焓值在 i_{L1}—i_{L2} 的区域(图9.6)。该区域采用改变室内参数整定值,改变新回风比的调节方法。

当室外空气状态处于该区域时,为了推迟使用冷源,可将室内参数整定值调整至夏季参数 N_2,这样就可采用与第Ⅱ区相同的调节方法,如图所示。如果室外空气状态点正好落在 i_{L2} 线上时,则应关闭一次回风阀门,全部采用新风。

4)第Ⅲ区域

室外空气焓值在 i_{L2}—i_{N2}(图9.7),该区域采用改变喷水温度的调节方法,新风比为100%。从图中看出,i_{N2} 总是大于 i_{W1},如果利用室内回风将会使混合点 C' 的焓值比原有室外空气的焓值更高,显然不合理,所以为了节约冷量,应该关掉一次回风,全部用新风,这时开始进入夏季。从这一阶段开始,需要使用冷冻水,喷水室的空气处理过程将从降温加湿(W'→L_2)到降温减湿(W''→L_2),喷水温度应随着室外参数的增加从高到低地进行调节。喷水温度的调节,可用三通阀调节冷水量和循环水量的比例(图9.8)。

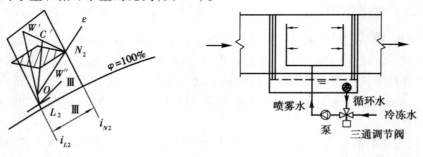

图9.7　第Ⅲ区域　　　　　　图9.8　三通调节阀调节喷水温度

5)第Ⅳ区域

室外空气焓值在 i_{N2}—i_W(图9.9),该区域也采用改变喷水温度的调节方法,但新风比为最小新风比 $m\%$。

i_W 是夏季室外设计参数时的焓值,在这一阶段内,由于焓值是室外空气高于室内空气,继续全部使用室外空气将增加冷量的消耗,为了节约冷量,应尽量使用回风,新风控制到最小新风比 $m\%$。这一阶段中喷水室的空气处理是降焓减湿过程,当室外空气焓值增高至室外设计参数时,水温必须降低到设计工况(夏季)时的喷水温度。

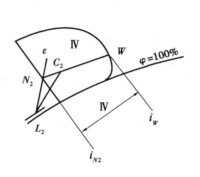

图 9.9 第 Ⅳ 区域

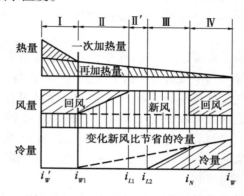

图 9.10 一次回风空调系统的全年运行调节图

综上所述,一次回风式空调系统在室外空气状态变化的全年运行调节可以归纳为图 9.10 和表 9.1。

表 9.1 一次回风喷水系统的调节方法

气象区	室外空气参数范围	房间相对湿度控制	房间温度控制	调节内容					转换条件
				一次加热	二次加热	新 风	回 风	喷雾过程	
Ⅰ	$i_W < i_{w_1}$	一次加热	二次加热	$\varphi_N \uparrow$ 加热量 $\downarrow$	$t_N \uparrow$ 加热量 $\downarrow$	最小 (mG)	最大 (G_1)	喷循环水	一次加热器全关后转到 Ⅱ 区
Ⅱ	$i_{W_1} \leqslant i_W < i_{L_1}$	新、回风比例	二次加热	停	$t_N \uparrow$ 加热量 $\downarrow$	$\varphi_N \uparrow$ 新风量 $\uparrow$	$\varphi_N \uparrow$ 回风量 $\downarrow$	喷循环水	新风阀门关至最小后转到 Ⅰ 区;$i_W \geqslant i_{L_1}$;转到 Ⅱ′区
Ⅱ′	$i_{L_1} \leqslant i_W < i_{L_2}$	新、回风比例	二次加热	停	$t_N \uparrow$ 加热量 $\downarrow$	$\varphi_N \uparrow$ 新风量 $\uparrow$	$\varphi_N \uparrow$ 回风量 $\downarrow$	喷循环水	$i_W < i_{L_1}$ 转到 Ⅱ 区;回风阀门全关后转到 Ⅲ 区
Ⅲ	$i_{L_2} < i_W \leqslant i_N$	喷水温度	二次加热	停	$t_N \uparrow$ 加热量 $\downarrow$	全开	全关	$\varphi_N \uparrow$ 喷水温度 $\downarrow$	冷水全关转 Ⅱ′区,$i_W \geqslant i_N$ 转 Ⅳ 区
Ⅳ	$i_W > i_N$	喷水温度	二次加热	停	$t_N \uparrow$ 加热量 $\downarrow$	最小 (mG)	最大 (G_1)	$\varphi_N \uparrow$ 喷水温度 $\downarrow$	$i_W \leqslant i_N$ 转 Ⅲ 区

注:当室外空气 $i_W < i_{L_1}$ 时,采用冬季整定值 $N_1(t_{N1}, \varphi_{N1})$;当 $i_W \geqslant i_{L_1}$ 时,采用夏季整定值 $N_2(t_{N2}, \varphi_{N2})$,Ⅱ′区 $i_{L_1} \leqslant i_W < i_{L_2}$ 调节方法与 Ⅱ 区相同。

从图 9.10 可见,全年固定新风比时,系统简单,调节容易。变化新风比,就是在过渡季节调节新回风混合比,由于这样做能节省运行费用,所以得到了广泛采用。

9.1.2 集中式空调系统全年多工况节能运行控制

前面介绍的空调系统全年运行调节方法基本上属于定（机器）露点的调节方法。这种方法控制简单,使用方便。但由于全年各区域经常出现将空气预先处理到机器露点,然后经再热后送入室内,导致了冷热量的相互抵消,多耗费了冷热量。所以,它并不是最节省能量的运行方法。

为了克服以上缺点,希望全年所有季节中都能保证最节能的热湿处理工况,也即最佳的运行工况。为了按最佳运行工况组织空调系统的全年运行调节,同样需要把当地可能出现的室外空气变化范围分成若干区,而每一个区都有与之相对应的最节能运行工况。这种系统可以根据室内外参数的变化,执行机构状态（各种空气处理设备的能力——加热、冷却、加湿或除湿能力）等信息的综合逻辑判断,选择最合理的空气处理方式,或通过计算机程序控制,能自动地从一种工况转换到另一种工况,以达到最大限度地节约能量的目的。这就是所谓空调多工况节能控制。

每个工况区的最佳处理工况应满足以下条件：

①采用变室内参数设定值或被调参数波动方法,扩大不用冷、热的时间。

②尽量避免为调节室内温湿度而出现冷热抵消的现象。例如,采用无露点控制代替常用的露点控制法;充分利用二次回风或空调箱旁通来调节处理后的空气等。

③在冬、夏季,应充分利用室内回风保持最小新风量,以节省热量和冷量的消耗。

④在过渡季,充分利用室外空气的自然调节能力,尽可能做到不用冷、热量或少用冷热量来达到空调目的。

⑤在过渡季,尽量停开或推迟使用制冷机,而用其他调节方法（如绝热加湿等）来满足室内参数的要求。

应该说明,不同地区的气候变化情况,不同的空调设备（如表冷器、喷水室、一次回风、二次回风、旁通风）以及不同的室内参数要求（如恒温恒湿空调或舒适性空调）,可以有各种不同的分区方法以及相应的最佳运行工况。具体分区方法、分区个数和相应于每一个区的空气处理工况,应综合考虑控制设备的投资费用、运行费用以及维护保养等各种因素来决定。

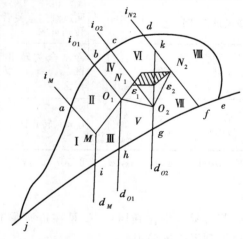

图 9.11　全年最佳运行工况分区图

下面以某一带喷水室的一次回风式空调系统为例,介绍全年多工况节能运行控制。

图 9.11 所示是该系统全年最佳运行工况分区图。图中,室内空气温度的允许波动范围是四边形的阴影面积,O_1 和 O_2 分别为冬、夏季送风状态,M 点在 N_1O_1 的延长线上,且 $\dfrac{N_1O_1}{N_1M}=m$（最小新风比）,i_M,i_{O1},i_{O2},i_{N2} 线分别与气象包络线相交于 a,b,c,d 点;I_{N2},d_{O2},d_{O1},d_M 线分别与相对湿度饱和曲线相交于 f,g,h,i 点;d_{O2} 线与 I_{N2} 线相交于 k 点。这些等焓线和等含湿量线以及 $\overline{O_1O_2}$,$\overline{O_1M}$ 连线把室外气象区划分成 8 个区域,见表 9.2。

表 9.2　各最佳运行工况区的分区范围

I	$a\,M\,i\,j$	V	$O_1\,O_2\,g\,h$
II	$a\,b\,O_1\,M$	VI	$c\,d\,k\,O_2$
III	$M\,O_1\,h\,i$	VII	$k\,f\,g$
IV	$b\,c\,O_2\,O_1$	VIII	$d\,e\,f$

必须指出,提出上述工况分区图是为了便于分析空调工况的执行条件和转换条件。它只是条件性的,且未反映室内负荷和室外空气状态变化对工况分区的动态影响。

由一种工况变化到另一种工况是连续的。室外空气状态点 W 一定要通过两种工况之间的分界线,才能由一种工况变化到另一种工况。显然,转换条件是在变化中形成的,因此,工况转换过程是一个动态过程,一般靠手动难以实现,而须依赖于自动控制,通过逻辑控制或计算机程序控制来实现。

各区最佳运行工况的 i-d 图分析见图 9.12,分别予以分析、说明。

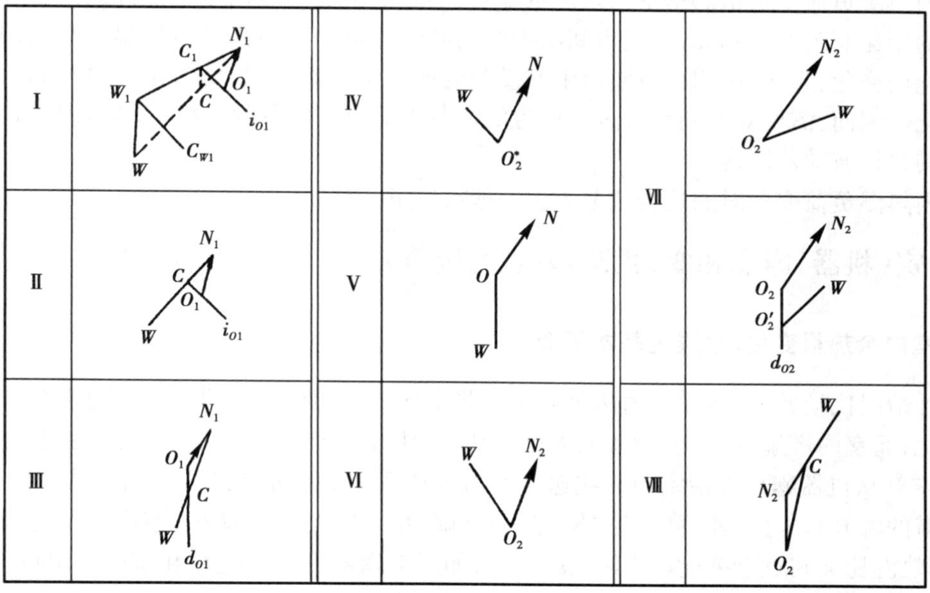

图 9.12　各区最佳运行工况的 i-d 图分析

①Ⅰ区:室外空气 W 加热至 $W_1(i_{W1}=i_M$,再与室内回风 N_1 按最小新风比 $m\%$ 混合至 C_1(也可先混合到 C,再加热至 C_1)。然后,通过减小喷水量进行量调节的方法,将其绝热加湿至送风状态 O_1,送入室内变化至 N_1。

②Ⅱ区:调节室外空气 W 与室内回风 N_1 的混合比例,使混合点 C 落在 i_{o1} 线上。然后,采用上面同样的方法,将其绝热加湿至送风状态 O_1,送入室内变化至 N_1。

③Ⅲ区:调节室外空气 W 与室内回风 N_1 的混合比例,使混合点 C 落在 d_{o1} 线上。然后,将其加热到送风状态 O_1,送入室内变化至 N_1。

④Ⅳ区:全部使用室外空气 W,采用前述同样方法将其绝热加湿到送风状态 O_1^*,送入室内变化至 N。

⑤Ⅴ区:全部使用室外空气 W,将其加热到送风状态 O,送入室内变化至 N。

⑥Ⅵ区:全部使用室外空气 W,采用冷水喷淋,仍借减小喷水量进行量调节的方法,将其冷却到送风状态 O_2,送入室内变化至 N_2。

⑦Ⅶ区:全部使用室外空气 W,采用上面同样的方法,将其直接冷却到送风状态 O_2。若达不到 O_2 点,则可先冷却到等 d_{02} 线上的 O_2' 点,然后加热到送风状态 O_2,送入室内变化至 N_2。

⑧Ⅷ区:室外空气 W 与室内空气 N_2 按最小新风比 $m\%$ 混合到 C。然后,仍用上述方法将其冷却到送风状态 O_2,送入室内变化至 N_2。

如果空调系统采用带有旁通的喷水室或空调箱,借助旁通风量调节,也可取代上述减小喷水量进行量调节的方法,同样能将空气处理到所需的送风状态 O_1 或 O_2。

9.2 室内热湿负荷变化时的运行调节

室内热湿负荷变化指的是室内余热量 Q 和余湿量 W 随着室内工作条件的改变和室外气象条件的变化而改变。例如,通过房间围护结构的传热量随着室内外空气温差和太阳辐射强度的变化而变化;人体、照明以及室内生产设备的散热量和散湿量,随着生产过程和人员的出入而变化。因而,需要对空调系统进行相应的调节来适应室内负荷的变化,以保证室内温湿度在给定的允许波动范围内。

室内热湿负荷变化时的运行调节方法一般有以下几种:

9.2.1 定(机器)露点和变(机器)露点的调节方法

1)室内余热量变化、余湿量基本不变

这种情况比较普遍,例如室内热负荷随工艺变化、建筑围护结构失热或得热随室外气象条件而变化,而室内产湿量(工艺设备或人员波动)都比较稳定。如图9.13所示,在设计工况下,风量 G 空气从机器露点 L 沿室内 ε 线送入室内到达 N 点(为简单起见,以下分析均不考虑风机和风道的温升)。在夏季,随着室外气温的下降,由于得热量的减少,室内湿热冷负荷相应减少,则热湿比 ε 将逐渐变化(图中从 $\varepsilon \to \varepsilon'$),如果空调系统送风量 G 和室内产湿量 W 不变,且仍以原送风状态 L 送风,则:

$$d_N - d_L = \frac{1\,000W}{G} \tag{9.2}$$

由于 d_L,W 和送风量 G 均未改变,所以尽管 Q 和 ε 有变化,d_N 却不会改变。因此,新的室内状态点必须仍在 d_N 线上。根据过 L 点作 ε' 线和 d_N 线的交点就很容易确定新的室内状态 N' 点,则:

$$i_N = i_L + \frac{Q'}{G} \tag{9.3}$$

在夏季,由于 $Q' < Q$,则 N' 低于 N 点。如 N' 点仍在室内温湿度允许范围内,则可不必进行调节。如果室内显热负荷减小很多,N' 点超出了 N 点的允许波动范围,或者室内空调精度要求很高时,则可以用调节再热量的办法而不改变机器露点。如图9.14所示,在 ε' 情况下,可以

增加再热量,使送风状态点变为 O 送入室内,使室内状态点 N 保持不变或在温湿度允许范围内(N'')。冬季,$Q'>Q$,调节原理类似。

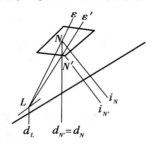

图 9.13　室内状态点变化(定露点)

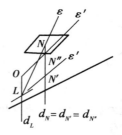

图 9.14　调节再热量(定露点)

2)室内余热量和余湿量均变化

室内余热量和余湿量均变化,将使室内热湿比 ε 变化,夏季随着室内余热量 Q 和余湿量 W 的减少程度不同,ε 可能减小,也可能增加。在图 9.15 中,如果送风状态不改变,送风参数将沿着 ε' 方向而变化,最后,得室内状态为 N',偏离了原来的室内状态 N。

在设计工况下:

$$d_N - d_L = \frac{1\,000W}{G} \tag{9.4}$$

而当 $\varepsilon' < \varepsilon$ 时,则:

$$i_N - i_L = \frac{Q}{G} \tag{9.5}$$

$$d_{N'} - d_L = \frac{1\,000W'}{G}$$

$$i_{N'} - i_L = \frac{Q'}{G}$$

因为　　　　　　　　　　$W' < W, \qquad Q' < Q$

所以　　　　　　$d_N - d_L > d_{N'} - d_L, i_N - i_L > i_{N'} - i_L \tag{9.6}$

或　　　　　　　　　　$d_{N'} < d_L, \qquad i_{N'} > i_N$

当室内热湿负荷变化不大,且室内无严格精度要求时,或 N' 点仍在允许范围内,则不必进行调节。如用定露点调节再热的方法,室内状态仍超出了允许参数范围,则必须使送风状态点由 L 变成 L'。显然 $i_{L'} > i_L, d_{L'} > d_L$,由此可见,为了处理得到这样的送风状态,不仅需要改变再热,还须改变机器露点($L \rightarrow L'$)。

改变机器露点的方法有以下几种(以一次回风空调系统为例):

(1)调节预热器加热量

在冬季,当新风比不变时,可调节预热器加热量,将新、回风混合点 C 状态的空气,由原来加热到 M 点改变为 M' 点,即加热到过新机器露点 L' 的等焓线上,然后绝热加湿到 L'(图 9.16)。

(2)调节新、回风混合比

在不需要预热(室外空气温度比较高)时,可调节新、回风混合比,使混合点的位置由原来的 C 改变为位于过新机器露点 L' 的等焓线上(C' 点),然后绝热加湿到 L'(图 9.17)。

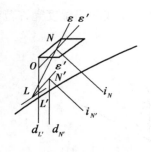

图9.15　室内余热
余温变化

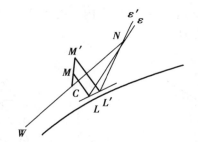

图9.16　调节预热器加热量的
变露点法

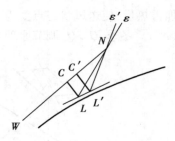

图9.17　调节新、回风混合比的
变露点法

（3）调节喷水温度或表冷器表面温度

在空气处理过程中,可调节喷水温度、表冷器进水温度或进水量,将空气处理到所要求的新露点状态。

利用加热器加热补充室内减少的显热,这种调节方法虽然能保持室内空气状态参数,但由于冷、热量的相互抵消,必然造成能源上的浪费。因此,在以舒适性空调为目的的场合,不应使用再热调节的方法。

9.2.2　调节一、二次回风混合比

对于室内允许温湿度变化较小,或有一定送风温差要求的恒温室来说,随着室内显热负荷的减少,可以充分利用室内回风的热量来代替再热量,带有二次回风的空调系统就采用这种调节方案。

如图9.18(a)所示,为简单起见,假定室内仅有余热量变化,而余湿量不变。在设计负荷时,空气处理过程为$\overset{W}{\underset{N}{>}} \to C \overset{L}{\underset{N}{\to}} O \overset{\varepsilon}{\longrightarrow} N$,当室内湿热冷负荷减少时,则室内$\varepsilon$变为$\varepsilon'$,可以调节一、二次回风联动阀门,即开大二次风门关小一次风门,增加二次回风量,减小一次回风量,使总风量保持不变。送风状态点就从O点提高到O',送入室内到达到N',即$\overset{W}{\underset{N'}{>}} C' \to$ $\overset{L'}{\underset{N'}{>}} O' \overset{\varepsilon}{\longrightarrow} N'$。机器露点从$L$降到$L'$,是由于通过喷水室或表冷器的风量减少,降低了空气流动速度,提高了冷却效率,从而使露点温度稍有下降。

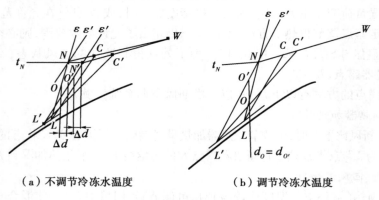

（a）不调节冷冻水温度　　　　　　　　　　（b）调节冷冻水温度

图9.18　调节一、二次回风混合比

由于二次回风不经喷水室处理,在有余湿的房间,湿度会偏高。N' 在室内温湿度允许范围内,就可认为达到了调节目的。如果室内恒湿精度要求很高,则可以在调节二次回风量的同时,调节喷水室喷水温度或进表冷器的冷水温度、冷水量,降低机器露点,从而保持室内状态点 N 不变图 9.18(b)。

二次回风阀门的调节范围较宽,一般在整个夏季以及大部分过渡季节都可用它来调节室温,而省去再热量。因此,这是一种经济合理的调节方法,得到广泛的应用。

9.2.3 调节空调箱旁通风门

在工程实践中,还有一种设有旁通门的空调箱(图 9.19)。这种空调箱与上述二次回风空调箱不同之处在于,室内回风经与新风混合后,除部分空气经过喷水室或表冷器处理以外,另一部分空气可经旁通门流过,然后再与处理后的空气混合送入室内。该旁通风门调节室温的作用

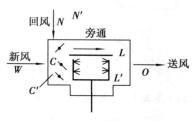

图 9.19　带旁通风门的空调箱

如图 9.20 所示:在设计负荷时,空气处理过程为 $\genfrac{}{}{0pt}{}{W}{N}>\rightarrow C\rightarrow$ $L \xrightarrow{\varepsilon} N$;当室内冷负荷减少时,室内 ε 变为 ε'。这时可以打开旁通门,使混合后的送风状态点提高到 O 点,然后送入室内到 N' 点。

采用空调箱旁通风门方式,与调节一、二次回风混合风门方式相似,可避免或减少冷热抵消,从而可以节省能量。图 9.20 还显示出露点控制法调节室温的处理过程,即 $\genfrac{}{}{0pt}{}{W}{N'}>\rightarrow C'\rightarrow L''\rightarrow$ $O \xrightarrow{\varepsilon'} N'$。显然,旁通法耗冷量小于露点法,而且可节省再热,无冷热抵消。旁通法的缺点是冷水温度要求较低,制冷机效率受到一定影响。但旁通法在过渡季节显出特别的优点,如图 9.21 所示,部分空气经绝热加湿到达到 L 点,再与经旁通的部分空气混合到 O 点送入室内,而不需要冷却、加湿以后送入室内,从而可不开制冷机和加热器。

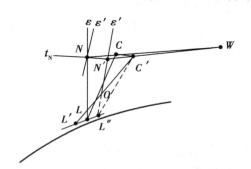

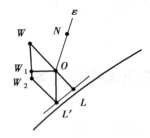

图 9.20　调节空调箱旁通风门(夏季)　　图 9.21　空调箱旁通风门调节(过渡季)

空调箱旁通方式与一、二次回风混合方式相比,由于部分室外空气未经任何热湿处理而旁通进入室内,故室外空气参数变化对室内相对湿度影响较大。对相对湿度控制精度要求较高的地方,须在调节旁通门的同时调节冷水温度、适当降低机器露点。

9.2.4 调节送风量

如图 9.22 所示,当房间显热冷负荷减少,而湿负荷不变时,如用变风量调节方法减少送风量使室温不变,则送入室内的总风量吸收余湿的能力有所下降,室内相对湿度将稍有增加(室内状态点从 N 变成 N')。如果室内温湿度精度要求严格,则可以调节喷水温度或表冷器表面温度,降低机器露点,减少送风含湿量,以满足室内参数要求。

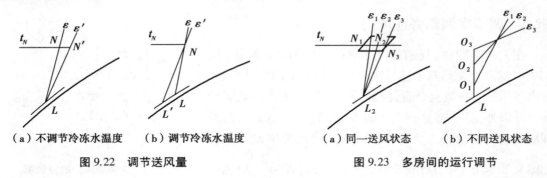

（a）不调节冷冻水温度　　（b）调节冷冻水温度　　　（a）同一送风状态　　（b）不同送风状态

图 9.22　调节送风量　　　　　　　　图 9.23　多房间的运行调节

9.2.5 多房间空调系统的运行调节

前述的调节方法均以一个房间而言,如果一个空调系统为多个负荷不相同(热湿比也不相同)的房间服务时,则其设计工况和运行工况可根据实际需要灵活考虑。如图 9.23(a)所示,一个空调系统供三个房间,它们的室内参数要求相同,但是各房间的负荷不同,热湿比分别为 ε_1,ε_2,ε_3,并且各房间取相等的送风温差。如果 ε_1,ε_2,ε_3 彼此相差不大,则可以把其中一个主要房间的送风状态(L_2)作为系统统一的送风状态,则其他两个房间的室内参数将为 N_1 和 N_3。它虽然偏离了 N 点,但仍在室内允许参数范围之内。

在系统运行调节过程中,当各房间负荷发生变化时,可采用定露点和改变局部房间再热量的方法进行调节,使各房间满足参数要求。如果采用该方法满足不了要求,就须在系统划分上采取措施。或者在通向各房间的支风道上分别加设局部再热量,以系统同一露点(L)不同送风温差(送风点 O_1,O_2,O_3)送风图 9.23(b),此时的送风量应按各自不同的送风温差分别确定。

9.3　变风量空调系统的运行调节

对于定风量空调系统来说,随着湿热负荷的变化,如用末端再热来调节室温,将会使部分冷热量相互抵消,造成能量损失。变风量系统随着湿热负荷的减少,通过末端装置减少送风量调节室温,故基本上没有再热损失;同时,随着系统风量的减少,相应减少风机消耗电能,所以,可进一步节约能量。当系统中各房间负荷相差悬殊时(如不同朝向),具有更大的优越性。

9.3.1 室内负荷变化时的运行调节

1)使用节流型末端装置的变风量空调系统

如图 9.24 所示,在每个房间送风管上安装有变风量末端装置。每个末端装置都根据室内恒温器的指令使装置的节流阀动作,改变通路面积来调节风量。当送风量减少时,则干管静压升高,通过装在干管上的静压控制器调节风机的电机转速,使总风量相应减少。送风温度敏感元件通过调节器,控制冷水盘管三通阀,保持送风温度一定,即随着室内湿热负荷的减少,送风量减少,室内状态点从 N 变为 N'。

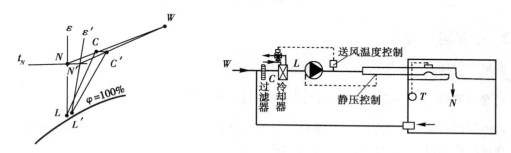

图 9.24　节流型末端装置变风量空调系统运行工况

2)使用旁通型末端装置的变风量空调系统

如图 9.25 所示,在顶棚内安装旁通末端装置,根据室内恒温器的指令而使装置的执行机构动作。在室内冷负荷减少时,部分空气旁流至顶棚,并由回风风道返回空调器。整个空调系统的风量不变。

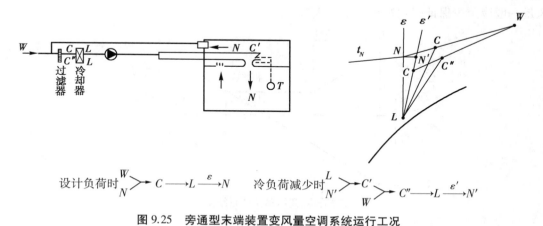

图 9.25　旁通型末端装置变风量空调系统运行工况

3)使用诱导型末端装置的变风量空调系统

如图 9.26 所示,在顶棚内安装诱导型末端装置,根据室内恒温器的指令调节二次空气侧阀门,诱导室内或顶棚内的高温二次空气,然后送至室内。

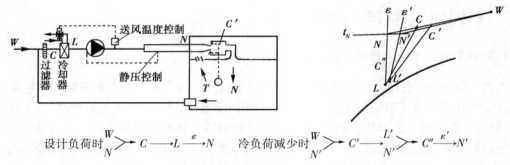

设计负荷时 $\dfrac{W}{N} \searrow C \longrightarrow L \xrightarrow{\varepsilon} N$　　冷负荷减少时 $\dfrac{W}{N'} \searrow C' \longrightarrow \dfrac{L'}{N'} \searrow C'' \xrightarrow{\varepsilon'} N'$

图 9.26　诱导型末端装置变风量空调系统运行工况

9.3.2　全年运行调节

变风量空调系统全年运行调节有下列三种情况：

1) 全年有恒定冷负荷时（如建筑的内部区,或只有夏季冷负荷时）

可以用没有末端再热的变风量系统。由室内恒温器调节送风量,风量随负荷的减少而减少。在过渡季节可以充分利用新风来"自然冷却"。

2) 系统各房间冷负荷变化较大时（如建筑的外部区）

可以用有末端再热变风量系统,运行调节工况见图 9.27。图中所谓的最小送风量是考虑以下因素而定的:当负荷很小时,为避免风量极端减少而造成换气量不足、新风量过少和温度分布不均匀等现象,以及避免当送风量过少时,室内相对湿度增加而超出室内温度允许范围,往往保持不变的最小送风量和使用末端再热加热空气的方法,来保持一定的室温。该最小送风量一般应至少保证房间每小时换气 4 次。

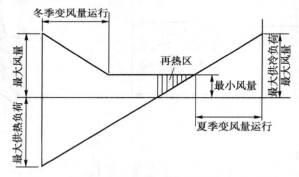

图 9.27　末端再热变风量空调系统全年运行工况

3) 夏季冷却和冬季加热的变风量系统

图 9.28 所示为一个用于供冷、供热季节转换的变风量系统的调节工况。夏季运行时,随着负荷的不断减少,逐渐减少送风量,当到达最小送风量时,风量不再减少,而利用末端再热以补偿室温的降低。随着季节的变换,系统从送冷风转换为送热风,开始仍以最小必要送风量供热,但需根据室外气温的变化不断改变送风温度,即使用定风量变温度的调节方法。在供热负

荷不断增加时,再改为变风量的调节方法。

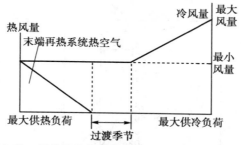

图 9.28　季节转换的变风量空调系统全年运行工况

在大型建筑中,周边区常设单独的供热系统。该供热系统一般承担围护结构的传热损失,可以用定风量变温系统、诱导系统、风机盘管或暖气系统,将送风温度或水温根据室外空气温度进行调节。内部区由于灯光,人体和设备的散热量,由变风量系统全年送冷风。

9.4　半集中式空调系统的运行调节

具有代表性的半集中式空调系统是风机盘管系统和诱导器系统,而空气-水诱导器和风机盘管加独立新风系统的两种方式,在处理空调房间负荷的原理方面是相同的。本节重点通过风机盘管加独立新风系统说明其运行和调节方法。

9.4.1　风机盘管机组的局部调节方法

为了适应房间瞬变负荷的变化,风机盘管通常有三种局部调节(手动或自动)方法,即调节水量、调节风量和调节旁通风门。这三种调节方法的调节质量,见表9.3。

表 9.3　风机盘管机组不同调节方式的调节质量(以全水系统为例)

内　容	a 水量调节	b 风量调节	c 旁通调节
调节范围	$100\% \sim 30\%$	$100\%,75\%,50\%$	旁通阀门开度 $0 \sim 100\%$
负荷范围	$100\% \sim 75\%$	$100\%,85\%,70\%$	$100\% \sim 20\%$
风机盘管的空气处理过程	设计负荷时:$N \longrightarrow L \overset{\varepsilon}{\leadsto} N$ 部分负荷时:$N_1 \longrightarrow L_1 \overset{\varepsilon'}{\leadsto} N_1$	设计负荷时:$N \longrightarrow L \overset{\varepsilon}{\leadsto} N$ 部分负荷时:$N_2 \longrightarrow L_2 \overset{\varepsilon'}{\leadsto} N_2$	设计负荷时:$N \longrightarrow L \overset{\varepsilon}{\leadsto} N$ 部分负荷时:$N_3 \overset{L_3}{\underset{N_3}{\longrightarrow}} C \overset{\varepsilon'}{\leadsto} N$

续表

内 容	a 水量调节	b 风量调节	c 旁通调节
显热冷负荷变化时的调节质量	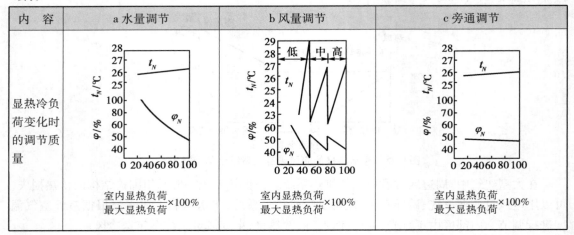		
	$\dfrac{室内显热负荷}{最大显热负荷} \times 100\%$	$\dfrac{室内显热负荷}{最大显热负荷} \times 100\%$	$\dfrac{室内显热负荷}{最大显热负荷} \times 100\%$

1) 水量调节

在设计负荷下,空气经过盘管冷却过程 $N \to L$,然后送至室内。当冷负荷减少时,通过二通或三通调节阀减少进入盘管的水量,盘管中冷水平均温度随之上升,L 点位置上移,空气经过盘管冷却的过程为 $N_1 \to L_1$。由于送风含湿量增大,房间相对湿度将增加,该调节方法的负荷调节范围小。这种系统中的温控器和电动阀的造价较高,故系统总投资较大。

2) 风量调节

这种方式的应用较为广泛。通常分高、中、低三挡调节风机转速以改变通过盘管的风量,也有无级调节风量的。这时,随风速的降低,盘管内冷水平均温度下降,L 点下移,室内相对湿度减小,但要防止水温过低时表面结露。当风机在最低挡运行时,风量最小,回水温度偏低,风口表面容易结露,且室内气流分布不理想。

3) 旁通风门调节

这种方式的负荷调节范围大(20%~100%),初投资少,且调节质量好,可使室内达到 ±1 ℃的精度,相对湿度在 45%~50%。因为负荷减小时,旁通风门开启,而使流经盘管的风量较少,冷水温度低,L 点位置降低,再与旁通空气混合,送风含湿量变化不大,故室内相对湿度较稳定,室内气流分布也较均匀。但由于总风量不变,风机消耗功能并不降低。故这种调节方法仅用在要求较高的场合。

9.4.2　风机盘管空调系统的全年运行调节

风机盘管机组空调系统就取用新风的方式来分,有就地取用新风(如墙洞引入新风)系统和独立新风系统。就地取用新风系统,其冷热负荷全部由通入盘管的冷热水来承担;而对独立新风系统来说,根据负担室内负荷的方式一般分为三种做法:
①新风处理到室内空气焓值,不承担室内负荷。
②新风处理后的焓值低于室内焓值,承担部分室内负荷。

③新风系统只承担围护结构传热负荷,盘管承担其他瞬时变化负荷。

1) 负荷性质和调节方法

室内冷、热负荷分为瞬变和渐变负荷两部分。瞬变负荷是指室内照明、设备和人员散热以及太阳辐射热等。这些瞬时发生的热变化,使各个房间产生大小不一的瞬变负荷,可以靠风机盘管的盘管来负担。

盘管的调节可根据室内恒温器调节水温或水量(如通过二通或三通调节阀),或者调节盘管旁通风门的开启程度。旁通风门的调节质量较高,且可使盘管水系统的水力工况稳定。

渐变负荷是指通过围护结构(如外墙、外门、窗、屋顶)的室内外温差传热,这部分热负荷的变化对所有房间均大致相同。虽然室外空气温度在几日内也有不规律变化,但对室内影响较小,该负荷主要随季节发生较大变化。这种对所有房间都比较一致的、缓慢的传热负荷变化,可以集中调节新风的焓来适应。也就是说,由新风来负担稳定的渐变负荷。其热平衡方程式如下:

$$A\rho c_p(t_N - t_1) = T(t_W - t_N) \tag{9.7}$$

$$T = \sum KF \tag{9.8}$$

式中　A——新风量,$\mathrm{m^3/s}$;

t_W,t_N,t_1——室外空气、室内空气和新风的温度,℃;

T——所有的围护结构(外墙、外窗、屋顶等)每1 ℃室内外温差的传热量,$\mathrm{W/℃}$。

对各个房间,A 和 T 是可以算出的一定值,故随着 t_W 的降低,必须提高 t_1。对新风的加热量根据室外温度的变化按前式规律进行调节。

实际情况下,瞬变显热冷负荷总是存在的(如室内总是有人存在,这样保持所需的温度才有意义),所有房间总是至少存在一个平均的最小显热冷负荷。在室外温度低于室内温度时,温差传热由里向外,该不变的负荷是减少新风升温程度和节约热能的一个有利因素,如果让盘管来负担这个负荷,假使这部分负荷相当于某一温差 m(一般取 5 ℃)的传热量(即 mT),并且归新风来负担(也就推迟了新风升温的时间),则式(9.8)可改写为:

$$A\rho c_p(t_N - t_1) = T(t_W - t_N) + mT$$

即

$$t_1 = t_N - \frac{1}{\rho c_p A/T}(t_W - t_N + m) \tag{9.9}$$

式(9.9)反映了新风温度 t_1 与室外空气温度 t_W 的关系。对于一定的 t_W,可做如下列线图(图9.29)。由图可见,对不同的 A/T 值,可以用不同斜率的直线来反映 t_1 随 t_W 变化的关系。运行调节时,就可根据该调节规律,随 t_W 的下降(或上升),用再热器集中升高(或降低)新风的温度 t_1。

2) A/T 比和系统分区的关系

显然,对于同一个系统,要进行集中的新风再热量调节,必须建立在每个房间都有相同 A/T 比的基础上。A/T 比是新风量与通过该房间外围护结构(内外温差为1 ℃)的传热量之比。对于一个建筑的所有房间来说,A/T 比不一定都是一样的,那么不同 A/T 比的房间随室外温度的变化要求新风升温的规律也就不一样了。为了解决这个矛盾,可以采用两种方法:一是,将 A/T 比不同的房间统一在它们中的最大 A/T 比上,也就是要加大 A/T 比较小房间的新风量 A。对于这些房间来说,加大新风量会使室内温度偏低。另一方法是,将 A/T 比相近的房间(例如同一朝向)划为一个区,每一区采用一个分区再热器,一个系统就可以按几个分区来调节不同的新风温度,这对节省一次风量和冷量是有利的。

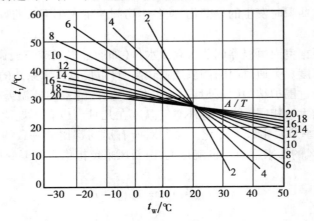

图 9.29 新风温度 t_1 与室外空气温度 t_w 的关系图

($t_N = 25\ ℃$,$m = 5\ ℃$)

3)双水管系统的调节

双管系统在同一时间只能供应所有的盘管同一温度的水(冷水或热水),随着室内负荷的减少,盘管的全年运行调节又有两种情况。三水管系统和四水管系统具有同时供冷、供热的功能,但造价较高,使用较少。

(1)不转换的运行调节

对于夏季运行,不转换系统采用冷的新风和冷水。随着室外温度的降低,只是集中调节再热量来逐渐提高新风温度,而全年始终供应一定温度的水(图9.30)。新风温度按照相应的 A/T 比随室外温度的变化进行调节,以抵消围护结构的传热负荷($L \to R_1$)。而随着瞬变显热冷负荷(包括太阳、照明、人等)变化需要调节送风状态($O_2 \to O_3$)时,则可以局部调节盘管的容量($2 \to N$)。

在室外空气温度较低和在冬季时,为了不使用制冷系统而获得冷水,可以利用室外冷风的自然冷却能力,给盘管提供低温水。

不转换系统的投资比较便宜,运行较方便。但当冬季很冷、时间很长时,新风要负担全部冬季采暖负荷,集中加热设备的容量就要很大。

(2)转换的运行调节

对于夏季运行,转换系统仍采用冷的新风和冷水。随着室外空气温度的降低,集中调节新风再热量,逐渐升高新风温度,以抵消传热负荷的变化。盘管水温仍然不变,靠水量调节,以消除瞬变负荷的影响(图9.31)。

当到达某一室外温度时,不用盘管,只用原来冷的新风单独就能吸收这时室内剩余的显热冷负荷,让新风转换为原来的最低状态 L。转换以后,盘管内侧改为送热水,随着显热冷负荷的减少,只需调节盘管的加热量,以保持一定室温。转换时温度:

$$t'_W = t_N - \frac{Q_S + Q_1 + Q_p - Ac_p\rho(t_N - t_1)}{T} \tag{9.10}$$

式中　t_N——转换时室内空气温度,℃;

Q_S——由太阳辐射引起的室内显热冷负荷,W;

Q_1——由照明引起的室内显热冷负荷,W;

Q_p——由人员引起的室内显热冷负荷,W;

t_1——新风的最低温度,可以充分利用室外的冷风,而不利用制冷系统,℃。

由于室外空气温度的波动,一年中转换温度有可能发生好几次,为了避免在短期内出现反复转换的现象,所以常把转换点考虑成一个转换范围(为±5 ℃),该幅度减少了在过渡季节中系统转换的次数(系统转换比较麻烦)。

采用转换或不转换系统有一个技术经济比较的问题。主要考虑的原则是节省运行调节费用,在冬季或较冷的季节里,应尽量少使用或不使用制冷系统。

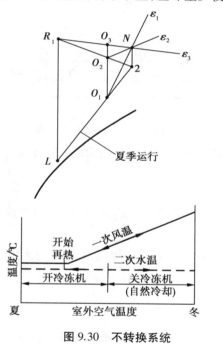

图 9.30　不转换系统

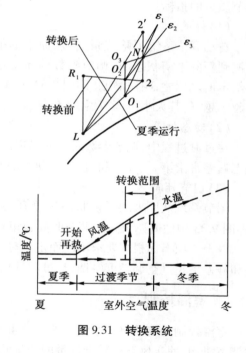

图 9.31　转换系统

9.5　空调系统的自动控制

空调系统的自动控制是指由专用的仪表和装置组成控制系统,以代替人的手动操作,去调节空调参数,使之维持在给定数值上,或是按给定的规律变化,从而满足空调房间的要求。自动控制系统通过检测空调系统的温度、湿度及其他参数自动地调节系统,可保证空调系统始终在最佳工况点运行,满足舒适性要求或工艺性要求的环境条件。

图 9.32 表示空调自动控制系统中某一自动调节过程。当时间在 t_0 以前,调节参数等于给定值,调节对象处于平衡状态。到达 t_0 时突然受到扰量影响,调节对象的平衡被破坏,调节参

数 x（温度或湿度等）开始升高，逐渐达到最大值。由于调节器的调节作用，x 开始返回给定值，并将出现一段衰减振荡过程。经过一段时间 t_1 后，调节对象趋向一个新的平衡状态，此时调节参数与给定值之差为 Δ。经过 t_1 时间，调节对象从一个旧平衡状态转入一个新平衡状态所经历的过程，称为过渡过程。

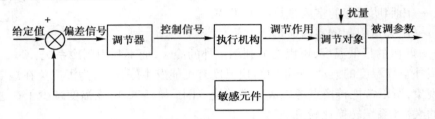

图 9.32　自动调节系统方框图

对自动控制系统的基本要求是调节参数达到新的平衡的过渡过程较短。此外，还有以下调节质量的指标：

（1）静差

自动调节系统消除扰量后，从原来的平衡状态过渡到新的平衡状态时，调节参数的新稳定值对原来给定值之偏差，叫作静差（即图 9.33 中 Δ 值）。静差越小越好，其大小由调节器决定。

（2）动态偏差

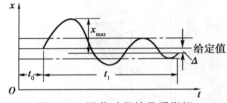

图 9.33　调节过程的品质指标

在过渡过程中，调节参数对新的稳定值的最大偏差值，叫作动态偏差（即图 9.33 中 x_{max}）。动态偏差常指第一次出现的超调。动态偏差越小越好。

（3）调节时间

调节系统从原来的平衡状态过渡到另一个新的平衡状态所经历的时间，叫作调节时间（即图 9.33 中的 t_1）。显然，调节时间越短越好。

以上 3 项指标根据要求不同而定。对于一般精度空调系统的自动控制系统，要求动态偏差和静差不超过空调精度空调，且过渡过程要短。

9.5.1　室温控制

室温控制是空调自控系统中的一个重要环节。它是用室内干球温度敏感元件来控制相应的调节机构，使送风温度随干扰量的变化而变化。

改变送风温度的方法：调节加热器的加热量和调节新、回风混合比或一、二次回风比等。调节热媒为热水或蒸汽的空气加热器的加热量来控制室温，主要用于一般工艺性空调系统；而对温度精度要求高的系统，则须采用电加热对室温进行微调。

室温控制方式有双位、恒速、比例及比例积分控制方式等几种。应根据室内参数的精度要求以及房间围护结构和干扰量的情况，选用合理的室温控制方式。

室温控制时，室温敏感元件的放置位置对控制效果会产生很大影响。室温敏感元件的放置地点不要受太阳辐射热及其他局部热源的干扰，还要注意墙壁温度的影响，因为墙壁温度较空气温度变化滞后得多，最好自由悬挂，也可以挂在内墙上（注意支架与墙的隔热）。

在一些工业与民用建筑中，空调房间无须全年固定室温，故可采用变动室温的控制方法。

它与全年固定室温的情况相比,不仅能使人体适应
室内外气温差别,感到更为舒适,而且可大为减少空
调全年运行费用,夏季可节省冷量,冬季可节省热
量。例如,对于一些民用空调,室温按照图9.34进行
控制是比较理想的。它是以室外干球温度作为室内
温度调节补偿控制法,其控制原理见图 9.35。由于
冬、夏季补偿要求不同,调节器 M 分为冬、夏两个调
节器,通过转换开关进行季节切换。

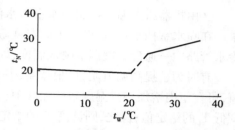

图 9.34　室内温度给定值随室外温度的变化

　　为了提高室温控制精度,克服因室外气温、新风量的变化以及冷、热水温度波动等对送风
参数产生的影响,也可在送风管上增加一个送风温度敏感元件 T_2(图 9.36),根据室内空气温
度敏感元件 T_1 和送风温度敏感元件 T_2 的共同作用,通过调节器调节空气加热器中热媒的流
量,从而控制室温波动范围,这种方法称为送风温度补偿控制法。

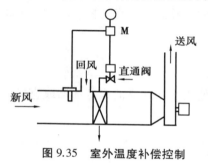

图 9.35　室外温度补偿控制

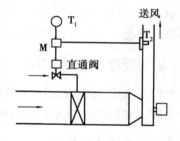

图 9.36　送风温度补偿控制

9.5.2　室内相对湿度控制

1)间接控制法(定露点)

　　对于室内产湿量一定或者波动不大的情况,只要控制机器露点温度 L 就可以控制室内相
对湿度。这种通过控制机器露点温度来控制室内相对湿度的方法称为"间接控制法"。具体
做法如下:

　　①由机器露点温度控制新风和回风混合阀门(图 9.37)。此法用于冬季和过渡季节。如
果喷水室用循环水喷淋,则可在喷水室挡水板后,设置干球温度敏感元件 T_L。根据所需露点
温度给定值,通过执行机构 M 比例控制新风、回风和排风联动阀门。这样,随着室外空气参数
的变化,可以保持机器露点温度为定值。

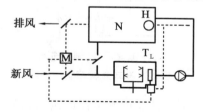

图 9.37　机器露点温度控制新风和回风混合阀门

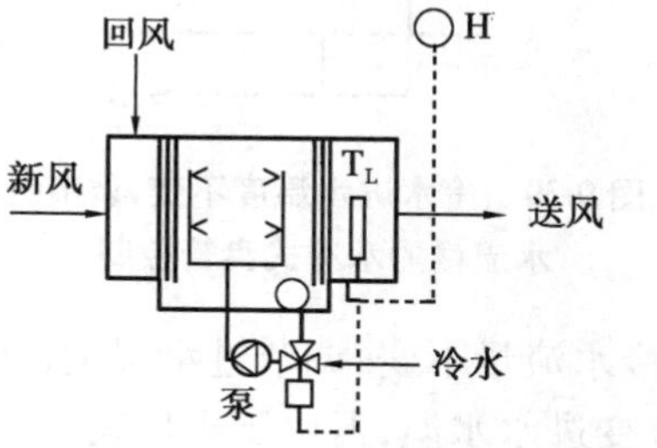

图 9.38　机器露点温度控制喷雾室喷水温度

②由机器露点温度控制喷水室喷水温度(图9.38)。此法用于夏季和使用冷冻水的过渡季。在喷水室挡水板后,设置干球温度敏感元件 T_L。根据所需露点温度给定值,比例地控制冷水管路中三通混合阀调节喷水温度,以保持机器露点温度一定。

有时为了提高调节质量,根据室内产湿量的变化情况,应及时修正机器露点温度的给定值,可在室内增加一只湿度敏感元件 H(图9.38)。当室内相对湿度增加时,湿度敏感元件 H 调低 T_L 的给定值;反之,则调高 T_L 的给定值。

2)直接控制法(变露点)

对于室内产湿量变化较大或室内相对湿度要求较严格的情况,可以在室内直接设置湿球温度或相对湿度敏感元件,控制相应的调节机构,直接根据室内相对湿度偏差进行调节,以补偿室内热湿负荷的变化。这种控制方法称为"直接控制法"。它与"间接控制法"相比,调节质量更好,在国内外已广泛采用。如电极式加湿器,常采用通断的双位控制,它不需要外加电源,设备简单,由于直接把蒸汽加入空气中,不影响空气的干球温度。直接控制法常用于相对湿度要求不高的情况,一般在成套机组中应用较多。

9.5.3 某些处理设备的控制

在空调系统中,除使用喷水室处理空气外,还常使用水冷式表面式冷却器或直接蒸发式表面式冷却器。它们的控制方法分述如下。

1)水冷式表面式冷却器

水冷式表面式冷却器控制可以采用二通或三通调节阀。因干管流量发生变化,将会影响同一水系统中其他冷水盘管的正常工作,使用二通调节阀调节水量时(冷水供水温度不变),供水管路上应加装恒压或恒压差的控制装置,以免产生相互干扰现象。控制方法有两种:

①冷水进水温度不变,调节进水流量(图9.39)。由室内敏感元件 T 通过调节器比例地调节三通阀,改变流入盘管的水流量。在冷负荷减少时,通过盘管的水流量减少将引起盘管进出口水温差的相应变化。这种控制方法在国内外已大量采用。

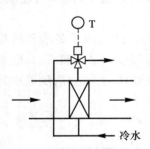

图 9.39 冷水进水温度不变,调节进
水流量的水冷式盘管控制

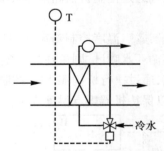

图 9.40 冷水流量不变,调节进水
温度的水冷式盘管控制

②冷水流量不变,调节进水温度(图9.40)。由室内敏感元件通过调节器比例地调节三通阀,可改变进水水温,但由于出口装有水泵,盘管内的水流量保持一定。虽然这种方法调节性能好,但每台盘管却要增加一台水泵,在盘管数量较多时就不太经济,一般只有在温度控制要

求极为精确时才使用。

2)直接蒸发式表面式冷却器

直接蒸发式表面式冷却器控制如图 9.41 所示。它一方面靠室内温度敏感元件 T 通过调节器使电磁阀作双位动作,另一方面膨胀阀自动地保持盘管出口冷剂吸气温度一定。大型系统也可以采用并联的直接蒸发式冷却盘管,按上述方法进行分段控制以改善调节性能。小型系统(例如空调机组)以及无须严格控制室内参数的场合,也可以通过调节器控制压缩机的启停,而不控制蒸发器的冷剂流量。

3)风机盘管的控制

风机盘管控制主要有两部分内容,即风量控制和室温控制。

(1)风量控制

目前风机盘管采用是手动三速开关的控制方式和自动风速控制的方式。自动风速控制的方式即通过室温来自动控制风机的高、中、低转速(或者自动起停风机)来实现对室温自动控制的目的。但这种控制方式大多数应用于定流量水系统中,并不利于水系统的节能运行。

(2)室温控制

除了定流量系统中有采用室温控制风机的方式外,常见的控制方式依然是设置电动水阀,通过室温传感器对盘管的水侧进行控制。除了特别高精度要求外,电动水阀执行控制器宜采用双位控制模式。

由于风机盘管通常是在现场根据使用者的要求实现控制和运行,因此一般不需要专门的集中监测措施。

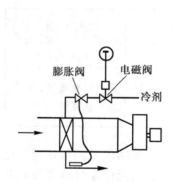

图 9.41　直接蒸发式表面式冷却器控制

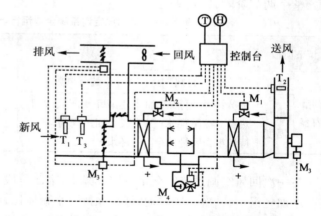

图 9.42　一次回风空调自控系统示意图

9.5.4　集中式空调系统全年运行调节自动控制示例

图 9.42 所示为一次回风空调自控系统示意图。结合第一节中空调系统全年运行调节工况,如采用变露点"直接控制"室内相对湿度的方法,则控制元件和调节内容如下:

①T,H:室内温度、湿度敏感元件。

②T_1:室外新风温度补偿敏感元件(根据新风温度的变化可改变室内温度敏感元件 T 的给定值)。

③T_2:送风温度补偿敏感元件。

④T_3:室外空气焓或湿球温度敏感元件(可根据预定的调节计划进行调节阶段与季节转换)。

⑤M:风机联动装置,在风机停止时,喷水室水泵、新风阀门和排风阀门将关闭,而回风阀门将开启。

⑥控制台:装有各种控制回路的调节器等设备。

随着室外空气参数变化,对于冬夏室内参数要求相同的场合,其全年自动控制方案如下:

第一阶段,新风阀门在最小开度(保持最小新风量),一次回风阀门在最大开度(总风量不变),排风阀门在最小开度。室温控制由敏感元件 T 和 T_2 发出信号,通过调节器使 M_1 动作,调节再热器的再热量;湿度控制由湿度敏感元件 H 发出信号,通过调节器使 M_2 动作,调节一次加热器的加热量,直接控制室内相对湿度。

第二阶段:室温控制仍由敏感元件 T 和 T_2 调节再热器的再热量;湿度控制由湿度敏感元件 H 将调节过程从调节一次加热自动转换到新、回风混合阀门的联动调节,通过调节器使 M_3 动作,开大新风阀门,关小回风阀门(总风量不变),同时相应开大排风阀门,直接控制室内相对湿度。

第三阶段:随着室外空气状态继续升高,新风量越来越大,一直到新风阀全开,一次回风阀全关时,调节过程进入第三阶段。这时湿度敏感元件自动地从调节新、回风混合阀门转换到调节喷水室三通阀门,开始启用制冷机来对空气进行冷却加湿或冷却减湿处理。这时,通过调节器使 M_4 动作,自动调节冷水和循环水的混合比,以改变喷水温度来满足室内相对湿度的要求。室温控制仍由敏感元件 T 和 T_2 调节再热器的再热量来实现。

整个调节阶段,见表9.4。

表 9.4 一次回风空调系统全年运行调节自动控制内容

调节阶段		第一阶段	第二阶段	第三阶段	第四阶段
调节内容	室温	调节再热	调节再热	调节再热	调节再热
	相对湿度	调节一次加热器加热量(喷循环水,保持最小新风量)	逐渐开大新风阀门,关小回风阀门(喷循环水)	调节喷水温度(新风阀门全开)	调节喷水温度(保持最小新风量)

在一次回风空调系统的全年自控方案中,第四阶段也可以利用二次回风来调节室温。这需要增加一组一、二次回风联动阀门,保持最小新风比,由室温控制敏感元件通过调节器调节一、二次回风联动阀门,维持室温一定。这种方法可以节省再热量。

空调系统的自动控制技术随着电子技术和控制元件的发展,得到了进一步的改进:一方面从减少人工操作出发,实现全自动的季节转换;另一方面从更精确地考虑室内热湿负荷和室外气象条件等因素的变化出发,利用电子计算机进行控制,使空调系统每个季节都能在最佳工况下运行。特别是软件、硬件技术的发展,已能适应各种各样空调系统控制的需要,并且可以根据不同室内热湿负荷、不同室外温湿度变化条件以及不同室内温湿度参数条件进行多工况的判别和转换,实现全年自动的节能控制。如机电一体化的空调箱,它把空调系统的节能多工况分区以及自动转换功能的所有硬件和软件组合成一体,并在制造厂中组装完成,既提高了产品质量和设备运行可靠性,又大为简化了电气自控工程设计。机电一体化空调箱的硬件可包括:空调箱内的送(回)风机、冷热盘管、干蒸汽加湿器、新回风和排风阀门,各种传感器(送风、回风、新风温度与湿度传感器),各种执行机构(蒸汽、热水、冷水调节阀、新回风和排风调节阀)以及作为核心的微型计算机控制装置等。

常见的分布式控制系统,可以用于多环路空调系统全年多工况节能控制。它由中央管理工作站和现场控制站以及联系二者的通信网络所组成。中央管理工作站可对各子系统实现中央监督、管理和控制。现场控制站可对供热、制冷、空调系统中的热交换站、集中冷冻站和各种空调箱等常用设备进行就地多参数、多回路控制。

在微机控制中,还出现了一种直接数字控制(DDC)系统。DDC 系统中的微机参加闭环动态控制过程,对温度和湿度参数经由过程输入通道进行巡回检测,并根据规定的控制规律进行运算,然后发出控制信号,通过输出通道直接控制调节阀或风门等执行机构,实现空调系统的节能控制。

思考题

9.1　空调工况分区的原则是什么?

9.2　一次回风式全空气空调系统在设计工况下的全年空调工况是如何分区的? 各工况区的空气处理过程和特点。

9.3　何谓空调多工况节能控制?

9.4　定露点、变露点调节的特点各是什么?

9.5　改变机器露点的方法有哪些? 各自的特点?

9.6　试述变风量空调系统的运行调节方式。

9.7　试述风机盘管加独立新风系统的运行调节方式。

9.8　自动控制系统在暖通空调控制中的作用。

10

暖通空调用能与节能

能源也称能量资源，是指能够直接获取或通过加工而得到的各种资源，包括煤炭、天然气、原油、风能、太阳能、地热能等一次能源及电力、热力等二次能源。能源是国民经济发展的重要基础保障，其开发和利用程度是各国生产技术和人民生活水平的重要指标。

1990—2010 年，全球一次能源消费量从 8 719.79 Mtce 跃升至 12 865.89 Mtce，年均增速达到 1.96%，CO_2 排放量从 215.23 亿 t 增至 315.02 亿 t，年均增速为 1.92%。此外，根据国际能源署（IEA）的预测，全球能源需求增长趋势将持续到 2035 年，且在 2011 年的基础上，2035 年的能源需求增速将超过 30%，与能源相关的 CO_2 排放增速将达到 20%。2030 年全球建筑领域温室气体排放量将达到 156 亿吨 CO_2 当量，联合国政府间气候变化专门委员会（IPCC）在其第四次评估报告（2007）中指出，到 2030 年，全球建筑领域可形成每年 60 亿吨 CO_2 当量的减排潜力，在所有部门中减排潜力最高。建筑所排放的温室气体和消耗的能源占全球总能源消耗量的四分之一至三分之一。

图 1.1 为 2008 年起的近十年来我国能源消费总量的增长变化情况，能源消费量持续上升，连续多年位居世界前列，以 2008 年能源消费总量 32.1 亿吨标准煤为基准，十年间我国能源消费量增长了 39.9 个百分点。据国家统计局初步核算，2017 年我国能源消费总量达到 44.9 亿吨标准煤，跃居世界第一。图 1.2 所示为 2017 年我国能源消费结构，可以看出至今煤炭仍占我国能源总消费的 60.4%，是世界上煤炭使用量占能源消费总量比例最高的国家，按照全球发展的趋势，煤炭使用量的比例必然会逐步降低。而目前我国水电、核电、太阳能、地热能、风能等可再生能源利用之和不足我国能源消费总量的 14%，仍有极大的发展空间。我国《能源发展战略行动计划（2014—2020 年）》明确提出：要把发展清洁低碳能源作为调整能源结构的主攻方向，逐步降低煤炭消费比重，大幅增加风电、太阳能、地热能等可再生能源的消费比重，到 2020 年，非化石能源占一次能源消费比重达到 15%，天然气比重达到 10% 以上，煤炭消费比重控制在 62% 以内。表 1.1 所示为近十年我国各能源品种占能源消费总量的

比例变化情况,可以看出煤炭消费比重呈下降趋势,短期内仍是我国主要的能源来源,水电、核电、太阳能、地热能等可再生能源的比重在持续攀升,从 2008 年的 8.4% 上升到 2017 年的 13.6%。但整体来说,我国对可再生能源的开发利用程度较小,有待进一步的积极开发。

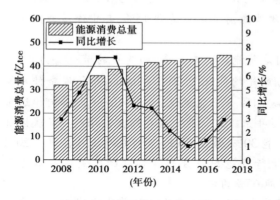

图 10.1 我国能源消费总量

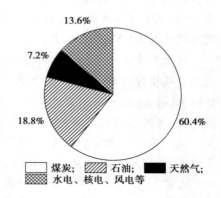

图 10.2 2017 年我国能源消费结构

表 10.1 近十年我国各能源品种占能源消费总量的比例变化

年份	煤炭	石油	天然气	水电、核电、风电等
2008	71.5	16.7	3.4	8.4
2009	71.6	16.4	3.5	8.5
2010	69.2	17.4	4.0	9.4
2011	70.2	16.8	4.6	8.4
2012	68.5	17.0	4.8	9.7
2013	67.4	17.1	5.3	10.2
2014	65.6	17.4	5.7	11.3
2015	63.7	18.3	5.9	12.1
2016	62.0	18.3	6.4	13.3
2017	60.4	18.8	7.2	13.6

在我国所有能源消费总量中,建筑耗能与工业耗能、交通耗能并列成为我国能源消耗的三大“耗能大户”,尤其是建筑耗能(包括建造耗能、生活耗能、采暖空调耗能等)伴随着我国建筑总量的不断攀升,呈急剧上升趋势。建筑能耗占全社会终端能耗的比率已从 1978 年的 10% 发展到 2014 年的 27.5%,建筑全生命周期(包括建造阶段、使用阶段和拆除阶段)能耗从 2001 年的 7.4 亿 tce 逐步增长到 2013 年的 16.6 亿 tce,年均增长率为 7%。若考虑建筑全生命周期,其能耗占全国能源消费总量的比重在 45%~53%,其中,建筑运行能耗(采暖、通风、空调、照明、热水供应、家用电器、电梯、办公设备等正常运转过程中的能源消耗)的占比在 2012 年之前一直保持在 50% 以上,2012、2013 两年也分别为 49.2%,47.0%,占主导性比重。

目前普遍认为建筑节能是各种节能途径中潜力最大、最为直接有效的方式,是缓解能源紧张、解决社会经济发展与能源供应不足这对矛盾的最有效措施之一。基于此现状,国家于 2014 年 11 月发布的《能源发展战略行动计划(2014—2020 年)》提出:到 2020 年,城镇绿色建筑占新建建筑的比例达到 50%,非化石能源(风电、太阳能、地热能等可再生能源及核电)占一次能源消费比重达到 15%,其中浅层地热能利用规模达到 5 000 万吨标准煤。

用世界先进水平标准来衡量,我国建筑能耗浪费严重,而其中的节能潜力巨大。仅以建筑供暖为例,北京市一个采暖期的平均能耗为 20.6 Wh/m²,而气候条件相同的瑞典、丹麦、芬兰等国家建筑一个采暖期的平均能耗仅为 11 Wh/m²。如何推进节能建筑,实现生态城区发展,已经成为近年来建筑行业一直在探索的课题。从我国建筑节能的设计标准发展来看,经历了节能 30%、节能 50%、节能 65% 三个阶段。2011 年以来,全国城镇新建建筑设计阶段执行节能 50% 强制性标准的比例已基本达到 100%,重庆、上海等城市已率先开展节能 65% 的强制性建设要求。

发达国家的建筑能耗,一般占全国总能耗的 40% 左右。随着我国城市化程度的不断提高,以及产业结构的调整,建筑能耗的比例将继续提高,最终接近发达国家的水平。由于中国国民经济的发展和以煤炭为主的能源结构在较长时期内不可改变,尽管我国已经做出了多方面的努力,但温室气体排放量仍在快速增长。目前,普遍认为建筑节能是各种节能途径中潜力最大、最为直接有效的方式,而其中暖通空调节能责任最大。所以,加强暖通空调节能是实现"节能减排"、可持续发展的有效措施之一。

10.1 建筑节能发展方向

10.1.1 国外情况

从 20 世纪 70 年代初期石油危机以后,建筑节能已成为世界性的大趋势。各国的建筑节能工作大体经历了 4 个阶段:一是能源的节约,即尽可能少用能源;二是能源守恒,即尽可能不增加能源消耗,保持经济增长;三是能源效率,即提高能源的利用效率;四是减少温室气体排放。建筑节能技术已从最早的节能建筑、低能耗建筑、零能耗建筑、生态建筑、可持续发展建筑发展到当今的绿色建筑。

美国在 1975 年第一次颁布了 ASHRAE(美国供热、制冷及空调工程师协会)标准《新建筑设计节能》(90—75)。以此为基础,1977 年 12 月官方正式颁布了《新建筑结构中的节能法规》,并不断地在建筑节能设计等方面提出新的内容,每五年便对 ASHRAE 标准进行一次修订。美国的 ASHRAE 标准(ASHRAE/IES90.1—1989)"除新建低层住宅建筑之外的新建筑能效设计"提出了 SEER(季节能效比)、IPLV(部分负荷综合值)指标。

季节能效比 SEER 即在正常的供冷期间,空调器在特定地区的总除热量(总制冷量)与总输入能量(总耗电量)之比。SEER 不仅考虑了稳态效率,同时还考虑了变化的环境和开关损失因素,是一个较为合理的评价指标。部分负荷综合值 IPLV 是综合评价冷机在整个空调季节性能的指标。只适用于冷机的能耗、供冷量的计算,不能用于泵能耗的计算。

法国建筑节能标准经历了 3 个阶段:1974 年首先制定了住宅外围护结构、通风换气节能标准,规定了在原有基础上节能 25% 的目标;1982 年进一步对住宅采暖系统的控制与调节做出了新的规定,确定了在 1974 年的标准的基础上再节能 25% 的目标;1989 年又对锅炉、供热管网、设备等能耗做了规定,确定在 1982 年标准的基础上再节能 25% 的目标。

日本历来重视建筑节能工作,但考虑问题的侧重点有所区别。针对设计阶段,要求必须通过建筑能耗的模拟计算(如采用 HASP 软件),达到规定的节能标准。对于运行阶段节能问题,研究工作也开展较早,1979 年就颁布了关于建筑能源使用的法律;同时,建立了强制性的建筑能耗审查规范(针对 5 000 m² 以上建筑,不包括住宅)——《建筑的节能基准和计算实例》。日本运行阶段能耗管理的重点主要集中在如何提高管理水平以达到节能和保护环境的目的。尽管表现形式不同,但其根本目的是相同的——就是要求在建筑运营阶段尽量节能。

10.1.2 国内情况

我国的建筑节能历程经历了以下阶段:1986 年实施《民用建筑节能设计标准(采暖居住建筑部分)》,节能标准为 30%。1996 年修订《民用建筑节能设计标准(采暖居住建筑部分)》,节能标准为 50%。2001 年实施《夏热冬冷地区居住建筑节能设计标准》,节能标准为 50%。2003 年实施《夏热冬暖地区居住建筑节能设计标准》,节能标准为 50%。2005 年实施《公共建筑节能设计标准》节能标准为 50%。并在局部地区逐步推广实施节能 65% 的标准。

2006 年由中国建筑科学研究院、上海市建筑科学研究院会同有关单位编制发布了《绿色建筑评价标准》(以下简称《标准》),2014 年和 2019 年再次对其进行了改版。《标准》总结了近年来我国绿色建筑方面的实践经验和研究成果。2019 版《标准》的修订将原来的"节地、节能、节水、节材、室内环境、施工管理、运营管理"七大指标体系,更新为"安全耐久、健康舒适、生活便利、资源节约、环境宜居"五大指标体系,其中被动房技术、近零能耗建筑技术、装配式建筑技术和智慧建筑技术得到了大力的推广和示范。

我国目前正处于建设高峰期,每年新建房屋面积超过所有发达国家建设量的总和。而其中 95% 以上的建筑都是高耗能的建筑,节能技术相对落后。与欧洲相比,许多欧洲国家住宅的实际年采暖能耗已普遍达到 6 L/m² 油,相当于 8.57 kg/m² 标准煤;而在我国达到节能 50% 的建筑,其采暖耗能也要达到 12.5 kg/m² 标准煤,约为欧洲国家的 1.5 倍。

我国也制定了针对空调系统的运行管理规范,是建筑运行节能的重要内容之一。在规范中,初步规定了运行期间空调能耗的要求。

为进一步推动我国的节能工作,当前最为迫切的任务是引导和促进节能机制面向市场的过渡和转变;借鉴、学习和引进市场经济国家先进的节能投资新机制,以克服目前我国存在的节能投资障碍。因此,开展建筑节能审计工作,借鉴在欧美国家日渐成熟的合同能源管理模式,是一条值得信赖的途径。

10.2　建筑能耗管理

建筑业的可持续发展问题日益引起我国政府的关注。为了保证能源消耗与经济增长保持健康的比例，改善能源不合理消耗带来的环境问题，我国政府采取了很多措施，制定了相应的经济激励政策：促进建筑节能技术产业化，进行合同制能源管理的试点和推广等。实行合同制能源管理，合同双方最重要的是要确定建筑的能耗基线包含暖通空调的年耗能量。

10.2.1　暖通空调年耗能量计算

目前，建筑能耗的计算方法基本上有两类：一类是利用建立在不稳定传热理论基础上的计算软件动态模拟能耗；另一类是建立在稳定传热理论基础上的静态能耗分析方法。静态能耗分析的方法主要有：度日数法、当量峰值小时数法、设备满负荷小时数法、温频数法等。这些方法简单实用，便于一般设计人员和管理人员使用，是一种简化了的计算方法。动态能耗模拟法对室内外各种扰量考虑较细，得到的结果也比较精确，利用计算机可以方便地对不断变化的室外参数作用下建筑的冷热负荷进行动态计算，以及对空调系统的全年能耗进行动态模拟计算。

1）动态模拟计算

20世纪60年代至今，世界各国都相继开发出一些很好的能耗模拟软件，可以很方便地对建筑全年动态能耗进行建模计算。其中，比较著名的包括美国能源部开发的 DOE-2，美国国防部开发的 BLAST，英国开发的 ESP，美国最近开发出来的 ENERGY-PLUS，还有 SRES/SUN，SERIRES，S3PAS，TRNSYS，TASE。

建筑能耗模拟软件通常是逐时、逐区模拟建筑能耗，考虑了影响建筑能耗的各个因素，如建筑围护结构、HVAC 系统、照明系统和控制系统等。在建筑寿命周期分析（LCC）中，建筑能耗模拟软件可对建筑寿命周期的各环节进行分析，包括设计、施工、运行、维护、管理。建筑能耗模拟软件应用领域包括建筑冷热负荷的计算、建筑能耗特性的分析、建筑能源管理和控制系统的设计、费用分析、CFD 模拟等。

如 DOE-2.1E 适用于各类住宅建筑和商业建筑的逐时能耗分析、HVAC 系统运行的寿命周期成本（LCC）。计算结果有输入校核报告、月度或年度综合报告，建筑能耗逐时分析参数，用户可根据具体需要选择输出其中一部分。软件可处理结构和功能较为复杂的建筑，只是属于 DOS 下操作界面，输入较为麻烦，须经过专门的培训；对专业知识要求较高。但国内已开发出基于 DOE-2.1E 的面向建筑师的建筑节能模拟软件，可在 Windows 下操作，便捷灵活。

清华大学也独立研究开发了一套功能齐全的全年动态能耗模拟软 DeST（Designer's Simulation Toolkit）。它基于"分阶段模拟"的理念，实现了建筑与系统的连接。DeST 求解建筑热过程的基本方法是状态空间法。软件的气象参数是以全国 194 个气象站点建站近 50 年的实测逐日数据为源数据，利用各气象要素的逐时变化规律建立模型，在尽量保证各项逐日值接近原数据的前提下，生成逐时气象数据。

详细的建筑能耗模拟软件按照系统模拟策略可分为两类：顺序模拟（图 10.3）和同步模拟（图 10.4）。

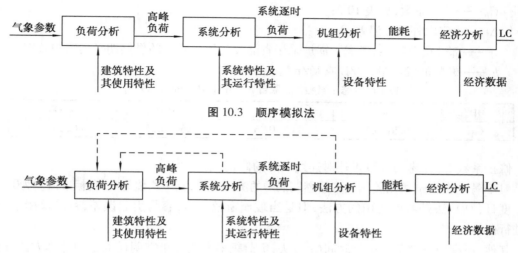

图 10.3　顺序模拟法

图 10.4　同步模拟法

在顺序模拟方法中,首先计算建筑全年冷热负荷,然后计算空调设备的负荷和能耗,接着计算冷热源机房设备的负荷和能耗,最后进行经济性分析。在顺序模拟方法中,每一步的输出结果是下一步的输入参数。

在同步模拟方法中,考虑了建筑负荷、空调系统和集中式空调机组之间的相互联系。同步模拟方法与顺序模拟方法不同,在每一时间段,同时对建筑冷热负荷、空调设备和机组进行模拟、计算。同步模拟法提高了模拟的准确性,但需要更多的计算机内存和计算时间。

图 10.5 为模拟计算获得的动态冷负荷分布图。根据全年总冷(热)负荷值,设定设备系统的能效,可分析计算得到暖通空调系统全年能耗值。

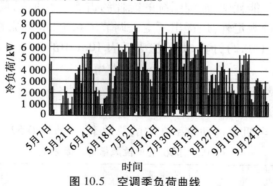

图 10.5　空调季负荷曲线

2) 静态能耗分析

度日法计算冬季供热用燃料消耗量,其计算公式为:

$$Q_t = \frac{3\ 600 \times 24 q_L C_D \mathrm{DD}}{\Delta t_d \eta h_t} \tag{10.1}$$

式中　Q_t——燃料消耗量(L/季,或 m^3/季);

　　　q_L——总的设计耗热量,kW;

　　　DD——室温以 18 ℃ 为基准的度日数;

C_D——修正系数,见表 10.2;

Δt_d——室内外设计温差,℃;

η——部分负荷特性,考虑了锅炉采用省能设备等措施后的供热期平均锅炉效率;

h_t——燃料的发热量,kJ/L 或 kJ/m³。

表 10.2　修正系数 C_D(取自 ASHRAE Handbook,1980)

DD	1 000	2 000	3 000	4 000
C_D	0.76±0.3	0.67±0.26	0.60±0.25	0.62±0.25

修正系数 C_D 是考虑间歇供热对连续供热的修正。

对于锅炉效率 η,根据美国大多数燃气锅炉的测试结果,其平均值为 0.55,标准偏差为 0.22。

度日(DD)法是习惯使用的方法,但是当玻璃窗较大时,容易引起误差,目前仅用来对住宅进行概算。

其他,还有当量满负荷运行时间(τ_E)法、负荷频率表法等年空调耗能量的计算方法,这里不一一介绍。

10.2.2　暖通空调节能评价

如何判定建筑设计是否节能? 我国颁布的不论是居住建筑节能标准还是公共建筑节能标准,均提供了两条节能设计达标的途径:第一条途径是"指标法",即设计符合建筑节能标准的规定性指标的建筑,建筑围护结构的热工性能、窗墙面积比和体形系数等都能符合相关规定;第二条途径是"权衡判断法",即按标准的规定进行动态能耗模拟计算节能综合指标或建筑暖通空调能耗,以判定新建建筑是否节能。

在暖通空调系统全年能耗中,输配系统的能耗约占 50%。所以暖通空调系统评价中除对冷热源机组的能效有明确规定外,还提出了空气调节风系统、水系统的输配能效规定。风机的单位风量耗功率 W_s 按式(10.2)计算,并不应大于表 10.3 中的规定。

$$W_s = p/(3\ 600\eta_t) \tag{10.2}$$

式中　W_s——单位风量耗功率,W/(m³·h⁻¹);

p——风机全压值,Pa;

η_t——包含风机、电机及传动效率在内的总效率,一般取 0.52。

表 10.3　风机的单位风量耗功率限值　　　　单位:W/(m³·h⁻¹)

系统形式	办公建筑		商业、旅馆建筑	
	初效过滤	初、中效过滤	初效过滤	初、中效过滤
两管制定风量系统	0.42	0.48	0.46	0.52
四管制定风量系统	0.47	0.53	0.51	0.58
两管制变风量系统	0.58	0.64	0.62	0.68
四管制变风量系统	0.63	0.69	0.67	0.74
普通机械通风系统	0.32			

注:①普通机械通风系统中不包括厨房等需要特定过滤装置的房间的通风系统;

②严寒地区增设预热盘管时,单位风量耗功率可增加 0.035 W/(m³·h⁻¹);

③当空气调节机组内采用湿膜加湿方法时,单位风量耗功率可增加 0.053 W/(m³·h⁻¹)。

空气调节冷热水系统的输送能效比 ER 按式(10.3)计算,且应符合式(10.3)的要求。

$$EC(H)R = \frac{0.003\ 096 \sum \left(G\dfrac{H}{\eta_b} \right)}{\sum Q} \leqslant \frac{A(B + \alpha \sum L)}{\Delta T} \tag{10.3}$$

式中　G——水泵设计流量,m^3/h;

　　　H——水泵设计扬程,m;

　　　T——供、回水温差,℃(冷水系统取 5 ℃,热水系统按机组实际参数确定);

　　　η_b——水泵在设计工作点的效率,%;

　　　Q——设计冷热负荷,kW;

　　　A——按水泵流量确定的系数,当 $G \leqslant 60\ m^3/h$ 时,$A = 0.004\ 225$;当 $60\ m^3/h < G \leqslant 200\ m^3/h$ 时,$A = 0.003\ 858$;当 $G > 200\ m^3/h$ 时,$A = 0.003\ 749$;多台水泵并联时,流量按较大流量选取;

　　　B——与机房及用户水阻力有关的计算系数,见表 10.4;

　　　α——与水系统管路 $\sum L$ 有关的系数,见表 10.5 和表 10.6;

　　$\sum L$——自冷热机房至系统供回水管道的总长度,m;当管道设于大面积单层或多层建筑时,可按机房出口至最远端空调末端的管道长度减去 100 m 确定。

表 10.4　B 值

系统组成		四管制单冷、单热管道	二级制热水管道
一级泵	冷水系统	28	—
	热水系统	22	21
二级泵	冷水系统	33	—
	热水系统	27	25

注:热水供暖系统,一级泵,$B = 20.4$;二级泵,$B = 24.4$。

　　多级泵冷水系统,每增加一级泵,B 值可增加 5。

　　多级泵热水系统,每增加一级泵,B 值可增加 4。

表 10.5　四管制冷、热水管道系统的 α 值

系统	管道长度 $\sum L$ 范围 /m		
	$\leqslant 400$	$400 < \sum L < 1\ 000$	$\sum L \geqslant 1\ 000$
冷水	$\alpha = 0.02$	$\alpha = 0.016 + 1.6/\sum L$	$\alpha = 0.013 + 4.6/\sum L$
热水	$\alpha = 0.014$	$\alpha = 0.012\ 5 + 0.6/\sum L$	$\alpha = 0.009 + 4.1/\sum L$

表 10.6　两管制热水管道系统的 α 值

系统	地区	管道长度 $\sum L$ 范围 /m		
		≤ 400	$400 < \sum L < 1\ 000$	$\sum L \geq 1\ 000$
热水	严寒	$\alpha = 0.009$	$\alpha = 0.007\ 2 + 0.72/\sum L$	$\alpha = 0.005\ 9 + 2.02/\sum L$
	寒冷	$\alpha = 0.002\ 4$	$\alpha = 0.002 + 0.16/\sum L$	$\alpha = 0.016 + 0.56/\sum L$
	夏热冬冷			
	夏热冬暖	$\alpha = 0.003\ 2$	$\alpha = 0.002\ 6 + 0.24/\sum L$	$\alpha = 0.002\ 1 + 0.74/\sum L$
冷水			$\alpha = 0.003\ 833 + 3.067/\sum L$	$\alpha = 0.006\ 9$

注:两管制冷水系统 α 的计算式与表 10.5 四管制冷水系统相同。

在针对运行阶段建筑能耗评价上,用热(冷)损失系数法评价建筑能耗,一般采用两个指标,一个为周边全年负荷系数,一个为空调能量消耗系数。

周边全年负荷系数为反映减少建筑外围结构能量损失的节能指标,定义为:

$$PAL = \frac{建筑周边区域的全年热负荷}{建筑周边区域面积}$$

建筑周边区域是指从外墙中心线往里 6 m 的区域,其全年热负荷包括:由于室内外温差造成的围护结构热(冷)损失;太阳辐射热;周边区内部产生的热(照明、人体等的显热)。参考节能判断基准值见表 10.7。

表 10.7　日本建筑节能法规定的 PAL 节能判断基准值　　　　单位:MJ/($m^2 \cdot a$)

类型\名称	宾馆	医院	百货商店	办公建筑	学校
建设方必须达到的 PAL 值	419	356	377	335	335
建设方努力达到的 PAL 值	377	314	356	293	293

空调能量消耗系数 CEC 是一个用以评价空调设备能量利用效率的指标,它等于空调设备每年的能量总消耗与假想空调负荷全年累计值之比。

CEC 值越小,表明空调设备的能量利用率越高。其节能判断基准值参见表 10.8。

表 10.8　日本建筑节能法规定的 CEC 节能判断基准值

类型\名称	宾馆	医院	百货商店	办公建筑	学校
建设方必须达到的 CEC 值	2.5	2.5	1.7	1.5	1.5
建设方努力达到的 CEC 值	2.3	2.3	1.5	1.4	1.4

10.2.3　建筑能源管理自动化

暖通空调系统自动控制是楼宇自动化技术的一部分,是随着楼宇自动化技术发展起来的。

楼宇自动化技术起源于 20 世纪 50 年代,最初楼宇自动化系统是气动系统,随后电气控制系统代替了气动控制系统,并成为楼宇控制系统的主要控制形式。1973 年能源危机后,迫使楼宇自动化系统必须寻求更为有效的控制方式来控制楼宇设备,以减少能源的消耗,此时出现了监督控制系统(SCC)。在 SCC 中,计算机的作用只是监督和指导,控制过程由原来的控制系统来完成。SCC 是计算机系统在控制领域中最简单的应用方式,但是在楼宇自控系统中起了显著的作用,节能效果显著。计算机系统在建筑中的应用得到了迅速的发展。

20 世纪 80 年代早期,计算机技术和微处理器有了突破性发展,产生了直接数字控制技术(DDC)。DDC 技术在楼宇自控系统中的应用极大地提高了楼宇设备的效率,并简化了楼宇设备的运行和维护,使得自动控制在暖通空调系统中得到了广泛的应用。

现代智能建筑中的楼宇自动化系统,或称建筑自动化系统(Building Automation System,BAS),是将建筑内的电力、照明、空调、防灾、保安、广播等设备以集中监视、控制和管理为目的而构成的一个综合系统。该系统应当是一个能够在大型建筑内完成多种设备控制、监测和管理功能的网络系统。该系统主要由中央计算机站(可有多个工作站)、直接连接在同一个通信线路上的若干个分布在所属受控对象附近的现场直接数字式控制器(DDC)及传感器、变送器、执行器等监测、执行元件和设备所组成。根据我国有关部门制定的设计规范,智能建筑中的楼宇自动化系统应该是一个开放的"集散型计算机过程控制系统",通俗地讲就是该系统对受控设备和对象应能够进行分散式控制、集中式管理。目前,国际上最先进的 BAS,如美国 Honeywell 的 EXCEL5000 系统、英国 Satchwell 的 BAS2800 系统、瑞士 LANDIS&STAEFA 的 S600 系统,以及美国 JOHNSON 的 METASYS 等系统均采用上述的集散型控制以实现楼宇自动控制的功能。

BAS 的主要目的是:提高系统管理水平;降低维护管理人员工作量;节省运行能耗。BAS 实现的管理功能有:数据库功能,显示功能,设备操作功能,实时控制功能,统计分析功能,设备管理功能及故障诊断功能。

1) 数据库功能

数据库主要用来存储现场控制机实测运行参数及操作动作,供以后显示输出和分析计算时用。

2) 显示功能

目前,BAS 产品有图形和表格两种显示方式。图形化方式是将每个参数的物理意义通过图形给出,整个显示系统由许多幅画面构成,画面中给出被监控系统的结构或流程,相应的参数值则直接显示在对应的位置上,许多参数还可以以动画或其他方式形象地显示。例如,用转动和停止的叶轮表示水泵或风机的运行和停止,红灯、绿灯表示电器设备状态,用图形的形状变化表示阀门的开启位置等,使各种参数以非常直观的形式显示出来,并准确地说明其物理意义与几何位置,给使用者带来极大的方便。

除了当前状态的显示,还可以曲线显示长期历史数据,也给分析研究系统的过渡过程提供了很大的方便。由于存在图形方式的显示功能,还可以进一步将各系统的连接形式与建筑间的关系,每个设备在建筑中的位置等信息同时与现场状态显示系统做在一起,成为在线的建筑设备信息管理系统。管理和维修人员可以通过屏幕方便地查找有关系统的信息,而减少在工程图纸资料中查找信息的大量工作,也给科学化管理带来很大的好处。

3)定时控制功能

BAS 中相当多的设备需要定时启/停,如照明、空调等。保安系统中的一些防盗报警系统则需要在建筑使用期间停止工作,而在下班后建筑中无人时启动。这种启/停时间表还会经常出现一些变化,需要通过中央管理机来设定、修改。这样,就要求中央管理机能够对所辖的每个设备进行单独的和成组的启停时间的设定与修改。具体实施这种启停控制,可以有两种方式:一种是由中央管理机承担,判断到时间时,直接向现场控制机发出启/停命令;另一种方式则是直接启停时间表送到现场控制机,由现场控制机根据其内部时钟自行判断,到时进行启/停操作。

4)统计分析功能

为配合管理人员的分析判断,中央管理机不能仅显示和存储现场控制机的实测参数,而还应对这些数据做进一步的统计分析,以满足各种管理要求。这些统计分析主要包括:

①能量统计:如各子系统的耗电量,耗蒸汽量,耗水量的日累计、月累计及长年累计,平均值及最大值,以帮助运行管理人员分析能耗状况,进行判断决策。

②收费统计:根据预先指定的各用户范围统计每个用户每个月需负担的电费、水费、空调费及用热费,帮助管理人员进行经济管理。

③设备运行统计:计算各台设备的连续运转时间,自大修后的累计运转时间,为维修和管理这些设备提供依据。

④参数统计:如统计各个空调区域的日、月平均温度,最高、最低温度,1 个月内温度高于上限低于下限的累计时间等,供评价系统运行效果时参考。

这些统计分析需要有适宜的数据库支持,通过能提供这些统计分析功能的软件来实现。

5)设备管理功能

在计算机内同时建立各主要设备的档案,储存各设备性能规格及厂家信息,安装位置与连接关系,记录根据实测数据统计分析出的自大修后累计运行时间及其他运行状况参数。计算机还可根据这些统计参数及预先规定的规则,自动编排设备的维修计划。这些维修计划可以根据累计和连续运行时间,同时顾及各台设备间的相互备用以及季节性使用设备(如冷冻机)的时间特点。在计算机的设备管理档案中还可以由维修人员输入每次的维修记录,将预先录入的设计与竣工资料、动态输入的维修记录,以及实时统计的运行信息结合在一起,再配之以常有一些规则的推理系统,可构成在线的实时设备管理专家系统,它将显著提高设备维护管理水平。

6)BAS 发展中存在的问题

智能建筑中 BAS 的核心是 HVAC(供热、通风、空气调节)系统,此部分投资比重大,能源消耗大,占建筑总能源消耗的 50% 以上。因此,HVAC 系统智能化的程度不仅是实现环境控制效果也是取得直接经济效益的关键。智能建筑中实现节电节能,重在 HVAC 系统节电节能。国外 BAS 节能率一般可达 30% 左右,也正是业主投资建筑智能化所期待的主要回报内容之一。然而目前国内在智能建筑中,真正能做到这一点并不多。其主要原因是市场管理和技术管理方面的问题。

技术管理方面的问题是 HVAC 自控设计与 HVAC 系统设计存在着脱节现象。在智能建筑中,HVAC 及其自控系统的工程实施的步骤大体上是建筑设计院的暖通空调专业人员进行 HVAC 设计,并提出 HVAC 自控要求,由自控设备厂商进行控制部分的方案设计和施工设计,并安装调试,然后移交给物业管理部门进行运行管理。这几个环节包括了建筑设计院、设备安装、自控厂商和业主等单位。各重要环节常常脱节,遗留后患,给 BAS 的正常运行和节能效果带来严重的问题。

虽然 BAS 发展迅速,但在目前实际工程中,BAS 的设计仍存在着重构成、轻功能、重建设、轻管理的倾向。建筑功能上的要求不明确,盲目追求先进设备的引进,造成不合理的"性能价格比",而忽视技术上的引进。运行管理水平偏低,BAS 不能充分发挥作用,中央空调的自控在智能建筑中应用也比较普遍,然而在实际中使用率并不是很高。

多数暖通人员对自动控制涉及不多,很多项目中空调专业在设计中未考虑自动控制,未设计传感器与执行器的安装位置,自控设计完全由 BAS 设计人员负责,工艺设计与自控设计严重脱节,造成冷源系统正常运行控制都出现问题,更难以达到节能运行的标准,这也是造成冷源系统普遍运行效率低下的一个重要原因。

从暖通人员的角度出发,利用计算机和网络知识,在智能建筑这块交叉学科领域内,研究冷源系统的群控程序,提高当前控制水平,优化冷源系统的运行,是十分必要和迫切的。

10.3 暖通空调节能设计

近年来,随着社会对节能技术产品的渴求,建筑环境与设备工程师与制冷工程师等各行业人员紧密配合,探索了新的设计理念、拓宽了原有节能产品的使用范围、开发出能效更高、环境友好的暖通空调系统和相关产品。

10.3.1 节能设计原则

建筑节能分为主动节能和被动节能两种方式。"被动优先,主动优化"是建筑节能的基本原则。建筑热工与围护结构节能设计、遮阳、自然通风及太阳房设计等均属于被动节能技术。暖通空调系统的节能主要属于主动节能的范畴,其节能设计应遵循以下原则。

1)设计、计算的合理性

合理控制空调系统安装容量,对于缓解能源紧张有积极的意义。

(1)合理选择室内设计参数

在冬季,室内设计空气温度每降低 1 ℃,将节约 10%~15%的供热能耗;在夏季,室内设计空气温度每升高 1 ℃,将减少约 10%的空调供冷能耗。

人体的舒适性除了与空气参数有关外,还与周围物体表面辐射温度、人员活动区风速等参数有关。在某些特定的区域,其设计参数与整个建筑的主要功能房间参数要求并不一定完全相同,适当降低标准既是可能的,也是合理的。

建筑内一些人员短暂停留的区域(如大堂、过厅等),冬季(夏季)降低(提高)设计温度,将它们设计成为一个参数过渡性区域,对于人体舒适性反而有好的调节作用,既可以避免人员进出建筑时由于温差较大带来的不舒适感,又有利于节能。

对于采用地板或顶板(吊顶)辐射供热(甚至供冷)的房间,人体"体感温度"与空气温度存在一定的差值,冬季设计空气温度可以比规定值降低 $1\sim2$ ℃,在夏季设计空气温度可以比规定值提高 $1\sim2$ ℃。

(2)系统设计优化

空调系统形式、空调方式、系统服务范围及划分原则的不同,会带来不同的建筑空调系统的能源消耗。例如,一个风系统负担范围较大,就很难满足输送能耗的限制要求;如果不同参数要求的空调区域由一个全空气系统承担,对于定风量系统将存在区域参数失控或者采用末端再热方式,就造成了能源的浪费。

(3)负荷与水力计算

从目前的情况来看,实际的大部分工程大都存在"四大"(主机装机容量偏大、管道直径偏大、水泵配置与末端设备偏大)现象,造成系统初投资增加、机房面积增大、系统的运行能效比低和空调系统运行调节困难等问题。暖通空调设计时,主要有三部分与节能评价有关:负荷计算、系统水力计算和设备选型计算。

负荷计算是暖通空调设计基础数据的来源。负荷计算的要求已经成为规范或标准的强制性条文,尤其是对于夏季空调的冷负荷,在施工图设计时应该逐时、逐项进行详细计算。

系统水力计算的结果主要用于对输送能耗的评价,包括水系统和空调风系统两大部分。根据水力计算的结果选择风机风压或水泵扬程,并且,当最终确定的设备输送能耗超过规定的要求时,需要重新调整系统的设计并重新计算,直到满足相关要求为准。并且应考虑系统输配阻力带来的能耗与投资之间的经济分析和比较。

2)设备配置

设备参数的确定,应该以符合系统设计的要求为基本原则,不应无原则增加所谓"安全系数"和富余量。对于空调设备,同时应考虑部分负荷时的运行问题。

设备选择还有一个容量和台数的搭配问题。在总容量的确定合理的前提下,不同的冷、热源设备台数和不同的容量搭配,对于实际运行的能耗效果会存在一定的区别。以冷水机组的选择为例,大容量机组通常设计状态下的 COP 值较高,但在部分负荷运行时,COP 值通常会有所下降。同时,冷水机组还存在最小负荷的限制问题,当需求小于最小的限值时,机组不能正常工作,系统效果必定受到严重影响。反之,如果台数选择过多,在控制上的复杂性增加,单台机组设计状态下的 COP 值降低将使装机容量上升。

3)实时控制与全年运行的节能

(1)实时控制

实时控制的目的是在满足房间参数达到正常使用要求的基础上,让设备的供冷、供热能力尽可能与建筑空调的需求相一致,减少过多的能源消耗。

实时控制的方法是:通过设置各种有效的控制设备或调控手段,对空调系统的主要环节采取合理、可行的量调节和质调节措施。

由于需要实时的跟踪各种参数的变化并及时采取相应的调控措施,因此,实时控制需要以完善的自动控制系统为基础才能实现。很显然,完全依靠人工管理的方式是无法做好的。国内外的统计表明,在空调系统设计合理的基础上,若采取完善的实时自动控制措施,与无自动控制措施的空调系统相比,一般来说全年可以节约20%~30%的空调能耗。

(2)全年运行节能

空调设计不但要关注典型设计日的负荷,更要关注年能耗量的情况。其中一个关键的思想是:在设计中,一定要时刻想到如何使得系统的全年运行更为经济与节能的问题——既包含建筑使用情况不断变化的应对问题,也包含气候变化在全年呈周期性变化的应对问题。这些问题有些是有规律的(例如全年气候的周期性变化),可以采取有规律的调控措施;有些是无特定规律的(例如建筑内诸如会议室等特定用途的房间),所采取的调控措施也就需要更有针对性。

10.3.2 空调系统中常用的节能技术和措施

1)新风量及新风比的确定

(1)人员数量及设计新风量的确定

人均新风量的确定应该按照相关规范的要求和规定来确定,以保证必须达到的室内卫生条件。

随着建筑围护结构热工性能的不断改善,围护结构空调负荷在建筑耗冷量中所占的比例越来越小,而室内照明负荷、新风负荷、人员负荷以及随着人员工作带来的诸如电脑等设备的负荷所占的比例越来越大。因此,在强调人均新风量需要符合有关设计标准的前提下,设计人员首先应该注意的是不能盲目选取室内人员的数量。

对于室内人员数量比较稳定的房间,人数应根据实际的需求来选择。

对于人员使用数量随机性较大的房间(如会议室、餐饮、商场等),需要有重点的分析其使用情况。如果出现最多使用人数的持续时间不超过3 h,则设计新风量可以按照全天室内的小时平均使用人数来计算(人均新风量标准不变)。

(2)CO_2浓度控制

CO_2浓度控制强调的是新风量的实时控制。由于设计状态并不是每个使用时刻的实际状态,尤其对于上述人员数量变化较大的房间来说,在使用过程中,相当多的时间段人员数量并不是很大(甚至无人),如果仍然维持设计的新风量送入房间,显然是一种浪费。根据实时的CO_2浓度来确定实时送入室内的新风量,可以保证在满足卫生要求的条件下尽可能减少新风的送入,有利于节省新风的运行处理能耗。

2)系统分区

(1)按照房间功能和房间朝向的分区

按照房间使用功能的分区,能够为运行管理创造一个好的基础。不同功能的房间在负荷性质、使用时间、使用方式、参数控制等都存在比较大的区别,在可能的情况下,空调系统宜进行分区或分环路设置。即使同样功能的房间,在不同朝向情况下,负荷的性质也不相同,尤其是最大设计负荷出现的时刻不同,需要进行详细的综合分析。

当采用变流量(如变风量或变水量系统)技术时,将不同朝向的房间划分在同一空调系统,在某些情况下会得到能源综合利用的优点,使得设备的装机容量减少。这一做法的基本条件是末端必须采用可靠的控制手段。但是任何控制手段都是有一定的局限性,如果经过详细分析,可以通过末端控制的手段实现功能或朝向房间的不同参数和供冷(热)量控制,那么系统合为一个是可行的。反之,如果上述房间的负荷变化或要求调控的参数超过了系统控制的适应能力,系统不分开必然导致或者某些房间不能满足使用要求,或者需要更多的消耗能源(如再热)来满足。

(2)高大空间的分区空调

高大空间,在民用建筑中通常是指由于建筑室内景观或者其他特殊需求而设计的中庭、大厅等空间;在工业建筑中,由于工艺的要求,也会形成高大厂房的情况。对于空调系统来说,通常高大空间并不需要整个空间全部维持为某一固定不变的室内参数。民用建筑的中庭、大厅等场所仅地面有人员活动,只要维持人员活动区的舒适性参数,就可以满足使用要求;同样,在工艺厂房中,一般也只要求工艺设备所处空间能够达到必需的参数就可以了。因此高大空间将空调范围缩小,必将有利于整个建筑的节能。

①分层空调技术:分层空调技术的核心是:通过技术手段,形成上下两个参数存在相对明显区别的空气层,其中底部的空气参数满足设计的要求。当空间较高时,一般的做法是:在空间上部一定高度的位置设置水平射流,同时上部排风,依靠水平射流层阻挡空气的上下"串通",如图 10.6 所示。

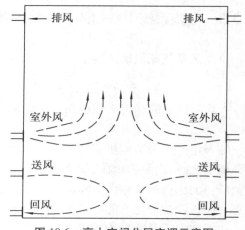

图 10.6　高大空间分层空调示意图

②分区空调技术:分区空调技术包括地板送风技术、底层送风技术和置换通风技术。这一技术的主要使用范围是:房间空间高度相对较低、无法采用前述的分层空调技术来进行明确空间参数控制的空间。因此,它对空调的分区并不会特别明显,在空间沿高度的变化过程中,参数存在一个渐进式的变化,更适合于民用建筑中的高大空间的舒适性空调。

在冬季空调中,采用"地板辐射+底部区域送风"的方式具有良好的节能效果。

(3)内、外分区

在进深较大的民用建筑中,由于室内各种热源(人员、灯光、设备等)的存在,有可能存在冬季室内得热大于围护结构热损失的情况(在一些大型商场中可以明显看到这一点)。同时,民用建筑特别是一些大开间、大进深办公建筑在设计施工完成后,由于个性化需求,如果沿着平行于外立面方向设置分隔墙,也必然造成无外围护结构的房间在冬季因为只有得热但没有热损失,因而需要冬季对该房间进行供冷的情况。上述两种情况,都导致建筑客观上形成了空调的内区(常年需要对房间进行供冷的区域)和外区(夏季对房间冷却、冬季对房间供热)。如果内、外区采用同一个风系统,在冬季必然存在内、外区温度的失控情况。

在空调风系统考虑内、外区的同时,空调水系统和冷、热源也应适应分区的要求。

3）降低系统的设计负荷

（1）室内空气温湿度参数的确定

除了室内设计温度外，合理选取相对湿度的设计值以及温湿度参数的优化也是减小设计负荷的重要途径，特别是在新风量要求较大的场合，适当提高相对湿度，可大大降低设计负荷，而在标准范围内（一般为40%~65%），提高相对湿度设计值对人体的舒适影响甚微。

（2）负荷分析计算

以前，我国的多数设计人员在设计空调系统时，往往不进行详细的负荷计算，而是采用负荷指标进行估算，并且出于安全的考虑，指标往往取得过大，结果造成了系统的冷热源、能量输配设备、末端换热设备的容量都超过了实际要求，形成"大马拉小车"的现象，既增加了投资，也不节能。所以应该进行详细负荷分析计算，以力求与实际需要相符。

4）变水量系统

变频调速技术自20世纪80年代以来得到了越来越广泛地应用，它通过均匀改变电机定子供电频率达到平滑地改变电机的同步转速。变频调整技术应用于制冷空调行业，在系统部分负荷条件下产生良好的节能效果。自20世纪90年代以来，变频调速器在暖通空调行业逐渐被大家所认识并采用。

变频技术应用在空调水系统，就形成了变水量系统。在空调系统的水系统中，变频技术在水泵上的应用较成熟。在绝大部分时间内实际负载远远比设计负载低。一年中负载率在50%以下的运行小时数占全部运行时间的50%以上，系统在流量固定的情况下，在全年绝大部分运行时间内冷水系统和冷却水系统的温差分别仅为1.0~3.0 ℃，即在小温差大流量情况下工作，从而增加了管路系统的能量损失，造成了能源浪费。

5）变风量系统

变风量空调系统于20世纪60年代起源于美国，原本是为了改进高速送风空调系统，因为减少送风量对于高速送风空调系统有明显的节能效益。

变风量空调系统是通过变风量末端装置调节进入房间的风量，并相应地调节空调机风量来适应系统的风量要求。变风量系统可以通过改变送到房间（或区域）风量的办法，来满足这些地方负荷变化的需要，同时整个系统的总送风量也是变化的。变风量系统也可以适应一天中同一时刻各个朝向房间负荷并不都处于最大值的需要，空调系统输送的风量可以在建筑内各个朝向的房间之间进行转移，从而系统的总设计风量可以减少。这样，空调设备容量也可以减少，既可以节省设备费投资，也进一步降低了系统运行费用。可以把不同朝向、不同温度要求的房间放在一个空调系统，而且在改扩建或重新间隔时容易适应。

与风机盘管系统相比，吊顶内没有大量冷冻水管和凝结水管，可以减少处理凝结水的困难，特别是避免了凝结水盘中细菌滋生而且参与室内风循环的弊病，这可以提高室内空气的卫生质量。此外，变风量空调系统作为一种风系统，可以设送回风双风机，以便在过渡季节大量地甚至百分之百地使用新风，充分利用室外空气的自然冷源。

变风量系统常应用于办公性建筑或学校建筑，但是变风量系统并不仅限于这些应用场合，它还可以广泛应用于商场、购物中心，图书馆、医院等各类公共建筑中，甚至也可以在某些工业建筑中使用。

6) 焓值控制技术与温差控制技术

焓值控制和温差控制技术的基本原理是：在空调的过渡季充分利用较低参数的室外新风，以减少全年冷源设备的运行时间，达到节能的目的。为此必须要以下两个基本条件来保证。

①空调系统必须适合于新风量的变化。在改变新风量的同时，机械排风量也要作相应的变化。

②完善的自动控制系统。由于室外参数总是在不断地变化过程中，新风量的调节并不可能完全由人工确定，需要对室内外参数进行不断的检测和比较，才能确定实时新风量的大小。

7) 热回收与冷却塔

热回收系统是回收建筑内、外的余热（冷）或废热（冷），并把回收的热（冷）量作为供热（冷）或其他加热设备的热源而加以利用的系统。热回收系统可以提高建筑能源的利用率，是建筑节能发展的一个方向。空调系统中可供回收的余热（冷）主要分布在排风和冷凝热中。

（1）排风冷、热的回收

空调房间一般设有新风系统，同时有许多房间设有排风系统。由于排风的空气参数接近空调房间的室内参数，排气的温度相对室外空气温度有一定的温差，直接排入室外就会造成能量损失。因此，在送入新风时，可以回收利用这部分排风中的能耗（包括冷量和热量），达到节能效果。

在建筑的空调负荷中，新风负荷所占比例比较大，一般占空调总负荷的 20%～30%。如果在系统中安装能量回收装置，用排风中含有的冷（热）量来处理新风，就可减少处理新风所需的能量，降低机组负荷，提高空调系统的节能性。

（2）冷水机组冷凝热的回收利用

水冷冷水机组的冷凝热通常通过过冷却塔排入大气，造成环境的热污染。冷凝热一般为制冷量的 1.3 倍左右，冷凝热一般分为两部分：一部分是来自于温度较高的过热蒸汽热量，另一部分为较低温度的来自制冷剂两相相变热量和过冷热量。过热蒸汽的温度一般在 45～90 ℃，而相变热量在 40～50 ℃。许多使用中央空调的建筑中要求供应热水，而一般热水要求温度在 50 ℃左右，根据两种热量性质的不同，可以采用直接回收和间接回收，以节约能源。

（3）冷却塔供冷技术

对于一些在冬季也需要提供空调冷水的建筑，可以利用冷却塔直接提供空调冷水，这样可以减少冷水机组的运行时间，取得好的节能效果。但应合理确定供水参数和运行时间控制。

开式冷却塔是依靠空气湿球温度来进行冷却的设备，因此冷却后的出水温度必定高于空气的湿球温度。从目前的设备情况来看，一般认为在低温状态下，出水温度比湿球温度高 2～3 ℃。对于室内末端设备而言，如果按照夏季空调冷水温度（通常为 7～12 ℃）选择的末端设备，那么在利用冷却塔冬季供冷时，如果要求末端的供冷能力相同，则必须在室外空气的湿球温度低于 4～5 ℃时才能做到。如果冬季末端要求的供冷能力小于夏季，则应对末端设备在冬季供冷量要求条件下反过来复核对其冷水供温度的要求，这样做可以尽可能地提高水温，使得对室外空气湿球温度的要求放宽，有利于更多地利用冷却塔供冷。

对于开式冷却塔而言，为了防止过多的杂质进入空调水系统之中，通常还要求设置热交换器，因此水系统还存在 1～2 ℃的换热温差损失也是应该考虑的。

冷却塔供冷系统如图 10.7 所示。

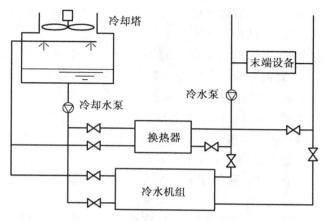

图 10.7　冷却塔供冷系统原理图

8) 楼宇自控在建筑节能中的应用

（1）优化设备启/停

在冬季比较寒冷和夏天比较炎热的时候，一般要求提前开空调，使大家有个舒适的工作环境，不合理的提前开机时间比较浪费能源。而 BAS 是通过实际的温度采集，计算出来需要提前多长时间启动，保证工作时间的温度合适。

（2）调节温度设定值

不同的室外环境，不同的工作环境，所需的室内温湿度要求并不等同，中央控制系统既可以对新风机组的送风温度进行控制，也可以实现对室内温湿度的监控，还可以通过负荷的变化来合理设定冷冻水出水温度以达到节能的效果。

（3）经济风门循环控制，调节风门

在全空气系统中，合理利用新风直接影响空调的能耗，既要有最小新风量的控制要求来保证室内空气品质，又不能无谓地增加能耗。而 BAS 可以通过室内外焓值的比较，根据不同的室外工况，自动在最小新风、全新风及合理新回风比之间进行选择和控制。

9) 置换通风

置换通风是一种全新的通风形式（图 10.8）。它以低诱导比为原则，将新鲜空气低速送入房间底部工作区，新风在重力作用下先下沉，随后慢慢扩散，在地面上方形成一个薄的空气层。室内热污染源产生的热浊气流由于浮力作用而上升，并不断卷吸周围空气，这样由于热浊气流的卷吸作用和后续新风的"推动"作用及排风口的"抽吸"作用，使覆盖在地板上方的新鲜空气缓慢向上移动，形成类似向上的活塞流，工作区内的污浊空气被后续新风所取代。当达到稳定状态时，室内空气在温度、浓度上

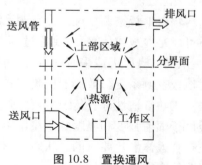

图 10.8　置换通风

便形成了两个区域:上部混合区和下部单向流动的清洁区。因此,只要保证分层高度(地面到界面的高度)在人员工作区以上,就可以确保人体处于品质优良的工作区,而人体以上的空间则不需控制,从而达到节能的目的。

置换通风很好地利用了气体热轻冷重的自然特性和污染物自身的浮升特性,通过自然对流达到空气调节的目的。置换通风的重要特性就是热力分层,即室内分成上、下区,上区存在气流回返混合,温度与污染物浓度较高;下区为单向流,空气温度较低而清洁。上、下区内温度梯度和污染物浓度梯度均很小,各区内均匀平和。在二者之间存在一个不稳定的过渡层,又称为温跃层,是由对流紊流和热力扩散的平衡作用而形成的,其高度虽小,但温度梯度和污染物浓度梯度却很大,空气的主要温升过程就在此区内实现,所以应控制过渡层位于所要求控制的分层高度之上。这样,将余热和污染物锁定于人的头顶之上,就使得人的停留区保持了最好的空气品质。

置换通风作为一种良好的通风空调方式,具有热舒适以及室内空气品质良好;噪声小;空间特性与建筑设计兼容性好;适应性广,灵活性大;能耗低,初投资少,运行费用低等的优点;当然,该系统也存在某些不足,如在一些情况下,置换通风要求有较大的送风量;由于送风温度较高,室内湿度必须得到有效的控制;污染物密度比空气大或者是与热源无关联时,置换通风不适用;在高热负荷下,置换通风系统需要送冷风,因此置换通风并不适于较暖和的气候;置换通风的性能取决于屋顶高度,不适合于低层高的空间等。

10) 辐射供暖空调系统

辐射空调系统是通过提高或降低壁面表面温度来改善人体人感觉的空调系统。常见的系统方式有两种:辐射地板空调系统和辐射顶板(墙壁)空调系统。

(1) 辐射地板供暖空调系统

地板辐射采暖技术早在 20 世纪 50 年代就在发达国家开始应用,但受到当时技术条件和材料工业的限制,只能选用钢管和铜管作为地面辐射采暖的通水管。随着塑料工业的飞速发展,出现了抗老化耐高温高压易弯曲的新型化学管材(PEX 管、PB 管、PP-R 管、铝塑复合管等)和轻质高效隔热的保温材料,为地板辐射采暖提供了可靠的材料保证。从 20 世纪 70 年代开始,低温地板辐射采暖技术在发达国家就开始了广泛使用,主要用于饭店、展览馆、商场、住宅,而且被用于户外停车场、机场及农业种植大棚等场所。国内也已大面积推广,出现了进行专业化、配套化生产、安装地板辐射系统的公司。

辐射地板空调系统作为空调系统的一种末端装置,采用将盘管安装于室内地板下,管内介质可以是冷水或热水,主要通过辐射和对流两种方式与人体、室内壁面及空气之间进行热交换,从而实现降温或采暖的目的,而房间内的通风换气可通过独立的新风空调系统来实现。辐射地板空调系统与散热器供暖方式及空调送风方式比较有如下特点:

①热舒适性好。传统空调供暖方式,热空气向上走,给人以头热脚凉的感觉;地板辐射供暖由于辐射强度和温度的双重作用,减少了四周表面对人体的冷辐射,做到头凉脚暖,造成真正符合人体散热要求的热状态,具有最佳的热舒适感;且不易引起室内空气的急剧流动,有利于改善室内卫生条件。

②供热稳定性好。地板辐射供暖热容量大,散热面积大,散热均匀,间歇供热条件下,温度

变化缓慢,热稳定性好。

③运行节能。在建立同样热舒适性条件的前提下,室内设计温度可比其他形式采暖降低 2~3 ℃,热效率高。室内沿高度方向温度分布比较均匀,温度梯度小,热媒低温传送,无效热损失可大大减少。从理论上讲,可节能 20%~30%,具有可观的节能效益。

④冷热源机组能效高。由于辐射空调系统夏季供冷所需的水温较高,进而可以提高冷水机组的蒸发温度,使制冷机的效率提高;冬季采用热泵供暖时,辐射空调系统供暖所需的水温较低,进而可以提高热泵机组的冷凝温度,将会增加热泵机组的能效值。

⑤清洁卫生。辐射空调系统采用全新风送风和无回风,并且将室内热湿分开处理,保证了房间之间无交叉感染,不会导致室内空气对流所产生的尘埃飞扬及积尘,可减少墙面物品或空气污染,消除了散热设备和管道积尘及其挥发的异味,使室内空气品质得到有效改善。

⑥使用寿命长,日常维护简便。地板辐射管道不生锈腐蚀,不易结垢,地下无接头,不渗漏,抗低温达零下 70 ℃,不易冻裂,寿命可达 50 年左右。

受室内露点温度的限制,为避免结露,辐射空调系统的表面温度必须保持在室内空气温度的露点温度之上。因此,辐射供冷量受到限制,该系统只适于室内空调冷负荷不太大的情况,如办公室等。

(2)辐射顶板供暖空调系统

辐射顶板空调系统主要是以顶板为辐射表面,通过辐射与对流的方式与室内进行热、湿交换,其中辐射换热量达 50% 以上。顶板内用水作为传热介质,供水温度在 16~18 ℃。由于辐射顶板无法解决房间的通风换气问题,因此它还与一台通风设备结合使用。为防止顶板结露,通风设备还承担必要的除湿任务。

辐射顶板运用于冬季采暖时,由于采暖热源位于房间的顶板上,由于对流的作用使得室内上部的空气温度高于下部,热舒适性较差。从室内温度分布可以看出,采用地板辐射采暖时热舒适性最佳,辐射顶板采暖的热舒适性虽不及地板辐射采暖,但要优于暖气片采暖系统。但夏季空调时,辐射顶板空调热舒适性好于地板辐射空调。

11)冷、热源系统和设备选择

冷、热源系统和设备的合理选择,是暖通空调系统能否节能的一个基础条件,从节能角度看,主要应遵循以下原则:

①冷、热源方式及系统应首先符合工程的特点,尤其是要注意到工程的使用特点,如全年、每天等的运行时间、运行方式、负荷性质等基本因素。

②考虑到系统的最大负荷、最小负荷要求,做好冷、热源设备的容量与台数的搭配。

③通过对全年的能耗分析、装机容量的大小,结合当地的能源情况合理地采用系统能源形式和系统方式(集中、分散等)。

④在可能的情况下,应尽量采用同种类型中的高能效比设备。

⑤对于能源负荷有限制(或者呈现季节性能源负荷紧张)的区域,采用蓄能空调技术通常会得到较好的经济效益和社会效益。

12)降低输送能耗

空调系统的输送能耗占整个空调系统实际能耗中较大的比例,尽管输送设备装机容量不会是该比例,但由于其运行时间往往比主机要长,因此,降低输送能耗是空调节能的又一重要措施。选择较高的风机、水泵的运行效率(对于定速设备,主要关注的是设计工况点的效率;对于变速设备,还应关注在整个工作范围内的效率)是节能的一个重要因素。

此外,还应考虑以下两点:

(1)对于风系统

控制输送能耗的主要措施是控制合理的作用半径和合理的管道系统风速,以尽可能降低需求的风压。从实际设计中看出,要做到这一点,空调、通风设备宜尽量靠近所服务的对象。

(2)对于水系统

重点的控制应该放在如何加大供、回水的温差方面,目的是减少输送的水量。

13)温湿度独立控制空调系统

温湿度独立控制系统就是对空气处理过程进行"解耦"——将传统的冷却除湿过程中的降温与除湿用两个独立的过程分开(即温度和湿度独立调控),如图10.9所示。

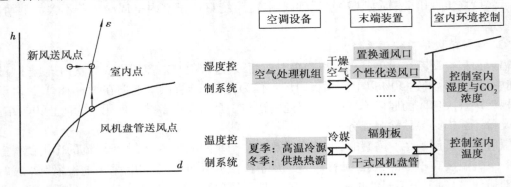

图10.9 温湿度处理过程的"解耦"

在温、湿度独立控制的空调系统中,通常夏季室内余湿由新风来承担。当采用冷却减湿的方法来处理新风时,由于表冷器的特点,使得除湿要求的冷水(或冷媒)温度必须非常低,才能保证处理后的空气承担室内余湿的能力;同时,冷却后温度很低,如果直接送入室内,过低的温度将造成人员的舒适感降低。通常的做法是:冷却后采用再热技术,提高送风温度。显然,"冷却+再热"的过程存在较大的冷、热抵消。

溶液除湿技术将除湿处理空气的过程由等焓过程变为等温过程或降温除湿过程,其构成原理如图10.10(a)所示,左侧为除湿过程,右侧为再生过程。在除湿过程中,盐溶液由溶液泵循环送至填料板表面,与待处理的空气(新风)进行热湿交换;同时,通过控制溶液回路中串联的换热器的冷水侧参数,可以为溶液与空气接触的过程提供必要的冷量,以增强溶液的除湿能力。经过除湿后的溶液浓度降低,需要浓缩再生才能循环使用。再生装置与除湿装置的基本原理相同,仅是在溶液回路的换热器送入热水(或其他热源)用以提供溶液再生的热量。其空气处理过程线如图10.10(b)所示。

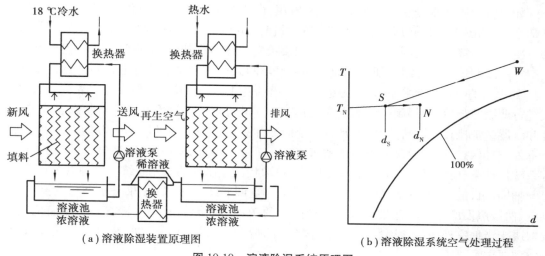

(a)溶液除湿装置原理图　　　　　　(b)溶液除湿系统空气处理过程

图 10.10　溶液除湿系统原理图

14)蒸发冷却技术

水蒸发会吸热,具有冷却功能。

用于冷却空气的蒸发冷却有两种基本形式——直接蒸发冷却和间接蒸发冷却。直接蒸发冷却是空气与水直接接触的等焓冷却过程。用作直接蒸发冷却器的设备有喷水室和淋水填料层。间接蒸发冷却是水蒸发的冷量通过传热壁面传给被冷却的空气。间接蒸发冷却器主要有两类:板式和管式。图 10.11 给出这两类间接蒸发冷却器的示意图。图 10.11(a)为板式间接蒸发器。它由若干块板平行放置组成,相邻的两个通道,一个通道通过被冷却空气(称一次空气),另一个通道通过辅助空气(或称二次空气)及喷淋水,在通道中水蒸发吸收,从而把另一侧的一次空气冷却。图中黑色区表示该通道迎空气方向是封闭的,白色区表示该通道是敞开的。图 10.11(b)是管式间接蒸发冷却器。管内是被冷却的一次空气通道,管外是二次空气及喷淋水通道。间接蒸发冷却器中的一次空气和二次空气可以都是室外空气;当室内排风的比焓小于室外空气的比焓时,宜采用排风作二次空气。

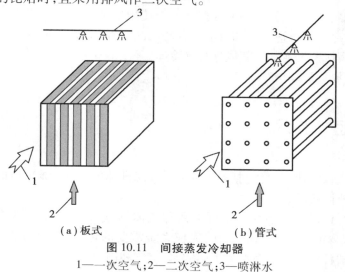

(a)板式　　　　　　　　(b)管式

图 10.11　间接蒸发冷却器

1——一次空气;2——二次空气;3——喷淋水

如果将间接和直接蒸发冷却组合起来应用,即成为两级蒸发冷却系统,称间接/直接蒸发冷却系统,如图 10.12(a)所示。其空气处理过程在 h-d 图上的表示见图 10.12(b)。需要冷却的一次空气为室外空气(状态点 O),先经间接蒸发冷却器冷却,二次空气也采用室外空气;一次空气的冷却过程为等湿冷却过程 O-I,而后经填料式的直接蒸发冷却器进行等焓冷却,过程 I-S。处理后的空气送到室内,S-R 为送风在室内的变化过程。从 h-d 图上可以看到,对室外空气进行两级冷却后,所得到的状态点 S 比只对空气进行直接蒸发冷却处理后状态点 S′具有温度和含湿量都比较低的特点,因此具有一定的冷却去湿能力。它的冷却去湿能力的大小制约于室外空气状态,或者说制约于当地的气候条件。室外气候越干燥(相对湿度低)的地区,这种系统处理空气具有较大的冷却、去湿能力,可取代人工制冷的空调系统。这种系统只需消耗泵与辅助风机的电能,其能量消耗约为人工制冷空调系统的 21%;如果是全新风的直流空调系统,两级蒸发冷却的能耗只有人工制冷能耗的 7%。间接/直接蒸发冷却是否适宜应用,主要取决于当地室外空气含湿量 d_0。当 $d_0 < d_R$(室内状态点的含湿量)时,有可能使这种系统达到空调要求。

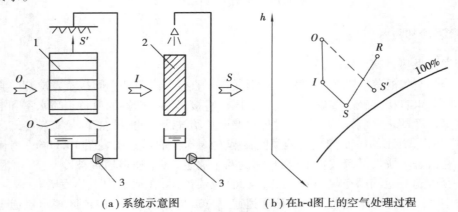

(a)系统示意图　　　　　　　　(b)在 h-d 图上的空气处理过程

图 10.12　间接/直接蒸发冷却系统

1—间接蒸发冷却器;2—填料式直接蒸发冷却器;3—水泵

O—室外空气;I—间接蒸发器出口空气;S—送风;R—室外空气

我国甘肃、新疆、内蒙古、西藏等地区都有可能使用这种系统。有些地区,如新疆等地区,甚至只用直接蒸发冷却都可达到空调要求。有些地区,采用两级蒸发冷却系统达不到空调要求,这时可以只用间接蒸发冷却对新风进行预冷却(等湿冷却),一般都有 3~5 ℃降温幅度,从而可以节省部分新风负荷。

10.4　建筑热回收技术

从节能考虑,应该将建筑内(包括空调系统中)需排掉的余热(湿)移向需要热(湿)的地方去,于是提出热能回收问题。

在空调系统运行过程中,使状态不同的两种流体,通过某种热交换设备进行总热(或显热)传递,不消耗或少消耗冷热源的能耗,完成系统需要的热、湿变化过程叫作热回收过程。这里,状态不同的两种流体指状态参数不同的水、空气和制冷剂。

热量转移方式可以仅通过介质之间温差、水蒸气压力差引起的热质交换来进行,也可以伴随有工质状态改变(蒸发吸热、冷凝放热)来进行。

回收热源可以取自排风、大气、天然水、土壤、冷凝放热等。空调系统回收热能的装置叫作热回收装置。热回收装置的性能,一般用热效率表示。

当进、排气量相等时,热回收效率是用进气参数的变化量与进、排气入口的参数差之比来表示,见图10.13。

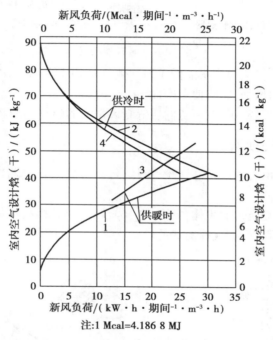

图10.13 空调运行期间新风负荷计算用图

效率表达式为:

$$\eta = \frac{x_1 - x_2}{x_1 - x_3} \tag{10.4}$$

用 x 表示空气的温度、湿度或焓。热回收装置的种类很多,有显热交换器、全热交换器、热管等。每种换热器又有多种形式。

下面简介板式换热器、转轮式全热交换器和热管换热器系统。

10.4.1 板式换热器

板式换热器分平板式显热换热器和板翅式全热换热器两种,见图10.14。

①平板式换热器:多用金属制成,中间有金属或塑料制成的平行板,板间距为 4~8 mm,两种气流间有板相隔,传热通过隔板进行。阻力为 200~300 Pa,热回收效率 $\eta = 40\% \sim 60\%$。

②板翅式换热器:用特殊加工的具有蓄热吸湿性能的石棉纸(或铝板上浸涂吸湿剂)做成板翅,交错放置,可回收显热和潜热,属全热换热器。

以上两种换热器,新、回风互不接触,可防止空气污染;无转动部分,运行可靠;可改变风量来调节热回收效率。

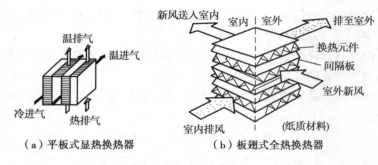

（a）平板式显热换热器　　　（b）板翅式全热换热器

图 10.14　板式换热器

需注意的是,一侧的气流温度不能低于另一侧气流的露点温度,否则会产生凝结水,甚至发生结冰现象,引起阻力增加,影响使用寿命。

板式换热器多用于剧场、医院、百货商店等新风量大的建筑,节能效果明显。

10.4.2　转轮式全热交换器

转轮式全热交换器由石棉纸转芯转轮、机体、传动装置和自控调速装置四部分组成,见图 10.15。

石棉纸转芯是全热交换器的主体,见图 10.16。转芯由石棉材料加硫酸钠、氯化锂及胶制成平的和波形的纸,然后叠合卷成蜂窝状的轮。

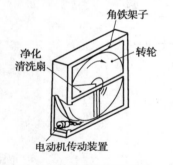

图 10.15　转轮式全热交换器

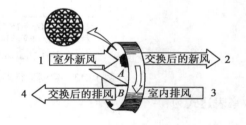

图 10.16　石棉纸转芯

机体以角钢为骨架,外包铁板。机体上用隔板把新风和排风隔开,各自接风道。

自动调节转轮的速度,可得到不同的热回收效率,用以控制室温。

利用转芯有蓄热和吸附水分的作用,空气和转芯材料之间有温差和水蒸气分压力差时,转芯和空气进行热、湿交换。通过转芯和两股温度、含湿量不同的空气轮流接触,两种空气之间可进行热、湿交换。

如夏季,转芯的上部接触温度、含湿量较高的室外空气,新风和转芯进行热、湿交换,新风被冷却干燥;吸热、吸湿后的转芯转到下部接触温度、含湿量较低的排风,转芯放热、放湿给排风,排风温度、湿度升高后排出室外。转芯不断旋转,新风、排风之间的热、湿交换不断进行。

冬季正好相反,转芯吸收排风中的热湿,使新风被加热、加湿。

这样,新风回收了排风中的能量,夏季对新风预冷、冬季对新风预热减少了新风负荷。

从排风中回收能量,节约新风负荷,是空调系统节能的一项有力措施。新风负荷一般占总负荷的 20%~30%,利用新、排风热能回收装置,可节约新风耗能 50%~70%,节约空调负荷

10%~20%。因此,可节省空调设备初投资和运行费。

全热交换器比显热交换器回收能量大得多,转轮式全热交换器在同类设备中,热回收效率最高。产品规格很多,风量为 50~100 000 m³/h,转轮直径为 300~3 500 mm,用于各种建筑的热能回收中。转轮式全热交换器在风机盘管系统中可代替一次空调装置对新风进行处理,对一些改建工程,有时不增加新的冷、热源设备,只设置全热交换器就可以满足增加冷、热量的需要。当然,全热交换占空间较大,新、排风道应集中在一起,给系统布置带来一些困难,系统要增加 200~300 Pa 的阻力损失。

10.4.3　热管换热器

热管是应用较广泛的一种具有很高导热性能的传热元件。

单根热管是由铜、铝等管材两头密封经抽真空后充填相变工质(如 R-12 等)制成。水平安装的热管,在管内装有紧贴管内壁的毛细芯层。热管的一端接触热源,另一端接触冷源,毛细芯是把放热冷凝的液态工质传输到受热蒸发端去的通道,见图 10.17。

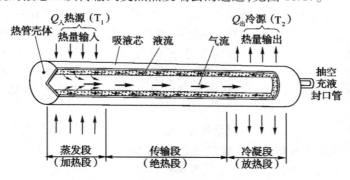

图 10.17　热管组成部分和工作原理

热管在正式工作之前,内部工作介质的状态取决于当时环境温度和介质在该温度下对应的饱和压力,这就是热管工作前介质的初始参数。

热量自高温热源(T_1)传入热管时,处于与热源接触段的热管内壁吸液芯中的饱和液体吸热气化,蒸气进入热管空腔,该段称为蒸发段(也叫作加热段或汽化段)。

由于蒸气分子不断进入汽化段空腔,空腔内的压力不断升高,蒸气分子便由汽化段经中间传输段(也叫作绝热段)流向热管的另一端。蒸气在这里遇到冷源(T_2)凝结成液体,同时对冷源放出潜热,液体为吸液芯层所吸收,这段叫作冷凝段(也叫作放热段或凝结段)。

由于热管内气相和液相工质同时存在,所以管内压力由气液分界面的温度所决定。如果热管的蒸发段和冷凝段由于外界的加热和冷却作用引起一个温差,而管内又存在这个气液分界层,那么两段之间的蒸气压力就会不同,在此蒸气压差的推动下,蒸气就从蒸发段流向冷凝段,并在冷凝段冷凝成液体,经毛细芯层流回蒸发段,从而完成一个循环,即通过工质在蒸发段吸热蒸发和在冷凝段放热凝结,完成热的传递过程。

由多根外表面肋化后的热管可以组成热管换热器。热管换热器在空调系统热能回收中应用节能率较高。

1)从排风中回收能量

在直流式空调系统中,冬季由排风加热热管的蒸发段,冷凝段放热给新风,新风被预热;夏季由新风加热蒸发段,冷凝段放热给排风,新风被预冷,见图10.18。

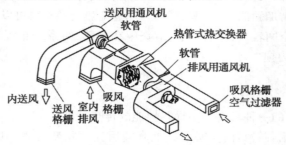

图 10.18　热管换热器回收能量

当热管结构采用对称设计时,热管有可逆性。其加热段和放热段可互换使用,这样,冬季热量从排风移向新风,夏季热量从新风移向排风,进、排风道在冷热季不必装换向设备。

由于热管内蒸汽流动压降很小,对应的温降也很小,所以转输段蒸汽流动热阻很小,使热传递不为导热距离所限制,热回收装置两段可分开布置,有利于风管的连接和安装。

热管换热器进气和排气之间无交叉感染,这对于若干产生有害物的空调系统很适用。如医院,过去因不能使用循环风,随排风排掉大量能量,采用热管换热器,在直流系统中,既不使用循环风,又回收了排风中的能量。

对于有回风的空调系统,由于排风量很小,新风从排风中回收能量有限,这时可在空气处理室后的风道和新风道之间布置热管换热器,用夏季室外空气($t_w = 37 \sim 40$ ℃)的热量加热露点状态($t_1 = 12 \sim 14$ ℃)的空气,以减少或代替再热,同时新风被预冷。

2)热管换热器用于热风采暖

图10.19为高温烟气作为热管热源、室外空气作为冷源的热管换热器。室外空气从热管放热段吸热后变为热风,送入室内供暖。

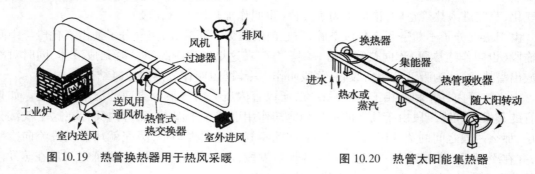

图 10.19　热管换热器用于热风采暖　　**图 10.20　热管太阳能集热器**

3)太阳能热管系统

图10.20为热管太阳能集热器。太阳光入射到抛物线柱形反射镜面上,太阳光经过反射,聚集于抛物线镜面聚焦轴线的热管吸收器上,吸收器吸收聚集后的太阳光并转换为热能传给介质,通过热管冷凝段的换热器来生产热水或蒸汽,集热器可跟踪太阳转动。

4)带有热管贮热分系统的空调装置

图 10.21 左半部是制冷系统,蒸发器是热管的冷凝段。当制冷系统运行时,蒸发器吸热,热管两端的加热段的热移向蒸发器被冷凝段排掉。热管由蓄热材料制成,热管两端加热段不断变冷,相当于冷量传给贮热材料,并贮存起来。

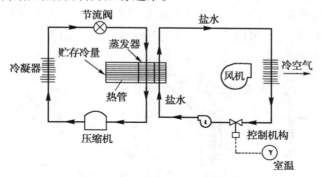

图 10.21 带有热管贮热分系统的空调装置

右半部贮冷的热管加热段冷却盐水,空气通过盐水冷却器而降温。

制冷系统间断启/停,使贮冷材料中贮存冷量,空调系统随时可取用冷量;风机、盐水泵也可间断器启/停。这种空调系统冷源和冷却系统两部分不必同时开机,这样可避开城市峰值用电。

热管可以做成只能单向输热。如热管垂直放置,下部为蒸发段有吸液芯,冷凝液是借助重力返回蒸发段,叫重力热管。由于冷凝液不可能从下部到上部去,所以上部不可能作蒸发段。这种热管热流只能从下向上传递,相当于截断了热流从上向下的传递。

热管的这个特性也可以用于空调系统有效地利用天然能源方面,如埋入地下若干重力热管,冬季热流从地下向地面上传递,地下储冷,夏季可将所蓄的冷量用于空调。

10.5 可再生能源的利用

目前,多把燃料通过燃烧产生的热能直接用于空调或把燃料转化为其他形式的能(如电能、机械能)加以利用。这一燃烧过程不仅烧掉了许多贵重原料,也对大气造成了污染,所以国外纷纷成立所谓清洁能研究机构,把重点放在不会造成大气污染的天然能源的利用上,如太阳能、地热、风能、潮汐能及沼气等。这里,只重点介绍可以直接用于空调的太阳能、地热能和地下含水层蓄能。

10.5.1 太阳能供暖与制冷

太阳能是一种清洁能源。地球表面从太阳每年得到的总能量估计为 2.16×10^{21} kJ,比目前全世界各种能源产生的能量总和还大 1 万多倍,可以说它是取之不尽用之不竭的能源。然而,由于地面太阳能很分散,辐射强度较低,加上日变化大,到达量受地区大气条件影响而不稳定等,使太阳能的利用受到限制。

目前,比较简单的太阳能供暖通风方式是采用所谓被动式太阳房。这种方式的特点是直接利用太阳照射到建筑物内部或间接地被某围护结构表面所吸收,然后加热室内空气。图10.22所示为一种可在冬季供暖,在夏季加强通风作用的被动式太阳房。太阳射线通过一玻璃表面透射到重质墙体涂黑的吸热表面上,使墙表面温度升高,同时墙体蓄热。在冬季室内需要供热时,玻璃与墙体之间的热空气利用自然对流送入房间。室内冷空气经墙下通风口进入空气层又被加热形成自然循环。在太阳停止照射后,则利用重质墙体所贮存的热,继续加热房间。在夏季,关闭风口6,打开风门7和8,热空气从风门7排出室外,冷的新鲜空气从风门8进入室内,从而加强室内的通风作用。

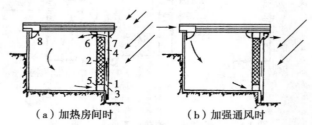

（a）加热房间时　　　　　　（b）加强通风时

图 10.22　被动式太阳房

1—玻璃;2—重质墙体;3—辐射接受面;4—空气层;
5—下通风口;6—热空气入口;7—通风口;8—风门

被动式太阳房的缺点是其供暖和通风效果完全取决于太阳照射的状况,而无法将室内温度保持在一个比较稳定的范围内。尽管重质墙体有一定的蓄热能力,仍不免在连续阴天或昼夜室外温度变化较大时,室内温度过低或波动过大。

为克服被动式太阳房的缺点,又发展了所谓主动式的带有辅助热源和蓄热器的系统,称主动式太阳能供暖系统(图10.23)。它用以加热空气供暖(也可加热水通过散热器采暖)。在有日照时,系统可有两种运行工况:一是供暖房间不需加热,用太阳能集热器收集的热量加热蓄热器,以备使用;二是供暖房间需要加热,而蓄热器尚未蓄存足够的热量,需要开动辅助热源供热。在无日射时,也可有两种运行工况:一是由蓄热器向房间供热;二是当蓄热器的热量不足时由辅助热源供热。

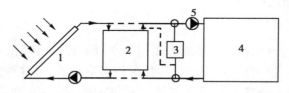

图 10.23　主动式太阳房

1—集热器;2—蓄热器;3—辅助热源(热风炉);4—供暖房间;5—风机
——必要的管线;----可加进的管线

可见,主动式太阳能供暖系统和常规能源供暖系统基本相同,只是有时以太阳能集热器作为热源,蓄热器和辅助加热装置作为备用热源。但它比常规采暖系统耗钢材量大,增加了初投资和运行维修费用。

主动式太阳能利用的集热器一般采用板式集热器、真空管集热器和槽式集热器,通过集热器的载热体可以是空气、水或其他液体。可根据使用对象的要求将多个集热器加以串联或并联,组成一个整体的集热装置。

作为太阳能热利用的蓄热器,主要是在一定容器内放置蓄热材料进行蓄热。蓄热材料又分为显热蓄热材料和融解蓄热材料,前者利用其温度变化时吸收或放出热量,后者则利用某些物质在相变时吸收或放出融解热。

利用太阳能在夏季对房间进行空调,首先要解决如何利用太阳能制冷的问题。目前,用太阳能制冷主要有 3 种方法:一是吸收式制冷,即利用太阳辐射热能驱动溴化锂水溶液或氨水溶液的吸收式制冷系统;二是利用太阳能加热通过集热器内低沸点介质,经汽化后通入汽轮机驱动制冷机制冷,即压缩式制冷;三是太阳能经集热器(一般多用聚焦式)产生一定压力的蒸气实现喷射制冷。由于压缩式制冷需要的集热器温度高,集热器成本高。蒸汽喷射式制冷不但集热器成本高,效率也低,目前很少采用。吸收式制冷系统由于设备较简单,加工要求较低,又可以在较低的热源温度(如 $80 \sim 100 \, ℃$)下运行,一般使用平板式集热器就可满足要求,所以在空调方面应用较多。

图 10.24 示出了一种用太阳能吸收式制冷作为空调冷源的方案。

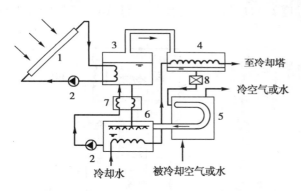

图 10.24　用太阳能吸收式制冷的空调方案
1—集热器;2—泵;3—发生器;4—冷凝器;
5—蒸发器;6—吸收器;7—换热器;8—节流阀

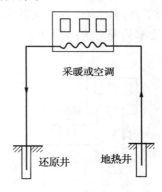

图 10.25　地热水直接供热

10.5.2　地热能的利用

地球同样是一个巨大的"热库",不仅有天然出露的温泉,而且有经钻取后得到的地热资源。地热井可提供热水、汽水混合物、干饱和蒸汽或过热蒸汽等载热体,经过一定的预处理(过滤杂质,除去不凝气体等)即可直接利用。

利用地热水采暖或做空调系统的热源,有多种可行方案,下面介绍几种基本方案。

1)地热水直接供暖或做空调热源

这种方案是将地热水直接供入建筑采暖和空调系统,其系统形式与一般热水采暖和空调供热系统没有区别,只是代替锅炉房或热电站的地热井,见图 10.25。

在设计时,应注意几个问题:

①若地热水的温度偏低,将使室内暖气片或空气加热器面积过大,系统的运行费用和金属耗量将要增加。选择方案时,应做技术经济比较。

②多数地热水中含有腐蚀性气体及某些有害离子,对供热管道和设备有一定腐蚀性。选用管材时应予考虑。

2)地热水间接供热

为避免地热水对供热系统与设备的腐蚀,利用热交换器,用地热水来加热供热系统的热水。这样尽管供热水温略有降低,但延长了管道和设备的使用寿命,经济上仍然是有利的。

3)地热供暖加调峰锅炉

建筑的供暖设计负荷是由室外设计温度来决定的。供暖期实际室外温度多数时间高于设计温度值,即实际供暖负荷多数时间低于设计负荷。而地热井的水温和流量都不便调节,若按采暖设计温度下的负荷作为地热采暖负荷,就降低了地热利用率。

为了提高地热利用率,扩大地热采暖的建筑面积,可以把采暖负荷分成两部分,让 t_w 较低时的高峰负荷 Q_g 由另设的锅炉房供应,地热只负担 t_w 较高时的采暖负荷 Q_d,见图10.26。此时,为了合理地确定划分两种负荷的室外温度 $t_{w,x}$,应进行经济比较,选择锅炉房投资和地热利用效率共同考虑的最优方案对应的 $t_{w,x}$。

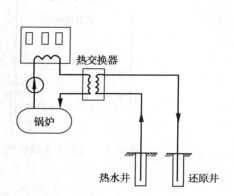

图10.26 地热供暖加调峰锅炉

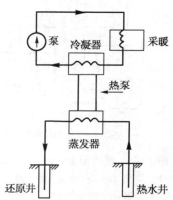

图10.27 地热加热泵供热

4)地热加热泵供热

若地热水温度较低,直接利用其供热必然造成散热器或加热器面积过大,金属消耗量增加。可将地热水作为热泵的热源,通过蒸发器降温后排掉,而将从冷凝器出来的较高温度的二次热水供采暖和空调用,见图10.27。

采暖和空调利用地热能不但可以节约常规燃料、避免环境污染、减少煤场占地面积和垃圾量,还可以降低供热技术,适当延长供暖期。我国蕴藏有丰富的地热资源,目前,不少城市已由地热井向一些建筑提供采暖和生活或生产用热水。

10.5.3 地下含水层蓄能

所谓地下含水层蓄能,就是通过井孔,将低于含水层原有水温的冷水,或高于含水层原有水温的热水灌入地下含水层。利用含水层作为蓄热介质蓄存冷、热量,待需要用水时,用泵吸取使用。这项技术由于充分利用了自然界取之不尽的能量以及地层的良好保温性能,是很好的季节性蓄能措施之一。由于空调系统耗能有季节性,所以地下含水层蓄能对空调节能有很大经济意义。

地下含水层蓄能又叫深井回灌,其示意见图 10.28。该系统夏季运行工况为启动冷井泵 1,并打开阀门 a,d,由泵 1 向空调装置供冷水,同时其回水直接或经集热器 3(或经大气喷淋)由回灌泵 2 灌入热井 1′内。冬季则启动热井泵 1′,打开阀门 b,c,由泵 1′向空调装置供温水,预热空气后的回水直接(或经大气喷淋)经回水泵灌入深井 1 内。

由于地下水流动速度很慢,灌入含水层中的水流失也很缓慢,地下土层的传热、散热性都很小,以致把低温水灌入含水层贮存几个月后,再抽上来使用,水温变化很小。如上海某回灌井(图 10.29),回灌前地下水温为 20.2 ℃,最低在 4 ℃以下,平均 9.5 ℃。贮存 67 d 后,夏季抽出相同的水量,平均出水温度为 14.5 ℃。按平均水温计算,在含水层内的热交换速度为 0.074 ℃/d。

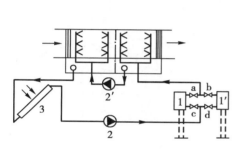

图 10.28 深井回灌示意图
1—冷井及泵;1′—热井及泵;2—回灌泵;
2′—喷水泵;3—太阳能集热器

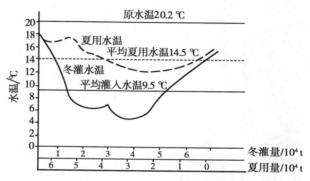

图 10.29 地下含水层冬灌夏用水温变化曲线

此外,冬灌井一般从 11 月到次年 4 月份灌半年,灌入水随大气温度变化由高到低再到高。夏用水一般从 6—9 月,取用井水温度也是由高到低再到高,可见回灌水取用时,水温的变化和空调系统随季节对水温的要求是一致的。

当然,采用含水层蓄存的水作为人工冷源和热源,其水温要受到一定限制,地下水也会受到一定污染,而且回灌井的选址也应考虑水文地质条件,采取可靠的回灌措施,将地下水通过回灌井全部送回原来的取水层,从哪层取水必须再灌回哪层。

10.5.4 地道风的利用

利用地道风夏季降温冬季预热,在不少地区获得较好的效果。特别适用于影剧院及礼堂等公共建筑和一些轻工业车间。近年来,在国外的绿色建筑示范项目中还有使用类似的地埋管通风。据研究表明:地道壁面温度一般比当地年平均空气温度高 3~5 ℃,一般与夏季室外空气温度保持在 10 ℃以上的温差。因此,空气通过一定长度的一段地道换热后,则可获得一定的降温效果。

地道风降温系统由于不需人工冷源和专门设置的热湿交换设备,使系统大为简化,节省投资。不过,使用这种降温方法需要注意送入房间空气的品质和系统运行对地道本身的影响,尤其应避免有气味的空气送入室内和地道内渗水和凝水的现象。

思考题

10.1　简述暖通空调能耗在建筑能耗中的份额,暖通空调节能的必要性。

10.2　试述国内外建筑节能的发展方向。

10.3　暖通空调年耗能量计算的方法有哪几种? 它们各自的优缺点是什么?

10.4　建筑能源管理自动化在建筑节能中的作用是什么?

10.5　暖通空调节能新技术有哪些? 它们各自的特点是什么?

10.6　建筑热回收技术有哪些? 它们各自的特点是什么?

10.7　可再生能源在暖通空调系统中的应用技术有哪些? 它们各自的特点是什么?

暖通空调系统的消声与隔振

暖通空调设备的运转和流体介质在管道中的流动,会产生不同程度的噪声和振动,并通过管道系统、空气和建筑结构向四周传递,从而对建筑的声环境产生影响。噪声会干扰人们的正常工作和休息,严重时甚至会损害人的听觉甚至健康;程度较强的振动如不妥善处理,会对工艺设备、精密仪器等的工作造成影响,且有害于人体健康,严重时还会危及建筑支承结构的安全。当系统产生的噪声和振动超过了工艺和使用的要求时,需要根据允许噪声标准及对振动的限制,在技术经济合理的条件下进行消声与隔振设计。

11.1 空调系统的噪声源

人们通常把声音强度大而又嘈杂刺耳的声音或者对某项工作来说是不需要或有妨碍的声音,统称为噪声。通风空调工程中的主要噪声源有:通风机、制冷机、水泵、风冷式冷却塔等。

风机是空调系统中的主要噪声源。风机噪声包括空气动力性噪声和机械噪声两个部分,其中又以空气动力性噪声为主。风机噪声与许多因素有关,其中叶片形式、片数、风量、风压及转速等对风机噪声的影响尤为显著。风机的噪声频率为 200~800 Hz,主要噪声处于低频范围。风机的噪声通常用声功率级和比声功率级及其频率特性来评价。

1) 离心式通风机噪声

在缺乏实测数据时,离心式通风机的总声功率级可由下式估算:

$$L_w = L_{wc} + 10 \lg(QH^2) - 20 \qquad (11.1)$$

式中　L_w——风机的总声功率级,dB;

　　　L_{wc}——通风机的比声功率级,dB;一般由生产厂家提供,也可参照附录 37 值选取;

　　　Q——通风机的风量,m^3/h;

H——通风机的全压,Pa。

在缺乏通风机比声功率级实测数据的情况下,一般中低压离心通风机的比声功率级,在接近最高效率点时可取 $L_{wc} = 24$ dB。

有些厂家的产品样本给出风机的特性曲线,通过特性曲线可查到通风机的比声功率级(图 11.1),再将查得的值代入式(11.1)即可求得风机的总声功率级。特性曲线中的流量系数 $\overline{Q}$ 可由下式计算:

$$\overline{Q} = \frac{Q}{\dfrac{\pi D^2}{4} \dfrac{n\pi D}{60} \times 3\,600} \qquad (11.2)$$

式中 Q——通风机的风量,m^3/h;

n——风机转速,r/min;

D——叶轮直径,m。

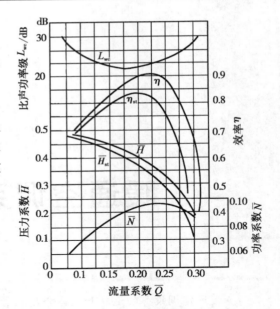

图 11.1 T4-72 型通风机特性曲线
η—全压效率;η_{st}—静压效率;
$\overline{H}$—全压系数;$\overline{H}_{st}$—静压系数

【例 11.1】 T4-72No.5 型通风机,已知风机转速 $n = 1\,535$ r/min,叶轮直径 $D = 0.635$ m。求该风机在风量 $Q = 16\,000$ m^3/h,全压 $H = 640$ Pa 时声功率级。

【解】 计算无因次量

$$\overline{Q} = \frac{Q}{\dfrac{\pi D^2}{4} \dfrac{n\pi D}{60} \times 3\,600} = \frac{16\,000}{\dfrac{3.14 \times 0.635^2}{4} \times \dfrac{1\,535 \times 3.14 \times 0.635}{60} \times 3\,600} = 0.277$$

由 $\overline{Q}$ 查图 11.1 得:

$$L_{wc} = 27 \text{ dB}$$

代入式(11.1),有:

$$\begin{aligned}
L_w &= L_{wc} + 10 \lg(QH^2) - 20 \text{ dB} \\
&= [27 + 10 \lg(16\,000) + 20 \lg(640) - 20] \text{ dB} \\
&= 105 \text{ dB}
\end{aligned}$$

2) 轴流式通风机噪声

轴流式风机的声功率级 L_w 可按下式计算:

$$L_w = 19 + 10 \lg Q + 25 \lg H + \delta \qquad (11.3)$$

式中 δ——工况修正值,dB,见附录 38。

3) 通风机各频带的声功率级

通风机各频带的声功率级 L_{wb} 可由下式计算:

$$L_{wb} = L_w + \Delta b \qquad (11.4)$$

式中 L_{wb}——通风机各倍频带的声功率级,dB;

Δb——风机各倍频带的声功率级修正值,dB,见附录39。

4)通风机串、并联时的噪声

多台通风机串联或并联工作时,可按式(11.5)先计算两台通风机的总声功率级,再计算第三台通风机的,以此类推。总声功率级 L_{wz} 为:

$$L_{wz} = L_{wg} + \Delta\beta \tag{11.5}$$

式中 L_{wg}——两台通风机中噪声较高的1台的声功率级值,dB;

$\Delta\beta$——附加声功率级值,dB;由两台通风机声功率级的差值 ΔL_w,查表11.1可得。

表 11.1 附加声功率级值表

ΔL_w/dB	0	1	2	3	4	5	6	7	8	9	10	11	13	16
$\Delta\beta$/dB	3.0	2.6	2.2	1.8	1.5	1.2	1.0	0.8	0.6	0.5	0.4	0.3	0.2	0.1

空调系统的噪声源除风机外,空气在风管中流动引起钢板振动或当气流遇到障碍物(如阀门)时,都会产生噪声。在风管流速较大的高速风管中,这种噪声不能忽视,而在低速风管系统中(对于直风管,当风速小于5 m/s 时),因管内流速的选定已考虑了声学因素,所以可不必进行噪声计算。

此外,若出风口的风速过高也会有噪声产生,故在气流组织中要适当限制出风口的风速。

11.2 噪声控制标准

房间内允许的噪声级称为室内噪声标准。噪声评价量和评价方法有多种,其中 NR 评价曲线(图11.2)被国际标准化组织建议用于评价公众对户外噪声的反应。近年来,各国规定的噪声标准都以 A 声级或等效连续 A 声级作为评价标准。暖通领域常见的噪声范围内,A 声级在数值上通常比 NR 数高 4~8 dB,可近似由 $L_A = 08$ NR+18 或 $L_A =$ NR+5 得到。

关于建筑声环境及噪声评价量和评价方法的有关内容,可见《建筑环境学》相关章节。

不同功能的建筑和环境对象,国家制定了相应的噪声控制标准和规范。采暖、通风和空调系统产生的噪声,传播至使用房间和周围环境的噪声级,应符合所对应的相关规定。建筑的室内噪声标准可参考表11.2。对于生产工艺或工作过程对声音有严格要求的房间(如录音棚、播音室等),其噪声标准应由工艺需要提出,经协商确定。

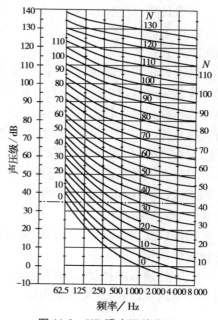

图 11.2 NR 噪声评价曲线

表 11.2　各类建筑物室内允许噪声级

建筑物类别	噪声评价数 NR 等级	A 声级值 /dB
广播录音室、播音室	15～20	20～25
音乐厅、剧院、电视演播室	20～25	25～30
电影院、讲演厅、会议厅	25～30	30～35
办公室、设计室、阅览室、审判厅	30～35	35～40
餐厅、宴会厅、体育馆、商场	35～45	40～50
候机厅、候车厅、候船厅	40～50	45～55
洁净车间、带机械设备的办公室	50～60	55～65

11.3　噪声控制措施

　　暖通空调系统噪声控制的目的是消除声源噪声与室内允许标准的差值,其控制对象包括服务对象(房间)和设备机房的噪声。噪声控制的措施可在噪声源、传播途径和接受者三方面实施。

11.3.1　降低声源噪声

　　降低声源噪声辐射是控制噪声最根本和最有效的措施。声源噪声涉及诸多因素,对于暖通空调系统,要降低其系统声源噪声,在选择设备和进行系统设计时,应采取下列措施:

　　①设计中,应选用高效率、低噪声系列的设备,并使其工作点位于或接近最高效率点。

　　②因为通风机声功率级是与系统的风量和阻力的平方成正比变化的,所以系统的总风量和阻力不宜过大。

　　③通风机与电动机宜采用直联传动。

　　④通风机进出口处的管道不宜急剧转弯,避免由于涡流作用,产生较大的气流噪声。

　　⑤在截面尺寸较大的矩形风管的弯头和三通支管等处,应装设导流叶片,以降低气流通过弯头和三通时由于气流变向、速度变化而伴随产生的气流再生噪声。

　　⑥有可能时,宜少装或不装调节阀,减少或避免气流遇阀门阻碍所产生的噪声。

　　当风管内的气流速度较高时,风管系统产生的噪声影响较大。对于有消声要求的通风和空调系统,需要限定风管内及风口的气流速度。风管内的风速和送、回风口的面风速,可按附录 40 和附录 41 选用。

　　回风口及送风口与风管之间应设置适当长度的扩散管。必要时,在回风口后和送风口前可设置静压箱。

　　消声处理后的风管,不宜穿过高噪声的房间;噪声高的风管,不宜穿过噪声要求较低的房间。当必须穿过时,应采取隔声处理。

11.3.2 噪声的自然衰减

空气通过风管输送到房间的过程中,由于气流同管壁的摩擦,部分声能转化为热能,以及管道截面变化和构造不同,部分声能反射回声源处,从而使噪声衰减。空调系统噪声的自然衰减包括直管、弯头、三通、变径管、送风口末端以及空气入室衰减。

1)直管

矩形管道和圆形管道的噪声自然衰减量可采用表 11.3 的数值。

表 11.3　直管道噪声自然衰减量

自然衰减量 /(dB·m⁻¹) 中心频率/Hz 风管尺寸/m		63	125	250	500	≥1 000
矩形风管	0.075~0.2	0.6	0.6	0.45	0.3	0.3
	0.2~0.4	0.6	0.6	0.45	0.3	0.2
	0.4~0.8	0.6	0.6	0.30	0.15	0.15
	0.8~1.6	0.45	0.3	0.15	0.10	0.06
圆形风管	0.075~0.2	0.1	0.1	0.15	0.15	0.3
	0.2~0.4	0.06	0.1	0.10	0.15	0.2
	0.4~0.8	0.03	0.06	0.06	0.10	0.15
	0.8~1.6	0.03	0.03	0.03	0.06	0.06

注:①风管尺寸均为直径或当量直径(矩形风管);

②本表仅适用于管路较长,管内流速较低(≤8 m/s)的条件;当风速大于 8 m/s 时,直管噪声衰减可忽略不计。

2)弯头

方形和圆形直角弯头的噪声自然衰减量可采用表 11.4 的数值。

表 11.4　弯头噪声的自然衰减量

自然衰减量 /(dB·m⁻¹) 中心频率/Hz 弯头尺寸/m		125	250	500	1 000	2 000	4 000	8 000
圆形弯头	0.125~0.25	—	—	—	1	2	3	3
	0.28~0.50	—	—	1	2	3	3	3
	0.53~1.00	—	1	2	3	3	3	3
	1.05~2.00	1	2	3	3	3	3	3
方形弯头	0.125	—	—	1	5	7	5	3
	0.250	—	1	5	7	5	3	3
	0.50	1	5	7	5	3	3	3
	1.00	5	7	5	3	3	3	3

注:①带有内衬材料弯头,其衰减量会有明显改善;

②设有导流片的弯头,其衰减量可取圆弯头及方弯头的平均值;

③弯头尺寸均为直径或当量直径。

3) 三通分支管

当管道分支时,噪声能量基本上按比例分给各个支管,由主管到任一支管的噪声自然衰减值可按下式计算:

$$\Delta L = 10 \lg \frac{F}{\sum F_i} \tag{11.6}$$

式中　ΔL——噪声自然衰减值,dB;

　　　　F——计算支管的截面积,m^2;

　　　　$\sum F_i$——三通分支处全部支管截面积之和,m^2。

4) 变径管

管道截面积的突然扩大或缩小处,噪声各频率的衰减量 ΔL 均可按下式计算:

$$\Delta L = 10 \lg \frac{(1+m)^2}{4m} \tag{11.7}$$

式中　m——变径后管道截面积 F_2 与变径前管道截面积 F_1 的比值,$m = F_2/F_1$。

5) 风口反射的自然衰减

在从风口到房间的突扩过程中,有一部分声功率会因末端反射而产生衰减,称为风口末端损失。反射衰减的声功率与风口的尺寸和频率有关,可由图 11.3 查得。

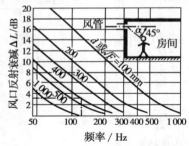
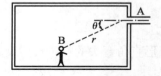

图 11.3　风口反射的噪声衰减　　　　图 11.4　声源与测点

6) 房间吸声量

从风口进入室内的噪声(声功率级 L_w),由于房间内壁、顶棚、家具和设备的吸声,还会再一次被衰减。此衰减量 ΔL 反映了进入室内的声功率级 L_w 与造成人耳(或测点)感觉到的声压级之间的差值,可由下式计算:

$$\Delta L = 10 \lg \left(\frac{Q}{4\pi r^2} + \frac{4}{R} \right) \tag{11.8}$$

式中　Q——风口指向因素,主要取决于声源(风口)A 与测点 B 间的夹角 θ(图 11.4)并与频率及风口长边尺寸的乘积有关,其数值可查表 11.5;

　　　　r——测点离风口的距离,m;

　　　　R——房间常数,m^2,$R = \dfrac{F\bar{a}}{1-\bar{a}}$;

F——房间内总表面积,m^2;

$\bar{a}$——房间内平均吸声系数(表11.6),一般情况下$\bar{a}=0.1\sim0.15$。

表 11.5　风口指向因素 Q 值表

频率×长边 /(Hz·m)	10	20	30	50	75	100	200	300	500	1 000	2 000	4 000
角度 $\theta_{0°}$	2	2.2	2.5	3.1	3.6	4.1	6	6.5	7	8	8.5	8.5
角度 $\theta_{45°}$	2	2	2	2.1	2.3	2.5	3	3.3	3.5	3.8	4	4

表 11.6　室内平均吸声系数 $\bar{a}$

房间名称	广播台、音乐厅	宴会厅等	办公室、会议室	剧场、展览馆等	体育馆等
$\bar{a}$	0.4	0.3	0.15~0.20	0.1	0.05

11.3.3　空调系统的消声计算

由前述对室内噪声衰减 ΔL 的阐述,室内声压级与风口处的声功率级之间存在下列关系:

$$L_p = L_w - \Delta L \tag{11.9}$$

式中　L_p——室内声压级,dB;

L_w——风口处的声功率级,dB;

ΔL——室内噪声的衰减,dB。

当由式(11.9)计算出的室内声压级 L_p 不能满足室内的某一 NR 曲线时,则应该分别按其频率所要求的消声量来选择消声器。下面的例题介绍了空调系统消声计算的基本步骤。

【例 11.2】　某空调系统如图 11.5 所示。已知:房间内总表面积为 335 m^2,送风量为 5 000 m^3/h,风机的风压为 400 Pa,风机为前向型叶片。室内允许噪声为 NR35 号曲线。房间的平均吸声系数为 $\bar{a}=0.13$,人耳距风口约 1 m,角度为 45°。

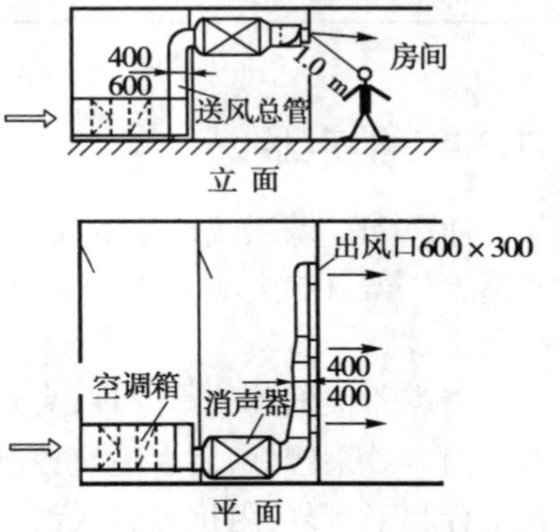

【解】　已知 $F=335$ m^2,确定房间常数:

$$R = \frac{F\bar{a}}{1-\bar{a}} = \frac{335 \times 0.13}{1 - 0.13}\ m^2 = 50\ m^2$$

风机的比声功率级 L_{wc} 按接近最高效率点估算,取 $L_{wc}=24$ dB,由式(11.1)得风机的总声功率级:

$$L_w = 24 + 10\lg Q + 20\lg H - 20 = (4 + 10\lg 5\,000 + 20\lg 400)\ dB$$

$$= (4 + 10 \times 3.7 + 20 \times 2.6)\ dB = 93\ dB$$

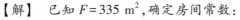

由风机叶片形式,查附录39得风机各频带的修正值 Δb,并将修正后的各频带声功率级列于表11.7。

矩形风管的当量直径:$D_v = 2ab/(a+b)$

$$= 2 \times 0.6\ m \times 0.4\ m\ /\ (0.6 + 0.4)\ m$$

图 11.5　空调系统示意图

$= 0.48$ m ≈ 0.5 m

三通计算支管断面积为：$F = 0.6$ m $\times$ 0.3 m $= 0.18$ m^2

三通分支后各支管截面积之和为：$\sum F_i = (0.6 \times 0.3 + 0.4 \times 0.4)$ m$^2 = 0.34$ m^2

其余计算过程均列入表 11.7 中。

表 11.7 例 11.2 消声计算过程汇总表

次序	计算项目	频率／Hz							备　注
		63	125	250	500	1 000	2 000	4 000	
①	风机频带声功率级/dB	91	86	81	76	71	66	61	
②	2 个弯头的自然衰减/dB	—	2	10	14	10	6	6	由 $D_v = 0.5$ 查表 11.4
③	三通自然衰减/dB	3	3	3	3	3	3	3	由式(11.6)计算
④	风口末端损失/dB	10	3	1	—	—	—	—	查图 11.3
⑤	管路自然衰减总和/dB	13	8	14	17	13	9	9	②+③+④
⑥	风口处的声功率级 L_w/dB	78	78	67	59	58	57	52	①-⑤
⑦	风口指向因素 Q	2	2.3	2.7	3.3	3.5	4	4	风口长边 600 mm，查表11.6
⑧	房间吸声量 ΔL/dB	6	6	5	5	4	4	4	由式(11.8)计算
⑨	室内声压级 L_p/dB	72	72	62	54	54	53	48	由式(11.9),⑥-⑧
⑩	室内容许标准声压级/dB	64	53	45	39	35	32	30	根据 NR35 查图 11.2
⑪	消声器应负担的消声量/dB	8	19	17	15	19	21	18	⑨-⑩

11.3.4 消声器

通风和空调系统产生的噪声,应尽量用风管、弯头和三通等部件以及房间的自然衰减降低或消除。当自然衰减不能达到允许噪声标准时,应设置消声器或采取其他消声措施,如采用消声弯头等。

消声器根据其消声原理,大致可分为阻性消声器和抗性消声器两大类。前者对中、高频噪声的消声效果较好,后者适宜控制低、中频噪声。工程实践中,为了扩大控制噪声的范围,将二者结合起来,形成阻抗复合式消声器。

1) 阻性消声器

阻性型消声器利用布置在管内壁的吸声材料或吸声结构,依靠吸声材料的孔隙,使声波在其中引起空气和材料振动而产生摩擦及黏滞阻力,将声能转化为热能而被吸收,使沿管道传播的噪声迅速衰减。影响阻性消声器性能的因素有:吸声材料的种类、吸声层厚度及密度、气流通道断面形状及大小、气流速度及消声器长度。

吸声材料的吸声性能用吸声系数 a 来表示,它是材料吸收的声能与投射到材料上的声能的比值,吸声系数越大,吸声性能越好。

阻性消声器有管式、片式、格式(蜂窝式)、折板式、声流式、小室式以及弯头等。

①直管式:在管内壁贴上一层吸声材料就构成了管式消声器。它的特点是简单易制作,对空气的阻力小,仅对中、高频噪声有一定消声效果,对低频效果差。一般用于直径不大于400 mm的管道。

②片式和格式:对于大断面风管,可将其划分成若干个格子,使之形成若干个小的管式消声器并联使用的结构形式(图11.6),其特点与管式消声器类似。为保证有效流通断面不小于风道断面,其体积相对较大。同时,这类消声器中的空气流速不宜过高,以防气流产生湍流噪声而使消声无效,并增加空气阻力。

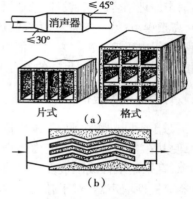

为提高高频消声的性能,还可将片式消声器通道改成折线式,构成折板式消声器[图11.6(b)]。声波在消声器内往复多次反射,增加了与吸声材料的接触,从而可提高高频消声效果。

图 11.6　阻性消声器

2)抗性消声器

抗性型消声器不使用吸声材料,主要是利用声阻抗的不连续性引起声波传输损失,一般用于消除低频或低中频噪声。在结构上又可分为膨胀型和共振型两类。

①膨胀型消声器(图11.7):利用气流通道断面的突然扩大,使沿通道传播的声波反射回声源方向。膨胀型消声器结构简单,不使用消声材料,耐高温和腐蚀,对中、低频噪声效果较好。为了保证消声效果,膨胀型消声器的膨胀比较大,通常为4~10,这样使得膨胀型消声器体积较大,故一般用于小管道。

②共振型消声器:由一段开有若干小孔的管道和管外一个密闭的空腔构成(图11.8)。小孔和空腔组成一个共振吸声结构,利用噪声频率与吸声结构固有频率相同时产生共振,导致共振吸声结构内的空气柱与结构体产生剧烈摩擦消耗声能,从而消声。吸声结构的固有频率由小孔直径 d、孔颈厚度 l 和腔深 D 所决定。共振型消声器具有较强的频率选择性,结构一定的共振消声器的有效频率范围很窄,对所选定的频率噪声消声效果好。

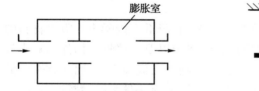

图 11.7　膨胀型消声器示意图

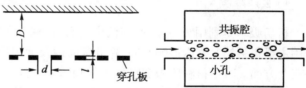

图 11.8　共振型消声器原理图

③微穿孔板消声器:当共振消声器的穿孔板直径小于 1 mm 时,就成为微穿孔板消声器。板上的微孔有较大的声阻,吸声性能好,微孔与共振腔组成一个共振系统,因此消声频程宽,对空气的阻力也小,不使用吸声材料,不起尘,特别适用于高温、潮湿以及洁净要求的管路系统消声。

3) 阻抗复合型消声器

上述阻性消声器和抗性消声器都有各自的频率范围。阻性适用于中、高频;抗性对低、中频噪声有较好的消声效果。为了能使从低频到高频都具有良好的消声效果,常采用把阻性和抗性的消声原理结合起来,设计成宽频程的阻抗复合型消声器。一方面,它通过内部的吸声材料吸收中、高频噪声;另一方面,利用气流通道截面积的突然扩大或通过一定的开孔率及孔径,使低、中频噪声得以迅速衰减。复合型消声器能处理的噪声频率范围比阻性和抗性消声器宽,但单从高频或低频段来看,同样尺寸的复合型消声器,消声性能分别不如阻性消声器和抗性消声器好。

4) 消声器的选择与布置

对于不同的噪声源,其频率特性是不同的。在选择消声器时,首先应了解消声器的声学特性,使其在各频带的消声能力与噪声源的频率特性及各频带所需消声量相适应。对中、高频噪声源,宜采用阻性或阻抗复合式消声器;对于低、中频噪声源,宜采用共振式消声器、膨胀型消声器等抗性消声器;对于脉动低频噪声源、变频带噪声源,宜采用抗性或微穿孔板阻抗复合式消声器。消声器的空气动力特性也应加以考虑,消声器的阻力不宜过大。

为了减少和避免噪声源对周围环境的影响,消声器应设在接近声源的位置,通常应布置在靠近机房的气流稳定管段上,与风机出入口、弯头、三通等的距离宜大于4~5倍风管直径或当量直径;当消声器直接布置在机房内时,消声器、检查门及消声后的风管,应具有良好的隔声能力。风机的送风管段和吸入段均可引起噪声传递,因此在其正压送风段和负压吸入段均应采取消声措施。在有些情况下,如系统所需的消声量较大或不同房间的允许噪声标准不同时,也可以在总管和支管上分段设置消声器。

11.3.5　机房降噪与隔声

暖通空调系统机房内的设备在运行过程中往往会产生很大的噪声。这些噪声经各界面多次反射形成混响声,与各种设备的运转噪声叠加,使得室内人员感受到的声压级比设备本身的噪声大得多,通常在80~100 dB(A)以上。为了确保操作人员的健康,降低对相邻房间的噪声影响,机房本身需要采取吸声和隔声处理。

1) 吸声降噪

机房吸声是利用吸声原理,在机房墙面、顶棚上布置吸声材料,降低室内噪声。吸声材料的作用主要包括控制室内混响时间、降低房间内及通风空调系统噪声以及改善隔声构件的隔声效果三个方面。吸声材料应根据噪声源的频谱来选择。风机房的噪声以低频为主,因此宜选用低频吸声性能强的材料,如石膏穿孔板、珍珠岩吸声板等。制冷机房、水泵房等的噪声频谱较宽,应选用中、高频吸声性能好的材料,如超细玻璃棉毡、玻璃棉板、矿渣棉板、聚氨酯泡沫塑料等。

利用吸声材料可使机房混响声减弱,当原有室内平均吸声系数较小时,吸声降噪效果明显。但吸声材料对设备产生的直达声不起作用,因此,靠近声源处吸声材料的吸声效果不明显。在需要更强的吸声处理时,可采用顶棚处增挂若干吸声板的措施。

当机房远离有噪声要求的房间,且机房容积很大时,机房可进行一般的吸声处理或不做处理,但这时应设有隔声很好的控制室和休息室。

2）机房隔声

为减小机房噪声对相邻房间的影响，机房的围护结构应具有隔声作用。围护结构的隔声效果（隔声量）与结构材料的面密度（单位面积材料的质量，kg/m^2）有关，面密度越大，隔声效果越好。含有空气夹层的双层结构比单层隔声效果好，必要时在空气层内配置吸声材料，可进一步提高隔声效果。隔声量与噪声频率有关，隔声结构对高频声能的隔声作用更明显。

孔隙会使隔声效果下降，其下降程度与孔隙大小和声波频率有关。机房门窗缝隙、管道孔洞等是透声较多的地方，需要堵严。机房门可采用内夹吸声材料（如矿棉毡、玻璃棉毡等）的复合门，门缝采用加橡胶圈、条式充气带等密封措施；窗户是隔声的薄弱环节，可采用双层窗、窗缝密封等措施加强隔声效果。设备机房噪声控制设计的主要技术措施汇总见表11.8。

表 11.8　设备机房噪声控制设计的主要技术措施汇总

机房 措施	风机房	水泵房	冷冻机房	冷却塔
隔声措施	风机隔声箱、隔声机房、隔声值班室	局部隔声罩、隔声泵房、隔声值班室	隔声机房、隔声值班室	隔声屏障
消声措施	进风消声器、出风消声器	—	—	进风消声器、出风消声器、淋水消声装置
吸声措施	吸声平顶、墙面空间吸声体	吸声平顶、墙面空间吸声体	吸声平顶、墙面空间吸声体	—
减振措施	风机减振器软接管	水泵减振垫、避振喉	橡胶软接管	底脚减振
通风散热措施	利用进风消声器冷却电机散热	机械排风（低噪声轴扇+消声器），消声柜消声百叶或通风消声窗进风		—

注：隔声机房措施中包括：隔声门、隔声窗、隔声通风采光窗罩、声闸小室等。

11.4　暖通空调装置的隔振

热泵、冷水机组、风机、水泵等设备在运转过程中会产生振荡，这是由于旋转部件的惯性力、偏心不平衡产生的扰动力而引起强迫振动。振荡除产生高频噪声外，还通过设备底座、管道与构筑物的连接部分引起建筑结构的振动。振动的运动形式为波动，它传播的是物质运动能量。在建筑结构中，这部分振动能量以声的形式向空间辐射产生固体噪声，从而污染环境，影响工作和身体健康。振动达到一定能量会影响建筑物的使用寿命。

当通风、空调、制冷装置以及水泵等设备的振动靠自然衰减不能满足要求时，需要设置隔振器或采取其他隔振措施。

11.4.1 基本概念

振动的隔离分积极隔振和消极隔振两种方式。隔离振动源的振动,防止或减小振动对外部的影响称为积极隔振;防止或减小外部振动(如机械设备锻锤、交通轨道等)对构筑物及室内仪器、仪表、精密机械的影响而采取的隔振措施,称消极隔振。暖通空调装置隔振的主要措施是在设备上安装隔振器或隔振材料,将机器与设备间的刚性连接转变成弹性连接,从而削弱由机器设备传给基础的振动,同时也减弱振动引起的弹性波沿建筑结构传到其他房间中去的固体声。

隔振器的隔振效果通常以振动传递率 T 表示,也称为隔振系数或隔振效率。它表示通过隔振装置传给基础的力 F_T 与振动作用于机组的总力(干扰力)F_0 之比。如忽略系统的阻尼作用,其关系式为:

$$T = \frac{F_T}{F_0} = \frac{1}{(f/f_0)^2 - 1} \qquad (11.10)$$

式中　T——振动传递率;

　　　f——振源的振动频率,Hz,$f = n/60$(n 为设备每分钟轴转数,r/min);

　　　f_0——隔振装置的自振频率,Hz。

由式(11.10)可知,当振源振动频率 f 小于隔振装置的自有频率 f_0 时($f/f_0<1$),振动传递率 T 的绝对值>1,此时隔振装置不能起减振作用;当 $f=f_0$ 时,$T = \infty$,表明系统发生共振,隔振系统不但不起隔振作用,反而使系统的振动急剧增加,这是隔振设计必须避免的;只有当 $f/f_0>\sqrt{2}$,$T<1$ 时,隔振器才起作用。

理论上 f/f_0 越大,T 越小,隔振效果越好,但 f/f_0 越大,即隔振装置的自有频率越小,其造价越高,且隔振效果的提高越来越缓慢。工程中一般取 $f/f_0>3$。

振动传递率 T 随着建筑和设备的不同而不同,具体值可参照表 11.9 和表 11.10。

表 11.9　不同建筑类别所需的振动传递率 T 的建议值

建筑类别	振动传递率 T
音乐厅、歌剧院、会议室	0.01~0.05
医院、住宅、学校、图书馆	0.05~0.2
办公室、多功能体育馆、餐厅	0.2~0.4
工厂、地下室、车库、仓库	0.8~1.5

表 11.10　不同设备种类所需的振动传递率 T 的建议值

设备种类	振动传递率 T	
空调设备	地下室、工厂	楼层建筑(2 层以上)
	0.3	0.2

11.4.2 隔振装置的选择与计算

1) 隔振材料及隔振器

隔振材料的品种很多,有软木、橡胶、海绵乳胶、玻璃纤维板、毛毡板、金属弹簧和空气弹簧等。

软木刚度较大,固有振动频率高,适用于高转速设备的隔振。软木种类复杂,性能很不稳定,其固有频率与软木厚度有关,厚度薄频率高,一般厚度为 50,100,150 mm。

橡胶弹性好、阻尼比大、造型和压制方便,可多层叠合使用以降低固有频率,且价格低廉,是一种常用的较理想的隔振材料,但橡胶易受温度、油质、臭氧、日光、化学溶剂的侵蚀,易老化,寿命一般为5~10年。橡胶材料的隔振装置种类很多,主要有隔振垫和隔振器两大类型,见图11.9。

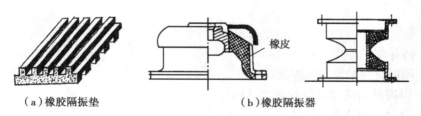

（a）橡胶隔振垫　　　　　　　　（b）橡胶隔振器

图11.9　橡胶隔振装置

金属弹簧承载能力高,耐久性好,刚度低,阻尼较小,耐高、低温,耐油,耐腐蚀,性能稳定,计算可靠,加工也很方便,广泛应用于隔振技术上。图11.10是金属弹簧隔振器的结构示意图。

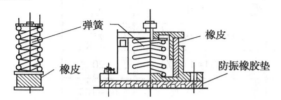

图11.10　金属弹簧隔振器结构示意图

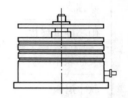

图11.11　空气弹簧隔振器示意图

空气弹簧是一种内部充气的柔性密闭容器,利用空气内能变化达到隔振目的。它的性能取决于绝对温度,并随工作气压和胶囊形状的改变而变化。空气弹簧刚度低,阻尼可调,具有较低的固有频率和较好的阻尼性能,隔振效果良好。空气弹簧隔振器对保养和环境有一定的要求,且价格较高。图11.11为空气弹簧隔振器示意图。

2) 类型选择

隔振装置的材料一定要选用确实具有弹性的材料,如上述介绍的各类材料。当设备转速小于或等于1 500 r/min时,宜选用弹簧隔振器;设备转速大于1 500 r/min时,宜选用橡胶等弹性材料的隔振垫块或橡胶隔振器。当采用橡胶隔振器满足不了隔振要求,而采用金属弹簧阻尼又不足时,可使用金属弹簧与橡胶组合隔振器。金属弹簧与橡胶既可串联也可并联。

隔振器的选择应符合下列要求:

①设备的运转频率与隔振器垂直方向的自振频率之比,应大于或等于2.5;

②隔振器承受的载荷,不应超过允许工作载荷;

③隔振器与基础之间宜加一定厚度的弹性隔振垫。

对于橡胶隔振器还应考虑环境温度对隔振器压缩变形量的影响。橡胶隔振器的计算压缩变形量宜按制造厂提供的极限压缩量的1/3~1/2采用。橡胶隔振器应避免太阳直接辐射或与油类接触。

3）隔振计算

（1）隔振材料的尺寸

隔振材料的厚度计算：

$$h = \delta \frac{E}{\sigma} \tag{11.11}$$

式中　h——隔振垫的厚度，cm；

　　　　δ——隔振材料的静态压缩量，cm；

　　　　E——隔振材料的动态弹性系数，kPa；

　　　　σ——材料的允许荷载，kPa。

部分隔振材料的 σ 和 E 值见表 11.11。

表 11.11　若干隔振材料的 σ 和 E 值

材料名称	允许荷载 σ/kPa	动态弹性系数 E/kPa	E/σ
软橡皮	80	5 000	63
中等硬度橡皮	300~400	20 000~25 000	75
天然软木	150~200	3 000~4 000	20
软木屑板	60~100	6 000	60~100
海绵橡胶	30	3 000	100
孔板状橡胶	80~100	4 000~5 000	50
压制的硬毛毡	140	9 000	64

隔振材料的静态压缩量是指振源不振动时，隔振材料被压缩的高度。它与隔振支座固有频率 f_0 间近似有以下关系：

$$f_0 = \frac{5}{\sqrt{\delta}} \tag{11.12}$$

由式（11.12）和式（11.10）可得隔振材料静态压缩量计算式：

$$\delta = \frac{9 \times 10^4}{T \times n^2} \tag{11.13}$$

隔振垫所需面积计算：

$$F = \frac{\sum p}{\sigma Z} \times 10^4 \tag{11.14}$$

式中　F——隔振垫断面积，cm²；

　　　　$\sum p$——振动机组和基础板的总荷载，kN；

　　　　Z——隔振垫个数。

【例 11.3】　一台空调机组总荷载为 10.6 kN,风机转速为 1 230 r/min,允许的振动传递率 $T = 0.125$,要求设计天然软木隔振基座。

【解】　①计算要求的静态压缩量 δ。已知 $T = 0.125$,$n = 1\,230$ r/min,由式(11.13)得:

$$\delta = \frac{9 \times 10^4}{T \times n^2} = \left(\frac{9 \times 10^4}{0.125 \times 1\,230^2}\right)\ \text{cm} = 0.5\ \text{cm}$$

②计算天然软木隔振基座的厚度 h。查表 11.10,对天然软木有 $\dfrac{E}{\sigma} = 20$,代入式(11.11)得:

$$h = \delta\frac{E}{\sigma} = 0.5\ \text{cm} \times 20 = 10\ \text{cm}$$

③计算隔振基座断面积 F。查表 11.10,天然软木的允许荷载按平均值取 $\sigma = 175$ kPa,设计选用 4 个垫座,由式(11.14)有:

$$F = \frac{\sum p}{\sigma Z} \times 10^4 = \frac{10.6\ \text{kN}}{175\ \text{kPa} \times 4} \times 10^4 = 151\ \text{cm}^2$$

每个垫座取 15 cm×10 cm。

(2)隔振器的计算

当已知机组的总荷载和要求的振动传递率或静态压缩量后,可根据隔振器生产厂家的产品样本或设计手册提供的隔振器性能,选出合适的隔振器。

【例 11.4】　已知风机转速为 920 r/min,机组和基板的总荷载为 6.8 kN,设 4 个支承点,振动传递率要求为 $T = 0.09$,选用 TJ_1 型金属弹簧隔振器。TJ_1 型金属隔振器的技术性能如表 11.12 所示。

表 11.12　TJ_1 型金属隔振器技术性能

性能 \ 型号	TJ_1-1	TJ_1-2	TJ_1-3	TJ_1-4	TJ_1-5	TJ_1-6	TJ_1-7	TJ_1-8	TJ_1-9	TJ_1-10	TJ_1-11	TJ_1-12	TJ_1-13	TJ_1-14
最大荷载 /N	166	294	458	663	959	1 310	1 638	1 820	2 045	2 943	3 934	5 239	6 121	8 829
弹簧压缩量/mm	20.1	26.8	31	35	34.7	34	34	34	42.8	51.5	34	34	42.8	51.5
最大荷载时隔振体系垂直方向固有振动频率 /Hz	3.52	3.05	2.83	2.68	2.7	2.7	2.7	2.7	2.41	2.2	2.7	2.7	2.41	2.2

【解】　①选型计算

风机的扰动频率:

$$f = \frac{n}{60} = \frac{920}{60}\ \text{Hz} = 15.3\ \text{Hz}$$

每个支承点的荷载为：$p = \dfrac{6.8 \text{ kN}}{4} \times 1.15 = 1.96 \text{ kN}$

其中,系数 1.15 是考虑动荷载和隔振器疲劳等因素所引入的安全裕量。

查表 11.11,选用 TJ$_1$-9 型,其额定荷载为 $[p] = 2\ 045 \text{ N} > P$,弹簧压缩量 $\delta = 42.8 \text{ mm}$,垂直方向固有频率 $f_0 = 2.41 \text{ Hz}$。

②校核计算

频率比：$\dfrac{f}{f_0} = \dfrac{15.3}{2.41} = 6.35$

实际振动传递率由式(11.10)得：$T = \dfrac{1}{(f/f_0)^2 - 1} = \dfrac{1}{6.35^2 - 1} = 0.025$

实际振动传递率 $T < 0.09$,频率比大于 2.5,因此所选 TJ$_1$-9 型隔振器符合要求。

11.4.3　管道隔振

设备的振动及输送介质的扰动冲击会造成管道的振动。管道振动的强弱受设备振动大小、管道的连接形式及分、合流状况、固定点位置、保温材料的构造等诸多因素的影响。为了减缓通风机和水泵设备运行时,通过刚性连接的管道产生的固体传振和传声,同时防止这些设备设置隔振器后,由于振动加剧而导致管道破裂或设备损坏,设备进出口与管道间需设置挠性接管来实现。同时,为了防止管道将振动设备的振动和噪声传播出去,管道的支吊架与管道间应设置减振器或弹性材料垫层。

风机与风管间的挠性连接,目前较多采用的是人造革材料的软管,其软管的合理长度 L 可根据风机机号确定(表11.13)。

水泵的进出水口处应配置橡胶挠性接管、金属补偿器、金属软管(两只挠性接管串联隔振效果好)。

表 11.13　软接头长度表

风机机号 No.	软管长度 L/mm
2.8~6	200
8~20	400

输送高温高压流体及氟利昂、氨等介质的管道,宜采用不锈钢波纹管隔振。设备与管道之间配置挠性接管或软管后,还需要采取支承或悬吊支架平置式隔振装置。

安装吊式隔振器应预先在建筑物里预埋螺栓或托架。安装时将隔振器的上端螺栓、螺母卸掉,穿入预埋螺栓或托架并拧紧螺母,然后将架空管道穿在金属管套内,调整空间位置,使管道处于平衡。

管道每隔一定距离应设置隔振吊架或隔振支承。隔振吊架和隔振支承的结构见图 11.12 和图 11.13。

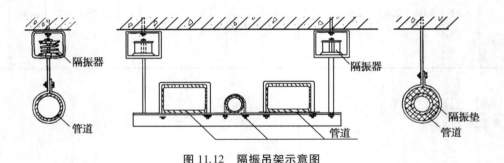

图 11.12　隔振吊架示意图

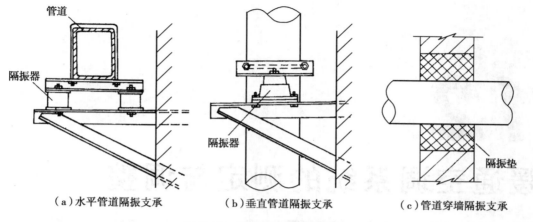

（a）水平管道隔振支承　　（b）垂直管道隔振支承　　（c）管道穿墙隔振支承

图 11.13　隔振支承结构示意图

思考题

11.1　通风空调工程中的主要噪声源有哪些？如何评价通风机的噪声？

11.2　噪声控制措施包括哪些方面？

11.3　消声器有哪些种类,其消声原理和特点是什么？

11.4　隔振材料的基本特性是什么？常用隔振材料及装置的种类有哪些？

12

暖通空调系统的测定与调整

暖通空调工程安装完毕后,要使工程达到预期的目标,必须在系统投入使用前进行系统的测定和调整(简称调试)。暖通空调系统进行调试的目的是使系统、设备及室内空气参数达到设计及使用要求;通过测定与调整,发现和解决系统设计、施工和设备性能等方面存在的问题;同时,通过调试也为后期系统的经济合理运行积累资料。系统的调试包括设备单机试运转、系统联动试运转、系统无生产负荷下的测定与调整、带负荷的综合效能测定与调整。暖通空调系统的调试主要可分为动力性能和热力性能的测定调整两个方面。动力性能测定调整包括流量、流量分配和系统压力状况的测定调整,热力性能测定调整包括空气处理过程及室内空气参数的测定调整。

参照《建筑给水排水及采暖工程施工质量验收规范》(GB 50242)和《通风与空调工程施工质量验收规范》(GB 50243)的规定,测定与调整前编制测定方案,布置测点;根据测定内容和要求,选配和校正测定用仪表;进行有关设备的单机试运转及故障排除。按规定,有些项目还需第三方检测机构做见证取样和现场系统性能检测。系统调试也在进一步为提升建筑能效向建筑调适发展。

12.1 风系统的测定

风系统测定的目的是检测系统的风量是否符合设计和使用要求。系统风量包括总风量、新风量、回风量、排风量以及各支管风量。系统风量的测定部位可以是在风管内,也可以是各送回风口或其他部位。

12.1.1 风管风量的测定

1)测定断面的选择

在测定风管风量之前,首先要选择合适的测定断面位置。要使测点位于气流平直、扰动小的直管段上,离弯头、三通等局部阻力构件有一定的距离(图 12.1),调节阀前后应避免布置测定断面。

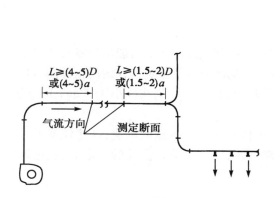

图 12.1 风管测定断面位置图

a—风管大边;*D*—风管直径

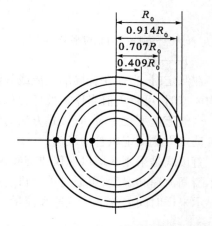

图 12.2 圆形风管断面测点布置图

2)测点的布置

由流体力学可知,风管断面上各点的气流速度是不相等的,一般不能只用一个点的速度值代表断面速度,而必须在同一断面上多点测量,取其平均值。测点布置可采用等面积布点法,根据风管断面的大小,将其划分成若干个相等的小截面,在各小截面的中心布测点。

矩形风管将风管断面划分为若干个接近正方形的小块,小块的面积一般不大于0.05 m²,边长不应大于 220 mm。圆形风管划分为若干个等面积的同心圆环,测点置于各圆环相互垂直的直径上,如图 12.2 所示。圆形风管的分环数由风管直径确定,见表 12.1。

表 12.1 圆形风管测点分环数及测点数

风管直径/mm	<200	200~400	400~600	600~800	800~1 000	>1 000
圆环数/个	3	4	5	6	8	10
测点数/个	12	16	20	24	32	40

3)风管测定断面的平均风速

常用测定管道内风速的方法分为间接式和直读式两类。

间接式是用皮托管和微压计通过测量管内动压力,再换算求得。各测点流速与动压有以下关系:

$$v = \sqrt{\frac{2p_d}{\rho}} \qquad (12.1)$$

式中 v——管内测点的流速,m/s;

p_d——管内测点的动压,Pa;

ρ——管内空气的密度,kg/m³。

风管测定断面的平均风速是测定断面上各测点流速的平均值：

$$v_p = \sqrt{\frac{2}{\rho}} \left(\frac{\sqrt{p_{d1}} + \sqrt{p_{d2}} + \cdots + \sqrt{p_{dn}}}{n} \right) \qquad (12.2)$$

式中　v_p——测定断面的平均风速，m/s；

　　　n——测点数。

在测定时，当存在有局部涡流或气流倒流时，某些测点的动压值可能出现零或负数。计算平均风速时，可将负值当作零处理，测点数仍应包含动压值为零或负值在内的全部测点数。

当气流速度较小时，间接式方法的测定误差较大，故对于气流速度小于 4 m/s 的管道，可用直读式方法测定风管的风速。

直读式是采用热球风速仪或旋桨顺轮式风速仪直接测得各点的风速，这些仪器可以直接显示瞬间流速和温度，可通过单片机进行控制和运算，在事先输入需要的参数后，经过运算还可显示采样时间内的平均流速和流量。

4) 管内流量的计算

根据平均风速 v_p，风管内的流量可按下式计算：

$$L = 3\,600 v_p F \qquad (12.3)$$

式中　L——风管内流量，m³/h；

　　　F——风管测定断面面积，m²。

12.1.2　局部排风罩风量的测定

局部排风罩的风量可采用动压法和静压法两种方式测定。

动压法是测定排风罩连接风管上的测定断面上各测点的动压值，然后通过式（12.1）~式（12.3）计算出排风罩的排风量。

对于现场测定，往往会因各管件之间的距离很短而不易找到气流比较稳定的测定断面，用动压法有一定困难，此时可通过测量静压（图 12.3）求得排风罩的风量。根据 1—1 断面所测得的静压值 p_j 由下式计算局部排风罩的排风量：

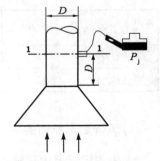

图 12.3　排风罩的静压测定

$$L = 3\,600 v_1 F = 3\,600 \mu F \sqrt{\frac{2|p_j|}{\rho}} \qquad (12.4)$$

式中　L——局部排风罩的排风量，m³/h；

　　　v_1——断面 1—1 的平均流速，m/s；

　　　μ——局部排风罩的流量系数，通过实验方法求得，可从有
　　　　　　关设计手册查到；

　　　F——测定断面 1—1 的面积，m²；

　　　ρ——空气的密度，kg/m³。

12.1.3　风口风量的测定

风口处的气流一般较复杂，测定风量较困难，故风口的风量通过测定连接风口的直风管的

风量来确定。当不能在分支风管上测定风量时,才考虑在风口处测定风量。

送风口风量的测定:

通风空调系统的风口种类多,形状也有不同,工程中通常采用翼型风速计或热球风速仪紧贴风口平面直接测定其风量。当风口面积较大时,可将其划分为若干个面积相等的小方块,小方块的边长约为风速计直径的 2 倍。在小方块中心逐一测定,取其平均值,风口的风量由下式计算:

$$L = 3\ 600 v_p F \tag{12.5}$$

式中　L ——送风口风量,m^3/s;

　　　v_p ——风口断面的平均风速,m/s;

　　　F ——风口截面有效面积,m^2。

上述方法可满足一般通风空调系统的要求。当风口风量的测定需要较高精度的数据时,需使用专门的风量测定装置。图 12.4 为加罩法测定散流器风量的示意图。在散流器出口加装测量罩可使气流稳定,风速分布均匀,但加罩会增加阻力而减小风量。如果系统原有阻力较大,加罩对风量变化的影响较小,反之则不可忽略。为了克服加罩的阻力影响,可在罩子出口处加一可调速的轴流风机,如图 12.5 所示。在使用时,调整风机转速,使罩内静压与大气压力相等,保证测定装置既不增加风口出风的阻力,也不会产生吸引作用,这样测得的风量即为实际风量。

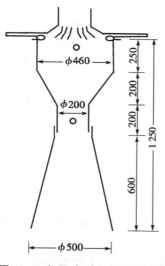

图 12.4　加罩法测定散流器风量

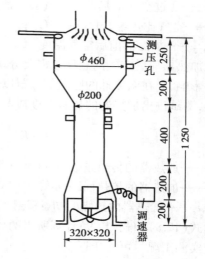

图 12.5　吸引法测定散流器风量

12.1.4　风机性能测定

风机性能测定的项目有风量、风压、转速及功率等。

风机风量的测定在压出端和吸入端的测定断面上分别进行,然后取其平均值作为风机的风量。风机的压力通过对静压和动压测定求得。当风机压力≥500 Pa 时用 U 形管压力计,风机压力<500 Pa 时用斜管压力计。风机的全压等于静压和动压之和。

用电流、电压表测定三相交流电动机的功率,其功率 N 值由下式计算:

$$N = \sqrt{3}\, IU \cos \varphi \times 10^{-3} \tag{12.6}$$

式中 I——线电流，A；

U——线电压，V；

$\cos \varphi$ ——功率因数，可用功率因数表测定。

12.2 空气处理过程的测定

空气处理过程包括加热、冷却、干燥和加湿等过程。空气处理状况受空气处理设备的影响，因此，空气处理过程测定的目的就是检查各种空气处理设备的实际能力是否满足设计要求。一般暖通空调系统主要是测定空气处理设备的冷却和加热能力。

12.2.1 空气加热器性能测定

加热器的测定是检查其加热量是否符合设计要求。通过测出加热器前后空气的温度和风量，即可计算出空气的吸热量：

$$Q = G\, c(t_2 - t_1) \tag{12.7}$$

式中 Q——空气加热量，kW；

G——通过空气加热器的空气质量流量，kg/s；

c——空气比热容，kJ/(kg·℃)；

t_1,t_2——加热器前后空气温度，℃。

测定加热器前后空气的温度也需要分块多点测定，取其平均值。为了避免辐射热对温度计读数的影响，应在温度计的感温部分罩以锡纸或铝箔等防护物。

同样，测试进出加热器的热水温度或蒸汽压力，也可计算出热媒所释放出的热量：

$$Q = KF\left(\frac{t_z + t_c}{2} - \frac{t_1 + t_2}{2}\right) \tag{12.8}$$

式中 K——加热器的传热系数，W/(m²·℃)；

F——加热器的传热面积，m²；

t_c,t_z——加热器内热媒的初、终温度，℃；对于蒸汽热媒，$t_c = t_z$。

当由式(12.8)和式(12.9)计算所得的数值近似相等时，可认为测定是基本准确的。

为使实测工况尽可能接近设计工况，空气加热器的测定应在冬季进行。当条件不允许时，测定时应采取措施尽量使测定工况接近设计工况。在非设计工况下实测的加热器容量可按以下公式换算成设计条件下的值。

热水加热器：

$$Q = Q' \frac{(t_c + t_z) - (t_1 + t_2)}{(t_c' + t_z') - (t_1' + t_2')} \tag{12.9}$$

蒸汽加热器：

$$Q = Q' \frac{t_0 - t_1}{t_0' - t_1'} \tag{12.10}$$

式中 Q,Q'——设计、实测加热器的容量，kW；

t_0, t_0'——设计、实测条件下蒸汽的饱和温度，℃；

t_c', t_z'——实测条件下热媒的初、终温度，℃；

t_1', t_2'——实测条件下加热器前、后的空气温度，℃；

其余符号同前。

12.2.2 空气冷却装置的测定

空气冷却装置的测定工况也应尽量接近设计工况（包括室内外空气计算参数和室内热湿负荷）。当具体测定条件难以实现上述要求时，可通过调整一次回风混合比，使得调试工况下的混合点 C' 与设计工况条件下的混合点 C 等焓，即 $i_C' = i_C$（图 12.6）。同时将风量、水量、进口水温调整到与设计工况条件相同，在此条件下测定通过冷却装置的空气终状态，如果空气终状态的焓值接近设计值，则说明冷却装置的冷却能力能满足设计要求。

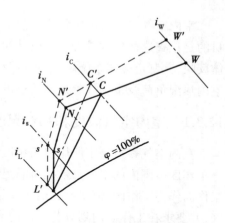

图 12.6 冷却装置的测定

空气冷却装置的容量测定既可在空气侧也可在水侧进行，或者两侧同时进行。通过测定冷却装置前后空气的干球温度和湿球温度值，可计算出空气的焓值，利用前述风量测定的方法测定出通过空气冷却装置的风量，由实测风量和空气冷却装置前后焓差计算出冷却装置的容量。通过冷却装置后的空气带有一些水雾，在测定温度时要注意温度计的防水，以避免测定误差。由于测定断面较大，现场测定采样不均匀，需要对各测点测定的数据按下式求得断面平均干球温度和湿球温度值：

$$t = \frac{\sum v_i t_i}{\sum v_i} \tag{12.11}$$

式中 t_i——各测点对应的温度，℃；

v_i——各测点对应的风速，m/s。

冷却装置冷媒吸收的热量理论上与空气散发的热量相等。在水侧测定出一定时间内通过冷却装置的水量和进出口水温，通过计算来求得冷却装置的容量。水量测定对于开式系统可采用容积法，利用水池、水箱等容器测量水位变化，从而按下式求得水量：

$$W = \frac{3\,600F\Delta h}{\Delta \tau} \tag{12.12}$$

式中 W——通过冷却装置的冷水流量，m^3/h；

F——容器的断面积，m^2；

$\Delta \tau$——时间间隔，s；

Δh——在 $\Delta \tau$ 时间间隔内水位变化的高度，m。

对于闭式系统，水流量的测定可采用超声波流量计，流量测点宜设在距上游局部阻力构件 10 倍管径、距下游局部阻力构件 5 倍管径处。

由空气侧测定出的冷却装置冷量与水侧测定出的冷量应相等，允许误差为 10%，若超过则需重新测定。

12.3　室内空气参数的测定

室内空气参数的测定包括室内空气温度、相对湿度、气流速度、洁净度以及噪声等,测定的目的是检查这些参数是否满足设计和使用要求。室内空气参数是暖通空调系统综合效能的具体反映,其测定应在系统风量、水量及空气处理设备均调整完毕,送风状态参数符合设计要求,室内热湿负荷及室外气象条件接近设计工况的条件下进行。

12.3.1　室内空气温度和相对湿度的测定

室内空气参数测定所用仪表精度级别应高于被测对象的级别。室内空气参数的测定是检查工作区范围内的空气参数是否满足设计和使用要求。一般空调房间以人经常活动的范围或工作面作为工作区;恒温室或洁净室是以离地高度 0.5~1.5 m 及离围护结构0.5 m处作为工作区,并要求在工作区内划分若干横向或竖向测量断面,形成交叉网格,在每一交点处布置测点,一般可取测点间的水平间距为 0.5~2 m,竖向间距为 0.5~1.0 m。根据需要在局部地点可适当增加测点数。

若精度要求不高,且无条件进行全面测定时,可在回风口处测定回风参数。因为空调区域为回流区,故可认为回风口处的空气参数为室内空气的平均参数。

各测点的温度和相对湿度测定应在系统运行稳定后进行,且每隔 0.5~1.0 h 测一次,测定时系统必须连续运行。

12.3.2　室内气流组织的测定

温度精度等级高于±0.5 ℃的房间和洁净室以及有气流组织要求的房间均要作气流组织测定,以检查工作区内空气温、湿度和气流速度的均匀稳定性。对于舒适性空调应保证工作区内风速不要超过规范或设计要求,根据测定结果对风口的出流方向进行适当调整。对精度要求高的恒温室或洁净室,气流组织的测点布置与前述温、湿度测定一样,要求将工作区按平面或竖向进行分块,并按照一定比例绘出测点布置图,作为气流组织测定的记录图。

气流组织的测定一般用热线或热球风速仪测定风速,用发烟器或简单地使用合成纤维丝逐点确定气流方向。

12.3.3　室内空气压力的测定

室内空气压力的测定是检查室内空气压力是否满足设计正压要求,以防止外界环境的空气渗入,干扰空调房间的温湿度或洁净度。

室内空气压力的测定是先将门窗关严后,用微压计测定室内外空气压差,或用纸条等置于细小门缝处,以纸条飘向判定。

根据测得的正压值,在一定送风量条件下,可通过改变回风阀的开度调整正压值的大小。

12.3.4　空气含尘浓度的测定

空气中含尘浓度的测定常用的方法是滤膜测尘,另外还有光散射测尘、β 射线测尘、压电晶体测尘等方法。

滤膜测尘是在测定地点用抽气机抽吸一定体积的含尘空气,当空气通过滤膜采样器中的滤膜时,其中的粉尘被阻留在滤膜上,根据采样前后滤膜的增重和总的抽气量,即可计算出单位体积空气中的质量含尘浓度。

光散射测尘是利用光照射尘粒引起的散射光,经光电器件变成电讯号,由此表示悬浮尘粒的计数浓度。由于尘粒所产生的散射光强弱与尘粒的大小、形状、光折射率、吸收率、组成等因素密切相关,理论上根据测得的散射光强弱推算粉尘浓度比较困难。需要对不同粉尘进行标定,以确定散射光强弱与粉尘浓度间的关系。光散射式粉尘浓度计可测出瞬时的粉尘浓度及一定时间间隔内的平均浓度,并可将数据存储在计算机内,量测范围为 $0.01 \sim 100$ mg/m^3。其缺点是对不同的粉尘需进行专门的标定。

12.3.5　空气中有害气体浓度的测定

空气中有害气体浓度的测定是检查室内空气质量是否满足相关规范、标准的要求。有害气体浓度的测定包括样品采集和分析两个环节。

有害气体样品的采集点应选择在人员经常活动的地点,高度离地面 1.5 m 左右,同时测点应选在有害气体发生源的不同方向和不同距离。采样时间根据有害物散发情况确定,当有害气体的逸散是连续、微量的,则需要较长的采样时间;如测定加料、出料过程瞬间的有害物浓度,则应在很短时间内完成采样。

有害气体样品常用的采集方法有浓缩法和集气法。

浓缩法是由抽气机抽取一定体积的空气,通过盛有吸收剂的采集器,用吸收剂吸收空气中的有害气体,达到浓缩的目的。测定的结果是平均浓度。浓缩法一般用于有害气体浓度较低的空气采样。

集气法是直接将被测空气注入容器进行分析,其结果为瞬时浓度。当分析方法灵敏度较高或空气中有害气体浓度较高时,可采用集气法。

有害气体分析可采用比色法。其原理是在采集的有害气体样品中加入某种化学试剂(称为显示剂),使之发生化学反应而产生颜色的变化。颜色的深浅可反映有害气体的浓度大小。将反应后颜色与标准浓度的颜色进行对比后,即可得出所测有害气体的浓度。常用的比色法有目视比色法和光电比色法两种。

12.3.6　房间噪声的测定

通风空调系统的消声效果最终反映在房间内的声级大小。房间内的噪声声级常用声级计测定,主要测 A 声级,必要时按倍频程测定。噪声测定的测点一般在房间中心离地面 1.2 m 处。首先应在通风空调系统及其他室内声源设备停止运行时测出房间的本底噪声,然后启动通风空调系统,测定系统运行所产生的噪声。如果被测房间的噪声级高出本底噪声级 10 dB以上,则本底噪声的影响可忽略不计;如果二者相差小于 3 dB,则所测值无实际意义。当二者之差在 4~9 dB 时,可按表 12.2 的值进行修正。

表 12.2　本底噪声影响修正值

被测噪声与本底噪声级的差值/dB	4~6	6~9
修正值/dB	−2	−1

在条件允许时可对室内噪声级按倍频程中心频率分档测定,并在噪声评价曲线上画出各频带的噪声级,以检查房间是否满足设计要求。

12.4　暖通空调系统的调整

暖通空调系统安装完毕后需进行试运行,在试运行过程发现问题并作出调整。系统调整实际上是对流量进行合理分配,也称流量平衡。通过调整使系统各管段的流量达到设计流量。流量的改变是通过管道系统上的调节阀门调节其开度,从而改变管路阻力特性,使各管段流量达到设计值。根据流体力学知识,管网的水力特性为:

$$S = \frac{\Delta p}{G^2} \tag{12.13}$$

式中　S——管道的阻力特性系数,取决于管道的几何尺寸和结构状况。对于结构、尺寸及阀门开度一定的管路系统,S 为常数;

　　　G——通过管道的流量,kg/h;

　　　Δp——管道的阻力损失,Pa。

由式(12.13)及连续流动方程式,分支管段的流量分配有下列关系:

$$\frac{G_2}{G_1} = \frac{G_2'}{G_1'} = \frac{G_2''}{G_1''} = \cdots = 常数 \tag{12.14}$$

式中　G_1, G_1', G_1''——三通节点处支管 1 的流量;

　　　G_2, G_2', G_2''——三通节点处支管 2 的流量。

式(12.13)和式(12.14)即为系统流量调整的基本依据。

12.4.1　供暖空调水系统的调整

供暖空调水系统的调整一般根据房间温度的均匀程度进行调整,调整工作从温度较高的设备或环路开始。首先调整支路上各设备的流量分配,然后进行各干管间的流量平衡。系统的流量调整是通过改变管路上阀门的开度大小来实现的。供暖系统的水力平衡度应为 0.9~1.2。空调冷(热)水系统、冷却水系统的总流量与设计流量的偏差不应大于 10%。水系统平衡调整后,定流量系统的各空气处理机组的水流量应符合设计要求,允许偏差应为 15%;变流量系统的各空气处理机组的水流量应符合设计要求,允许偏差应为 10%。进一步的节能调试还可见《供暖与空调系统节能调试方法》(GB/T 35972—2018)。

12.4.2　通风空调系统的风量调整

风系统的风量调整常用方法有流量等比分配法、基准风口法和逐段分支调整法等。

1)流量等比分配法

该方法一般是从最远管段,即最不利风口开始,逐步向风机段调整。利用管道上的调节阀由远到近逐个调整各分支节点处分支管的风量平衡,使节点处各分支管实测风量比值与该节点处各分支管设计风量比值近似相等。按照支管、支干管、送回风总管的顺序,最后调至风机。根据流量平衡原理,只要将风机出口干管的总风量调整到设计值,且系统漏风量在允许范围内,则各支干管、支管的风量就会按各自的设计风量比值进行等比分配,自动达到设计风量要求。

等比分配法比较准确,节省调试时间,但每一管段上都要打测孔,当管道空间狭窄时,往往无法实现。

2)基准风口法

该方法以系统风量与设计风量比值最小的风口风量为基础,对其他风口进行调整。其调整步骤如下:

①首先测出所有风口的风量,并计算出各风口实测风量与设计风量的比值,将测试值和计算值列表显示;

②每一支干管上选最小比值的风口作为基准风口,用两套仪器分组同时测定各支干管上基准风口和其他风口的风量,借助阀门调节,使两风口的实测风量与设计风量的比值近似相等;

③将总干管上风量调整到设计风量,各支干管、各风口的风量将按调整后的比例自动进行等比分配,达到设计风量。

基准风口法不需要打测孔,可减少调试工作量。

3)逐段分支法

对于较小的风系统,可采用逐段分支调整的方法。该方法通过逐段反复调整各管段,使风量达到设计要求。

空调系统总风管调试结果与设计风量的允许偏差应为$-5\% \sim 10\%$,建筑内各区域的压差符合要求。通风系统经过风量平衡调整,各风口及吸风罩的风量与设计风量的允许偏差不应大于15%。

思考题

12.1　为什么要对暖通空调系统进行测定和调整?

12.2　暖通空调系统调试包括哪几个阶段?

12.3　测定风管内风量时,如何选择测定断面?测点如何布置?

12.4　空气处理过程测定的目的是什么?通常测定哪些内容?

12.5　室内空气参数的测定内容主要有哪些?如何进行测定?

12.6　暖通空调系统调整的基本原理是什么?

13

建筑防火排烟

建筑火灾给人们的生命财产安全造成极大的危害。火灾产生的烟气毒性很大，易使人窒息死亡，直接危及人身安全，对疏散和扑救也造成很大的威胁。国内外大量火灾实例统计数据表明，因火灾造成的伤亡者中，受烟害直接致死的占 1/3~2/3，因火烧死的占 1/3~1/2。而在被火烧死的受害者中，多数也是因烟毒晕倒后被烧死的。由于火灾烟气的极大危害性，使得建筑的防排烟成为各国建筑设计和消防工作人员所十分关注的问题，并为此进行了大量的实验研究工作。建筑防排烟设计已成为暖通空调设计中的一项重要内容。

13.1 火灾烟气及控制

13.1.1 火灾烟气的组成及危害

火灾过程所产生的烟气称为火灾烟气。火灾烟气是材料经燃烧或热解而产生的固体、液体小颗粒和燃烧生成的气体，以及卷吸进来的空气所组成的混合气体。烟气的成分与性质与发生热解和燃烧的物质的化学组成有关，还与燃烧条件有关。对于完全燃烧，其燃烧产物称为完全燃烧产物，所生成的气体都不能再燃烧；对应的不完全燃烧过程产生的燃烧产物称为不完全燃烧产物。建筑火灾属于灾害事故，是人们所不希望的，不可能有良好的燃烧条件，燃烧进行得很不完全，属于不完全燃烧。

1) 烟气组成

火灾烟气的组成相当复杂，就总体而言，主要由气（汽）体、悬浮微粒及剩余空气三部分组成。

火灾在发生、发展和熄灭各阶段所生成的气体是不同的，其主要成分是碳（C）、氢（H）、硫

(S)、磷(P)等元素与氧化合生成的相应氧化物,即二氧化碳(CO$_2$)、一氧化碳(CO)、水蒸气(H$_2$O)、二氧化硫(SO$_2$)、五氧化二磷(P$_2$O$_5$)等。此外,还有少量氢气和碳氢化合物产生。

烟气中飘浮悬浮微粒也称为烟粒子。它们通常有游离碳(炭黑)、焦油类粒子和高沸点物质的凝缩液滴等。这些固态或液态的微粒,在气相中悬浮漂流。火灾的不同阶段,所产生的烟粒子性质不同。在阴燃阶段,主要是一些高沸点物质的凝缩液滴粒子,烟气颜色常呈白色或青白色;明火燃烧时,主要产生的是炭黑粒子,烟色呈黑色,形成滚滚黑烟。

2) 火灾烟气的危害

火灾烟气的危害包括对人的生理上的危害和心理上的危害两方面。火灾烟气的危害主要有如下形式:

(1) 烟气的毒害性

烟气中含有多种有毒气体。这些有毒气体的含量超过了允许的最大浓度,造成火灾中人员中毒死亡。火灾中产生的毒害气体有一氧化碳、氢化氰、二氧化碳、丙烯醛、氯化氢、二氧化氮及各类混合物燃烧气体。毒性通常有窒息性、刺激性、神经伤害性、灼伤性等多种类型。其中 CO 是剧毒气体,也是造成火灾中人员死亡的主要因素之一。近年来,由于高分子合成材料在建筑、装修、家具及用品中大量被采用,火灾所生成的毒性气体的危害更加严重。有专家分析发现,这些高分子合成材料燃烧和热解会产生一组叫作游离基的中间气态物质,其危害性比CO 还要大,人或动物吸入游离基,肺部将发生游离基反应,肺表面迅速扩张从而降低肺的吸氧功能,导致缺氧。

(2) 烟气的缺氧危害

由于燃烧消耗了大量的氧气,烟气中的含氧量往往低于人们生理正常所需要的含量。当空气中氧气含量低于 15%时,人的肌肉活动能力将明显下降;降至10%～14%时,人就四肢无力,智力混乱,辨不清方向;降低至 6%～10%时,人就会晕倒,甚至死亡。在着火房间内,O$_2$ 的浓度可降低至 3%左右,若人员不及时撤离火场是非常危险的。

(3) 烟气的高温危害

火灾烟气具有较高的温度。人们对高温烟气的耐受性是有限的。在 65 ℃时,可短时忍受;在 120 ℃时,15 min 内就将产生不可恢复的损伤;随烟气温度升高,损伤时间更短,170 ℃约为 1 min。空气湿度较大也会造成人极限忍受力下降,由于燃烧过程有大量水蒸气产生,故火灾烟气的湿度较大,人们更容易受到高温烟气的伤害。

当烟气层在人的头部高度以上时,人员主要受热辐射的影响。这种影响比直接接触高温烟气所造成的危害要小,并且热辐射的强度随距离的增加而衰减。一般认为,在层高不超过5 m 的普通建筑中,烟气层的温度达到 180 ℃以上时便会对人构成危险。

(4) 火灾烟气的减光性和恐怖性

火灾烟气的减光性是因为烟粒子对可见光有遮挡作用,当烟气弥漫时,烟粒子对可见光的遮挡使能见度大大降低,同时烟气中有些气体对人眼睛的强烈刺激,使人睁不开眼,使得疏散过程的行进速度大大降低,从而妨碍安全迅速地疏散活动和正常及时的扑救活动。

烟气的恐怖性将使现场受灾人员惊惶失措,使有的人失去活动能力,有的甚至丧失理智,造成火场秩序混乱,给疏散和扑救带来很大的困难,其危害重则导致人员伤亡,轻则影响人们身心健康。

13.1.2 火灾烟气的扩散与控制

1)烟气的扩散流动

建筑内发生火灾时,火灾烟气在燃烧产生的热膨胀力、浮力以及外部风力和热压作用形成的"烟囱效应"等作用力的影响下,形成强烈的对流气流,蔓延极迅速。烟气的流动特性主要取决于烟气本身的流动性或浮力以及建筑物内部的空气流动状况。一般离火焰较近区域,烟气本身的流动性起着支配作用,随着离火焰距离的增大,烟气温度降低,建筑物内部的空气流动状况对烟气扩散流动有着明显的影响。

火灾发生后,火源上方的烟气温度比较高,烟气受浮力的作用向上运动。在上升过程中,由于烟气密度比周围空气小,致使周围的空气不断掺入上升的烟气流中,并同烟气混合起来,形成所谓的"烟羽流"。

火灾烟气至上部楼板或顶棚后,改变流动方向,贴附楼板、顶棚,形成烟气的水平扩散。在烟气温度依然较高时,上部集聚高温烟气,下层是常温空气,形成具有明显分离的两个层流流动的烟气分层现象。

随着冷空气的掺混和周围建筑围护结构的冷却,烟气温度下降,沿着四周的围护结构开始向下流动,并和冷空气一起流向燃烧区,使火越烧越旺。

烟气的流动速度与烟气温度和流动方向有关。据测定,在火灾初起阶段,因空气对流,在水平方向造成的烟气扩散速度为 0.3 m/s,在火灾燃烧猛烈阶段,水平扩散速度可达 0.5~3 m/s,烟气沿楼梯间或其他竖向管井垂直扩散速度可达 3~4 m/s。在较高的楼梯间或竖井内,由于烟囱效应加剧,最大可达 6~8 m/s。由此可见,建筑一旦发生火灾,烟气将很快充满起火房间,迅速蔓延至走廊,进入楼梯、管道井等竖井后,数秒钟内即可由下至上蔓延至建筑顶部。

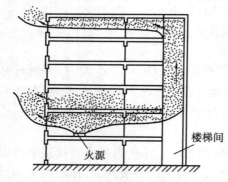

图 13.1 高层建筑烟气扩散路线示意图

楼梯间

火源

当高层建筑发生火灾时,烟气首先从着火房间向室外和走廊扩散,进入走廊的高温烟气聚集在走廊顶棚上部,并在水平方向流动。当烟气通过走廊流入楼梯间、电梯间、管道竖井等垂直通道时,烟气迅速上升,很快达到建筑物的最顶层,充满顶层上部,然后通过外窗流到室外(图 13.1)。在火灾发生时,着火层室温高于室外温度,在建筑物上层部分的室内压力大于室外压力,室内空气向室外流动;相反,在建筑物下层部分室外压力会大于室内压力,室外的空气涌入室内。烟囱效应使得高层建筑的楼梯间、电梯间和各种竖向管井构成了火灾发生时火势蔓延扩大的主要途径。烟气通过各种竖井,在数十秒内便可窜上几十层的高楼,烟气的蔓延,使得高层部分的人们来不及疏散就被熏昏甚至毒死。

2)烟气控制

火灾发生时,建筑内不同区域烟气控制的任务是不同的。在着火区域,烟气控制的主要任务是把火灾烟气控制在本区域之内并迅速排至室外,防止烟气蔓延到其他区域中去,特别是防止烟气侵入疏散通道中去,为此必须进行积极排烟,这种烟气控制区域称为排烟区。对非着火区域,特别是疏散通道,烟气控制的任务就是要防止烟气的侵入,这种烟气控制区域是防烟区。

（1）排烟方式

排烟方式分为自然排烟和机械排烟两大类。

自然排烟是依靠火灾加热室内空气产生的热压和室外的风压,利用火灾烟气的热浮力和外部风力作用,通过建筑物对外的开口把烟气排至室外（图13.2）。在热烟气排到室外的同时,冷空气将从建筑物其他开口不断地涌入室内。因此在自然排烟设计中,必须有冷空气的进口和热烟气的排烟口。排烟口可以是建筑的外窗,也可以是专门设置在侧墙上部或屋顶上的排烟口。自然排烟构造简单、经济,不需要专门的排烟设备和动力设施,运行维护费用低,排烟口平时可兼作通风换气用。对于高大空间,若在顶棚上开设排烟口,自然排烟效果较好,但自然排烟受室外风向的影响,效果不稳定。另外,排烟口位置设置不当会使火灾烟气倒灌进入非着火区域,甚至会有火灾通过排烟口向上层蔓延的危险。

机械排烟是依靠机械动力,强制送风或排气,将着火区烟气排除。根据烟气的排除和送风方式不同,机械排烟系统有多种形式。

机械排烟、机械补风方式（图13.3）。利用排烟机通过排烟口将着火房间的烟气排到室外,同时对走廊、楼梯间前室和楼梯间等利用送风机进行机械送风,使疏散通道的空气压力高于着火房间的压力,从而防止烟气从着火房间渗漏到走廊,确保疏散通道的安全。这种方式也称为全面通风排烟方式。该方式防烟、排烟效果好,不受室外气象条件影响,但系统较复杂、设备投资较高,耗电量较大。要维持着火房间的负压差,需要设置良好的调节装置,控制进风和排烟的平衡。

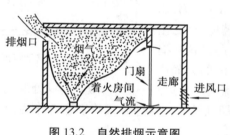

图 13.2　自然排烟示意图

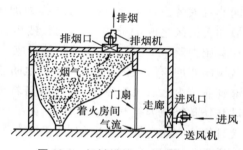

图 13.3　机械排烟、机械补风方式

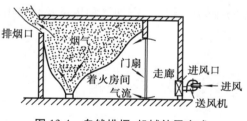

图 13.4　自然排烟、机械补风方式

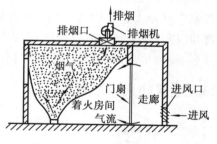

图 13.5　机械排烟、自然补风

自然排烟、机械补风方式（图13.4）。这种方式采用机械送风系统向走廊、前室和楼梯间送风,使这些区域的空气压力高于着火房间,防止烟气窜入疏散通道;着火房间的烟气通过外窗或专用排烟口以自然排烟的方式排至室外。这种方式需要控制加压区域的空气压力,避免与着火房间压力相差过大所导致渗入着火房间的新鲜空气过多,助长火灾的发展。

机械排烟、自然补风方式(图13.5)。着火房间的烟气经室内排烟口通过风机排至室外,室外的新鲜空气由建筑物与室外相通的开口进入室内补充,以维持空气平衡。在机械排烟系统的作用下,着火房间呈现负压,烟气不会向其他区域扩散,但在火灾猛烈发展阶段,烟气会大量产生,排烟机若不能及时将其完全排除,烟气就可能扩散到其他区域中去。

(2)防烟方式

防烟是通过某种手段将火灾时着火区域的烟气量减小到最小并防止烟气向非着火区扩散蔓延。根据不同的方式,防烟分为非燃化防烟、密闭防烟和加压防烟等几种。

非燃化防烟。非燃化防烟是通过非燃材料的应用,从根本上杜绝烟源的一种防烟方式。非燃材料的特点是不易燃烧且发烟量很少。对建筑材料、室内装修材料、室内家具材料以及各种管道及保温绝热材料等实行非燃化,从而使火灾时产生的烟气量和烟气光学浓度降低到最小。国家制定了专门的法规、规范对建筑内各种材料的非燃化作了明确的规定。

密闭防烟方式。当发生火灾时,利用密封性能很好的墙壁、门窗等将着火房间封闭起来,并对进出房间的气流加以控制,使着火房间内的燃烧因缺氧而自行熄灭,从而达到防烟灭火的目的。这种方式多用于容积小、建筑围护结构具有一定的耐火等级、密闭性能好的房间,如居住建筑、写字间等。密闭防烟方式的特点是不需要动力,防烟灭火效果较好,但发生火灾,如果房间内人员疏散致使房门打开时,仍将引起烟气扩散到非着火区。

加压防烟方式(图13.6)。火灾发生时,向非着火区域送风,使非着火区相对于着火房间保持一定的正压,阻止着火区的烟气向非着火区蔓延扩散,这种方式称为加压防烟方式。在加压区域和着火区之间的分隔物(隔墙、楼板、门、窗等)两侧,由于存在着压力差,空气在分隔物缝隙处形成一定流速的气流,由正压区域向非加压区域流动,从而有效地防止烟气通过这些缝隙渗漏到非着火区。火灾发生,加压区与着火区之间的分隔门

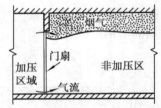

图13.6 加压防烟示意图

因疏散和扑救等原因打开甚至常开时,如果加压气流的压力达到一定值,敞开门洞处的气流速度较大且气流方向与烟气流向相反,仍能有效阻止烟气扩散。这种方式特别适合作为疏散通道的楼梯间、电梯和楼梯前室的防烟。

需要指出的是,排烟和防烟是烟气控制的两个方面,它们是一个有机的整体。建筑的火灾烟气控制常常是上述防烟和排烟各种方式的综合运用。防排烟设施设置在疏散通道和人员密集的部位,以利于人员的安全疏散;在火灾现场,防排烟设施将火灾烟气和热量及时排出,减弱火势蔓延,排除灭火障碍,是灭火的配套措施。

13.1.3 建筑防火排烟基础

1)建筑分类和耐火等级

建筑按其使用功能可分为民用建筑和工业建筑;按其高度可分为地下建筑、单层建筑、多层建筑及高层建筑。不同类型的建筑设计必须符合相应设计防火规范的规定和要求。

根据建筑构件的燃烧性能和耐火极限,建筑物有不同的耐火等级要求。建筑构件的燃烧性能根据其组成材料的不同,分为不燃烧体、难燃烧体和燃烧体三类。建筑构件的耐火极限是

指按时间—温度标准曲线进行耐火试验,从受到火的作用时起,到失去支持能力或完整性被破坏或失去隔火作用时止的这段时间,以小时(h)表示。

我国《建筑设计防火规范》(GB 50016—2018)将工业与普通民用建筑的耐火等级划分为四级,并且对不同耐火等级建筑物的建筑构件的燃烧性能和耐火极限做了具体的规定。一级防火性能最高,四级防火性能最低。

工业厂房和仓库分别按生产的火灾危险性和储存物品的火灾危险性分为甲、乙、丙、丁、戊5类。甲类火灾危险性最大。对高层民用建筑的类型做了规定,按使用性质、火灾危险性、疏散和扑救难度等分为一类和二类。规定一类高层建筑的耐火等级应为1级,二类高层建筑的耐火等级不应低于2级;裙房的耐火等级不应低于2级;高层建筑地下室的耐火等级应为1级。

现行《汽车库、修车库、停车场设计防火规范》(GB 50067—2014)根据停车数量,将车库的防火分类分为Ⅰ、Ⅱ、Ⅲ、Ⅳ四级,Ⅰ级防火要求最高,Ⅳ级最低。耐火等级分为三级:地下汽车库的耐火等级为一级;甲、乙类物品运输车的汽车库、修车库,以及Ⅰ、Ⅱ、Ⅲ类的汽车库、修车库不应低于二级;Ⅳ类汽车库、修车库不应低于三级。

2)防火和防烟分区

(1)防火分区

建筑一旦发生火灾,为了防止火势蔓延扩大,需要将火灾控制在一定的范围内进行扑灭,尽量减轻火灾造成的损失。防火分区,是指在建筑物内部采用防火墙、耐火楼板及其他防火分隔措施分隔而成,能在一定时间内防止火灾向同一建筑的其余部分蔓延的局部空间。竖向防火分隔设施主要有耐火楼板、避难层、防火挑檐、功能转换层等,对于建筑中的电缆井、管道井等竖向管井,除井壁材料和检查门有防火要求外,根据建筑高度不同,其井内每隔一定楼层在楼板处用相当于楼板耐火极限的不燃烧体作防火分隔。水平防火分隔设施主要有防火墙、防火门、防火窗、防火卷帘、防火幕和防火水幕等,建筑物墙体客观上也发挥防火分隔作用。

(2)防烟分区

防烟分区是防火分区的细分,是指为了将烟气控制在一定范围内,在屋顶、顶棚或吊顶下采用具有挡烟功能的构件分隔而成的,具有一定蓄烟功能的空间。防烟分区不得跨越防火分区。防烟分区可通过挡烟垂壁、隔墙或从顶棚下突出不小于0.5 m的梁来划分。挡烟垂壁是用不燃材料制成,从顶棚下垂不小于0.5 m的固定或活动挡烟设施。活动挡烟垂壁在火灾时因感温、感烟或其他控制设备的作用,能自动下垂。一般每个防烟分区采用独立的排烟系统或垂直排烟道(竖井)进行排烟。防烟分区的面积需根据建筑物的种类和要求进行划分。如果面积过小,会使排烟系统或垂直排烟道数量增多,提高系统和建筑造价;如果面积过大,使高温的烟气波及面积加大,受灾面积增加,不利于安全疏散和扑救。

3)安全疏散

建筑发生火灾后,受灾人员需及时疏散到安全区域。疏散路线一般分为四个阶段:第一阶段为室内任一点到房间门口;第二阶段为从房间门口至进入楼梯间的路程,即走廊内的疏散;第三阶段为楼梯间内的疏散;第四阶段为出楼梯间进入安全区。沿着疏散路线,各个阶段的安全性应当依次提高。

　　楼梯是建筑中的主要垂直交通通道,根据防火要求可分为敞开楼梯间、封闭楼梯间、防烟楼梯间及室外楼梯等几种形式。

　　(1)敞开楼梯间

　　敞开楼梯间一般指建筑室内由墙体等围护构件构成的无防烟防火功能,且与其他使用空间直接相通的楼梯间,见图13.7。敞开楼梯间在低层建筑中应用广泛,它可充分利用自然采光和自然通风,人员疏散直接,但却是烟火蔓延的通道,故在高层建筑和地下建筑中禁止采用。

　　(2)封闭楼梯间

　　封闭楼梯间是指设有防火门的楼梯间(图13.8),具有一定防火防烟能力。

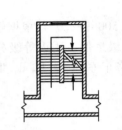

图13.7　普通敞开式楼梯间

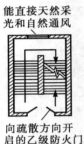

能直接天然采光和自然通风

向疏散方向开启的乙级防火门

图13.8　封闭楼梯间

　　(3)防烟楼梯间

　　防烟楼梯间是指能够防止烟气侵入的楼梯间。为了阻挡烟气直接进入楼梯间,在楼梯间出入口与走道间设有面积不小于规定数值的封闭空间,称作前室,并设有防烟设施;也可在楼梯间出入口处设专供防烟用的阳台、凹廊等。前室分为独立前室、消防电梯间前室与合用前室。

　　通向楼梯间及前室的门均为乙级防火门。防烟楼梯间的主要形式见图13.9。另外,根据规范要求,有些建筑需要设置两座封闭或防烟楼梯间,当其平面布置十分困难时,允许设置防烟剪刀楼梯间。剪刀楼梯是在同一楼梯间内设置两个楼梯,要求楼梯之间设墙体分隔,形成互不相通的独立空间。

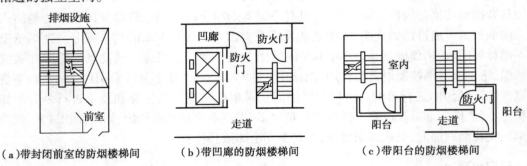

(a)带封闭前室的防烟楼梯间　　(b)带凹廊的防烟楼梯间　　(c)带阳台的防烟楼梯间

图13.9　防烟楼梯间形式示意图

4)避难层(间)

　　避难层是指超高层建筑中专供发生火灾时人员临时避难使用的楼层;避难间是指作为避难使用的几个房间。其按要求在高度超过100 m的超高层建筑中设置。

13.2 暖通空调系统的防火

暖通空调系统防火的目的是要防止火灾发生和蔓延,并为及时有效地扑灭火灾、减小火灾危害程度创造条件。

13.2.1 暖通空调系统的防火措施

1)防止燃烧、爆炸性气体、蒸气和粉尘的传播

通风空调系统的设计必须对具有燃烧、爆炸性的气体、蒸气和粉尘在系统中的输送、传播进行控制,防止这些物质通过通风空调的管道系统扩散而造成火灾与爆炸危险。其主要措施有:

①空气中含有易燃、易爆物质的房间,其通风空调系统不输送循环使用的空气,同时送风干管上设止回阀,防止输送介质回流;另外,为防止通风机房泄漏出的可燃气体被再次送入厂房内,甲、乙类生产厂房的送风设备和排风设备不应布置在同一机房内。

②排送有燃烧和爆炸危险粉尘的空气,在进入排风机前应进行净化处理。

③可燃气体管道和甲、乙、丙类液体管道不允许穿过通风管道和通风机房,也不应沿风管的外壁敷设,以防止可燃气体和液体失火后,火灾沿着通风管道蔓延。

④为排除比空气轻的可燃气体混合物,防止该气体在管道内局部积存,水平排风管应顺气流的方向向上有坡度地敷设。

2)消除点火能源

火花是引起易燃、易爆物质发生燃烧和爆炸的点火能源。较高的温度也会使一些物质(如二硫化碳气体、黄磷蒸气及粉尘等)发生自燃。另外,有些物质(如电石、碳化铝、氢化钾、氢化钠等放出的可燃气体)遇水、水蒸气可能发生燃烧爆炸。暖通空调系统消除点火能源的主要措施有:

①采用防爆型的通风设备。防爆型通风设备一般是指采用铝合金片等有色金属叶片和防爆电机的通风设备。

②限制热媒温度。热水供暖时不超过130 ℃,蒸汽供暖时不超过110 ℃。对甲、乙类生产厂房严禁采用明火(如电热和燃气)供暖。

③生产过程中散发与供暖管道、散热器接触或遇水、水蒸气能引起自燃、爆炸的气体、蒸气和粉尘的厂房,应采用不循环使用的热风供暖。

④排除、输送有燃烧或爆炸危险气体、蒸气和粉尘的排风系统,应设有导除静电的接地装置,其排风设备不应布置在建筑物的地下室或半地下室。

⑤含有容易爆炸的铝、镁等粉尘的空气,其净化应采用不产生火花的除尘器;对遇水能形成爆炸性混合物的粉尘,不能采用湿式除尘器。

3)管道和保温材料的防火性能要求

①为了防止通风、空调管道自身起火,通风、空调系统的风管应采用不燃烧材料制作,但接触腐蚀性介质的风管和柔性接头,可采用难燃烧材料制作。

②管道和设备的保温材料、消声材料和黏结剂应采用不燃烧材料或难燃烧材料。

③穿过防火墙和变形缝的风管两侧和 2 m 范围内应采用不燃烧材料及其黏结剂。

④风管内设有电加热器时,风机应与电加热器连锁。电加热器前后各 0.8 m 范围内的风管和穿过设有火源等容易起火部位的管道,均必须采用不燃烧保温材料。

13.2.2 防火阀、排烟防火阀的设置

为了阻止火灾时火势和有毒高温烟气通过风管蔓延扩大,在通风、空调系统的风管上需要设置防火阀,在排烟系统的管道上需要设置排烟防火阀,当烟气温度超过 280 ℃ 时,排烟防火阀能自动关闭。

1)防火阀的设置

通风、空调系统的送、回风管在下列部位应设防火阀:

①管道穿越防火分区处(图 13.10)。

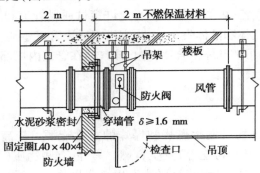

图 13.10 防火墙处的防火阀示意图

②穿越通风、空调机房及重要的或火灾危险性大的房间(如贵宾休息室、多功能厅、大会议室、易燃物质试验室、储存量较大的可燃物品库房及贵重物品间等)的隔墙和楼板处。

③垂直风管与每层水平风管交接处的水平管段上。

④穿越变形缝处的两侧(图 13.11)。

⑤厨房、浴室和厕所等的排风管道与竖井相连接时,应有防止回流的措施或在支管上设置防火阀。防止回流可采用以下方法:

a.加大垂直支管长度,使各层排风支管穿越两层楼板,在第三层接入总管,如图13.12(a)所示;

b.将排风竖管分成大小 2 根管道,大管为总管,直通屋面,如图 13.12(b)所示;

c.将支管顺气流方向插入排风竖管内,且使支管到支管出口的高度不小于 600 mm,如图 13.12(c)所示;

d.在排风支管上设置密闭性较强的止回阀。

上述部位的防火阀,当温度达到 70 ℃时,应能自动关闭。

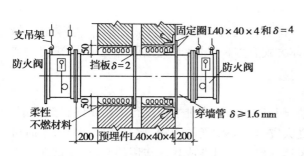

图 13.11 变形缝处的防火阀示意图

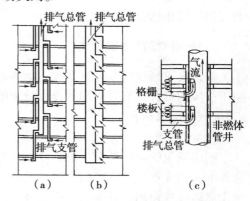

图 13.12 排气管防止回流构造示意图

2)排烟防火阀的设置

排烟系统的风管在下列部位应设置排烟防火阀:

①排烟机房的入口处。

②各防烟分区的排烟支管处。

当排烟道内的烟气温度达到或超过 280 ℃时,烟气中已带火,如不停止排烟,烟火就有蔓延扩大的危险;另外,在烟气温度达到 280 ℃时,一般情况下,房间内的人员已疏散完毕。因此,排烟系统中的排烟防火阀在烟气温度达到 280 ℃应能自动关闭。

13.3 防烟与排烟设计

在建筑中设置防排烟系统的作用是将火灾产生的烟气及时予以排除,防止烟气扩散,特别是要保证疏散通道不受烟气侵害,以确保建筑内人员的安全疏散;同时将火灾现场的烟和热及时排去,减弱火势的蔓延,排除灭火的障碍。高层建筑功能复杂、人员集中,一旦发生火灾,火势蔓延快,人员疏散和消防扑救非常困难,其火灾危害性比一般建筑更为严重。因此,在高层建筑设计中,不仅需要妥善考虑防火方面的问题,而且必须慎重研究和处理防排烟问题。

13.3.1 防排烟设计基本概念

1)防烟排烟的基本原理

防排烟设计最重要的目的是要保证疏散通道不受烟气侵害,确保人员安全疏散。根据烟气控制的理论,建筑防排烟设计的基本原理可以分为以下几个方面:

①对火灾区域应实行排烟控制,创造条件使火灾产生的烟气和热量能迅速排至室外。因此,火灾区域的空气压力值为相对负压。

②对非火灾部位及疏散通道等,应阻止烟气的侵入。通过机械加压送风的防烟措施,使该区域的空气压力值为相对正压,防止烟气扩散到该区域,控制火势蔓延。

③对于敞开的安全疏散口,通过送风在其出口处形成一股速度足够大的气流,控制该气流的方向来阻止烟气的蔓延。

2) 防烟排烟的主要形式

建筑火灾烟气控制分排烟和防烟两方面。排烟包括自然排烟和机械排烟,防烟采取机械加压送风的形式。设置防烟或排烟设施的具体方式有多种,设计时应按照有关规范、规定的要求,进行合理选择和组合。

(1) 自然排烟

利用建筑的阳台、凹廊或在外墙上设置便于开启的外窗或排烟窗进行无组织的自然排烟。这种方式的优点是不需专门的排烟设备,不受火灾时电源中断的影响,构造简单、经济,平时可兼作通风换气使用。其缺点是受室外风向、风速和建筑密封性或热压作用的影响,排烟效果不太稳定。

(2) 机械排烟

设置专用的排烟口、排烟管道及排烟风机,把火灾产生的烟气和热量排至室外。

3) 防排烟设计程序

在进行防排烟系统设计时,应首先分析建筑的类型、功能特性和防火要求,清楚地了解建筑的防火分区,并会同建筑设计专业共同研究合理的防排烟方案,确定防烟分区。设计程序可依下列步骤进行:

①分析建筑方案,了解防火分区。
②确定防排烟的对象及场所。
③研究确定防排烟方式。
④划分防烟分区,计算防烟区面积。
⑤确定补风方式,计算补风量。

对于自然排烟方式,需要校核有效排烟孔口面积;对于机械排烟,还需完成以下步骤:

①计算排烟量。
②布置管道、排烟口。
③选定管道、排烟口尺寸。
④绘制管道系统布置图。
⑤计算管路阻力,选择排烟风机。

13.3.2 防排烟系统设置的基本要求

1) 排烟设施的设置

国家有关设计防火规范针对不同的建筑类型和火灾危险性等级,根据建筑面积、建筑高度、可燃物堆放状况以及人员停留和疏散条件,对排烟设施的设置部位进行了严格规定,并指出建筑中的排烟可采用机械排烟方式或可开启外窗的自然排烟方式。

(1) 自然排烟

对按规定应设置排烟设施且具备自然排烟条件的场所宜设置自然排烟设施;最远点水平

距离应≤30 m,工业建筑≤2.8*H*,当*H*>6时,最远点水平距离应≤37.5 m。

自然排烟窗(口)应设置手动开启装置,设置在高处不便于直接开启的自然排烟窗(口),应设置距地面1.3~1.5 m的手动开启装置。净高>9 m的中庭、建筑面积>2 000 m²的营业厅、展览厅、多功能厅等场所,应设置集中手动装置和自动开启设施。

(2)机械排烟

对按规定应设置排烟设施的场所或部位,当不具备自然排烟条件时应设置机械排烟设施:

①走道:建筑内长度超过20 m的疏散走道;

②地上房间:超过100 m²且经常有人停留,300 m²且可燃物较多;

③地下或半地下建筑(室)、地上建筑内的无窗房间,当总面积大于200 m²或一个房间建筑面积大于50 m²,而且经常有人停留或可燃物较多时;

④歌舞娱乐放映游艺场所:设置在一、二、三层且房间面积大于100 m²的歌舞娱乐放映游艺场所,设置在四层及以上楼层,地下或半地下的歌舞娱乐放映游艺场所;

⑤中庭及回廊;

⑥除开敞式汽车库、建筑面积小于1 000 m²的地下一层汽车库和修车库外的汽车库、修车库。

设置排烟系统的场所或部位应合理划分防烟分区。防烟分区不应跨越防火分区,并应符合下列要求:

①车库防烟分区面积不宜大于2 000 m²;其他功能建筑面积及长边允许长度参照表13.1。

②公共建筑、工业建筑中的走道宽度不大于2.5 m时,其防烟分区的长边长度不应大于60 m;空间净高大于9 m时,防烟分区之间可不设置挡烟设施。

③设置排烟设施的建筑内,敞开楼梯和自动扶梯穿越楼板的开口部位应设置挡烟垂壁等设施。

④挡烟垂壁等挡烟分隔设施的深度不应小于储烟仓厚度。当采用机械排烟方式时,储烟仓的厚度不应小于空间净高的10%,且不应小于500 mm。

⑤不设排烟设施的房间(包括地下室)和走道不划分防烟分区。

表13.1　公共建筑、工业建筑防烟分区的最大允许面积,及其长边最大允许长度

空间净高 *H*/m	最大允许面积/m²	长边最大允许长度/m
H≤3.0	500	24
3.0<*H*≤6.0	1 000	36
H>6.0	2 000	60 m; 具有自然对流条件时,不应大于75 m
H>9.0		防火分区允许的面积

2)防烟设施的设置

建筑中的防烟可采用机械加压送风防烟方式或可开启外窗的自然排烟方式。建筑中的封闭楼梯间、防烟楼梯间及其前室、消防电梯间前室或合用前室应设置防烟设施。当其不具备自然排烟条件时,应设置机械加压送风防烟设施。对于封闭避难层(间)、避难走道等也要求设置机械加压送风的防烟设施。

13.3.3 加压送风防烟系统设计

1) 加压送风系统压力的确定

防烟楼梯间及前室或合用前室要求具有一定的正压值,以防止烟气的扩散。在设计中,楼梯间的压力应大于前室或合用前室的压力,前室和合用前室的压力又要大于走道的压力。同时为了使人员疏散时不产生开门困难现象,需要将这些部位的压差值控制在一定范围内。上述各部位的正压值:

①防烟楼梯间为 40~50 Pa。

②前室、合用前室、消防电梯间前室、封闭避难层(间)为 25~30 Pa。

机械加压送风机的全压,除计算最不利环管道压头损失外,尚应有符合上述要求的余压值。在疏散过程中,当着火层前室或楼梯间的防火门打开时,为了能有效地阻止烟气进入前室和楼梯间,在该门洞断面处应该形成一股与烟气扩散方向相反,且有足够大流速的气流。为保证防烟效果,门的开启风速不应小于 0.7 m/s。

2) 加压送风量的确定

加压送风系统的送风量是综合考虑维持楼梯间及前室等要求的正压值、维持门的开启风速不小于 0.7 m/s 及门缝漏风量等因素确定的。加压送风量通过计算或按有关设计防火规范中给出的值确定。加压送风量的计算通常采用压差法或流速法。

(1) 压差法

压差法是当防烟楼梯间及前室等疏散通道门关闭时,按保持疏散通道合理的正压值来确定加压送风量。计算式如下:

$$L_y = 0.827 f \Delta p^{1/m} \times 3\ 600 \times 1.25 \tag{13.1}$$

式中　L_y——保持正压要求所需加压送风量,m³/h;

　　　Δp——门、窗两侧的压差值,Pa;

　　　m——指数,对于门缝及较大漏风面积取 2,对于窗缝取 1.6;

　　　f——门、窗缝隙的计算漏风总面积,m²;

　　　0.827——计算常数;

　　　1.25——不严密处附加系数。

(2) 风速法

风速法是按开启失火层疏散门时应保持该门洞处一定的风速来计算加压送风量。计算式如下:

$$L_v = \frac{nFv(1+b)}{a} \times 3\ 600 \tag{13.2}$$

式中　L_v——保持一定风速所需加压送风量,m³/h;

　　　F——每个门的开启面积,m²;

　　　v——开启门洞处的平均风速,取 0.7~1.2 m/s;

　　　a——背压系数,根据加压间密封程度取 0.6~1.0;

　　　b——漏风附加率,取 0.1~0.2;

n——同时开启门的计算数量,20 层以下建筑取 2,20 层及以上时取 3。

加压送风系统总送风量的计算在实践中有多种方法:

一种方法是按式(13.1)和式(13.2)分别进行计算,取其中的大值作为加压送风量的计算值。

另一种方法认为加压送风总送风量应由保持加压部位一定的正压值所需的送风量和门打开时保持门洞处风速所需风量,以及采用常闭风口时送风阀门的总漏风量三部分组成。计算式如下:

$$L = L_y + L_v + L_f \qquad (13.3)$$

式中 L——加压送风系统所需的总送风量,m^3/h;

L_y——保持加压部位正压要求所需送风量,m^3/h,见式(13.1);

L_v——着火层疏散门开启时,为保持门洞处风速所需送风量,m^3/h,见式(13.2);

L_f——送风阀门的总漏风量,m^3/h。

$$L_f = 0.083 \times F_f n_f \times 3\ 600 \qquad (13.4)$$

式中 F_f——单个送风阀门的面积,$m^2/$个;

n_f——漏风阀门的数量,个;当采用常开风口时,取 $n_f = 0$;当采用常闭风口时,取 $n_f =$ 楼层数-1;

0.083——阀门单位面积的漏风量,$m^3/(s \cdot m^2)$。

当采用第二种方法计算时,式(13.2)中取背压系数 $a = 1$,漏风附加率 $b = 0$。当风口为常闭风口时,同时开启门的数量 $n = 1$;采用常开风口时,同时开启门的数量 n 同第一种计算方法。

这两种计算方法在设计中都有应用,且后一种方法在近些年的工程实践中逐渐受到重视。不论采用哪种方法计算,当所得计算值与相关规范中给出的值不一致时,应取其中较大值作为加压送风系统的总送风量。

当剪刀楼梯间合用一个风道时,风量按 2 个楼梯间风量计算,送风口分别设置。封闭避难层(间)的机械加压送风量按避难层净面积每 m^2 不小于 30 m^3/h 计算。层数超过 32 层的高层建筑,其送风系统和送风量应分段设计。

3)加压送风口的设置

防烟楼梯间的加压送风口每隔 2~3 层设 1 个,风口应采用自垂式百叶风口或常开百叶式风口;当采用后者时,加压风机的压出管上应设置止回阀。

前室、合用前室应每层设置常闭式加压送风口。每个风口的有效面积按 1/3 系统总风量确定。当发生火灾时开启着火层及相邻层的风口。风口应设手动和自动开启装置,并应与加压送风机的启动装置联锁。

4)加压送风系统的风速

因机械加压送风系统不是常开,对噪声影响可不予考虑,故允许比一般通风的风速稍大些。对于金属风道,风速不大于 20 m/s,一般控制在 14 m/s 左右;对于内表面光滑的混凝土等非金属材料风道,风速不大于 15 m/s,一般建筑风道风速控制在 12 m/s 左右。加压送风口的风速不宜大于 7 m/s。

5)加压送风系统的余压控制

当加压送风系统的余压超过规定的余压值较多时,宜设泄压或限压装置。余压阀是控制压力差的限压装置。为了保证防烟楼梯间及其前室、消防电梯间前室和合用前室的正压值,防止正压值过大而导致疏散门难以推开,应在防烟楼梯间与前室、前室与走道之间设置余压阀,控制余压阀两侧正压间的压力差不超过 50 Pa。另外,可通过在楼梯间或前室适宜位置的压力传感器,控制加压送风机出口的旁通阀,旁通多余压力。

13.3.4 排烟系统设计

1)自然排烟

(1)自然排烟原理

自然排烟是利用火灾时产生的热压,通过与室外相邻的外窗、阳台、凹廊或专用排烟口(包括在火灾发生时破碎玻璃以打开外窗)将室内的烟气排至室外。通过设置排烟竖井也可对走道和房间实现有组织的自然排烟,但由于竖井截面很大,降低了建筑使用面积且漏风现象较严重等因素,高层建筑不推荐采用这种方式。

热压和风压是影响自然排烟效果的主要因素。热压作用的大小取决于烟气与空气间的温差及排烟口与进风口的高差,温差和高差越大,排烟效果越好。风压取决于室外风速和风向,当排烟口处于下风向或与风向平行时,烟气能较顺利地排出;当排烟口处于上风向时,受室外风力的阻碍,排烟较困难,室外风速大到一定数值,导致自然排烟失效甚至出现烟气倒灌。

(2)自然排烟口设置

自然排烟口、排烟窗、送风口应由不燃材料制作。自然排烟口应设于房间净高度的1/2以上,且距顶棚下 800 mm 以内(以排烟口的下边缘计);自然进风口应设于房间净高度的 1/2 以下(以进风口上边缘计)。

内走道和房间的自然排烟口至该防烟分区最远点的距离不应大于 30 m。

(3)自然排烟口面积的确定

自然排烟口窗口面积一般取房间建筑面积的 2%,但在 $H>6$ m 时,要按规范详细计算。

2)机械排烟

机械排烟是利用排烟风机的动力将烟气排至室外,同时在失火区域形成负压,防止烟气向其他区域蔓延。

(1)机械排烟的排烟量

①建筑空间净高小于或等于 6 m 的场所,其排烟量应按不小于 60 $m^3/(h \cdot m^2)$ 计算,且取值不小于 15 000 m^3/h。

②公共建筑、工业建筑中空间净高大于 6 m 的场所,其每个防烟分区排烟量应根据场所内的热释放速率以及《建筑防烟排烟系统技术标准》(GB 51251—2017)的规定计算确定。

③当公共建筑仅需在走道或回廊设置排烟时,其机械排烟量不应小于 13 000 m^3/h。

④当公共建筑房间内与走道或回廊均需设置排烟时,其走道或回廊的机械排烟量可按 60 $m^3/(h \cdot m^2)$ 计算且不小于 13 000 m^3/h,或设置有效面积不小于走道、回廊建筑面积2%的

自然排烟窗(口)。

当一个排烟系统担负多个防烟分区排烟时,对于建筑空间净高大于 6 m 的场所,应按排烟量最大的一个防烟分区的排烟量计算;对于建筑空间净高为 6 m 及以下的场所,应按同一防火分区中任意两个相邻防烟分区的排烟量之和的最大值计算。

中庭周围场所设有排烟系统时,中庭采用机械排烟系统的,中庭排烟量应按周围场所防烟分区中最大排烟量的 2 倍数值计算,且不应小于 107 000 m³/h;当中庭周围场所不需设置排烟系统,仅在回廊设置排烟系统时,中庭的排烟量不应小于 40 000 m³/h。

按《汽车库、修车库、停车场设计防火规范》(GB 50067—2014)的规定,车库的排烟量应按换气次数不小于 6 次/h 计算确定,送风 5 次/h,房间层高可按 3 m 确定。

(2)机械排烟系统的补风

机械排烟设计应考虑补风的途径。当补风通路阻力不大于 50 Pa 时,可自然补风;当补风通路的空气阻力大于 50 Pa 时,应设置火灾时可转换成补风的机械送风系统或单独的机械补风系统,补风量不宜小于排烟风量的 50%。设有机械排烟的走道或小于 500 m² 的房间,可不设补风系统。机械补风口的风速不宜大于 10 m/s,人员聚集场所的补风口风速不宜大于 5 m/s,自然补风口的风速不宜大于 3 m/s。

(3)机械排烟系统的布置

走道的机械排烟系统宜竖向设置;房间的机械排烟系统宜按防烟分区设置。同一个防烟分区,应采用同一种排烟方式。穿越防火分区的排烟管道应在穿越处设置排烟防火阀。

每个防烟分区内必须设置排烟口,排烟口应设在顶棚上或靠近顶棚的墙面上,且与附近安全出口沿走道方向相邻边缘之间的最小水平距离不应小于 1.5 m。设在顶棚上的排烟口,距可燃物件或可燃物的距离不应小于 1 m。在水平方向上,排烟口宜设置于防烟分区的中间位置。排烟口与疏散出口的水平距离应在 2 m 以上,排烟口至该防烟分区最远点的水平距离不应大于 30 m。每个排烟系统排烟口的数量不宜超过 30 个。单独设置的排烟口,平时应处于关闭状态,其控制方式可采用自动或手动开启方式,手动开启装置的位置应便于操作。排烟口与排风口合并设置时,应在排风口或排风口所在支管设置具有防火功能的自动阀门,该阀门应与火灾自动报警系统联动;火灾时,着火防烟分区内的阀门仍应处于开启状态,其他防烟分区内的阀门应全部关闭。

当机械排烟系统与通风、空调系统共用时,必须采取可靠的防火安全措施,并应满足消防排烟系统的要求。当排风量与排烟量不同时,可采用变速风机或并联风机;当排风量与排烟量相差较大时,应分别设置风机,火灾时能自动切换。排烟风机和用于排烟补风的送风风机,应设置在专用的风机机房内或室外屋面上,当条件受到限制时,可设置在专用空间内。排烟风机与排烟管道上不宜设有软接管,当排烟风机及系统中设置有软接头时,该软接头应能在 280 ℃ 的环境条件下连续工作不少于 30 min。

(4)机械排烟系统的风速与气流方向

机械排烟系统的风速与加压送风系统的要求相同,其排烟口风速不宜大于 10 m/s。排烟气流、排烟所需的补风气流及机械加压送风的气流应合理组织,应尽量使火灾时的烟气流动方向与疏散人流方向相反。

13.4 防排烟系统的设备与部件

一个完整的防排烟系统应包括风机、管道、阀门、送风口、排烟口以及风机、阀门与送风口或排烟口的联动装置。

1)防排烟风机

防排烟工程所应用的风机,按用途分为送风机和排烟风机。

机械加压送风机可采用轴流风机或中、低压离心风机,风机的位置应根据供电条件、风量分配均衡和新风入口的位置等因素来确定。

排烟风机可采用离心风机或采用排烟专用轴流风机,并应在其机房入口处设有当烟气温度超过 280 ℃ 时能自动关闭的排烟防火阀。排烟风机应在烟气温度 280 ℃ 时能连续工作30 min。经过试验证明,普通离心风机能达到排烟风机的耐温要求。

2)防火、防排烟阀门

(1)防火阀

防火阀安装在通风、空气调节系统的送、回风管道上,平时呈开启状态,火灾时当管道内烟气温度达到 70 ℃ 时靠温度熔断器使阀门关闭,以防止火势沿风管蔓延。其中具有风量调节功能的防火阀又称为防火调节阀。

(2)排烟防火阀

排烟防火阀安装在机械排烟系统管道上,平时呈开启状态,火灾时当排烟管道内烟气温度达到 280 ℃ 时关闭,同时可输出电讯号联动排烟风机停机。

(3)排烟阀

排烟阀设在机械排烟系统各支管端部,平时呈关闭状态,火灾时通过电讯号或手动开启,起排烟作用,并可输出阀门开启信号,同时排烟风机启动。

3)排烟口、送风口

排烟口是安装在机械排烟系统烟气吸入口处表面带有装饰口或进行过装饰处理的排烟阀。排烟口有板式排烟口和多叶式排烟口两种形式,开启方式要求手动和自动两种。阀门平时关闭,着火时通过电讯号开启,也可由手动或远距离(6 m 内)缆绳开启。可输出电讯号联动排烟风机同时开启。可设 280 ℃ 重新关闭装置。排烟口动作后,可通过手动复位装置或更换温度熔断器予以复位,以便重复使用。

加压送风口用作机械加压送风系统的风口,具有赶烟、防烟的作用。多叶式排烟口可用作加压送风口。加压送风口分常开和常闭两种形式。常闭型风口靠感烟(温)信号控制开启,也可手动(或远距离缆绳)开启,风口可输出动作信号,联动送风机开启。风口可设 280 ℃ 重新关闭装置。

4)防排烟系统阀门的设置要求

①普通防火阀动作温度应为 70 ℃,用于厨房排油烟系统的防火阀动作温度应为 150 ℃,

排烟防火阀动作温度为 280 ℃。

②防火阀宜靠近防火分隔处设置,距防火隔断物不宜大于 200 mm。

③在防火阀两侧各 2.0 m 范围内的风管及其绝热材料应采用不燃材料制作。

④当防火阀采用暗装式时,应在安装部位设置方便的检修口,操作机构一侧应有不小于 200 mm 的净空以利于检修。

⑤防火阀应设置单独吊架,减少阀体、管道变形而影响阀门性能。

思考题

13.1   火灾烟气的危害表现在哪些方面?

13.2   烟气控制的方式有哪些? 主要任务是什么?

13.3   防火分区和防烟分区的作用是什么?

13.4   暖通空调系统的防火措施有哪些?

13.5   防火阀和排烟防火阀的作用是什么? 在哪些位置需要设置?

13.6   防烟、排烟设计的基本原理是什么? 建筑防、排烟的主要形式有哪些?

13.7   加压送风防烟系统的压力和风量是如何确定的?

13.8   机械排烟系统的排烟量应当如何考虑?

附　录

附录 1　国内部分城市空调室外计算参数

城　市	北纬	夏　季					冬　季		
		大气压力/mbar*	干球温度/℃	日平均温度/℃	计算日较差/℃	湿球温度/℃	大气压力/mbar	干球温度/℃	相对湿度/%
北京	39°48′	998.6	33.2	28.6	8.8	26.4	1 020.4	−12	45
天津	39°06′	1 004.8	33.4	29.2	8.1	26.9	1 026.6	−11	53
石家庄	38°02′	995.6	35.1	29.7	10.4	26.6	1 016.9	−11	52
太原	37°47′	919.2	31.2	26.1	9.8	23.4	932.9	−15	51
呼和浩特	40°49′	889.4	29.9	25.0	9.4	20.8	900.9	−22	56
沈阳	41°46′	1 000.7	31.4	27.2	8.1	25.4	1 020.8	−22	64
长春	43°54′	977.9	30.5	25.9	8.8	24.2	994.0	−26	68
哈尔滨	45°41′	985.1	30.3	26.0	8.3	23.4	1 001.5	−29	74
上海	31°10′	1 005.3	34.0	30.4	6.9	28.2	1 025.1	−4	75
南京	32°00′	1 004.0	35.0	31.4	6.9	28.3	1 025.2	−6	73
杭州	30°14′	1 000.5	35.7	31.5	8.3	28.5	1 020.9	−4	77
合肥	31°52′	1 000.9	35.0	31.7	6.3	28.2	1 022.3	−7	75
福州	26°05′	996.4	35.2	30.4	9.2	28.0	1 012.6	4	74
南昌	28°36′	999.1	35.6	32.1	6.7	27.9	1 018.8	−3	74
济南	36°41′	998.5	34.8	31.3	6.7	26.7	1 020.2	−10	54
郑州	34°43′	991.7	35.6	30.8	9.2	27.4	1 012.8	−7	60
武汉	30°37′	1 001.7	35.2	31.9	6.3	28.2	1 023.3	−5	76
长沙	28°12′	999.4	35.8	32.0	7.3	27.7	1 019.9	−3	81
广州	23°08′	1 004.5	33.5	30.1	5.4	27.7	1 019.5	5	70
海口	20°02′	1 002.4	34.5	29.9	8.8	27.9	1 016.0	10	85
南宁	22°49′	996.0	34.2	30.3	7.5	27.5	1 011.4	5	75
成都	30°40′	947.7	31.6	28.0	6.9	26.7	963.2	1	80
重庆	29°35′	973.2	36.5	32.5	7.7	27.3	991.2	2	82
贵阳	26°35′	887.9	30.0	26.3	7.1	23.0	897.5	−3	78
昆明	25°01′	808.0	25.8	22.2	6.9	19.9	811.5	1	68
拉萨	29°40′	652.3	22.8	18.1	9.0	13.5	650.0	−8	28
西安	34°18′	959.2	35.2	30.7	8.7	26.0	987.7	−8	67
兰州	36°03′	843.1	30.5	25.8	9.0	20.2	851.4	−13	58
西宁	36°37′	773.5	25.9	20.7	10.0	16.4	775.1	−15	48
银川	38°29′	883.5	30.6	25.9	9.0	22.0	895.7	−18	58
乌鲁木齐	43°47′	906.7	34.1	29.0	9.8	18.5	919.9	−27	80
台北	25°02′	1 005.3	[33.6]	[30.5]	6.9	[27.3]	1 019.7	[9]	82
香港	22°18′	1 005.6	32.4	30.0	4.6	[27.3]	1 019.5	8	71

注:1 bar=10⁵ Pa。

附录 2　围护结构外表面对太阳辐射的吸收系数

材料类别	表面特征	吸收系数	材料类别	表面特征	吸收系数
外粉刷	浅色	0.40	红褐陶瓦屋面	红褐色	0.65~0.74
水刷石	粗糙,浅灰色	0.68	灰瓦屋面	浅灰	0.52
拉毛水泥墙面	粗糙,米黄色	0.65	水泥瓦屋面	暗灰	0.69
红砖墙	红色	0.7~0.77	水泥屋面	素灰	0.74
硅酸盐砖墙	不光滑,青灰色	0.45	绿豆砂保护屋面	浅黑	0.65
混凝土砌块	灰色	0.65	白石子屋面	粗糙	0.62
混凝土墙	平滑,暗灰	0.73	油毛毡屋面	不光滑	0.81~0.88
石棉水泥板	浅色	0.65~0.87	白色涂料	白色	0.12~0.26
镀锌薄钢板	光滑,灰黑	0.89	黑色涂料	黑色	0.97~0.99

附录 3　北纬 40°太阳总辐射照度

单位:W/m^2

透明度等级 朝向	1 S	SE	E	NE	N	H	2 S	SE	E	NE	N	H	3 S	SE	E	NE	N	H	透明度等级 朝向
6	45	378	706	648	236	209	47	330	612	562	209	192	52	295	536	493	192	185	18
7	72	570	878	714	174	427	76	519	793	648	166	399	79	471	714	585	159	373	17
8	124	671	880	629	94	630	129	632	825	593	101	604	133	591	766	556	108	576	16
9	273	702	787	479	115	813	266	665	475	458	115	777	264	634	707	442	129	749	15
10	393	663	621	292	130	958	386	640	600	291	140	927	371	607	570	283	142	883	14
11	465	550	392	135	135	1 037	454	534	385	144	144	1 004	436	511	372	147	147	958	13
12	492	388	140	140	140	1 068	478	380	147	147	147	1 030	461	370	150	150	150	986	12
13	465	187	135	135	135	1 037	454	192	144	144	144	1 004	436	192	147	147	147	958	11
14	393	130	130	130	130	958	386	140	140	140	140	927	371	142	142	142	142	883	10
15	273	115	115	115	115	813	266	120	120	120	120	777	264	129	129	129	129	749	9
16	124	94	94	94	94	630	129	101	101	101	101	604	133	108	108	108	108	571	8
17	72	72	72	72	174	427	76	76	76	76	166	399	79	79	79	79	159	373	7
18	45	45	45	45	236	209	47	47	47	47	209	192	52	52	52	52	192	185	6
日总计	2 785	4 567	4 996	3 629	1 910	9 218	3 192	4 374	4 733	3 469	1 907	8 834	3 131	4 181	4 473	3 312	1 904	8 434	日总计
日平均	110	191	208	151	79	384	133	183	198	144	79	369	130	174	186	138	79	351	日平均
朝向	S	SW	W	NW	N	H	S	SW	W	NW	N	H	S	SW	W	NW	N	H	朝向

（时刻:地方太阳时）

透明度等级 朝向	4 S	SE	E	NE	N	H	5 S	SE	E	NE	N	H	6 S	SE	E	NE	N	H	透明度等级 朝向
6	52	250	445	411	165	166	50	209	368	340	142	148	49	164	279	258	115	127	18
7	83	421	630	519	152	345	87	379	559	463	148	324	93	334	483	404	142	304	17
8	131	537	692	506	109	533	137	500	638	472	117	509	137	443	559	420	121	466	16
9	258	593	661	420	135	711	258	569	630	407	144	690	254	521	575	381	155	645	15
10	361	576	542	279	151	842	357	558	527	281	162	821	349	526	498	281	176	779	14
11	424	493	365	158	158	919	416	480	362	169	169	892	402	495	354	181	181	847	13
12	448	364	162	162	162	949	438	361	172	172	172	919	422	352	185	185	185	872	12
13	424	199	158	158	158	919	416	207	169	169	169	892	402	216	181	181	181	847	11
14	361	151	151	151	151	842	357	162	162	162	162	821	349	176	176	176	176	779	10
15	258	135	135	135	135	711	258	144	144	144	144	690	254	155	155	155	155	645	9
16	131	109	109	109	109	533	137	117	117	117	117	509	137	121	121	121	121	466	8
17	83	83	83	83	152	345	87	87	87	87	148	324	93	93	93	93	142	304	7
18	52	52	52	52	165	166	50	50	50	50	142	148	49	49	49	49	115	127	6
日总计	3 067	3 964	4 186	3 142	1 904	7 981	3 051	3 824	3 986	3 033	1 935	7 687	2 990	3 609	3 706	2 885	1 964	7 208	日总计
日平均	128	165	174	131	79	333	127	150	166	127	800	320	124	150	155	120	81	300	日平均
朝向	S	SW	W	NW	N	H	S	SW	W	NW	N	H	S	SW	W	NW	N	H	朝向

（时刻:地方太阳时）

注:摘自 GB 50736—2012。

附录4　常用围护结构的传热系数

类型		K/(W·m⁻²·℃⁻¹)	类型		K/(W·m⁻²·℃⁻¹)
外墙 （内表面抹灰）	24 砖墙	2.08	单框二层玻璃窗		3.49
	37 砖墙	1.57	商店橱窗		4.65
	49 砖墙	1.27	实体木制外门	单　层	4.65
内墙 （双面抹灰）	12 砖墙	2.31		双　层	2.33
	24 砖墙	1.72	带玻璃 阳台外门	单层、木框	5.82
外窗及天窗	单层、木框	5.82		双层、木框	2.68
	双层、木框	2.68		单层、金属框	6.40
	单层、金属框	6.40		双层、金属框	3.26
	双层、金属框	3.26	单层内门		2.91

附录5　温差修正系数

围护结构特征	a 值
外墙、屋顶、地面以及与室外相通的楼板等	1.00
闷顶和与室外空气相通的非供暖地下室上面的楼板等	0.90
与有外门窗的不供暖楼梯间相邻的隔墙（1~6 层建筑）	0.60
与有外门窗的不供暖楼梯间相邻的隔墙（7~30 层建筑）	0.50
非供暖地下室上面的楼板，外墙上有窗时	0.75
非供暖地下室上面的楼板，外墙上无窗且位于室外地坪以上时	0.60
非供暖地下室上面的楼板，外墙上无窗且位于室外地坪以下时	0.40
与有外门窗的非供暖房间相邻的隔墙	0.70
与无外门窗的非供暖房间相邻的隔墙	0.40
伸缩缝墙、沉降缝墙	0.30
防震缝墙	0.70

注：摘自 GB 50736—2012。

附录6　渗透冷空气量的朝向修正系数 n 值

地区及台站名称		朝　向							
		N	NE	E	SE	S	SW	W	NW
北京	北京	1.00	0.50	0.15	0.10	0.15	0.15	0.40	1.00
天津	天津	1.00	0.40	0.20	0.10	0.15	0.20	0.40	1.00
	塘沽	0.90	0.55	0.55	0.20	0.30	0.30	0.70	1.00
河北	承德	0.70	0.15	0.10	0.10	0.10	0.40	1.00	1.00
	张家口	1.00	0.40	0.10	0.10	0.10	0.10	0.35	1.00
	唐山	0.60	0.45	0.65	0.45	0.20	0.65	1.00	1.00
	保定	1.00	0.70	0.35	0.35	0.90	0.90	0.40	0.70
	石家庄	1.00	0.70	0.50	0.65	0.50	0.55	0.85	0.90
	邢台	1.00	0.70	0.35	0.50	0.70	0.50	0.30	0.70

地区及台站名称		朝　向							
		N	NE	E	SE	S	SW	W	NW
山西	大同	1.00	0.55	0.10	0.10	0.10	0.30	0.40	1.00
	阳泉	0.70	0.10	0.10	0.10	0.10	0.35	0.85	1.00
	太原	0.90	0.40	0.15	0.20	0.30	0.20	0.70	1.00
	阳城	0.70	0.15	0.30	0.25	0.10	0.25	0.70	1.00
内蒙古	通辽	0.70	0.20	0.10	0.25	0.35	0.40	0.85	1.00
	呼和浩特	0.70	0.25	0.10	0.15	0.20	0.15	0.70	1.00
辽宁	抚顺	0.70	1.00	0.70	0.10	0.10	0.25	0.30	0.30
	沈阳	1.00	0.70	0.30	0.30	0.40	0.35	0.30	0.70
	锦州	1.00	1.00	0.40	0.10	0.20	0.25	0.20	0.70
	鞍山	1.00	1.00	0.40	0.25	0.50	0.50	0.25	0.55
	营口	1.00	1.00	0.60	0.20	0.45	0.45	0.20	0.40
	丹东	1.00	0.55	0.40	0.10	0.10	0.10	0.40	1.00
	大连	1.00	0.70	0.15	0.10	0.15	0.15	0.15	0.70
吉林	通榆	0.60	0.40	0.15	0.35	0.50	0.50	1.00	1.00
	长春	0.35	0.35	0.15	0.25	0.70	1.00	0.90	0.40
	延吉	0.40	0.10	0.10	0.10	0.10	0.65	1.00	1.00
黑龙江	爱辉	0.70	0.10	0.10	0.10	0.10	0.10	0.70	1.00
	齐齐哈尔	0.95	0.70	0.25	0.25	0.40	0.40	0.70	1.00
	鹤岗	0.50	0.15	0.10	0.10	0.10	0.55	1.00	1.00
	哈尔滨	0.30	0.15	0.20	0.70	1.00	0.85	0.70	0.60
	绥芬河	0.20	0.10	0.10	0.10	0.10	0.70	1.00	0.70
上海	上海	0.70	0.50	0.35	0.20	0.10	0.30	0.80	1.00
江苏	连云港	1.00	1.00	0.40	0.15	0.15	0.15	0.20	0.40
	徐州	0.55	1.00	1.00	0.45	0.20	0.35	0.45	0.65
	淮阴	0.90	1.00	0.70	0.30	0.25	0.30	0.40	0.60
	南通	0.90	0.65	0.45	0.25	0.20	0.25	0.70	1.00
	南京	0.80	1.00	0.70	0.40	0.20	0.25	0.40	0.55
	武进	0.80	0.80	0.60	0.60	0.25	0.50	1.00	1.00
浙江	杭州	1.00	0.65	0.20	0.10	0.20	0.20	0.40	1.00
	宁波	1.00	0.40	0.10	0.10	0.10	0.20	0.60	1.00
	金华	0.20	1.00	1.00	0.60	0.10	0.15	0.25	0.25
	衢州	0.45	1.00	1.00	0.40	0.20	0.30	0.20	0.10

续表

地区及台站名称		朝 向							
		N	NE	E	SE	S	SW	W	NW
安徽	亳州	1.00	0.70	0.40	0.25	0.25	0.25	0.25	0.70
	蚌埠	0.70	1.00	1.00	0.40	0.30	0.35	0.45	0.45
	合肥	0.85	0.90	0.85	0.35	0.35	0.25	0.70	1.00
	六安	0.70	0.50	0.45	0.45	0.25	0.15	0.70	1.00
	芜湖	0.60	1.00	1.00	0.45	0.10	0.60	0.90	0.65
	安庆	0.70	1.00	0.70	0.15	0.10	0.10	0.10	0.25
	屯溪	0.70	1.00	0.70	0.20	0.20	0.15	0.15	0.15
福建	福州	0.75	0.60	0.25	0.25	0.20	0.15	0.70	1.00
江西	九江	0.70	1.00	0.70	0.10	0.10	0.25	0.35	0.30
	景德镇	1.00	1.00	0.40	0.20	0.20	0.35	0.35	0.70
	南昌	1.00	0.70	0.25	0.10	0.10	0.10	0.10	0.70
	赣州	1.00	0.70	0.10	0.10	0.10	0.10	0.10	0.70
山东	烟台	1.00	0.60	0.25	0.15	0.35	0.60	0.60	1.00
	莱阳	0.85	0.60	0.15	0.10	0.10	0.25	0.70	1.00
	潍坊	0.90	0.60	0.25	0.35	0.50	0.35	0.90	1.00
	济南	0.45	1.00	1.00	0.40	0.55	0.55	0.25	0.15
	青岛	1.00	0.70	0.10	0.10	0.20	0.20	0.40	1.00
	菏泽	1.00	0.90	0.40	0.25	0.35	0.35	0.20	0.70
	临沂	1.00	1.00	0.45	0.10	0.10	0.15	0.20	0.40
河南	安阳	1.00	0.70	0.30	0.40	0.50	0.35	0.20	0.70
	新乡	0.70	1.00	0.70	0.25	0.15	0.30	0.30	0.15
	郑州	0.65	0.90	0.65	0.15	0.20	0.40	1.00	1.00
	洛阳	0.45	0.45	0.45	0.15	0.10	0.40	1.00	1.00
	许昌	1.00	1.00	0.40	0.10	0.20	0.25	0.35	0.50
	南阳	0.70	1.00	0.70	0.15	0.10	0.15	0.10	0.10
	驻马店	1.00	0.50	0.20	0.20	0.20	0.20	0.40	1.00
	信阳	1.00	0.70	0.20	0.10	0.15	0.15	0.10	0.70
湖北	光化	0.70	1.00	0.70	0.35	0.20	0.10	0.40	0.60
	武汉	1.00	1.00	0.45	0.10	0.10	0.10	0.10	0.45
	江陵	1.00	0.70	0.20	0.15	0.20	0.15	0.10	0.70
	恩施	1.00	0.70	0.35	0.35	0.50	0.35	0.20	0.70
湖南	长沙	0.85	0.35	0.10	0.10	0.10	0.10	0.70	1.00
	衡阳	0.70	1.00	0.70	0.10	0.10	0.10	0.15	0.30

续表

地区及台站名称		朝 向							
		N	NE	E	SE	S	SW	W	NW
广东	广州	1.00	0.70	0.10	0.10	0.10	0.10	0.15	0.70
广西	桂林	1.00	1.00	0.40	0.10	0.10	0.10	0.10	0.40
	南宁	0.40	1.00	1.00	0.60	0.30	0.55	0.10	0.30
四川	甘孜	0.75	0.50	0.30	0.25	0.30	0.70	1.00	0.70
	成都	1.00	1.00	0.45	0.10	0.10	0.10	0.10	0.40
重庆	重庆	1.00	0.60	0.55	0.20	0.15	0.15	0.40	1.00
贵州	威宁	1.00	1.00	0.40	0.50	0.40	0.20	0.15	0.45
	贵阳	0.70	1.00	0.70	0.15	0.25	0.15	0.10	0.25
云南	邵通	1.00	0.70	0.20	0.10	0.15	0.15	0.10	0.70
	昆明	0.10	0.10	0.10	0.15	0.70	1.00	0.70	0.20
西藏	那曲	0.50	0.50	0.20	0.10	0.35	0.90	1.00	1.00
	拉萨	0.15	0.45	1.00	1.00	0.40	0.40	0.40	0.25
	林芝	0.25	1.00	1.00	0.40	0.30	0.30	0.25	0.15
陕西	玉林	1.00	0.40	0.10	0.30	0.30	0.15	0.40	1.00
	宝鸡	0.10	0.70	1.00	0.70	0.10	0.15	0.15	0.15
	西安	0.70	1.00	0.70	0.25	0.40	0.50	0.35	0.25
甘肃	兰州	1.00	1.00	1.00	0.70	0.50	0.20	0.15	0.50
	平凉	0.80	0.40	0.85	0.85	0.35	0.70	1.00	1.00
	天水	0.20	0.70	1.00	0.70	0.10	0.15	0.20	0.15
青海	西宁	0.10	0.10	0.70	1.00	0.70	0.10	0.10	0.10
	共和	1.00	0.70	0.15	0.25	0.25	0.35	0.50	0.50
宁夏	石嘴山	1.00	0.95	0.40	0.20	0.20	0.20	0.40	1.00
	银川	1.00	1.00	0.40	0.30	0.25	0.20	0.65	0.95
	固原	0.80	0.50	0.65	0.45	0.20	0.40	0.70	1.00
新疆	阿勒泰	0.70	1.00	0.70	0.15	0.10	0.10	0.15	0.35
	克拉玛依	0.70	0.55	0.55	0.25	0.10	0.10	0.70	1.00
	乌鲁木齐	0.35	0.35	0.55	0.75	1.00	0.70	0.25	0.35
	吐鲁番	1.00	0.70	0.65	0.55	0.35	0.25	0.15	0.70
	哈密	0.70	1.00	1.00	0.40	0.10	0.10	0.10	0.10
	喀什	0.70	0.60	0.40	0.25	0.10	0.10	0.70	1.00

注:摘自 GB 50736—2012。有根据时,表中所列数值,可按建设地区的实际情况,做适当调整。

附录7 民用建筑的单位面积供暖热指标

建筑类别	$q_f/(\text{W} \cdot \text{m}^{-2})$	建筑类别	$q_f/(\text{W} \cdot \text{m}^{-2})$
住宅	46.5~70	商店	64~87
办公楼、学校	58~81.5	单层住宅	81.5~104.5
医院、幼儿园	64~81.5	食堂、餐厅	116~139.6
旅馆	58~70	影剧院	93~116
图书馆	46.5~75.6	大礼堂、体育馆	116~163

附录8 北京地区建筑单位体积供暖热指标

建筑类别	建筑体积/m³	$q_v/(\text{W} \cdot \text{m}^{-3} \cdot \text{℃}^{-1})$	
		一层玻璃	北向及西向双层玻璃
住宅一、二层	700~1 200	1.396	1.163
住宅四、五层	9 000~12 000	0.64	0.58
行政办公楼四、五层	18 000~22 000	0.58	0.52
高等学校及中学三、四层	~22 000	0.58	0.52
小学、幼儿园、托儿所等二层	~3 500	0.814	0.76
医院四、五层	~10 000	0.64	0.58

注:墙厚36 cm。

附录9 外墙类型及热工性能指标(由外到内)

类型	材料名称	厚度 /mm	密度 /(kg·m⁻³)	导热系数 /[W·(m·K)⁻¹]	热容 /[J·(kg·K)⁻¹]	传热系数 /[W·(m²·K)⁻¹]	衰减	延迟 /h
1	水泥砂浆	20	1 800	0.93	1 050	0.83	0.17	8.4
	挤塑聚苯板	25	35	0.025	1 380			
	水泥砂浆	20	1 800	0.93	1 050			
	钢筋混凝土	200	2 500	1.74	1 050			
2	EPS外保温	40	30	0.042	1 380	0.79	0.16	8.3
	水泥砂浆	25	1 800	0.93	1 050			
	钢筋混凝土	200	2 500	1.74	1 050			
3	水泥砂浆	20	1 800	0.93	1 050	0.56	0.34	9.1
	挤塑聚苯保温板	20	30	0.03	1 380			
	加气混凝土砌块	200	700	0.22	837			
	水泥砂浆	20	1 800	0.93	1 050			
4	LOW-E	24	1 800	3.0	1 260	1.02	0.51	7.4
	加气混凝土砌块	200	700	0.25	1 050			

续表

类型	材料名称	厚度/mm	密度/(kg·m⁻³)	导热系数/[W·(m·K)⁻¹]	热容/[J·(kg·K)⁻¹]	传热系数/[W·(m²·K)⁻¹]	衰减	延迟/h
5	页岩空心砖	200	1 000	0.58	1 253	0.61	0.06	15.2
	岩棉	50	70	0.05	1 220			
	钢筋混凝土	200	2 500	1.74	1 050			
6	加气混凝土砌块	190	700	0.25	1 050	1.05	0.56	6.8
	水泥砂浆	20	1 800	0.93	1 050			
7	涂料面层					0.43	0.19	8.80
	EPS 外保温	80	30	0.42	1 380			
	混凝土小型空心砌块	190	1 500	0.76	1 050			
	水泥砂浆	20	1 800	0.93	1 050			
8	干挂石材面层					0.39	0.34	7.6
	岩棉	100	70	0.05	1 220			
	粉煤灰小型空心砌块	190	800	0.500	1 050			
9	EPS 外保温	80	30	0.042	1 380	0.46	0.17	8.0
	混凝土墙	200	2 500	1.74	1 050			
10	水泥砂浆	20	1 800	0.93	1 050	0.56	0.14	11.1
	EPS 外保温	50	30	0.045	1 380			
	聚合物砂浆	13	1 800	0.93	837			
	黏土空心转	240	1 500	0.64	879			
	水泥砂浆	20	1 800	0.93	1 050			
11	石材	20	2 800	3.2	920	0.46	0.13	11.8
	岩棉板	80	70	0.05	1 220			
	聚合物砂浆	13	1 800	0.93	837			
	黏土空心砖	240	1 500	0.64	879			
	水泥砂浆	20	1 800	0.93	1 050			
12	聚合物砂浆	15	1 800	0.93	837	0.57	0.18	9.6
	EPS 外保温	50	30	0.042	1 380			
	黏土空心砖	240	1 500	0.64	879			
13	岩棉	65	70	0.05	1 220	0.54	0.14	10.4
	多孔砖	240	1 800	0.642	879			

注:摘自 GB 50736—2012。

附录 10 屋面类型及热工性能指标（由外到内）

类型	材料名称	厚度/mm	密度/(kg·m⁻³)	导热系数/[W·(m·K)⁻¹]	热容/[J·(kg·K)⁻¹]	传热系数/[W·(m²·K)⁻¹]	衰减	延迟/h
1	细石混凝土	40	2 300	1.51	920	0.49	0.16	12.3
	防水卷材	4	900	0.23	1 620			
	水泥砂浆	20	1 800	0.93	1 050			
	挤塑聚苯板	35	30	0.042	1 380			
	水泥砂浆	20	1 800	0.93	1 050			
	水泥炉渣	20	1 000	0.023	920			
	钢筋混凝土	120	2 500	1.74	920			
2	细石混凝土	40	2 300	1.51	920	0.77	0.27	8.2
	挤塑聚苯板	40	30	0.042	1 380			
	水泥砂浆	20	1 800	0.93	1 050			
	水泥陶粒混凝土	30	1 300	0.52	980			
	钢筋混凝土	120	2 500	1.74	920			
3	水泥砂浆	30	1 800	0.930	1 050	0.73	0.16	10.5
	细石钢筋混凝土	40	2 300	1.740	837			
	挤塑聚苯板	40	30	0.042	1 380			
	防水卷材	4	900	0.23	1 620			
	水泥砂浆	20	1 800	0.930	1 050			
	陶粒混凝土	30	1 400	0.700	1 050			
	钢筋混凝土	150	2 500	1.740	837			
	水泥砂浆	20	1 800	0.930	1 050			
4	挤塑聚苯板	40	30	0.042	1 380	0.81	0.23	7.1
	钢筋混凝土	200	2 500	1.74	837			
5	细石混凝土	40	2 300	1.51	920	0.88	0.16	11.6
	水泥砂浆	20	1 800	0.93	1 050			
	防水卷材	4	400	0.12	1 050			
	水泥砂浆	20	1 800	0.93	1 050			
	粉煤灰陶粒混凝土	80	1 700	0.95	1 050			
	挤塑聚苯板	30	30	0.042	1 380			
	钢筋混凝土	120	2 500	1.74	920			
6	防水卷材	4	400	0.12	1 050	0.23	0.21	10.5
	干炉渣	30	1 000	0.023	920			
	挤塑聚苯板	120	30	0.042	1 380			
	混凝土小型空心砌块	120	2 500	1.74	1 050			

续表

类型	材料名称	厚度/mm	密度/(kg·m⁻³)	导热系数/[W·(m·K)⁻¹]	热容/[J·(kg·K)⁻¹]	传热系数/[W·(m²·K)⁻¹]	衰减	延迟/h
7	水泥砂浆	25	1 800	0.930	1 050			
	挤塑聚苯板	55	30	0.042	1 380			
	水泥砂浆	25	1 800	0.930	1 050	0.34	0.08	13.4
	水泥焦渣	30	1 000	0.023	920			
	钢筋混凝土	120	2 500	1.74	920			
	水泥砂浆	25	1 800	0.930	1 050			
8	细石混凝土	30	2 300	1.51	920			
	挤塑聚苯板	45	30	0.042	1 380	0.38	0.32	9.2
	水泥焦渣	30	1 000	0.023	920			
	钢筋混凝土	100	2 500	1.74	920			

注:摘自 GB 50736—2012。

附录 11　北京市外墙逐时冷负荷计算温度

单位:℃

类别	编号	朝向	1	2	3	4	5	6	7	8	9	10	11	12	13	14	15	16	17	18	19	20	21	22	23	24
墙体 t_{wlq}	1	东	36.0	35.6	35.1	34.7	34.4	34.0	33.7	33.6	33.7	34.2	34.8	35.4	36.0	36.5	36.8	37.0	37.2	37.3	37.4	37.3	37.3	37.1	36.9	36.5
		南	34.7	34.2	33.9	33.6	33.2	32.9	32.6	32.4	32.2	32.1	32.1	32.3	32.7	33.1	33.7	34.2	34.7	35.1	35.4	35.5	35.5	35.5	35.3	35.0
		西	37.4	36.9	36.5	36.1	35.7	35.3	34.9	34.6	34.3	34.1	33.9	33.9	33.9	34.1	34.3	34.7	35.3	36.1	36.9	37.6	38.0	38.2	38.1	37.8
		北	32.6	32.3	32.0	31.8	31.5	31.3	31.1	30.9	30.9	30.9	31.0	31.1	31.2	31.4	31.7	32.0	32.2	32.5	32.7	33.0	33.1	33.1	33.1	32.9
	2	东	36.1	35.7	35.2	34.9	34.5	34.2	33.9	33.8	34.0	34.4	35.0	35.7	36.2	36.6	36.9	37.1	37.3	37.4	37.4	37.4	37.3	37.1	36.9	36.6
		南	34.7	34.3	34.0	33.7	33.3	33.0	32.8	32.5	32.4	32.3	32.3	32.5	32.9	33.3	33.9	34.4	34.9	35.2	35.5	35.6	35.6	35.5	35.4	35.1
		西	37.4	37.0	36.6	36.2	35.8	35.4	35.0	34.7	34.4	34.2	34.1	34.1	34.2	34.5	34.9	35.6	36.3	37.1	37.7	38.1	38.2	38.1	37.9	37.7
		北	32.7	32.4	32.1	31.9	31.6	31.4	31.2	31.1	31.0	31.1	31.1	31.2	31.4	31.6	31.9	32.1	32.4	32.6	32.8	33.1	33.2	33.2	33.2	33.0
	3	东	36.5	35.4	34.4	33.5	32.7	32.0	31.5	31.1	31.1	31.7	32.7	34.1	35.5	36.8	37.8	38.5	38.9	39.2	39.3	39.2	39.0	38.7	38.2	37.5
		南	35.8	34.8	33.8	33.0	32.3	31.7	31.1	30.7	30.3	30.1	30.1	30.3	30.9	31.8	32.9	34.1	35.2	36.3	37.1	37.5	37.7	37.6	37.3	36.6
		西	39.8	38.6	37.4	36.4	35.4	34.5	33.7	33.0	32.5	32.0	31.8	31.7	31.8	32.1	32.5	33.2	34.2	35.6	37.2	38.8	40.2	41.0	41.2	40.7
		北	33.6	32.8	32.0	31.3	30.8	30.3	29.9	29.6	29.4	29.5	29.6	29.8	30.2	30.7	31.2	31.8	32.4	33.0	33.5	33.9	34.3	34.5	34.5	34.2
	4	东	35.3	33.9	32.7	31.7	31.0	30.4	29.9	29.8	30.4	31.8	33.7	35.8	37.7	39.1	40.0	40.5	40.6	40.6	40.4	40.0	39.4	38.7	37.9	36.7
		南	35.1	33.7	32.6	31.7	30.9	30.3	29.8	29.3	29.1	29.1	29.5	30.2	31.3	32.8	34.5	36.1	37.5	38.5	39.0	39.2	38.9	38.4	37.6	36.5
		西	39.8	37.9	36.4	35.0	33.8	32.9	32.0	31.3	30.8	30.6	30.6	30.8	31.3	31.9	32.8	34.1	35.8	37.8	40.0	41.9	43.1	43.3	42.8	41.5
		北	33.3	32.1	31.2	30.4	29.9	29.4	29.0	28.8	28.8	29.0	29.4	29.9	30.5	31.3	32.0	32.8	33.6	34.2	34.7	35.2	35.4	35.4	35.1	34.4
	5	东	35.8	35.8	35.8	35.8	35.6	35.5	35.3	35.2	35.0	34.8	34.6	34.5	34.4	34.4	34.5	34.6	34.7	34.9	35.0	35.2	35.4	35.5	35.6	35.7
		南	33.7	33.8	33.8	33.8	33.8	33.7	33.6	33.5	33.4	33.2	33.1	32.9	32.8	32.7	32.6	32.6	32.6	32.7	32.8	32.9	33.1	33.3	33.4	33.6
		西	35.5	35.7	35.8	35.8	35.9	35.8	35.8	35.7	35.6	35.4	35.3	35.1	34.9	34.8	34.6	34.5	34.5	34.4	34.4	34.5	34.6	34.8	35.0	35.3
		北	31.6	31.7	31.7	31.7	31.7	31.7	31.6	31.5	31.4	31.3	31.2	31.1	31.0	31.0	30.9	30.9	30.9	31.0	31.1	31.2	31.3	31.4	31.5	31.5
	6	东	33.9	32.4	31.3	30.5	29.9	29.4	29.1	29.4	30.7	32.9	35.5	37.9	39.8	40.9	41.4	41.4	41.3	40.9	40.5	39.9	39.1	38.1	37.1	35.6
		南	33.9	32.4	31.3	30.5	29.9	29.3	28.9	28.7	28.6	28.9	29.5	30.7	32.3	34.2	36.2	37.9	39.2	39.9	40.1	39.7	39.1	38.2	37.1	35.6
		西	38.5	36.4	34.7	33.5	32.4	31.6	30.8	30.3	30.0	30.0	30.3	30.8	31.5	32.4	33.6	35.3	37.5	40.0	42.4	44.2	44.8	44.2	42.9	40.8
		北	32.4	31.1	30.2	29.6	29.1	28.7	28.4	28.3	28.6	29.1	29.6	30.3	31.1	32.0	32.9	33.7	34.5	35.1	35.5	35.9	35.9	35.6	35.0	33.9

续表

类别	编号	朝向	1	2	3	4	5	6	7	8	9	10	11	12	13	14	15	16	17	18	19	20	21	22	23	24
墙体 t_{wlq}	7	东	36.1	35.4	34.9	34.3	33.8	33.4	32.9	32.7	32.8	33.3	34.2	35.1	35.9	36.6	37.1	37.4	37.6	37.8	37.9	37.8	37.7	37.5	37.2	36.7
		南	34.9	34.4	33.9	33.4	33.0	32.5	32.1	31.8	31.5	31.4	31.3	31.6	32.0	32.6	33.4	34.2	34.9	35.5	35.8	36.1	36.1	36.0	35.8	35.4
		西	38.0	37.4	36.8	36.2	35.6	35.1	34.5	34.0	33.6	33.4	33.2	33.1	33.2	33.3	33.6	34.1	34.9	35.9	37.0	38.0	38.7	39.0	39.0	38.6
		北	32.8	32.4	32.0	31.6	31.3	31.0	30.7	30.5	30.4	30.4	30.5	30.6	30.8	31.1	31.5	31.9	32.2	32.6	32.9	33.2	33.4	33.5	33.5	33.2
	8	东	34.2	33.2	32.3	31.6	31.0	30.5	30.3	31.0	32.5	34.6	36.6	38.3	39.4	39.8	39.9	39.9	39.7	39.5	39.2	38.7	38.0	37.2	36.4	35.4
		南	33.8	32.8	32.0	31.3	30.7	30.3	29.8	29.6	29.6	29.9	30.7	31.8	33.3	34.9	36.4	37.6	38.3	38.6	38.5	38.1	37.5	36.7	36.0	34.9
		西	37.5	36.1	34.9	33.9	33.1	32.4	31.7	31.3	31.1	31.2	31.5	31.9	32.5	33.2	34.4	36.1	38.1	40.2	42.0	42.9	42.6	41.7	40.5	39.0
		北	32.2	31.4	30.7	30.2	29.7	29.3	29.1	29.1	29.4	29.8	30.3	30.8	31.5	32.2	32.9	33.5	34.1	34.5	34.8	35.1	34.9	34.5	34.0	33.2
	9	东	35.8	35.2	34.7	34.2	33.7	33.2	32.9	32.9	33.4	34.2	35.2	36.1	36.9	37.4	37.7	37.9	38.0	38.1	38.0	37.9	37.7	37.3	36.9	36.4
		南	34.7	34.2	33.7	33.3	32.8	32.4	32.1	31.7	31.5	31.5	31.7	32.1	32.7	33.5	34.3	35.1	35.7	36.1	36.3	36.3	36.2	36.0	35.7	35.2
		西	37.8	37.1	36.5	35.9	35.3	34.8	34.3	33.9	33.6	33.4	33.3	33.3	33.5	33.7	34.2	34.9	35.9	37.1	38.2	39.0	39.4	39.3	39.0	38.4
		北	32.7	32.3	31.9	31.6	31.3	31.0	30.7	30.6	30.6	30.6	30.8	31.0	31.3	31.6	32.0	32.4	32.7	33.0	33.3	33.6	33.7	33.6	33.5	33.1
	10	东	36.7	36.3	35.9	35.5	35.1	34.7	34.3	34.0	33.6	33.5	33.5	33.8	34.2	34.7	35.2	35.7	36.1	36.4	36.7	36.9	37.0	37.1	37.1	36.9
		南	35.1	34.8	34.5	34.2	33.8	33.5	33.2	32.8	32.5	32.2	32.0	31.9	31.9	32.0	32.2	32.6	33.0	33.5	34.0	34.4	34.8	35.0	35.2	35.2
		西	37.8	37.5	37.2	36.9	36.5	36.1	35.7	35.3	34.9	34.6	34.2	34.0	33.8	33.7	33.9	34.3	34.8	35.4	36.1	36.7	37.2	37.5		
		北	32.7	32.6	32.4	32.1	31.9	31.6	31.4	31.1	30.9	30.8	30.7	30.6	30.6	30.7	30.8	31.0	31.3	31.5	31.8	32.0	32.3	32.5	32.7	32.8
	11	东	36.5	36.2	35.9	35.5	35.1	34.7	34.4	34.0	33.7	33.4	33.4	33.5	33.7	34.1	34.6	35.0	35.4	35.8	36.1	36.4	36.5	36.6	36.7	36.7
		南	34.7	34.6	34.3	34.1	33.8	33.4	33.1	32.8	32.5	32.3	32.0	31.8	31.7	31.7	31.9	32.1	32.5	32.9	33.4	33.8	34.2	34.5	34.7	34.8
		西	37.0	37.1	36.9	36.7	36.4	36.0	35.7	35.3	34.9	34.6	34.3	34.0	33.8	33.6	33.5	33.5	33.6	34.2	34.7	35.3	35.9	36.5	36.8	
		北	32.4	32.3	32.2	32.0	31.7	31.5	31.2	31.0	30.8	30.6	30.5	30.4	30.4	30.4	30.5	30.7	30.8	31.0	31.3	31.5	31.8	32.0	32.2	32.4
	12	东	36.6	36.0	35.5	34.9	34.4	34.0	33.5	33.2	33.0	33.2	33.6	34.3	35.0	35.7	36.3	36.8	37.2	37.4	37.5	37.6	37.7	37.5	37.4	37.0
		南	35.2	34.8	34.3	33.9	33.4	33.0	32.6	32.3	31.9	31.7	31.6	31.6	31.8	32.2	32.7	33.4	34.0	34.7	35.2	35.6	35.8	35.9	35.8	35.6
		西	38.2	37.8	37.2	36.7	36.1	35.6	35.1	34.6	34.2	33.9	33.6	33.4	33.4	33.4	33.5	33.8	34.3	35.0	35.9	36.8	37.7	38.3	38.6	38.5
		北	33.0	32.7	32.3	32.0	31.6	31.3	31.1	30.8	30.6	30.5	30.5	30.6	30.7	30.9	31.2	31.5	31.8	32.1	32.5	32.8	33.1	33.3	33.3	33.2
	13	东	36.5	36.1	35.7	35.3	34.8	34.4	34.1	33.7	33.5	33.5	33.8	34.3	34.8	35.4	35.9	36.3	36.6	36.9	37.1	37.2	37.2	37.2	37.1	36.9
		南	35.0	34.7	34.3	34.0	33.6	33.3	33.0	32.7	32.3	32.1	32.0	31.9	32.0	32.3	32.7	33.2	33.7	34.2	34.7	35.0	35.2	35.3	35.4	35.3
		西	37.7	37.4	37.1	36.7	36.3	35.8	35.4	35.0	34.6	34.2	34.1	33.9	33.8	33.7	33.8	34.0	34.3	34.8	35.5	36.3	37.0	37.5	37.8	37.9
		北	32.8	32.6	32.3	32.0	31.8	31.5	31.3	31.0	30.9	30.8	30.7	30.8	30.9	31.1	31.4	31.9	32.2	32.4	32.7	32.9	33.0	33.0		

注:摘自 GB 50736—2012。

附录 12　北京市屋顶逐时冷负荷计算温度

单位:℃

类别	编号	1	2	3	4	5	6	7	8	9	10	11	12	13	14	15	16	17	18	19	20	21	22	23	24
屋面 t_{wlm}	1	44.7	44.6	44.4	44.0	43.5	43.0	42.3	41.7	41.0	40.4	39.8	39.4	39.1	39.1	39.2	39.6	40.1	40.8	41.6	42.3	43.1	43.7	44.2	44.5
	2	44.5	43.5	42.4	41.4	40.5	39.5	38.6	37.9	37.3	37.0	37.1	37.6	38.4	39.6	40.9	42.3	43.7	44.9	45.8	46.5	46.7	46.6	46.2	45.5
	3	44.3	43.9	43.4	42.8	42.3	41.6	41.0	40.4	39.8	39.3	39.0	38.9	38.9	39.2	39.7	40.3	41.1	41.9	42.6	43.3	43.9	44.3	44.5	44.5
	4	43.0	42.1	41.3	40.5	39.7	38.9	38.3	37.8	37.6	37.9	38.5	39.4	40.6	41.9	43.2	44.4	45.4	46.1	46.5	46.4	46.1	45.6	44.9	44.0
	5	44.4	44.1	43.7	43.2	42.6	42.0	41.4	40.8	40.1	39.6	39.2	38.9	38.9	39.1	39.5	40.0	40.7	41.4	42.2	42.9	43.5	44.0	44.4	44.4
	6	45.4	44.7	43.9	42.9	42.0	41.1	40.2	39.2	38.4	37.8	37.4	37.3	37.5	38.1	38.9	40.0	41.2	42.5	43.7	44.7	45.5	45.9	46.1	45.9
	7	42.9	42.9	42.9	42.7	42.5	42.3	42.0	41.6	41.2	40.8	40.5	40.2	39.9	39.8	39.9	40.1	40.4	40.8	41.2	41.7	42.1	42.4	42.7	
	8	45.9	44.7	43.4	42.0	40.8	39.5	38.4	37.4	36.5	36.0	35.8	36.0	36.7	37.9	39.3	41.0	42.7	44.4	45.8	46.9	47.6	47.8	47.6	47.0

注:摘自 GB 50736—2012。

附录13 典型城市外窗传热逐时冷负荷计算温度

单位:℃

地点	1	2	3	4	5	6	7	8	9	10	11	12	13	14	15	16	17	18	19	20	21	22	23	24
北京	27.8	27.5	27.2	26.9	26.8	27.1	27.7	28.5	29.3	30.0	30.8	31.5	32.1	32.4	32.4	32.3	32.0	31.5	30.8	31.1	29.6	29.1	28.7	28.3
天津	27.4	27.0	26.6	26.3	26.2	26.5	27.2	28.1	29.0	29.9	30.8	31.6	32.2	32.6	32.7	32.5	32.2	31.6	30.8	30.0	29.4	28.8	28.3	27.9
石家庄	27.7	27.2	26.8	26.5	26.4	26.7	27.5	28.5	29.6	30.6	31.6	32.5	33.2	33.6	33.7	33.5	33.2	32.5	31.6	30.7	30.0	29.3	28.8	28.3
太原	23.7	23.2	22.7	22.4	22.3	22.6	23.4	24.5	25.6	26.7	27.8	28.7	29.5	30.0	30.0	29.8	29.5	28.8	27.8	26.8	26.1	25.4	24.8	24.3
呼和浩特	23.8	23.4	23.0	22.7	22.5	22.9	23.6	24.5	25.5	26.4	27.3	28.2	28.9	29.3	29.3	29.1	28.8	28.2	27.4	26.6	25.9	25.3	24.8	24.3
沈阳	25.7	25.3	25.0	24.7	24.6	24.9	25.5	26.3	27.2	27.9	28.7	29.4	30.0	30.4	30.4	30.2	30.0	29.5	28.8	28.0	27.5	27.0	26.6	26.2
大连	25.4	25.2	24.9	24.8	24.7	24.9	25.3	25.8	26.3	26.8	27.3	27.7	28.1	28.3	28.3	28.2	28.1	27.7	27.3	26.8	26.5	26.2	25.9	25.7
长春	24.4	24.0	23.7	23.4	23.3	23.6	24.2	25.1	25.9	26.8	27.6	28.3	28.9	29.3	29.3	29.2	28.9	28.4	27.6	26.9	26.3	25.8	25.3	24.9
哈尔滨	24.3	23.9	23.6	23.3	23.2	23.5	24.1	25.0	25.8	26.8	27.7	28.4	29.1	29.4	29.5	29.3	29.1	28.5	27.7	26.9	26.3	25.7	25.3	24.8
上海	29.2	28.9	28.6	28.3	28.2	28.5	29.0	29.7	30.5	31.2	31.9	32.5	33.1	33.4	33.4	33.3	33.1	32.6	31.9	31.3	30.8	30.3	30.0	29.6
南京	26.6	29.3	29.0	28.7	28.6	28.9	29.4	30.1	30.9	31.6	32.3	32.9	33.5	33.8	33.8	33.7	33.5	33.0	32.3	31.7	31.2	30.7	30.4	30.0
杭州	29.8	29.4	29.1	28.8	28.7	29.0	29.6	30.4	31.3	32.0	32.8	33.5	34.1	34.5	34.5	34.3	34.1	33.6	32.9	32.1	31.6	31.1	30.7	30.3
宁波	28.6	28.2	27.8	27.5	27.4	27.7	28.4	29.3	30.2	31.1	32.0	32.8	33.4	33.8	33.9	33.7	33.4	32.8	32.0	31.2	30.6	30.0	29.5	29.1
合肥	30.2	29.9	29.6	29.4	29.3	29.6	30.1	30.7	31.4	32.1	32.7	33.3	33.8	34.1	34.1	33.9	33.8	33.3	32.7	32.2	31.7	31.3	30.9	30.6
福州	28.5	28.0	27.6	27.3	27.2	27.5	28.3	29.3	30.4	31.4	32.4	33.3	34.0	34.4	34.5	34.3	34.0	33.3	32.4	31.5	30.8	30.1	29.6	29.1
厦门	28.0	27.6	27.3	27.1	27.0	27.2	27.8	28.6	29.4	30.1	30.9	31.5	32.1	32.4	32.5	32.3	32.1	31.6	30.9	30.2	29.7	29.2	28.8	28.4
南昌	30.6	30.3	30.0	29.8	29.7	29.9	30.4	31.1	31.8	32.5	33.1	33.7	34.2	34.5	34.6	34.4	34.2	33.8	33.2	32.6	32.1	31.7	31.3	31.0
济南	29.8	29.5	29.2	29.0	28.9	29.1	29.6	30.3	31.0	31.7	32.3	33.0	33.4	33.7	33.8	33.6	33.4	33.0	32.4	31.8	31.3	30.9	30.5	30.2
青岛	26.3	26.2	26.0	25.8	25.8	25.9	26.3	26.7	27.1	27.5	27.9	28.3	28.6	28.8	28.8	28.7	28.6	28.3	28.0	27.6	27.3	27.0	26.8	26.6
郑州	28.1	27.7	27.3	27.0	26.8	27.2	27.9	28.8	29.8	30.7	31.6	32.5	33.2	33.6	33.6	33.4	33.1	32.5	31.7	30.9	30.2	29.6	29.1	28.6
武汉	30.6	30.3	30.0	29.8	29.7	29.9	30.4	31.1	31.7	32.3	33.0	33.6	34.0	34.3	34.3	34.2	34.0	33.6	33.0	32.4	32.0	31.6	31.2	30.9
长沙	29.7	29.3	29.0	28.7	28.6	28.9	29.5	30.4	31.2	32.1	32.9	33.6	34.2	34.6	34.6	34.5	34.2	33.7	32.9	32.2	31.6	31.1	30.6	30.2
广州	29.1	28.8	28.5	28.2	28.2	28.4	28.9	29.6	30.4	31.1	31.8	32.4	32.9	33.2	33.2	33.1	32.9	32.4	31.8	31.1	30.6	30.2	29.8	29.5
深圳	29.1	28.8	28.5	28.3	28.2	28.4	28.9	29.6	30.8	31.5	32.1	32.5	32.8	32.7	32.5	32.1	31.5	30.9	30.5	30.1	29.7	29.4		
南宁	29.0	28.6	28.3	28.1	28.0	28.2	28.8	29.6	30.4	31.1	31.9	32.5	33.1	33.4	33.5	33.3	33.1	32.6	31.9	31.2	30.7	30.2	29.8	29.4
海口	28.4	28.0	27.6	27.3	27.2	27.5	28.2	29.2	30.1	31.0	31.9	32.7	33.4	33.8	33.8	33.6	33.4	32.8	31.9	31.1	30.5	29.9	29.4	29.0
重庆	30.9	30.6	30.3	30.1	30.0	30.2	30.7	31.4	32.0	32.6	33.3	33.9	34.3	34.6	34.6	34.5	34.3	33.9	33.3	32.7	32.3	31.9	31.5	31.2
成都	26.1	25.8	25.5	25.2	25.1	25.4	26.0	26.8	27.6	28.3	29.1	29.8	30.4	30.7	30.7	30.6	30.3	29.8	29.1	28.4	27.9	27.4	27.0	26.6
贵阳	24.9	24.6	24.3	24.0	23.9	24.2	24.7	25.4	26.2	26.9	27.6	28.2	28.8	29.1	29.1	29.0	28.8	28.3	27.6	27.0	26.5	26.0	25.7	25.3
昆明	20.7	20.3	20.0	19.8	19.7	19.9	20.5	21.3	22.1	22.8	23.6	24.2	24.8	25.1	25.2	25.0	24.8	24.3	23.6	22.9	22.4	21.9	21.5	21.1
拉萨	17.0	16.6	16.1	15.8	15.7	16.0	16.8	17.8	18.8	19.7	20.7	21.6	22.3	22.7	22.8	22.5	22.3	21.6	20.7	19.9	19.2	18.6	18.0	17.6
西安	28.8	28.4	28.0	27.7	27.6	27.9	28.6	29.4	30.3	31.2	30.2	32.8	33.4	33.8	33.8	33.6	33.4	32.8	32.0	31.3	30.7	30.1	29.7	29.3
兰州	23.6	23.2	22.8	22.4	22.3	22.6	23.4	24.5	25.6	26.6	27.6	28.5	29.3	29.7	29.8	29.5	29.3	28.6	27.6	26.7	26.0	25.3	24.8	24.3
西宁	18.2	17.7	17.2	16.9	16.7	17.1	18.0	19.1	20.3	21.4	22.5	23.6	24.4	24.9	24.9	24.7	24.4	23.6	22.6	21.6	20.8	20.1	19.5	18.9
银川	23.9	23.5	23.1	22.7	22.6	23.0	23.7	24.7	25.8	26.7	27.7	28.6	29.4	29.8	29.8	29.6	29.3	28.7	27.8	26.9	26.2	25.5	25.0	24.5
乌鲁木齐	25.9	25.5	25.1	24.7	24.6	24.9	25.7	26.8	27.9	28.9	29.9	30.8	31.6	32.0	32.1	31.8	31.6	30.9	29.9	29.0	28.3	27.6	27.1	26.6

注:摘自 GB 50736—2012。

附录14 透过无遮阳标准玻璃太阳辐射冷负荷系数

地点	房间类型	朝向	1	2	3	4	5	6	7	8	9	10	11	12	13	14	15	16	17	18	19	20	21	22	23	24
北京	轻	东	0.03	0.02	0.02	0.01	0.01	0.13	0.30	0.43	0.55	0.58	0.56	0.17	0.18	0.19	0.19	0.17	0.15	0.13	0.09	0.07	0.06	0.04	0.04	0.03
		南	0.05	0.03	0.03	0.02	0.02	0.06	0.11	0.16	0.24	0.34	0.46	0.44	0.63	0.65	0.62	0.54	0.28	0.24	0.17	0.13	0.11	0.08	0.07	0.05
		西	0.03	0.02	0.02	0.01	0.01	0.03	0.06	0.09	0.12	0.14	0.16	0.17	0.22	0.31	0.42	0.52	0.59	0.60	0.48	0.07	0.06	0.04	0.04	0.03
		北	0.11	0.08	0.07	0.05	0.05	0.23	0.38	0.37	0.50	0.60	0.69	0.75	0.79	0.80	0.80	0.74	0.70	0.67	0.50	0.29	0.25	0.19	0.17	0.13
	重	东	0.07	0.06	0.05	0.05	0.06	0.18	0.32	0.41	0.48	0.49	0.45	0.21	0.21	0.21	0.21	0.20	0.18	0.16	0.13	0.11	0.10	0.09	0.08	0.07
		南	0.10	0.09	0.08	0.08	0.70	0.10	0.13	0.18	0.24	0.33	0.43	0.42	0.55	0.55	0.52	0.46	0.30	0.26	0.21	0.17	0.16	0.14	0.13	0.11
		西	0.08	0.07	0.07	0.06	0.06	0.07	0.09	0.10	0.13	0.14	0.16	0.17	0.22	0.30	0.40	0.48	0.52	0.52	0.40	0.13	0.12	0.11	0.10	0.09
		北	0.20	0.18	0.16	0.15	0.14	0.31	0.40	0.38	0.47	0.55	0.61	0.66	0.69	0.71	0.71	0.68	0.65	0.66	0.53	0.36	0.32	0.28	0.25	0.23
西安	轻	东	0.03	0.02	0.02	0.01	0.01	0.11	0.27	0.42	0.54	0.59	0.57	0.20	0.22	0.22	0.22	0.20	0.18	0.14	0.10	0.08	0.07	0.05	0.04	0.03
		南	0.06	0.05	0.04	0.03	0.03	0.07	0.14	0.21	0.30	0.40	0.51	0.53	0.67	0.68	0.65	0.44	0.39	0.32	0.22	0.17	0.14	0.11	0.09	0.07
		西	0.03	0.02	0.02	0.01	0.01	0.03	0.06	0.10	0.13	0.16	0.19	0.20	0.25	0.34	0.46	0.55	0.60	0.58	0.10	0.08	0.07	0.05	0.04	0.03
		北	0.10	0.08	0.07	0.05	0.04	0.18	0.34	0.43	0.48	0.59	0.68	0.74	0.79	0.80	0.79	0.75	0.69	0.63	0.37	0.29	0.24	0.19	0.16	0.12
	重	东	0.07	0.06	0.06	0.05	0.05	0.18	0.31	0.41	0.48	0.48	0.45	0.22	0.23	0.23	0.23	0.21	0.19	0.17	0.13	0.12	0.11	0.09	0.08	0.07
		南	0.12	0.11	0.10	0.09	0.08	0.12	0.17	0.22	0.30	0.39	0.47	0.48	0.58	0.57	0.54	0.41	0.37	0.32	0.25	0.21	0.19	0.17	0.15	0.13
		西	0.08	0.08	0.07	0.06	0.05	0.07	0.10	0.12	0.14	0.16	0.18	0.19	0.26	0.35	0.44	0.51	0.52	0.48	0.16	0.14	0.12	0.11	0.10	0.09
		北	0.19	0.17	0.15	0.14	0.13	0.27	0.36	0.41	0.46	0.54	0.61	0.65	0.69	0.70	0.70	0.67	0.65	0.61	0.40	0.34	0.30	0.27	0.24	0.21
上海	轻	东	0.03	0.02	0.02	0.01	0.01	0.11	0.27	0.42	0.53	0.58	0.56	0.19	0.20	0.21	0.19	0.17	0.13	0.09	0.07	0.06	0.05	0.04	0.04	0.03
		南	0.07	0.06	0.05	0.04	0.03	0.08	0.16	0.24	0.34	0.43	0.54	0.57	0.69	0.70	0.67	0.50	0.44	0.36	0.26	0.20	0.16	0.13	0.11	0.09
		西	0.03	0.02	0.02	0.01	0.01	0.03	0.06	0.09	0.12	0.15	0.18	0.19	0.24	0.33	0.44	0.54	0.60	0.58	0.09	0.07	0.06	0.05	0.04	0.03
		北	0.10	0.08	0.07	0.05	0.04	0.02	0.36	0.45	0.48	0.59	0.68	0.75	0.79	0.81	0.80	0.76	0.70	0.66	0.37	0.29	0.24	0.19	0.16	0.12
	重	东	0.06	0.06	0.05	0.05	0.09	0.20	0.32	0.41	0.47	0.46	0.44	0.21	0.22	0.22	0.21	0.20	0.18	0.15	0.12	0.11	0.10	0.09	0.08	0.07
		南	0.13	0.12	0.10	0.09	0.10	0.14	0.20	0.26	0.35	0.43	0.50	0.52	0.59	0.58	0.55	0.45	0.40	0.34	0.27	0.23	0.21	0.18	0.16	0.15
		西	0.08	0.07	0.06	0.06	0.06	0.07	0.10	0.12	0.14	0.16	0.17	0.20	0.28	0.36	0.44	0.49	0.49	0.43	0.15	0.13	0.11	0.10	0.09	0.8
		北	0.18	0.17	0.15	0.14	0.17	0.29	0.38	0.44	0.48	0.55	0.62	0.67	0.70	0.71	0.69	0.69	0.65	0.58	0.39	0.34	0.30	0.26	0.24	0.21
广州	轻	东	0.03	0.02	0.02	0.01	0.01	0.08	0.23	0.39	0.52	0.58	0.57	0.21	0.22	0.23	0.22	0.20	0.18	0.14	0.10	0.08	0.06	0.05	0.04	0.03
		南	0.09	0.08	0.06	0.05	0.04	0.08	0.20	0.32	0.45	0.56	0.65	0.72	0.77	0.78	0.76	0.70	0.61	0.47	0.34	0.27	0.22	0.18	0.14	0.12
		西	0.03	0.02	0.02	0.01	0.01	0.02	0.06	0.09	0.13	0.16	0.19	0.21	0.26	0.35	0.47	0.56	0.60	0.55	0.10	0.08	0.06	0.05	0.04	0.03
		北	0.10	0.08	0.06	0.05	0.04	0.14	0.32	0.47	0.58	0.63	0.67	0.74	0.79	0.82	0.82	0.79	0.75	0.64	0.35	0.28	0.22	0.18	0.15	0.12
	重	东	0.07	0.06	0.05	0.05	0.05	0.15	0.28	0.39	0.46	0.47	0.44	0.22	0.23	0.23	0.22	0.21	0.19	0.16	0.13	0.11	0.10	0.09	0.08	0.07
		南	0.17	0.15	0.13	0.12	0.11	0.15	0.24	0.34	0.43	0.51	0.58	0.63	0.67	0.68	0.66	0.61	0.54	0.44	0.35	0.30	0.27	0.24	0.21	0.19
		西	0.08	0.07	0.06	0.06	0.05	0.06	0.09	0.11	0.14	0.16	0.20	0.27	0.36	0.45	0.50	0.51	0.42	0.15	0.13	0.12	0.11	0.10	0.09	0.08
		北	0.19	0.17	0.15	0.13	0.13	0.25	0.37	0.46	0.53	0.58	0.61	0.66	0.69	0.72	0.73	0.72	0.69	0.58	0.38	0.33	0.30	0.26	0.24	0.21

注:摘自 GB 50736—2012。其他城市可按下表采用:

代表城市	适用城市
北京	哈尔滨、长春、乌鲁木齐、沈阳、呼和浩特、天津、银川、石家庄、太原、大连
西安	济南、西宁、兰州、郑州、青岛
上海	南京、合肥、成都、武汉、杭州、拉萨、重庆、南昌、长沙、宁波
广州	贵阳、福州、台北、昆明、南宁、海口、厦门、深圳

附录15　夏季透过标准玻璃窗的太阳总辐射照度最大值

单位：W/m²

城市	北京	天津	上海	福州	长沙	昆明	长春	贵阳	武汉	成都	乌鲁木齐	大连
东	579	534	529	574	575	572	577	574	577	480	639	534
南	312	299	210	158	174	149	362	161	198	208	372	297
西	579	534	529	574	575	572	577	574	577	480	639	534
北	133	143	145	137	138	138	130	139	137	157	121	143

城市	太原	石家庄	南京	厦门	广州	拉萨	沈阳	合肥	青岛	海口	西宁	呼和浩特
东	579	579	533	525	524	736	533	533	534	521	691	641
南	287	290	216	156	152	186	330	215	265	149	254	331
西	579	579	533	525	524	736	533	533	534	521	691	641
北	136	136	136	146	147	147	140	146	146	150	127	123

城市	大连	哈尔滨	郑州	重庆	银川	杭州	南昌	济南	南宁	兰州	深圳	西安
东	534	575	534	480	579	532	576	534	523	640	525	534
南	297	384	248	202	295	198	177	272	151	251	159	243
西	534	575	534	480	579	532	576	534	523	640	525	534
北	143	128	146	157	135	145	138	145	148	128	147	146

注：摘自 GB 50736—2012。

附录16　设备冷负荷系数

工作小时数/h	从开机时刻算起到计算时刻的持续时间																							
	1	2	3	4	5	6	7	8	9	10	11	12	13	14	15	16	17	18	19	20	21	22	23	24
1	0.77	0.14	0.02	0.01	0.01	0.01	0.01	0.01	0.00	0.00	0.00	0.00	0.00	0.00	0.00	0.00	0.00	0.00	0.00	0.00	0.00	0.00	0.00	0.00
2	0.77	0.90	0.16	0.03	0.02	0.02	0.01	0.01	0.01	0.01	0.01	0.01	0.01	0.01	0.00	0.00	0.00	0.00	0.00	0.00	0.00	0.00	0.00	0.00
3	0.77	0.90	0.93	0.17	0.04	0.03	0.02	0.02	0.02	0.01	0.01	0.01	0.01	0.01	0.01	0.01	0.01	0.01	0.00	0.00	0.00	0.00	0.00	0.00
4	0.77	0.90	0.93	0.94	0.18	0.05	0.03	0.03	0.02	0.02	0.02	0.02	0.01	0.01	0.01	0.01	0.01	0.01	0.01	0.00	0.00	0.00	0.00	0.00
5	0.77	0.90	0.93	0.94	0.95	0.19	0.06	0.04	0.03	0.03	0.02	0.02	0.02	0.02	0.01	0.01	0.01	0.01	0.01	0.01	0.01	0.00	0.00	0.00
6	0.77	0.91	0.93	0.94	0.95	0.95	0.19	0.06	0.05	0.04	0.03	0.03	0.02	0.02	0.02	0.02	0.01	0.01	0.01	0.01	0.01	0.01	0.01	0.01
7	0.77	0.91	0.93	0.94	0.95	0.95	0.96	0.20	0.07	0.05	0.04	0.04	0.03	0.03	0.02	0.02	0.02	0.02	0.01	0.01	0.01	0.01	0.01	0.01
8	0.77	0.91	0.93	0.94	0.95	0.96	0.96	0.97	0.20	0.07	0.05	0.04	0.04	0.03	0.03	0.03	0.02	0.02	0.02	0.01	0.01	0.01	0.01	0.01
9	0.78	0.91	0.93	0.94	0.96	0.96	0.97	0.97	0.97	0.21	0.08	0.06	0.05	0.04	0.04	0.03	0.03	0.02	0.02	0.02	0.02	0.01	0.01	0.01
10	0.78	0.91	0.93	0.94	0.95	0.96	0.97	0.97	0.97	0.97	0.21	0.08	0.06	0.05	0.04	0.03	0.03	0.02	0.02	0.02	0.02	0.01	0.01	0.01
11	0.78	0.91	0.93	0.94	0.95	0.96	0.96	0.97	0.97	0.98	0.98	0.21	0.08	0.06	0.05	0.04	0.04	0.03	0.03	0.03	0.02	0.02	0.02	0.02
12	0.78	0.92	0.94	0.95	0.95	0.96	0.96	0.97	0.97	0.98	0.98	0.98	0.22	0.08	0.06	0.05	0.05	0.04	0.04	0.03	0.03	0.02	0.02	0.02
13	0.79	0.92	0.94	0.95	0.96	0.96	0.97	0.97	0.97	0.98	0.98	0.98	0.98	0.22	0.09	0.07	0.06	0.05	0.04	0.04	0.03	0.03	0.02	0.02
14	0.79	0.92	0.94	0.95	0.96	0.96	0.97	0.97	0.98	0.98	0.98	0.98	0.99	0.99	0.22	0.09	0.07	0.06	0.05	0.04	0.04	0.03	0.03	0.03
15	0.79	0.92	0.94	0.95	0.96	0.97	0.97	0.97	0.98	0.98	0.98	0.98	0.99	0.99	0.99	0.22	0.09	0.07	0.06	0.05	0.04	0.04	0.03	0.03
16	0.80	0.93	0.95	0.96	0.96	0.97	0.97	0.97	0.98	0.98	0.98	0.99	0.99	0.99	0.99	0.99	0.23	0.09	0.07	0.06	0.05	0.04	0.04	0.03
17	0.80	0.93	0.95	0.96	0.96	0.97	0.97	0.98	0.98	0.98	0.99	0.99	0.99	0.99	0.99	0.99	0.99	0.23	0.09	0.07	0.06	0.05	0.05	0.04
18	0.81	0.94	0.95	0.96	0.97	0.97	0.98	0.98	0.98	0.99	0.99	0.99	0.99	0.99	0.99	0.99	0.99	0.99	0.23	0.09	0.07	0.06	0.05	0.05
19	0.81	0.94	0.96	0.97	0.97	0.98	0.98	0.98	0.98	0.99	0.99	0.99	0.99	0.99	0.99	0.99	0.99	0.99	1.00	0.23	0.09	0.07	0.06	0.05
20	0.82	0.95	0.97	0.97	0.98	0.98	0.98	0.98	0.99	0.99	0.99	0.99	0.99	0.99	0.99	0.99	0.99	1.00	1.00	1.00	0.23	0.10	0.07	0.06

续表

工作小时数/h	从开机时刻算起到计算时刻的持续时间																							
	1	2	3	4	5	6	7	8	9	10	11	12	13	14	15	16	17	18	19	20	21	22	23	24
21	0.83	0.96	0.97	0.98	0.98	0.98	0.99	0.99	0.99	0.99	0.99	0.99	0.99	0.99	0.99	1.00	1.00	1.00	1.00	1.00	1.00	0.23	0.10	0.07
22	0.84	0.97	0.98	0.98	0.99	0.99	0.99	0.99	0.99	0.99	0.99	0.99	1.00	1.00	1.00	1.00	1.00	1.00	1.00	1.00	1.00	1.00	0.23	0.10
23	0.86	0.98	0.99	0.99	0.99	0.99	0.99	1.00	1.00	1.00	1.00	1.00	1.00	1.00	1.00	1.00	1.00	1.00	1.00	1.00	1.00	1.00	1.00	0.23
24	1.00	1.00	1.00	1.00	1.00	1.00	1.00	1.00	1.00	1.00	1.00	1.00	1.00	1.00	1.00	1.00	1.00	1.00	1.00	1.00	1.00	1.00	1.00	1.00

注:摘自 GB 50736—2012。

附录17　照明冷负荷系数

工作小时数/h	从开灯时刻算起到计算时刻的持续时间																							
	1	2	3	4	5	6	7	8	9	10	11	12	13	14	15	16	17	18	19	20	21	22	23	24
1	0.37	0.33	0.06	0.04	0.03	0.03	0.02	0.02	0.02	0.01	0.01	0.01	0.01	0.01	0.01	0.01	0.01	0.00	0.00	0.00	0.37	0.33	0.06	0.04
2	0.37	0.69	0.38	0.09	0.07	0.06	0.05	0.04	0.04	0.03	0.03	0.02	0.02	0.02	0.01	0.01	0.01	0.01	0.01	0.01	0.37	0.69	0.38	0.09
3	0.37	0.70	0.75	0.42	0.13	0.09	0.08	0.07	0.06	0.05	0.04	0.04	0.03	0.03	0.02	0.02	0.02	0.02	0.01	0.01	0.37	0.70	0.75	0.42
4	0.38	0.70	0.75	0.79	0.45	0.15	0.12	0.10	0.08	0.07	0.06	0.05	0.05	0.04	0.04	0.03	0.03	0.02	0.02	0.02	0.38	0.70	0.75	0.79
5	0.38	0.70	0.76	0.79	0.82	0.48	0.17	0.13	0.11	0.10	0.08	0.07	0.06	0.05	0.05	0.04	0.04	0.03	0.03	0.03	0.38	0.70	0.76	0.79
6	0.38	0.70	0.76	0.79	0.82	0.84	0.50	0.19	0.15	0.13	0.11	0.09	0.08	0.07	0.06	0.06	0.05	0.04	0.04	0.04	0.38	0.70	0.76	0.79
7	0.39	0.71	0.76	0.80	0.82	0.85	0.87	0.52	0.21	0.17	0.14	0.12	0.10	0.09	0.08	0.07	0.06	0.05	0.05	0.04	0.39	0.71	0.76	0.80
8	0.39	0.71	0.77	0.80	0.83	0.85	0.87	0.89	0.53	0.22	0.18	0.15	0.13	0.11	0.10	0.08	0.07	0.06	0.06	0.05	0.39	0.71	0.77	0.80
9	0.40	0.72	0.77	0.80	0.83	0.85	0.87	0.89	0.90	0.55	0.23	0.19	0.16	0.14	0.12	0.10	0.09	0.08	0.07	0.06	0.40	0.72	0.77	0.80
10	0.40	0.72	0.78	0.81	0.83	0.86	0.87	0.89	0.90	0.92	0.56	0.25	0.20	0.17	0.14	0.13	0.11	0.09	0.08	0.07	0.40	0.72	0.78	0.81
11	0.41	0.73	0.78	0.81	0.84	0.86	0.88	0.89	0.91	0.92	0.93	0.57	0.25	0.21	0.18	0.15	0.13	0.11	0.10	0.09	0.41	0.73	0.78	0.81
12	0.42	0.74	0.79	0.82	0.84	0.86	0.88	0.90	0.91	0.92	0.93	0.94	0.58	0.26	0.21	0.18	0.16	0.14	0.12	0.10	0.42	0.74	0.79	0.82
13	0.43	0.75	0.79	0.82	0.85	0.87	0.89	0.90	0.91	0.92	0.93	0.94	0.95	0.59	0.27	0.22	0.19	0.16	0.14	0.12	0.43	0.75	0.79	0.82
14	0.44	0.75	0.80	0.83	0.86	0.87	0.89	0.91	0.92	0.93	0.94	0.94	0.95	0.96	0.60	0.28	0.22	0.19	0.17	0.14	0.44	0.75	0.80	0.83
15	0.45	0.77	0.81	0.84	0.86	0.89	0.90	0.91	0.92	0.93	0.94	0.95	0.95	0.96	0.96	0.60	0.28	0.23	0.20	0.17	0.45	0.77	0.81	0.84
16	0.47	0.78	0.82	0.85	0.87	0.89	0.90	0.92	0.93	0.94	0.94	0.95	0.96	0.96	0.97	0.97	0.61	0.29	0.23	0.20	0.47	0.78	0.82	0.85
17	0.48	0.79	0.83	0.86	0.88	0.90	0.91	0.92	0.93	0.94	0.95	0.95	0.96	0.97	0.97	0.97	0.98	0.61	0.29	0.24	0.48	0.79	0.83	0.86
18	0.50	0.81	0.85	0.87	0.89	0.91	0.92	0.93	0.94	0.95	0.95	0.96	0.96	0.97	0.97	0.97	0.98	0.98	0.62	0.29	0.50	0.81	0.85	0.87
19	0.52	0.83	0.87	0.88	0.90	0.92	0.93	0.94	0.95	0.95	0.96	0.97	0.97	0.98	0.98	0.98	0.98	0.98	0.98	0.62	0.52	0.83	0.87	0.89
20	0.55	0.85	0.88	0.90	0.92	0.93	0.94	0.95	0.95	0.96	0.96	0.97	0.97	0.98	0.98	0.98	0.98	0.99	0.99	0.99	0.55	0.85	0.88	0.90
21	0.58	0.87	0.91	0.92	0.93	0.94	0.95	0.96	0.96	0.97	0.97	0.98	0.98	0.98	0.98	0.99	0.99	0.99	0.99	0.99	0.58	0.87	0.81	0.92
22	0.62	0.90	0.93	0.94	0.95	0.96	0.96	0.97	0.97	0.98	0.98	0.98	0.98	0.99	0.99	0.99	0.99	0.99	0.99	0.99	0.62	0.90	0.93	0.94
23	0.67	0.94	0.96	0.97	0.97	0.98	0.98	0.98	0.99	0.99	0.99	0.99	0.99	0.99	0.99	1.00	1.00	1.00	1.00	1.00	0.67	0.94	0.96	0.97
24	1.00	1.00	1.00	1.00	1.00	1.00	1.00	1.00	1.00	1.00	1.00	1.00	1.00	1.00	1.00	1.00	1.00	1.00	1.00	1.00	1.00	1.00	1.00	1.00

注:摘自 GB 50736—2012。

附录18　人体冷负荷系数

工作小时数/h	从开始工作时刻算起到计算时刻的持续时间																							
	1	2	3	4	5	6	7	8	9	10	11	12	13	14	15	16	17	18	19	20	21	22	23	24
1	0.44	0.32	0.05	0.03	0.02	0.02	0.02	0.01	0.01	0.01	0.01	0.01	0.01	0.01	0.01	0.00	0.00	0.00	0.00	0.00	0.00	0.00	0.00	0.00
2	0.44	0.77	0.38	0.08	0.05	0.04	0.03	0.03	0.03	0.02	0.02	0.02	0.01	0.01	0.01	0.01	0.01	0.01	0.01	0.01	0.00	0.00	0.00	0.00

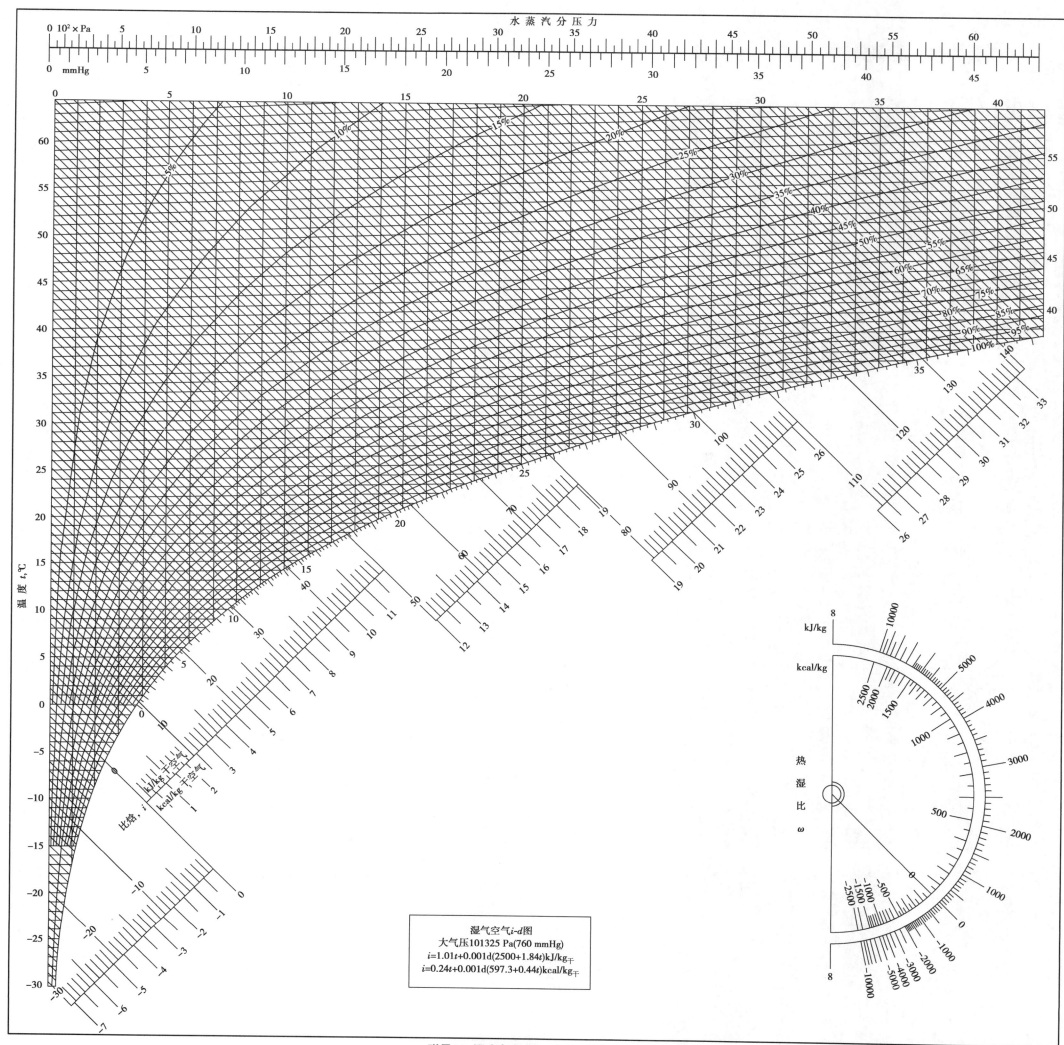

附录20 湿空气焓湿(*i–d*)图

工作小时数/h	从开始工作时刻算起到计算时刻的持续时间																							
	1	2	3	4	5	6	7	8	9	10	11	12	13	14	15	16	17	18	19	20	21	22	23	24
3	0.44	0.77	0.82	0.41	0.10	0.07	0.06	0.05	0.04	0.04	0.03	0.03	0.02	0.02	0.02	0.02	0.01	0.01	0.01	0.01	0.01	0.01	0.01	0.01
4	0.45	0.77	0.82	0.85	0.43	0.12	0.08	0.07	0.06	0.05	0.04	0.04	0.03	0.03	0.03	0.02	0.02	0.02	0.02	0.01	0.01	0.01	0.01	0.01
5	0.45	0.77	0.82	0.85	0.87	0.45	0.14	0.10	0.08	0.07	0.06	0.05	0.04	0.04	0.03	0.03	0.03	0.02	0.02	0.02	0.02	0.01	0.01	0.01
6	0.45	0.77	0.83	0.85	0.87	0.89	0.46	0.15	0.11	0.09	0.08	0.07	0.06	0.05	0.04	0.04	0.03	0.03	0.03	0.02	0.02	0.02	0.02	0.01
7	0.46	0.78	0.83	0.85	0.87	0.89	0.90	0.48	0.16	0.12	0.10	0.09	0.07	0.06	0.06	0.05	0.04	0.04	0.03	0.03	0.03	0.02	0.02	0.02
8	0.46	0.78	0.83	0.86	0.88	0.89	0.91	0.92	0.49	0.17	0.13	0.11	0.09	0.08	0.07	0.06	0.05	0.05	0.04	0.04	0.03	0.03	0.02	0.02
9	0.46	0.78	0.83	0.86	0.88	0.89	0.91	0.92	0.93	0.50	0.18	0.14	0.11	0.10	0.09	0.07	0.06	0.06	0.05	0.04	0.04	0.03	0.03	0.03
10	0.47	0.79	0.84	0.86	0.88	0.90	0.91	0.92	0.93	0.94	0.51	0.19	0.14	0.12	0.10	0.09	0.08	0.07	0.06	0.05	0.04	0.04	0.04	0.03
11	0.47	0.79	0.84	0.87	0.88	0.90	0.91	0.92	0.93	0.94	0.95	0.51	0.20	0.15	0.12	0.11	0.09	0.08	0.07	0.05	0.05	0.05	0.05	0.04
12	0.48	0.80	0.85	0.87	0.89	0.90	0.92	0.93	0.93	0.94	0.95	0.96	0.52	0.20	0.15	0.13	0.11	0.10	0.08	0.07	0.07	0.06	0.05	0.04
13	0.49	0.80	0.85	0.88	0.89	0.91	0.92	0.93	0.94	0.95	0.95	0.96	0.53	0.21	0.16	0.13	0.12	0.10	0.09	0.07	0.07	0.06	0.05
14	0.49	0.81	0.86	0.88	0.90	0.91	0.92	0.93	0.94	0.95	0.96	0.96	0.97	0.53	0.21	0.16	0.14	0.12	0.10	0.09	0.08	0.07	0.06
15	0.50	0.82	0.86	0.89	0.90	0.91	0.93	0.94	0.94	0.95	0.96	0.96	0.97	0.97	0.97	0.54	0.22	0.17	0.14	0.12	0.11	0.09	0.08	0.07
16	0.51	0.83	0.87	0.89	0.91	0.82	0.93	0.94	0.95	0.95	0.96	0.96	0.97	0.97	0.98	0.98	0.54	0.22	0.17	0.14	0.12	0.11	0.09	0.08
17	0.52	0.84	0.88	0.90	0.91	0.93	0.94	0.94	0.95	0.96	0.96	0.97	0.97	0.98	0.98	0.54	0.22	0.17	0.15	0.13	0.11	0.10
18	0.54	0.85	0.89	0.91	0.92	0.93	0.94	0.95	0.96	0.96	0.97	0.97	0.97	0.98	0.98	0.98	0.99	0.55	0.23	0.17	0.15	0.13	0.11
19	0.55	0.86	0.90	0.92	0.93	0.94	0.95	0.96	0.96	0.97	0.97	0.97	0.98	0.98	0.98	0.98	0.99	0.99	0.99	0.55	0.23	0.18	0.15	0.13
20	0.57	0.88	0.92	0.93	0.94	0.95	0.96	0.96	0.97	0.97	0.98	0.98	0.98	0.98	0.99	0.99	0.99	0.99	0.99	0.55	0.23	0.18	0.15
21	0.59	0.90	0.93	0.94	0.95	0.96	0.96	0.97	0.97	0.98	0.98	0.98	0.98	0.98	0.99	0.99	0.99	0.99	0.99	0.56	0.23	0.18
22	0.62	0.92	0.95	0.96	0.97	0.97	0.97	0.98	0.98	0.98	0.99	0.99	0.99	0.99	0.99	0.99	0.99	0.99	0.99	1.00	1.00	1.00	0.56	0.23
23	0.68	0.95	0.97	0.98	0.98	0.98	0.99	0.99	0.99	0.99	0.99	0.99	0.99	0.99	1.00	1.00	1.00	1.00	1.00	1.00	1.00	1.00	1.00	0.56
24	1.00	1.00	1.00	1.00	1.00	1.00	1.00	1.00	1.00	1.00	1.00	1.00	1.00	1.00	1.00	1.00	1.00	1.00	1.00	1.00	1.00	1.00	1.00	1.00

注：摘自 GB 50736—2012。

附录 19　民用建筑空调面积冷负荷指标（推荐值）

房间类型	冷负荷指标/(W·m⁻²)	房间类型	冷负荷指标/(W·m⁻²)
办公室	120~220	门厅、中庭	110~180
百货商场	180~300	走廊	90~120
旅馆客房	100~180	室内游泳池	220~360
会议室	220~320	图书阅览室	100~150
舞厅（交谊舞）	220~280	陈列室、展览厅	160~260
舞厅（迪斯科）	280~350	会堂、报告厅	200~260
酒吧	150~250	体育馆	200~280
西餐厅	200~250	影剧院观众厅	220~350
中餐厅、宴会厅	220~360	影剧院休息厅	250~400
健身房、保龄球	150~250	医院病房	100~180
理发、美容	150~280	医院手术室	150~500
管理、接待	110~150	公寓、住宅	100~200

附录 20　湿空气焓湿(i-d)图（见插页）

附录 21　部分空调通风房间的换气次数（推荐值）

房间类型	$n/(次\cdot h^{-1})$	房间类型	$n/(次\cdot h^{-1})$	房间类型	$n/(次\cdot h^{-1})$
宾馆客房	5~10	影剧院	4~6	卫生间	5~10
办公室	6~8	舞　厅	12~15	浴　室	5~10
会议室	10~20	健身房	10~12	洗衣间	15~20
图书馆	4~6	娱乐室	8~12	地下车库	5~6
教　室	8~10	商　场	8~12	设备间	4~6
实验室	8~15	餐　厅	10~15	变电间	8~12
医院病房	20~30	酒　吧	6~8	蓄电池室	10~15
手术室	15~20	库　房	3~6	油漆间	20~50
游泳馆	3~4	厨　房	20~30	酸洗车间	5~15

附录 22　高密人群建筑每人所需最小新风量

单位：$m^3/(h\cdot人)$

建筑类型	人员密度 $P_F/(人\cdot m^{-2})$		
	$P_F\leqslant0.4$	$0.4<P_F\leqslant1.0$	$P_F>1.0$
影剧院、音乐厅、大会厅、多功能厅、会议室	14	12	11
商场、超市	19	16	15
博物馆、展览厅	19	16	15
公共交通等候室	19	16	15
歌厅	23	20	19
酒吧、咖啡厅、宴会厅、餐厅	30	25	23
游艺厅、保龄球房	30	25	23
体育馆	19	16	15
健身房	40	38	37
教室	28	24	22
图书馆	20	17	16
幼儿园	30	25	23

附录 23　部分空气加热器的传热系数和阻力试验公式

加热器型号		$K/(W\cdot m^{-2}\cdot ℃^{-1})$		$\Delta H/Pa$	热水阻力 $/kPa$
		蒸　汽	热　水		
SRZ	5,6,10D	$13.6(vp)^{0.49}$		$1.76(vp)^{1.998}$	D 型： $15.2\omega^{1.96}$ Z,X 型： $19.3w^{1.83}$
	5,6,10Z	$13.6(vp)^{0.49}$		$1.47(vp)^{1.98}$	
	5,6,10X	$14.5(vp)^{0.532}$		$0.88(vp)^{1.22}$	
	7D	$14.3(vp)^{0.51}$		$2.06(vp)^{1.97}$	
	7Z	$14.3(vp)^{0.51}$		$2.94(vp)^{1.52}$	
	7X	$15.1(vp)^{0.571}$		$1.37(vp)^{1.917}$	
SRL	B×A/2	$15.2(vp)^{0.48}$	$16.5(vp)^{0.24}$	$1.71(vp)^{1.67}$	
	B×A/3	$15.1(vp)^{0.43}$	$14.5(vp)^{0.29}$	$3.03(vp)^{1.62}$	
SYA	D	$15.4(vp)^{0.297}$	$16.6(vp)^{0.36}w^{0.226}$	$0.86(vp)^{1.96}$	
	Z	$15.4(vp)^{0.297}$	$16.6(vp)^{0.36}w^{0.226}$	$0.82(vp)^{1.94}$	
	X	$15.4(vp)^{0.297}$	$16.6(vp)^{0.36}w^{0.226}$	$0.78(vp)^{1.87}$	
I	2C	$25.7(vp)^{0.375}$		$0.80(vp)^{1.985}$	
	1C	$26.3(vp)^{0.423}$		$0.40(vp)^{1.985}$	
GL 或 GL-Ⅱ		$19.8(vp)^{0.608}$	$31.9(vp)^{0.46}w^{0.5}$	$0.84(vp)^{1.862}N$	$10.8w^{1.854}N$
B,U 或 U-Ⅱ		$19.8(vp)^{0.608}$	$25.5(vp)^{0.556}w^{0.0115}$	$0.84(vp)^{1.862}N$	$10.8w^{1.854}N$

注：w——用 130 ℃过热水，$w=0.023\sim0.037$ m/s。

附录 24　SRZ 型空气加热器技术数据

规　格	散热面积 /m²	通风有效截面积/m²	热媒流通截面/m²	管排数	管根数	连接管径 /in	质量/kg
5×5D	10.13	0.154					54
5×5Z	8.78	0.155					48
5×5X	6.23	0.158					45
10×5D	19.92	0.302	0.004 3	3	23	$1\frac{1}{4}$	93
10×5Z	17.26	0.306					84
10×5X	12.22	0.312					76
12×5D	24.86	0.378					113
6×6D	15.33	0.231					77
6×6Z	13.29	0.234					69
6×6X	9.43	0.239					63
10×6D	25.13	0.381					115
10×6Z	21.77	0.385					103
10×6X	15.42	0.393	0.005 5	3	29	$1\frac{1}{2}$	93
12×6D	31.35	0.475					139
15×6D	37.73	0.572					164
15×6Z	32.67	0.579					146
15×6X	23.13	0.591					139
7×7D	20.31	0.320					97
7×7Z	17.60	0.324					87
7×7X	12.48	0.329					79
10×7D	28.59	0.450					129
10×7Z	24.77	0.456					115
10×7X	17.55	0.464					104
12×7D	35.67	0.563					156
15×7D	42.93	0.678	0.006 3	3	33	2	183
15×7Z	37.18	0.685					164
15×7X	26.32	0.698					145
17×7D	49.90	0.788					210
17×7Z	43.21	0.797					187
17×7X	30.58	0.812					169
22×7D	62.75	0.991					260
15×10D	61.14	0.921					255
15×10Z	52.95	0.932					227
15×10X	37.48	0.951					203
17×10D	71.06	1.072	0.008 9	3	47	$2\frac{1}{2}$	293
17×10Z	61.54	1.085					260
17×10X	43.66	1.106					232
20×10D	81.27	1.226					331

注:1 in＝25.4 mm。

附录25 部分水冷式表面式冷却器的传热系数和阻力试验公式

型号	排数	作为冷却用之传热系数 $K/(\mathrm{W\cdot m^{-2}\cdot ℃^{-1}})$	干冷时的空气阻力 ΔH_g 和 湿冷时的空气阻力 $\Delta H_s/\mathrm{Pa}$	水阻力 $\Delta h/\mathrm{kPa}$	作为热水加热用之传热系数 $K/(\mathrm{W\cdot m^{-2}\cdot ℃^{-1}})$	试验时用的型号
B 或 U-II	2	$K=\left[\dfrac{1}{34.3v_y^{0.781}\xi^{1.03}}+\dfrac{1}{207w^{0.8}}\right]^{-1}$	$\Delta H_g=20.97v_y^{1.39}$			B-2B-6-27
B 或 U-II	6	$K=\left[\dfrac{1}{31.4v_y^{0.857}\xi^{0.87}}+\dfrac{1}{281.7w^{0.5}}\right]^{-1}$	$\Delta H_g=29.75v_y^{1.98}$ $\Delta H_s=38.93v_y^{1.84}$	$\Delta h=64.68w^{1.854}$		R-6R-8-24
GL 或 GL-II	6	$K=\left[\dfrac{1}{21.1v_y^{0.845}\xi^{1.15}}+\dfrac{1}{216.6w^{0.8}}\right]^{-1}$	$\Delta H_g=19.99v_y^{1.862}$ $\Delta H_s=32.05v_y^{1.635}$	$\Delta h=64.68w^{1.854}$		GL-6R-8.24
W	2	$K=\left[\dfrac{1}{42.1v_y^{0.52}\xi^{1.03}}+\dfrac{1}{332.6\omega^{0.8}}\right]^{-1}$	$\Delta H_g=5.68v_y^{1.89}$ $\Delta H_s=25.28V_y^{0.895}$	$\Delta h=8.18w^{1.93}$	$K=34.77v_y^{0.4}\,w^{0.079}$	小型试验样品
JW	4	$K=\left[\dfrac{1}{39.7v_y^{0.52}\xi^{1.03}}+\dfrac{1}{332.6\omega^{0.8}}\right]^{-1}$	$\Delta H_g=11.96v_y^{1.72}$ $\Delta H_s=42.8v_y^{0.992}$	$\Delta h=12.54w^{1.93}$	$K=31.87v_y^{0.48}\,w^{0.08}$	小型试验样品
JW	6	$K=\left[\dfrac{1}{41.5v_y^{0.52}\xi^{1.02}}+\dfrac{1}{325.6\omega^{0.8}}\right]^{-1}$	$\Delta H_g=16.66v_y^{1.75}$ $\Delta H_s=62.23v_y^{1.1}$	$\Delta h=14.5w^{1.93}$	$K=30.7v_y^{0.485}\,w^{0.08}$	小型试验样品
JW	8	$K=\left[\dfrac{1}{35.5v_y^{0.58}\xi^{1.0}}+\dfrac{1}{353.6\omega^{0.8}}\right]^{-1}$	$\Delta H_g=23.8v_y^{1.74}$ $\Delta H_s=70.56v_y^{1.21}$	$\Delta h=20.19w^{1.93}$	$K=27.3v_y^{0.58}\,w^{0.075}$	小型试验样品
SXL-B	2	$K=\left[\dfrac{1}{27v_y^{0.423}\xi^{0.74}}+\dfrac{1}{157w^{0.8}}\right]^{-1}$	$\Delta H_g=17.35v_y^{1.54}$ $\Delta H_s=35.28v_y^{1.4}\xi^{1.183}$	$\Delta h=15.48w^{1.97}$	$K=\left[\dfrac{1}{21.5v_y^{0.526}}+\dfrac{1}{319.8w^{0.8}}\right]^{-1}$	
KL-1	4	$K=\left[\dfrac{1}{32.6v_y^{0.57}\xi^{0.987}}+\dfrac{1}{350.1\omega^{0.8}}\right]^{-1}$	$\Delta H_g=24.21v_y^{0.828}$ $\Delta H_s=24.01v_y^{1.913}$	$\Delta h=18.03w^{2.1}$	$K=\left[\dfrac{1}{28.6v_y^{0.656}}+\dfrac{1}{286.1w^{0.8}}\right]^{-1}$	
KL-2	4	$K=\left[\dfrac{1}{29v_y^{0.622}\xi^{0.758}}+\dfrac{1}{385\omega^{0.8}}\right]^{-1}$	$\Delta H_g=27v_y^{1.43}$ $\Delta H_s=42.2v_y^{1.2}\xi^{0.18}$	$\Delta h=22.5w^{1.3}$	$K=11.16w+15.54w^{0.276}$	KL-2-4-10/600
KL-3	6	$K=\left[\dfrac{1}{27.5v_y^{0.778}\xi^{0.843}}+\dfrac{1}{460.5w^{0.8}}\right]^{-1}$	$\Delta H_g=26.3v_y^{1.75}$ $\Delta H_s=63.3v_y^{1.2}\xi^{0.15}$	$\Delta h=27.9w^{1.81}$	$K=12.97w+15.08w^{0.13}$	KL-3-6-10/600

附录 26　水冷式表面式冷却器的 E' 值

冷却器型号	排　数	迎面风速 $v_y/(\text{m} \cdot \text{s}^{-1})$			
		1.5	2.0	2.5	3.0
B 或 U-Ⅱ GL 或 GL-Ⅱ	2	0.543	0.518	0.499	0.484
	4	0.791	0.767	0.748	0.733
	6	0.905	0.887	0.875	0.863
	8	0.957	0.946	0.937	0.930
JW	2*	0.590	0.545	0.515	0.490
	4*	0.841	0.797	0.768	0.740
	6*	0.940	0.911	0.888	0.872
	8*	0.977	0.964	0.954	0.945
SXL-B	2	0.826	0.440	0.423	0.408
	4*	0.97	0.686	0.665	0.649
	6	0.995	0.800	0.806	0.792
	8	0.999	0.824	0.887	0.877
KL-1	2	0.466	0.440	0.423	0.408
	4*	0.715	0.686	0.665	0.649
	6	0.848	0.800	0.806	0.792
	8	0.917	0.824	0.887	0.877
KL-2	2	0.553	0.530	0.511	0.493
	4*	0.800	0.780	0.762	0.743
	6	0.909	0.896	0.886	0.870
KL-3	2	0.450	0.439	0.429	0.416
	4	0.700	0.685	0.672	0.660
	6*	0.834	0.823	0.813	0.802

注:表中有 * 号的为试验数据,无 * 号的是根据理论公式计算出来的。

附录 27　JW 型表面式冷却器技术数据

型　号	风量 $L/(\text{m}^3 \cdot \text{h}^{-1})$	每排散热面积 F_d/m^2	迎风面积 F_y/m^2	通水断面积 f_w/m^2	备　注
JW10-4	5 000~8 350	12.15	0.944	0.004 07	共有四、六、八、十排4种产品
JW20-4	8 350~16 700	24.05	1.87	0.004 07	
JW30-4	16 700~25 000	33.40	2.57	0.005 53	
JW40-4	25 000~33 400	44.50	3.43	0.005 53	

附录 28　单位面积湿膜加湿量

	湿膜厚度/mm	50	100	150	200	250	300
无机/有机湿膜	压力损失/pa	35	42	83	125	140	190
	饱和效率/%	37	55	75	85	90	95
	标准加湿量/$(\text{kg} \cdot \text{h}^{-1})$	33	49	67	76	80	88
金属湿膜	压力损失/pa	36	52	87	125	150	195
	饱和效率/%	40	60	84	91	93	97
	标准加湿量/$(\text{kg} \cdot \text{h}^{-1})$	36	54	76	85	87	90
备注	湿膜倾角45°,面风速2.5 m/s,加湿前温度35 ℃,加湿前相对湿度5%						

附录 29　一些铸铁散热器规格及其传热系数 K

型号	散热面积 /(m²·片⁻¹)	水容量 /(L·片⁻¹)	质量 /(kg·片⁻¹)	工作压力 /MPa	K /(W·m⁻²·℃⁻¹)	K_1 /(W·m⁻²·℃⁻¹)	K_2 /(W·m⁻²·℃⁻¹)		
							0.03	0.07	≥0.1
TC0.28/5-4，长翼型（大60）	1.16	8	28	0.4	$K=1.743\Delta t^{0.28}$	5.59	6.12	6.27	6.36
TZ2-5-5（M-132 型）	0.24	1.32	7	0.5	$K=2.426\Delta t^{0.286}$	7.99	8.75	8.97	9.10
TZ4-6-5（4 柱 760 型）	0.235	1.16	6.6	0.5	$K=2.503\Delta t^{0.293}$	8.49	9.31	9.55	9.69
TZ4-5-5（4 柱 640 型）	0.20	1.03	5.7	0.5	$K=3.663\Delta t^{0.16}$	7.13	7.51	7.61	7.67
TZ2-5-5（2 柱 700 型，带腿）	0.24	1.35	6	0.5	$K=2.02\Delta t^{0.271}$	6.25	6.81	6.97	7.07
4 柱 813 型（带腿）	0.28	1.4	8	0.5	$K=2.237\Delta t^{0.302}$	7.87	8.66	8.89	9.03
圆翼型　单排	1.8	4.42	38.2			5.81	6.97	6.97	7.79
双排						5.08	5.81	5.81	6.51
三排						4.65	5.23	5.23	5.81

注：①本表前四项由原哈尔滨建筑工程学院工程学院 ISO 散热器试验台测试，其余柱型由清华大学 ISO 散热器试验台测试。

②散热器表面喷银粉漆。明装，同侧连接上进下出。圆翼型散热器因实验室条件，暂按以前一些手册数据采用。

③此为密闭实验台测试数据。在实际情况下，散热器的 K 和 Q 值，比表中数值约增大 10% 左右。K_1 为当热媒为热水，传热温差为 64.5 ℃时，时散热器的表面传热系数；K_2 为不同蒸汽压力（MPa）下散热器的表面传热系数。

附录 30　一些钢制散热器规格及其传热系数 K

型号	散热面积 /(m²·片⁻¹)	水容量 /(L·片⁻¹)	质量 /(kg·片⁻¹)	工作压力 /MPa	K /(W·m⁻²·℃⁻¹)	Δt=64.5 ℃时的 K_1 /(W·m⁻²·℃⁻¹)	备 注
钢制柱式散热器 600×120	0.15	1	2.2	0.8	$K=2.489\Delta t^{0.3069}$	8.94	钢板厚 1.5 mm，表面涂调合漆
钢制板式散热器 600×1000	2.75	4.6	18.4	0.8	$K=2.5\Delta t^{0.239}$	6.76	钢板厚 1.5 mm，表面涂调合漆
钢制扁管散热器							
单板 520×1000	1.151	4.71	15.1	0.6	$K=3.53\Delta t^{0.235}$	9.4	钢板厚 1.5 mm，表面涂调合漆
单板带对流片 624×1000	5.55	5.49	27.4	0.6	$K=1.23\Delta t^{0.246}$	3.4	钢板厚 1.5 mm，表面涂调合漆
闭式钢串片散热器	/(m²·m⁻¹)	/(L·m⁻¹)	/(kg·m⁻¹)				
150×80	3.15	1.05	10.5	1.0	$K=2.07\Delta t^{0.14}$	3.71	对应流量 G=50 kg/h 时的工况
240×100	5.72	1.47	17.4	1.0	$K=1.30\Delta t^{0.18}$	2.75	对应流量 G=150 kg/h 时的工况
500×90	7.44	2.50	30.5	1.0	$K=1.88\Delta t^{0.11}$	2.97	对应流量 G=250 kg/h 时的工况

附录 31　散热器组装片数修正系数

每组片数	<6	6~10	11~20	>20
β_1	0.95	1.00	1.05	1.10

注:上表仅适用于各种柱型散热器。长翼型和圆翼型不修正。其他散热器需要修正时,见产品说明。

附录 32　散热器连接形式修正系数

连接形式 β_2 散热器型号	同侧上进下出	异侧上进下出	异侧下进下出	异侧下进上出	同侧下进上出
4 柱 813 型	1.0	1.004	1.239	1.422	1.426
M—132 型	1.0	1.009	1.251	1.386	1.396
长翼型(大 60)	1.0	1.009	1.225	1.331	1.369

注:①本表数值由原哈尔滨建筑工程学院提供。该值是在标准状态下测定的。
　　②其他散热器可近似套用上表数据。

附录 33　散热器安装形式修正系数

序号	装置示意	装置说明	系数 β_3
1		散热器安装在墙面上加盖板	$A = 40$ mm, $\beta_3 = 1.05$ $A = 80$ mm, $\beta_3 = 1.03$ $A = 1\ 000$ mm, $\beta_3 = 1.02$
2		散热器装在墙龛内	$A = 40$ mm, $\beta_3 = 1.11$ $A = 80$ mm, $\beta_3 = 1.07$ $A = 1\ 000$ mm, $\beta_3 = 1.06$
3		散热器安装在墙面,外面有罩。罩子上面及前面之下端有空气流通孔	$A = 260$ mm, $\beta_3 = 1.12$ $A = 220$ mm, $\beta_3 = 1.13$ $A = 180$ mm, $\beta_3 = 1.19$ $A = 150$ mm, $\beta_3 = 1.25$
4		散热器安装形式同前,但空气流通孔开在罩子前面上下两端	$A = 130$ mm,孔口敞开:$\beta_3 = 1.2$ 孔口有格栅式网状物盖着:$\beta_3 = 1.4$
5		安装形式同前,但罩子上面空气流通孔宽度 C 不小于散热器的宽度,罩子前面下端的孔口高度不小于 100 mm,其他部分为格栅	$A = 100$ mm, $\beta_3 = 1.15$
6		安装形式同前,空气流通口开在罩子前面上下两端,其宽度如图	$\beta_3 = 1.0$
7		散热器用挡板挡住,挡板下端留有空气流通口,其高度为 0.8A	$\beta_3 = 0.9$

注:散热器明装,敞开布置,$\beta_3 = 1.0$。

附录 34　散热器流量不同的修正系数 β_4

相对流量		0.5	1.0	3.0	5.0	7.0
水流途径	同侧上进下出	1.10	1.00	0.97	0.95	0.94
	下进下出	—	1.00	0.90	0.85	0.82
	异侧下进上出	—	1.00	0.90	0.85	0.82
	同侧下进上出	—	1.00	0.92	0.88	0.86

附录 35　圆形散流器送风计算表

空调房间(区域)长度 A =3.0 m						
H /m	2.75	3.00	3.25	3.50	4.00	5.00
v_{pj}/(m·s^{-1})	0.14	0.13	0.12	0.11	0.10	0.08
L_s/(m^3·s^{-1})	v_s/(m·s^{-1})	F/ m^2		D/ mm		
0.04~0.05	6.52~5.21	0.006~0.010		100		
0.06~0.07	4.35~3.72	0.014~0.019		150		
0.08~0.10	3.26~2.61	0.025~0.038		200		
0.11~0.12	2.37~2.17	0.046~0.055		250		
0.13	2.01	0.065		300		

空调房间(区域)长度 A=4.0 m						
H /m	2.75	3.00	3.25	3.50	4.00	5.00
v_{pj}/(m·s^{-1})	0.17	0.16	0.15	0.14	0.13	0.11
L_s/ m·s^{-1}	v_s/ m·s^{-1}	F/ m^2		D/ mm		
0.05~0.07	9.27~6.62	0.005~0.011		100		
0.08~0.10	5.79~4.64	0.014~0.022		150		
0.11~0.13	4.21~3.57	0.026~0.036		200		
0.14~0.16	3.31~2.90	0.042~0.055		250		
0.17~0.19	2.73~2.44	0.062~0.078		300		
0.21~0.22	2.32~2.11	0.086~0.104		350		
0.23	2.02	0.114		400		

空调房间(区域) 长度 A = 5.0 m						
H /m	2.75	3.00	3.25	3.50	4.00	5.00
v_{pj}/(m·s^{-1})	0.19	0.18	0.17	0.17	0.15	0.13
L_s/(m^3·s^{-1})	v_s/(m·s^{-1})	F/ m^2		D/ mm		
0.06~0.07	12.07~10.35	0.005~0.007		100		
0.08~0.09	9.05~8.05	0.009~0.011		100		
0.10~0.11	7.24~6.58	0.014~0.017		150		
0.12~0.13	6.04~5.57	0.020~0.023		150		
0.14~0.16	5.17~4.53	0.027~0.035		200		
0.17~0.18	4.26~4.02	0.040~0.045		250		
0.19~0.20	3.81~3.62	0.050~0.055		250		
0.21~0.22	3.45~3.29	0.061~0.067		300		
0.23~0.24	3.15~3.02	0.073~0.080		300		
0.25~0.26	2.90~2.79	0.086~0.093		350		
0.27~0.28	2.68~2.59	0.101~0.108		350		
0.29~0.30	2.50~2.41	0.116~0.124		400		
0.31~0.32	2.34~2.26	0.133~0.141		400		
0.33~0.35	2.19~2.07	0.150~0.169		450		
0.36	2.01	0.179		500		

空调房间(区域)长度 A =6.0 m						
H /m	2.75	3.00	3.25	3.50	4.00	5.00
v_{pj}/(m·s^{-1})	0.21	0.20	0.19	0.19	0.17	0.15
L_s/(m^3·s^{-1})	v_s/(m·s^{-1})	F/ m^2		D/ mm		
0.08~0.10	13.04~10.43	0.006~0.010		100		
0.12~0.14	8.69~7.45	0.014~0.019		150		
0.16~0.20	6.52~5.21	0.025~0.038		200		
0.22	4.74	0.046		250		
0.24	4.35	0.055		250		
0.26	4.01	0.065		300		
0.28	3.72	0.075		300		
0.30	3.48	0.086		350		
0.32	3.26	0.098		350		
0.34	3.07	0.111		400		
0.36	2.90	0.124		400		
0.38	2.74	0.138		400		
0.49	2.61	0.153		450		
0.42	2.48	0.169		450		
0.44	2.37	0.186		500		
0.46	2.27	0.203		500		

空调房间(区域) 长度 A = 7.0 m						
H /m	2.75	3.00	3.25	3.50	4.00	5.00
v_{pj}/(m·s^{-1})	0.22	0.22	0.21	0.20	0.19	0.16
L_s/(m^3·s^{-1})	v_s/(m·s^{-1})	F/ m^2		D/ mm		
0.10~0.12	14.19~11.83	0.007~0.010		100		
0.14~0.18	10.14~7.89	0.014~0.023		150		
0.20~0.22	7.10~6.45	0.028~0.034		200		
0.24	5.91	0.041		250		
0.26	5.46	0.048		250		
0.28	5.07	0.055		250		
0.30	4.73	0.063		300		
0.32	4.44	0.072		300		
0.34	4.17	0.081		300		
0.36	3.94	0.091		350		
0.38	4.74	0.102		350		
0.40	3.55	0.113		400		
0.42	3.38	0.124		400		
0.44	3.23	0.136		400		
0.46~0.50	3.09~2.84	0.149~0.176		450		
0.52~0.54	2.73~2.63	0.190~0.205		500		

续表

空调房间(区域)长度 A =8.0 m						
H /m	2.75	3.00	3.25	3.50	4.00	5.00
v_{pj}/(m·s^{-1})	0.24	0.23	0.22	0.22	0.20	0.18
L_s/(m^3·s^{-1})	v_s/(m·s^{-1})		F/ m^2		D/ mm	
0.14	13.24		0.011		100	
0.16~0.20	11.59~9.27		0.014~0.022		150	
0.22~0.26	8.43~7.13		0.026~0.036		200	
0.28~0.32	6.62~5.79		0.042~0.055		250	
0.34	5.45		0.062		300	
0.36	5.15		0.070		300	
0.38	4.88		0.078		300	
0.40	4.64		0.086		350	
0.42	4.41		0.095		350	
0.44	4.21		0.104		350	
0.46	4.03		0.114		400	
0.48	3.86		0.124		400	
0.50	3.71		0.135		400	
0.52	3.57		0.146		450	
0.54~0.56	3.43~3.31		0.157~0.169		450	
0.58~0.62	3.20~2.99		0.181~0.207		500	

空调房间(区域)长度 A =9.0 m						
H /m	2.75	3.00	3.25	3.50	4.00	5.00
v_{pj}/(m·s^{-1})	0.24	0.24	0.23	0.23	0.21	0.19
L_s/(m^3·s^{-1})	v_s/(m·s^{-1})		F/ m^2		D/ mm	
0.20	11.73		0.017		150	
0.25~0.30	9.39~7.82		0.027~0.038		200	
0.35~0.40	6.70~5.87		0.052~0.068		250~300	
0.45~0.50	5.21~4.69		0.086~0.107		350	
0.55~0.60	4.27~3.91		0.129~0.153		400~450	
0.65~0.70	3.61~3.35		0.180~0.209		500	
空调房间长度 A=10.0 m						
H /m	2.75	3.00	3.25	3.50	4.00	5.00
v_{pj}/(m·s^{-1})	0.25	0.25	0.24	0.23	0.22	0.20
L_s/(m^3·s^{-1})	v_s/(m·s^{-1})		F/ m^2		D/ mm	
0.20~0.25	14.48~11.58		0.014~0.022		150	
0.30	9.66		0.031		200	
0.35~0.40	8.26~7.24		0.042~0.055		250	
0.45~0.55	6.44~5.27		0.070~0.104		300~350	
0.60~0.70	4.83~4.14		0.124~0.169		400~450	
0.75	3.86		0.194		500	

附录 36 圆形(多层锥面型)散流器性能表

颈部风速/(m·s^{-1})	2		3		4		5		6		7	
动压/Pa	2.41		5.42		9.63		15.05		21.07		29.50	
全压损失/Pa	7.28		16.37		28.27		45.45		65.44		89.09	
颈部名义直径 D/mm	L_s/ (m^3·h^{-1})	x/ m	L_s/ (m^3·h^{-1})	x/ m	L_s/ (m^3·h^{-1})	x/ m	L_s/ (m^3·h^{-1})	x/ m	L_s/ (m^3·h^{-1})	x/ m	L_s/ (m^3·h^{-1})	x/ m
120	90	0.58	140	0.81	190	1.17	240	1.46	280	1.73	330	1.88
150	130	0.69	200	0.57	270	1.40	340	1.74	400	2.06	470	2.25
200	240	0.92	360	1.29	480	1.87	590	2.32	710	2.73	830	2.90
250	370	1.16	560	1.62	750	2.34	930	2.90	1 120	3.44	1 310	3.75
300	540	1.39	800	1.84	1 070	2.80	1 340	3.48	1 610	4.13	1 880	4.50
350	720	1.60	1 080	2.24	1 430	3.24	1 790	4.02	2 150	4.77	2 510	5.20
400	930	1.83	1 400	2.56	1 860	3.69	2 330	4.59	2 800	5.44	3 260	5.93
450	1 180	2.06	1 770	2.88	2 360	4.16	2 950	5.16	3 540	6.12	4 130	6.67
500	1 460	2.29	2 190	3.20	2 920	4.62	3 650	5.72	4 380	6.81	5 110	7.42

附录 37　常用离心式通风机的比声功率级

T4-72 型			4-79 型			4-72-11 型			4-62 型			4-68 型		
$\overline{Q}$	L_{wc}/dB	η	$\overline{Q}$	L_{wc}/dB	η	$\overline{Q}$	L_{wc}/dB	η	$\overline{Q}$	L_{wc}/dB	η	$\overline{Q}$	L_{wc}/dB	η
0.10	27	0.68	0.12	35	0.78	0.05	40	0.60	0.05	34	0.50	0.14	2	0.65
0.14	23	0.78	0.16	34	0.82	0.10	32	0.70	0.10	24	0.68	0.17	1	0.79
0.18	22	0.84	0.20	26	0.85	0.15	23	0.81	0.14	23	0.73	0.20	1	0.88
0.20	22	0.86	0.25	21	0.87	0.20	19	0.91	0.18	25	0.72	0.23	2	0.87
0.24	23	0.86	0.30	23	0.85	0.25	21	0.87	0.22	28	0.65	0.25	6	0.81
0.28	28	0.75	0.35	28	0.74	0.30	27	0.76	0.26	35	0.50	0.27	9	0.66

注：$\overline{Q}$——流量系数；η——全压效率；L_{wc}——比 A 声功率级。

附录 38　轴流式通风机使用工况修正值

δ/dB	流量比	Q/Q_m						
叶片数 z	叶片角度 θ	0.4	0.6	0.8	0.9	1.0	1.1	1.2
4	15°	—	3.4	3.2	2.7	2.0	2.3	4.6
8	15°	−3.4	5.0	5.0	4.8	5.2	7.4	10.6
4	20°	−1.4	−2.5	−4.5	−5.2	−2.4	1.4	3.0
8	20°	4.0	2.5	1.8	1.9	2.2	3.0	—
4	25°	4.5	2.0	1.6	2.0	2.0	4.0	—
8	25°	9.0	8.0	6.4	6.2	8.0	6.4	—

注：Q_m 是轴流式通风机最高效率点的风量，一般应为 $Q/Q_m=1$。

附录 39　通风机各频带声功率级修正值

Δb/dB　　中心频率/Hz　　　通风机类型	63	125	250	500	1 000	2 000	4 000	8 000
叶片向前弯的离心风机	−2	−7	−12	−17	−22	−27	−32	−37
叶片向后弯的离心风机	−5	−6	−7	−12	−17	−22	−26	−33
轴流风机	−9	−8	−7	−7	−8	−10	−14	−18

注：①4-72 型风机为叶片后倾机翼式；QDG(T4-72)型风机为叶片强后倾弯叶式；

　　②HDG(4-79)型风机为叶片后倾弯叶式。

附录 40　风道主管内的最大风速

管道位置	设计标准（NR）	最大风速/(m·s⁻¹)	
		方形管道	圆形管道
竖井内或硬质顶棚上部	45	17.8	25.4
	35	12.7	17.8
	25	8.6	12.7
悬挂的吸声顶棚上部	45	12.7	22.9
	35	8.9	15.2
	25	6.1	10.2

续表

管道位置	设计标准(NR)	最大风速/(m·s⁻¹)	
		方形管道	圆形管道
位于人员活动空间内的管道	45	10.2	19.8
	35	7.4	13.2
	25	4.8	8.6

注:①支管内的风速应小于或等于上述值的80%;

　　②送风口颈部风速应小于或等于上述值的50%;

　　③对于上述设计标准下的风速值应计算再生噪声值进行检验;

　　④对于 NR 值大于 45 的风速值应通过计算再生噪声值和噪声衰减值确定。

附录 41　送、回风口的面风速

风　口	设计标准(NR)	面风速/(m·s⁻¹)	风　口	设计标准(NR)	面风速/(m·s⁻¹)
送风口	45	3.2	回风口	45	3.8
	40	2.8		40	3.4
	35	2.5		35	3.0
	30	2.2		30	2.5
	25	1.8		25	2.2

注:对于室内风口数量较多时,上述风速值应作相应的减小。

暖通空调工程常用单位换算表

序号	量的名称	符号	IS 单位制	工程单位制	换 算
1	长 度	l	m	m	
2	面 积	F	m^2	m^2	
3	质 量	m	kg	kg	
4	时 间	$t(\tau)$	s	s	
5	速 度	$v(\omega)$	m/s	m/s	
6	加速度	g	m/s^2	m/s^2	
7	力	f	N	kgf	1 kgf = 9.81 N
8	压 力	$p(H)$	$N/m^2 = Pa$	kgf/m^2	$1 \text{ kgf}/m^2 = 9.81 \text{ N}/m^2$
9	温 度	t	K	℃	1 ℃ = 1 K
10	热 量	Q	kJ	kcal	1 kcal = 4.186 kJ
11	功 率	N	W	kgf · m/s	1 kgf · m/s = 9.81 W
12	比热容	c	kJ/(kg · K)	kcal/(kg · ℃)	1 kcal/(kg · ℃) = 4.186 kJ/(kg · K)
13	焓	i	kJ/kg	kcal/kg	1 kcal/kg = 4.186 kJ/kg
14	汽化潜热	r	kJ/kg	kcal/kg	1 kcal/kg = 4.186 kJ/kg
15	传热系数	K	$W/(m^2 · K)$	$kcal/(m^2 · h · ℃)$	$1 \text{ kcal}/(m^2 · h · ℃) = 1.163 \text{ W}/(m^2 · K)$
16	比 容	v	m^3/kg	m^3/kg	
17	密 度	ρ	kg/m^3	kg/m^3	
18	运动黏性系数	ν	m^2/s	m^2/s	
19	质量流量	G	kg/s 或 kg/h	kg/s 或 kg/h	
20	体积流量	L	m^3/s 或 m^3/h	m^3/s 或 m^3/h	

主要参考文献

［1］卢军.建筑环境与设备工程概论［M］.重庆:重庆大学出版社,2008.

［2］邹平华.供热工程［M］.北京:中国建筑工业出版社,2018.

［3］樊越胜.工业通风［M］.北京:机械工业出版社,2020.

［4］赵荣义,范存养,钱以明.空气调节［M］.4版.北京:中国建筑工业出版社,2009.

［5］何天祺.空气调节［M］.重庆:重庆大学出版社,1995.

［6］马最良,邹平华,陆亚俊.暖通空调［M］.北京:中国建筑工业出版社,2015.

［7］全国勘察设计注册公用设备工程师暖通空调专业考试复习教材［M］.北京:中国建筑工业出版社,2018.

［8］木村建一.空气调节的科学基础［M］.单寄平,译.北京:中国建筑工业出版社,1981.

［9］D.J.克鲁姆,B.M.罗伯茨.建筑物空气调节与通风［M］.陈在康,等,译.北京:中国建筑工业出版社,1982.

［10］谢慧,张舸,冀如.空气调节工程［M］.北京:冶金工业出版社,2016.

［11］彦启森,赵庆珠.建筑热过程［M］.北京:中国建筑工业出版社,1986.

［12］陈沛霖,曹叔维,郭建雄.空气调节负荷计算理论与方法［M］.上海:同济大学出版社,1987.

［13］单寄平.空调负荷实用计算方法［M］.北京:中国建筑工业出版社,1989.

［14］钱以明.高层建筑空调与节能［M］.上海:同济大学出版社,1990.

［15］柴慧娟.高层建筑空调设计［M］.北京:中国建筑工业出版社,1995.

［16］潘云钢.高层民用建筑空调设计［M］.北京:中国建筑工业出版社,1999.

［17］陈汝东.制冷技术与应用［M］.上海:同济大学出版社,2006.

［18］刘耀浩.热能与空调的微机测控技术［M］.天津:天津大学出版社,1996.

［19］公安部消防局.建筑消防设施工程技术［M］.北京:新华出版社,1999.

［20］徐志胜,姜学鹏.防排烟工程［M］.北京:机械工业出版社,2011.

［21］顾兴蓥.民用建筑暖通空调设计技术措施［M］.2版.北京:中国建筑工业出版社,1996.

［22］汪善国.空调与制冷技术手册［M］.北京:机械工业出版社,2006.

［23］中国电子工程设计院.空气调节设计手册［M］.3版.北京:中国建筑工业出版社,2017.

［24］陆耀庆.实用供热空调设计手册［M］.北京:中国建筑工业出版社,2008.

［25］陆耀庆.供暖通风设计手册［M］.北京:中国建筑工业出版社,1987.

［26］杨善勤.民用建筑节能设计手册［M］.北京:中国建筑工业出版社,1997.

［27］Fundamentals［S］. 2017 ASHRAE Handbook:SI. Atlanta：ASHRAE Inc, 2017.

［28］HVAC Applications［S］. 2011 ASHRAE Handbook:SI. Atlanta：ASHRAE Inc, 2011.

［29］Ventilation for acceptable indoor air quality［S］. ASHRAE Standard 62. 1-2010. Atlanta：ASHRAE Inc, 2010.

［30］井上宇市.空気調和ンニドブッ［M］.3 版.东京:九善柱式会社,1967.

［31］空気調和·衛生工学会.空気調和·衛生工学便覧:Ⅱ卷［M］.10 版.东京:空気調和·衛生工学会,1981.

［32］日本冷凍协会.冷凍空调便覧:Ⅱ卷［M］.4 版.东京:日本冷凍协会,1980.

［33］空气净化技术手册编辑委员会.空气净化技术手册［M］.北京:电子工业出版社,1985.

［34］中国建筑科学研究院.GB 50019—2012 民用建筑采暖通风与空气调节设计规范［S］.北京：中国建筑工业出版社,2012.

［35］中国有色工程有限公司,中国恩菲工程技术有限公司.GB 50019—2015 工业建筑供暖通风与空气调节设计规范［S］.北京:中国计划出版社,2015.

［36］中华电子工程设计院.GB 50073—2013 洁净厂房设计规范［S］.北京:中国计划出版社, 2013.

［37］卫生部职业卫生标准专业委员会.GBZ 1—2010 工业企业设计卫生标准［S］.北京:人民卫生出版社,2010.

［38］中国建筑科学研究院.GB 50189—2015 公共建筑节能设计标准［S］.北京:中国建筑工业出版社,2015.

［39］中华人民共和国公安部.GB 50016—2018 建筑设计防火规范［S］.北京:中国计划出版社,2018.

［40］中华人民共和国住房和城乡建设部.GB 50243—2016 通风与空调工程施工质量验收规范［S］.北京:中国计划出版社,2017.

［41］中华人民共和国住房和城乡建设部.GB 50736—2012 民用建筑供暖通风与空气调节设计规范［S］.北京:中国建筑工业出版社,2012.